科学出版社"十四五"普通高等教育本科规划教材

野生植物资源开发与利用

（第二版）

马艳萍　张党权　主编

科学出版社

北　京

内 容 简 介

本教材由绪论、野生植物资源概况、野生油脂植物资源开发与利用、野生粮食植物资源开发与利用、野生果蔬植物资源开发与利用、野生药用植物资源开发与利用、野生香料植物资源开发与利用、野生能源植物资源开发与利用、野生工业原料植物资源开发与利用，以及植物源新食品原料开发与利用等内容构成。第一章对野生植物资源概况进行总体介绍，第二至九章按照野生植物原料的主要用途分述，涵盖各类野生植物的化学成分与功效，原料采收与贮藏，常见产品加工的基本原理、加工工艺、质量评价，以及几种重要野生植物的开发利用途径等方面。除绪论外，各章还设置了独立的"思政园地"模块。本教材内容丰富、论述严谨、体系完整，集科学性、理论性与实用性于一体，汇集了近年来国内外主要野生植物资源开发与利用的研究成果，能够反映野生植物资源开发与利用的新技术、新工艺和新成果，利于培养学生从事野生植物资源开发与利用生产、经营和管理的综合能力。

本教材适合高等农林院校的林学、经济林、农学、园艺、食品科学与工程和药用植物等相关专业的本科生使用，也可供相关领域的教学、科研、生产和管理人员参考。

图书在版编目（CIP）数据

野生植物资源开发与利用/马艳萍，张党权主编.—2版.—北京：科学出版社，2023.6

科学出版社"十四五"普通高等教育本科规划教材

ISBN 978-7-03-075506-3

Ⅰ.①野…　Ⅱ.①马…②张…　Ⅲ.①野生植物－植物资源－资源开发－教材②野生植物－植物资源－资源利用－教材　Ⅳ.①Q949.9

中国国家版本馆 CIP 数据核字（2023）第 080613 号

责任编辑：张静秋 / 责任校对：宁辉彩
责任印制：赵　博 / 封面设计：无极书装

科 学 出 版 社 出版
北京东黄城根北街 16 号
邮政编码：100717
http://www.sciencep.com

北京凌奇印刷有限责任公司印刷
科学出版社发行　各地新华书店经销
*
2013 年 6 月第　一　版　开本：787×1092　1/16
2023 年 6 月第　二　版　印张：20 3/4
2024 年 12 月第十五次印刷　字数：555 000

定价：79.80 元

（如有印装质量问题，我社负责调换）

《野生植物资源开发与利用》（第二版）
编写人员名单

主　编　马艳萍　张党权

副主编　董娟娥　侯智霞　王　森　赖　勇　刘亚敏

编　者（按姓氏拼音排序）

董娟娥（西北农林科技大学）	马艳萍（西北农林科技大学）
董晓庆（贵州大学）	戚建华（西南林业大学）
侯智霞（北京林业大学）	邵凤侠（中南林业科技大学）
胡丰林（安徽农业大学）	盛文军（甘肃农业大学）
黄日明（华南农业大学）	田益玲（河北农业大学）
赖　勇（河南农业大学）	王　飞（河南农业大学）
李玲俐（西北农林科技大学）	王　森（中南林业科技大学）
李明婉（河南农业大学）	武海棠（西北农林科技大学）
刘　芸（西南大学）	徐　徐（南京林业大学）
刘景玲（西北农林科技大学）	张党权（河南农业大学）
刘亚敏（西南大学）	郑冀鲁（西北农林科技大学）
吕新刚（西北大学）	朱铭强（西北农林科技大学）
马海军（北方民族大学）	

审　稿　樊金拴（西北农林科技大学）　　　　徐怀德（西北农林科技大学）

前 言

Preface

　　本教材在《野生植物资源开发与利用》第一版的基础上，根据高等教育改革的相关要求对内容进行了完善。教材阐述了野生植物资源合理开发利用的基本理论与工艺技术，除绪论外，主要包括野生植物资源概况、野生油脂植物资源开发与利用、野生粮食植物资源开发与利用、野生果蔬植物资源开发与利用、野生药用植物资源开发与利用、野生香料植物资源开发与利用、野生能源植物资源开发与利用、野生工业原料植物资源开发与利用、植物源新食品原料开发与利用共九章内容。第一章总体介绍了常见各类野生植物资源的概况。第二至九章按照野生植物原料的主要用途进行分别论述，涉及各类野生植物的化学成分与功效、原料采收与贮藏、常见产品加工基本原理、加工工艺和质量评价等方面，最后以几种重要野生植物为例介绍其具体的开发利用途径。其中，第九章涉及的新食品原料产业既是新兴产业又是健康产业，在推进健康中国行动的当下，契合中国健康战略部署，成为食品产业创新驱动的新生力量，该章详细介绍了牡丹籽油、叶黄素酯、菊粉和辣木叶四种重要植物源新食品原料加工利用的案例。

　　本教材能够反映野生植物资源开发利用的新技术、新工艺和新成果，内容新颖、论述严谨、体系完整，集科学性、理论性与实用性于一体，利于培养学生从事野生植物资源开发利用生产、经营和管理的综合能力，对提高学生分析问题和解决问题的能力，增强其创新创业能力，促进植物资源开发利用产业的发展，以及繁荣经济和保护生态环境具有重要意义。各章节设置的"思政园地"模块，更好地加深了学生对各类野生植物资源利用现状、趋势及典型思政案例的理解，全面提高人才自主培养质量。教材涉及多个相关学科领域，内容丰富、适应性广，介绍的相关工艺技术和利用途径等与时俱进，并利用传统纸质图书与新兴数字资源相融合的新形态形式，充分展示教材内容，很好地反映了当前野生植物资源开发利用的最新研究动态和进展，符合人才培养及教学要求。

　　本教材由西北农林科技大学、河南农业大学、北京林业大学、中南林业科技大学、南京林业大学、河北农业大学、安徽农业大学、华南农业大学、西北大学、西南大学、甘肃农业大学、西南林业大学、北方民族大学和贵州大学共14所高校的25名教师共同完成。全书由马艳萍、张党权主编并负责统稿，具体分工如下：绪论由马艳萍编写，第一章由李明婉、张党权和刘景玲编写，第二章由张党权编写，第三章由赖勇和马海军编写，第四章由马艳萍、吕新刚、刘芸、董晓庆、盛文军和马海军编写，第五章由董娟娥和刘景玲编写，第六章由刘亚敏和田益玲编写，第七章由李明婉和郑冀鲁编写，第八章由王森、邵凤侠、王飞、李玲俐、戚建华、徐徐、武海棠、胡丰林和朱铭强编写，第九章由侯智霞、田益玲和黄日明编写。编者结合各类野生植物资源产业现状和发展趋势，在参阅大量国内外文献的基础上，吸收众多的最新研究成果，并结合自身多年科教实践和科研成果编写了本教材。此外，本教材在编写过程中得到了西北农林科技大学教务处和科学出版社的大力支持，西北农林科技大学樊金拴教授和徐怀德教授进行了认真审阅并给予指导，在此表示诚挚感谢！

由于教材涉及内容广泛，编者知识水平有限，书中难免存在不足之处，恳请各位专家、同仁及读者提出宝贵意见。

编　者

2023 年 6 月

目 录
Contents

| 绪　论 |

野生植物资源是指在一定的时间、空间、人文背景和经济技术条件下，对人类具有直接或间接作用的野生植物。时间性是指植物在不同的生长发育时期，其利用途径和价值存在差异，"三月茵陈四月蒿，五月六月当柴烧"这一民间谚语充分体现了植物资源利用的时间性。空间性是指植物在其分布区域内，由于环境条件的变化而导致其利用价值的差异。人文背景则是指不同民族不同地域的人们，在长期的实践生产或生活中所积累的可利用植物种类及经验与方法的多样性和差异。此外，野生植物资源的可利用程度通常也会随着人类经济条件和技术水平的不断提高而变化。

野生植物资源开发与利用是指以可再生的木质和非木质森林植物资源为原料，经化学或生物技术加工，生产国民经济发展和人民生活所需的各种产品。以此为基础建立和发展的野生植物资源开发利用产业是整个林业产业不可缺少的组成部分，也是森林植物资源高效且可持续利用的重要方面。

◆ 第一节　野生植物资源开发与利用的意义

野生植物资源是大自然赋予人类的珍贵资源，是植物资源的重要组成部分，其所具备的药用价值、经济价值、科学价值等是很多栽培作物不能相比的。野生植物资源是人类社会发展的重要物质基础，为人类生活提供各种物质资源，是社会经济发展中的重要战略资源。野生植物资源的开发利用在国民经济和社会发展中具有重要的生态、经济和社会意义。

一、生态功能

从生态功能来看，野生植物资源是自然生态系统的重要组成部分。自然界是一个互相联系、互相依存且不断变化的庞大生态系统，野生植物资源是自然生态系统中不可替代的组成部分，其特有的生态价值在维护自然生态系统的稳定、保障人类生存及生活环境中发挥着重要作用，为人与自然的和谐发展提供了最基本的生态环境保障。人类作为自然界中的一员，只有依靠生态系统的良好运转才能维持自身的生存和发展。野生植物一旦遭受损害或种群灭绝，必然引起维系生态系统的生物链的缺失或断裂，如不及时修复，生态系统就会失去平衡甚至崩溃，威胁人类的生存和发展。

二、物质功能

从物质功能来看，野生植物资源是人类生存和社会发展的重要物质基础。野生植物与一个国家的经济发展有着不可分割的联系，其开发与利用是社会经济发展的需要。野生植物具有多样性和可再生性的特点，为人类生活提供了食品、医药和工业原料等领域的物质资源。

野生植物资源是人类食物的重要来源。2022 年 5 月 4 日，联合国粮食及农业组织发布的《2022 全球粮食危机报告》中显示，2021 年有 53 个国家和地区的约 1.93 亿人经历了粮食危机或粮食不安全程度进一步恶化。习近平总书记在 2017 年的中央农村工作会议上指出："老百姓的食物需求更加多样化了，这就要求我们转变观念，树立大农业观、大食物观，向耕地草原森林海洋、向植物动物微生物要热量、要蛋白，全方位多途径开发食物资源"。以大食物观为引领，提升我国食物安全自主保障水平，加快构建多元化食物供给体系，推动食物系统向营养健康方向转型已成为大势所趋。自人类诞生以来，野生植物一直是人类社会发展的重要物质资源。随着人类社会的发展和大众健康意识的转变提升，我国城乡居民对优质蛋白、不饱和脂肪酸和维生素等重要营养素的需求快速增加，仅有的栽培植物不能满足人类食物结构的需求，人们需要更多的植物品种和营养风味，开发野生植物资源就成为适应这种需求的合理对策。人类大部分食物都和野生植物有着一定的关联性，如水稻是通过野生稻栽培获得。如今可食用的野生植物多达千余种，不仅大米、小麦、玉米、果品、蔬菜、油料作物等来自对野生植物的引种、驯化、繁育和栽培，而且其近缘野生属种的良种基因也是培育高产、抗逆、抗病虫害新品种的重要种质资源。随着植物资源开发与利用相关科技的迅猛发展，苋菜、蒲公英、香椿、蕨菜、山葡萄、刺梨等越来越多的野生果蔬由于高营养、无污染和独特的保健性，其本身或开发产品已成为人们餐桌上的佳肴。

野生植物资源是治疗人类多种疾病的药物来源。目前世界市场上大约 80% 的药用植物都来自野生资源。我国素有"世界药用植物宝库"之称，至今被发现的野生药用植物已有 2000 余种。我国是世界上最早将药用野生植物应用于医疗保健卫生事业的国家，经过几千年的发展，药用野生植物为中华民族和世界各国人民的健康做出了巨大贡献。随着健康中国行动的推进及中医药健康服务业的发展，以野生药用植物资源为基础发展中药饮片和中成药等具有广阔的前景。我国作为重要的中药用品消费国，野生植物所体现的医药价值在医药消费中占据非常重要的地位。许多野生植物含有对人类疾病有药理活性的物质，是传统的中药、民族药和民间草药的主要来源，例如，青蒿素的发现在人类征服疟疾的进程中发挥了重要作用。

野生植物资源是工业的主要原料。在科学技术高度发达的今天，植物纤维仍是人类衣物的主要原料，工业造纸原料也多数为野生植物。例如，罗布麻韧皮富含大麻纤维，是一种理想的天然纤维纺织材料，享有"野生纤维之王"的美誉，具有良好的吸湿性和抑菌性等性能，特别适宜制作夏季服装和保暖内衣面料，现已开发出罗布麻睡衣、毛巾、内衣、枕套等多种纺织系列产品。天然植物色素具有无毒、无不良反应的优点，是食品和化妆品添加剂的重要来源。许多野生植物所含的鞣料、树胶、树脂等成分及昆虫寄主植物也是工业的重要原料。

野生植物资源还是生物能源、香料和新型农药开发等的重要来源，同时也是筛选绿化观赏植物、抗污染和净化环境植物、防风固沙植物、绿肥植物等的重要野生物种库。

三、文化功能

从文化功能来看，种类繁多、千姿百态的野生植物世界是天然的科学文化宝库。野生植物不仅使自然界变得绚丽多彩、生机勃勃，给人以无限愉快和美的享受，同时还是美术、文学、诗歌、音乐、舞蹈等艺术创作的源泉，极大地丰富了人类的精神、文化生活。而且现在方兴未艾的生态旅游文化、公园文化等，也是以野生植物和森林景观为载体。因此，许多野生植物以其久远的自然历史、独有的特性和功能成为植物学、生态学、人类学、医学和仿生学等的重要研究主体，对相关学科的研究开发具有不可替代的作用。

四、国家战略功能

从国家战略功能来看，野生植物种类繁多，蕴涵丰富优异的基因资源，开发潜力巨大。野生植物资源是国家粮油安全的需要、人民美好生活的需要、我国循环经济与能源安全的需要、生态文明建设的需要，同时也是乡村振兴战略的需要。食用油是关系国计民生的重要物资，是粮食安全的重要组成。我国野生木本油料资源丰富，对于保障我国食用油的自给率具有重要战略意义。同时，野生植物在生长和生产过程提供的零散木材、残留树枝、树叶、木屑，以及果壳和果核等林业副产品的废弃物，可制成成型燃料，助推我国实现碳达峰和减碳目标。此外，利用野生植物开发新品种、新材料和新能源，对于促进国家经济发展和生态环境改善起到越来越大的作用。野生植物已成为人类生存和社会可持续发展的重要战略资源。

◆ 第二节　野生植物资源开发与利用的历史背景与发展现状

一、历史背景

我国野生植物资源利用历史悠久，是最早记载有关人类认识和利用野生植物资源的国家之一，早在 7000 多年前我们的祖先就开始栽培和利用野生植物，很多古书记载了关于野生植物利用的方法和技术，如《诗经》《蒙古秘史》《神农本草经》《本草纲目》《救荒本草》等著作，均详细记录了部分农业野生植物的种类、特征、加工利用及贮存方法等。1950 年 4 月，国务院发出"关于利用和收集我国野生植物原料"的指示，在采集了 20 多万件标本并完成万余次化验后，初步摸清了我国野生植物资源的分布、数量和应用价值。20 世纪 80 年代以来，随着新技术和新仪器的使用，野生植物资源开发与利用的广度及深度有了很大发展。"十三五"期间，我国已整理整合各类野生植物种质资源 29 万份，其中野生植物种子 1 万种，种质 8 万份。各省（自治区、直辖市）在不同程度上建立了药用植物资源收集区，对主要资源进行了深入研究并开展药理和疗效实验，对发展我国的中医药事业做出了重大贡献。

二、发展现状

在未开发的植物界中挖掘原材料、能源和在已知用途的野生及栽培植物中寻找新的用途，是世界各国经济植物学家的重要研究热点之一。例如，国内外学者对防癌和抗艾滋病野生药用植物进行筛选，通过对多种植物进行化学成分及其药理活性的研究，筛选出紫杉、长春花、喜树等许多具有开发潜力的新药或新资源植物。目前，我国对药用植物资源的开发利用已经取得显著成绩，尤其在抗肿瘤和神经药物的研究方面，发现了新的药源、有效成分和利用部位，使药用植物的研究向综合利用方向发展。

在果用资源方面，我国开展了猕猴桃、刺梨、沙棘、银杏、余甘子、山茱萸、胡柚等的良种选育、人工栽培、资源建设、食疗效果及工业化生产加工工艺的系列研究，形成了规模化生产。在我国 300 多种常见果树中，绝大多数为野生植物。例如，猕猴桃是原产我国的野生藤本果树，富含人体所必需的矿物质、维生素 C 和纤维素，其维生素 C 含量是其他水果的数倍甚至几十倍。野生猕猴桃是栽培猕猴桃的野生近缘种，具有高产、高品质的优点，并含有抗旱、抗病和抗虫等抗逆性状基因，这些优良的特殊种质资源对栽培猕猴桃育种具有重要的科研价值。刺梨是一种维生素 C 含量极高的野生水果，已开发出刺梨食品、饮料、果酒、果醋等产品。我国许多地区开发的野果系列产品受到人们的喜爱，有效带动了地区的经济效益，如甘肃的中华猕猴桃酒、黑龙江的黑加仑果汁、陕西的沙棘汁和沙棘汽酒等产品。此外，香椿、蒲公英、沙葱等野菜资源也得到越来越广泛的开发与利用。

在野生油脂植物资源中，目前我国在元宝枫、文冠果等的引种驯化及开发利用中取得了很大进展。元宝枫是原产于我国北方的野生树种，集食用、药用和观赏绿化等功能于一体，已生产出元宝枫油、元宝枫神经酸、元宝枫茶和元宝枫酱油等，并采用元宝枫油或提取物制成功能性胶囊或制剂应用于医药领域。在我国常见的 254 种香料植物中，完全野生的香料植物有龙脑香、地檀香、滇白珠、石香薷、丛生树花等 33 种，这些植物具有香用生物量大、香用化学成分稀有等特点，具有广阔的开发前景，可作为引种驯化栽培香料植物的野生资源。目前我国大量的野生香料资源得以有效开发，乔木或灌木型香料的原料主要来源于野生植物资源。大多数的能源植物尚处于野生或半野生状态，世界上许多国家开展野生能源植物的引种、驯化及栽培相关研究，研发高效生物质能转换技术，以提高利用生物能源的利用效率。例如，原产非洲的绿玉树富含烷烃、烯烃等碳氢化合物乳浊液，可通过生物质转化成燃料；续随子是一种生产石油的新型能源油脂植物；柳枝稷被认为是最具潜力的草本纤维类能源植物之一。

在筛选抗虫、杀菌的野生植物资源中，国内外专家研究发现活性为 80%～90% 的野生植物主要有地榆、苦参等。这些植物所含的生物碱盐、皂苷、黄酮及挥发性物质，可作为研制植物农药的材料。在我国可开发利用的 1000 多种纤维植物中，有 100 多种野生纤维植物广泛应用于编织和造纸原料。例如，目前对色素植物红花的开发主要集中在红花色素、红花油和红花蛋白质的提取与利用，红花色素主要用于化妆品和食品着色；从栀子中提取的黄色素、蓝色素和红色素，广泛应用于印染工业、化妆品和食品等领域。目前对松脂、树脂等野生植物资源也进行了较好的开发，主要开发树脂和生漆，松脂加工成的松香和松节油在轻工业中发挥着重要的作用，生漆是一种高性价比的涂料。

此外，在我国无食用习惯的植物类食物是新食品原料的重要类别，野生植物则是新食品植物原料的重要来源。例如，菊芋块茎和菊苣根是我国新食品原料菊粉的主要原料，菊粉已作为配料成功应用于乳制品、饮料、肉制品、面制品和保健食品等领域。在野生植物资源丰富的津巴布韦，利用规模较大的野生植物之一是辣木。我国的辣木引自印度，其除叶和果实可以食用外，枝、叶可以作为饲料，根、叶可以入药，在食品、医药和化妆品领域具有广阔的应用前景。目前市场上已有辣木叶胶囊、片剂、营养粉和保健茶等多种产品。

总之，野生植物资源的开发利用已成为各地乡村振兴、发挥地方资源优势的重要途径之一。随着科学技术的迅猛发展，我国野生植物利用的种类及开发利用途径将更为广泛。

第三节 野生植物资源开发与利用中存在的主要问题及对策

一、主要问题

1. 资源破坏严重、存在盲目开发现象 部分地区和单位在开发利用野生植物时，缺乏科学技术的指导，片面追求资源的经济价值，忽视其生态价值；注重对现有野生植物资源的利用，却忽视了对资源的保护与建设，采用不适当利用手段，使资源遭到不同程度的破坏。此外，对植物资源的利用缺乏科学的判断和决策，在未探明社会需要量、社会购买力和资源量的情况下，盲目建立大批工业化加工设备或引进大型生产线，导致产品积压或造成设备浪费和经济损失。

2. 综合开发利用不足 我国地域辽阔，野生植物资源十分丰富，蕴藏量大，在长期的研究和开发利用下，部分已开发利用资源的产品已成为当地名优特产，深受消费者喜爱，这为促进当地地方经济发展起到重要作用。但也有众多具有较高经济价值的野生植物尚未利用，而且忽视了每种野生植物资源的多功能综合利用，造成了资源的严重浪费。

3. 精深加工不足 野生植物资源产品的开发往往是在未完善加工工艺技术的情况下投产，未掌握精深度加工相关技术，生产的多为半成品或低端产品，在国内外市场上缺乏竞争力。

二、对策

针对以上情况，我国野生植物资源的开发利用要坚持以市场经济为导向，经济、生态和社会效益并举的指导思想，实施可持续发展战略，充分合理地开发利用我国的野生植物资源。主要措施包括以下几点。

1. 加快专业人才的培养 为了实现科教兴国和人才强国战略目标，要加快专业人才培养力度，大力培养专门从事野生植物资源研究与开发利用方面的专业人才，促进我国野生植物资源开发利用的专业化和产业化。

2. 继续开展野生植物资源深度普查 通过继续深入开展全国性的野生植物资源普查，对各类资源的生长环境、发生历史、分布、面积和生态影响等进行全面调查研究，综合评估各类资源的总体利用价值，建立完备的野生植物资源管理数据库系统和信息管理系统，为后续研究利用提供必要信息。

3. 加强野生植物资源的引种驯化与高效栽培 随着自然环境的不断变化，近年来野生植物资源物种逐渐减少，生物多样性也逐步降低。野生植物资源引种驯化工作的开展势在必行，即通过人工栽培、自然选择和人工选择，使野生植物能够适应本地自然环境和栽种条件，成为满足生产需要的本地植物。例如，在我国中药产业发展过程中，中药材主要来源于野生药用植物，药材质量好，但产量有限，难以满足市场持续扩大的需求，大部分药材要逐步推进规模化栽培与种植。目前我国已在银杏、天麻等药用植物栽培方面取得显著成效，银杏通过栽培年产量已达几千吨；天麻在栽培中获得了较好的开源作用，栽培年产量在 600t 以上，可满足国内草药市场的需求；西洋参和人参通过栽培也能够充分满足市场的供应。

4. 做好精深加工和综合利用 在野生植物资源开发和利用过程中，应利用现代测试手段和分析技术，在提高现有产品质量的基础上，不断拓宽野生植物资源精深加工与综合利用渠道，注重物尽其用，积极开发各种高附加值的精深加工产品，提高产品的竞争力，开拓国内外市场，促使我国野生植物资源利用取得新的发展。例如，利用野生食用植物资源研发特色康养产品。

5. 建立技术创新体系、提高生产技术水平　我国野生植物资源开发利用的整体技术水平不高，应尽快构建具有我国特色的创新体系。例如，积极采用先进的工艺和设备来改变现有企业落后的生产技术，加强技术改造；深化与高校、科研院所的密切合作，加强产学研协同创新，进一步提高我国野生植物资源开发利用的技术水平。

6. 加强资源保护、注重永续利用　我国野生植物资源丰富多样，然而随着人口数量持续增长，人们对野生植物资源的需求不断提高，利用的范围也不断扩大，进而对野生植物资源利用过度，导致生态环境破坏现象更加严重，许多野生植物濒临灭绝。在野生植物资源开发和利用的过程中，应制定切实有效的利用与保护并重的措施，适时适量采集、综合利用，建立符合野生植物加工生产要求的原料基地，科学有效地开发利用野生植物资源。要高度重视对野生植物的保护，严格遵循自然规律，保证生态平衡，使其得到永续利用。同时加强研究，制定科学的发展规划，推进野生植物利用的产业化，进而促进经济更快发展。实践证明，合理开发利用野生植物资源是促进我国乡村振兴、发展农村经济的有效途径之一。此外，还需建立完善的野生植物资源监测体系，提高对重点保护野生植物的监管力度，不断完善相关立法，提高大众对野生植物资源的保护意识，以减少对野生植物资源的破坏，实现人与自然和谐共处。

◆ 第四节　野生植物资源开发与利用研究的基本内容

野生植物资源开发与利用研究采用多学科手段和技术方法研究野生植物资源的种类、特性、用途、采收、贮藏、加工方法，有效成分及其性质、形成、积累和转化规律，有效成分提取、分离和精制的技术方法，以及植物资源的驯化栽培和保护管理等。主要包括以下几个重点研究内容。

一、野生植物资源种类和用途的研究

野生植物资源是从自然界众多植物中划分出来的，对人类生产和生活具有重要作用。我国野生植物资源种类繁多，其利用程度与科技发展和人类对植物的认识程度密不可分。研究野生植物资源种类、形态、结构和功能特点，阐明其用途、利用方法或采收加工技术等是野生植物资源开发与利用研究的重要内容。

二、野生植物资源化学成分的研究

人类多数是利用植物资源含有的各种对人类生产、生活有用的化合物。例如，对于果蔬植物是利用其含有的营养物质；药用植物是利用其对各种疾病具有治疗和预防保健作用的药理活性物质；工业原料植物是利用其鞣质、纤维素、色素、树脂和树胶等物质。因此，对野生植物资源有用成分的挖掘与筛选，以及对其性质、积累和转化规律、提取与分离纯化技术等方面的研究是野生植物资源开发与利用研究的重要内容。

三、野生植物资源驯化栽培的研究

野生植物资源开发与利用研究的重点对象是野生植物资源。然而，野生植物资源在自然界中的贮量是有限的。许多野生植物资源一旦成为重点开发对象，其自然贮量往往很难满足人类的大量需求。在利用过程中常影响其自然更新，造成资源破坏，甚至物种灭绝。为满足人类对重要植物资源的大量需求，保护野生资源、进行驯化栽培研究、建立人工集约化栽培生产基地、筛选具有优良资源特性的品系或品种等是野生植物资源开发利用的必由之路。

四、野生植物资源综合开发利用的研究

野生植物资源丰富，多数具有多种用途，与人类生活密不可分。研究和综合开发利用各类野生植物资源是当前植物资源学科技工作者的首要任务之一。例如，最早开发沙棘主要是由于它是一种营养丰富的野果资源，维生素 A、维生素 B_1、维生素 B_2 和维生素 K 含量较高，之后发现其果实中含有 2000 多种活性物质，沙棘种子油也具有抗疲劳和增强机体活力的作用。目前，利用沙棘原汁、沙棘籽和沙棘叶已研发出沙棘果汁、果茶、果酱、果油、果茶和酵素等系列产品。

五、野生植物资源开发的生物技术应用研究

现代生物技术的应用是植物资源开发利用的重要组成部分。植物资源有用的次生代谢物分布在不同的细胞组织中，应用植物组织培养技术生产有用成分是野生植物资源开发的重要手段。基因工程技术在改造植物优良资源性状和抗逆性等方面得到一定的应用。此外，酶工程技术在野生植物的实际生产中也有应用。利用生物技术能够生产野生植物资源的有效成分，或为栽培提供大量苗木，具有生长速度快、生产周期短、不受季节和气候条件限制、可实现工厂化生产等特点。

六、野生植物资源保护管理与可持续利用的研究

野生植物资源是典型的可更新资源，通过有性和无性繁殖不断产生新的个体，但一个正常的野生植物资源种群的增长能力是一定的，符合生物种群的自然增长规律。由于经济利益的驱使，许多野生植物资源被过度开发，大量的野生植物资源受到不同程度的威胁。因此，植物资源的保护管理与可持续利用理论与技术研究是野生植物资源开发与利用的重要研究内容。保护、开发和利用好丰富的植物资源，对于保护生物多样性及促进植物资源产业的可持续发展具有重要意义。自然界植物的多样性是挖掘新的植物资源种类的物种库，保护植物赖以生存的环境是保护植物资源和潜在资源库的重要途径。

总之，野生植物资源开发利用学研究的领域极为广泛，是多学科的理论、方法和技术手段相互渗透而形成的应用基础理论和应用技术学科。目前，随着科学技术的不断进步和人类对植物认识的不断深入，更多的野生植物已成为或将成为对人类有重要价值的植物资源，野生植物资源开发利用的研究内容将更加广泛和系统，研究方法和手段也将更加成熟和完善。

| 第一章 |
野生植物资源概况

野生植物一般指原生地天然生长的植物。从广义上说，可包括自然生长或人工栽培后长期荒废的各类植物。野生植物既是重要的自然资源，也是不可替代的经济资源和环境要素。中国是野生植物种类最丰富的国家之一，仅高等植物就有 3.6 万余种，居世界前 3 位，其中特有植物高达 1.5 万～1.8 万种，占中国高等植物总数近 50%。特别是我国的药用植物超过 11 000 种，同时拥有大量的作物野生种群及其近缘种，是世界上栽培作物的重要起源中心之一。我国丰富的野生植物资源是油脂、粮食、果蔬、药用、香料、能源、工业、新资源食品等产业的重要原料和物质基础，保护和合理开发利用这些资源，对促进我国经济和社会发展，改善生态环境，缓解资源短缺，保障粮食、能源、药品等的安全，都具有极为重要的战略意义和科学价值。

◆ 第一节 野生油脂植物资源概况

油脂不仅是食物中营养物质的重要组成部分，在医药、化妆、纺织、皮革和油漆等领域也是重要的原料。据统计，世界油脂总产量的近 70% 是植物油脂，其中食用油占 80% 左右，非食用油约占 20%，我国国民食用油的 90% 以上来源于大豆、花生、芝麻、油菜、向日葵等草本油料作物。近十多年来，随着我国人口增加和经济发展，食用油需求量逐年扩增，国家每年须增加食用油进口量和草本油料作物的种植面积，但是在我国目前人多地少、粮食不太充裕的情况下，要拿出更多的耕地来种植油料作物不大可能。因此，因地制宜地合理开发利用野生油脂植物资源意义重大而迫切。

我国自南向北依次为热带、亚热带、暖温带、寒温带，另外还有青藏高寒区域，植被多种多样，植物区系成分复杂，植物种类繁多，我国现已查明的野生油脂植物种类在全球首屈一指。据调查，目前我国油脂植物有 138 科 1174 种，其中含油率在 15% 以上的约 1000 种，含油量在 20% 以上的约 300 种，含油量在 40% 以上的 154 种，含油率 50%～60% 的有 50 余种。这些油脂植物的果实、种子、花粉、孢子、根、茎、叶等部位都可以储油，一般以种子含油量最丰富。

一、野生油脂植物资源的分类与特点

从植物分类学的观点来看，我国野生油脂植物各科（属）含油量的差别极大，我们将果实、果仁、种子或种仁含油量在 20% 以上的科（属）称为富油科（属），反之则称为贫油科（属）。据《中国油脂植物》调查统计，我国的野生油脂植物中大约有 50 个大科（每科包含 100～

1000 个物种），其中有些含 500 种以上的大科中可利用的油脂植物种类并不多，如唇形科（Labiatae）22 种（平均含油量 29%）、玄参科（Scrophulariaceae）3 种（平均含油量 45%）、蔷薇科（Rosaceae）40 种（平均含油量 31%）、伞形科（Umbelliferae）3 种（平均含油量 16%）、毛茛科（Ranunculaceae）6 种（平均含油量 26%），这些科都不能算作富油大科，但某些科中的属，如蔷薇科的李属（*Prunus*）、唇形科的香薷属（*Elsholtzia*）可称为富油属。含 100～500 种的科中包括 6 个富油科：大戟科（Euphorbiaceae）、樟科（Lauraceae）、山茶科（Theaceae）、芸香科（Rutaceae）、葫芦科（Cucurbitaceae）、卫矛科（Celastraceae）。含 10～100 种的中、小科中有 14 个富油科，其中平均含油量为 19%～29% 的有 5 科 57 种，30%～58% 的有 9 科 131 种。

从植物的生活型来看，野生油脂植物可以分为木本、草本和藤本等几大类，其中木本油脂植物多于草本和藤本油脂植物。例如，樟科、茶科、芸香科、卫矛科 4 个富油大科的含油种类多为木本，大戟科有少数草本，葫芦科为草本或藤本。14 个中、小科中仅锦葵科有草本，木本与草本之比约为 3∶10，这主要是由于含油植物中热带或热带起源的区系成分占有优势，它们多半为木本，这也与草本植物种子难以收集、使草本油脂植物难以发现有关。

就资源分布而言，全国各地皆有野生油脂植物的分布，但从相对集中和蕴藏量情况来看，约有 1/4 种类分布于我国北方，3/4 种类分布于南方，其中以西南地区最多，华南、华东和东北地区次之。一个地区油脂植物种类与该地植物种类多寡相关，更主要的是与富油科的分布密切相关。4 个富油大科（芸香科、大戟科、茶科、樟科）的大部分属是热带区系成分，主要分布于热带、亚热带，仅少数属或少数种分布至温带。此外，在讨论油脂植物分布时应特别重视一个事实，北方分布的少数种常有着广大的分布区，如陕西省一年的苍耳子干果产量就高达 1350 万 kg。南方的油脂植物资源一般零星分散，仅少数种集中分布，如香果在云南腾冲市每年可收购 225～275t 果实，这是很少见的情况。

二、我国主要野生油脂植物资源

1. 核桃（*Juglans regia*）（图 1-1）（资源 1-1） 别名胡桃。胡桃科胡桃属。

◎ **形态特征** 乔木，奇数羽状复叶。雄性葇荑花序下垂，雌性穗状花序通常具 1～3（4）雌花。果序短，杞俯垂，具 1～3 个果实，果实近于球状。花期 5 月，果期 10 月。

◎ **地理分布** 分布于中亚、西亚、南亚和欧洲；我国主要分布于华北、西北、西南、华中、华南和华东的平原及丘陵地区。

◎ **生态习性** 喜光，喜温凉气候，较耐干冷，不耐温热，适于阳光充足、排水良好、湿润肥沃的微酸性至弱碱性壤土或黏质壤土。

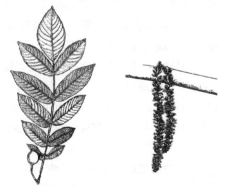

图 1-1 核桃

◎ **化学成分** 果仁脂肪含量为 60%～70%，其中，不饱和脂肪酸约占 90%。脂肪酸主要有棕榈酸、硬脂酸、油酸、亚油酸和亚麻酸 5 种，其中总脂和中性脂类中的亚油酸和油酸的含量分别为 64%～70% 和 13%～16%。富含 Cu、Mg、K、维生素 B_1、维生素 B_6、叶酸、纤维等。含粗蛋白约 22%，其中，可溶性蛋白的组成以谷氨酸为主。

◎ **功能用途** 是干果和核桃油的重要来源，优良的药食同源植物，在油料、干果、药用、板材、染料、水土保持、园林绿化等领域应用广泛。

2. 油茶（*Camellia oleifera*）（图1-2）（资源1-2）　　别名茶子树、茶油树、白花茶。山茶科山茶属。

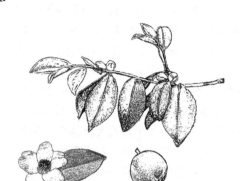

1-2

图1-2　油茶

◎ **形态特征**　灌木或中乔木。叶革质，椭圆形。花着生在枝顶部。蒴果球形或卵圆形。

◎ **地理分布**　我国特有树种，主要分布在浙江、江西、河南、湖南、广西，适生于南方亚热带地区的高山及丘陵地区。

◎ **生态习性**　喜温树种，不耐寒，要求有较充足的阳光和水分。对土壤要求不严格，一般适宜土层深厚的酸性土。

◎ **化学成分**　种子含油率超过30%，不饱和脂肪酸含量约90%，饱和脂肪酸含量7%～11%。其脂肪酸组分中的油酸含量为75%～85%，棕榈酸7%～12%，硬脂酸1%～5%，亚油酸4%～11%。还含有天然维生素E、角鲨烯、多酚、甾醇、茶皂素等生理活性成分。

◎ **功能用途**　油茶在油料、医药、日化、食品、农药、生物炭、园林绿化等领域具有广泛应用，是世界四大木本食用油料植物之一，同时也是中国特有的纯天然高级油料，营养价值非常高。

3. 元宝枫（*Acer truncatum*）（图1-3）　　别名平基槭、华北五角槭、元宝槭。槭树科槭树属。

◎ **形态特征**　落叶乔木。单叶对生，掌状5裂。花小，黄绿色，顶生聚伞花序，4月花叶同放。翅果扁平，形似元宝。

◎ **地理分布**　广泛分布于我国东北、华北地区，西至陕西、四川等省，南至浙江、江西等省。

◎ **生态习性**　耐阴，喜温凉湿润气候，耐寒性强。对土壤要求不严，以湿润、肥沃、土层深厚的土中生长最好。具有深根性而且病虫害较少。

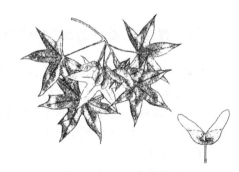

图1-3　元宝枫

◎ **化学成分**　种仁含油率45%～48%，其中不饱和脂肪酸含量可达92%，亚油酸和亚麻酸约53%，神经酸5%～6%。含有25%～27%的蛋白质和9种人体必需氨基酸。叶中含有糖、蛋白质、黄酮、有机酸、单宁、萜和酚等化学成分，所含蛋白质的蛋白酶含量高。

◎ **功能用途**　是集食用油、鞣料、蛋白质、药用、化工、水土保持、特用材及园林绿化观赏多效益于一体的优良经济树种。元宝枫油营养丰富，必需脂肪酸含量高，所含神经酸具有极高的保健作用，可用于炒菜、煎炸食用。

4. 文冠果（*Xanthoceras sorbifolium*）（图1-4）　　别名文冠木、文官果、土木瓜、温旦革子。无患子科文冠果属。

◎ **形态特征**　落叶灌木或小乔木，叶披针形。两性花的雌花序顶生，雄花序腋生，总花梗短。蒴果长达6cm，种子长达1.8cm，黑色且具光泽。花期春季，果期秋初。

◎ **地理分布**　分布于我国北部和东北部。在丘陵、山坡等处散生。

◎ **生态习性**　喜阳，耐半阴，适应多种土壤，耐瘠薄、盐碱，耐寒、耐旱能力极强，不耐涝、怕风，在排水不好的低洼地区、重盐碱地和未固定沙地不宜栽植。

◎ **化学成分**　种仁中脂肪含量可达 55% 以上，富含多种脂肪酸；文冠果油中不饱和脂肪酸含量达 90%，其主要组成成分中亚油酸约 45%、油酸约 30%、芥酸约 9%。种仁中蛋白质含量 23%～26%，总碳水化合物含量 8%～9%，果实中皂苷含量约为 0.5%，另外还含有 18 种氨基酸、胡萝卜素、维生素 B_1、维生素 B_2、维生素 E，以及 Fe、Zn、Ca、Mg、Na 等 18 种矿质元素。

图 1-4　文冠果

◎ **功能用途**　具有榨油、药用、能源、水土保持、绿化等多种功能。文冠果油是二级食用植物油，其高含量的不饱和脂肪酸对软化血管、预防心脑血管疾病均有显著疗效。

5. 长柄扁桃（*Amygdalus pedunculata*）（资源 1-3）　别名长梗扁桃、布衣勒斯、柄扁桃。蔷薇科桃属。

1-3

◎ **形态特征**　灌木，枝开展，具大量短枝，短枝上的叶密集簇生，一年生枝上的叶互生；叶片椭圆形或倒卵形。花单生。果实近球形或卵球形。花期 5 月，果期 7～8 月。

◎ **地理分布**　分布于蒙古、俄罗斯西伯利亚，以及我国内蒙古、宁夏、黑龙江、辽宁等地。

◎ **生态习性**　喜光、耐寒、抗旱，喜生于干旱草原及荒漠草原地带的固定沙地、石砾质阳坡、山麓等地。

◎ **化学成分**　种仁中油脂含量 40%～60%，不饱和脂肪酸约 97%，油酸约 76%，亚油酸约 22%，总糖约 9%，粗蛋白约 25%；富含维生素 B、维生素 C、维生素 E、维生素 B_2、维生素 B_6 等维生素和 K、Mg、Ca、P、Na 等矿质元素，且含有 18 种氨基酸。

◎ **功能用途**　具榨油、药用、能源、活性炭、绿化、饲料等多种用途。种仁油脂中不饱和脂肪酸含量为现有食用植物油中最高，其油酸、亚油酸、亚麻酸三种成分的比例与橄榄油类似，为优质的食用油。

6. 山桐子（*Idesia polycarpa*）（资源 1-4）　别名水冬瓜、水冬桐、椅桐等。大风子科山桐子属。

1-4

◎ **形态特征**　落叶乔木。叶卵形或心状卵形。花单性，黄绿色，有芳香，花瓣缺，顶生下垂圆锥花序。成熟期浆果紫红色，扁圆形，果梗细小，种子红棕色，圆形。花期 4～5 月，果期 10～11 月。

◎ **地理分布**　主要分布于朝鲜、日本的南部，以及我国甘肃、陕西、山西、河南、台湾等地。

◎ **生态习性**　喜光，不耐阴。喜深厚、潮润、肥沃、疏松的酸性或中性土壤。

◎ **化学成分**　果实含油率高，干果含油率 35%～41%。油中不饱和脂肪酸含量 82% 以上，其中亚油酸可达 66% 以上。油中还含有生育酚、β-谷甾醇、维生素 E 和角鲨烯等多种生物活性成分。

◎ **功能用途**　是一种含油率非常高的木本油料树种，素有"树上油库"的美誉，具榨油、药用、能源、绿化、工业原料和水土保持等功能。山桐子油品质好，是良好的食用油、保健油和工业用油原料，用途广泛。

7. 油桐（*Vernicia fordii*）（**图 1-5**）别名油桐树、桐油树、桐子树、光桐、三年桐。大戟科油桐属。

图 1-5 油桐

◎ **形态特征** 落叶乔木。叶卵圆形，顶端短尖，基部截平。花瓣白色，有淡红色脉纹，倒卵形。花期 3～4 月，果期 8～9 月。

◎ **地理分布** 产于越南，以及我国陕西、河南、江苏等地。通常分布于海拔 1000m 以下丘陵山地。

◎ **生态习性** 喜温暖湿润气候，怕严寒，能耐冬季短暂低温（−10℃～−8℃）。

◎ **化学成分** 种仁含油率 60%～70%，油脂含大量不饱和脂肪酸和少量饱和脂肪酸，桐油为甘油三酯的混合物，大体由桐酸、亚油酸、油酸、硬脂酸、棕榈酸和亚麻酸组成，含量范围依次为 75%～88%、5%～93%、3%～10%、1%～4%、1%～3%、0.2%～0.8%。油桐种子粗蛋白含量约为 37%，主要含有 17 种氨基酸，必需氨基酸约占氨基酸总量的 34%。

◎ **功能用途** 为我国重要的工业油料植物，与油茶、核桃、乌桕并列为我国四大木本油料树种，桐油是一种非常优良的生物质燃料油。油桐在榨油、能源、药用、化工、饲料、肥料等方面有着广泛应用。

8. 油用牡丹（*Paeonia suffruticosa*）别名富贵花、百两金、洛阳花、鹿韭等。芍药科芍药属。

◎ **形态特征** 落叶灌木。常为二回三出复叶，偶尔近枝顶的叶为 3 小叶。花单生枝顶，花瓣 5，或为重瓣，玫瑰色、红紫色、粉红色至白色，倒卵形，花丝紫红色、粉红色，上部白色，花药长圆形。花期 5 月，果期 6 月。

◎ **地理分布** 分布于山东、河南、甘肃、四川、云南北部、陕西等。

◎ **生态习性** 喜温暖、凉爽、干燥、阳光充足的环境，耐半阴，耐寒，耐干旱，耐弱碱，不耐涝和高温，怕烈日直射。喜深厚肥沃、疏松、排水性良好土壤，不宜酸性或黏重土壤。

◎ **化学成分** 籽产油率可达 29%，不饱和脂肪酸总量可达 97%，亚麻酸可达 72%。牡丹籽含有齐墩果酸、白藜芦醇、β-胡萝卜苷、β-谷甾醇、山奈酚等多种化学活性成分。籽油中还有维生素 E、甾醇、角鲨烯等不皂化物及 Ca、Na、Fe 等矿质元素。

◎ **功能用途** 具有榨油、保健、观赏、药用、日化、饲料等功能。牡丹籽油营养成分丰富，既能作食用油和调料，又可作为保健品和化妆品的原料，具有重要的保健和医用价值。牡丹籽粕可作平菇培养基质和饲料。牡丹花可制成牡丹花汁饮料和牡丹花茶等产品。

9. 油莎豆（*Cyperus esculentus*）别名油莎草、铁荸荠、洋地栗。莎草科莎草属。

◎ **形态特征** 茎叶丛生，分蘖力极强，茎三棱形，由叶片包裹而成，单叶互生，茎果呈椭圆形，具节和鳞片。少数植株开花，花两性，每穗具 8～30 朵花。

◎ **地理分布** 原产北非及地中海沿岸一带，1960 年引入我国，后在内蒙古、辽宁、广东、广西、甘肃等地试种成功。

◎ **生态习性** 属阳性植物，喜光、耐涝、抗旱，对土壤的适应性广，耐瘠、耐盐碱能力强。

◎ **化学成分** 含油率一般在 20%～25%，单不饱和脂肪酸含量 70%～77%，多不饱和脂肪酸 9%～13%。饱和脂肪酸中含量最高的为棕榈酸（12%～13%），同时含有约 60% 的淀粉、13%的粗纤维、6% 的蛋白质，还含有有机酸、甾类化合物、萜类等活性成分。

◎ **功能用途** 有"油料植物之王"的美誉，具有榨油、食用、饲料、饮料、能源、药用等功能。其油脂的不饱和脂肪酸含量高，含丰富的蛋白质和氨基酸，营养价值极高，是上等的食用油。榨油后的饼粕可制作糕点，也可提取优质淀粉、糖和纤维素，提取后的残渣是养殖业中质量很高的饲料。

10. 光皮树（*Cornus wilsoniana*）（资源 1-5）　　别名光皮梾木、斑皮抽水树。山茱萸科梾木属。

1-5

◎ **形态特征**　落叶乔木，树皮灰色至青灰色，块状剥落。叶对生。顶生圆锥状聚伞花序，花小，白色。核果球形。5 月开花，10～11 月结果。

◎ **地理分布**　分布于陕西、甘肃、浙江、江西、福建、河南等地。在海拔 130～1130m 的森林中都有分布。

◎ **生态习性**　喜光，耐寒，喜深厚、肥沃而湿润的土壤，在酸性土及石灰岩土生长良好。

◎ **化学成分**　果实（带果肉）含油量在 30% 以上，全果油由 40% 亚油酸、28% 油酸、24% 棕榈酸和 3% 亚麻酸等近 10 种脂肪酸组成。其中果肉含油率 52%～55%；种子含油率约 15%，籽油含不饱和脂肪酸 78%，其中油酸 38%、亚油酸 39%。

◎ **功能用途**　在榨油、能源、化工、饲料、材用、园林绿化等领域应用广泛。果肉和种仁油脂含量较高，而且具有较高的食用价值，其中的亚油酸有显著降低胆固醇、防止血管硬化和预防冠心病的作用，也是目前发现的较好的生物质液体燃料植物之一。木材坚硬，纹理致密美观，为家具及农具的良好用材。

◆ 第二节　野生粮食植物资源概况

我国对野生粮食植物的利用有着悠久的历史，它们在人类生活中曾经起过重要作用，特别是在饥荒年代，其作为粮食替代品而格外受到珍惜。随着我国人口数量的增长、耕地面积的减少、养殖业的发展及人们对食品质量要求的提高，粮食的供需矛盾日益突出，仅靠现有粮食作物已难以解决粮食安全与耕地资源间的平衡问题。因此，必须面向全部可食用粮食植物资源，大力开发可利用的野生粮食植物。

一、野生粮食植物资源的分类与特点

"野生粮食植物"一词没有明确的定义。习惯上把在饥荒年代能够用来充饥的野生植物称为野生粮食植物，如栗、枣、柿等。这类植物体某个 / 些部分（果、种子、根、皮、叶、花等）含有较多淀粉、单糖、低聚糖或蛋白质，可以代替粮食食用、作饲料或工业原料。其依据主要化学成分的不同可分为三大类：第一类是淀粉植物，利用部分以含淀粉为主，如板栗、山药、银杏、青稞等；第二类是糖料植物，利用部分以含糖（单糖、低聚糖等）为主，如枣、柿、构树（叶）、醋栗等；第三类是蛋白质植物，其利用部分含有较多蛋白质，如仁用杏、腰果、榛子等。其依据食用部位的不同可分为两大类：一类是坚果类粮食植物，利用部位为果实或种子，如栎类植物、仁用杏、银杏等；另一类是根、茎类粮食植物，利用部位为其块根或块茎，如魔芋、薯蓣、野葛等。其依据生活型的不同可分为三大类：第一类是木本粮食植物，如枣、栎类、仁用杏、银杏等；第二类是草本粮食植物，以禾本科植物为主，如青稞、燕麦、荞麦等；第三类是藤本植物，如山药、野葛等。

我国的野生粮食植物主要有以下两个特点：①资源丰富、分布广泛。我国野生粮食植物种

类繁多，资源丰富，其中仅木本粮食树种就有500余种，如我国约有柿属植物58种，均可食用，其中8种具有经济栽培意义。又如，我国300多种栎类植物，从海拔10m的南方丘陵到海拔3000m的云贵高原、青藏高原均有分布。②营养价值高。野生粮食植物富含淀粉、蛋白质、单糖、低聚糖、维生素、胡萝卜素及人体不可缺少的矿质元素（Mg、Zn、Ge等），且无污染，具有保健作用和独特的食疗作用。例如，松花粉中含有200多种对人体有益的物质，其中包含大量抗氧化成分，对易疲劳的中老年人或从事超强体力工作者十分有益；百合、黄精等淀粉含量在55%～70%，大大超过薯类淀粉含量，野葛块根中淀粉含量在19%～20%。

二、我国主要野生粮食植物资源

1-6

1. 板栗（*Castanea mollissima*）（图1-6）（资源1-6）　　别名栗子、毛栗、魁栗。壳斗科栗属。

图1-6　板栗

◎ **形态特征**　乔木。叶椭圆至长圆形。花3～5朵聚生成簇。成熟壳斗的锐刺有长有短，坚果高1.5～3.0cm，宽1.8～3.5cm。花期4～6月，果期8～10月。

◎ **地理分布**　分布于越南沙坝地区，以及我国除青海、宁夏、新疆、海南等少数地区之外的南北各地。

◎ **生态习性**　喜光，对气候土壤条件的适应范围较为广泛，根系发达，具深根性，较抗旱，耐瘠薄。

◎ **化学成分**　果实富含蛋白质、脂肪、维生素及矿质元素。其淀粉含量为51%～70%，蛋白质含量为5%～11%，脂肪含量为2%～7%，维生素C含量约20mg/100g，富含K、Mg、Ca、Fe、Cu、Zn、Mn等元素。

◎ **功能用途**　板栗淀粉含量较高，营养丰富，普遍作为粮食作物用于食品加工，板栗具有甜、香、糯的独特风味，生食、炒食皆宜，喷香味美，可磨粉，也可制成多种菜肴、糕点和罐头食品等。

2. 山药（*Dioscorea polystachya*）　　学名薯蓣，别名淮山药、土薯、玉延、山芋、野薯、白山药等。薯蓣科薯蓣属。

◎ **形态特征**　缠绕草质藤本。块茎长且呈圆柱形，垂直生长，长达1m以上。茎为紫红色。单叶，卵状三角形至宽卵形或戟形。雌雄异株。花期6～9月，果期7～11月。

◎ **地理分布**　分布于河南、安徽淮河以南、江苏、甘肃东部和陕西南部等地。

◎ **生态习性**　短日照、喜温作物。喜疏松、肥沃、土层深厚的土壤。具有耐旱性，但不耐涝，砂质土和壤土的最佳含水量为18%左右。

◎ **化学成分**　块茎淀粉含量较高，干山药中淀粉含量可达59%～93%，蛋白质含量约10%，包含至少17种氨基酸，含有多种维生素和Ca、P、Mg、K、Na等矿质元素。山药素、多糖、胆碱、尿囊素、皂苷等活性成分含量也较丰富。

◎ **功能用途**　是我国常见粮食作物之一，为传统的药食同源性植物，具有一定药用价值。可作为酿酒、制糖业生产原料，可单独蒸、煮食用或作配菜食用，也可制成各类糕点和甜品。

3. 仁用杏（*Armeniaca*）（资源1-7）　　仁用杏是以杏仁为主要产品的杏属果树的总称，主要包括生产甜杏仁的大扁杏和生产苦杏仁的各种山杏（西伯利亚杏、辽杏、藏杏和普通杏的野生类型）。

1-7

◎ **形态特征** 落叶乔木。叶芽和花芽并生，叶柄常具腺体。花常单生，先于叶开放，花瓣 5。核果有明显纵沟，外被短柔毛。杏仁分为苦杏仁和甜杏仁两类：苦杏仁呈扁心形，长 1.0～1.9cm，宽 0.8～1.5cm，厚 0.5～0.8cm，味苦；甜杏仁颗粒大，壳纹较粗，淡黄色，尖端略歪，味甘。

◎ **地理分布** 国外分布于蒙古东部和东南部、苏联远东和西伯利亚。国内分布以秦岭和淮河为界，淮河以北杏渐多，如新疆、河北等地。

◎ **生态习性** 阳性树种，具有深根性，适应性强，有较强的耐旱、抗寒和抗风能力，寿命长，在低山丘陵地带是主要的栽培果树。

◎ **化学成分** 含有丰富的脂肪、总糖及蛋白质，糖类含量约 10%，脂肪 50%～60%，蛋白质 11%～27%，包含 17 种氨基酸，其中有 8 种人体必需氨基酸，还富含维生素 C、维生素 E、核黄素等，以及 K、Ca、Na、Mg、Fe、Zn 等矿质元素。

◎ **功能用途** 具有较高的营养价值，可直接食用或加工生产杏仁油。杏仁油不仅是优良的食用油，还能用作高级润滑油，是制造高级化妆品的原料。

4. 枣（*Ziziphus jujuba*）（图 1-7） 别名枣子、大枣、刺枣、贯枣。鼠李科枣属。

◎ **形态特征** 落叶小乔木，稀灌木。叶纸质，卵状椭圆形或卵状矩圆形。花黄绿色，两性，单生或 2～8 个密集成腋生聚伞花序。核果矩圆形或长卵圆形，成熟时红色，后变红紫色，中果皮肉质厚，味甜。花期 5～7 月，果期 8～9 月。

◎ **地理分布** 广泛分布于我国各地，在海拔 1700m 以下的山区、丘陵或平原都有分布。

◎ **生态习性** 喜温喜光树种，具有较强的耐旱、耐涝能力，对土壤适应性强，耐贫瘠、耐盐碱的能力较强。

◎ **化学成分** 干果中多糖含量超过 85%，膳食纤维含量 9%～13%。蛋白质含量约 3%，包含苏氨酸、脯氨酸、组氨酸等 19 种氨基酸，含有丰富的环磷酸腺苷、三萜类化合物、黄酮类化合物、维生素 C 等活性物质，还含有多种维生素及 Ca、P、Fe、K、Na、Cu 等矿物质。

图 1-7 枣

◎ **功能用途** 是重要的食品及食品加工原料，具有一定的保健和药理作用。干制枣是其主要利用途径，枣泥可制作各种糕点、饼干、饮品等。

5. 柿（*Diospyros kaki*）（图 1-8） 柿科柿属。

◎ **形态特征** 落叶乔木。叶纸质，卵状椭圆形至倒卵形或近圆形。花雌雄异株，聚伞花序。果形有球形、扁球形等。种子褐色，椭圆状，侧扁。花期 5～6 月，果期 9～10 月。

◎ **地理分布** 原产我国长江流域，现在辽宁西部、长城一线经甘肃南部，折入四川、云南，在此线以南，东至台湾省，各地多有分布。

◎ **生态习性** 深根性树种，喜温暖、阳光及深厚、肥沃、湿润、排水良好的土壤，适中性土壤，较能耐寒、耐瘠薄，抗旱性强，但不耐盐碱土。

图 1-8 柿

◎ **化学成分** 果实中淀粉和糖的含量较高，还包含一定量的蛋白质、维生素、黄酮类物质，以及 Ca、P、Mg、Fe 等矿质元素，尤其胡萝卜素、维生素 C 和多酚含量较高。未成熟的柿含有大量鞣质，其主要成分是花白苷。

◎ **功能用途** 果实具有一定药理作用，脱涩后可直接食用，也可加工制成柿饼、柿酒、柿醋等多种产品。柿饼可润脾补胃，润肺止血。

6. 青稞（*Hordeum vulgare*）（资源 1-8） 别名裸大麦、元麦。禾本科大麦属。

1-8

◎ **形态特征** 一年生草本。三秆直立，叶鞘光滑，两侧两叶耳。穗状花序成熟后黄褐色或紫褐色，颖线状披针形，外稃先端延伸为长 10~15cm 的芒，两侧具细刺毛。

◎ **地理分布** 主要分布在西藏、青海、四川、云南等高海拔地区。

◎ **生态习性** 对寒冷和贫瘠适应性强，苗期能经受 -10℃ 左右的低温，乳熟期仍能抵御 -1℃ 的低温。一般 3~5 月播种，7~9 月收割。

◎ **化学成分** 具有高蛋白质、高纤维、高维生素、低脂肪、低糖等特点。籽粒中含淀粉 40%~68%，蛋白质 6%~21%，粗脂肪 1%~3%。可溶性纤维和总纤维含量也较高，还含有 Ca、Fe、Cu、Zn 等矿质元素。

◎ **功能用途** 是粮食加工、制作酒曲的原料，在制糖工业、制药工业、精制饲料等领域也有应用。青稞米口感细腻，经简单蒸煮后可食用。青稞面富含膳食纤维及 β-葡聚糖等营养物质，是一种具有保健功效的特色面食。

7. 穿龙薯蓣（*Dioscorea nipponica*） 别名穿地龙、串地龙、穿山龙、穿龙骨。薯蓣科薯蓣属。

◎ **形态特征** 多年生缠绕草质藤本植物。根状茎横走，呈稍弯曲的圆柱形，长可达 60cm 以上，表面棕色，折断面白色，具黏液。叶对生，或三叶轮生，心形或箭头形。穗状花序白色，单性花，雌雄异株。蒴果，具三棱翅状。花期 7~8 月，果期 9~10 月。

◎ **地理分布** 广泛分布于我国南北各地。

◎ **生态习性** 野生于山腰河谷两侧半阴半阳的山坡灌丛中，或沟边、稀疏杂木林内、林缘。对土壤要求不高，适应性强，耐寒耐旱，多分布于海拔 100~1700m 地区。

◎ **化学成分** 地下茎富含 45%~50% 的淀粉，40%~50% 的纤维素，以及多种氨基酸、矿质元素、维生素等。活性成分主要为甾体皂苷类，包括薯蓣皂苷、纤细皂苷和水溶性皂苷。

◎ **功能用途** 具有较高的经济价值和医用价值，其产值是普通粮食作物的 10~20 倍。根茎入药，有镇咳、平喘、祛痰、改善心血管功能等多种药理作用。

8. 榛子（*Corylus heterophylla*）（图 1-9） 桦木科榛属。

◎ **形态特征** 灌木或小乔木。果形似栗子，外壳坚硬，果仁肥白而圆，有香气。平榛扁圆形，皮厚外表光滑；毛榛为锥圆形，皮薄有细微茸毛。

◎ **地理分布** 分布于欧洲和亚洲西部，以及我国小兴安岭地区。

◎ **生态习性** 生于海拔 200~1000m 的山地阴坡灌丛中，抗寒性强，较为喜光和湿润气候，充足的光照能促进其生长发育和结果。

◎ **化学成分** 果仁含油量为 47%~68%，且脂肪酸中多为不饱和脂肪酸，蛋白质含量约占 23%，淀粉约 7%，还含有丰富的维生素 A、维生素 B、维生素 E（36%）及 Ca、P、Fe 等矿质元素。

图 1-9 榛子

◎ **功能用途** 榛仁可应用于糖果点心、医药及香料制造业中。榛仁油是优良的食用油和工业用油。油粕可作饲料、肥料。果壳、果苞、叶片含单宁，可制栲胶。由榛子提取的制剂具有消炎、防腐和扩张血管的作用。

9. **银杏**（*Ginko biloba*）（资源 1-9） 银杏科银杏属。

◎ **形态特征** 落叶大乔木。叶互生，扇形，雌雄异株。种子核果状，具长梗，下垂，椭圆形、长圆状倒卵形、卵圆形或近球形。

◎ **地理分布** 在我国主要分布于山东、江苏、四川、河北、湖北和河南等地。

◎ **生态习性** 适于生长在水热条件比较优越的亚热带季风区。

◎ **化学成分** 种子富含氢氰酸、组氨酸、蛋白质等营养成分。每100g白果约含蛋白质6.4g，脂肪2.4g，碳水化合物36g，胡萝卜素320μg，核黄素50μg，还含有粗纤维、白果醇、白果酚、白果酸，以及矿质元素Ca、P、Fe等。

◎ **功能用途** 兼具药食、生态及经济价值，在食品行业广泛添加应用，已开发出银杏果茶、白果蜜饯、银杏叶保健口服液等产品。银杏还具有耐缺氧、抗疲劳和延缓衰老的作用。

10. **魔芋**（*Amorphophallus rivieri*）（图1-10）（资源1-10） 别名磨芋、鬼芋等。天南星科魔芋属。

◎ **形态特征** 多年生草本植物，地下块茎扁圆形，直径可达25cm以上。

◎ **地理分布** 主要产于东半球热带、亚热带，中国为原产地之一，四川、湖北、云南、贵州等地山区均有分布。

◎ **生态习性** 生长需要一些特殊、苛刻的自然条件，如海拔在600m以上，阳光、雨水充足，气候不宜太热太冷，对土质等都有一定的要求。

◎ **化学成分** 块茎中淀粉含量40%～45%，蛋白质7%～8%，包含16种氨基酸，其中必需氨基酸有7种。

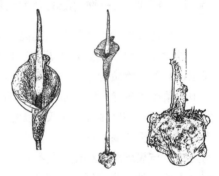

图1-10 魔芋

块茎中含多种维生素和K、P、Se等矿质元素，还含有单糖、多糖和粗纤维。精粉含多糖（葡甘露聚糖）48%～65%。

◎ **功能用途** 具有较高食用价值和减肥、降脂、治病等功效，块茎可加工成食用魔芋粉、魔芋豆腐、挂面、面包等多种食品。

第三节 野生果蔬植物资源概况

我国地域辽阔，气候多样，野生果蔬植物资源种类繁多，蕴藏量大，分布区域广泛。其特性总体表现为纯天然、少污染、风味独特、营养丰富、长期适应环境、抗性强而全面等。20世纪80年代以来，我国可食野生果蔬资源的开发价值逐渐受到了重视，以野生果蔬为原料的食品加工企业应运而生，生产的系列产品也逐渐推向了国内外市场，显示出了巨大的发展潜力。

一、野生果蔬植物资源的分类与特点

（一）野生果树植物资源的分类与特点

我国是世界上最重要的果树起源中心之一，野生果品分布广，资源丰富，种类多样，生长

在无污染无公害的山野,可称为天然绿色健康食品,逐渐被广泛关注和开发利用。野生水果的营养价值主要在于其含有丰富的优质蛋白质、脂肪、糖类、维生素和各种矿质元素等成分,且不同种类各有特色,所含物质多样,具有很高的食用价值和药用价值。

按照植物分类学的划分方法,我国果树有 81 科 223 属 1282 种 161 亚种、变种和变型,其中蔷薇科的种最多,达 434 种,其次是猕猴桃科 63 种,虎耳草科 54 种,山毛榉科 49 种。在属中以悬钩子属最多,达 196 种。根据果实结构的不同可将果树分为仁果类、核果类、浆果类、坚果类和柑果类五大类:①仁果类的特点是果实由花托和子房共同发育而成,称假果,其食用部分主要是肉质的花托,如苹果、梨、山楂、枇杷等;②核果类的特点是果实由子房发育而成,外果皮薄,肉果皮木质化为硬核,中果皮肉质,为食用部分,如桃、李、樱桃、橄榄等;③浆果类的特点是果实多浆汁,种子小而多,散布在果肉内,如猕猴桃、葡萄等;④坚果类的特点是果实外面多具坚硬的外壳,食用部分多为种子,含水分少,统称干果,如核桃、板栗等;⑤柑果类的特点是外果皮革质,中果皮海绵状,内果皮形成的多汁瓤瓣是食用部分,果皮常含有芳香物质,如橘、柚、橙、柠檬等。

(二)山野菜植物资源的分类与特点

人们随着生活水平的不断提高,当今的饮食类型已由温饱型向营养型、功能型转化,不仅要求饮食无污染,而且追求营养、口感、风味和功能,山野菜以其较高的价值重新引起重视。我国山野菜植物资源丰富,原料易得,四季均有,且蕴藏量大,开发利用价值较高。种类繁多的山野菜风味各异,每个品种都有自己独特的"个性"。①种类多、分布广:目前我国常被采食的山野菜多达 100 多种。②天然无公害:自然生长,无农药、化肥、城市污水及工矿废水的污染。③营养价值高:富含糖、蛋白质、胡萝卜素、多种维生素、矿质元素及纤维素等。④独特的野味:与栽培蔬菜相比,具有截然不同的野味和清香。⑤具有医疗功效:几乎所有的山野菜均可入药,对一些疾病具有疗效,如马齿苋对痢疾杆菌、大肠杆菌等有较强的抑制作用,被称为"天然抗生素"。

山野菜植物在分类群、生活类型、生长环境、分布、可食部位及食用方法等方面均有显著的多样性特征。按植物的分类学属性分类,山野菜植物最常用的分类阶层为科和属。例如,菊科山野菜隶属于菊科,如蒲公英、曲麻菜等。按植物的生活型分类,山野菜资源可分为木本和草本山野菜。木本山野菜还可以继续分为乔木和灌木山野菜,而草本山野菜可分为一年生、二年生及多年生草本山野菜,例如,刺嫩芽属五加科刺灌木或小乔木的嫩芽;猫爪子,也叫展枝唐松草,是毛茛科唐松草属多年生草本植物。按植物的食用部位分类(也是国内对山野菜分类经常采用的方法),山野菜可分为以下 7 类。①苗菜类:包括幼苗或嫩芽阶段可作山野菜的种类,一般在幼苗出土长出数片基叶后连根采挖,如车前草、蒲公英、白蒿等。②芽菜类:指木本植物的芽的部分可作山野菜的种类,采摘幼嫩的叶柄或拳卷的幼叶,如蕨菜、胡枝子、五味子等。③茎叶菜类:幼嫩状态的嫩叶、嫩茎或嫩茎叶部分可作蔬菜的种类,如扫帚苗、田葛缕子、齿果酸模。④根菜类:包括根及地下变态器官部分可作蔬菜的种类,如牛黄根、桔梗、地笋、野山药等。⑤花菜类:包括花和花序部分可作蔬菜的种类,如刺槐花、蜡梅花、柿花等。⑥果菜类:包括果实部分可作山野菜的种类,如酸枣、越橘、山葡萄等。⑦蕨菜类:包括蕨类植物,如分株紫萁、猴腿蹄盖蕨、多齿蹄盖蕨、问荆和荚果蕨等。在以可食部位为分类依据时,同一种植物常可归入两个或更多的类型中,如黄精的幼苗和根状茎都可作蔬菜,可归入苗菜类和根菜类。

二、我国主要野生果蔬植物资源

1. 刺梨（*Rosa roxburghii*）（图 1-11）（资源 1-11） 别名缫丝花、茨梨、刺蘑、山刺梨、文光果等。蔷薇科蔷薇属。

1-11

◎ **形态特征** 开展灌木，小叶片常椭圆形或长圆形。花单生或 2～3 朵，生于短枝顶端。果扁球形，直径 3～4cm，绿红色，外面密生针刺。花期 5～7 月，果期 8～10 月。

◎ **地理分布** 分布于日本，以及我国陕西、甘肃、江西、安徽、浙江、福建等地。

◎ **生态习性** 喜温暖湿润、阳光充足的环境，适应性强、耐寒、耐阴，对土壤要求不高，肥沃的砂壤土最佳。

◎ **化学成分** 果实富含碳水化合物、多种维生素、18 种氨基酸，以及 Zn、Mn、Cu、Fe 等 10 多种

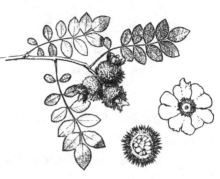

图 1-11 刺梨

矿质元素，还富含刺梨多糖、刺梨黄酮、超氧化物歧化酶（SOD）和刺梨多酚。其维生素 C 含量 2054～2725mg/100g，维生素 P 含量 5980～12 895mg/100g。

◎ **功能用途** 被誉为"长寿果"，可加工成刺梨糖果、果脯、罐头、果酱、糕点、茶等食品。刺梨鲜果榨汁，可制作刺梨原汁、浓缩汁及刺梨复合果汁，另外还有刺梨果酒、果醋、酸奶等产品。

2. 拐枣（*Hovenia acerba*）（图 1-12）（资源 1-12） 别名枳椇子、鸡爪李、龙爪、万寿果等。鼠李科枳椇属。

1-12

◎ **形态特征** 落叶乔木。叶互生。二歧式聚伞圆锥花序，顶生和腋生，被棕色短柔毛，花两性。浆果状核果近球形，成熟时黄褐色或棕褐色。花期 5～7 月，果期 8～10 月。

◎ **地理分布** 分布于日本、朝鲜，以及我国多数省份。

◎ **生态习性** 除一年生小苗怕烈日暴晒外，均喜充足阳光，具耐阴性。人工栽培拐枣，应选择排水良好、不易积水、阳光充足的地区。

图 1-12 拐枣

◎ **化学成分** 果实含总糖 19%～29% 和可溶性糖 15%～19%；蛋白质 3%～4%；粗脂肪 0.3%～0.8%；含有 19 种有机酸，其中以苹果酸为主，约占有机酸总量的 23%。果实还含有丰富的维生素 B_1、维生素 B_2、维生素 C、胡萝卜素，以及 K、Ca、Mg、Na、Fe 等矿质元素。

◎ **功能用途** 果实中含有多糖、黄酮类等重要保健功能因子，具有增强免疫力、抗氧化、抗肿瘤、降血脂等功效。果梗既可榨汁，又可开发成糕点、茶叶、酒、醋等食品、饮品和调味品。

3. 沙棘（*Hippophae rhamnoides*）（图 1-13） 别名醋柳、黄酸刺、酸刺柳、黑刺、酸刺。胡颓子科沙棘属。

图 1-13 沙棘

◎ **形态特征** 落叶灌木或乔木。棘刺顶生或侧生，单叶近对生。果实圆球形，种子小，阔椭圆形至卵形，有时稍扁。花期 4～5 月，果期 9～10 月。

◎ **地理分布** 分布于我国河北、内蒙古、山西、陕西、甘肃、青海、四川西部。

◎ **生态习性** 喜光，耐寒，耐酷热，耐风沙及干旱气候，对土壤适应性强，多生于砾石或砂壤土或黄土。

◎ **化学成分** 果实富含多种生物活性物质，如异鼠李素、异鼠李素-3-O-β-D-葡糖苷、异鼠李素-3-O-β-芸香糖苷等。还含维生素 A、维生素 B_1、维生素 B_2、维生素 C、维生素 E 及去氢抗坏血酸、叶酸、胡萝卜素等。

◎ **功能用途** 果实抗氧化能力极强，作为药食两用植物，具有降血糖、抗肿瘤、抗炎等多种药理功效，在食品、医药、保健品、化妆品及饲料等领域均有广泛应用。果实可以鲜食，叶可制作保健茶。

4. 笃斯越橘（*Vaccinium uliginosum*） 别名蓝莓。杜鹃花科越橘属。

◎ **形态特征** 小灌木。叶互生。花单生或 2～3 朵，绿白色。果实球形或椭圆形，蓝黑色，外挂白霜。花期 6 月，果期 7～8 月。

◎ **地理分布** 亚洲东部和北部、欧洲、北美洲均有分布；我国分布于大兴安岭北部、吉林长白山。

◎ **生态习性** 耐水湿，喜光，常生于满覆苔藓的沼泽地或湿润山坡及疏林下。

◎ **化学成分** 每 100g 鲜果中约含碳水化合物 6g，蛋白质 0.27g，柠檬酸、苹果酸等有机酸 2.3g，胡萝卜素 0.25mg，维生素 C 可达 53mg。还含有 19 种氨基酸，包括 8 种人体必需氨基酸，以及 Ca、P、Fe、Zn、Se 等矿质元素。

◎ **功能用途** 果实中含有花色苷类物质，为保健食品及药物原料，具有抗氧化、抗衰老、提高免疫力、减轻视觉疲劳等功效。果可鲜食，更多的是作为原料用于加工焙烤食品、罐头、奶酪、果汁、酿酒等。

1-13

5. 猕猴桃（*Actinidia chinensis*）（资源 1-13） 别名羊桃、红藤梨、白毛桃等。猕猴桃科猕猴桃属。

◎ **形态特征** 大型落叶藤本。果黄褐色，近球形、圆柱形、倒卵形或椭圆形，被茸毛、长硬毛或刺毛状长硬毛，成熟时秃净或不秃净，具小而多的淡褐色斑点。

◎ **地理分布** 广布于中国长江流域，北纬 23°～24° 的亚热带山区。

◎ **生态习性** 喜光，怕暴晒，喜土层深厚、肥沃、疏松的腐殖质土和冲积土，不耐涝。

◎ **化学成分** 果肉富含维生素 C（100～420mg/100g）、有机酸、氨基酸、矿质元素、糖、蛋白质，以及猕猴桃碱、酚类化合物、类胡萝卜素、类黄酮等活性成分。

◎ **功能用途** 果实富含维生素 C，营养成分丰富，具有降低血液中胆固醇及甘油三酯水平的功能，还可治疗消化不良。在保健食品、医学和美容护肤品领域具有广泛的前景和用途。

1-14

6. 香椿（*Toona sinensis*）（图 1-14）（资源 1-14） 别名香椿芽、椿芽树、椿树、红椿等。楝科香椿属。

◎ **形态特征** 落叶乔木。树皮深褐色，偶数羽状复叶，小叶对生或互生，纸质。聚伞圆锥花序。蒴果窄椭圆形，上端有膜质的长翅，下端无翅。花期 6～8 月，果期 10～12 月。

◎ **地理分布** 产我国华北、华东、中部、南部和西南部各地。

◎ **生态习性** 喜温喜光，抗寒能力较强，较耐湿，在肥沃湿润的土壤中生长良好。

◎ **化学成分** 芽和嫩叶富含蛋白质、多种维生素、挥发油和矿质元素等，还包括萜类、生物碱、苯丙素类、黄酮、木脂素等活性成分。

◎ **功能用途** 香椿嫩芽脆嫩多汁，味美可口，为我国特有的传统木本蔬菜之一，可以直接食用或者加工成各种食品，其加工产品主要有香椿调味料、香椿酱、香椿酒、香椿茶和香椿罐头等。

图 1-14 香椿

7. 蒲公英（*Taraxacum mongolicum*） 别名蒲公草、婆婆丁、灯笼草、黄花地丁等。菊科蒲公英属。

◎ **形态特征** 多年生草本。叶倒卵状披针形，叶柄及主脉常带红紫色，疏被蛛丝状白色柔毛或几无毛。瘦果倒卵状披针形，暗褐色。花期 4～9 月，果期 5～10 月。

◎ **地理分布** 我国多地均有分布。

◎ **生态习性** 广泛生于朝鲜、蒙古、俄罗斯，以及我国中 / 低海拔地区的山坡草地、路边、田野、河滩。

◎ **化学成分** 蒲公英富含蛋白质、脂肪酸、氨基酸及维生素，以及 Ca、P、Fe、Na、K、Cu 等多种矿质元素。还含有肌醇、天冬酰胺、苦味质、皂苷、树脂等多种具有保健功能的化学成分。

◎ **功能用途** 是自然界罕见的富硒野菜，营养、药用、保健价值很高，具有清热解毒、抑菌杀菌、消痈散结和利胆保肝等功效，被誉为"天然抗生素"。目前已广泛应用于制作饮料、食品、保鲜蔬菜等。

8. 沙葱（*Allium mongolicum*） 别名野葱、蒙古韭。百合科葱属。

◎ **形态特征** 鳞茎密集丛生，圆柱状，鳞茎外皮褐黄色。叶半圆柱状或圆柱状。花梗近等长，花被片卵状长圆形，花丝长为花被片 1/2～2/3，花柱不伸出花被外。花果期 7～9 月。

◎ **地理分布** 分布于蒙古西南部，以及我国新疆东北部、青海北部、甘肃、宁夏北部、陕西北部等地。

◎ **生态习性** 喜光植物，耐旱、抗寒、耐瘠薄能力极强，生于海拔 800～2800m 的荒漠、沙地或干旱山坡。

◎ **化学成分** 含有粗蛋白、粗纤维、粗脂肪、粗灰分等多种物质，包括色氨酸等 17 种氨基酸和不饱和脂肪酸。同时还富含 Fe、Mn、Zn、Cu、Mg 等矿质元素，以及黄酮类化合物、挥发油、维生素、多糖等。

◎ **功能用途** 是可食用的绿色野生蔬菜，可以制成沙葱酱、沙葱腌制品罐头、沙葱方便面调料包等。含有多种维生素、大量纤维素，有利于肠胃蠕动、增进食欲、通宣理表、预防流感等功效。

9. 龙牙楤木（*Aralia elata*）（图 1-15） 别名刺嫩芽、刺老鸦、刺龙牙、鹊不踏。五加科楤木属。

◎ **形态特征** 灌木或小乔木，小枝疏生多数细刺，叶为二回或三回羽状复叶。花期 6～8 月，果期 9～10 月。

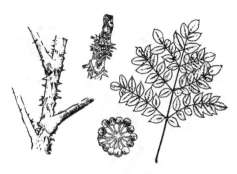

图 1-15 龙牙楤木

◎ **地理分布** 分布于朝鲜、俄罗斯和日本，以及我国黑龙江、吉林、辽宁等地。

◎ **生态习性** 喜偏酸性土壤，生于海拔 1000m 左右的山地森林中。

◎ **化学成分** 每 100g 未完全展叶的新鲜嫩芽中约含蛋白质 5.4g、糖 4.0g、纤维 1.6g、脂肪 0.2g；还含有较丰富的维生素和矿质元素，如维生素 C、Ca、P 和 K 等。其根茎叶中均含有皂苷，植株总皂苷含量约 20%；根中还含有醛类物质、生物碱及挥发油；幼叶中含有矢车菊素-3-木糖基半乳糖苷及挥发油。

◎ **功能用途** 是我国出口创汇的主要山野菜之一。具有较高的药用价值，其根皮有消炎、利尿、强心、免疫等作用。

1-15

10. 马齿苋（*Portulaca oleracea*）（资源 1-15） 别名马蛇子菜、马齿菜等。马齿苋科马齿苋属。

◎ **形态特征** 一年生草本植物，茎平卧，伏地铺散。叶互生，叶片扁平，肥厚似马齿状。花期 5～8 月，果期 6～9 月。

◎ **地理分布** 广布全世界温带和热带地区；我国南北各地均产。

◎ **生态习性** 性喜向阳肥沃的土壤，耐旱也耐涝，生命力顽强，在菜园、农田、路旁广泛分布，为田间常见杂草。

◎ **化学成分** 鲜嫩茎叶中含蛋白质、脂肪、碳水化合物、粗纤维、胡萝卜素、维生素 B、维生素 C、维生素 E、Ca、Fe、α-亚麻酸、生物碱、香豆精类、黄酮类、强心苷和蒽醌类等多种成分。

◎ **功能用途** 全草可入药，具有泻热解毒、散血消肿、止渴生津等功效。其粗纤维含量少，可作为绿色蔬菜直接食用，也可做成脱水真空包装蔬菜，或加工成马齿苋脯、口香糖、冰淇淋、保健饮料等食品，也是畜禽的优质饲料。

◆ 第四节 野生药用植物资源概况

一、野生药用植物资源的分类与特点

（一）分类

我国是世界上最早将药用野生植物应用于医疗保健卫生事业的国家，经过几千年的发展，药用野生植物为中华民族和世界各国人民的健康做出了巨大贡献。野生药用植物有别于一般的野生植物，它具有多种用途，既可以直接入药，也能从中提取制药工业的原料，同时又可用作食品和保健品。药用植物资源也是中药资源、民间药资源、民族药资源的重要组成部分。人类在对野生药用植物资源开发利用的过程中形成了多种分类方法：古籍《本草纲目》记载，药物根据自然属性和特征，可分为水、火、金、石、土、草、谷、菜、果、木、服器等 17 部。根据首字笔画人为地归纳入笔画索引表中，例如，一品红、一把香等归入一画，丁香、十大功劳等归入二画。根据药物功效分为解表药、清热药、泻下药、理气药等 20 余类。根据药用部位分

为根茎类、皮类、花类、果实类、种子类等，目前《中药鉴定学》和《药材学》教材多采用此分类方法。根据药用植物所含的有效成分分为生物碱类、苷类等，目前《药用植物化学分类学》和《中药化学》教材多采用该方法。根据植物形态和结构特点，采用植物分类学的界、门、纲、目、科、属、种的分类系统进行分类，目前多本《药用植物学》教材中引用此方法（张康健和王蓝，1997）。

（二）特点

1. 药用植物资源丰富且开发利用历史悠久　　我国野生药用植物资源种类繁多，20 世纪 80 年代，我国调查发现国内药用植物资源种类包括 383 科 2309 属 11 146 种，常用药用植物近 500 种，迁地和离体保护的药用物种达 7000 余种，其中珍稀濒危物种 200 余种，种质数量近 3 万份，居世界首位。我国人民利用野生药用植物资源历史悠久，2600 年前的《诗经》中就有蒿、芩、葛、芍药等药用植物的记录。明代李时珍在《本草纲目》这部世界医药名著中，对每种药用植物的栽培、采集和加工做了详细的记载。

2. 药用植物资源采收利用的时效性　　药用植物不同器官和不同生长时期所积累的次生代谢物不同，药用植物的采收利用时间直接关系药材的产量和品质。如有"三月茵陈四月蒿，五月六月当柴烧"之说，即指茵陈只有在早春采收才能药用，晚了就失去药用价值。因此，应当针对不同药用植物种类，以选择有效成分含量最高的时期为主、兼顾生物产量来采收利用。

3. 药用植物资源的地域性　　生存在地球上的植物，对其生态环境各有严格的要求，这是生态环境长期作用于植物的结果，也是植物对生态环境长期适应的结果。生态环境不仅对药用植物的分布有影响，而且对药用植物有效成分的含量也有影响，所以，药用植物资源的地域性是我们开发利用药用植物资源的重要依据。

我国从北到南跨越寒温带、温带、亚热带和热带气候带，使我国的野生药用植物资源分布表现出明显的地域性特点。综合地貌、土壤、水热分布等自然条件，可将我国野生药用植物资源分布划分为以下八大区。

（1）东北区　　包括黑龙江、吉林和辽宁三省的东部和内蒙古的东端，是"关药"的集中分布区，约产 30 种道地药材，包括人参、黄柏、北五味子等。

（2）华北区　　包括山东、北京、天津、辽宁南部和西部、河北、山西中部和西部、陕西中部和北部、河南中部和北部、宁夏中南部、甘肃东南部、青海中部、安徽北部、江苏北部等，是"北药"和"怀药"的主要分布区，有金银花、怀地黄、怀牛膝、酸枣仁、枸杞、北沙参等 30 余种。

（3）西北区　　包括新疆、青海大部分、宁夏北部和内蒙古西部，是"西药"和特有药用植物的主要分布区之一，约有 38 种，如伊贝母、肉苁蓉、锁阳、雪莲花等。

（4）华东区　　包括浙江、江苏中部和南部、上海、安徽中部和南部、湖北中部及东部、湖南中部及东部、福建中部和北部、广东北部等。浙江主产的浙贝母、麦冬、玄参、白术、白芍、菊花、延胡索和温郁金，素以"浙八味"著称；"四大皖药"中的亳白芷、亳白术也产于该区。

（5）西南区　　包括四川、贵州和云南大部分、陕西南部、湖南和湖北西部、广西北部及西藏东部。该区是"川药""云药""贵药"的主要分布区，其道地品种和产量为全国之最。仅"川药"就多达 43 种，如川芎、川贝母、附子、黄连等。

（6）华南区　　包括福建东南部、广东南部、广西的东南沿海和云南西南部、台湾本岛及其周围岛屿、海南岛及南海诸岛等，是"广药""南药"（进口药）的主要分布区，如广东的阳春砂仁、石碑的广藿香、雷州的高良姜等，道地药材还有三七、益智仁、槟榔等20余种。

（7）内蒙古区　包括内蒙古中部和东部、黑龙江中南部、吉林西北部、河北和山西的北部等，是"北药"和"蒙药"的主要分布区之一，以草原品种为主，如黄芪、知母、黄芩、苦杏仁、桔梗、远志等，其中阴山蒲公英、草苁蓉、草乌等种类是亟待开发的蒙药资源。

（8）青藏高原区　包括青海南部、西藏大部、四川西北部等，是"藏药"的主要分布区，有川贝母、虫草、大黄、秦艽、党参等。

二、我国主要野生药用植物资源

1-16

1. 杜仲（*Eucommia ulmoides*）（图1-16）（资源1-16）　杜仲科杜仲属。

◎ **形态特征**　落叶乔木，树体各部折断均具银白色胶丝。单叶互生，椭圆形，有锯齿。花单性，雌雄异株，无花被。翅果扁平，顶端2裂。花期4～5月，果期10～11月。

◎ **地理分布**　分布于陕西、甘肃、浙江、河南、湖北等地。在海拔300～500m的低山、谷地或疏林中都能生长。

◎ **生态习性**　喜阳光充足、温和湿润气候，耐寒，对土壤的适应能力强。

◎ **化学成分**　皮、叶、枝条、果实和花中所含的有效活性成分达200余种，主要包括黄酮类、苯丙素

图1-16　杜仲

类、环烯醚萜类、多糖类、多酚类等。此外，还含有丰富的氨基酸、脂肪、微量元素等。籽油中不饱和脂肪酸含量约为91%，包含的10种脂肪酸中以亚麻酸为主，约为67%。

◎ **功能用途**　被认为是高质量的无副作用的天然降压药物，还具有调节血脂、保护心血管、抗炎、抗病毒、增强免疫等作用，临床上杜仲叶主要应用于降压、治疗妇产科疾病等。

2. 金银花（*Lonicera japonica*）（资源1-17）　别名金银藤、二宝藤、右转藤、子风藤、鸳鸯藤、二花。忍冬科忍冬属。

1-17

◎ **形态特征**　半常绿藤本。叶纸质，卵形至矩圆状卵形。果实圆形，熟时蓝黑色；种子卵圆形或椭圆形，褐色。花期4～6月（秋季亦常开花），果熟期10～11月。

◎ **地理分布**　我国各地均有分布，北起辽宁，西至陕西，南达湖南，西南至云南和贵州。

◎ **生态习性**　喜光也耐阴，耐寒，耐旱及水湿，对土壤要求不严格。

◎ **化学成分**　主要成分有绿原酸、异绿原酸、木犀草素、忍冬苷、肌醇等，并含有30种以上挥发油成分，多为萜醇类化合物，以双花醇、芳樟醇为主。根、茎、叶、花蕾中均含有绿原酸但含量有所差异，其中叶中所含绿原酸为花蕾的30%～70%。

◎ **功能用途**　具有清热解毒功效，可开发银黄口服液、强力银翘片、抗感冒片等药品，可预防治疗感染性疾病、呼吸系统感染、消化系统疾病等。

3. 五味子（*Schisandra chinensis*）（图1-17）　别名玄及、会及、五梅子、山花椒、壮味等。木兰科五味子属。

◎ **形态特征**　落叶藤木。单叶互生椭圆形至倒卵形。花被乳白色或粉红色。浆果球形。花期5～7月，果期7～10月。

◎ **地理分布**　分布于朝鲜和日本，以及我国东北、华北地区。

◎ **生态习性**　喜光，稍耐阴，耐寒性强，喜肥沃湿润排水良好的土壤，不耐干旱。

◎ **化学成分**　果实中主要成分为木脂素类和挥发油类，果皮和成熟种皮中木脂素含量约为5%，主要有五味子甲素、五味子乙素、五味子丙素等20余种；果实中含挥发油约0.9%，主要成分为枸橼醛、α-依兰烯等；还含有酚类化合物、维生素、有机酸、脂肪酸和糖类等。

◎ **功能用途**　东北著名道地药材之一，其性温、味酸，具收敛固涩、益气生津、补肾宁心的作用。木脂素是五味子的主要有效成分，也是抗氧化功效最强的天然抗氧化剂之一。

图 1-17　五味子

4.鸡血藤（*Spatholobus suberectus*）（图1-18）　学名密花豆，别名五层风、马鹿花、紫梗藤等。豆科密花豆属。

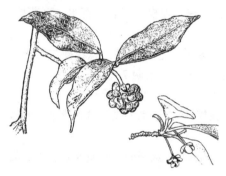

图 1-18　鸡血藤

◎ **形态特征**　攀缘藤本，幼时呈灌木状。小叶宽椭圆形、宽倒卵形至近圆形，长9～19cm，宽5～14cm。花瓣白色。花期6月，果期11～12月。

◎ **地理分布**　分布于我国云南、广西、广东、福建等地。

◎ **生态习性**　我国特产植物，喜温、喜光，具有一定的耐阴性。适生于深厚肥沃之地，在瘠薄干旱处也能适应。在海拔800～1700m的山地疏林或密林沟谷或灌丛中都能生长。

◎ **化学成分**　茎中含有黄酮类、甾醇类、萜类、蒽醌类、各种苷类化合物，如樱黄素、金雀异黄酮、大豆苷元、刺芒柄花素、美迪紫檀素、羽扇豆醇等，以及Li、Be、Na、Mg、K等矿质元素。

◎ **功能用途**　补血活血的传统中药，临床用于治疗贫血及各种原因引起的白细胞、血小板、红细胞等全血象减少和再生障碍性贫血等疾病，还具有抗肿瘤、抗病毒、抗炎、抗氧化及镇静催眠等作用。

5.柴胡（*Bupleurum chinense*）　别名茈胡、地熏、柴草等。伞形科柴胡属。

◎ **形态特征**　多年生草本植物。主根粗大，质地坚硬，茎表面有细纹。复伞形花序，黄色小花。果长圆形，棕色。花期7～8月，果期8～9月。

◎ **地理分布**　广布于东北、西北、华北、华东，以及河南、湖南、湖北等地。

◎ **生态习性**　喜温暖湿润，怕涝，耐寒，耐旱。

◎ **化学成分**　柴胡皂苷和挥发油是根茎中的主要有效成分，还含有甾类、萜类、生物碱、黄酮、木脂素、有机酸、多肽、维生素C，以及多种酶和胡萝卜素等成分。

◎ **功能用途**　味苦、辛，微寒，有解热、镇痛、抗炎、抗菌、抗肝损伤、抗肿瘤等作用。

6.黄精（*Polygonatum sibiricum*）（图1-19）　别名鸡头黄精、黄鸡菜、笔管菜、爪子参、老虎姜、鸡爪参。百合科黄精属。

◎ **形态特征**　多年生草本植物，根状茎圆柱状，茎高50～90cm，叶轮生。伞形花序2～4

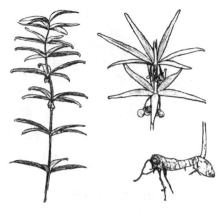

图 1-19　黄精

朵，花被乳白色至淡黄色。浆果黑色具 4～7 颗种子。花期 5～6 月，果期 8～9 月。

◎ **地理分布**　分布于朝鲜、蒙古和俄罗斯西伯利亚东部地区，以及我国黑龙江、吉林、辽宁、河北、山西、陕西、河南等地。

◎ **生态习性**　喜阴，耐寒，适生于湿润肥沃的林间地或山地，以及林缘地、草丛或林下开阔地带。适应性较强，在疏松且富含腐殖质的砂质土壤中栽培最好。

◎ **化学成分**　根茎中富含淀粉、脂肪、蛋白质、胡萝卜素、维生素等营养物质，还含有甾体皂苷类、黄酮类、苯丙素类、生物碱类等多种活性成分。

◎ **功能用途**　味甘、性平，具有抗衰老、降血糖、降血脂、提高和改善记忆、抗肿瘤、调节免疫、抗病毒、抗炎等作用，具有很好的开发与应用价值。

7. 黄芪（*Astragalus membranaceus*）　别名棉芪、黄耆、独椹、蜀脂、百本、百药棉、黄参、血参等。豆科黄芪属。

◎ **形态特征**　多年生草本植物，茎上部多分枝。羽状复叶。总状花序，总花梗与叶近等长。荚果薄膜质，稍膨胀，半椭圆形，种子 3～8 颗。花期 6～8 月，果期 7～9 月。

◎ **地理分布**　原产于俄罗斯，国内分布于内蒙古、山西、甘肃、黑龙江等地。

◎ **生态习性**　性喜凉爽，耐寒耐旱，怕热怕涝，在土层深厚、透水力强、富含腐殖质的砂壤土栽培效果最好，不宜栽培在强盐碱地中。

◎ **化学成分**　根茎中主要化学成分为多糖、皂苷类、黄酮类、氨基酸、矿质元素、甾醇类物质等。皂苷类为其重要的有效成分。

◎ **功能用途**　性微温，味甘，入药用于补气升阳，固表止汗，生津养血，行滞通痹，敛疮生肌，具有良好的防病保健作用。

8. 黄连（*Coptis chinensis*）（**资源 1-18**）　别名味连、川连、鸡爪连。毛茛科黄连属植物。

◎ **形态特征**　多年生草本。根状茎黄色，常分枝，叶基生，叶片卵状三角形，三全裂。二歧或多歧聚伞花序有 3～8 朵花。蓇葖果，种子 7～8 粒。花期 2～3 月，果期 4～6 月。

◎ **地理分布**　在我国分布于四川、贵州、湖南、湖北、陕西南部。

◎ **生态习性**　喜生长于亚热带的高山凉爽、潮湿环境，忌强光和高温，土壤宜选腐殖质层深厚、疏松肥沃、排水良好的中壤土。

◎ **化学成分**　根茎中含多种生物碱，如小檗碱（黄连素）、黄连碱、甲基黄连碱、掌叶防己碱等。

◎ **功能用途**　为常用中药，具有降血糖、抗菌、抗氧化、消炎、抗肿瘤、调血脂等药理活性，其显著的降糖活性使黄连较早就用于糖尿病的治疗。入药可用于清热燥湿，泻火解毒。

9. 枸杞（*Lycium barbarum*）（**图 1-20**）（**资源 1-19**）　茄科枸杞属植物。

◎ **形态特征**　落叶灌木。茎丛生有短刺。卵圆形红浆果。花果期 6～11 月。

◎ **地理分布**　主要分布在我国西北和华北地区，多地均有分布。

◎ **生态习性**　适应性强，耐高温、耐寒、耐旱，喜光照。对土壤要求不严，耐盐碱、耐肥、耐旱、怕水渍。适生于肥沃、排水良好的中性或微酸性轻壤土。

◎ **化学成分** 果实含有的营养成分为枸杞多糖、甜菜碱、胡萝卜素、有机酸、维生素、矿质元素等，多糖是果实的主要活性成分。

◎ **功能用途** 味甘、性平，具有降血脂、降血糖、保肝、抗肿瘤、抗衰老等药理作用，入药可用于治疗腰膝酸痛、眩晕耳鸣、内热消渴、血虚萎黄等，也是保持水土优良的灌木。

图 1-20 枸杞

1-20

10. 连翘（*Forsythia suspensa*）（资源 1-20）

别名黄花杆、黄寿丹。木犀科连翘属。

◎ **形态特征** 落叶灌木。叶通常为单叶，或 3 裂至三出复叶。花通常单生，或 2 至数朵着生于叶腋，花冠黄色。果卵球形、卵状椭圆形或长椭圆形。花期 3～4 月，果期 7～9 月。

◎ **地理分布** 产于我国河北、山西、陕西、山东、安徽西部、河南、湖北、四川。

◎ **生态习性** 喜光，喜温暖、湿润气候，也很耐寒，耐干旱瘠薄，怕涝。

◎ **化学成分** 果实中含有的苯乙醇苷类主要有连翘酯苷 A～D 等，以及连翘酚、异连翘酯苷；木脂素类主要有连翘苷、8-羟基松脂素、连翘脂素、异橄榄脂素等；萜类主要有五福花苷酸、齐墩果酸、熊果酸、乙酰齐墩果酸等；黄酮类主要有槲皮素、异槲皮素、木犀草苷、山柰酚、异鼠李素等。

◎ **功能用途** 具有清热、散结、消肿、抗菌、解热、抗炎、抗病毒等作用。连翘酯苷具有改善拟阿尔茨海默病动物模型学习记忆障碍的作用。

◆ 第五节　野生香料植物资源概况

野生香料植物资源是指天然香料中能产生植物性香料的野生植物资源，也称为野生芳香植物资源。这类植物的某些器官中含有芳香油、挥发油或精油成分，主要包括萜、倍半萜、芳香族、脂环族和脂肪族等多种有机化合物。我国是世界上香料植物资源最为丰富的国家之一，已发现的种类共有 153 余科 620 余属 600～1300 种，主要分布在菊科、芸香科、樟科、唇形科、伞形科、桃金娘科、杜鹃花科、禾本科、姜科、豆科、蔷薇科、木兰科、百合科、柏科共 14 个科。香料植物资源广泛分布于我国各地，主要为长江、淮河以南地区，其中又以西南、华南诸地最为丰富，各个地区都有自己的特有种和优势。

一、野生香料植物资源的分类与特点

香料是一种能被嗅觉嗅出香气或味觉尝出香味的物质，是配制香精的原料。香料是精细化学品的重要组成部分，由天然香料、合成香料和单离香料 3 个部分组成。由于它们能够使食品呈现具有辛、香、辣味等物质的特点，故简称为辛香料。

（一）根据香料植物的用途分类与特点

1. 香料用香料植物　是指作为辛香料直接使用、食用或提取精油、浸膏等香制品的植物，人们常把其中应用于日用范围的称为日用香料，如薄荷、玫瑰、橙花等；应用于食品范围的称为食用香料，如花椒、八角、茴香等。

2. 药用香料植物　是指可以作为中药使用的香料植物，如荆芥、薄荷、广藿香等。

3. 菜用香料植物　是指可以作为蔬菜使用的香料植物，如芫荽、茴香、鱼腥草等。

4. 果用香料植物　是指可以作为水果直接食用或制成食品、饮料的香料植物，如柑橘、柠檬、百香果等。

5. 观赏绿化用香料植物　是指可以作为园艺观赏或者绿化使用的花草树木类的香料植物，如梅花、丁香、玉兰等。

（二）根据香料植物的香气来源和植物特征分类

1. 香草植物　全株或地上部分含有精油的植物，以草本居多，如薄荷、迷迭香、九里香等。

2. 香叶植物　可从叶片中提取芳香物质的植物，如月桂、冬青、百里香等。

3. 香根植物　根及根茎中含有精油的植物，可供配制香精、芳香油、定香剂或调味用香料，如姜黄、大蒜、百合等。

4. 香树植物　可从树皮及树脂中提取芳香物质的木本香料植物，如肉桂、沉香、檀香等。

5. 香花植物　可利用植物的花朵提取精油或浸膏等香制品的植物，如玫瑰、桂花、茉莉等。

6. 香果植物　可从植物的果实、果皮或种子提取精油等香制品的植物，如花椒、山苍子、柠檬等。

二、我国主要野生香料植物资源

图 1-21　花椒

1. 花椒（*Zanthoxylum bungeanum*）（图 1-21）　别名香椒、大花椒、椒目。芸香科花椒属。

◎ **形态特征**　落叶小乔木。叶轴常有甚狭窄的叶翼，小叶对生。花序顶生或生于侧枝之顶。果紫红色，单个分果瓣径 4～5mm。花期 4～5 月，果期 8～9 月或 10 月。

◎ **地理分布**　原产于中国，多地均有分布。

◎ **生态习性**　喜光，喜温暖湿润，在土层深厚肥沃壤土、砂壤土上生长良好。萌蘖性强，耐寒耐旱，抗病能力强，不耐涝，短期积水可致死亡。

◎ **化学成分**　果皮富含挥发油和脂肪，包括萜类、生物碱、酰胺、香豆素、木质素、烃类和脂肪酸类等多种化合物。其挥发油的香气成分是以萜类化合物及其氧化物为主，有侧柏烯、α-蒎烯、α-月桂烯、乙酸芳樟酯等近 100 种化合物。其精油由花椒油素、柠檬烯、枯茗醇、花椒烯、水芹烯等组成。

◎ **功能用途**　果皮可提取制备芳香油，可以作为调制薰衣草型香精的原料，另外芳香油精制加工后也可调制馥奇型香精。

2. 肉桂（*Cinnamomum cassia*）（资源 1-21）　别名玉桂、牡桂、安桂等。樟科樟属。

1-21

◎ **形态特征**　常绿乔木。叶革质，互生或近对生，长椭圆形至近披针形。圆锥花序腋生或近顶生。浆果为椭圆形或倒卵形，种子为紫色长卵形。花期6～8月，果期10～12月。

◎ **地理分布**　主要分布于福建、台湾、海南、广东等地的热带及亚热带地区。

◎ **生态习性**　喜温暖气候，半阴性树种，幼苗喜阴，忌烈日直射。在pH 4.5～6.5的红、黄壤土上生长良好。

◎ **化学成分**　树皮精油含量可达5%～9%，油中主要成分为桂皮醛（75%～95%）、桂皮蒜，并含有少量的乙酸苯丙酯、乙酸桂皮酯、香豆素、胆碱、β-谷甾醇等。

◎ **功能用途**　枝、叶和皮具驱虫、杀菌、消毒作用，肉桂油有良好的祛风和健胃作用。肉桂精油可用作日化和食品工业的原料。

1-22

3. **迷迭香**（*Rosmarinus officinalis*）（图1-22）（资源1-22）　别名海洋之露、艾菊。唇形科迷迭香属。

◎ **形态特征**　常绿灌木。茎暗灰色，叶在枝上丛生，近无柄，叶线形，全缘，革质，上面近无毛，下面密被白色星状茸毛。花近无梗，短枝顶生总状花序，花冠蓝紫色。花期11月。

◎ **地理分布**　原产于地中海地区，我国云南、新疆、北京、河南等地均有引种种植。

◎ **生态习性**　性喜温暖气候，较能耐旱，怕水淹，以富含砂质、排水良好的土壤为宜。

◎ **化学成分**　提取物的主要成分是二萜类、三萜类、黄酮类和有机酸类等化合物。二萜类主要包括二萜酚类和二萜醌类，其中二萜酚类是主要的抗氧化活性成分，包括鼠尾草酚、迷迭香酚、鼠尾草酸、异迷迭香酚等；三萜类化合物多为三萜酸类；黄酮类化合物包括木犀草素、香叶木素、槲皮素等30余种；有机酸类包括迷迭香酸、咖啡酸、阿魏酸、维生素C等。总抗氧化成分含量很高，为3%～8%。

图1-22　迷迭香

◎ **功能用途**　是一种名贵的天然香料植物，有清心提神功效。其花和嫩枝提取的芳香油，可用于调配空气清洁剂、香水、香皂等化妆品原料。

4. **薰衣草**（*Lavandula angustifolia*）（图1-23）　别名狭叶薰衣草、拉文达香草等。唇形科薰衣草属。

◎ **形态特征**　半灌木或矮灌木。叶线形或披针状线形。花具短梗，蓝色。花期6月。

◎ **地理分布**　原产于欧洲的南部，我国新疆、陕西、江苏等地都有分布。

◎ **生态习性**　较不耐热、较耐寒，性喜干燥及长日照；根系发达，在土层肥沃深厚、透气良好且富含硅钙质的土壤中生长良好。

◎ **化学成分**　精油含量为0.8%～2.5%，主要有1-乙酸芳樟酯、α-蒎烯、β-蒎烯、月桂烯、罗勒烯等30多种化学成分。

◎ **功能用途**　花常被用作香草茶和饮料；薰衣草精油具有杀菌止痛、消除色斑、美白肌肤、滋润补水、促进细胞再生等功效。

图1-23　薰衣草

5. **玫瑰**（*Rosa rugosa*）（资源1-23）　别名重瓣玫瑰。蔷薇科蔷薇属。

◎ **形态特征**　直立灌木，高可达2m。茎粗壮，丛生。花瓣倒卵形，重瓣至半重瓣。花期5～6月，果期8～9月。

1-23

◎ **地理分布** 原产我国华北，以及日本和朝鲜，分布于我国多地。

◎ **生态习性** 耐寒性强，抗旱，耐高温，喜光，开花期间可接受全天的日光照射。

◎ **化学成分** 精油的成分包括芳樟醇、芳樟醇甲酸酯、β-香茅醇和香茅醇甲酸酯等360余种。果实含丰富的维生素C、葡萄糖、果糖、蔗糖、枸橼酸等；种子含油约14%。

◎ **功能用途** 玫瑰精油为鲜花油之冠，具有"液体黄金"之美誉，是制造高级化妆品、香烟及食品的重要原料之一。

6. 藿香（*Agastache rugosa*）（图1-24） 唇形科藿香属。

图1-24 藿香

◎ **形态特征** 茎直立，四棱形，略带红色。叶片卵形或椭圆状卵形。花冠淡紫蓝色。成熟小坚果卵状长圆形。花期7~8月，果期9~10月。

◎ **地理分布** 分布于俄罗斯、朝鲜、日本及北美洲，我国各地广泛分布。

◎ **生态习性** 喜温和湿润，生于疏林下、林缘、山坡、河岸草地或灌丛间或园田地边。

◎ **化学成分** 全草含多种芳香类物质。藿香油的主要成分为胡椒酚甲醚（占80%以上）。茎、叶及花序中含大量黄酮类成分。

◎ **功能用途** 藿香芳香油常用作定香剂，还可以作为食用油的添加剂，可生产特殊风味的冷拌油，也可以作为日用品及烟草的香料。幼苗、茎叶及花序均可食用，是著名的芳香调味菜，茎叶也可药用，用于治疗风寒感冒、暑湿、呕吐。

7. 百里香（*Thymus mongolicus*） 唇形科百里香属。

◎ **形态特征** 半灌木。叶为卵圆形。花序头状，花萼管状钟形或狭钟形，花冠紫红、紫或淡紫、粉红色。小坚果近圆形或卵圆形。花期7~8月。

◎ **地理分布** 在我国分布于甘肃、陕西、青海、山西、河北、内蒙古等地。

◎ **生态习性** 适应性较强，喜温暖、喜光和干燥的环境，对土壤的适应性强，在排水良好的石灰质土壤中生长良好，耐寒耐旱，不耐涝、高温、多湿。

◎ **化学成分** 全草含芳香油，主要成分是百里香酚。

◎ **功能用途** 茎叶可提取芳香油，可作化妆品及皂用香精等的调和香料，也可提取芳樟醇及龙脑等香料。当茶叶饮用，对治疗痢疾有特效。干燥的全草还可用作衣物的防虫剂。

8. 紫丁香（*Syringa oblata*） 木犀科丁香属。

◎ **形态特征** 落叶灌木或小乔木。小枝黄褐色，嫩叶簇生，后对生，卵形，倒卵形或披针形。圆锥花序，花淡紫色、紫红色或蓝色。花期5~6月，果期6~10月。

◎ **地理分布** 广泛分布于我国东北、华北、西北及西南等地。

◎ **生态习性** 喜光，稍耐阴，耐寒，耐旱，适应性强，喜湿润肥沃排水良好的土壤，常生于坡丛林、山沟溪边、山谷路旁及滩地水边等。

◎ **化学成分** 花中含多种萜类和芳香类芳香物质。叶中含多种挥发油成分。树皮中含有羽扇豆酸和齐墩果酸等8种化合物。紫丁香中的标志性化合物是丁香酚。

◎ **功能用途** 是食品、化妆品、医药工业的良好香料。可用于芳香疗法、食用油抗氧化剂、提取芳香油和研制保健饮料，同时对SO_2有较强的吸收能力，可净化空气。

9. 山苍子（*Litsea cubeba*）（资源1-24） 别名山鸡椒、木香子、木姜子、青皮树等。樟科木姜子属。

◎ **形态特征**　落叶灌木或小乔木。叶互生，纸质，有香气。伞形花序单生或簇生，先于叶开放或与叶同时开放。果近球形，幼时绿色，成熟时黑色。花期2～3月，果期7～8月。

◎ **地理分布**　分布于东南亚、南亚各国，以及我国广东、广西、福建、台湾等地。一般在海拔500～3200m的向阳山地和疏林均有分布。

◎ **生态习性**　中性偏阳的浅根性树种，适生于排水良好的酸性山地土壤。

◎ **化学成分**　挥发性芳香油中的主要成分柠檬醛含量可达70%。核仁含油率约62%，包含的8种脂肪酸中有4种不饱和脂肪酸，约占脂肪酸总量的26%，月桂酸含量可达50%。

◎ **功能用途**　是我国南方重要的香料和油料资源植物，其果实、花、叶、根均可作为原料以提取山苍子精油，精油主要成分中的柠檬醛是紫罗兰酮系香料的重要原料。核仁油可制造肥皂和机械润滑油，油枯可以用作肥料。

10. **八角**（*Illicium verum*）（图1-25）（资源1-25）　　别名八角茴香、大茴香。木兰科八角属。

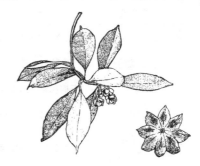

1-25

◎ **形态特征**　乔木。花粉红至深红色，单生叶腋或近顶生。聚合果，呈八角形。正糙果3～5月开花，9～10月果熟；春糙果8～10月开花，翌年3～4月果熟。

◎ **地理分布**　分布于东南亚和北美洲；我国主产于广东、广西、云南、四川、贵州等地。

◎ **生态习性**　南亚热带树种，喜冬暖夏凉的山地气候，适宜种植在土层深厚、排水良好、肥沃湿润、偏酸性的土壤中。

图1-25　八角

◎ **化学成分**　含有的萜类化合物主要包括D-柠檬烯、桉油精、α-蒎烯、香木兰烯等；芳香族化合物主要包括反式茴香脑、小茴香灵、茴香醛、异丁香酚等；有机酸类主要包括油酸甲酯、亚油酸甲酯、棕榈酸甲酯等；黄酮类化合物主要包括木犀草素、异槲皮苷、槲皮素等。

◎ **功能用途**　可以除腥膻等异味，增添芳香气味，在食品工业中常添加于食品的调味剂中。还可以用作杀菌剂、祛风剂和兴奋剂。

◆ 第六节　野生能源植物资源概况

面对日益严重的全球性能源短缺和温室气体排放导致的全球气候持续变暖，传统的能源结构已经开始调整，各国都在积极探索开发替代燃料和可再生能源。未来新的能源及其利用方式，必须在提供可再生清洁能源和资源的同时，减少环境污染且不影响粮食安全，其中生物质能源是最理想的可再生能源之一。相对于太阳能、风能、水能等新能源，生物质能源的利用受天气和地理区域限制小，其蕴含能源总量大，足以满足人类对能源的需求，同时生物质能源的储能方式与化石能源类似，都是通过生物吸收太阳能并固定，形成碳水化合物或烃类物质，因此生物质能源是最为理想的替代化石能源的新能源，近年来在世界各地得到了广泛认可和采纳。在当前的各种生物质燃料中，植物能源的比重、开发强度与发展势头都占据主导地位，野生能源植物则是最有前景的生物质能之一。

一、野生能源植物资源的分类与特点

绿色植物通过光合作用将太阳能转化为化学能并贮存在生物质中，这种生物质能源实际上是太阳能的一种存在形式，所以广义的能源植物几乎可以包括所有植物。目前，大多数能源植物尚处于野生或半野生状态，现有的技术水平还不能将所有植物都用于能源开发。因此，一般意义上讲，野生能源植物通常是指那些生活在野外自然条件下、利用光能效率高、具有合成较高还原性烃的能力、可产生接近石油成分和可替代石油使用的产品的植物，以及富含油脂、糖类、淀粉类、纤维素类等的植物。

野生能源植物种类繁多、分布广泛，包括草本、乔木和灌木类等。按照植物系统分类的方法，目前全世界已发现的能源植物主要集中在夹竹桃科、大戟科、萝藦科、菊科、桃金娘科及豆科，主要开发利用和最具潜能的能源植物见表 1-1。

表 1-1　主要开发利用和最具潜力的能源植物（引自王莉衡，2010）

名称（别名）	科、属	生活型	原产地	成分	产量	使用
苦配巴（柴油树）	豆科、苦配巴树属	乔木	亚马孙河流域	柴油	50桶/hm²	不经加工提炼
香槐（续随子）	大戟科、香槐属	乔木	欧洲、美国	汽油	50桶/hm²	稍经处理
海桐花	海桐花科、海桐花属	小乔木	菲律宾	汽油	50g/kg	加工
木棉	木棉科、木棉属	乔木	澳大利亚	重油	0.1kg/kg	干木加工
麻疯树（小桐子、膏桐、黑皂树）	大戟科、膏桐属	乔灌木	中国及邻近国家	柴油	（1.5～3.0）t/hm²	稍经处理
桉树（尤加利）	桃金娘科、桉属	乔木	澳大利亚	汽油	5桶/t	水蒸气蒸馏
棕榈	棕榈科、棕榈属	乔木	热带雨林	可燃油	10t/hm²	提炼
油楠（科楠、脂树、蚌壳树、柴油树）	苏木科、油楠属	乔木	东南亚	柴油	（10～25）kg/棵	不经加工提炼
光皮梾木	山茱萸科、梾木属	乔灌木	中亚热带季风区	燃油	15kg/棵	提炼
绿玉树（光棍树）	大戟科、大戟属	小乔木	非洲	石油	6t/hm²	加工
芒（象草）	禾本科、芒属	草本	中国，日本	石油	12t/hm²	加工

能源植物的转化利用与其化学组成密切相关，按其转化为替代能源的化学成分和使用的功效，可以将能源植物主要分为以下五类。①富含油脂的能源植物：木本植物中有大量种类属于柴油植物，如麻疯树、黄连木、文冠果、棕榈树等；草本植物中有苍耳子、白沙蒿、黑沙蒿、水花生、水浮莲、水葫芦等。②富含糖类的能源植物：主要用于生产生物乙醇，如甘蔗、高粱和甜菜。③富含淀粉的能源植物：可用于生成燃料乙醇，生产淀粉的植物主要有玉米、木薯、马铃薯等作物，以及蕉芋、葛根、橡子等亟须开发的野生植物。④富含纤维素类的能源植物：可以以燃烧或发电的形式直接转化为热能、电能等生物质能，或通过降解转化为燃料乙醇、固体颗粒燃料等能源。草本类包括柳枝稷、芒草和芦竹；木本类包括加拿大杨、意大利杨和美国梧桐等。⑤富含类似石油成分的野生能源植物：可直接产生接近石油成分的植物，富含烃烯类成分，通过脱脂处理可作为柴油使用，如麻疯树、油楠、续随子等。

二、我国主要野生能源植物资源

1. 黄连木（*Pistacia chinensis*）（图 1-26） 别名楷木、黄连茶、岩拐角、木蓼树、黄连芽。漆树科黄连木属。

◎ **形态特征** 落叶乔木，树干扭曲，树皮暗褐色。核果倒卵状球形，略压扁，成熟时紫红色，干后具纵向细条纹，先端细尖。

◎ **地理分布** 分布于菲律宾，以及我国华北、西北、长江以南各地。生于海拔 140～3550m 的石山林中。

◎ **生态习性** 喜光树种，幼时稍耐阴；喜温暖，不耐严寒；耐干旱瘠薄，对土壤的适应性较强，微酸性、中性和微碱性的砂质、黏质土均能适应。

◎ **化学成分** 含有的萜类化合物主要包括水芹烯、α-蒎烯、石竹烯、β-蒎烯、莰烯等。脂肪酸成分主要包括肉豆蔻酸、棕榈酸、硬脂酸、亚油酸、亚麻酸、油酸等，其中，不饱和脂肪酸的总相对含量最高，可达 82%。非皂化物成分有烃类、三萜醇类、4-甲基甾醇类和甾醇类。

◎ **功能用途** 是重要的能源树种，果实含油率高，精制后可供食用及生产生物柴油。

图 1-26　黄连木

2. 芒草（*Miscanthus*）（资源 1-26） 别名莽草、白微、龙胆白薇、芭芒。禾本科芒属。

1-26

◎ **形态特征** 直立草本植物。叶阔卵圆形，苞叶叶状，苞片线形。花萼钟形，花冠淡紫色。小坚果黑色，具光泽，近圆球形。花期 8～9 月，果期 9～11 月。

◎ **地理分布** 原产于东亚，广泛分布于从东南亚到太平洋岛屿的热带、亚热带和温带地区。我国是世界芒属植物资源分布中心，有 6 个种，主要分布在长江以南的广大区域。

◎ **生态习性** 喜光，轻度耐荫，耐寒、耐涝。

◎ **化学成分** 主要有纤维素、半纤维素、木质素、灰分和水分等生物质。芒秆的全纤维素含量约 81%，其中 α-纤维素约 70%。五节芒秸秆的木质部全纤维素含量约 64%。

◎ **功能用途** 为纤维类能源植物，可作生产燃料乙醇的原料，可制成固体燃料，也可生产纤维乙醇等。

3. 木薯（*Manihot esculenta*）（图 1-27）（资源 1-27） 别名树葛。大戟科木薯属。

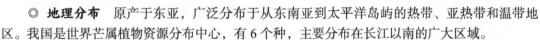

◎ **形态特征** 直立灌木，块根圆柱状。叶纸质，轮廓近圆形。圆锥花序顶生或腋生。蒴果椭圆状，种子长约 1cm，种皮硬壳质且光滑。花期 9～11 月。

◎ **地理分布** 原产于热带美洲干湿交替的河谷地带，我国引种后于福建、台湾、广东、海南、广西、贵州及云南等地均有分布。

◎ **生态习性** 食用木薯常种植在无霜期 8 个月、年平均温度超过 18℃的地区。

◎ **化学成分** 块根富含淀粉，鲜样淀粉含量 24%～32%，干样淀粉含量 73%～83%。木薯肉、皮及茎秆中均

图 1-27　木薯

有较高含量的粗淀粉，皮中粗纤维含量 14%～20%。茎秆干样纤维素含量约 23%，叶中纤维素含量约 4%，鲜、干块根中纤维素含量分别低于 1.5%、4%。

◎ **功能用途**　目前被认为是生产生物质燃料乙醇最具潜力的原材料。利用木薯淀粉生产的有机化工品主要有酒精、聚乙烯、乙酸、环氧乙烷、柠檬酸等，是生产橡胶、农药、油脂、化妆品、军用品的重要原料。

4. 甜菜（*Beta vulgaris*）　别名恭菜、红菜头。藜科甜菜属。

◎ **形态特征**　茎直立，多有分枝。胞果下部陷在硬化的花被内，上部稍肉质。种子双凸镜形，红褐色，有光泽；胚环形，苍白色；胚乳粉状，白色。花期 5～6 月，果期 7 月。

◎ **地理分布**　原产于欧洲西部和南部沿海，国内分布在新疆、黑龙江、内蒙古等地。

◎ **生态习性**　喜温，耐寒。土壤肥力高、土层深厚、结构良好、保肥水能力强且具有便利灌溉条件是获得高产、高糖的基础。

◎ **化学成分**　鲜根富含蛋白质、糖类、脂肪、粗纤维、果胶、甜菜碱、可溶性含氮有机物、红色素（β-花青苷），以及 K、Ca、Mg 等矿质元素，同时含有丰富的维生素 B_1、维生素 B_2、维生素 C、维生素 E 等维生素。

◎ **功能用途**　是除甘蔗之外的主要糖来源植物，也是中国主要糖料作物之一，可生产生物乙醇和丁醇，是新兴的可再生能源作物。

5. 黑壳楠（*Lindera megaphylla*）（图 1-28）（资源 1-28）　樟科山胡椒属。

1-28

图 1-28　黑壳楠

◎ **形态特征**　常绿乔木，树高达 25m，树皮光滑，黑灰色；小枝粗壮，具灰白色皮孔。种子长椭圆状卵形。花期 2～4 月，果期 9～12 月。

◎ **地理分布**　国内分布于甘肃、安徽、福建、台湾、湖北、湖南、广东、广西等地。

◎ **生态习性**　抗寒能力强，较耐旱。苗期喜阴，生长较快。

◎ **化学成分**　种仁含油率可达 50%。根、干、叶均含右旋荷苞牡丹碱。叶还含黑壳楠碱。

◎ **功能用途**　种仁油为不干性油，是工业造皂的重要原料。果皮和叶中含有的芳香油可用来调香。其材质具有纹理通直、结构细腻的特点，可用作装饰薄木、家具及建筑用材。

6. 麻疯树（*Jatropha curcas*）（图 1-29）　别名青桐木、假花生、臭油桐。大戟科麻疯树属灌木。

◎ **形态特征**　多年生木本植物，树高 3～4m，树皮光滑。种子长圆形，种衣呈灰黑色。

◎ **地理分布**　广布于全球热带地区，我国的野生麻疯树分布于广东、广西、海南、云南等地。

◎ **生态习性**　多年生耐旱型木本植物，适于在贫瘠和边角地栽种，栽植简单、生长迅速。

◎ **化学成分**　种子含油量约 35%、粗蛋白约 15%、粗纤维约 22%、总糖约 11%。种仁含油量约 60%、粗蛋白约 19%、粗纤维约 3%、总糖约 17%。

◎ **功能用途**　是国际上研究最多的生产生物柴油的能源植物之一。其种仁是工业制造肥皂及润滑油的重要原料，油枯可用作农药及肥料。

7. 卫矛（*Euonymus alatus*）（资源 1-29）　卫矛科卫矛属。

1-29

◎ **形态特征**　树高 2～3m。有橘红色的假种皮。花期 4～6 月，果期 9～10 月。

◎ **地理分布**　分布于日本、朝鲜，以及我国长江下游各地，北至吉林、黑龙江等地。

◎ **生态习性**　生于山间杂木林下、林缘或灌丛中；多为庭院栽培植物。

◎ **化学成分**　种子含油率可达 40% 以上，含油酸、亚油酸、亚麻酸、己酸、乙酸和苯甲酸。

◎ **功能用途**　种子可提取工业用油，或作烹饪油、汽车用的生物燃料等。卫矛还可用于园林绿化。

8. 乌桕（*Sapium sebiferum*）（图 1-30）（资源 1-30）　大戟科乌桕属。

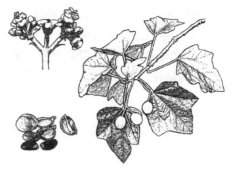

图 1-29　麻疯树

1-30

◎ **形态特征**　落叶乔木，树高达 15m。全株具有白色乳汁，树皮有明显的纵裂痕。秋季叶由绿变紫、变红。总状花序，黄绿色。蒴果椭圆状球形，成熟时黑褐色。花期 4～8 月。

◎ **地理分布**　广布于亚洲、欧洲、美洲、非洲，国内主要分布于黄河以南，北达陕西、甘肃等地。

◎ **生态习性**　喜光，耐寒性不强，年平均气温 15℃以上、年降水量 750mm 以上地区都可生长。对土壤要求不严格，在深厚肥沃的冲积土中长势最好。

图 1-30　乌桕

◎ **化学成分**　乌桕籽含油率达 40% 以上，脂肪酸组成主要包括月桂酸、豆蔻酸、棕榈酸、硬脂酸、油酸等，其中棕榈酸含量最高，达 57% 以上。

◎ **功能用途**　是制备生物柴油的一种良好原料。种子油适于做涂料；叶为黑色染料，可用作衣物染色；根皮可治毒蛇咬伤。种子外的假种皮上的白色蜡质层溶解后能够用来制造肥皂、蜡烛。

9. 油楠（*Sindora glabra*）　豆科油楠属。

◎ **形态特征**　常绿阔叶乔木，树干挺拔，树高 20～30m，胸径 1m 以上。花为顶生圆锥花序，长 15～20cm，密生黄色毛，花较小。花期为 4～5 月。

◎ **地理分布**　分布于东南亚的越南、泰国、马来西亚、菲律宾等国，以及我国的海南岛；同属的植物在亚洲和非洲的热带雨林中分布比较广泛。

◎ **生态习性**　热带雨林树种，喜光、喜湿润，适应性强，耐干旱，在砖红壤、赤红壤、排水通气良好的生境下生长好。

◎ **化学成分**　油液中约 75% 是芳香油，25% 是树脂类残渣。芳香油中有多种化合物，其中依兰烯含量约 41%、丁香烯约 30%、杜松烯约 6%，毕拔烯、蛇麻烯等的含量都低于 5%。

◎ **功能用途**　木质部富含油脂，可燃性能与柴油相似，故又称"柴油树"，具有油用、药用、观赏和材用等多种用途。其木材是建筑、造船、桥梁和家具制作的上乘优质用材。

10. 油棕（*Elaeis guineensis*）　棕榈科油棕属。

◎ **形态特征**　直立乔木、树高 4～10m，属多年生单子叶植物。羽状复叶，叶柄两侧分布有刺，小叶披针形。穗状花序，肉质。果实呈卵形，核果。

◎ **地理分布**　广布于亚洲的马来西亚、印度尼西亚、非洲的西部和中部、南美洲的北部和中美洲。我国主要分布于广东、广西、海南、云南等地。

◎ **生态习性**　喜温喜湿，在强光照环境和肥沃的土壤中生长良好。土层深厚、富含腐殖质、pH 5.0～5.5 的土壤最适于种植油棕。

◎ **化学成分** 含油量高，含有大量的不饱和脂肪酸，尤其是 γ-不饱和脂肪酸。

◎ **功能用途** 为一种新兴的、潜力巨大的木本能源树种。棕油主要用于制造肥皂、润滑油、化妆品等，也是纺织业、制革业、铁皮镀锡的辅助剂。棕油精炼后可制造人造奶油。

◆ 第七节　野生工业原料植物资源概况

我国野生植物种类非常丰富，拥有高等植物 30 000 多种，居世界第三位，其中可用于工业用途的野生植物有 3000 余种。野生工业原料植物主要包括木材植物、鞣料植物、纤维植物、色素植物、树脂植物、树胶植物、昆虫寄主植物等，可用于木材、食品、化妆品、油脂、栲胶鞣革、纺织、造纸、染料、添加剂、制药、保健品等工业领域中。随着对野生工业原料植物开发利用研究的不断深入，可用于工业用途的野生植物种类将会继续增加，其应用领域也将越来越广泛。本节主要介绍野生鞣料植物、纤维植物、色素植物、树脂植物、树胶植物、昆虫寄主植物六大类工业原料植物。

一、野生工业原料植物资源的分类与特点

（一）鞣料植物

鞣料植物资源是指能制栲胶的富含单宁的植物资源。栲胶是一种由多种不同物质组成的复杂混合物，单宁是其中的主要成分。不同鞣料植物富含单宁的部位不同，有的是树皮，有的是木质部，有的是果实，有的是根皮，有的是叶。许多植物种类都含有鞣质。寒带植物单宁含量一般低于热带、亚热带植物。

根据鞣料植物所含单宁的种类不同，可以把它们分为三大类：①凝缩类鞣料，也称儿茶鞣质，如黑荆树皮、落叶松树皮、云杉树皮、红根皮、栲树皮等，富含凝缩类单宁（或称不可水解单宁）；②水解类鞣料，也称没食子酸鞣质，如橡椀、板栗、栋木、五倍子等，富含水解单宁；③混合类鞣料，如中华常春藤、槲树、杨梅等，所含的单宁兼有凝缩类单宁和水解类单宁两者的特征。

（二）纤维植物

纤维植物资源是指植物体内含有大量纤维组织的植物。我国纤维植物资源种类多、分布广，全国可作纤维植物开发利用的植物有 1000 多种，已有 100 多种野生纤维植物广泛应用于编织和造纸原料，主要有荨麻科、榆科、椴科、卫矛科、瑞香科、桑科、锦葵科和亚麻科等科。

野生植物纤维根据纤维植物的性质大致可分为两大类：木本纤维植物和草本纤维植物。木本纤维植物根据应用部位又可分为三类：①多数以茎皮纤维作纺织及人造棉、造纸等的原料，如青檀、黑榆、蒙桑等；②以木材或剥皮后的枝条作造纸及纤维板的原料，如杨、柞木、柳等；③以柔韧枝条作编织的原料，如胡枝子、一叶萩、柽柳等。草本类纤维植物根据应用部位可大致分为两类：①以茎皮纤维作纺织及制人造棉或造纸原料，如田麻、光果田麻、牛蒡、蒙蒿等；②以秆、叶作造纸或编织原料，如京芒草、羽茅、羊草、苔草等。

野生植物纤维按其存在于植物体部位的不同，可分为以下几种类别。①韧皮纤维：在草本

植物的茎秆中含有若干维管束，维管束外面是韧皮部，里面是木质部，在韧皮部中有许多韧皮纤维，常呈束状存在，如大麻、亚麻等。在木本植物的树干中，外面是树皮，里面是木质部，韧皮纤维存在于树皮的内层，如构树皮、山棉皮、樱树皮等，树干木质部中含有大量木纤维，如杨树、柳树、榆树等。②叶纤维及茎秆纤维：主要指存在于单子叶植物叶和茎中的纤维，叶中的纤维存在于叶脉中，通常不发达，可供纤维用，如龙须草、龙舌兰麻、芦苇等的纤维。③种子纤维：主要指存在于植物种子表面的纤维，如棉和木棉种子上的毛。④木材纤维：主要指存在于树干中的纤维，如松、杉、杨树等的纤维。⑤果壳纤维：指存在于果实外壳中的纤维，如椰子壳纤维等。⑥根纤维：根部的纤维与茎部相似，韧皮纤维存在于韧皮部中，木纤维存在于木质部中，如马兰与甘草根部的纤维。⑦茸毛纤维：如香蒲雄花序上的茸毛、棉花莎草花序上的毛，它们可能是退化的苞片或花被，但形态及经济用途与纤维相同。

（三）色素植物

天然植物色素是指从植物的花、果、茎、叶、根等部位获得的，很少或没有经过化学加工的色素。天然植物色素不仅无毒、安全，还有非常重要的保健、营养及药理作用，常作为重要的食品添加剂。

天然植物色素是具有复杂化学结构和性质的有机化合物，种类繁多。按溶解性可分为以下三种：①脂溶性色素，包括叶绿素、类胡萝卜素，大多数植物中如胡萝卜、番茄、栀子等含量丰富；②水溶性色素，如花青素属黄酮类物质，存在于大多数水果、蔬菜和花卉中，如葡萄、朱瑾、蔓越橘、紫苏、紫玉米等含量丰富；③醇溶性色素，包括红曲、栀子蓝等。根据其化学结构可将植物色素分为四吡咯衍生物类、异戊二烯类、多酚类色素和醌类衍生物类等。

还可按纤维或织物染色后的颜色对天然植物色素进行分类：①红色系的植物染料，如茜草、红花、苏木等；②黄色系的植物染料，如栀子、槐花、姜黄等；③蓝色系的植物染料，如蓼蓝、菘蓝、木蓝、马蓝等；④紫色系的植物染料，如紫草、紫檀（青龙木）、野克、落葵等；⑤绿色系植物染料，如冻绿及含叶绿素的植物；⑥棕色系的植物染料，如茶叶、杨梅栎木、栗子果皮、胡桃、冬瓜等；⑦灰色与黑色素的植物染料，如菱、五倍子、盐肤木、柯树、楮叶（榭若）、漆大姑、钩吻（野葛）、化香树、乌桕、菰等。

（四）树脂植物

天然树脂是一类主要存在于植物树脂道、乳管、分泌囊等分泌组织中，由多种化学成分组成的混合物，是植物组织的正常代谢产物或分泌物，通常为无定形固体或半固体。

全世界高等植物中约有 10% 的科（属）含有树脂，其中的 20%～30% 分布在热带地区，我国树脂植物资源分布广泛，蕴藏量大。在针叶树中，含树脂的植物主要见于松科、柏科和南洋杉科。在被子植物中，含树脂的植物主要见于豆科、龙脑香科、漆树科、橄榄科、藤黄科、安息香科、金缕梅科、百合科、大戟科等。

我国已进行采脂利用的主要松脂植物是马尾松、云南松、南亚松、红松和油松等，以及漆树科的漆树、龙脑香科的落叶桢楠、樟科的枫香木、夹竹桃科的紫花络石等。其中，马尾松是主要采脂树种，每株年产松脂 4～5kg；红松是东北地区的主要采脂树种，每株年产松脂 2kg 左右；云南松是西南地区树脂的主要来源，每株年产松脂 5～6kg。

（五）树胶植物

植物树胶广泛分布于植物界，是植物细胞壁的组成成分之一，是一类无定形、透明或半透明物质，可以从植物体的各个部位获得。植物树胶属于水溶性高分子多糖类物质，主要组成为阿拉伯糖、半乳糖、葡萄糖、鼠李糖、木糖及相应的糖醛酸，可与水结合成黏性物，不溶于乙醇、丙酮、乙醚、石油醚及其他有机溶剂。

树胶可分为水溶和水不溶两个组成部分：可溶于水的部分叫作阿拉伯胶素，不溶部分叫作西黄耆胶素，不同科（属）的植物所含的植物树胶性质差异很大，两种组成部分的比例各有不同。

（六）昆虫寄主植物

在地球上可再生的自然资源宝库中，昆虫具有无穷的开发利用潜力。但目前利用昆虫资源的范围比较窄，仅局限于虫体、虫产品和虫行为等方面：①虫体即组成昆虫身体的物质，包括构成昆虫体壁的几丁质，体内的蛋白质、糖类、脂肪、抗生素、激素等，其中昆虫蛋白质含有20多种氨基酸；②虫产品是昆虫的代谢产物，如蜂蜜、蜂蜡、蜂毒、紫胶、虫白蜡、五倍子、蚕丝及昆虫色素等，具有极高的利用价值；③利用虫行为主要是利用昆虫的生物学及生态学特性，如利用授粉昆虫帮助农林作物传授花粉、利用天敌昆虫捕食或寄生害虫、利用腐食性或粪食性昆虫清除环境污染物等。

适宜的寄主环境是昆虫赖以生存的基础，寄主植物为昆虫提供食物和栖息场所以维持其生命活动。寄主植物种类的不同、生长的好坏，直接影响资源昆虫的生长发育、虫产品的产量和质量。经过长期的协同进化，昆虫与其寄主植物之间形成了形式多样、程度不同的相互适应关系。一类资源昆虫的寄主植物往往不仅限于一种，如紫胶虫的寄主植物约有350余种，其中优良的种类有紫铆、缅枣、大叶千斤拔、雨树及多种黄檀属树种等。某些资源昆虫的寄主植物还属于同一科、属或近缘种的范围内，如白蜡虫的寄主有白蜡树、女贞等木犀科的20余种植物。

二、我国主要野生工业原料植物资源

1. 黑荆树（*Acacia mearnsii*）   豆科金合欢属。

◎ **形态特征**   常绿乔木，幼树皮绿色，光滑，后变棕褐色至黑褐色，有裂纹。二回羽状复叶，小叶片线形。花色乳白。种子成熟时荚果开裂。

◎ **地理分布**   原产大洋洲新南威尔士、维多利亚等地，我国主要分布于福建、广东、湖南、广西、湖北等地。

◎ **生态习性**   喜阳光，较耐阴，喜温暖湿润气候，稍耐寒，对土壤要求不严。

◎ **化学成分**   树皮中富含凝缩类单宁。

◎ **功能用途**   从树皮中提取的栲胶用于钻探石油及铁路、纺织、医药、渔业等方面。提取物还可用作木制品的胶黏剂和矿物浮选剂。

2. 栓皮栎（*Quercus variabilis*）（图1-31）（资源1-31）   别名软木栎、粗皮青冈、白麻栎。壳斗科栎属。

◎ **形态特征**   落叶乔木，树皮黑褐色。叶片卵状披针形。雄花花序轴密被褐色茸毛，雌花序生于叶腋。坚果近球形或宽卵形，顶端圆，果脐突起。3～4月开花，翌年9～10月结果。

1-31

图1-31　栓皮栎

◎ **地理分布** 我国多地均有分布。

◎ **生态习性** 喜光，幼苗耐阴，根系发达，萌芽力强，抗风、抗旱、耐火耐瘠薄，在酸性、中性及钙质土壤均能生长。在土层深厚肥沃、排水良好的壤土或砂壤土中生长最好。

◎ **化学成分** 果实淀粉含量为 50%～70%、可溶性糖 2%～8%、单宁 0.3%～17%、蛋白质 1%～9%、油脂 1%～7%、粗纤维 1%～6%、灰分 1%～4%。

◎ **功能用途** 栓皮栎的种仁浸泡液含有单宁，浓缩即成栲胶，此系水解类单宁，鞣革性能好，质量高。果实可提取食用及工业淀粉、葡萄糖。

3. **罗布麻**（*Apocynum venetum*）（图 1-32）（资源 1-32） 别名茶叶花、红麻等。夹竹桃科罗布麻属。

1-32

◎ **形态特征** 多年生草本，茎直立，高 1～2m。节间长，具白色乳汁；枝圆筒形，光滑无毛，紫红色。种子褐色，细小，顶端簇生白色茸毛。花期 6～7 月，果期 8 月。

◎ **地理分布** 广布于欧洲及亚洲温带地区，我国分布于长江、秦岭以北的多个地区。

◎ **生态习性** 性喜光，耐旱、耐盐碱、耐寒、抗风，适应性强。喜生河岸砂质地、山沟、滨海荒地及盐碱荒地。

图 1-32 罗布麻

◎ **化学成分** 全草含黄酮苷、新异芦丁、强心苷、甾体化合物、鞣质、酚类物质、蛋白质及多糖。果胶含量约 13%、水溶物约 17%、木质素约 12%、纤维素约 41%。

◎ **功能用途** 被称为"纤维之王"，可做高级衣料、渔网线、皮革线、雨衣及高级纸张等，在国防工业、轮胎、机器传动带、橡皮艇等方面均有用途。

4. **苎麻**（*Boehmeria nivea*）（资源 1-33） 别名白叶苎麻。荨麻科苎麻属。

1-33

◎ **形态特征** 亚灌木或灌木。茎上部与叶柄均密被开展的长硬毛，以及近开展和贴伏的短糙毛。叶互生，草质，圆卵形或宽卵形。圆锥花序腋生，植株上部的为雌性，下部为雄性，或全为雌性。瘦果近球形。花期 8～10 月。

◎ **地理分布** 分布于云南、贵州、广西、广东、陕西、河南南部等地。

◎ **生态习性** 原产热带、亚热带，为喜温短日照植物。要求土层深厚、疏松、有机质含量高、保水、保肥、排水良好。

◎ **化学成分** 主要有纤维素及其伴生物，如半纤维素、果胶、木质素、蜡和脂肪、灰分、色素、蛋白质、矿质元素等。

◎ **功能用途** 是纺织工业的重要原料和农业的重要经济作物，纤维细长、强韧、洁白，拉力强，耐水湿，富弹力和绝缘性，具有防腐、防菌、防霉等功能，适宜纺织各类卫生保健用品。

5. **姜黄**（*Curcuma longa*）（图 1-33） 别名郁金、宝鼎香、黄丝。姜科姜黄属。

◎ **形态特征** 多年生草本植物，根茎发达，成丛，橙黄色，极香，根粗壮，末端膨大呈块根。叶片

图 1-33 姜黄

长圆形，两面均无毛。穗状花序圆柱状，花冠淡黄色。花期 8 月。

◎ **地理分布** 广布于东亚及东南亚地区，国内分布于台湾、福建、广东、广西、云南、西藏等地。

◎ **生态习性** 喜温暖湿润、阳光充足、雨量充沛的环境，怕严寒霜冻、干旱积水。以土层深厚、排水良好、疏松肥沃的砂壤土为佳。

◎ **化学成分** 根茎含姜黄素类化合物，包括双去甲氧基姜黄素、去甲氧基姜黄素、二氢姜黄素；倍半萜类化合物，包括姜黄新酮、姜黄酮醇 A、姜黄酮醇 B、4-羟基甜没药-2 等；酸性多糖，包括姜黄多糖 A～姜黄多糖 D；挥发油，主要成分有姜黄酮、芳姜黄酮、姜黄烯、桉叶素、松油烯等。

◎ **功能用途** 姜黄色素具有着色力强、色泽鲜艳、热稳定性强、安全无毒等特性，被认为是最有开发价值的食用天然色素之一。可作为着色剂广泛用于糕点、糖果、饮料、冰淇淋、有色酒等食品。

6. 苏木（*Caesalpinia sappan*） 别名苏方木。豆科云实属。

◎ **形态特征** 灌木或小乔木。小叶长方形。圆锥花序顶生或腋生，宽大多花。荚果红棕色而且有光泽。花期 6～9 月，果期翌年夏季。

◎ **地理分布** 原产印度、缅甸、越南、马来半岛及斯里兰卡；国内分布于台湾、广东、广西、海南、贵州等地。

◎ **生态习性** 生于高温多湿、阳光充足、肥沃的山坡、沟边及村旁。耐干旱、高温，不择土壤。

◎ **化学成分** 主要色素成分为苏木素，苏木素易溶于水，其水溶液在不同的酸碱条件下或含有金属盐的溶液中呈现出黄、姜黄、橙、粉红、红、紫等不同的颜色。

◎ **功能用途** 枝干可提取红色染料，用于染制纤维纸张等，也可作媒染剂，作油漆木器的底色。根可提取黄色染料。心材可入药。

7. 冷杉（*Abies fabri*）（图 1-34） 别名塔杉。松科冷杉属。

◎ **形态特征** 乔木，树皮灰色或深灰色，有树脂。枝条下面乏叶列成两列，条形。球果卵状圆柱形，有短梗，熟时暗黑色或淡蓝黑色。花期 5 月，球果 10 月成熟。

◎ **地理分布** 中国特有树种，产于四川大渡河流域、青衣江流域、乌边河流域等地的高山上部。

◎ **生态习性** 耐阴，适应温凉和寒冷的气候，适宜的土壤以山地棕壤、暗棕壤为主。常在高纬度地区至低纬度的亚高山至高山地带的阴坡、半阴坡及谷地形成纯林或混交林。

图 1-34 冷杉

◎ **化学成分** 其树脂由杉油（30%～35%）、冷树脂酸（30%～45%）、中性物（20%～28%）、氧化树脂酸（4%～10%）和少量果酸、单宁、微量脂肪酸组成。树皮挥发油中单萜含量较少，含氧单萜化合物主要成分是 α-萜品醇和莰醇。树脂精油的主要成分为柠檬烯、β-蒎烯、α-蒎烯、乙酸龙脑酯及三环烯等物质。

◎ **功能用途** 冷杉树脂中的中性物是优良的天然增塑剂，可用于光学胶与涂料的增塑，其树脂酸的磺化产物可用作润湿剂、乳化剂和鞣料。冷杉胶是优良的光学玻璃胶合剂。

8. **漆树**（*Toxicodendron vernicifluum*） 别名瞎妮子、山漆、干漆等。漆树科漆属。

◎ **形态特征** 落叶乔木。树皮灰白色，粗糙，呈不规则纵裂。奇数羽状复叶互生。圆锥花序与叶近等长，花黄绿色。果序下垂，外果皮黄色，无毛。花期5～6月，果期7～10月。

◎ **地理分布** 广布于我国除黑龙江、吉林、内蒙古和新疆外的其余地区。

◎ **生态习性** 高山种，性较耐寒。生于海拔800～3800m的向阳山坡林内，或山脚、山腰、农田垅畔等海拔较低的地方。

◎ **化学成分** 其分泌物生漆的主要化学成分为漆酚（含量60%～70%）。漆树中的黄酮类化合物主要有漆黄素、黄颜木素、硫黄菊素、紫铆花素、贝壳杉黄酮等。

◎ **功能用途** 是我国重要的经济林树种，为天然涂料、油料和木材兼用树种，生漆素有"涂料之王"的美誉。漆籽外、中果皮可榨取漆蜡。

9. **桃树**（*Amygdalus persica*）（资源1-34） 蔷薇科桃属。

1-34

◎ **形态特征** 乔木。叶片披针形。花单生，粉红色。果核大，椭圆形或近圆形。花期3～4月，果实成熟期通常为8～9月。

◎ **地理分布** 原产中国，广布于各地。

◎ **生态习性** 喜光，耐旱，畏涝，耐寒，华东、华北一般可露地越冬。宜轻壤土，不耐碱土。

◎ **化学成分** 原桃胶的主要成分为多糖，含有少量的蛋白质和杂质等。桃胶多糖是一种酸性多糖，由半乳糖、阿拉伯糖、糖醛酸、木糖和甘露糖组成，还含有少量的4-氧-甲基-葡糖醛酸和糖形成的γ-内脂。

◎ **功能用途** 商品桃胶已被用于食品、医药、化妆品、印染等轻/化工领域，常作为进口阿拉伯胶的替代品。利用商品桃胶的增稠、乳化、凝固等性质可以生产糖果、胨胶性食品、可食性食品保鲜膜、饮料等，也可在许多特殊场合下作为黏合剂和固化剂使用。

10. **白蜡树**（*Fraxinus chinensis*）（图1-35）（资源1-35） 别名梣。木犀科梣属。

1-35

◎ **形态特征** 落叶乔木，树皮灰褐色。羽状复叶，叶缘具整齐锯齿。圆锥花序顶生或腋生枝梢，花雌雄异株。翅果匙形。花期4～5月，果期7～9月。

◎ **地理分布** 分布于越南、朝鲜，以及我国南北各地区，在海拔800～1600m山地杂林中偶有分布。

◎ **生态习性** 阳性树种，喜光，对土壤的适应性较强，在酸性土、中性土及钙质土中均能生长，耐轻度盐碱，喜湿润、肥沃的砂质土壤。

◎ **化学成分** 含有香豆素、环烯醚萜、木脂素化合物等成分。

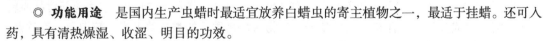

图1-35 白蜡树

◎ **功能用途** 是国内生产虫蜡时最适宜放养白蜡虫的寄主植物之一，最适于挂蜡。还可入药，具有清热燥湿、收涩、明目的功效。

◆ 第八节　新食品原料类野生植物资源概况

一、新食品原料类野生植物资源的分类与特点

新食品原料是指在我国无传统食用习惯的以下物品：①动物、植物和微生物；②从动物、植物和微生物中分离的食品原料；③在食品加工过程中使用的微生物新品种和因采用新工艺生产导致原有成分或者结构发生改变的食品原料。其中，在我国无食用习惯的植物类食物是新食品原料中的一个重要类别。植物源新食品原料按照加工方式可大致分为五大类（表 1-2）。

表 1-2　植物源新食品原料一览表

原料类别	新食品原料
植物组织	宝乐果粉、菊粉、玛咖粉、阿萨伊果、金花茶、显脉旋覆花（小黑药）、茶树花、奇亚籽、线叶金雀花、杜仲雄花、凤丹牡丹花、柳叶蜡梅、白子菜、狭基线纹香茶菜、圆苞车前子壳、乌药叶、辣木叶、青钱柳叶、湖北海棠（茶海棠）叶、枇杷叶、显齿蛇葡萄叶、诺丽果浆、库拉索芦荟凝胶、短梗五加、木姜叶柯
植物化学物	低聚木糖、叶黄素酯、多聚果糖、植物甾醇酯、植物甾醇、棉籽低聚糖、燕麦β-葡聚糖、低聚甘露糖、阿拉伯半乳聚糖、竹叶黄酮、小麦低聚肽、玉米低聚肽粉、磷脂酰丝氨酸、茶叶茶氨酸、西兰花种子水提物
植物油脂	乳木果油、番茄籽油、水飞蓟籽油、长柄扁桃油、光皮梾木果油、盐地碱蓬籽油、美藤果油、盐肤木果油、元宝枫籽油、牡丹籽油、翅果油、御米油、茶叶籽油、杜仲籽油、中长链脂肪酸食用油、甘油二酯油
藻类植物	盐藻及提取物、雨生红球藻、裸藻
其他	雪莲培养物、共轭亚油酸、植物甾烷醇酯、共轭亚油酸甘油酯、蔗糖聚酯、（3R, 3′R）-二羟基-β-胡萝卜素、N-乙酰神经氨酸、顺-15-二十四碳烯酸、米糠脂肪烷醇、γ-亚麻酸油脂

注：信息来源于原卫生部或原国家卫生和计划生育委员会已批准的新食品原料公告

编者将植物源新食品原料大致归为植物原料类和植物提取物类两大类：植物原料类指以植物不同部位为食用对象的新食品原料；植物提取物类主要指以植物的某些部位为原料，经一系列分离、提取、精炼等工艺制备出的产品。本书中不涉及藻类植物。

二、我国主要新食品原料类野生植物资源

截至 2023 年 4 月，我国获批新食品原料 140 种，植物来源的有 74 种。植物源新食品原料除含必需营养成分外，还含有一些低分子量生物活性物质，如类胡萝卜素、辣椒素、姜黄素、类黄酮、多酚、皂苷、单萜类及植物甾醇等，它们具有增强免疫力、调节人体脂质代谢、辅助降血脂、降血压、保护人体和预防慢性疾病的作用。

思政园地

摸清家底、科学发展

　　我国野生植物资源丰富、种类多样、分布广泛。然而，植物"家底"专项系统调查的缺乏限制了我国野生资源的开发与利用。因此，启动中国植物大普查，明确我国野生植物资源的家底，建立统一标准的植物数据库和全国性的植物资源监测系统，是目前亟须启动的项目。上海辰山植物园统计发现，2000～2019 年我国增加了 4186 种维管束植物，这些新物种的功能和利用途径也值得我们持续关注。

　　由于人类对自然环境的干扰，我国野生植物资源面临空前的破坏和压力，过度采集、不可持续的农业和林业活动、城市化建设、环境污染、土地用途改变，以及外来入侵物种的蔓延和气候变化等因素，致使我国植物面临资源锐减、生境恶化、分布区萎缩、部分物种濒临灭绝等严峻形势。2021 年 8 月 7 日，国务院批准发布调整后的《国家重点保护野生植物名录》，其中列入国家重点保护的野生植物共有 40 类 455 种，包括国家一级保护野生植物 4 类 54 种，国家二级保护野生植物 36 类 401 种。目前，我国对野生植物资源的利用建立在适度开发、科学保护的基础上，正在发展野生植物资源的人工培育，利用也从以野生资源为主向以人工资源为主转变。

? 思考题

1. 列举 5 种以上我国主要野生油脂植物并说明其特性。
2. 列举 3 种以上我国主要野生粮食植物并说明其特性。
3. 简述我国野生果蔬植物资源的分类与特点。
4. 简述我国野生药用植物资源的分类与特点。
5. 简述我国野生香料植物资源的分类。
6. 列举 3 种以上我国主要野生能源植物并说明其特性。
7. 简述我国野生工业原料植物资源的分类与特点。
8. 列举 3 种以上新食品原料类植物资源并说明其特性。

| 第二章 |

野生油脂植物资源开发与利用

油脂是人类重要的营养物质，也是人们生活的必需品，又是食品、医药、皮革、纺织、化妆和油漆等工业的重要原料和生物能源新品种。油脂的来源主要有动物和植物两大类，其中，植物为最主要的来源。油脂植物也称油料植物，其种子、果实等部位中含有大量脂肪，可以用来提取油脂供食用或作为工业、医药原料等。油脂植物既有人工栽培也有野生资源，我国野生油脂植物资源极其丰富、品种繁多、蕴藏量大、用途广泛，蕴含的油脂经过提取加工不仅可以广泛用于食用油，而且在工业中应用较广，是生产肥皂、蜡烛、润滑剂、油漆涂料、香料、医药、生物柴油等产品的原料。油脂植物属于可再生资源，在山地、丘陵、河滩等条件下均可种植，不占用耕地面积且使用安全，具有投资少、收益大的特点，在开发利用的同时不污染环境。因此，因地制宜地合理开发利用野生油脂植物资源意义重大而迫切。

◆ 第一节 油脂植物的脂肪酸组分与功效

脂肪酸是由一长串的碳原子形成碳链后组成的一种酸，由碳、氢、氧三种元素构成，是脂肪的主要成分。表2-1为野生油脂植物中常见的脂肪酸。油脂植物的脂肪酸主要以甘油三酯的形式存在，植物油的品质和用途与脂肪酸的种类和含量密切相关。传统的油脂作物主要用于食用植物油的加工，其脂肪酸主要是油酸、亚油酸、亚麻酸、硬脂酸和棕榈酸。

表 2-1　野生油脂植物中常见的脂肪酸

名称	系统命名
辛酸（octanoic acid）	C8:0
葵酸（decanoic acid）	C10:0
月桂酸（lauric acid）	C12:0
肉豆蔻酸（myristic acid）	C14:0
棕榈酸（palmitic acid）	C16:0
硬脂酸（stearic acid）	C18:0
花生酸（arachidic acid）	C20:0
山萮酸（behenic acid）	C22:0
木焦油酸（lignoceric acid）	C24:0
十二碳烯酸（dodecenoic acid）	C12:1, ω-10t

名称	系统命名
十四碳烯酸（tetradecenoic acid）	C14:1, ω-12c
十六碳烯酸（2-hexadecenoic acid）	C16:1, ω-14t
岩芹酸（petroselinic acid）	C18:1, ω-12c
油酸（oleic acid）	C18:1, ω-9c
芥酸（erucic acid）	C22:1, ω-9c
神经酸（nervonic acid）	C24:1, ω-9c
十六碳二烯酸（9,12-hexadecadienoic acid）	C16:2, ω-4t, 7t
亚油酸（linoleic acid）	C18:2, ω-6c, 9c
二十碳二烯酸（eicosandienoic acid）	C20:2, ω-16t, 18t
顺-5,9,12-十八碳三烯酸（5c, 9c, 12c-octadecatrienoic acid）	C18:3, ω-6c, 9c, 13c
异亚麻酸（6,9,12-octadecatrienoic acid）	C18:3, ω-3c, 6c, 9c
栝楼酸（trichosanic acid）	C18:3, ω-5c, 7t, 9c
亚麻酸（linolenic acid）	C18:3, ω-3c, 6c, 9c
蓖麻酸（ricinoleic acid）	C18:1, ω-9c

一、按机体需要的程度分类

1. **必需脂肪酸**（essential fatty acid，EFA） 是对维持机体功能不可缺少，但机体不能合成，必须由食物提供的脂肪酸，主要为亚油酸和 α-亚麻酸。

2. **非必需脂肪酸**（non-essential fatty acid，NEFA） 是机体能够通过自身合成，不必依靠食物获取的脂肪酸。

二、按碳链的长短分类

1. **短链脂肪酸**（short chain fatty acid，SCFA） 碳链上的碳原子数小于 6，也称作挥发性脂肪酸（volatile fatty acid，VFA）。短链脂肪酸是厌氧细菌利用膳食纤维和抗性淀粉进行发酵的主要产物，主要包括乙酸、丙酸、戊酸等。短链脂肪酸在细胞和分子水平上均影响人体肠道内环境的稳定，并参与过敏、哮喘、癌症、自身免疫疾病、代谢性疾病和神经疾病的发病过程。

2. **中链脂肪酸**（midchain fatty acid，MCFA） 碳链上碳原子数为 6~12，主要成分是辛酸和癸酸。中链脂肪酸有独特的生理生化功能，可以降低脂肪沉积，改善胰岛素敏感性，同时具有较好的抑菌、抗菌活性，对肠道发育和肠道菌群等方面有特殊的影响。

3. **长链脂肪酸**（long chain fatty acid，LCFA） 碳链上碳原子数大于 12，主要有棕榈酸、硬脂酸、亚油酸、亚麻酸等。长链脂肪酸直接参与油料作物中甘油酯、生物膜膜脂和鞘脂的生物合成，维持膜的完整性，同时也为角质层蜡质的生物合成提供前体物质。

三、按双键的数量分类

1. 饱和脂肪酸（saturated fatty acid，SFA） 指碳链中不含双键的脂肪酸。饱和脂肪酸主要有月桂酸、豆蔻酸、棕榈酸等。饱和脂肪酸可以提供能量，促进胆固醇的吸收和肝脏胆固醇的合成，使血清胆固醇升高，加速血液凝固作用，促进血栓形成。

2. 单不饱和脂肪酸（monounsaturated fatty acid，MUFA） 指碳链中只含有一个双键的脂肪酸。常见的单不饱和脂肪酸是油酸，此外还包括棕榈油酸、肉豆蔻油酸、蓖麻油酸、芥酸等。单不饱和脂肪酸在人体内能增加低密度脂蛋白受体的活性，使低密度脂蛋白运载的胆固醇能够进入细胞中，从而提高低密度脂蛋白的清除率，降低血清总胆固醇和低密度脂蛋白胆固醇水平。

3. 多不饱和脂肪酸（polyunsaturated fatty acid，PUFA） 指碳链中含有两个或两个以上双键且碳原子数为16~22的直链脂肪酸。多不饱和脂肪酸在人体生理中起着重要的作用，是细胞和有机体生物膜的重要组成部分，与类脂和胆固醇的代谢有密切关系，可以降低胆固醇含量，调节细胞构型、动态平衡、相转变及细胞膜的渗透性，同时还调节与膜相关的生理过程。

◆ 第二节 油脂植物的采收与贮藏

一、采收

野生植物果实和种子的油脂含量与油脂植物的种类、植物生长状况及利用部位关系密切，因此油脂植物的采收期应该根据以上因素确定。一般情况下，果实成熟期的油脂含量较高，其成熟期有的在秋季，有的在夏季，只有掌握好各种野生油脂植物的成熟期，及时进行采集处理，才能有效地利用野生油脂植物资源。不同的油脂植物其采收和处理方法有所差异，通常可分为机械采收和人工采收：机械采收效率高，适用于大面积的采收，但不适用于陡峭的山坡或林地；人工采收效率低下，但能够减少对果实的损伤。野生油脂植物在未驯化培育前种植规模有限，且大多零星分布于坡地或森林，采用机械采收的方法多有不便，因此一般采用人工采收，人工采收又可以分为采摘、击落、收割等方法。

（一）采摘

采集生长在陡坡悬崖等地的野生植物上的籽实时，用一个布袋扎在一根竹竿上，袋口处缝上碗口大小的铁丝圈，并在袋口处扎一把弯刀，紧挨籽蒂处采割，使籽实落入袋内，能够减少机械损伤。采摘带有浆皮的籽实时，籽实必须趁湿装入竹筐里，浸入水中，搅拌弄碎，使浆皮浮起并除去，否则浆皮干后难以除掉，而且还会影响油脂提取时的出油率和油的质量。采集的籽实必须及时晒干，以利于保存。果肉中含油量高的油脂植物适合采用采摘法，不仅能够减少对果实的机械损伤，而且可以实现分批采摘，且不损伤未成熟的果实。

（二）击落

对生长于地形稍微平缓的野生植物，采集时可以一手提篮筐，另一手拿棍子将籽实打入篮内，摊于地面晒干后打碎，用风车清除杂质。采集外果皮或树皮有刺的野生油脂植物时，要戴手套，摘下的籽实放在地上。对平地树上的籽实可以用竹竿等敲打下来后再进行收集，把草席等铺在地面上，用器械或木棍将籽实击打敲落，再收集并除去杂质，最后晒干，此方法适用于高大的木本油料，如核桃等坚果类。

（三）收割

一般用镰刀在晴天割取全株，摊在地面晒干后用石碾压碎，再用风车清除杂质。

二、贮藏

（一）种子油料贮藏

含油籽实水分含量高，对加工操作、出油率及油料贮运均有不良影响。因此，应该控制好含油籽实的含水量，一般籽实含水量应低于 10%。油料种子收获以后，往往要贮藏一段时间才被利用。有生活力的种子总要不断地进行生理活动和发生生物化学变化。即使是处在休眠状态的种子也无时无刻不在进行着作为生命标志的呼吸作用。在贮存堆放时，地面应设地台板，库内宜干燥通风，籽实堆内温度与库温保持基本一致。种子保藏的好坏，主要看保藏时的环境条件对种子呼吸的影响。如果环境条件有利于呼吸，种子呼吸增强，种子中贮藏的有机物大量消耗，放出大量热能，有利于微生物活动，种子容易发热变质以至发霉腐烂。有生命的种子需要呼吸，所以给贮藏中的种子通入适量的空气对维持种子的生活力是必要的。在种子贮藏过程中，既要防止种子呼吸旺盛，又不能让种子窒息而死，而要恰到好处地控制种子的呼吸强度。影响呼吸强度的主要因素是组织的含水量、温度、O_2 浓度和 CO_2 浓度。

1. 组织的含水量　一般来说，油料种子细胞原生质的水分饱和度越大，呼吸就越强烈；干燥种子的呼吸作用极其微弱，如果种子的水分降低到正常的风干状态（含水量 11%～12%），则呼吸作用很不明显，但当种子含水量超过 15% 时，种子的呼吸作用就会骤然增强。这是因为种子若含有 15% 以内的束缚水，水分子可以牢固地结合在种子本身的胶体微粒上面，不能起到溶剂作用，也没有足够的水供给种子产生生物化学反应（张兴田，2014）。因此，一般将 15% 的含水量作为种子贮藏的临界点，如果超过了此临界点，种子内就会出现自由水，大大加强呼吸酶的活性，导致干物质消耗，种子发热，生活力迅速降低，从而丧失发芽能力。

2. 温度　温度对于呼吸作用的影响颇为显著，在一定的限度内，呼吸作用的强度总是随着温度的升高而增高。低温可使种子的呼吸强度减弱，从而延长种子寿命，这说明在低温条件下贮藏种子是有利的。一般油料种子比淀粉种子对高温的抵抗力要强，但是，温度对呼吸的影响与含水量也有很大关系。种子在含水量低的情况下，即使温度较高，呼吸增强也有限；在低温情况下，即使种子含水量稍高，呼吸强度的增加也不显著。因此，贮藏的环境条件可根据温度和种子含水量的相互关系来考虑和确定，目前我国低温仓库还不普遍，对种子贮藏主要以控制含水量为主。

3. O_2 浓度和 CO_2 浓度　种子呼吸时要消耗 O_2 和放出 CO_2，O_2 不足，会影响种子的呼吸强度，CO_2 浓度增高，对种子的呼吸也有抑制作用。在不同气体中的稻谷贮藏实验表明，两年后的发芽率：在 O_2 中的为 0.8%，在空气中的为 21%，在氢气中的为 26%，在 CO 中的为 62.5%，在 CO_2 中的为 85.3%，在氮气中的为 94.8%。因此，CO_2 贮藏种子是方便且经济的贮藏方法，因为不必控制温度和湿度条件。由于氧气可促进贮藏种子的呼吸，因此，多氧也就往往被看作缩短种子寿命的因素。

总之，对一般种子来说，干燥、密封、低温是保持种子生活力的基本条件。

（二）果实油料贮藏

果实采收后往往不能立即加工完毕，便需要进行一段时间的贮藏。果实贮藏的过程中不能改变果实的含油量和品质，需要保证油的产量、酸价和香味不受到影响。果实的贮藏主要与其本身含水量及烂果之间的传染直接相关，果肉内的水分通过呼吸作用、微生物的活动及酶的水解作用，能够引起温度上升和发酵；腐烂果实之间的传染，粉碎打磨好的果浆发酵，油分的氧化，微生物引起的分解，往往会导致果浆变质。因此贮藏过程中为避免高温腐烂发酵，需要保证果堆温度适宜，关注果肉状态，及时将腐烂果及周边果清除。

◆ 第三节 油脂加工

油脂工业是我国粮油食品工业的重要组成部分，油脂工业的原料为植物油脂，植物油脂中含有较多的脂肪、糖类、维生素、蛋白质等营养物质，这些营养物质是人类和其他植物维持正常生命活动所必需的。此外，植物油脂中含有的人体必需脂肪酸，如亚油酸、亚麻酸、花生四烯酸等对人体的健康起着不可或缺的作用。为了保证植物油脂的品质、提高食用油作为脂溶性营养成分的载体价值，需要对植物油脂进行一系列加工，主要包括原料预处理、油脂分离、油脂精制，其加工总工艺流程如图 2-1 所示。

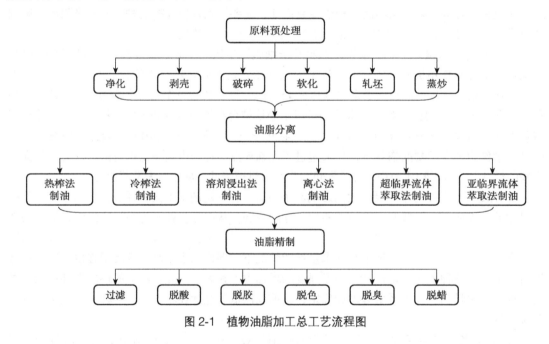

图 2-1 植物油脂加工总工艺流程图

一、原料预处理

油料种子加工的预处理包括净化、剥壳、破碎、软化、轧坯与蒸炒等工序，预处理的目的是满足不同制油工艺对物料的要求，提高油脂产品及其副产品的质量。因此，不同的物料和不同的制油工艺其预处理方法有所不同。

（一）净化

油料在采集、暴晒、运输和贮藏过程中，不可避免会夹带部分杂质，其含量一般为 1%～6%，最高可达 10%。这些杂质大致可分为以下三类：①无机杂质，如灰尘、泥土、沙粒、石子、瓦块、金属等；②有机杂质，主要是梗、茎、叶、皮壳、蒿草、麻绳、布片、纸屑等；③含油杂质，主要是病虫害粒、不实粒和异种油料等。

1. 基本原理 净化处理主要是利用油料与杂质之间在粒度、形状、表面形态、相对密度、弹性、硬度、磁性及气体动力学等物理性质上的明显不同，来选择筛选设备、研磨设备、水选设备、风选设备及磁选装置等，将各类杂质与油料分离，以达到除杂的目的。

2. 目的与影响因素

（1）目的 绝大多数的杂质不含油脂，若不将其除去，会吸附一定数量的油脂，从而降低出油率，同时如果泥灰之类的杂质过多会降低料坯的可塑性，轧坯过程中不能承受较大的压力，容易阻塞油路，使饼粕中残油率升高；油料中含有泥土或植物茎叶、皮壳等杂质时，会使制得的油脂颜色加深、沉淀物增多，不利于油脂的精炼；异种油料的混入会直接影响油脂的使用、饼粕的质量，尤其是当饼粕作为食用蛋白、饲用蛋白等原料使用时，更有必要除去杂质。因此，在油料预处理过程中需要净化，净化不仅能够减少油脂损失，提高出油率，提高油脂、饼粕及其副产物的质量，同时还能够提高油脂加工的效率，减轻对设备机件的磨损，有效避免事故的发生。

（2）影响因素 油料经过清理，要求尽量除净杂质，使油料越纯越好，而且力求清理流程简短，设备简单，除杂效率高；但由于设备或某些条件的限制，要完全清除油料中的杂质还有一定困难。一般要求是各种油料经过清理后，不得含有石块、铁器、麻绳、杂草等大型杂质，其他杂质的含量则应符合国家有关标准。

3. 方法 基于油籽和杂质对空气流的不同阻力可用风选设备；根据颗粒大小不同可用筛选设备，在搓泥机或磨泥机上使油料种子受到冲击和摩擦，然后用筛子和吸风机除去杂质；利用水洗设备可除去并肩泥；利用磁铁装置可将油籽中的铁质除去。在生产上，通常可以用转筒筛或圆筛来除去植物的梗、茎、叶、沙子、泥土和其他废物；将电磁铁装在传送带的上方可除去混入的杂铁；使用特殊的"除石机"可除去红花籽或其他油料种子里的石子和泥块；采用"脱绒"处理可除去有些油籽（如棉籽）表面所覆盖的纤维状茸毛（如棉短绒）。

> 在筛选设备中有溜筛、振动筛、平面回转筛和旋转筛等类型，但它们清除杂质的原理都是相同的，都具有一个最主要的工作件——筛面。其中，振动筛又称为平筛，是筛面能做往复运动的筛选设备，振动筛由于清选效率高、工作可靠，所以是生产上应用最广泛的一种筛选机械，适于各种油料的净化处理。

（二）剥壳

1. 基本原理 剥壳是根据各种油料皮壳的不同特性、油料的形状和大小、壳仁之间的附着情况等，采取不同的剥壳和去皮方法，所采用的各类破碎设备有辐轧机、碎解机和一种常用的由纵向装有许多刀条的圆筒构成的去壳机。皮壳与籽肉的分离是用一组大小不同的筛网及扬风分离器来完成的。在除胚工艺中，采用特殊设计的胚芽机把胚芽（种子心即胚芽）同种子的其余部分分离。

2. 目的与影响因素　　油料皮壳破碎之后，还需要壳仁分离，因此，整个剥壳工艺应包括破壳和分离壳仁两个过程。分离壳仁的方法主要是筛选和风选，故常利用剥壳设备与筛选、风选系统组成剥壳和壳仁分离的联合设备。

（1）目的　　油料的皮壳一般由纤维素和半纤维素组成，皮壳含油量极少且所占比例较大（如油茶籽壳占22%～38%，油桐籽壳占35%～45%），若带壳榨油或仁中壳太多，皮壳会吸收部分油脂，使饼中残油增高，降低出油率，同时也影响饼和壳的利用；壳中一般含有色素，如混在坯粉中蒸、炒时，在高温状态下色素溶于油中，增加毛油的色泽，降低油脂质量，造成精炼的困难；用带壳油料进行榨坯，不仅不易榨成薄的坯料，还将造成坯料薄厚不均匀，严重影响料坯的质量；对一些作为制取植物蛋白原料的油料，必须增加脱皮工艺，以取得高质量的植物蛋白制品。在剥壳、去皮过程中，不仅为仁的制油和制成蛋白质创造了有利条件，而且也使皮壳得到了充分利用。因此，剥壳能够提高油脂质量及出油率、提高饼粕中蛋白质的含量，同时减少对榨机的磨损，提高轧坯、蒸炒、油脂分离等过程的生产力。

（2）影响因素　　为了降低壳中的含仁率，要保证包仁的皮壳在外力的作用下得到破碎，然后才能使壳仁充分分离，因此破壳率要高；油料颗粒大小不一致，当满足大颗粒油籽破壳的情况下，小颗粒油籽往往不能被充分破壳，因此，为减少因漏籽增加的含壳量，可采用分级剥壳或整籽回收重新剥壳工艺；在剥壳去皮的同时，也要防止粉末度过大，以免造成壳仁分离困难。此外，一般对油籽皮壳组织较疏松、当壳仁在一起压榨时容易吸油且量多的油料，要求仁中含壳率尽量低一些，而对油籽皮壳组织较紧密，即壳随仁压榨时吸油量不多的，则对仁中含壳率的要求不十分严格。

3. 方法　　常用的剥壳去皮方法：①借助粗糙面的搓碾作用使油料皮壳破碎，如用圆盘剥壳机剥油桐籽壳等；②借与壁面或打板的撞击作用使皮壳破碎，如用离心式剥壳机剥葵花籽壳、红花籽壳等；③借锐利面的剪切作用使油料皮壳破碎，如用刀板剥壳剥棉籽壳；④借轧辊的挤压作用使油料皮壳破碎，如用辊式破碎机处理蓖麻籽等；⑤借高速气流的摩擦作用，使油料皮壳破碎。在实际应用时，同一种剥壳设备中往往同时具有几种破碎作用，这更有利于达到剥壳和去皮的目的。

（三）破碎

1. 基本原理　　破碎的原理是根据物料本身的物理性质，施加不同的力使之破碎。例如，利用两破碎工作面相互迫近时对物料施加压力，使物料破碎；利用尖齿楔楔入物料产生劈力，将物料破碎；利用两个破碎工作面的相对移动，使其中的物料受剪切力而被磨碎；利用瞬间作用在物料上的冲击力使物料破碎；利用物料在工作面间承受的劈裂作用，以及物料本身受到外力的支点作用被折断而破碎。

2. 目的与影响因素

（1）目的　　大颗粒油料不宜轧坯，粒子不易进入轧坯机的轧辊缝隙，因此必须使用具有一定颗粒大小的籽粒以符合轧坯条件；大颗粒油料的水分及湿度内外不均，达不到所需的可塑性也就制作不出优良的生坯，直接影响油脂的提取；对于一次压榨或预榨后的饼块，只有通过破碎使大的饼块成为较小的饼块，再用来浸出取油或经水分湿度调节和轧坯后进行二次压榨取油效果才好。

（2）影响因素　　需要破碎的油料大都是高油分油料，如油桐籽、油棕仁、椰干等，在破碎时要防止出油、成团，否则不仅造成油脂损耗，而且影响破碎工作顺利进行；破碎后应粒度均匀并符合规定的要求，有些油料在一次或二次破碎后还须进行筛分，将尚未破碎的颗粒重破碎，以得到较均一的粒度；根据各种油料或饼块物理性质的不同而采用不同的破碎方法，还应选择适当的破碎设备（通常可采用剥壳或轧坯设备来进行油料的破碎）。

3. **方法**　大颗粒油料需要改变其粒度大小，以利于压坯或软化。常用的破碎方法有压碎、劈碎、折断、磨剥、击碎等，在使用破碎设备处理油料时，为了掌控油料破碎粒度，避免大量粉末及高含油量油料漏油等现象的发生，往往同时采用上述几种破碎方法中的两种或多种。利用双碾辊、凹凸槽及分瓣器的结合而发明的油料破碎装置，即结合了多种破碎的方法，第一碾辊的外周面具有凹槽，凹槽内具有分瓣器，第二碾辊的外表面具有凸起，使得第一碾辊、第二碾辊进行对碾时，第二碾辊的凸起可以卡入第一碾辊的凹槽内，从而对凹槽内的油料造成挤压，使其被分瓣器上的刀片切割成预定瓣数，从而完成油料的破碎工作，使破碎后的油料粒度符合预定要求，且不会造成漏油现象。

（四）软化

1. **基本原理**　软化就是通过对水分和温度的调节对油料进行处理，增加油料的可塑性，它可将某些油料特别是含油量低和水分低的油料调节到适宜的水分和温度，使之具备轧坯的最佳条件。在通常情况下，软化时要对油料加入适量的水蒸气，同时进行加热；但对于一些水分含量高的油料，只进行加热处理，去除一定水分，使油料达到轧坯时适宜的水分和温度即可。

2. **目的与影响因素**

（1）目的　通过温度和水分的调节，使油料达到适宜的轧坯条件，尽量减少粉末度和黏辊现象，以保证轧坯的质量和轧坯设备的生产能力；通过对水分和温度的调节，使油料质地变软，塑性增加，以利于轧坯操作的进行，减少轧辊磨损和机器震动。如果软化操作不彻底或者忽视软化操作，将会导致轧出的料坯过厚或粉末度过大，严重影响出油率，因此在油料预处理过程中要重视软化操作过程。

（2）影响因素　在软化前应充分了解被加工原料的水分、硬度等情况，但有时同批原料的情况也不完全一样，甚至相差较大，因此要借助相关感官标准对原料进行判别，以便及时准确了解原料的状态、调整软化操作；软化过程中需要调整油料的水分和温度，但不能认为软化就是单纯地提高油料的一些水分和温度，必须以油料本身的水分和物理性质为根据，特别是根据原料中的水分进行调整；对软化后的油料水分、温度和物理性状必须进行综合考虑，要将水分和温度两者结合起来。对于不同的油料，一定的水分有其一定的温度要求，将两者进行合理的结合才能使油料在软化后达到理想的状态，方便油料后续的加工过程。

3. **方法**　软化方法可以分为加热去水法和升温加水法。加热去水法适用于花生、油菜籽等高油分油料，而升温加水法适用于大豆、棉籽等低油分的油料。常用的软化设备主要涉及软化箱、蒸汽绞龙和卧式滚筒软化锅。

（1）软化箱　软化箱通常直接安装在轧坯机的上面。它是一个有锥形底部的盛料箱，外面装有蒸汽夹层，内部装有蒸汽蛇管，用以加热油料，也可直接喷蒸汽或加热水，以调节油料水分。该设备不需要动力，较经济，使用方便且不占地；其缺点是软化不均匀，死角处易积料焦煳，造成油分损失，降低传热效率。

（2）蒸汽绞龙　即带有蒸汽加热夹套的螺旋输送机。它在输送的同时进行加热，其螺旋叶片采用桨叶式或月牙式，可使物料在缓慢推进过程中不断翻动而能受热均匀，蒸汽绞龙一般制成封闭式的，上面加盖，防止蒸汽逸出，也可根据需要打开以调节水分，同时在机槽底部或绞龙轴中间装有直接蒸汽喷管，可以通过蒸汽润湿。由于蒸汽绞龙的软化操作是在输送过程中进行的，其路程较长，因此软化条件容易控制，油料可以得到充分而均匀的软化，而且简化了流程，减少了设备。

（3）卧式滚筒软化锅（图2-2）　　其圆筒外壳上有一个齿圈和两个导轨，驱动装置通过齿轮和齿圈的啮合，使整个筒身均匀转动，托轮通过导轨支撑整个滚筒的质量。滚筒内装有若干组随筒体转动的加热排管，滚筒内壁焊有内螺旋板，滚筒安装有一定的倾斜角度（5°左右），进料端高、出料端低，油料从进料端进入滚筒，由于筒身的倾斜和内螺旋板的推动而运动到滚筒的另一端卸出，油料在滚筒中被加热排管加热软化。卧式滚筒软化锅的特点是由于滚筒的转动使油料的翻动更加均匀，避免了由于油料运动的死角而造成的焦煳现象，软化效果均匀透彻，并且动力消耗较小。

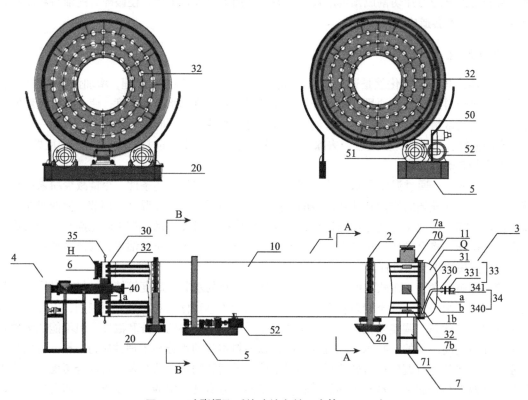

图 2-2　油脂提取系统（绘自曾凡中等，2019）

左上图为结构示意图中A-A方向的剖面示意图；右上图为结构示意图中B-B方向的剖面示意图；下图为结构示意图。
1.滚筒；1a.进料口；1b.出料口；2.支架；3.蒸汽加热管组件；4.螺杆上料组件；5.驱动组件；6.封板；7.固定座；7a.排气通道；7b.下料通道；10.筒身；11.筒底；20.滚筒辅助架；30.左管板；31.右管板；32.蒸汽管；33.蒸汽供应部件；330.连通管；331.蒸汽接头；34.冷凝水排放部件；340.排水管；341.水排放接头；35.气体排放部件；40.送料螺杆件；50.齿轮；51.驱动齿轮；52.电机；70.上架；71.下架；a.第一管体；b.第二管体；Q.蒸汽腔；H.环形气腔

（五）轧坯

1. 基本原理　　经破碎、软化的油料即可用轧坯设备对其进行碾轧，使之成为具有一定厚度的坯片，通常称为料坯或生坯。生坯主要是由轧坯操作制得，轧坯能够改变油料内部状态，使其发生一系列物理变化、化学变化及生物化学变化。

（1）物理变化　　细胞组织被破坏、粒子表面积增大、生坯自由表面能积聚、油脂部位发生变化。在轧坯中，未被破坏的细胞内部的油脂仍以通常的状态存在于油原生质中，有时部分油脂也因受周围被破坏细胞的压力影响而被分离出来，因此，轧坯越不完全，未遭破坏的完整细胞越多，保持原来状态的这部分油脂也就会越多；被破坏的细胞产生的大量油原生质碎片，有的从细胞中脱落，有的还留存在组织残片内，一部分油脂可能保留在这些油原生质碎片中；轧坯时细胞质凝胶的微小结构遭到了强烈的破坏作用，存在于这些结构中的油脂就大量地分离出来。同时，由于轧坯而形成的生坯巨大的外表面和内表面，以及形成了很强的表面分子力场的作用（润湿力），油脂被生坯表面所吸附，因此还不会从生坯中流出来。轧坯时油籽细胞破坏得越多，分离出来的油脂也越多，生坯表面所吸附的油脂也就越多。

（2）化学变化　粒子通过轧辊时受到压力作用而引起蛋白质的机械变性作用。此外，由于部分机械能转化为热能使温度升高，油籽受热发生变化，引起蛋白质的热变性作用。轧坯时生坯受热越多，水分越高，蛋白质的这种变性则越大。当然，由于轧坯时间很短，这种化学变化还不会很大，但是，如果在轧坯前籽仁经过水分调节和温度提高，同时辗面经长时间工作后温度较高时，化学变化将加剧。轧坯后生坯表面积扩大很多，表面又有一层油脂薄膜，因而为氧化过程创造了条件，特别是料坯过薄，在进行蒸炒时很容易使油脂的氧化过程加剧。

（3）生物化学变化　在很短的轧坯过程中，生物化学变化不会很明显，但轧坯作用会为以后的生物化学变化创造条件。由于细胞原生质结构遭到了破坏，氧气可以直接进入个别细胞中及细胞组织内部，这就大大加剧了细胞的呼吸作用，同时籽仁的外表层遭到破坏，使它失去了抵抗微生物活动的保护层，结果是生坯的稳定性远比剥壳的籽仁稳定性差（比未剥壳的油籽更差），因此，生坯是不允许长期贮藏的。

2. 目的及影响因素

（1）目的　在常用的压榨法一次取油、预榨后再继续以压榨或浸出取油和用生坯或熟坯直接浸出取油这3种制油工艺中，将油料生坯蒸炒制成熟坯以供压榨取油是一项极为重要的操作工序。轧坯能够充分破坏细胞组织、减少物料厚度、增大物料表面积、使生坯达到最大的一致性，油料籽仁有无数细胞组织，由纤维素及半纤维素组成的细胞壁比较坚韧，轧坯时能将部分细胞的细胞壁破坏，油料碾轧得越细，细胞组织破坏越严重，对于蒸炒工序就更为有利；轧坯后的料坯越薄，蒸炒时水分向粒子内部渗透和热量向里传递的距离就越小。同时料坯表面积越大，蒸炒时与水分、蒸汽的接触面积也就越大，因此料坯越薄，蒸炒时水分和热对料坯的作用效果也就越好。未经轧坯的粒子，由于其本身导热率低，热容量小，表面升温较快而向里传递热量很慢，因此在加热时油料粒子的受热很难达到内外均匀一致。轧成薄的料坯后粒度较为均匀，碾轧越细，粒子的大小越接近，即生坯越均匀，蒸炒时形成的熟坯也就越均匀，可以避免里生外熟的现象，因此，轧坯为蒸炒创造了极其有利的条件。

（2）影响因素　对于轧坯工艺总的要求是薄而均匀、粉末少、不漏油。对于不同的油料，料坯的厚度有其一定的要求，这要根据不同的制油工艺来确定。例如，对于使用水压机或其他土法榨油设备取油的坯，要求比用螺旋榨油机压榨时薄一些；用于预榨浸出或二次压榨的料坯要稍厚些；还应考虑油料水分、温度、油料颗粒大小、油料含油量、油料含壳量、轧坯设备等对轧坯质量的影响。

3. 方法　根据物料受到的作用力不同，可以将轧坯方法分为光面辊碾轧法和带槽辊碾轧法。

（1）光面辊碾轧法　辊的表面光滑，被轧的物料进入轧辊圆筒表面的工作缝隙中受到碾轧发生变形，其受到的作用力随着两个轧辊圆周速度比值的变化而变化。若圆周速度不同，不仅存在挤压作用，而且也会发生碾碎和剪切作用。

（2）带槽辊碾轧法　轧辊表面带有槽纹，在碾轧过程中槽纹对物料会产生多种力的作用。当一对轧辊以同样的圆周速度相对转动时，辊面上对称的槽纹尖端对于被轧物料产生劈裂和挤压作用，槽纹尖端嵌入物料使粒子产生弹性和塑性变形；当两个轧辊以不同的圆周速度旋转时，两辊面上的槽纹产生相对运动，物料除了受到压碎作用外，还会受到剪力和冲击力。

常用的轧坯机有单对辊、双对辊、三辊、五辊及液压紧辊对辗等。在一些水代法取油及水挤法取蛋白质的工艺中也有用磨子将油料磨成粉末的。例如，利用石磨、钢磨或金刚砂磨将芝麻、花生仁等油料磨成细粉或浆液，然后进行取油或取蛋白质。轧坯设备的种类及形式虽然较多，但基本工作原理相同，即依靠其主要工作部件：一对或一组相对转动的轧辗，将进入轧辗间的油料碾轧成薄片，达到轧坯的目的。利用两组轧辊分别对物料进行两次轧坯，装置设置的第一轧辊和第二轧辊能够对物料进行充分轧坯，使轧坯更加均匀。

（六）蒸炒

1. 基本原理　　所谓蒸炒，是指轧坯后所得料坯经过加水（湿润）、加热（蒸坯）、干燥（炒坯）而成为熟坯的过程，以便将料坯调至最优的入榨温度和水分或浸出所需的最优温度和水分，也就是使料坯处于最适宜油分流出的状态。

2. 目的及影响因素

（1）目的

1）破坏含油细胞。油料细胞由细胞壁和细胞内含物两部分组成：细胞壁主要由纤维素和半纤维素所组成，比较坚硬，具有保护作用；细胞内含物由蛋白质、脂肪、磷脂、糖类、水分、矿物质及其他物质所组成，在天然状态时它们呈胶体状态存在于细胞内。油料即使经过最彻底的粉碎及轧坯，生坯中也还有相当数量的完整细胞，而细胞膜在一定程度上也还维持着油脂在原生质中的显微分散状态，不利于油的聚集与提取。经过蒸炒，在水分、温度及机械的联合作用下，使蛋白质凝聚、淀粉糊化、纤维素溶胀，导致细胞壁破裂，油分在生坯中均匀分散的体系遭到破坏，同时由于水分的选择性湿润作用，降低了油脂与料坯颗粒表面之间的结合力，使油脂与料坯容易脱离。生产实践证明，经过蒸炒后的热榨要比未经蒸炒的冷榨出油率高得多。

2）使蛋白质凝固变性。油料中除油脂本身外，其他为水分、纤维、碳水化合物、蛋白质及磷脂等，而油脂水分、蛋白质及磷脂是以胶体状态存在于油料细胞中。如果对油料采用真正的冷榨，常会榨出白浆而不见油，要使从油料中榨出来的不是白浆而是油，并且是大量的油，必须借助水和热的作用，使胶体破坏，蛋白质因变性而凝固，从而使油分在生坯中的均匀分散体系被破坏继而被分离出来。

蛋白质在外界因素（如温度、水分、压力等）影响下，因结构破坏、改变而导致物理、化学性质发生变化的情况，称为蛋白质变性，又因蛋白质变性后不易溶解，而是成为凝固状态，故又称为凝固变性。蛋白质变性需具备 3 个条件，即温度要在 60 ℃以上、大量吸收水分、加热一定时间，因此在蒸炒时首先加水使料坯湿润，然后蒸坯、炒坯，这样蛋白质的变性作用才能较彻底。蛋白质变性后环状结构就变成松懈的散状结构，原来被包含在球体内部的疏水基就裸露于表面，因此和疏水基团结合在一起的油脂也就裸露于表面，这样油脂就比较容易地被提取出来。实践和生产都证明蛋白质变性越彻底，出油率越高。

3）使磷脂吸水膨胀。从营养角度来讲，磷脂（属于类脂化合物）是一种有用的物质，但由于它的某些变化会使毛油质量降低，以致在油脂精炼时使炼耗增加，因此应该尽量减少油中的磷脂含量。磷脂和油脂一样，在油料中的存在状态分为游离磷脂和结合磷脂两种，所不同的是结合磷脂比游离磷脂的含量大，压榨时游离磷脂较易溶于毛油，而与蛋白质结合在一起的结合磷脂，必须在破坏蛋白质的结构之后才能溶于毛油，故冷榨油脂中磷脂少，热榨油脂中的磷脂较多。在蒸炒时蛋白质结构受到破坏，与蛋白质疏水基团结合在一起的磷脂裸露于表面，压榨时就转入毛油中。如果蒸炒时使料坯"吃足"水分，那么从结合状态"释放"出来的磷脂就首先吸水膨胀而凝集成固体状态，压榨后就不再溶于油内留在饼中，从而减少了毛油中的磷脂含量，不过，总体来说还是热榨油中的磷脂含量比冷榨油中多。

4）调整料坯的塑性。在压榨时，各种不同的榨油机具有不同的压力，故要求入榨的料坯也应该有适宜的抵抗力（耐压强度），这样才能最大限度地提高出油率。料坯塑性大者，抵抗力小，适宜于压力较小的榨油机。反之，塑性小者则抵抗力大，适宜于压力大的榨油机，如果料坯的塑性不适宜，就会减少出油。

料坯塑性大小与其含油量、含水量、温度及仁中含壳率等有关。含油量少，水分低，温度低，仁中含壳率高，则料坯就显得干一些、硬一些，也就是塑性小一些、抵抗力大些；反之，如果料坯的含油量高、水分高、温度高，仁中含壳率少，料坯就显得湿一些、软一些，也就是塑性大一些、抵抗力小些。对于含油量和仁中含壳量一定的料坯，若用不同的榨油机时，在蒸炒工序中必须调节料坯的温度和水分，以适合不同榨油机的要求。蒸炒工序是制油关键性的一环，蒸炒质量的好坏对出油率的高低起决定性作用。料坯温度、水分的调整，完全依靠蒸炒工序来完成，尤其是某些油料不仅要求入榨料坯的温度、水分要非常准确，而且不经高水分蒸坯使蛋白质适当变性也榨不出油。因此，蒸炒不仅使油脂从油料中较容易地被提取出来，而且毛油的质量也有较大提高，为油脂的精炼创造了良好条件。

（2）影响因素

1）蒸炒前，要确保生坯的水分、厚度及破碎程度等质量指标合格且保持稳定。加入的水分要满足细胞破坏、蛋白质凝固变性、磷脂吸水膨胀等全部的用水需要，且要求水分施加均匀、保证料坯内部充分发生变化。

2）蒸坯过程中，要保持蒸炒锅密闭，使料坯表面吸收的水分充分地渗透到料坯内部，保证料坯的内外温度、水分达到均匀一致。

3）炒坯的作用是加热去水，在炒坯过程中需要严格控制温度、水分及装料量，在此过程中需要打开排气阀，尽快将料坯中的水分排出。

3. 方法　　根据是否加水可以将蒸炒方法分为干炒法和湿炒法，湿炒法又可以分为润湿蒸炒法和高水分蒸炒法，高水分蒸炒法的加水量远远高于湿润蒸炒法，大多数油料均可采用润湿蒸炒法，而高水分蒸炒法适用于棉油的生产。

（1）干炒法　　干炒法开始之前不进行润湿，料坯先经过加热或干蒸坯，然后再用蒸汽蒸炒，也就是采用加热与蒸坯相结合的方法，使炒坯在干蒸炒之后，再经蒸汽润湿调节至最适宜入榨的湿度与水分。相比之下，湿蒸炒不仅能使油料达到压榨时的最优特性，而且还能在蒸炒过程中产生有益的化学变化，干蒸炒的效果较差、已逐渐被淘汰。

（2）湿蒸炒　　分为润湿与蒸炒两个阶段。润湿阶段是指蒸炒开始时先用加水和喷汽的方法，或单用喷汽的方法，使生坯达到适宜的水分（即蒸炒的最优开始水分）。如果生坯的水分已达到蒸炒的最优开始水分，则不经过润湿阶段。蒸炒阶段是指将润湿过的料坯蒸炒烘干，形成最优结构，使料坯的水分和温度最适宜取油。此时的水分称为熟坯最优水分，此时的温度称为熟坯最优温度，只有当料坯在润湿阶段达到蒸炒的最优开始水分，才能使熟坯生成需要的结构，因此润湿阶段也可看作保证料坯在蒸炒阶段能按一定方向发生性质变化的水分调节过程。润湿蒸炒所用的设备主要是蒸炒锅，有立式和卧式两种类型，其中以立式蒸炒锅应用最广。

二、油脂分离

2-1

常见的制油方法有压榨法和浸出法。压榨法制油就是借助机械外力的作用使油脂从榨料中挤压出来的过程（资源 2-1）。它一般属于物理变化，如物料变形、油脂分离、摩擦发热、水分蒸发等。然而，在压榨过程中，由于温度、水分、微生物等的影响，同时也会产生蛋白质变性、游离棉酚与赖氨酸的结合、酶的破坏和抑制等生物化学方面的变化。因此，压榨制油的过程实际上是一系列过程的综合，按照入榨条件（温度、水分）及压榨饼的用途，可以分为热榨法和冷榨法。压榨时，受榨料坯（简称榨料）的粒子在压力作用下使其内外表面相互挤压，而由于表面挤压作用，致使液体部分和凝胶部分分别产生以下两个不同过程：①油脂从空隙中被挤压出来；②物料粒子在高压下经弹性—可塑性变形后形成坚硬的油饼，直至内外表面连接而封闭油路。

（一）热榨法制油

1. 基本原理　　油脂存在于植物种子的细胞原生质中，经过轧坯、蒸炒后的料坯，其中的油脂大多数形成凝聚态存在于细胞的凝胶束孔道（也称为微胶粒网或纤维毛细管）中。热榨法取油主要是以充分提取油脂为目的，蒸炒过程中蛋白质变性，油分在生坯中的均匀分散体系遭到破坏，同时水分的选择性湿润作用使油脂与料坯容易脱离，从而提高出油率。

2. 方法　　机械法取油工艺适用于绝大多数油料，以压榨为最后工序的工艺流程，按照压榨时物料所受压力的大小及压榨取油的深度，可以分为一次压榨和预榨：一次压榨又称全压榨，要求压榨过程中将物料中的油脂尽可能多地榨出；预榨仅要求将物料中约 70% 的油脂榨出，预榨饼再进行溶剂浸出取油，通常对于高油分油料宜采用预榨浸出流程。

3. 制油工艺

（1）工艺流程

1）一次压榨法：适用于多数油料。

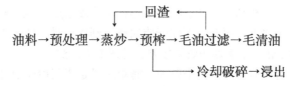

2）预榨 - 浸出法：适用于多数高油分油料。

（2）操作要点　　温度的变化将直接影响榨料的可塑性及油脂黏度，进而影响压榨制油效果。一般情况下，榨料加热可塑性提高，榨料冷却则可塑性降低。压榨时，若温度显著降低，则榨料粒子结合不好，所得饼块松散、不易成形；但是温度也不宜过高，否则将会因高温而使某些物质分解成气体或产生焦化。

1）预榨：预榨饼既不能压缩过度形成坚饼，也不允许提取油脂后成为松散的细粉，而必须（或接近）呈含有一定油分的凝胶骨架结构，因此压榨过程中的压力变化必须满足排油速度的一致性，压力大小须确保油脂的尽量挤出和克服榨料粒子（凝胶骨架）变形时的阻力，但压力过大容易形成压实的饼而封闭油路。

2）对预榨－浸出法的预榨要求，可以比两次压榨的预处理放宽些（主要指蒸炒）。

3）冷却破碎：将预榨饼粕冷却之后进行破碎处理，使其达到浸出法制油的要求。

（二）冷榨法制油

1. 基本原理　　冷榨制油是在常温（或低温）条件下借助机械外力的作用使油脂从榨料中挤压出来的过程，此过程主要发生的是物料变性、油脂分离等一系列物理变化。油脂的榨出可以看成变形了的多孔介质中不可压缩液体的运动，油脂流动的平均速度主要取决于孔隙液层内部的摩擦作用（黏度）和推动力（压力）的大小；同时，液层厚薄（孔隙大小及数量即含油量）及油路长短也是影响这一阶段排油速度的重要因素。

2. 方法　　冷榨制油是通过一系列简单的处理，将毛油过滤后无须经过脱酸、脱胶、脱色、脱臭等一系列精炼加工流程即可得到成品油的制油方法，能够最大程度地保留原料中的生物活性物质。冷榨的效率一般低于热榨。杨保银（2018）发明的一种高效油脂压榨设备（图2-3）提前对油料进行破碎处理，通过旋转筒体的高速旋转，带动油料的旋转，使得油料中的油分离出来，再加上压盘的不断压迫，从而提高了产油率和榨油效率，并采用冷榨技术，保留了油中的生理活性物质。

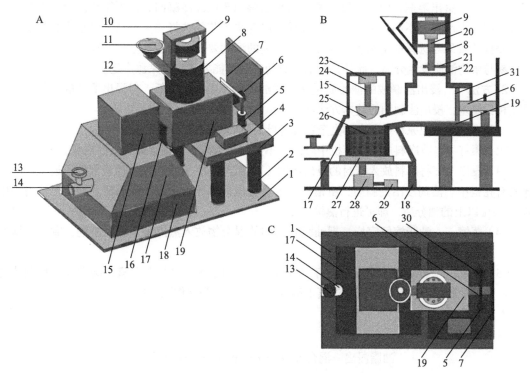

图2-3　高效油脂压榨设备立体（A）、正视（B）及俯视（C）结构示意图（绘自杨保银，2018）

1.底座；2.支撑柱；3.支撑板；4.控制开关；5.液压油箱；6.液压伸缩杆；7.固定板；8.油料破碎筒；9.转动电机；10.固定架；11.进料斗；12.进料通道；13.电磁阀；14.出油管；15.支撑箱；16.导料通道；17.金属壳体；18.基础支架；19.送料箱；20.转轴；21.破碎叶片；22.过滤网；23.压力机；24.推杆；25.压盘；26.旋转筒体；27.回转装置；28.减速器；29.调速电机；30.液压泵；31.推板

3. 制油工艺

（1）工艺流程

净化→剥壳破碎→压榨→油渣分离→毛油

（2）操作要点

1）净化：对植物油料进行筛选，除去杂质后进行分级，保证颗粒大小一致以便脱壳。

2）剥壳破碎：根据原料的实际情况进行操作，保证油料的出油率。

3）压榨：冷榨属于一种具有特殊要求的压榨取油法，应根据油料特点（油脂、蛋白质含量及其食用价值）和压榨饼的用途来确定是否采用冷榨。冷榨入料温度一般不高于65℃，且在整个过程中需对温度进行严格监控，避免高温引起的油脂质量变差。此外，冷压榨饼的蛋白质变性低，有利于饼的综合利用（如做饲料、食用蛋白质、发酵培养基、提取游离棉酚、皂素等），而作为食品用途的植物蛋白粉，在加工过程中要严格遵守卫生指标。

4）油渣分离：毛油中一般含有少量油渣，油渣会影响毛油的酸值和色泽，因此得到毛油后应迅速进行油渣分离。

（三）溶剂浸出法制油

1. 基本原理　　浸出法制油是选择某种能够溶解油脂的有机溶剂，使其与经过预处理的油料进行接触（浸泡或喷淋），使油料中油脂被溶解出来的制油方法。这种方法使溶剂与它所溶解出来的油脂组成一种溶液，称为混合油。利用被选择的溶剂与油脂的沸点不同，对混合油进行蒸发、汽提，蒸出溶剂，留下油脂，被蒸出来的溶剂蒸汽经冷凝回收，再循环使用。由于油料品种不同，生产规模不同，采用的设备各异，浸提法工艺的选择要注意结合当地实际情况，此外，浸提的效果与选择的溶剂也密切相关，浸提的溶剂要符合食品安全生产标准、化学稳定性好、易与植物油脂发生分离，此外，溶剂本身的安全性能要高，且来源广泛。

2. 方法　　浸出法制成的油粕质量好且残油率低，生产成本低，但浸出毛油的质量与压榨毛油相比要差，浸出法制油的基本方法如下。

（1）净籽　　把原料中所含的夹杂物如碎叶、沙石等挑选干净。

（2）碾籽　　将净料放入碾碎机中碾碎，不宜碾得太碎，否则会影响出油质量。

（3）浸出　　将碎料放入密封的浸出槽内（滤布上面），有机溶剂由槽底部管子通入滤布下部的有孔板中。溶剂浸出油脂后，由槽的上方管流出，再导入下一个浸出槽。如此，待溶剂中含有50%以上的油分后，即可进行蒸馏。

（4）蒸馏　　油脂溶解完毕，把油脂和溶剂的混合物放入蒸发罐中蒸干溶剂，剩下的即为油脂。

（5）精制　　蒸馏后的油脂中尚有大量水分、残留溶剂、杂质和色素，必须经过精制才能去除。浸出油脂后的油料残渣，经过蒸干溶剂的处理，再磨细作肥料用。

3. 制油工艺

（1）工艺流程

$$油脂浸出→混合油→净化→蒸发→汽提→毛油$$
$$\qquad\qquad\qquad \llcorner\!\!\!\longrightarrow 湿粕→脱溶→干燥→成品粕$$

按照生产操作方式可以将油脂浸出分为间歇式和连续式，按照溶剂对油料的接触方式可分为浸泡式、喷淋式和混合式，按照生产工艺可分为直接浸出和预榨浸出，不管是哪种分类方式，浸出法制油的工艺总流程大致相同。

（2）操作要点　　在浸出法制油实际操作过程中需要注意选择适当的工艺流程，考虑到浸出法制油的影响因素。由于各地油料品种及生产规模不同，在选择工艺时要根据油料品种、产量情况、对产品和副产品的质量要求等方面综合考虑，选择比较合理、符合要求的工艺。一般对于含油率高的油料可采用预榨 - 浸出工艺流程，对于含油率低的油料可采用直接浸出工艺流程。油脂浸出时，采用的溶剂能够溶解油脂，油脂和溶剂之间的溶解是相互进行的。两种液体分子的作用力大小越接近，它们就越容易互溶，即彼此的溶解度就越大。除此之外，要尽可能地保证被选择的溶剂化学性质稳定、不易与油脂发生化学反应、挥发性强且易与油脂分离、对设备无腐蚀或腐蚀性弱、货源充足、价格低廉等。

1）净化：在进行蒸发、汽提之前应除去混合油中的固体粕末及胶状物质，以便为混合油的成分分离创造条件。

2）蒸发：借加热作用使溶液中的一部分溶剂汽化，从而提高溶液中溶质的浓度。混合油的蒸发是利用油脂和溶剂沸点不同的物理性质，将混合油加热蒸发，使绝大部分溶剂汽化而与油脂分离。

3）汽提：即水蒸气蒸馏，利用油脂与溶剂挥发性不同的特点，将浓混合油进行汽提，除去毛油中的残留溶剂，从而获得含溶剂量很低的浸出毛油。蒸发进行之后，混合油的浓度大大升高，溶剂的沸点也随之升高，采取常压蒸发或者减压蒸发都不能将混合油中的剩余溶剂除去，只有采用汽提才能将混合油内残余的溶剂基本除去。

4）脱溶：从浸出器卸出的湿粕中含有 25%～35% 的溶剂，将这部分溶剂脱除的过程称为脱溶。湿粕的脱溶烘干过程中，为了使这些溶剂得以回收和获得质量较好的粕，可以采用加热的方法除去溶剂。

5）干燥：将脱溶过程中吸收的水分除去，使排料含水量达到产品安全含水指标。

（四）离心法制油

1. 基本原理　　离心法适用于油脂存在于果肉中的油料植物（如橄榄、椰子），是将其粉碎并形成果浆，使油脂游离于果浆中，利用油脂比水、果渣比重小的原理，采用机械离心，依靠向心力将油脂从物料中分离。在离心前，要充分了解物料的性质，将物料粉碎至最佳程度；离心过程中，控制离心速度、离心时间，其他变量相同的条件下，油脂得率随着离心时间的增加，得率先增加后减少最后保持不变。

2. 方法　　离心法分离油脂主要利用向心力，通过离心设备的内筒高速旋转，将油脂甩出并搜集。离心速度越大，向心力越大，在一定的转速范围内，油脂和油渣的分离程度随着转速的增加不断增加，油脂的产量也随之增加，但当转速过大时，容易导致料液在离心设备内产生反混现象，不利于油脂分离。

离心法生产有几个特点：①生产工艺简单，技术要求不高，且周期短效率高；②出油率高、酸价低、色泽好；③耗水量大，需要配套设施对废渣进行处理。

3. 制油工艺

（1）工艺流程

$$粉碎 \rightarrow 稀释（加热）\rightarrow 离心分离 \rightarrow 脱色 \rightarrow 脱臭 \rightarrow 成品油$$

（2）操作要点

1）粉碎：熟果粉碎前，需对物料中的油脂是存在于细胞内还是细胞间有充分了解，根据物料本身的性质选择合适的方法进行破碎处理。

2）稀释（加热）：稀释过程中需要加水，大部分原料还需要进行加热，加热的温度以不破坏原料中的目标物质为参照标准。

3）离心分离：离心法分离油脂的影响因素有离心速度、离心时间、物料粒度、温度等，其中离心速度对油脂得率影响最大，其他因素不太明显。转速过小，不能保证油脂和油渣分离充分；转速过大，会产生反混现象，因此，对转速的控制要求较高。

4）脱色、脱臭环节见下文"三、油脂精制"部分相关内容。

（五）超临界流体萃取法制油

1. 基本原理 超临界流体萃取（supercritical fluid extraction，SFE）是利用某些物质（或溶剂）在临界点以上所具有的特性来提取混合物中可溶性组分的一种分离技术。超临界流体既不是液体也不是气体，但它具有液体的高密度、气体的低黏度，以及介于气态和液态之间的扩散系数的特征。一方面超临界流体的密度通常比气体高两个数量级，因此具有较高的溶解能力；另一方面，其表面张力几近为零，因此具有较高的扩散性能，可以和样品充分混合、接触，最大限度地发挥其溶解能力。

2. 方法 SFE 常用二氧化碳、氧化亚氮、乙烷、乙烯、甲苯等物质作为萃取的介质。在诸多超临界流体中，CO_2 因其无毒安全、价格低廉、运输方便，且对易挥发性或生理活性物质极少破坏的特点而备受青睐。超临界流体萃取的主要设备为萃取器和分离器，根据萃取物与超临界流体的分离方法不同，可以分为等温法、等压法和吸附法。等温法是采用压力变化方式进行分离的方法，萃取器与分离器在等温条件下，将萃取相减压分离出溶质，超临界气体采用压缩机加压，再重新返回萃取器；等压法是采用温度变化的方式进行分离的方法，在等压条件下，将萃取相加热升温分离气体与溶质，气体经过压缩冷却后重新返回萃取器；吸附法是采用吸附剂进行分离的方法，在分离器中放入吸附剂，在等压、等温条件下，将萃取相中的溶质吸附，气体经压缩返回至萃取器。对比等温法、等压法和吸附法可以发现，吸附法理论上不需要压缩能耗和热交换能耗，是最省能的过程，但是该法只适用于可使用选择性吸附方法分离目标组分的体系；此外，温度变化对 CO_2 流体溶解度的影响远远小于压力变化的影响，通过改变温度的等压法在实际应用中也受到较多限制，所以超临界 CO_2 萃取过程大多采用改变压力的等温法。

3. 制油工艺

（1）工艺流程

$$预处理 \rightarrow 装料 \rightarrow 萃取 \rightarrow 分离 \rightarrow 萃取物$$

（2）操作要点

1）预处理、装料：将原料进行预处理后放入超临界流体萃取装置内部，打开操作按钮进行设置。萃取釜内样品高度不能超过整个萃取釜的 4/5，不能用工具将样品压得过实，以免影响萃取效果。萃取釜口处需擦干净，保证无样品残留，以免损坏密封圈。

2）超临界萃取：萃取装置开始工作后，等待萃取釜和水浴的温度稳定到实验条件后进行压力调节，待压力和温度全部达到要求以后，根据实验要求进行萃取。控制超临界萃取装置内部的温度低于超低温临界点，直至需要的物质萃取出；萃取结束后，需要将萃取出的流体转移到流体专用罐中存储。萃取过程中，气动泵后不能放置杂物，以免影响系统的安全保护装置发挥作用；实验过程中如有异常情况出现，打开放气阀门，释放系统内气体即可；在实际操作中需要考虑到流体比、CO_2 流量、压力、时间、温度、粒度夹带剂比例等条件变化对物质中有效成分萃取的影响。萃取率随流体比增加而增加，而流体含量的增加可以提高溶质在溶液中的溶解度；扩散能力随着温度的增加而增强，扩散能力增强，被萃取物在超临界 CO_2 中溶解度增加，有利于萃取，但随着温度的增加，杂质的溶解度也增加，使精制过程复杂化，从而降低产品的收率，同时温度增加，CO_2 流体的密度降低，使得对溶质的溶解力下降，降低产品收率；压力是 SFE 中最重要的参数，体系压力的微小变化可导致溶质溶解度发生几个数量级的突变，一定温度下，随着压力的增大，流体密度显著增加，溶质的溶解度增大，萃取效率提高；萃取时间增加，有利于超临界流体与溶质中有效成分的溶解平衡，增加萃取的时间就增加萃取收率，但萃取一定时间后，随着溶质中有效成分的减少，再增加萃取时间，萃取收率增加缓慢，能耗增加，有些无效成分也更多地被萃取出来，直接影响产品的质量；粒度越小，总表面积越大，溶质分子与超临界流体接触机会越多，萃取收率越高，萃取操作周期缩短，但粒度太小，其他成分在萃取中也较容易溶出，影响萃取产品的质量。

3）分离：从萃取器出来的溶解有机质的超临界流体，经过减压阀减压后，在阀门出口管中流体呈两相状态，即气体相和液体相（或固体）。若为液体相，其中包含萃取物和溶剂（以小液滴的形式分散在气体相中），需要经第二步溶剂蒸发，进行气液分离，分离出萃取物。

（六）亚临界流体萃取法制油

1. 基本原理 亚临界流体是指某些化合物在温度高于其沸点但低于临界温度、压力低于其临界压力的条件下，以流体形式存在的该物质。亚临界萃取技术就是利用亚临界流体的特殊性质，物料在萃取罐内注入亚临界流体浸泡，利用其相似相溶的物理性质，在一定的料溶比、萃取温度、萃取时间、萃取压力、萃取剂、夹带剂、搅拌和超声波辅助下进行萃取的过程。混合液经过固液或液液分离后进入蒸发系统，在压缩机和真空泵的作用下，根据减压蒸发的原理将萃取剂转为气态从而得到目标提取物。

2. 方法 亚临界流体萃取相比其他分离方法具有许多优点：无毒、无害，环保、无污染，非热加工，保留提取物的活性成分不破坏、不氧化，产能大、可进行工业化大规模生产，节能、运行成本低，易于和产物分离。亚临界萃取设备主要由料坯萃取、蒸发分离、热水循环和萃取罐脱溶 4 个部分组成（图 2-4）。

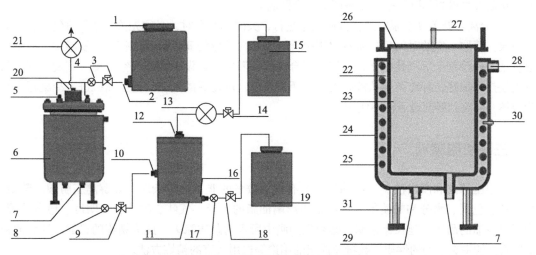

图 2-4 亚临界萃取系统（左）及萃取罐（右）结构示意图（绘自匡国荣，2018）

1.原液桶；2.原液桶出口；3.电磁阀；4.增压泵；5.原液入口；6.萃取罐；7.萃取液出口；8.水泵；9.电磁阀；10.萃取液入口；11.蒸发罐；12.抽气口；13.压缩机；14.电磁阀；15.萃取剂桶；16.抽液口；17.水泵；18.电磁阀；19.浓缩液桶；20.排气口；21.真空泵；22.萃取罐体；23.萃取腔；24.水浴夹套；25.电加热管；26.支撑板；27.螺柱；28.进水口；29.排水口；30.温度传感器；31.支脚

3. 制油工艺

（1）工艺流程

预处理→装料→热水循环→萃取→分离→目标组分

（2）操作要点

1）预处理：对原料进行预处理，使原料为颗粒状或者粉末状，过20～120目筛后将原料装入料筒，放入萃取罐。

2）装料：料坯需全部浸没在萃取剂中，料坯装入萃取罐后要保证装置密封性良好，利用压力差将亚临界流体注入萃取罐内，并采用热水循环对萃取罐进行加热。

3）热水循环：保证热水箱中水位在加热器上方，加热过程中及时观察水位，水位不足时进行补充，保证能够循环使用。

4）萃取：萃取效率与溶料比、搅拌、萃取温度、萃取时间、萃取压力、萃取次数、萃取剂及夹带剂的选型、超声波的辅助萃取等因素有关。

从理论上讲，溶料比越大萃取效率越高，工业化的生产过程中由于成本的优化，溶料比一般控制在（1.0～1.5）:1。萃取的过程是分子相对扩散的过程，适度的搅拌可以保证溶剂和物料之间的充分混合，减少萃取中的外扩散阻力，使萃取体系的浓度有利于固体料中的脂溶性成分向液体溶剂中扩散。提高萃取温度能增加分子运动的速率，从而提高扩散速率，但温度过高又会对活性成分产生影响，因此，需要将温度控制在一定温度以内，且在生产过程中实时监控。针对不同的物料，先通过正交试验得出合理的萃取时间和次数，在实际生产过程中通过罐组间的逆流萃取工艺得以提高萃取效率。加入适量合适的夹带剂可明显提高亚临界流体对某些被萃取组分的选择性和溶解度，提高的程度与其分子结构有关，分子的脂溶性部分越大，其对亚临界流体的萃取效率提高越多。在亚临界流体萃取天然动植物活性成分的过程中，通过超声波的"空化"作用，可以激化提取溶酶渗透、溶解、扩散活性，减少萃取的外扩散阻力，缩短萃取时间，从而大大提高萃取效率，提高产量，降低成本。

5）分离：开关真空泵时严格按照顺序进行，关闭真空泵时，必须先关真空泵进气阀，再关真空泵。萃取一定的时间后，将萃取罐中含有脂溶性成分的亚临界流体打入蒸发罐中，尽量使混合油中的溶剂全部汽化脱出，在取出混合油前，需要破坏设备内的真空环境。蒸发过程中通过夹层热水加热，补充溶媒从液态到气态所需热量，汽化后的气体经过压缩机进入冷凝器中变为液体，回流到溶剂罐后循环使用。

三、油脂精制

采用压榨法和浸出法制取的油里均含有不同数量的非甘油酯杂质，如游离脂肪酸、磷脂、蛋白质、色素、水分和蜡质等，这些杂质影响油脂的色泽、气味、滋味、透明度、稳定性等。为了提高油的品质、延长保存期，必须把油脂中所含的杂质除去，此为精炼的目的。油脂的精炼应根据油中夹杂物的性质、数量及油脂的用途等选用适宜的精炼方法。

（一）过滤

油脂中的油饼碎屑、植物纤维、尘土和水分，均可以用过滤法、沉降法、离心过滤法及压滤机过滤法等除去。下文介绍沉降法。

沉降法可在毛油池中进行（如澄油箱）。它是利用重力自然沉降，让较重的杂质沉于箱底，清油浮于上层。沉降的效率取决于机械杂质的粒度大小和油与杂质的密度差别。同时，保持一定的油温度、降低油的黏度，可加快沉降速率。用沉降法去杂的设备相对比较简单，但效率低，不能充分满足连续化生产的要求。一般油厂都是以沉降作为辅助措施，与过滤或离心分离配合使用，以降低过滤及离心分离设备的负荷。

（二）脱酸

1. 基本原理　　油脂脱酸的目的主要是除去毛油中的游离脂肪酸，以及油中留存的少量胶质、色素和微量金属物质，同时也为提高后续工序的生产效率创造条件。脱酸操作是直接影响油脂精炼得率和品质的重要因素之一。工业生产上应用最广泛的是碱炼脱酸法，主要利用酸碱中和原理，也称为化学精炼法，其次是蒸馏脱酸法，主要利用甘油三酯与游离脂肪酸挥发性不同的原理，也称为物理精炼法。

2. 方法　　呈游离状态存在于毛油中的脂肪酸是游离脂肪酸，毛油中的脂肪酸一是来源于油料本身，二是在制油过程中受多种因素的影响而分解游离。油脂中游离脂肪酸过多会促进油脂酸败，产生刺激性气味，导致胶溶性物质和脂溶性物质在油脂中的溶解度增加，因此，应该尽可能地除去游离脂肪酸。脱酸的方法有碱炼法、蒸馏法、酯化法、萃取法等。

（1）碱炼法　　使用一定浓度的碱溶液来中和毛油中的游离脂肪酸，使之转变生成钠皂（即皂脚）而与油脂分离，从而被除去。碱炼脱酸过程中生成的钠皂具有很高的吸附能力，它可以吸附其他杂质，如蛋白质、黏液、磷脂和色素等，将其一起从油脂中吸附分离出来。在碱炼脱酸的过程中，少量中性油脂也可能被碱皂化分解（即转变成肥皂），从而增加油脂的精炼损耗量。

（2）蒸馏法　　也叫物理精炼，借助真空水蒸气蒸馏达到脱酸目的，在蒸馏脱酸的同时也伴随脱臭和脱色的效果。物理精炼法对于椰子油、棕榈油、米糠油等低胶质油脂的精炼更为适用，该类油脂的酸价偏高时，采用化学碱炼方式脱酸将造成中性油的过多损失。而物理法精炼基本上只脱除游离脂肪酸，因而总的炼耗明显降低。

（3）酯化法　　是利用脂肪酸与甘油的酯化反应而达到脱酸目的的一种化学脱酸法，酯化法脱酸可以大大提高油脂产出率，降低油脂消耗。

（4）萃取法　　是根据毛油中物质结构不同及相似相溶的特性，在特定溶剂中进行萃取，适用于高酸值的毛油。

3. 脱酸工艺

（1）工艺流程

碱炼脱酸：预处理→加碱中和→皂脚分离→洗涤→干燥

物理精炼：预处理→加热→蒸馏→冷却→脂肪酸回收

（2）操作要点

1）碱炼及其操作过程比较复杂，碱的耗用量、碱液浓度和碱炼温度都与碱炼效果密切相关。选择适宜的碱液浓度是获得良好碱炼效果的重要因素之一。碱液过浓，油碱接触不全面，脱色能力反而降低，并且会增加中性油的皂化损失；碱液过稀，则在皂、水大量存在的情形下，极易产生乳化，使油、皂不易分离。

加碱中和：碱炼脱酸过程中要增大碱液与游离脂肪酸的接触面积，缩短碱液与中性油的接触时间，降低中性油的损耗，因此要重视搅拌或混合的作用，使用搅拌（混合）器，使油、碱混合均匀，可加快中和反应速率，防止碱液在油中局部过量而造成中性油皂化的损失。此外，碱炼过程中控制适当的反应温度有利于中和反应完全，减少油损失及使沉淀分离干净彻底。

皂脚分离：油皂分离的静置沉降过程中，要注意保温，静止时间根据皂脚处理方法调节。

洗涤：洗涤操作过程中，温度要适宜，洗涤水要分布均匀，搅拌强度适中，当油中残留多量微细皂粒时，更要严格控制洗涤操作条件，防止出现洗涤乳化现象。

2）物理精炼的预处理包括毛油过滤、脱胶和白土（或脱色剂）脱色。进行物理精炼前，必须除去毛油中的磷脂、蛋白质、糖类、微量金属和一些热敏性色素。预处理过程非常重要，是保证成功蒸馏脱酸、生产高质量油脂的必不可少的步骤。物理精炼只有在限定的原料指标范围内才容易实现，且较难控制，因此不易脱胶脱色的植物油，考虑到预处理的成本，不宜选择物理精炼。

（三）脱胶

1. 基本原理　脱除毛油中胶溶性杂质的过程称为脱胶。毛油中的胶性杂质以磷脂为主，所以脱胶又称为脱磷。磷脂等胶状物的存在，不仅降低油脂的品质，而且在碱炼脱酸工序中能促使油脂与碱液之间产生过度的乳化作用，增加碱炼皂脚的分离难度，加重中性油的损失。同时，不利于其他精炼工序的操作。因此，必须先行去除干净。

2. 方法　把一定数量的水盐溶液或稀酸溶液加入毛油中，使油中的胶体杂质吸水膨胀，凝聚成粒，密度增大，从而可进一步采用沉降法或离心分离法将其分离除去。适当的加水量和温度是水化工艺操作的主要条件。

3. 脱胶工艺

（1）工艺流程

$$预热 \rightarrow 水化 \rightarrow 静置沉降 \rightarrow 分离 \rightarrow 脱水 \rightarrow 油脚处理$$

（2）操作要点

1）预热：预热过程中，盛于水化锅内的毛油在搅拌作用下用间接蒸汽加热到65℃左右。

2）水化：加水的操作是水化最重要的阶段，要求认真控制加水的量、水与油的温度、搅拌及加水的速率等。加水量一般为油中磷脂含量的3.5倍左右，水化时，要经常用勺子在锅内取样观察，视情况灵活掌握加水量及加水速率，所加入的水一般是温度比油温稍高的热水（要求为软水）。必要时，水中溶入占油重0.2%～0.3%的食盐，可提高水化效果。加水完毕，当胶粒开始聚集时改为慢速搅拌，并升温至75～80℃。

3）静置沉降、分离：当液面呈明显油路时停止搅拌，静置直至水化油脚与油脂分离合格，放出油脚。沉降分离完毕时，应尽量防止油脚混入清油中，必要时可让油脚稍带油，用油脚再去回收油。

4）脱水、油脚处理：水化净油若作为成品油或贮存，必须脱除水分至要求指标，方法有常压脱水法和真空脱水法两种。脱胶油若再进行精炼，则可结合后续的工序操作再进行脱水。豆油的磷脂油脚可用以制取食用浓缩磷脂等产品，普通油脚可用盐析的方法回收其中的油脂，或用专门的离心机回收油脂。

（四）脱色

1. 基本原理　植物油脂因含有的色素种类和数量不同导致其呈现不同的颜色，色素的来源不尽相同，有天然存在的、有在后期加工过程中产生的，这些色素可以分为有机色素、有机降解物和色原体三类，脱色是用来使油中的色素变成无色或浅色物质的一种加工方法。目前常用的是吸附脱色法，其原理包括利用吸附剂和色素分子间的范德瓦耳斯力的物理吸附，以及利用吸附剂与色素分子间发生电子转移或形成共用电子的化学吸附。将精制油加热并与吸附剂相混合，在一定条件下吸附完全后，将吸附剂和附着的有色物质一起过滤、脱除。吸附剂的种类多种多样，有膨润土、活性白土、活性炭、沸石凹凸棒土、硅藻土、硅胶、活性氧化铝等，但只有少数能够用于工业脱色，作为吸附剂应该具备化学性质稳定、易与油脂分离、选择吸附作用显著且吸附能力强、来源广泛、价格低廉等条件。

2. 方法　油脂脱色的方法有吸附脱色法、光能脱色法、热能脱色法、空气脱色法、试剂脱色法、离子交换树脂法等。光能脱色伴有油脂的光氧化，热能脱色和空气脱色常伴随有油脂的热氧化，会促进油脂的氧化酸败，工业生产中应用最广泛的是吸附脱色法。

（1）吸附脱色法　利用某些对色素具有较强选择性吸附作用的物质（生物炭、活性白土、硅藻土等），在一定条件下对油脂中的色素和其他杂质进行吸附的方法。

（2）光能脱色法　利用色素的光敏性，通过光能对发色基团或者官能团的作用实现脱色，光能脱色的操作和设备简单，但易发生油脂氧化促进酸败，因此常作为辅助方法。

（3）热能脱色法　利用色素的热敏性（热敏物质受热易分解），通过加热实现脱色目的的一种方法，但是此法会不可避免地导致油脂热氧化。

（4）空气脱色法　利用发色基团对氧的不稳定性，通过空气进行氧化而脱色。此法存在油脂热氧化问题，常作为一种辅助脱色法用于胡萝卜素含量高的油脂精制过程中。

（5）试剂脱色法　利用化学试剂对色素发色基团的氧化作用进行脱色的方法，存在脱色试剂残留等问题，在操作中需要严格控制，使残留量控制在允许范围内。

3. 脱色工艺

（1）工艺流程

预处理 → 油脂与吸附剂混合 → 加热搅拌 → 冷却分离

（2）操作要点　吸附剂是影响脱色效果最关键的因素，油脂脱色效果由吸附剂用量、吸附剂特性、油脂种类与品质、脱色指标要求等因素所决定。在进行吸附剂选择时，要根据原料及对油脂产品的质量要求，力求在最低的损耗和破坏的前提下实现预期目的。

1）预处理：脱色时，主要是脱除油脂中的叶绿素等天然色素；类胡萝卜素（橘黄色色素）可在脱臭或氢化操作中清除，此即热敏效应。然而，油料在贮存、加工中新生成的色素，或源于氧化、加热产生的色素及未成熟油料的色素，均很难在吸附剂条件下脱除。因此，脱色前油中的水分必须先除干净，若油脂中含较多的胶质、肥皂等杂质，将增加脱色吸附剂的用量。

2）油脂与吸附剂混合：真空操作条件下的热氧化副反应几乎可以忽略，因此，活性度高的吸附剂及不饱和程度高的油脂适宜在真空状态下脱色，而活性度较低的吸附剂及饱和度较高的油脂在常压下脱色就能获得较高的脱色效率。

3）加热搅拌：脱色时的搅拌使脱色剂与色素等杂质接触良好，缩短吸附达到最佳状态所需要的时间，加入脱色剂后要始终充分地搅拌。最适宜的脱色温度与油脂的品种有关，与脱色环境的真空度及所用吸附剂的特性也有关。同等条件下，在较低的温度下添加吸附剂进行脱色较好，超过最适脱色温度后可能会造成回色。此外，在一定的温度范围内，温度对酸值的影响较小，当超过临界温度后，酸值会随着温度的升高呈正比例增加。

（五）脱臭

1. 基本原理　纯净的甘油三酯无气味，在生活中，不同的油脂常有不同的气味，有的被人们喜爱、有的被人们讨厌，油脂中的各种气味统称为"臭味"，醛、酮、游离脂肪酸、不饱和碳氢化合物等是油脂中引发臭味的主要组分。油脂脱臭不仅可以除去油中的臭味物质，改善食用油脂风味，在一定程度上还能提高油脂稳定性和品质。油脂脱臭是利用油脂中臭味物质与甘油三酯挥发性的差异，在高温和真空条件下借助水蒸气蒸馏脱出臭味物质，当水蒸气通过含有臭味物质的油脂时，经气液表面接触，水蒸气被挥发的臭味物质饱和，并按分压的比例逸出，从而实现脱臭的目的。

2. 方法　　天然油脂是含有复杂组分的甘油三酯混合物，当温度达到臭味组分的汽化温度时，一些热敏性强的油脂往往会发生氧化分解，导致脱臭操作无法继续进行。为了避免油脂在高温下的分解，可以采用辅助剂或载体蒸汽，其热力学的意义在于从外总压中承受一部分与本身分压相当的压力，辅助剂或者载体蒸汽的耗量与其分子量成正比。辅助剂应具有惰性、分子量低、价格低廉、便于分离等特点。

3. 脱臭工艺

（1）工艺流程

预处理→真空处理→汽提→冷却→过滤

（2）操作要点　　脱臭过程中，挥发性组分中的许多物质具有较高的利用价值，可在排气管道中增加脂肪酸捕集器进行回收利用；油脂脱臭温度较高，完成脱臭过程的油脂及热媒蒸汽冷凝水带有较高的热量，对这部分热量进行回收利用可以显著降低操作费用。

1）预处理：脱臭前处理要严格控制。经过吸附脱色处理的油脂，应不含胶质和微量金属离子，过滤后不得含有吸附剂；此外，油脂在进行脱臭前需要进行脱氧，高质量的汽提蒸汽是保证脱臭效果的重要条件，汽提蒸汽与油脂混合前也要除去可能携带的冷凝水，防止脱臭过程中金属离子混入其中，引起油脂氧化。

2）真空处理：油脂脱臭过程中，建立的真空装置要保证运行稳定，需要注意经常检查，保证动力蒸汽的压力稳定；用柠檬酸作为金属清除剂，避免金属离子在氧化反应中起催化剂的作用，琥珀酸和其他一些螯合剂常用作柠檬酸的代用品，脱臭并用柠檬酸处理过的油脂随后用硅藻土过滤，变成完全澄清的油脂。

3）冷却、过滤：脱臭后当油温降至70℃以下时方可接触空气进行过滤，脱臭油的过滤目的是脱除金属螯合物等杂质，因此过滤介质需要及时清理，经常更换，严禁介质不清理而长期间歇使用。

（六）脱蜡

1. 基本原理　　由于天然油脂中脂肪酸组成和含量不同，各种油脂的性质存在差别。天然食用油脂最主要的组分为甘油三酯，一般构成甘油三酯的脂肪酸碳链越长、不饱和度越高，甘油三酯的熔点（或凝固点）就越低。脱蜡技术便是在一定温度的条件下，利用油脂中甘油三酯熔点差异及溶解度的不同，通过冷却析出晶体蜡，经过滤或者离心达到将油脂分离的目的。含蜡的毛油既是溶胶又是悬浊液，增加了油脂储存的不稳定性。油脂中含有微量蜡质即可使浊点升高、透明度和消化吸收率下降、气味和适口性变差，从而降低油脂的食用品质、营养价值及工业价值。此外，蜡可用于制蜡纸、防水剂、光泽剂，是重要的工业原料。因此，脱除油脂的蜡质既可以提升食用油脂的品质，又能提高油脂的工业利用价值，实现植物油脂蜡源的综合利用。

2. 方法　　蜡分子中的酰氧基使蜡带有微弱极性，当温度高于40℃时，蜡微弱溶解于油脂，随着温度的下降，蜡分子在油中的游动性降低，酯键极性增强，当温度低于30℃时，蜡呈结晶状析出并形成较稳定的胶体系统，持续的低温可以使蜡晶体凝聚成较大晶粒，密度增加形成悬浊液。常见的脱蜡方法有以下几种。

（1）常规法　　是仅依靠冷冻结晶，然后借助机械方法分离油、蜡而不添加辅助剂和辅助手段的脱蜡方法。分离时采用加压过滤、真空过滤和离心分离等相关设备。

（2）溶剂法　　是在蜡晶析出的油中添加选择性溶剂后，进行蜡 - 油分离和溶剂蒸脱的方法，常用的溶剂有己烷、乙醇、异丙醇、丁酮等。

（3）表面活性剂法　　是在蜡晶析出过程中添加表面活性剂，强化结晶，改善蜡 - 油分离效果的脱蜡方法。

（4）结合脱胶脱酸法　　是将脱胶、脱酸和脱臭三者合一、同步进行，并采用离心机分离的常温碱炼脱蜡方法。

（5）凝聚剂法　　是在中性或者碱性条件下添加凝聚剂增进脱蜡效果的方法。

3. 脱蜡工艺

若要蜡 - 油充分分离，需要保证蜡晶粒大而结实，可以采用不同的辅助手段实现此目的，虽然采用的辅助手段不同，但都需要低温结晶后分离。结晶过程可以分为三个阶段：第一阶段为油脂过冷却、过饱和，第二阶段为晶体形成（晶核形成），第三阶段为晶体成长。

（1）工艺流程

预处理 → 冷却过饱和 → 晶核形成 → 晶体成长 → 过滤分离

（2）操作要点　　脱蜡过程中，温度、冷却速率、结晶时间、搅拌速率、辅助剂、输送及分离方式等都会对脱蜡效果产生影响，晶体的形成速率和成长速率与晶粒的大小密切相关，为了保证晶粒均一化，便于分离过程的进行，在结晶过程中需要严格控制温度的变化，严格监控脱蜡过程。根据油脂的种类及特性进行辅助剂的选择，提高脱蜡效率，节约资源。

1）预处理：油脂中的胶性杂质会增大油脂的黏度，影响晶体形成，降低晶体的硬度，增加固液分离的难度及蜡和硬脂的含杂量，因此，在脱蜡前要先进行脱胶处理。

2）冷却过饱和、晶核形成及晶体成长：蜡分子中的两个烃基碳链较长，在结晶过程中会发生过冷现象，此外蜡烃基具有亲脂性，使其达到凝固点时呈过饱和现象。为了确保脱蜡效果，脱蜡温度一定要控制在蜡凝固点以下，但不能太低，温度过低会增加油脂黏度，增加分离难度。结晶需要在低温下进行，此过程中放出热量，所以必须进行冷却。搅拌可以保证油脂冷却均匀，使晶核与即将析出的蜡分子碰撞，促进晶粒均匀长大。在输送含有蜡晶的油脂时，为了避免蜡晶受到剪切力而破碎，应该使用弱紊流、低剪切力的往复式柱塞泵，或者压缩空气。

3）过滤分离：蜡 - 油分离过程中，过滤压力要适中，避免破坏蜡晶而增加分离的难度。

四、油脂质量评价

油脂在加工、储存与利用过程中，易受温度、光照、储存时间的影响而发生水解、氧化酸败，生成游离脂肪酸；油脂原料生产及加工过程中也可能存在重金属残留、溶剂残留及黄曲霉毒素积累等情况，导致油脂整体品质下降，甚至影响人体健康。因此，对油脂的质量检测标准进行统一规范十分重要。植物油原料需符合《食品安全国家标准　食用油脂制品》（GB 15196—2015）中对食用植物油料的要求，在生产过程中需符合《食品安全国家标准　食用植物油及其制品生产卫生规范》（GB 8955—2016）中的卫生要求，生产的植物油需符合《食品安全国家标准　植物油》（GB 2716—2018）的要求，包括感官要求、理化指标和安全性指标。

（1）感官要求　　植物油应该具有该产品应有的色泽、气味、滋味及状态，无焦臭、酸败及其他异味。

（2）理化指标　　植物油的酸价、过氧化值、溶剂残留量等指标要在《食品安全国家标准　植物油》（GB 2716—2018）规定的范围内，检验的方法分别参照《食品安全国家标准　食品中酸价的测定》（GB 5009.229—2016）、《食品安全国家标准　食品中过氧化值的测定》（GB

5009.227—2016)、《食品安全国家标准 食品中溶剂残留量的测定》(GB 5009.262)等的相关要求。

（3）安全性指标 《食品安全国家标准 植物油》(GB 2716—2018)中主要对污染物总砷、铅和黄曲霉毒素 B1、苯并（a）芘等的限量做出了规定，检测的具体要求分别参见《食品安全国家标准 食品中总砷及无机砷的测定》(GB 5009.11—2014)、《食品安全国家标准 食品中铅的测定》(GB 5009.12—2017)、《食品安全国家标准 食品中黄曲霉毒素 B 族和 G 族的测定》(GB 5009.22—2016)、《食品安全国家标准 食品中苯并（a）芘的测定》(GB 5009.27—2016)。

◆ 第四节 我国重要野生油脂植物资源的利用途径

一、核桃

核桃是核桃科核桃属植物，世界四大干果之一，中国的核桃产量位居世界第一。核桃仁营养丰富，含有丰富的蛋白质、脂肪、矿物质和维生素，是干果和核桃油的重要来源。核桃仁、核桃壳、分心木、核桃叶等部位都可以进行科学利用。

1. 食品领域

（1）核桃仁和鲜核桃 干核桃仁营养价值非常高，既可直接食用也可作为多种食品的配料。近年来，鲜核桃因其香醇的风味和脆嫩的口感深受消费者喜爱，主要以脱皮坚果及青皮核桃两种形式（资源 2-2 和 2-3）进行销售，市场需求持续趋旺。

2-2

（2）核桃油 核桃油是核桃仁深加工的重要产品，作为食用油营养价值较高，含有亚油酸、亚麻酸等不饱和脂肪酸，能够调节胆固醇含量、促进骨骼生长、预防心脑血管疾病。

（3）核桃乳 核桃仁提取油脂后的核桃饼粕中含有丰富的蛋白质，核桃蛋白质中含有 18 种氨基酸，其中的 8 种人体必需氨基酸比例合理，对调节人体生理平衡具有重要作用。因而，可将核桃饼粕制备成核桃乳。

2-3

（4）核桃蛋白粉 将核桃仁压榨至油脂含量小于 10%，或采用冷榨制油后的核桃饼粕，可制成营养价值较高、风味独特的核桃蛋白粉。

（5）核桃蛋白饮料 核桃仁营养丰富且均衡，以核桃粉为主，辅以其他食品添加剂，可制成高品质的蛋白饮料。

（6）核桃小分子肽 核桃小分子肽是以核桃中提取的蛋白质为原料，采用多种酶制剂，通过定向酶切及特定小肽分离技术获得的小分子多肽物质，具有水溶性好、分散稳定、易吸收、生物活性强等特点，是新兴的功能性保健食品。

（7）核桃仁茶 核桃仁茶是一种用核桃仁、白糖、绿茶制作的茶品，有补肾强腰、敛肺定喘的功效，主要营养成分有蛋白质、维生素 E、不饱和脂肪酸等。

（8）核桃分心木茶 核桃分心木（资源 2-4）含有丰富的生物活性成分，可将其提取制成精粉茶，具有补肾固肾、缓解尿频尿多、活血、补血等效果。

2. 其他领域

2-4

（1）医药保健 核桃叶提取物中含有没食子酸、胡桃叶醌等多种生物活性成分，没食子酸有抗炎、抗突变、抗氧化、抗自由基等功能，胡桃叶醌有止血和抗菌作用，可用于制作保健食品的原料。核桃分心木作为传统中药，具有涩精缩尿、止血止带、止泻痢等功效，用于遗精滑泄、尿频遗尿、崩漏、带下、泄泻、痢疾等。

（2）工业　　核桃壳中含有的棕色素是一种天然的植物色素，可作为食用色素，也可以作为工业染料。核桃青皮中含有丰富的核桃青皮色素、单宁和多酚类物质，能够作为着色剂，同时也可用于农药的制作。核桃油经过精制后可作为木地板的保养油。

二、油茶

油茶果仁中富含不饱和脂肪酸与活性成分，可开发出多种高附加值产品。另外，油茶果壳与叶片中也含有较多的生物活性成分，具有较好的开发利用价值。

1.食品领域

（1）茶油　　从油茶果中提取的油脂称为茶油，茶油中有三萜醇、三萜、角鲨烯及酚类化合物等抗氧化性成分，这些活性成分对茶油营养、保健及油脂的稳定性起重要作用，茶油中不饱和脂肪酸含量高，有利于降低胆固醇含量。

（2）功能性茶油胶囊　　将茶油进一步精制，制成功能性茶油胶囊，可作为保健性食品。

2.其他领域

（1）医药保健　　油茶饼粕是茶油生产加工过程中产生的副产物，含有蛋白质、多糖、多酚、茶皂素等物质。多糖是油茶饼粕中的主要物质，能够清除自由基，提高机体抗氧化酶含量，提高机体免疫力，降低血糖浓度；油茶多酚对脑损伤具有良好的保护作用，能够调节人体内自由基的代谢平衡，预防相关疾病的发生；茶皂素具有较好的乳化、湿润、发泡、镇痛等功能。可将茶油中的活性成分提取后制成精油。还可将茶油添加至化妆品、日化品中，做成具有茶油特色的化妆品与日用化工品。

（2）工业　　油茶壳主要由纤维素、半纤维素、木质素、多糖、黄酮、单宁等活性成分组成，因此，油茶果壳可用作制备栲胶、糠醛、生物炭的原料。

三、元宝枫

元宝枫集食用、药用、观赏绿化等于一体，是一种极具观赏价值、经济价值和生态价值的优良树种。

1.食品领域

（1）元宝枫油　　元宝枫的果实中富含油脂，可制成元宝枫油以供食用。元宝枫油中含有大量的不饱和脂肪酸，包含花生四烯酸、亚油酸、亚麻酸等人体必需脂肪酸，利于人体健康（资源2-5）。

2-5

（2）元宝枫神经酸　　可通过现代提取技术高效提取元宝枫油中的神经酸，这是一种新资源食品，也是一种膳食补充剂，可作为神经细胞特定的营养素，在人脑神经纤维的生长和受损神经细胞的修复中起着双重作用，可以降低患阿尔茨海默病的风险。

（3）元宝枫茶　　元宝枫树叶中含有多种生物活性成分，如黄酮、强心苷、绿原酸、多糖等，可制成风味独特的茶叶，对清除人体内过量的自由基具有一定作用。

（4）元宝枫酱油　　元宝枫种子提取油脂后的油饼中，还含有大量营养物质没有利用，可通过发酵工艺将其制成口感独特的元宝枫酱油。

2.其他领域

（1）医药保健　　元宝枫油或提取物可制成功能性胶囊或制剂。元宝枫油中含有的神经酸能降低血脂、延缓衰老，促进大脑发育、有效改善记忆；元宝枫叶富含必需氨基酸和对生命活动有重要意义的钙、铁、锌等矿物质，以及维生素 C、维生素 E 和类胡萝卜素等。此外，其叶中还含有黄酮、有机酸、鞣质、萜和酚等生理活性成分，具有清热解毒、活血化瘀、降低血脂的功效，在人体健康方面具有广泛的应用价值。

（2）工业　　元宝枫种皮富含活性单宁，可用于啤酒稳定剂和纺织印染的固色剂，是制取优质鞣料、化工及科研不可或缺的天然原料。

（3）园林绿化　　元宝枫树冠为伞形，叶形秀美，秋季叶色变红，具有较高的观赏价值，能够用于城市绿化，可作为行道树、庭荫树。元宝枫根系发达，具有丛枝菌根和外生菌根，抗逆性强，是贫瘠地区绿化的优良树种。此外，元宝枫对烟尘及有害气体有一定的抗性，有利于留滞灰尘、减少空气污染。

四、文冠果

文冠果是我国特有的优良木本油料树种，耐瘠薄、耐盐碱，抗寒能力强。文冠果油中含有维生素 A、叶酸、烟酸等多种对人体有益的物质，具有较好的开发利用前景。

1. 食品领域

（1）文冠果油　　文冠果油是从文冠果种子中提取得到的，不饱和脂肪酸含量高，亚油酸和亚麻酸两种成分含量高且不含对人体有害的芥酸，因此可以作为保健食用油。

（2）文冠果蛋白粉　　文冠果蛋白质中含有 18 种氨基酸，种类齐全，其中包含 7 种必需氨基酸。谷氨酸含量最高，能够改善脑细胞营养。因此，文冠果蛋白粉能作为高蛋白食品和饲料加工原料。

2. 其他领域

（1）医药保健　　文冠果叶中含有皂苷 E、杨梅皮苷、芦丁等消炎和抗肿瘤物质，能够提高人体记忆力。杨梅皮苷具有杀菌、稳定毛细管、降低胆固醇等作用；皂苷 E 对人体多种肿瘤细胞（如乳腺癌、胃癌、肝癌）有高抑制作用，而且能够改善中枢神经系统、对抗自由基损伤等。因此，文冠果叶制备成的文冠果茶，能够对阿尔茨海默病、肝炎、心脑血管疾病等进行有效控制，具有保健功能。

（2）工业　　文冠果种子除可压榨加工食用油外，还可制作高级润滑油、高级油漆、增塑剂、化妆品等工业原料。由文冠果籽油制备的生物柴油相关烃脂类成分含量高，且无硫、氮等污染环境因子，符合理想生物柴油的标准。

（3）园林绿化　　文冠果树形优美，花色艳丽，是新型的园林绿化树种。

五、长柄扁桃

长柄扁桃不仅具有良好的景观效果和生态效益，而且其种仁富含油脂，油酸、亚油酸、亚麻酸三种成分的比例与橄榄油类似，可用作食用油。盛果期后，可以生产长柄扁桃油、蛋白粉等产品，产业发展前景广阔。

1. 食品领域

（1）长柄扁桃油　　长柄扁桃油中含有 18 种氨基酸，且必需氨基酸的含量较为均衡，富含粗脂肪、粗蛋白和 9 种对人体有益的矿质元素，是优质的食用油。

（2）长柄扁桃蛋白粉　　对制油后的长柄扁桃饼粕或种仁粉中的蛋白质进行提取，制成长柄扁桃蛋白粉，具有较高的营养价值与良好的口感。

2. 其他领域

（1）医药保健　　长柄扁桃仁中含有的苦杏仁苷，具有镇痛止咳、抗便秘、抗炎症、抗肿瘤等功效，是医药领域的重要原料。

（2）工业　　长柄扁桃产业化开发过程中产生的种壳，具有材质硬、含碳量高、杂质少等特点，是优良的生物炭原材料。除了作为食用油外，长柄扁桃油无须经过脱酸、脱水等处理方式，可以直接用于生产生物柴油。

（3）畜牧　　经过脱脂或去苷后的长柄扁桃残渣含有粗脂肪、粗蛋白、18 种氨基酸（包括8 种必需氨基酸），同时矿质元素含量丰富，可以作为饲料添加剂或动物饲料的原料。

六、山桐子

山桐子喜光，喜肥沃、疏松的酸性或中性土壤，树干通直，果实成串下挂似葡萄，可用于山地造林及庭院绿化，近年来还逐渐用于生物能源、食用油的开发利用。

1. 食品领域

（1）山桐子油　　山桐子果肉或种子制备的油脂中富含油酸、亚油酸、亚麻酸等不饱和脂肪酸，具有降血压、降血脂、预防心脑血管疾病等功效，是具有高营养价值的保健用油。

（2）山桐子提取物　　脱脂后的山桐子果渣中含有微量元素，氨基酸组成平衡，营养价值高，制成的提取物具有丰富的蛋白质、矿物质、微量元素。

2. 其他领域

（1）工业　　山桐子油为干性油，易降解、可再生、无毒、低硫，原料来源广泛，适合生产工业用油，具有开发生物质能的潜力。此外，山桐子油具有较好的滋润和软化作用，能够用于化妆品的生产研发。

（2）园林绿化　　山桐子的树形较为优美，可作为园林树种。另外，山桐子的适应性较强，也可作为一种生态树种进行推广。

七、油桐

油桐原产中国，种仁富含油脂，其产品桐油是世界上最优质的快干性植物油，具有巨大的开发利用潜力。

1. 工业领域

（1）涂料　　桐油是植物油中的一种典型干性油，可作为雨具篷布涂料、船舶底板的防水防锈涂料和木制品防水防腐涂料；也可配制成清油，用作涂漆家具等木制品的厚漆稀释剂；还可配制成一系列化工产品，如配制成腻子，用于处理木质和钢材等的裂痕和凹处；配制成防潮涂料，用于建筑施工行业中；还可配制成油膏，用在钢筋混凝土装配或结构接缝上，使之不透气、不漏水。

（2）油墨　　桐油是生产油墨的主要原料之一。使用桐油改性环戊二烯树脂等制备用于印刷的油墨，凝结时间大幅度缩短，适合于高速印刷。用改性桐油、烯丙醇苯乙烯共聚物等制成的水性照相凹版油墨，具有良好的流动性、快干性、耐磨性，以及无毒、无着火危险等特点；用聚合桐油研制的辐射固化油墨产品，适用于在玻璃制品上印刷；以桐油等制备的静电复印油墨，还可在聚乙烯超柔性薄膜制品上印刷，具有耐光、耐烫、耐洗、不易脱褪色等性能。

（3）生物柴油　　桐油的脂肪酸组成符合生物柴油油脂标准，是生物柴油的理想原料。研究发现桐油与甲醇在优化的物料、催化剂用量、反应条件下，可以制备指标与矿物柴油相差不大的桐油基生物柴油。

（4）电器　　桐油具有优良的防水性、耐热性、绝缘性等性能，广泛用于电视机、录音机、录像机等电器领域，由桐油改性酚醛树脂制成的印刷电路板性能优良、成本低，可用于印刷电路化工材料的生产。

2.其他领域

（1）医药保健　　油桐叶中含有抑菌化学成分，可为制备植物源天然防腐抑菌剂提供原材料。近年有关研究发现，从油桐中得到的共轭三烯脂肪酸及共轭亚油酸对人体肿瘤细胞有很强的毒性作用，可用于直肠癌、肝癌、肺癌、胃癌和乳腺癌等疾病的治疗。

（2）园林绿化　　油桐速生性强，树形较为优美，可作为园林树种。另外，油桐的适应性很强，在我国南方大部分区域都能栽培，可作为一种生态树种进行推广。

思政园地

桑榆非晚不息止、夕霞满被元宝枫

"开发健康油，为国家节流！"一位耄耋老人毅然打破了我国食用植物油 60% 以上靠进口国外木本植物油的局面，研制生产出我国第一批高端元宝枫籽油，填补了食用植物油中没有神经酸的空白，他就是西北农林科技大学的王性炎教授。

王性炎教授是国内元宝枫事业的奠基者和开拓者，被誉为"中国元宝枫研发利用第一人"。自 1970 年开始从事元宝枫研究起，便注定了他日后与元宝枫之间千丝万缕的联系和不平凡的故事。任职期间，他就育桃李、潜心科研。1994 年退休之后，他继续投身元宝枫事业，围绕其综合开发利用持续攻关，走出一条经济、社会、生态三受益的新路，有力推动了元宝枫产业的发展。经过 45 年的坚持，元宝枫籽油成功上市，属于世界首创。

他曾于 80 岁高龄时赴内蒙古科尔沁草原考察元宝枫开花情况，因旅途颠簸伤到了腰椎和腿部。在医院短暂休养之后，他仍然拄着拐杖来到田间，查看元宝枫结果和收获情况。在他的努力下，据不完全统计，2017 年国内种植元宝枫已超过 115 万亩[①]。他始终探索前行，在元宝枫油抗肿瘤、叶片活性成分提取及药用价值研究方面有所创新，总结出一套元宝枫丰产栽培技术，并在国内 10 个省（自治区、直辖市）推广应用，使元宝枫产业发展势头持续向好。

目前，已经 89 岁高龄、68 年党龄的王性炎教授已是荣誉满身，然而他仍继续奋斗在元宝枫的产业一线。正如他所说："元宝枫事业，是前无古人的事业，是艰苦奋斗的事业，是拓展创新的事业，是前景光明的事业，我愿为此事业奉献自己的一生。"（资源 2-6）

2-6

？思考题

1. 简述野生油脂植物资源的特点。
2. 简述油脂植物的脂肪酸组分与功效。
3. 野生油脂植物资源采收与贮藏需考虑哪些因素？
4. 简述油脂加工的基本工艺流程。

---

① 1 亩 ≈ 666.7m²

5. 油脂分离有哪些方法？

6. 简述热榨制油与冷榨制油的优缺点。

7. 简述超临界流体萃取法制油与亚临界流体萃取法制油的异同点。

8. 油脂精制包含哪些工序？

9. 脱色与脱臭对油脂品质的影响有哪些？

| 第三章 |

野生粮食植物资源开发与利用

中国是世界人口大国，但人均耕地面积较少，现有耕地产出有限，所以保障粮食安全事关社会稳定和经济发展。人类主要的粮食作物都是从野生植物中驯化而来，发掘野生植物的食用价值可以拓展粮食资源、提高粮食总产量。野生粮食植物资源种类繁多、营养丰富，且不占用耕地。我国现有 500 多种栽培和野生的可食用植物资源。目前，开发利用的野生粮食植物主要食用其果实（或种子）、根、茎等组织器官。随着人们对野生粮食植物资源研究的深入，更多高食用潜力与高产值的产品将被开发出来。

◆ 第一节　野生粮食植物资源的化学成分与功效

传统的粮食是指可以为人类提供碳水化合物、蛋白质、脂肪、膳食纤维、维生素等的谷物种子。许多野生植物的果实、根、茎等组织器官中也富含这些营养物质，可以作为粮食植物资源。与传统的粮食相比，这些野生植物还富含许多人体不可缺少的微量元素，营养价值更高，常见野生粮食植物资源的主要营养成分含量如表 3-1 所示。部分野生植物还富含黄酮类、多糖、多酚等活性物质，具有一定的保健效果。本节重点介绍野生粮食植物中的碳水化合物与蛋白质。

表 3-1　常见野生粮食植物资源的主要营养成分含量

资源种类	淀粉/%	蛋白质/%	油脂/%	糖类/%	维生素/（mg/100g）
板栗	21.50～38.10	2.90～11.00	0.90～5.40	0.70～11.90	维生素C 5.31～32.00
枣	6.30～8.00	2.90～4.00	0.20～0.90	20.00～80.00	维生素B 30.20；维生素C 510.00～820.00；维生素P＞330.00
柿	6.00～10.00	0.35～0.74	0.10～0.40	13.00～24.00	维生素A 0.16；维生素C 16.00～61.00；
山药	11.60～29.20	1.50～4.09	—	0.42～1.87	维生素C 4.00～17.40；维生素B 0.02
芋头	13.00～29.00	1.40～3.00	0.16～0.36	4.90	维生素C 0.07～6.00；维生素B 0.32
杏仁	—	11.10～26.20	18.80～50.00	6.10～15.30	维生素C 5.80～30.20；维生素E 2.40～4.50；维生素B 0.11～0.15
榛子	1.10～1.80	10.00～30.00	50.00～73.00	4.70～16.50	维生素B 1.15；维生素E 8.57
松子	0.14	13.40～17.30	60.80～70.60	1.90	—
青稞	40.50～67.70	6.40～21.00	1.20～3.10	19.00	维生素A 0.01；维生素B$_2$ 0.17

注：各营养成分的含量因品种、测量方法及样品类型（干样或鲜样等）而存在差异；"糖类"指除淀粉外的其他糖类

一、碳水化合物

碳水化合物是由 C、H 和 O 三种元素组成的有机化合物，因其 H、O 元素的比例与水相同（2∶1），故称为碳水化合物，可用通式 $C_m(H_2O)_n$ 表示。碳水化合物是自然界存在最多且具有一定生物学功能的有机化合物。根据构成碳水化合物结构单元的数目，碳水化合物可分为单糖、低聚糖和多糖三大类。

（一）单糖与低聚糖

单糖是结构最简单的碳水化合物。根据单糖中碳原子的个数将其分为丙糖、丁糖、戊糖、己糖、庚糖等。自然界存在最多的是戊糖和己糖。戊糖主要有阿拉伯糖、核糖、木糖等；己糖主要有葡萄糖、甘露糖、果糖、半乳糖等。常见的单糖以果糖甜度最高。葡萄糖有 D-葡萄糖和 L-葡萄糖两种对映异构体。D-葡萄糖是淀粉、纤维素等多糖的基本结构单元，有直链式、环状 α-葡萄糖和环状 β-葡萄糖三种异构形式（资源 3-1）。单糖是低聚糖和多糖的基本结构单元。

3-1

低聚糖是指由 2～10 个单糖聚合而成的碳水化合物。最常见的低聚糖是二糖，亦称双糖，如麦芽糖、蔗糖等。蔗糖由一分子葡萄糖与一分子果糖聚合而成。麦芽糖是由两个葡萄糖分子经 α-1,4 糖苷键连接而成的二糖，又称为麦芽二糖，有 α 型和 β 型两种（资源 3-2）。

3-2

（二）多糖

多糖是由许多单糖分子聚合而成的一类高分子有机化合物，常见的多糖有淀粉、纤维素、半纤维素和果胶等。

淀粉以 α-D-吡喃葡萄糖为基本结构单元，由糖苷键相连而成。淀粉分子具有一定的线性结构，根据其分支情况分为直链淀粉和支链淀粉（图 3-1）。直链淀粉呈线性分子结构，没有分支；支链淀粉呈多元分支。淀粉在植物细胞中多以颗粒形式存在。淀粉颗粒一般呈球形、椭圆形或多角形，表面呈现各种细纹（称为轮纹结构）（资源 3-3）。不同野生植物的淀粉构成差异较大，例如，板栗淀粉中的直链淀粉含量一般为 20%～30%，南方品种的含量一般会高于北方品种；山药淀粉中的直链淀粉含量通常为 19%～36%；芋头淀粉中的直链淀粉含量为 14%～40%。

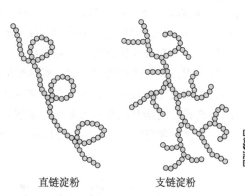

直链淀粉　　　　　　　支链淀粉

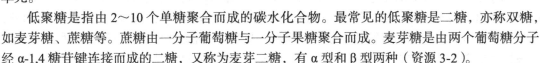

图 3-1　淀粉分子结构模型

3-3

碳水化合物是一切生物体维持生命活动的主要能量来源，有些碳水化合物还具有特殊的生理活性。例如，果糖甜度高，不影响胰岛素的代谢，具有降血糖、护肝的作用，是蔗糖等甜味剂的优良替代品；麦芽糖浆具有促进肠胃蠕动、补充机体碳源和能量的功效。

除常规食用外，还可以利用物理、化学或生物学等方法处理碳水化合物，改变其性能，扩大其应用范围。工业领域中常采用一些特殊处理将淀粉变性，进而制作成吸附剂、黏合剂等产品。

二、蛋白质

3-4

蛋白质是由各种氨基酸相连形成肽链，肽链再经过盘曲折叠成特定空间结构的高分子化合物。在肽链中，氨基酸之间脱水形成酰胺键，又叫肽键（资源 3-4）。构成生物体的基本氨基酸有 20 余种，主要由 C、H、O、N 等元素构成。有些蛋白质还含有 S、Fe、P、Zn 等元素。蛋白质的空间结构是其行使生物学功能的基础，高温、强酸、强碱等各种物理 / 化学因素均会导致蛋白质结构改变而引起其功能变化甚至活性丧失。因此，活性蛋白的提取必须严格控制这些理化因素。

蛋白质是构成生物有机体的重要成分之一，在个体的生长发育、新陈代谢和机体免疫防御中均发挥重要作用。进入人体的蛋白质会被蛋白酶分解成氨基酸，氨基酸进一步参与蛋白质及各类代谢物的合成，维持人类的生命活动。人体不能合成赖氨酸、色氨酸、苏氨酸等必需氨基酸，只能从食物中获取。许多野生粮食植物含有丰富的必需氨基酸，是优良的蛋白质食物源。例如，杏仁中蛋白质的含量通常在 11%～26%，含 17 种氨基酸，并且 8 种必需氨基酸总含量高于 2013 年 FAO/WHO 公布的人体摄入要求（41mg/g 蛋白质）；榛子果仁中蛋白质含量（10%～30%）高于核桃、杏仁等坚果，且含有 8 种必需氨基酸，是公认的"坚果之王"。另外，一些野生植物中还含有许多活性肽，具有抗氧化、抗衰老、增强机体免疫力等生理活性。因此，开发野生粮食植物蛋白质，不仅有助于保障粮食安全，还能提高人类的生活水平。

三、其他成分

3-5

除了碳水化合物、蛋白质等主要成分外，一些野生粮食植物还富含许多特殊的活性成分，对人体健康十分有益。例如，山药中特殊的芪类化合物山药素（资源 3-5），具有抗炎、抗菌、抗氧化等多种药理功能，山药中的尿囊素具有镇痛、局部麻醉的效果；单宁是柿特有的活性成分之一，具有吸收紫外线、清除自由基、美白、防腐和保湿等作用；苦杏仁苷是苦杏仁的重要活性物质，具有多种药理作用，对肿瘤细胞生长具有一定的抑制作用；枣中的维生素 C 及黄酮类物质抗氧化性较高，具有抵御衰老的作用，枣中的多糖具有提高人体免疫力的功效；松子中的特殊成分皮诺林酸在调节血脂、增强免疫、抑制肿瘤等方面都具有一定的效果。因此，这些野生植物中含有的特殊活性成分具有较大的开发潜力。

◆ 第二节 野生粮食植物的采收与贮藏

一、采收

采收是开发利用野生粮食植物资源的重要环节。采收方式不当，不仅显著降低产量和品质，还会影响后期的贮藏与加工利用。采收前，可以根据植物的生长环境、产品的市场需求、外界的气候条件、具备的硬件设施等因素综合制订采收计划，合理安排采收工具、劳动力或机械及后期的运输、贮藏等。收获时期和采收方式是必须考虑的两个主要因素。

（一）收获时期

我国地域辽阔、气候多样，野生植物资源丰富且生长环境迥异，各种野生植物的收获时期千差万别。收获时期的确定必须考虑野生植物的生物学特性、气候因素、利用途径及收获部位等因素。

1. 生物学特性　野生植物的生物学特性是确定采收时间的重要依据。每一种植物都有其自身的生长发育规律，其食用组织器官的收获时期通常在固定的时间阶段。例如，收获种子的禾本科植物，其种子发育的成熟期一般分为乳熟期、蜡熟期和完熟期，收获一般要在蜡熟期内完成。在乳熟期收获，物质积累不够会影响产量和品质；在完熟期收获，籽粒易脱落造成严重减产。

2. 气候因素　气候条件对植物生长发育具有显著影响。但是随着全球气候变暖，极端天气频发，不同年份间收获的时期也会发生变化。收获之前必须及时关注天气状况，尽量选择连续晴朗的天气采收，以免雨天淋湿果实或根茎造成霉变，影响后期的贮藏、运输和加工利用。我国南北方气候差异较大，同一种粮食植物，南方收获的时期通常略早于北方。

3. 利用途径　随着野生植物资源开发利用途径的不断拓展，同一种植物往往会有多种利用途径。不同的利用途径，其采收时期也会发生改变。例如，柿用于冷藏鲜食、制成柿饼、加工成脆片或提取柿色素时，其采收时间各不相同；青稞、燕麦等禾本科植物，用作粮食时只收获其种子，必须在蜡熟期内收获，用作家畜的青贮饲料时，通常要在植株变黄前的乳熟期收获。

4. 收获部位　野生植物的食用部位多为果实、种子或根茎等植物组织器官，收获部位不同，收获时期也会有差异。

（1）果实或种子　对于收获果实或种子的野生植物，收获时期一般要略早于果实完全成熟期，通常在八九成熟的时候进行采摘，过度成熟的果实易脱落、损伤，影响品质和产量。例如，柿、枣等木本植物的果实，完熟后会掉落地面损伤果实；一些草本植物，如青稞在完熟期籽粒容易脱落，影响产量，一般需在蜡熟期收获。但也有部分粮食植物需要在完全成熟时收获，如板栗在完全成熟时收获品质更佳、更耐贮藏。

（2）根茎　对于收获根茎的野生植物，通常在其成熟后采收，这样不仅能保证产量，也有助于特殊活性物质、风味物质的积累，保证产品质量，如山药、芋头、葛根等，一般在秋季植株落叶后采收。

综合来看，野生粮食植物在秋季收获的居多。例如，板栗一般在9月左右，部分早熟品种8月就可以收获，晚熟品种要到10月底；松子一般在9月中旬到10月中旬收获；露天种植的山药一般在10月收获，大棚种植的可以提前到6~7月；青稞、燕麦、荞麦等禾本科植物一般也在9~10月收获。另外，品种特性和栽培条件也会影响收获时期的确定。随着人工设施栽培的应用，一些野生粮食植物的生长环境条件变得可控。此时，需要及时观察植株的生长发育状况，以免错过最佳收获期。

（二）采收方式

野生粮食植物的采收分人工采收和机械采收两种主要方式。由于大部分野生粮食植物生长于荒地或丘陵地等采收困难地，不方便机械化采收，所以目前以人工采收为主、机械采收为辅。

1. 人工采收　人工采收的方式多样，如手工采摘、人工挖掘、手工敲打震荡、地面捡拾等。对于易损伤、没有配套采收机械的植物，如柿，手工采摘仍是其最主要的采收方式。许多木本植物，多采用木杆等敲打震落的方式，如板栗、大枣等。一些根茎类粮食植物，如山药，需要人工挖掘，往往需要花费巨大的人力。人工采收效率低，加上当今劳动人口的不断减少，这种方式必然将被机械化采收方式取代。另外，一些新的栽培方式也能提高采收效率，例如，山药的限根定向栽培、悬空栽培技术，使人徒手就能从疏松的土壤中取出山药块茎，提高收获效率的同时还减少了对山药块茎的损伤。

2. 机械采收　　机械采收经历了震荡式、采收平台和采摘机器人等发展阶段。禾本科植物一般收获其种子，且种植地面较平整，常用的大/小型收割机就可以完成机械化收获。藤本植物如山药，如今也多采用挖掘机等机械挖掘采收。木本植物多生长于山地，机械采收难度较大，而我国研发的配套采收机械较少，机械化采收方式的应用还不够广泛。许多采收机械往往需要配套的栽培技术。例如，红枣的树冠型拍震复合采摘与伞形柔性接果协同采收方法，要求枣树矮化密植，对行距、株距、树高及冠型的最大直径也都有严格的要求。随着各种木本粮食植物矮化密植栽培方式的推广应用，机械化采收的难度也逐渐降低。此外，人工智能技术也逐步引入机械化采收中，人工智能机器人在苹果、柑橘等木本水果采摘中已有应用。

二、贮藏

（一）引起食用组织变质的因素

贮藏是粮食利用过程中不可或缺的一步。生物、物理和化学等许多因素在贮藏过程中都可能引起食用组织变质。生物因素主要包括微生物、植物组织自身的生理生化反应、鼠害与虫害三大类（图 3-2，资源 3-6）：①微生物种类繁多，在野生粮食植物的生长发育期及食用组织的收获、贮藏、运输、加工等各个环节都有可能感染食用组织；②鼠类和各种害虫会取食并破坏食用组织，加速植物食用组织的霉变；③在贮藏过程中，食用组织自身会发生一系列的生理生化反应，如果实的呼吸作用、后熟与衰老、种子的休眠与萌发等。这些反应往往引起食用组织新鲜度的降低及淀粉、蛋白质等营养物质的消耗。

3-6

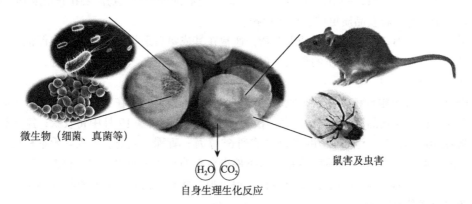

微生物（细菌、真菌等）

H_2O　CO_2
自身生理生化反应

鼠害及虫害

图 3-2　引起食用组织变质的三类生物因素

温度、湿度、气体、光照等物理因素也会影响植物食用组织的质量，是贮藏期间需要控制的重要物理因子。许多化学因子，如 pH、酶活性、酸、碱等均会对食用组织中包含的各种化学物质组分产生影响，进而影响其品质。总之，野生粮食植物收获后，需要综合考虑各种因素对植物食用组织的影响，选取适宜的贮藏方法。

（二）粮食植物的贮藏

1. 预处理

（1）除杂与分级　　贮藏前通常需去除食用组织间混杂的枯枝、烂叶、破碎或变质个体等杂质。根据颜色、大小、重量、成熟度还可以对植物食用组织进行分级，保证同批次食用组织质量的一致性。

（2）清洗与消毒 清洗去除了食用组织上附着的杂质，也可减少组织表面的微生物和害虫。消毒可以抑制或杀死组织表面、贮藏环境中的微生物和害虫。例如，在食用组织加工中添加有机酸、抗氧化剂、抗菌物质等化学消毒方法，或者低温消毒、紫外消毒、高温高压消毒等物理消毒方法。

（3）干燥 干燥使食用组织含水量降低至安全含水量以下，从而减缓自身生理生化反应的消耗和微生物的生长，延长贮藏期。干燥的方法分为自然干燥和人工干燥。自然干燥易受外部天气的影响，耗时长、效率低。人工干燥包括对流干燥、接触干燥、真空干燥、冷冻干燥、辐射干燥等多种方法。有时为了提高干燥效率，还会对食用组织做切片处理。真空冷冻干燥技术是近年来发展起来的一种新干燥技术，它消除了普通干燥导致的变色、营养流失等问题，极大地保留了食用组织本身特有的风味物质。另外，针对不同的植物和食用组织，往往还需要采取一些其他预处理，如涩柿的脱涩过程。

2. 贮藏 植物食用组织贮藏的方式多样，常用的有低温贮藏、气调贮藏、罐藏、辐照贮藏、化学贮藏等，以低温贮藏的应用最为广泛。

（1）低温贮藏 低温贮藏是指贮藏期间食用组织一直处于一个较低温度的环境中，以减缓食用组织变质，延长贮藏期。根据贮藏时植物组织是否冻结，可将低温贮藏分为冷藏和冻藏。冷藏时环境温度高于食用组织的冻结点，温度范围一般在 $-2 \sim 15$℃；冻藏时食用组织发生冻结，温度范围一般在 $-30 \sim -12$℃。

1）冷藏：食用组织冷藏前一般需要经过预冷降温。在气温较低的地区，自然降温也能实现预冷。人工预冷方法包括真空冷却、空气冷却、水冷却等。一些大型的仓库通常设有冷却间来完成预冷。

冷藏期间除了要控制冷藏室内的温度外，还要保持一定的空气流通，使室内相对湿度也保持在最佳状态，防止水汽凝结。冷藏不能完全阻止植物食用组织的变质。因此，冷藏的组织也有一定的保质期限。不同植物的食用组织，冷藏期差异较大，均有各自适宜的冷藏条件。例如，板栗种子置于 $0 \sim 3$℃冷藏室、相对湿度在 80%～90% 时，贮藏期最长可达一年；山药块茎的贮藏温度一般在 $10 \sim 25$℃，以 16℃为最佳，相对湿度为 75%～85% 时，较完整的块茎可以贮藏半年；果仁含水量 5%～7%、气温 $15 \sim 20$℃、相对湿度 60%～70% 时，榛果低氧避光的贮藏期可达一年；青稞种子在 $0 \sim 4$℃、相对湿度 60% 的条件下，贮藏期限甚至可以超过十年。

2）冻藏：冻藏需要将食用组织贮藏于冻结点温度以下，这对设施条件的要求较高。食用组织冻藏时，其中的水分会结冰、体积膨大，进而破坏食用组织结构，影响产品质量。因此，冻结前需要经过一定的预处理，降低组织含水量、减少冻结时冰晶的形成。在降温至某个阈值时，组织中的水分开始结冰，此时的温度就是该食用组织的冰点。由于植物细胞或组织中含有蛋白质、糖类及其他各种内含物，其冰点一般会低于0℃，冻藏的温度要低于组织的冰点。不同的植物，其冰点存在较大差异。例如，板栗种子的冰点为 -4.5℃，柿果果肉的冰点在 $-3.1 \sim -2.4$℃。

（2）气调贮藏 气调贮藏是对贮藏环境中的气体成分及比例、温度、湿度等进行调整并控制在一定状态下，以延长食用组织贮藏期的方法。按气体成分可将气调贮藏分为自然缺氧贮藏、氮气贮藏、二氧化碳贮藏、减压贮藏等。自然缺氧贮藏依靠植物组织在密闭环境中呼吸消耗氧气，提升二氧化碳浓度，但要达到预定的气体成分和比例需要较长的时间，有时甚至难以到达预定指标或者达到时食用组织已经变质。其他几种气调贮藏则直接由人工快速调整并控制贮藏环境中各种气体的含量。生产上常用的真空包装属于减压贮藏。

不同植物或组织，其对气体成分及比例的要求有所不同。例如，柿的果实气调贮藏需以

15%~30% 的二氧化碳含量、温度 0~8℃为宜。这也说明要取得良好的贮藏效果，往往需要综合运用多种贮藏方法。

（3）窖藏法　　窖藏法是广大农户常用的贮藏方法，其发展历史悠久。在河北武安市磁山遗址中发现了大量窖藏的粮食，说明 7000 多年前我国就已经形成窖藏粮食的方法。窖藏法操作简单、成本低、效果适中。例如，山药窖藏时，通常在室外挖一定大小的地窖，底部铺放稻草或麦秸等，然后每放一层山药加盖一层干细土或黄沙，最后覆盖稻草或麦秸，并堆上厚土。天冷时可加盖草帘防冻，一般可存放到翌年 3 月底。

食用组织贮藏期间还需要做好抽检筛查工作。贮藏前的预处理过程并不能完全剔除损坏、变质的个体。因此，定期检查贮藏期间有无变质、损坏的食用组织十分必要，否则腐败的组织会感染周围健康的组织，导致损失不断加重。

◆ 第三节　野生粮食植物资源的加工

一、淀粉加工

许多野生粮食植物是重要的淀粉来源，例如，在新鲜样品中，栗仁中淀粉含量在 20%~40%，山药块茎中淀粉含量为 11%~30%，芋头块茎中淀粉含量为 13%~29%。对植物食用组织进行磨粉，再加上简单的过滤处理就能实现粗淀粉加工。高纯度淀粉加工则相对复杂许多，需要一些除杂、精制工艺。

（一）基本原理

野生粮食植物中除了淀粉外，还含有蛋白质、糖类、脂肪、纤维素、无机盐等，生产淀粉时需要去除这些杂质。淀粉加工的基本原理是根据淀粉不溶于水、与其他化学成分比重不同等特性，将原料破碎后，分离蛋白质、脂肪、纤维素等杂质，最终获得淀粉。粗淀粉提取工艺较为简单，尽管纯度低，但是极大地保留了野生植物原有的特色风味物质。高纯度淀粉的提取分为干法和湿法两种。干法工艺主要依靠磨碎、筛分、风选等方法获得粗淀粉制品，产品中还含有许多脂肪和蛋白质。生产上，多采用湿法工艺获得纯度较高的淀粉产品。不同变性淀粉的加工工艺往往差别较大。

（二）粗淀粉加工

1. 工艺流程　　粗淀粉加工适合对淀粉纯度要求不高的产品，一般包括 7 道工序，具体流程如下：

选料→浸泡→粉碎→过滤→漂洗→沉淀→干燥

2. 操作要点

（1）选料　　选择完整、无病虫害、健康的果实或根茎等加工原料，清洗干净备用。

（2）浸泡　　将干净的原料浸入一定量清水中，不断翻动使充分浸泡，堆闷 10~12h 后进行脱皮或脱壳处理。新鲜的根茎组织因含水量较高，所以无须浸泡。

（3）粉碎　　将浸泡好的原料粉碎，粉碎的粒度越细越好。常用的粉碎设备均可以完成此工序，卧式胶体磨的结构示意图如图 3-3 所示。

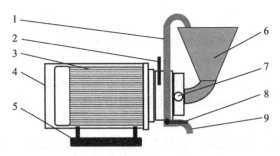

图 3-3　卧式胶体磨结构示意图

1.循环管；2.手柄及调节盘；3.电机总成；4.电机罩；5.底座；6.进料斗；7.冷却水入口；8.出料口；9.三通阀

（4）过滤　　向粉碎好的原料中加入一定量的清水（料液比一般为 1：1），充分搅拌后过纱布或 80 目左右的细筛，去除滤渣。滤渣可以反复粉碎过滤，以提高淀粉的得率。

（5）漂洗　　一些体积较轻的杂质会漂浮在浆液表面，可通过鼓风吹走；因淀粉不溶于水，而蛋白质、糖类及色素等杂质多溶于水，通过离心的方式可以快速收集淀粉沉淀，再将其与清水 1：1 混合均匀，再离心收集淀粉沉淀，如此反复漂洗数次，可提高淀粉纯度。

（6）沉淀　　　漂洗干净的浆料倒入沉淀桶或沉淀缸中，静置一段时间使淀粉沉淀，去除上清液。也可以借助一些离心设备提高沉淀效率，LGZ 型刮刀离心机结构示意图如图 3-4 所示，具体的转速和时间可根据需求和设备性能调整。

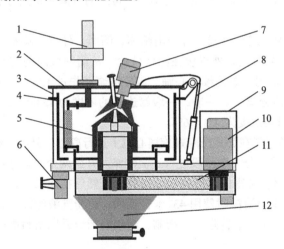

图 3-4　LGZ 型刮刀离心机结构示意图

1.刮刀装置；2.盖板总成；3.外壳总成；4.在线清洗；5.转鼓总成；6.减震器；7.布料装置；
8.液压装置；9.电机护罩；10.电机；11.传动带及护罩；12.出料装置

（7）干燥　　将沉淀晒干或烘干即得粗淀粉产品。烘干时的温度一般不能超过淀粉的糊化温度，以免淀粉糊化影响产品质量。干燥后的淀粉经常有结块，可以使用一些研磨设备进行破碎。

（三）高纯度淀粉加工

1. 工艺流程

不同植物组织的淀粉加工工艺基本相似，主要有 8 道工序。有些工艺流程还增加了吸附脱色和精制等流程，以提高淀粉品质。大致流程如下：

原料预处理→浸泡→磨碎→分离纤维素→分离蛋白质→清洗→脱水、干燥→筛分、研磨

2. 操作要点

（1）原料预处理　　原料中夹杂的泥沙、杂草等杂质不仅影响工艺操作，还会影响成品质量，所以需要进行预处理。

1）清洗：清洗可去除原料上附着的泥沙，同时将原料与石块、杂草等杂质分开。

2）去皮、脱壳：有些野生粮食植物，其食用组织上还附有壳、表皮或根等结构，无食用或加工价值，不仅影响工艺操作，还易损坏机械，如板栗坚硬的外壳、山药表皮及附生的大量不定根。生产中可采用脱壳机械来脱壳，毛辊式去皮清洗机（资源 3-7）可以实现许多植物根茎的清洗与去皮。

3-7

（2）浸泡　　浸泡使原料充分吸收水分，组织结构软化，有利于磨碎，还能促进水溶性物质溶解和淀粉释放。浸泡时部分蛋白质和糖溶于水中，便于后期的分离操作。浸泡过程中常加入一些浸泡剂，起一些特殊作用。例如，用碱水浸泡能促进蛋白质溶解；亚硫酸浸泡可促进组织软化，加速淀粉释放，还能抗氧化、防止原料发生褐变。不同的浸泡剂其浸泡时间和浸泡温度都会影响最终的淀粉得率。例如，板栗淀粉加工中，可用 0.26% 亚硫酸在 50℃ 条件下浸泡板栗仁 27h 左右，可提高淀粉得率。

（3）磨碎　　磨碎可使淀粉颗粒从细胞中充分游离出来。具体的研磨设备应根据植物组织进行选择。

（4）分离纤维素　　磨碎后的料液会形成糊状浆料，其中含大量淀粉、纤维素和蛋白质等组分。一般先分离纤维素后分离蛋白质。过筛是最常用的分离纤维素方法，生产上多采用离心筛或曲筛。

1）离心筛一般分为立式和卧式两种，由筛体、筛网、外罩、喷浆部件等组成。筛体上的筛孔大小视具体生产所需而定。外罩包在筛体外面，从筛网甩出的淀粉乳在此腔内集中，再由出浆口输出。生产中常用多级连续离心筛，破碎的浆料先过 125～250μm 粗渣筛，得到的淀粉乳再过 60～80μm 细渣分离筛。一般，一级筛进料的浓度为 12%～15%，二级筛进料浓度为 6%～7%，三、四级筛进料浓度为 4%～6%。

2）曲筛是将得到的浆料在卧式沉降螺旋离心机上进行离心，分离出细胞液，然后用泵将浆料送入纤维分离洗涤系统，分 7 个阶段进行逆流洗涤。开始两个阶段依次洗涤去除细胞液，洗涤浆料时用 46# 卡普隆网，洗得的粗料经锉磨机磨碎，然后在曲筛上过滤得粗渣和细渣，再依次在曲筛上洗涤 4 次，洗涤渣滓时使用 43# 卡普隆网。淀粉乳液经卸料自动离心机分离出细胞液水，再用清水稀释后于 64# 卡普隆网上精制，筛出的细渣返回浆料磨碎后再次洗涤分离。曲筛的效率高于离心筛。

（5）分离蛋白质　　传统的分离蛋白质方法有静置沉淀和流动沉淀。这两种方法中淀粉长时间停留在沉淀桶内，易发酵变质。现代淀粉工厂多采用离心分离和旋液分离的方法来分离蛋白质。

离心分离是利用淀粉与蛋白质的相对密度差异，在外界离心力的作用下将蛋白质与淀粉分离开来。蛋白质含量较高的植物组织往往需要进行多级离心分离；蛋白质含量较少时进行二级分离即可。旋液分离在旋液分离器中完成。在离心力的作用下，由于淀粉颗粒相对密度较大，会被快速沉降而甩向旋流器壁，并随着螺旋流下降到底部，通过底流口排出分离器；蛋白质的相对密度较小、沉降速率比淀粉颗粒慢，会随着螺旋流上升至顶部出口，从溢流口排出。旋液分离器结构简单，造价便宜，分离效率高。

（6）清洗　　向淀粉乳中加入清水、搅拌、分离沉淀、排出上清，如此反复循环几次以去除淀粉乳中还含有的一些水溶性杂质，最终得到较高纯度的淀粉。串联的真空吸滤机和多级旋液分离器可以快速完成杂质清洗。

（7）脱水、干燥　获得的精制淀粉乳含水量在50%～60%，经过脱水、干燥后才能保存和运输。许多离心设备就能完成此工序。实际生产中常用的设备有卧式刮刀离心机、三足式离心机和虹吸离心机等。淀粉脱水后还含有36%～40%的水分，主要分布在淀粉颗粒的内部和表面，很难通过离心脱水降低含水量，必须通过干燥处理来实现。生产中常采用气流干燥的方法，它具有干燥强度大、时间短、效率高、适用性广等特点，QG型气流干燥机结构示意图如图3-5所示。干燥过程中，淀粉块被高速热气流分散成淀粉颗粒并悬浮于气流中，在输送过程中被热气流不断干燥。气流干燥法所需的干燥管有效长度较长，对厂房等硬件设施要求较高。

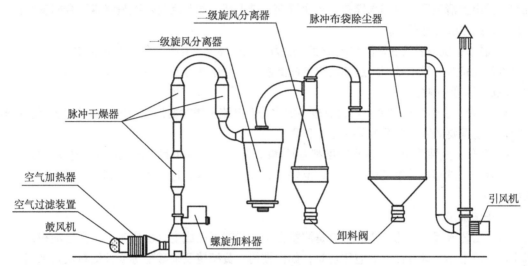

图3-5　QG型气流干燥机结构示意图

（8）筛分、研磨　干燥后的淀粉产品易结成块状，粒度不整齐，经过筛分、研磨才能成为最终的淀粉产品。筛的目数可根据淀粉细度的要求进行选择，一般为40～80目。用气流干燥法获得的淀粉呈粉末状，可以直接作为成品。为了防止筛分过程中的粉尘飞扬和粉尘爆炸危险，筛分和研磨设备必须有密闭措施，同时要有通风、除尘设备，保证生产安全。

（四）变性淀粉加工

天然淀粉不溶于水，其形成的淀粉糊易老化脱水，具有被膜性差、缺乏乳化力等缺点。通过变性既可以改变天然淀粉的原有特性，又可以赋予其新的功能。工业上应用最普遍的是湿法和干法这两种加工工艺。相比较而言，湿法反应条件温和、反应器结构简单，但耗时长、费水多、有污染；干法耗时短、污染少，但能够生产的产品种类少。

1.湿法加工

（1）工艺流程

湿法加工工艺是将淀粉分散在水或其他液体介质中，在一定反应条件下进行降解或取代等变性反应，生产出变性淀粉。基本流程如下：

化学试剂、水或其他溶剂　热空气
↓　　　　　↓
淀粉乳→反应→洗涤→脱水→干燥→筛分→成品
↑　　↓　　↓
调温　排液　排液

（2）操作要点

1）淀粉乳：淀粉乳可以是直接购买的精制淀粉乳产品，也可以用原淀粉自行调配。投料前需要计算绝干淀粉的投放量。

2）反应：通常在搅拌条件下将淀粉乳加入反应器（或反应罐）中，升高温度、调节 pH，加入特定反应试剂，测定反应终点并终止反应。

3）洗涤：反应结束后，反应罐中除了变性淀粉外，还有少量的未变性淀粉、化学药品及反应副产物，需要去除这些杂质。大型厂一般采用淀粉洗涤旋流器来洗涤，洗涤级数一般为 3～4 级。对于小型厂，三足离心机是常用的洗涤过滤设备。沉淀池中洗涤时，反应物进入沉淀池中沉淀，排出上清液后，再加水搅拌，再次沉淀、排上清，如此反复数次最终得到合格变性淀粉产品。但此方法费时费水。

4）脱水：洗涤后的变性淀粉乳浓度一般为 34%～38%，生产上多采用真空过滤机或带压式滤机洗涤设备进行脱水处理。过滤后得到的滤液中一般还含有 5%～8% 的变性淀粉，可经过浓缩再沉淀等步骤回收。

5）干燥：变性淀粉脱水后仍含有较多的水分。气流干燥对变性淀粉的干燥效果较好。但有些变性淀粉需要采用真空干燥设备完成干燥。

6）筛分：变性淀粉对细度和粒度都有具体的需求，一般 100 目筛的通过率需达 99.5% 以上。干燥过程中自然形成的细度难以达到产品需求，须经过粉碎、过筛才能得到满足需求的变性淀粉成品。

2. 干法加工

（1）工艺流程　　此工艺的特点是淀粉在干的状态下完成变性反应生产出变性淀粉，产品得率高、污染小，具有良好的应用前景，如白糊精、黄糊精及磷酸酯等变性淀粉就是采用干法加工工艺生产的。具体流程如下：

$$化学试剂 \downarrow$$
$$淀粉乳 \rightarrow 吸附 \rightarrow 脱水 \rangle \xrightarrow{热风} 预干燥 \xrightarrow{加热} 固相反应 \rightarrow 快速冷却$$
$$淀粉 \rightarrow 混匀$$
$$化学药品 \uparrow$$
$$成品 \leftarrow 筛分、包装 \leftarrow 水分平衡$$

（2）操作要点

1）混匀：淀粉或淀粉乳均可用作干法制备的原料。以淀粉为原料时，混合前需要用水对参与反应的化学试剂进行稀释，然后在常温条件下将淀粉与反应试剂在混合器或反应器内混合均匀，此时混合物中含水量在 40% 左右。充足的水环境能够保证淀粉与化学试剂充分接触，反应效率高，但这种方法会损失一部分化学试剂。另一种混合方法是将化学试剂喷入混匀机中，与淀粉混合均匀后进行预干燥。此方法用水量少，但淀粉与化学试剂的均匀性较前一种差。以淀粉乳为原料时，因淀粉乳中的水分含量较高，可以直接与化学试剂进行混合，混合均匀后经吸附、脱水降低混合物中的含水量。

2）预干燥：因混合物中含有约 40% 的水分，若直接升温必将引起淀粉糊化，导致化学反应失败。因此，必须对混合物进行预干燥，使其含水量降至 10% 以下。气流干燥器是实际生产中常用的预干燥设备；也可以在真空条件下通过控温系统于反应器中直接进行预干燥。

3）固相反应：干法反应一般在固相干式反应器中完成，反应温度通常在 120～180℃。因此，固相反应器需要具备良好的加热性能。与湿法相比，干法反应所需时间较短，一般为

1～5h。

4）快速冷却：快速冷却是为了快速终止反应，防止产生过多的副产物，通常根据反应后混合物的色泽、黏度、溶解度等来确定。

5）水分平衡：反应结束后物料中的水分通常小于1%，而商用成品对变性淀粉的含水量要求为低于14%。因此，需要一个增加产品水分的过程。增湿主要通过搅拌条件下的喷雾来完成，检测达标后排入贮罐。

6）筛分：干法制备的产品中也会有块状物，必须经过一定孔目的筛子，获得一定细度的成品，筛出的小团块可以经过粉碎研磨重新过筛。

（五）产品质量评价

淀粉不仅是重要的食物，也是重要的食品加工原料，其质量的好坏直接影响食用性或利用价值。我国对植物食用淀粉产品的质量制定了严格的标准，主要从感官要求、理化指标和安全性指标方面进行规范，具体参考《食品安全国家标准　食用淀粉》（GB 31637—2016）等的相关要求。

1. 感官要求　　淀粉产品色泽应该是白色或类白色（无异色），具有自带的特色气味（无异味），呈粉末或粉粒状（无杂物）。

2. 理化指标　　淀粉产品的理化指标主要为含水量，该指标影响淀粉产品的贮藏。含水量应≤18.0%。

3. 安全性指标　　食用淀粉的污染物主要来源于加工原料，包括农药残留和重金属两大类，其限量必须符合现行国家标准《食品安全国家标准　食品中农药最大残留限量》（GB 2763—2021）和《食品安全国家标准　食品中污染物限量》（GB 2762—2017）。例如，除草剂最大残留限量≤0.2mg/kg；重金属铅含量≤0.2mg/kg。随着人们对粮食资源安全的重视程度增加，各项质量指标的规定将会越来越严格。

食用淀粉中常对菌落总数、大肠杆菌、霉菌和酵母进行检测，以把控产品质量。食用淀粉中菌落总数、大肠杆菌、霉菌和酵母的限量需符合《食品安全国家标准 食用淀粉》（GB 31637—2016）的相关要求。

二、蛋白质加工

人类获取的蛋白质主要有植物蛋白和动物蛋白。与动物蛋白相比，植物蛋白来源更加丰富、种类多样。目前，我国蛋白质平均供给水平还较低，加大植物蛋白质资源的开发利用有助于提高国民身体素质。

（一）基本原理

蛋白质的加工主要基于其溶解性、胶体性和不同条件下发生变性等理化特性，采用一定的提取试剂，将植物组织中的蛋白质与糖等其他物质分离，经纯化、浓缩等工艺，获得蛋白质成品。

蛋白质易溶于水、酸或碱等各种溶液中，其溶解度与蛋白质的构成、溶剂种类、溶剂温度和溶剂 pH 等因素有关。蛋白质具有布朗运动和吸附能力、不能透过半透膜等胶体的一般特性。当所处的环境条件发生明显变化时，蛋白质颗粒就会从溶液中析出而发生沉淀。例如，向蛋白质溶液中加入中性盐［如 $NaCl$、$(NH_4)_2SO_4$、Na_2SO_4 等］时，蛋白质就会发生沉淀，这种蛋白质沉淀的方法叫盐析法，是分离蛋白质最常用的方法之一。

蛋白质在酶、强酸或强碱的作用下降解成氨基酸或者较小多肽的过程，称为蛋白质的水解。利用强酸或强碱使蛋白质水解时，氨基酸结构在反应过程中容易被破坏，甚至会有氯丙醇等有毒物质产生。实际生产中几乎不再采用这种方式进行蛋白质加工。因酶水解过程温和，条件可控，能够生产出具有生理活性的多肽，故生产中多采用酶水解法。

（二）加工工艺

3-8

为了充分利用资源，蛋白质加工的原料通常为提取油脂后的仁粕，如杏仁粕、松子仁粕等，这些仁粕经磨细、筛分、干燥等工艺就可以得到粗蛋白粉产品。对于纯度较高的蛋白质加工工艺，根据生产目标分为浓缩蛋白加工和分离蛋白加工这两种主要加工工艺，另外还包括组织化蛋白、各类功能性蛋白的加工工艺等。蛋白质加工前，仁粕一般要磨碎过50～100目筛，得到的粗粉用作高纯度蛋白质的加工原料。另外，测定蛋白质含量可以确定原料的品质，估算后期产量是制订生产计划的重要依据。粮食资源中经典的蛋白质测定方法为凯氏定氮法，该方法操作简便，所需仪器设备简单（资源3-8），结果准确度高。

1. 浓缩蛋白加工　　浓缩蛋白是指去除仁粕原料中的水溶性非蛋白质成分（如糖类、灰分、其他微量成分等），制得含量在70%（以干基计）以上的蛋白质制品，其具有良好的持水性、持油性、凝胶性和乳化性等，在饮品调配、肉类加工、调味料添加和保健食品添加等方面都有应用。浓缩蛋白的制备主要有乙醇浸提法、酸沉淀法和湿热浸提法这三种。湿热浸提法的蛋白质得率低，产品质量差，实际生产中已基本淘汰。

（1）乙醇浸提法

1）工艺流程：乙醇浸提法利用可溶性蛋白质溶于水但不溶于乙醇的特性实现蛋白质的分离纯化。通常仁粕中的糖、脂类和多酚等物质易溶解在一定浓度的乙醇溶液（70%～90%）中，而此时蛋白质的溶解度最低，经过滤、浓缩、干燥即可获得浓缩蛋白。具体流程如下：

粗粉→一次醇洗→二次醇洗→分离→干燥→成品处理

2）操作要点：主要包括以下几个方面。①一次醇洗：根据粗粉与乙醇的质量比（1∶7），向洗涤罐中输入60%～65%的乙醇溶液，在50℃温度条件下搅拌洗涤0.5～1.0h。洗涤完成后抽出乙醇溶液，进行回收利用。②二次醇洗：向洗涤罐内输入80%～90%的乙醇溶液，在70℃下二次搅拌洗涤0.5h。③分离：在离心机中分离乙醇溶液与蛋白质。④干燥：分离得到的蛋白质沉淀物，以真空干燥机在60～70℃下干燥1h，使产品水分含量在7%以下。⑤成品处理：此步骤主要是对蛋白质粉进行磨碎筛分，根据产品规格设计分装并及时密封保存。

（2）酸沉淀法

1）工艺流程：酸沉淀法是利用蛋白质特定的等电点，将浸提溶液的pH调至4.2～4.6，此时蛋白质的溶解度最低，再通过离心分离蛋白质与可溶性物质。此方法获得的蛋白质纯度较高，但会对产品的风味产生一定的破坏。具体流程如下：

粗粉→酸洗→分离→水洗→分离→中和→杀菌→干燥→成品处理

2）操作要点：主要包括以下几个方面。①酸洗：酸洗时原料与水的比例通常为1∶10，水温控制在40～50℃。搅拌均匀后加入盐酸使液体pH保持在4.2～4.6，酸洗50～60min。洗涤完成后在离心机中进行分离获得凝乳。②水洗：按1∶（8～9）的质量比，加入温水（40～50℃），搅拌均匀后调节pH至4.2～4.6，洗涤沉淀50～60min，完成后继续采用离心机分离。此工序可以适当增加1～2次，以提高蛋白质的纯度。③中和：洗涤后获得蛋白质凝乳，待温度降低至室温后，加入氢氧化钠溶液，调节pH至7.0。④杀菌：中和后的蛋白质液在130～140℃高温条件下快速灭菌 15s。⑤干燥：灭菌后的蛋白质液在 40～50℃下真空浓缩，完成后在 18～20MPa 压力下打入喷雾干燥塔进行喷雾干燥。⑥成品处理：同乙醇浸提法。

2. 分离蛋白加工 分离蛋白是指去除仁粕原料中的水溶性非蛋白质成分后制得的蛋白质含量在 90%（以干基计）以上的蛋白质制品，也是目前纯度最高的蛋白质制品。分离蛋白的提取工艺主要有碱提酸沉淀法、膜分离法和离子交换法。

（1）碱提酸沉淀法

1）工艺流程：此方法主要是利用蛋白质的溶解特性，以弱碱溶液提取蛋白质，经弱酸沉淀分离获得高纯度的蛋白质。基本流程如下：

粕粉 → 一次萃取 → 分离 → 二次萃取 → 分离 → 酸沉淀

成品处理 ← 干燥 ← 杀菌 ← 中和 ← 分离

2）操作要点：主要包括以下几个方面。①一次萃取：萃取罐中按 1∶10 的比例加入原料与水，搅拌均匀后加入稀碱溶液，使浆液 pH 为 7.1 左右，水温控制在 50℃左右，搅拌器转速调为 80r/min，萃取 15～20min，结束后在离心机中分离沉淀和萃取液。②二次萃取：沉淀送入萃取罐，加入沉淀质量 5～6 倍的水，加入稀碱溶液调节 pH 到 7.1 左右，于 50℃左右进行第二次萃取。结束后在离心机中分离沉淀和萃取液。③酸沉淀：两次的萃取液合并于酸沉淀罐中，在 45～50℃下加入盐酸调节 pH 到 4.5 左右。在 60r/min 的转速下搅拌均匀，酸沉淀 30min。结束后离心分离出蛋白质凝乳。中和、杀菌、干燥等后续工序操作要点同浓缩蛋白的酸沉淀法。

（2）膜分离法

1）工艺流程：膜分离法是在压力差下，蛋白质与其他物质经过高分子半透膜（直径 0.001～0.020μm）分离。此工艺免去了化学沉淀工序，蛋白质得率高、品质佳，也是较为环保的蛋白加工工艺。基本流程如下：

粕粉 → 一次萃取 → 分离 → 二次萃取 → 分离 → 超滤 → 反渗析

成品处理 ← 干燥

2）操作要点：主要包括以下几个方面。①萃取：基本操作同碱提酸沉淀法，但浆液的 pH 需调节至 8～9。②超滤：合并两次萃取液，加入 3.0～4.5 倍的水进行稀释，输送至超滤膜组进行循环超滤。超滤过程中需多次取样测定透过液中的蛋白质含量和糖含量，当二者含量保持不变时认为超滤完成。③反渗析：透过的滤液可以送至反渗析膜进行反渗析，将获得的低分子蛋白质和低聚糖等干燥后得到次级产品。干燥与成品处理同浓缩蛋白的酸沉淀法。膜分离法的技术难题是半透膜的清洗与杀菌。目前，该方法还没有完全进入规模化生产应用。

（3）离子交换法 原理与碱提酸沉淀法基本相同，不同之处是该法应用了离子交换树脂对各类离子进行吸附。

3. 组织化植物蛋白加工

（1）工艺流程 组织化植物蛋白是指以植物蛋白为原料，根据需求加入一定量的添加剂混合均匀，在膨化设备中加温、加压，使蛋白质分子形成类似肉类的纤维结构，具有一定的强度和良好的咀嚼性能。组织化植物蛋白是一种新型食用产品，其营养价值较高，可以作为肉类的增补剂。基本工艺流程如下：

蛋白原料 → 调和 → 膨化 → 造粒 → 干燥 → 冷却 → 包装 → 成品

（2）操作要点

1）蛋白原料：植物蛋白原料多为脱脂后的粕、浓缩蛋白、分离蛋白、蛋白粉等初加工产品，这些原料中蛋白质含量必须大于 50%、粗纤维含量小于 3.5%、脂肪含量小于 1.5%、粒度在 40～100 目。

2）调和：调和可以使最终产品具有特殊的风味。调和过程中通常加 1.0%～2.5% 的碳酸氢钠和碳酸钠作为组织改良剂。可根据需要加入食盐、味精、酱油、辛香料等进行风味调配。食盐的加入量一般在 0.5% 左右，酱油在 1.0%～5.0%。

3）膨化：膨化是组织化植物蛋白成功的关键。在挤压成型过程中，水分、温度、压力、进料量都是需要考虑的因素。一般挤压机出口温度不能低于 180℃，入口温度控制在 80℃左右。

4）干燥：组织化植物蛋白的干燥方法较多，普通鼓风干燥即可完成产品干燥，条件允许时，真空干燥或气流干燥法效率更高。干燥温度一般控制在 70℃以下，产品最终含水量控制在 8%～10%。

（三）产品质量评价

由于我国野生粮食植物资源开发还处于起步阶段，野生粮食植物蛋白的国家标准尚未出台，也没有正式的植物蛋白国家标准，在出台的征求意见稿中从感官要求、理化指标和安全性指标等方面做了相应规定。

1. 感官要求　蛋白粉外部形态上应呈粉状，无结块；色泽需纯正，一般为白色或浅黄色；风味上要具有自身特有的气味，无异味；不能有肉眼可见的杂质。

2. 理化指标　粗蛋白、浓缩蛋白和分离蛋白的蛋白质含量（以干基计）要求不同，含水量都≤10%。

3. 安全性指标　一些致病菌如沙门菌、志贺菌、金黄色葡萄球菌等不得检测出；总砷含量≤0.5mg/kg，总铅含量≤1.0mg/kg；残留溶剂的含量≤500mg/kg。

三、制糖

我国一直是食用糖的生产和消费大国，其中以蔗糖消费为主，食用淀粉糖为辅。2020 年我国已成为全球第一大淀粉糖生产国与出口国。根据用途可将淀粉糖分为食用淀粉糖和工业用淀粉糖；根据组成可将淀粉糖分为液体葡萄糖、结晶葡萄糖、麦芽糖浆、麦芽糊精、麦芽低聚糖和果糖六大类。

（一）基本原理

酸糖化和酶糖化是淀粉糖化的两种基本方式。酸糖化的最终产物为葡萄糖，而酶糖化的终产物因酶的种类差异而不同。淀粉水解成葡萄糖的过程中会利用一部分水分子，因此每 100g 纯淀粉完全水解，能使葡萄糖理论收率达到 111%。

1. 酸法生产淀粉糖　酸法制取淀粉糖是以一定浓度的盐酸、硫酸或草酸作为催化剂，在一定的高温条件下淀粉经过水解反应、葡萄糖的复合反应和分解反应，最终形成葡萄糖、二糖、三糖等碳水化合物的一种生产工艺。酸法制糖中，往往先产生一部分葡萄糖，随后在酸和热的催化下，发生复合反应生成组分复杂的各种碳水化合物。还有一部分葡萄糖发生分解反应，生成乙酰丙酸、甲酸或有色物质。酸法制糖反应时间短，但会有副产物，影响成品的纯度。

2. 酶法生产淀粉糖　酶法生产淀粉糖是利用专一性较强的酶制剂将淀粉逐级水解成各种糖类的一种制糖工艺。淀粉在淀粉酶的作用下被分解生成糊精、麦芽糖、低聚糖等，还可以经糖化酶进一步水解成葡萄糖。酶法制糖所用的酶制剂种类较丰富，常用的有 α-淀粉酶、β-淀粉酶、葡糖淀粉酶、脱支酶、葡糖异构酶等。实际生产中，常利用多重酶来提高生产效率，故酶解法又称为多酶法。生产中可以根据需求控制淀粉的水解程度，得到具有不同葡萄糖值的淀粉水解中间产品。与酸法制糖相比，酶法制糖的反应条件更温和，催化剂专一，副产物少，产品纯度高。但其所需的反应时间较长，反应条件要求严格，对设备性能要求也较高。

（二）制糖工艺

麦芽糖浆是以淀粉为原料，经液化、糖化、精制而成，麦芽糖是其主要成分。按照生产方法和麦芽糖的具体含量可以将其分为普通麦芽糖浆（≤60%）、高麦芽糖浆（60%～70%）和超高麦芽糖浆（≥70%）。下面以普通麦芽糖浆生产为例介绍淀粉糖的加工工艺。

1. 工艺流程　普通麦芽糖浆又称为饴糖浆，其麦芽糖的含量一般在35%～45%。麦芽糖浆加工中所需要的酶包括用于淀粉液化的α-淀粉酶、用于糖化的β-淀粉酶及使淀粉支链水解的α-1,6糖苷键脱支酶，此外还有可将淀粉直接水解生成麦芽糖的麦芽糖生成酶。对于高纯度的麦芽糖浆，生产上经常增加活性炭吸附分离、离子交换树脂吸附分离、有机溶剂沉淀、膜分离等过程。麦芽糖浆的基本工艺主要有9道工序，具体流程如下：

原料→清洗→浸渍→磨浆→调浆→液化→糖化→过滤→浓缩

2. 操作要点

（1）原料及清洗、浸渍　普通麦芽糖浆一般选用淀粉含量高的植物组织作为加工原料，很少直接用淀粉作为生产原料。清洗可以除去原料上的泥沙、灰尘等污物。对于含水量低的组织器官，通常要在45℃以下的水中浸泡1～2h。

（2）磨浆、调浆　不同的原料选用的研磨设备存在差异，但磨浆后的粉浆细度应80%通过60～70目筛，再加水调浆使其浓度为18～22°Bé（波美度），相对密度1.1425～1.1799。

（3）液化　淀粉糊化后在液化酶的作用下发生部分水解，得到黏度降低、流动性增高的糊精和低聚糖的过程称为液化。液化使更多可被糖化酶作用的非还原末端暴露出来。酸液化和酶液化是最常用的两种液化方法。

酸液化中用盐酸先将淀粉浆的pH调为2左右，140～150℃下加热5min，接着闪蒸冷却中和。因盐酸没有专一性，原料中的纤维素、蛋白质等也会一起被盐酸水解，导致5-羟基-2-呋喃、无水葡萄糖、色素和灰分等副产物产生，影响了产品质量，也增加了精制的难度。

酶液化中先将淀粉浆浓度调至15%左右，再以盐酸等调节pH至5.5～6.0，接着按淀粉质量的0.1%～0.5%加入α-淀粉酶，温度保持在80～90℃，一定时间后淀粉液化。液化的完成与否需要通过碘的显色反应来检测。观察不同反应时间点淀粉浆的颜色变化，其呈现出蓝变紫（红）、再转为棕褐色、最后呈无色的变化趋势，无色时说明液化完成。再将温度升至100℃，煮沸数分钟使淀粉酶失活。酶液化所用的α-淀粉酶有两种：一种是普通细菌α-淀粉酶，其最适宜的反应温度为70～80℃，生产上会在淀粉浆中加入0.2%～0.3%的$CaCl_2$以提高这种淀粉酶的热稳定性；另一种是耐热性α-淀粉酶，其最适宜的反应温度为90℃，热稳定性好，不需要加$CaCl_2$。生产上也经常使用喷射液化的方式，温度可以达到105～110℃，这种方式下淀粉糊化充分，液化效果较好。

（4）糖化　糖化时需将液化液冷至60℃，用盐酸调pH到5.5～6.0，加入一定量的β-淀粉酶，在55℃保温数小时后，再补加β-淀粉酶，继续保温糖化，直到糖化结束。对于一些支链淀粉含量高的野生植物，可在糖化前加入一定量的脱支酶，先将淀粉的支链切开，然后用β-淀粉酶糖化，以提高麦芽糖的生产效率。

（5）过滤　将糖化液趁热送入压滤机进行压滤。初滤出的糖液较浑浊，须重新压滤数次，直至滤出清亮的糖液才开始收集；也可以在滤液中加入2%活性炭，再次压滤。

（6）浓缩　过滤后的糖液需立即浓缩，以免微生物繁殖造成酸败。先在敞口蒸发器中浓缩到一定程度（22ºBé，相对密度 1.2096），其间按 200mg/kg 加入 $NaHSO_3$ 或 $Na_2S_2O_5$ 脱水，再利用真空浓缩的方式将糖液浓缩到规定浓度，压强应不低于 80kPa，温度为 70℃。

（三）产品质量评价

淀粉糖作为甜味剂主要应用于各类饮品、糖果、啤酒、化工等行业。近年来饮品行业对淀粉糖的需求不断增加。我国对淀粉糖产品的质量制定了严格的标准，主要从感官要求和安全性指标方面进行规范，具体可参考《食品安全国家标准　淀粉糖》（GB 15203—2014）相关要求。

1. 感官要求　符合国家标准的液体淀粉糖产品色泽应该是无色、微黄色或棕黄色；口感上应甜味温和、纯正，无异味；外观上呈黏稠状透明状，不能有正常视力可见的异物。

2. 安全性指标　淀粉糖的污染物主要来源于农作物的种植和淀粉糖加工过程，主要指重金属类，其限量必须符合《食品安全国家标准　食品中污染物限量》（GB 2762—2017），如重金属铅和总砷含量≤0.5mg/kg。

四、白酒酿造

考古证据和文献记载表明，从自然酿酒转变至人工酿酒这一阶段出现在 7000～10 000 年以前。在漫长的历史发展中，人类逐渐建立了以野生粮谷类为主要原料、以酒曲为发酵剂，经发酵、蒸馏、贮存和勾调制成酒精饮料的酿酒技术。中国白酒是粮食植物加工的典型代表，据统计，我国白酒现有酱香型、浓香型、清香型等 12 种香型，不同的香型代表着不同的风格特征（或称典型性）。例如，酱香型白酒具有酿造工艺特殊、酸度高（以乳酸和乙酸为主）、酚类化合物多、易挥发物质少、对人体的刺激少、天然发酵等特点。现以浓香型白酒和酱香型白酒为例阐述白酒的酿造工艺。

（一）基本原理

白酒酿造是在微生物作用下，将谷物中的淀粉转化为酒精并产生特殊风味物质的过程，主要分为糖化和酒化两个阶段：①糖化阶段，预处理好的原料在各种生物酶作用下转化为可发酵的糖类；②酒化阶段，水解后的糖类在微生物作用下代谢产生酒精，同时生成特殊的风味物质。在实际生产中，只有液态法白酒生产采用先糖化再发酵的工艺，传统的纯粮固态法白酒生产工艺中糖化和发酵同时进行，是一种双边发酵的模式。

1. 淀粉糖化　白酒酿造过程中的糖化与淀粉糖生产工艺中的糖化类似，也是利用酶分解淀粉生成糖及其中间产物的过程。蛋白质、脂肪及其他成分在淀粉糖化的过程中也发生着变化。蛋白质会在蛋白酶类的作用下水解为胨、多肽及氨基酸等含氮化合物，进而为酵母等提供营养。脂肪酶将脂肪水解为甘油和脂肪酸。细胞壁中的果胶在果胶酶作用下水解成果胶酸和甲醇。单宁酶催化单宁生成丁香酸。有机磷化合物在磷酸酯酶作用下释放磷酸，为酵母等微生物的生长和发酵提供磷源。部分纤维素、半纤维素在纤维素酶及半纤维素酶的催化下水解为少量的葡萄糖、纤维二糖及木糖等碳水化合物。木质素在木质素酶的作用下，生成香草醛、香草酸、阿魏酸及 4-乙基阿魏酸等酚类化合物。

此外，氧化还原酶等酶类也参与糖化过程。综合来看，糖化过程实际上是对原料的重新解构，将大分子分解成小分子，为后续发酵奠定基础。

2. 酒精发酵　酿酒微生物利用发酵性糖产生酒精等物质的过程称为发酵。酒精发酵离不开各种酵母的作用。通常，酵母在酒化酶（从葡萄糖到酒精一系列生化反应中的各种酶及辅酶的总称）作用下将葡萄糖发酵生成酒精和二氧化碳，这一过程包括葡萄糖酵解和丙酮酸的无氧降解两大生化反应过程。

除了产生大量酒精外，发酵过程中还生成了多元醇（高级醇、甘油等）、多种有机酸、酯类、羰基化合物、芳香族化合物和硫化物等多种白酒的风味物质。有些生产原料自身也带有一些特异的风味物质。综合来看，酒精发酵过程是多种微生物和生物酶将糖化过程中产生的各种小分子进行重构和再造，从而产生复杂风味物质的过程。

（二）酿造工艺

经传统固态法发酵、蒸馏、陈酿、勾兑而成的，未添加食用酒精及非白酒发酵产生的呈香呈味物质，具有以己酸乙酯为主体复合香的白酒称为浓香型白酒。酱香型白酒又称为茅香型白酒，以香气细腻、优雅、酒体醇厚丰满闻名中外。酱香型白酒分为大曲酱香和麸曲酱香两大类。

1. 浓香型白酒

（1）工艺流程　　窖池的年龄、泥质优劣等对酒质优劣起着重要作用。老窖池随着使用年限的增加，其窖池中窖泥酸度较为合适，同时也富集了酿优质酒所需的功能微生物，因而其酒质就越好。此外，酿造工艺如淀粉浓度、糟醅用量、入窖酸度、入窖温度、大曲用量等因素都对白酒品质有重要影响。浓香型大曲酒生产工艺中最佳入窖温度应在 18～20℃，入窖酸度的适宜范围在 pH 1.6～2.2，适宜入窖水分应控制在 53%～56%。把控好这些因素，才能酿造出优质的浓香型白酒酿。具体流程如下：

```
                       量质摘酒
                          ↑
原料处理→润料拌和→装甑蒸馏→出甑扬晾→下曲→入窖发酵→酒醅出池
              └───────────────────────────────────────┘
```

（2）操作要点

1）原料处理：将富含淀粉的植物组织器官如高粱种子洗净晾干备用。原料的配比有两种：一种是用纯原材料，称为单粮型；另一种是以某种原材料为主，配以大米、糯米、小麦、玉米和荞麦等辅料，称为多粮型。浓香型大曲白酒多采用续糟法，母糟经过多次发酵，因此，原料不需要粉碎过细。以高粱为例，一般要求每个籽粒被粉碎为 6～8 份，场温较高时为 4～6 份（以减缓发酵速率）。酿造过程中可将稻壳用作主要的填充辅料，但稻壳中含有果胶质和多缩戊糖等，在发酵和蒸煮过程中会生成甲醇、糠醛等有害物质。为了驱除稻壳中的霉味、生糠味及减少上述有害杂质，酿造过程中要对稻壳进行清蒸，时间要求在 30min 以上。

2）润料拌和：浓香型大曲酒采用混蒸续糟发酵法酿制，即在发酵好的糟醅中投入原料、辅料进行混合蒸煮、出甑后摊晾下曲入窖发酵。润料拌和是指用不锈钢铲堆糟坝或窖内挖出约够一甑的母糟，堆于靠近甑边的晾堂上，将发酵糟醅、原料、稻壳三者充分拌和的过程。此过程需要拌散、和匀、消灭疙瘩和灰包，然后再收拢成锥形，将表面拍紧，撒上已过秤的熟糠，严密覆盖。此过程在白酒酿造工艺上称为润料。上甑前 10～15min 进行第二次拌和。拌和操作要迅速，尽量减少酒精挥发。润料时间以 40～50min 为宜。

3）装甑蒸馏：酒醅蒸馏是提取酒精及香味物质的过程，一些微量物质和低沸点杂质也会混入酒精中，如二氧化碳、乙醛、硫化氢等。上甑前应将粮糟、酒醅、稻壳按一定比例拌和均匀；上甑时轻撒匀铺，探汽上甑；酒醅在甑桶内呈边高中低、上大下小的"花盆状"。以甑容 $1.5m^3$ 为例，上甑时间 30～40min 为最佳。

4）量质摘酒：蒸馏过程中，根据不同馏分中微量物质的含量及感官指标，从馏分中摘取不同质量原酒的过程称为量质摘酒。蒸馏时，酒头中低沸点的芳香物质较多，香气较浓，可单独贮存，作调味酒使用。中间阶段根据酒体质量和酒精度高低分别摘取一级酒、二级酒、普通酒等，所摘取的各级别酒应单独储存，便于勾兑和调味。酒尾中则含较多的高沸点物质，能够增加酒的后味，所以酒尾不但可以回锅串蒸，也可作酒尾调味酒单独储存。

5）出甑扬晾、下曲：出甑扬晾是将经高温蒸煮后的糟醅冷却至一定温度的过程，也就是摊晾。出甑后的糟醅温度高达100℃左右，粮糟含水量约为50%，必须经过摊晾并结合打量水（即在粮糟中补加80℃以上的水，以使粮糟入窖水分达到约53%的操作过程称为打量水）处理，直到符合入窖温度时为止。摊晾时需将糟醅在摊晾场地上摊开，要求薄厚均匀一致，甩散后糟子不起堆、不起疙瘩。当糟醅温度降至40℃以下时，便开始加曲。曲粉布满糟醅表面后进行翻拌。翻拌时要做到水分、曲粉、温度均匀一致。翻拌结束，收堆成锥形。整个摊晾时间应控制在30min以内。

6）入窖发酵：摊晾好的糟醅即可入窖进行糖化。入窖后顶部要拍平，并撒少许稻糠，用柔软、细腻的泥进行封顶、抹光，封顶泥厚度不少于10cm。窖池封顶后再用塑料布覆盖密封、保温。在发酵过程中，为防止裂边、漏气，发酵前期约15d内每日都要踩池，要求夏季踩紧、冬季踩松。冬季窖池上部要有覆盖保温措施，如加盖15cm左右厚的稻壳等传统方法。每日还要检查酒池的升温情况，绘制升温曲线图，做好原始记录，以便指导后续生产。

2. 酱香型白酒

（1）工艺流程　　酱香型白酒工艺与浓香型白酒有许多相似之处，但工序更多、更复杂，现主要对工序中不同之处进行详述。具体流程如下（流程中的数字分别表示第一轮次发酵、第二轮次发酵和第三轮次发酵）：

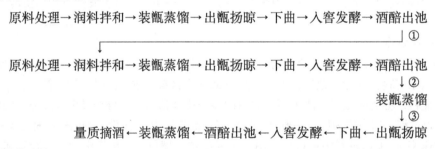

（2）操作要点

1）原料处理：在酱香型白酒中原料称为"沙"，通常分两次投料。第一次投料称为"下沙"，用量为原料的80%，剩下20%的原料粉碎；第二次称为"糙沙"，包含70%的完整原料和30%的粉碎原料。每次投料完毕后发酵一个月左右出窖蒸酒，累计10个月左右完成一个酿酒发酵周期。

2）特色工艺：浓香型白酒一个酿酒发酵周期中发酵、蒸煮和取酒只进行一次；而酱香型白酒则进行九次蒸煮、八次发酵和七次取酒。第一轮次发酵从原料处理到酒醅出池结束，发酵和蒸煮各一次，不取酒；第二轮次发酵时将第一轮发酵后出池的酒醅与第二次投放的原料进行润料拌和继续经过装甑蒸馏、出甑扬晾直到酒醅出池结束，此轮次中装甑蒸馏和酒醅出池阶段分别摘一次酒，前者摘的为生沙酒，后者为糙沙酒。生沙酒全部泼入第二轮次出甑扬晾冷却的酒醅中进行加曲发酵，糙沙酒入库，糙沙酒的酒醅留下备用。第二轮次发酵一次，蒸煮两次，取酒虽然两次，但生沙酒未入库，故取酒也为一次。第三轮次发酵不投料，直接将第二轮次留下的糙沙酒酒醅经出甑扬晾、发酵等环节后出池、装甑蒸馏，然后量质摘酒，分级入库，第三轮次发酵、蒸煮和取酒各一次。第四至第八轮次与第三轮次一样，每一轮次都以上一轮次的糙沙酒酒醅为原料进行扬晾、入曲发酵，分级摘酒入库。

酱香型白酒工艺还有如下特点：高温制曲（65℃左右）、高温堆积（酒醅和大曲混合后起堆温度一般在 25～30℃）、高温发酵（最适发酵温度 42～45℃）和高温馏酒（提高冷却水的水温，使从冷凝器中流出的酒温在 35～45℃）。

（三）产品质量评价

1. 浓香型白酒　我国以 40% vol（酒精浓度）作为分界点，将浓香型白酒分为高度酒和低度酒。浓香型成品酒在感官要求、理化指标、净含量、检验规则、标注、包装、运输和贮存方面都有相关规定［《白酒质量要求　第 1 部分：浓香型白酒》（GB/T 10781.1—2021）］。现以高度酒为例介绍浓香型白酒的主要质量评价。

（1）感官要求　感官方面要求酒无色或微黄，必须清亮透明，无悬浮物、无沉淀；具有浓郁、舒适的复合香气；口感需绵甜醇厚、协调爽净、余味悠长。当温度低于 10℃时，允许出现少量的白色絮状沉淀物质或失光，10℃以上又能逐渐恢复正常。

（2）理化指标　酒精度应在 40%～68%；优级酒固形物含量不能超过 0.4g/L，一级酒≤0.5g/L；优级酒的总酸≥0.4g/L，一级酒＞0.3g/L；优级酒的总酯≥2g/L，一级酒≥1.5g/L；优级酒的酸酯总量≥35mmol/L，己酸＋己酸乙酯≥1.5g/L；一级酒的酸酯总量≥30mmol/L，己酸＋己酸乙酯≥1g/L。

2. 酱香型白酒　我国根据酒精度将酱香型白酒分为高度酒（44%～58% vol）和低度酒（32%～44% vol），优级酒和一级酒在感官要求、理化指标、安全性指标、净含量、检验规则、标注、包装、运输和贮存方面都有相关规定《酱香型白酒》（GB/T 26760—2011）。现以高度酒为例介绍酱香型白酒的主要质量指标。

（1）感官要求　酱香型白酒感官上要求酱香突出，香气优雅，空杯留香持久；色泽、外观上要求无色或微黄，无悬浮物、无沉淀；酒体醇厚、丰满，诸味协调、回味悠长。当温度低于 10℃时，允许出现白色絮状沉淀物质或失光，10℃以上又逐渐恢复正常。

（2）理化指标　酒精度应在 45%～58%；固形物不能超过 0.7g/L；优级酒、一级酒总酸≥1.4g/L；优级酒总酯（以乙酸乙酯计）≥2.2g/L，一级酒≥2g/L；优级酒的己酸乙酯≤0.3g/L，一级酒≤0.4g/L。

（3）安全性指标　应符合《食品安全国家标准　蒸馏酒及其配制酒》（GB 2757—2012）中关于蒸馏酒及其配制酒的规定，在原料、产品的有害物、污染物等方面均有严格要求。例如，甲醇含量≤2g/L，氰化物（以 HCN 计）含量≤8mg/L。产品标签上应标识"过量饮酒有害健康"等警示语。

◆ 第四节　我国重要野生粮食植物资源的利用途径

目前，我国利用较好的野生粮食植物以鲜食、干制后食用或酿造为主，也有与其他食品复配成饮品的方式，整体开发出的产品种类虽然丰富，但加工深度不够，高附加值产品较少。挖掘新的野生粮食植物、合理开发新的产品、提高资源的利用效率，不仅能保障我国粮食安全，还能带动地方经济发展、提高国民生活水平。

一、板栗

板栗淀粉含量高，原产地为中国，全世界以中国板栗、欧洲栗、美洲栗和日本栗为主。板栗在我国分布较广，种质资源十分丰富，是优良的粮食植物资源。人类在数千年的板栗食用历程中，对板栗的利用途径也越来越丰富（资源 3-9）。

3-9

1. 食品领域

（1）糖炒　　糖炒板栗是我国传统的板栗食用方法，也是目前最主要的食用途径之一。板栗糖炒的加工技术简单、成本低。手工翻炒是最传统的加工方式，如今许多简单的加热搅拌装置已被广泛应用到板栗糖炒中。糖炒时的温度一般控制在 80℃ 左右。但糖炒板栗至今未实现工业化生产，几乎都是小作坊式加工。

（2）板栗饮品　　将板栗仁粉碎，可以与其他营养物质进行复配，加工成风味固体饮品，如板栗泡腾冲剂、板栗核桃固体饮料等。也有一些板栗液体饮品，例如，以板栗粉为主料、脱脂奶粉和白砂糖为辅料加工成的新型板栗乳饮品；以板栗、花生为原料开发出的具有板栗、花生风味的牛奶饮品。有学者以板栗、红枣汁和脱脂牛奶为主要原料复配成板栗红枣牛奶，发现其营养价值远超板栗和红枣。

（3）板栗粉及板栗淀粉　　板栗仁中的淀粉含量高，对板栗粉可进行类似于面粉的利用。有名的风味小吃栗子糕就是以板栗粉作为主要原料加工而成。板栗仁生产的板栗淀粉也是重要的食品加工原料，可生产许多带有板栗风味的糕点、饼干等食品。

（4）板栗脆片与果脯　　板栗脆片加工过程中，为了改善口感、增加风味，会添加糖、食盐、奶粉、蛋液等调味品。采用低温真空油炸的方式，可以改善板栗脆片的脆度、降低含油量。以板栗为主要原料，辅以马铃薯全粉、奶粉、全蛋液、蔗糖等，可以制成板栗复合脆片。板栗果脯制备过程中，也经常与其他食品或原料进行复配，形成风味与营养并存的食品，如将板栗与芦荟中的功能性成分结合到一起，开发出低糖芦荟板栗果脯。

（5）板栗罐头　　市场上板栗罐头已经比较常见，该类产品保持了熟制板栗的糯性和甜度，口感良好。板栗罐头加工过程中，还可以加入其他水果或一些调味剂，丰富口味，实现产品多样化。

（6）板栗发酵产品　　以板栗仁为原料经过发酵可以生产出具有特殊风味的板栗酒。以板栗浆和纯牛奶按照一定的比例复配，再进行乳酸发酵，能够生产出带有板栗风味的特殊乳酸饮料。也可以 α-淀粉酶酶解板栗淀粉，将酶解产物与牛奶为复配并进行发酵，制成具有板栗香味和酸乳风味的发酵饮料。

除了仁以外，板栗的其他组织器官也可以用于食品加工。例如，以板栗花为原料，可以加工成板栗花饮料；通过调和板栗壳的棕色素、乳粉及白砂糖的比例，可以制成拟巧克力饮品。

2. 其他领域
板栗仁中的多糖具有抗肿瘤、抗氧化、清除自由基、抗凝血、抗疲劳等多种生理活性，已被逐步应用于医药等领域。实现高效提取是开发利用板栗多糖的基础。目前，已经研发出沸水提取法、碱水提取法、超声波辅助提取法等多种提取方法。另外，被废弃的板栗壳还可以通过热裂解获得一些生物能源，剩余的碳化物可以加工成用途广泛的生物炭等。

二、山药

山药是我国传统的药食同源性植物，其块茎中除了基本营养物质外，还富含山药素、多糖、胆碱等多种有益活性成分。食用山药具有一定降血糖、抗氧化、抗肿瘤、降血脂、调节肠道菌群等保健效果。我国种植山药的历史最早可以追溯到夏商时期，到明清时期其逐渐被用作药材。在《神农本草经》和《本草纲目》中均将山药列为上品，其中以河南焦作（明清时期称怀庆府）所产最为道地，被称为怀山药。目前，山药的开发利用主要集中在食品领域，相关产品较丰富（资源 3-10）。

3-10

1. 食品领域

（1）直接食用　　直接食用是山药的主要利用途径之一。家庭食用山药的方式多种多样，可单独蒸、煮食用，也常与肉类、蔬菜一起炒、蒸、煮等，还可以制作成各类糕点、甜品。山药已经成为人们日常的养生、滋补食品。

（2）山药粉及山药淀粉　　将山药块茎干燥粉碎成粉，可以制作成许多特色山药食品，如山药粉条、山药面包、山药月饼等。以山药块茎为原料可以进一步加工成山药淀粉，用作重要的食品加工原料。

（3）山药发酵制品　　山药发酵制品较丰富。例如，酸奶生产过程中添加山药粉或山药生物活性成分，不仅保留了酸奶本身风味，还引入了山药特有的营养与活性成分。山药也可以与香蕉、枸杞等食物进行复配，形成丰富多样的山药发酵乳制品。山药还可以用作发酵原料，如以山药、糯米、板栗为酿酒主原料，发酵制得山药板栗保健稠酒；将山药切片、烘干、粉碎、浸提后与白酒原液混合，也能制得香气凛冽、回味悠长的山药酒。以紫山药为原料，采用布拉迪酵母和植物乳杆菌，在 $25 \sim 30\,℃$ 发酵 $60 \sim 70 \mathrm{h}$，可以制得紫山药低醇发酵饮料。

（4）山药薄片　　山药也用于休闲食品的生产中。传统山药薄片主要采用油炸的方式，但随着健康饮食观念的不断深入，油炸食品的消费群体将越来越小。近年来，冻干山药薄片越来越受到人们的喜爱。

2. 其他领域　　山药的活性物质主要有多糖、山药素、尿囊素等，多用于医药保健领域。尿囊素目前主要作为修复皮肤、抗溃疡等方面的良好药剂。另外，尿囊素降低血糖的功效已被证实，还能起到一定的雌激素作用，相关产品还有待开发。山药多糖的组成及结构较为复杂，包括均多糖、杂多糖及糖蛋白。利用山药多糖的生理活性功能已开发出了免疫调节剂、肠道微生态调节剂、护肝剂、补铁剂、抗氧化剂、保鲜剂等多种新型产品。作为山药特有的活性成分，山药素的开发利用也不断受到人们的关注。山药的块茎、皮、茎叶、零余子等不同组织器官中均含有山药素。目前山药素的开发利用多集中于不同山药素的提取纯化及生理活性功能方面，而产品研发方面较为欠缺。

三、杏仁

杏仁通常由蔷薇科落叶乔木杏或山杏的种子加工而成。杏树广泛分布于我国北方地区，如新疆、河北等地。杏仁分为甜杏仁和苦杏仁两类，二者外观及口感上存在较大差异。杏仁富含氨基酸及各种活性物质。作为品质优良的野生粮食植物产品，杏仁的利用途径从直接食用到产品深加工，形式丰富多样（资源 3-11）。

3-11

1. 食品领域

（1）杏仁坚果　　杏仁是世界四大坚果之一。杏仁作为坚果食用的方式丰富多样，可以直接食用，也可以搭配其他坚果、果脯等制作成休闲食品，还可以用于制作风味糕点、面包等食品。另外，还可以将坚果进一步加工成杏仁酱、杏仁罐头等产品。

（2）杏仁油　　杏仁油富含蛋白质、不饱和脂肪酸、维生素、无机盐等多种营养物质，是一种品质优良的食用油。甜杏仁和苦杏仁均可用于杏仁油的加工，但苦杏仁中的苦杏仁苷会影响产品的品质，提取过程中需要增加脱除苦杏仁苷的工序。目前，由于产量低、价格较高等因素，杏仁油的利用还不广泛。

（3）杏仁蛋白　　杏仁蛋白的利用途径较广泛，可以作为蛋白质营养强化剂添加到各类食品中，也可以用于生产杏仁固体饮料产品，还可以用蛋白酶将杏仁蛋白分解制成多肽产品，作为食品添加剂、营养强化剂等。根据利用原料可将杏仁蛋白的利用方式分为两种：第一种是经杏仁磨浆、过滤、均质等工艺制备生产杏仁蛋白乳，将其用于饮品的开发，如杏仁乳、复合果汁饮料、发酵酸奶制品等，也可以与其他坚果蛋白复配成多元蛋白复合乳，杏仁蛋白乳还可用于生产杏仁豆腐、苦杏仁茶等风味食品；第二种是利用脱脂后的杏仁粕进行超微粉碎，加工成粗杏仁蛋白粉，或者直接将杏仁蛋白喷雾干燥或冷冻升华干燥制成杏仁蛋白粉，再用于各类食品加工。

2. 其他领域　　杏仁油除食用外，还可用作航空和精密仪器的防锈润滑油，也是制造高级化妆品的原料。苦杏仁苷也称维生素 B_{17}，具有多种药理作用，目前已成为常用的辅助性抗肿瘤药和祛痰止咳剂，甚至在脑缺血、心力衰竭、急性胰腺炎等疾病治疗中也有一定的应用。苦杏仁精油具有毒性低、易降解和不易产生抗药性等特点，是苦杏仁利用的副产物，具有广谱的杀虫效果，经济附加值较高，也可用于新型生物农药产品的研发与应用。

四、枣

枣的含糖量在常见野生粮食植物中最高，部分品种的干果中含糖量甚至超过 85%。枣中的其他营养物质主要是淀粉、蛋白质和油脂，还富含维生素 C、18 种氨基酸、三萜类化合物、大枣多糖、环磷酸腺苷、黄酮类化合物等，具有广泛的药理活性，常被用作补气、安神的中药材，是一种优良的天然药食同源食品。大枣的利用形式多样，在食品和医药行业中都有广泛应用。作为枣的变种，近年来野生酸枣也逐渐被开发利用，市场上一些酸枣果脯、饮品等产品均有销售（资源 3-12）。

1. 食品领域

（1）干制品　　加工成干制品是枣的主要利用途径。干燥后的枣极耐贮藏，利用形式多样，可以加工成休闲食品，如枣干、枣片等，或与其他坚果、果脯混合食用，如经典的枣夹核桃产品。干枣也常被做成枣泥用于制造各种枣风味的糕点、饼干等休闲食品。干枣还是家庭食谱中的重要调味品，八宝粥、粽子、各种汤类等都离不开干枣的使用。

（2）枣味饮料、发酵乳　　市场上具有枣风味的饮品、乳品等产品种类繁多，有直接以枣为主要原料的枣汁，还有跟其他果蔬汁调配而成的复合饮料。干燥后的枣可粉碎成枣粉，再直接加工或与其他粉剂调配成固体饮品。枣还经常作为发酵乳品的风味添加物，如常见的枣味酸奶、枣味酸乳等产品。利用酿造工艺，还可以生产出极具特色的红枣醋、红枣酒等产品。

（3）食品工业原料　　枣残渣内富含粗纤维和一些有益微量成分，可以作为功能性食品加工的基料，如加工成具有独特生理作用的膳食纤维，可以有效调节肠道健康。成熟枣内富含红色素，其水溶性较高、天然无毒，提纯后可以用作天然食品添加剂。

2. 其他领域

（1）医药保健　　枣活性成分的利用多集中于多糖、黄酮类、多酚类等物质，这些物质具有明显的抗氧化效果，在护肝、抗肿瘤及提高人体免疫力等方面都有一定的效果，已经被用作良好的人体免疫增强剂。但枣的活性成分提取工艺还需要进一步优化，生产成本有待降低，从而促进枣活性物质的工业化生产和应用。

3-12

（2）工业　　枣加工过程中会产生大量的残渣废弃物，易造成一定的环境污染。随着生物质能源技术的发展，许多工业副产物均能"变废为宝"。例如，枣壳可以经过热裂解获得能源物质和生物炭，生物炭改性后具有良好的吸附能力，成为品质极佳的工业生产用品。

五、柿

柿果实中淀粉和糖含量均较高。除蛋白质、维生素、黄酮类、各类微量元素外，柿的胡萝卜素含量也较高。涩柿的果实内含有大量的单宁，会带有特殊的涩味。园艺界将柿的品种分为完全甜柿、不完全甜柿、完全涩柿和不完全涩柿4个类型，我国的柿资源以涩柿为主。柿可以直接鲜食，也可制成柿饼、柿酒、柿醋等产品（资源3-13）。

3-13

1. 食品领域

（1）柿饼　　柿饼是柿风干后表面呈现白色柿霜的饼状果脯，是我国著名的传统小吃，有近千年的加工历史。自然干制法是柿饼加工的传统方法。近年来，人工烘烤干制柿饼的方法越来越广泛，此法明显缩短干燥时间，操作环境更为干净，有效减少霉变的发生。

（2）柿酒　　传统柿酒的加工方式主要有蒸馏法、泡制法和发酵法。①蒸馏法是将处理好的原料和4%的酒曲装入发酵罐中，在密封状态下发酵后进行蒸馏，蒸馏时需加入一些疏松材料（如谷糠、高粱皮等）填充。②泡制法较简单，一般直接将柿果实泡于酒精饮品中，口感符合自身喜好时即可饮用；还可以跟其他水果搭配泡制，形成独特的口感与风味。③发酵法是加工柿酒的重要方法，发酵前通常需要调节柿浆液的pH和糖度。柿浆液与酵母液混合后发酵7d左右，然后冷冻、过滤即可得到成品。由于单宁的涩味和甲醇的产生严重影响柿果酒的口感和质量，所以脱涩和除甲醇是柿酒加工中必不可少的工序。

（3）柿醋　　民间自制柿醋的历史可追溯到北宋时期，此法酿造出的柿醋风味独特、口感浑厚，但工序烦琐、发酵时间长、色泽不佳，无法实现规模化生产，已经被现代工艺所淘汰。目前柿醋的加工工艺主要以柿果浆为原料，采用酿酒酵母发酵产生酒精，再用醋酸菌发酵产生柿醋。发酵工艺有液态发酵和固态发酵两种：液态发酵是先用蔗糖调节糖度，当柿汁呈液态时再进行发酵，然后经过滤、离心、后熟获得柿醋成品，液态发酵法所需设备要求高，不适合中小企业生产；固态发酵是将柿果与蒸煮后的粮食（如大米、小米、玉米、麸皮等）原料进行固态酒精发酵和乙酸发酵，酿造出的柿醋没有浑浊、沉淀，风味好，但是稳定性不佳。

（4）其他食品　　柿果实还可以制成各类其他食品，如用柿加工成果味浓厚的柿果酱，其辅料主要是麦芽糖、柠檬酸及其他添加物。柿果实还可以干制成柿干或者深加工成柿脆片，也可以经冷冻干燥后粉碎成柿粉。

（5）食品工业原料　　利用柿果实提取的柿红色素可以用作食品添加剂。除了果实外，柿的叶片还被加工成茶叶；柿果实表面的柿霜可以加工成柿霜糖，能减轻肥胖对身体的不利影响。柿加工过程中产生的柿渣、柿皮也被用于果胶资源的提取。

2. 其他领域

（1）医药保健　　涩柿中的单宁含量较高。由于单宁使蛋白质凝聚沉淀，与重金属、生物碱形成不溶性复合物，可以用于局部消炎、解毒等。许多单宁具有较强的抗氧化能力，如茶多酚对细菌、真菌都有明显的抑制作用，在医药上有广泛应用。

（2）工业　　单宁在水处理过程中能与水中的钙/镁离子生成络合物，阻止锅炉水中的钙/镁离子形成水垢，也可减少冷却水中硫酸钙的沉积，起到分散作用。另外，单宁的凝聚力可将沉淀物聚集成水渣，通过排污排出锅炉和冷却水系。因此，在工业污水处理中已有一定的应用。

另外，基于单宁吸收紫外线、清除活性氧、抑菌防腐的功效，许多化妆品中也会加入单宁以提高品质。

六、青稞

与其他谷物相比，青稞具有高蛋白质、高纤维、高维生素、低脂肪、低糖等特点（资源3-14）。青稞耐寒、耐贫瘠、生育期短、产量较高，已成为青藏高原的主要粮食作物，在食用、饲用、酿造及药用等方面具有多种用途（资源3-15）。

3-14

3-15

1. 食品领域

（1）食用　青稞籽粒中的β-葡聚糖含量较高，具有降血糖、降血脂和预防结肠癌的功效。长期食用青稞对健康十分有益。在青藏高原，将籽粒炒熟磨成粉制作成糌粑是食用青稞的主要方式。由于营养价值高，黑色/蓝紫色籽粒品种中富含花青素等抗氧化物质，所以青稞在其他地区通常作为优质小杂粮来食用。也可将其磨成粉，用来制作各种糕点（如青稞饼）。市场上销售的青稞饼类产品种类较丰富，多以青稞粉为主料，配以各种果干、杂粮等加工生产而成，亦有青稞脆片、青稞面条、青稞米卷等粗加工食品。

（2）酿造　酿造也是青稞的主要利用途径之一。闻名中外的青稞酒就是以青稞为主料酿造而成的。现有的青稞酒大致可以分为非蒸馏型青稞酒、蒸馏型高度青稞白酒、低度的青稞烤酒，以及调配有其他中藏药成分的调配青稞酒等。传统的青稞酒酿造方式较简单，耗时短。通常先将青稞洗净煮熟，待温度稍降后加上酒曲，用陶罐或木桶装好封闭，发酵2～3d，加入清水继续密封1～2d，就得到色泽橙黄、味道酸甜、酒精度很低的青稞酒。引入现代蒸馏技术后，青稞酒的酒精度已经提升到跟其他类型白酒相当的地步。青稞啤酒也是以青稞为主料酿造而成，其汁液清澈透明、口感纯正爽滑、具有独特的青稞麦芽香味。

2. 其他领域

（1）饲料　青稞不仅用于食用，还可以作为家畜的饲料。青稞青贮饲料营养价值高，饲喂品质好，在谷物饲料中的地位仅次于玉米，也是高寒地区冬季牲畜的主要补饲来源。微生物发酵是提高粗饲料品质较安全、绿色、高效的处理方法。在青稞秸秆青贮过程中，添加乳酸菌、白腐真菌等有益微生物可以提高秸秆的适口性和消化率，促进秸秆发酵底物中氨基酸、维生素及抗氧化物质的释放。

（2）医药保健　β-葡聚糖具有较高的生物活性，够活化巨噬细胞、嗜中性白细胞等，因此能提高白细胞素、细胞分裂素和特殊抗体的含量，有效调节机体免疫机能，具有清除游离基、抗辐射、溶解胆固醇、降血糖、预防高血脂的功效，已在医药领域得到广泛应用。

在开发利用野生粮食植物资源时，还要兼顾资源保护与可持续发展，不能因盲目、过度开发而破坏野生粮食植物资源，造成不可挽回的后果。因此，需要加强野生粮食植物资源的保护、减少原生环境的采集与破坏，加强新品种培育、扩大人工栽培。

思政园地

我国野生粮食植物资源：盛产下的利用困境

我国的野生粮食植物资源种类丰富，分布地域广阔。我国食用板栗产量一直位居世界首位，主产区在湖北、山东和河北三省，其次是安徽、云南、河南、辽宁、福建和湖南等地。山药在我国分布十分广泛，从南到北均有种植，河南焦作地区是公认的怀山药道地产区，以铁棍山药最为有名。枣在我国适宜区种植也十分广泛，产量也居世界首位，其中新疆、河北和山东三地总产量最高，其次是陕西、山西与河南。目前枣树的种植规模已经趋于饱和，整体呈供过于求的现状，枣产业正处于转型升级阶段。我国柿的种植面积和产量均居世界首位，种植区域主要分布在陕西、河北、河南、山东、山西、广东、福建、江苏、云南、广西等地，近年来以广西、河北、河南三地的产量最高。我国亦是世界范围内杏仁的主要产区，苦杏仁主产区在西北、华北和东北地区；甜杏仁的主产区在河北、北京、山东等地。目前我国苦杏仁的进口量已经趋于稳定，甜杏仁的进口量呈逐年增长趋势。另外，东北、西南等山林地区是我国食用松子的主要产区。然而，目前我国有关粮食植物资源的开发利用程度仍不够深入，许多资源还未形成完整的产业链。产品多样化不够、粗加工多、深加工不足，提取、纯化工艺等方面还有待完善。

❓ 思考题

1. 简述野生粮食植物资源的特点。
2. 野生粮食植物资源的采收需要考虑哪些因素？
3. 简述淀粉加工的基本原理。
4. 简述蛋白质加工的基本工艺流程。
5. 简述糖化和糊化的区别，并简述麦芽的糖化方法及具体操作。
6. 简述酿造的基本原理。
7. 简述白酒下曲前的原料预处理及注意事项。

| 第四章 |

野生果蔬植物资源开发与利用

我国野生果蔬资源极为丰富，其食用器官富含多种营养和生物活性成分，多种属于药食同源植物，几乎所有的山野菜均可入药。可见，野生果蔬对人类健康具有重要的营养与保健功能。随着人们生活水平的提高和保健意识的增强，野生果蔬近年来快速走上大众餐桌，其市场需求持续旺盛。加之相应的开发利用技术迅猛发展，野生果蔬加工产品类型更加多样化，目前已在多个领域得到越来越广泛的应用。

◆ 第一节 野生果蔬植物资源的化学成分与功效

一、碳水化合物

碳水化合物是所有生物维持生命活动的主要能量来源。果品中的碳水化合物含量较高，鲜枣、山楂含碳水化合物25%～30%，苹果、葡萄、桑葚、无花果多在10%～15%，坚果和果干的含量高达50%～60%。叶菜和瓜茄类的碳水化合物含量极少，基本可以忽略不计；根茎类的含量高，普遍在10%～20%，如芋头、马铃薯、红薯、白薯、山药、胡萝卜等。

除提供能量外，许多果蔬多糖还具有免疫调节、抗肿瘤、降血糖等多种生物活性。目前南瓜多糖、苦瓜多糖、沙棘多糖、甘薯多糖、木耳多糖、枇杷多糖、魔芋多糖等大量多糖产品被开发推广。膳食纤维也是一种果蔬多糖，被称为人体必需的"第七营养素"。蔬菜中膳食纤维的含量远远高于水果，《中国野菜图谱》记载的234种野菜中，每100g可食用部分的膳食纤维含量高于1.5g的种类占82%，而栽培蔬菜中此类占比仅为32%。膳食纤维含量较高的野菜有掐不齐、胡枝子、刺楸、豆腐柴、黄花菜、野苕子、苦苣菜、沙参叶、歪头菜等。膳食纤维在营养学界被称为"绿色清道夫"，能保持人体肠道通畅，可排毒通便、清脂养颜，预防肠道疾病和痔疮。

二、维生素

维生素是人体不可缺少的营养物质，可维持人体正常的生理功能，在生长、代谢、发育过程中发挥重要作用。维生素A能够维持正常视觉功能，维生素B_1维持正常神经健康，维生素C可以提高免疫力和防治感冒，维生素E具有抗氧化和防衰老作用。野生果蔬中含有维生素C、E、A、D、K、P、B_1、B_2、B_6、B_9、B_{12}等。例如，沙棘有"维生素宝库"的美誉，每100g沙棘果汁中，维生素 C 含量高达 825～1100mg，其含量是猕猴桃的 2～3 倍、山楂的 70 倍、西红柿的 80 倍、葡萄的 200 倍，同时还富含维生素 E、B、K、F 等。野菜中富含维生素 C 的主要有掐不齐、萹蓄、野苋菜、苜蓿、沙参叶、景天三七、鱼腥草、野葱、苦菜等；富含维生素 B_1 的主要有白沙蒿、野葱、碱蓬、酢浆草、地肤、白薯叶、苜蓿等；富含维生素 B_2 的主要有掐不齐、苜蓿、汤菜、小旋花、萹蓄、黄麻叶、蒲公英叶、野苋菜、枸杞菜等。《中国野菜图谱》中，对 234 种野菜分析的结果显示，每 100g 可食用部分的维生素 C 含量大于 25mg 的占 62%，维生素 B_1 含量高于 0.1mg 的占 22%，维生素 B_2 含量高于 0.1mg 的占 88.9%，其中 61 种野菜的维生素 C 含量较栽培蔬菜高 50～100mg/kg。

三、挥发性物质

果蔬中普遍含有挥发性的芳香油，由于含量极少，故又称精油，其是果蔬具有特定香气和其他气味的主要原因。各种果实中挥发油的成分不是单一的，而是多种组分的混合物。蔬菜的香气较水果淡，主要包括高级醇、醛、萜等。许多野生蔬菜具有特殊的香气，如荠菜、槐花、沙葱等。有些植物精油能渗透到皮肤深处，然后到达体内的各个器官，从而加速身体的新陈代谢；可以促进皮肤新细胞的生成，刺激体内细胞的生长，改善肌肤干燥、老化的情况；能够作用于大脑神经，消除神经紧张，缓解心理障碍及压力。

四、矿物质

矿物质是人体不可缺少的六大营养素（糖类、油脂、蛋白质、水、矿物质、维生素）之一，是构成人体组织的重要原料，可以帮助调节体内酸碱平衡、肌肉收缩、神经反应等。果蔬中含有丰富的 Ca、K、Na、Cl、P 和 Mg 等元素，其中前三者占比 80%。例如，沙棘、杏、香蕉等水果，以及芋头、菠菜、萝卜缨、竹笋、蛇豆等蔬菜，每 100g 的钾含量在 200mg 以上；橄榄、红毛丹、酸枣、山楂、枇杷等水果，以及荠菜、萝卜缨、雪里蕻、苋菜、木耳菜、芥蓝等蔬菜，每 100g 的钙含量在 100mg 以上。除以上矿物质外，果蔬中还含有 Fe、Mn、Cu、Zn、Se 等十几种人体必需的微量元素。例如，一颗巴西坚果可以提供 174% 的每日硒需求量，30g 左右的南瓜籽可以提供 40% 的每日镁需求量。微量元素虽然在人体中需求量很低，但作用却非常大。例如，锌是直接参与免疫功能的重要生命相关元素；硒是免疫系统里抗肿瘤的主要元素，可以直接杀伤肿瘤细胞。

五、蛋白质

蛋白质是组成人体一切细胞、组织的重要成分，机体所有重要的组成部分都需要有蛋白质的参与。水果中蛋白质的含量十分有限，普遍在 2% 以下。但油脂类坚果如核桃、榛子、腰果、杏仁的蛋白质含量为 12%～22%，是植物蛋白的补充来源。瓜子类蛋白质含量高，如西瓜籽和南瓜籽的含量在 30% 以上。富含蛋白质的野生蔬菜有黄花菜、蕨麻、掐不齐、萹蓄、茵陈蒿、枸杞菜、野苋菜、白薯叶、蒲公英叶、榆钱、牛蒡叶、麦瓶草、地笋等。《中国野菜图谱》记载的 234 种野菜中，每 100g 可食用部分蛋白质含量高于 4g 的野生蔬菜占 36%，而常见栽培蔬菜中蛋白质含量高于 4g 的仅有蚕豆、豌豆、黄豆芽、大蒜和西兰花等 5 种，不到调查野菜总数的 10%。

六、脂类

脂类是脂肪和类脂的总称，主要有膜脂、不挥发的油脂和蜡质。脂类在体内氧化时供给能量，还能够促进脂溶性维生素的吸收。膜脂和不挥发的油脂是维持细胞结构和功能的主要成分。大多数果蔬可食部分一般含油较少，但油桃、油梨、核桃等却含油丰富。很多野生果品的果实或籽中含有丰富的油脂，如沙棘籽等。类脂普遍存在于植物体内，是细胞外围的结构成分。磷脂与蛋白质形成的双分子层结构对细胞膜的稳定性和生理功能起重要作用。蜡质覆盖于果蔬的叶、茎、皮和果实表面，可减少其水分蒸腾，防止微生物和害虫侵袭。

七、其他成分

野生果品中含 40 多种类胡萝卜素，包括 β-胡萝卜素、番茄红素、叶黄素、玉米黄质等。β-胡萝卜素是维生素 A 源，在人体内可转换成维生素 A，具有很强的抗氧化性，可增强机体免疫能力，促进细胞缝隙连接等功能从而发挥抗肿瘤作用，还能抑制低密度脂蛋白的氧化损伤，预防心血管疾病，同时还可以减少紫外线对皮肤的损害，预防吸烟引起的肺组织损伤。番茄红素能够帮助预防和治疗男性不育症和前列腺炎，对预防骨质疏松也有效。玉米黄质可以维护眼睛健康。类胡萝卜素含量丰富的野生蔬菜有掐不齐、蒲公英叶、野苋菜、地笋、白薯叶、沙参叶、茴芹、地肤、苣荬菜、歪头菜、茵陈蒿等。据《中国野菜图谱》记载，每 100g 可食用部分含类胡萝卜素高于 5mg 的有 88 种，含量在 1mg 以上的达 168 种。

野生果品中还含有丰富的酚类和黄酮类化合物，主要有异鼠李素、槲皮素、杨梅素、山奈素、原花青素、儿茶素、黄烷酮等。酚类化合物通常具有很强的抗氧化性，黄酮类是一类具有强生理活性的化合物，可以增强人体耐受性、降血脂、抑制动脉粥样硬化等。枸杞、沙棘等果实中含有原花青素，其抗自由基氧化能力是维生素 E 的 50 倍、维生素 C 的 20 倍，可降低心脏病、早衰、关节炎等与自由基有关疾病的发生风险，具有增强血管壁抵抗力、降低毛细血管脆性、保持毛细血管通透性、预防紫外线辐射损伤等作用。

◆ 第二节　野生果蔬植物的采收与贮藏

一、采收

采收是野生果蔬生产的最后一个环节，也是贮藏运输和商品化处理的第一个环节，直接关系果蔬的产量和质量，应遵循"及时、无损、保质、保量"的基本原则。由于我国野生果蔬植物种类繁多，形状、大小、成熟度、习性等各异，其采收成熟度和采收方法对保持品质至关重要。

（一）采收依据

果蔬的采收期主要取决于其成熟度，一定要在适宜成熟度时采收，过早或过晚对产品的耐贮性和品质影响很大。采收期的确定还需考虑采后用途、运输距离、贮运条件和产品特点等因素。例如，贮藏的鲜销果、罐藏和蜜饯用加工原料应适当早采，而果酒、果酱和果汁用加工原料应充分成熟后采收；一般远运的比当地销售的适当早采；有呼吸高峰的果蔬应在生理成熟或呼吸跃变前采收，而非跃变型的果实应在果实充分成熟时采收；一些以幼嫩器官供食用的如菜豆类和绿叶蔬菜类需在鲜嫩时采收。

果蔬成熟度是判定采收期的主要依据，一般可分为采收成熟度、食用成熟度和生理成熟度。①采收成熟度指果实已达到应有大小与重量，但香气、风味、色泽尚未充分表现其品种特性，肉质不够松脆。用于贮藏、蜜饯加工、市场急需或长途运输的果蔬，如香蕉、番茄等可在此时采收。②食用成熟度指果实风味品质均已表现出品种应有的特点，营养价值最好，已达到最佳食用状态。适于就地销售、不适于长途运输和长期贮藏，用作加工果酒、果酱、果汁的果蔬，如杏、葡萄等可在此期采收。③生理成熟度是指果实在生理上已达到充分成熟，果肉松软，种子充分成熟，果实化学物质的水解作用增强，果味转淡，营养品质和商品性状下降而失去鲜食价值。一般用于留种的果蔬应在此时采收。

（二）采收成熟度的确定

外观变化是确定果蔬成熟度的重要依据，同时可结合化学物质含量、硬度等方面综合判断。

1. 表面色泽　　果蔬的表面色泽是判定其成熟度的重要标志之一。未成熟果实中含有大量的叶绿素，一般随着果实成熟度的提高，叶绿素逐渐分解而类胡萝卜素和花青素等底色显现，果皮表面呈现成熟时特有的颜色。例如，桑葚成熟时由绿色转为红色再到黑紫色；用于贮藏的核桃果实，适于在青皮颜色开始由翠绿色转为黄绿色而未开裂时采收（此时青皮与果壳之间形成离层）（资源4-1）。

4-1

2. 硬度和质地　　硬度是指果实组织抗压力的强弱，一般随着果实成熟度的提高而逐渐减小，如山葡萄、山杏等。常采用手持硬度计或用手指按压来判断。对于蔬菜，常用紧实度和质地来衡量其发育状况。结球类蔬菜紧实度大时，表示发育良好、充分成熟，达到了采收质量标准，如花椰菜和结球甘蓝应在花球或叶球充实坚硬、致密紧实时采收，耐贮性强。但蒲公英、苋菜、马齿苋、香椿、竹笋等应在幼嫩时采收，质地变硬就意味着组织粗老，鲜食和加工品质低劣。

3. 主要化学物质含量　　果蔬中某些化学物质如淀粉、糖、酸的含量及糖酸比的变化与成熟度有关，它们的含量变化情况可以作为衡量产品品质和成熟度高低的标志。可溶性固形物和酸度可采用便携式数显糖酸仪测定（资源4-2）。

4-2

4. 果梗脱离难易程度　　一般核果类和仁果类野生果实（如山杏等）在成熟时果梗与果枝之间会形成离层，此时果实品质最好，稍微震动就会脱落。因此，常根据果梗与果枝脱离的难易程度来判断果蔬的成熟度。当离层形成时应及时采收，否则会大量落果。但有些果实如柑橘，萼片与果实之间离层形成的时间晚于成熟期，也有些果实受环境因素影响而提早形成离层。

5. 生长期　　不同种类和品种的果蔬由开花至成熟均有一定的生长期。在正常气候条件下，各种果蔬都要经过一定的天数才能成熟。因此，可根据果蔬生长期来确定适宜的采收成熟度。目前，许多果园从盛花期开始计算果实的生长期，以此作为采收的重要参数，如一般早熟品种的苹果在盛花后100d内采收，中熟品种在100~140d采收，晚熟品种在140~175d采收。然而应用生长期判断成熟度有一定的地区差异，各地可根据气候条件和多年经验获得适合当地采收的平均生长期。

6. 植株生长状态　　一些地下茎/鳞茎类野生蔬菜如芋、洋葱、生姜等，可根据地上部分植株生长状况来判断其成熟度，当地上部分枯黄后采收最好。

7. 果蔬形态和成熟特征　　不同种类、品种的果蔬都有其固定的大小和形态，果实成熟时应达到充分饱满、充实的程度。香蕉未成熟时，果实横切面呈多角形，充分成熟时横切面呈圆形。邻近果梗处果肩的丰满度可以作为芒果和其他一些核果成熟度的标志。瓜果类种子由白色变褐/黑时表示充分成熟。食用豆类蔬菜及丝瓜、茄等，应在种子膨大、硬化前采收。不同果蔬在成熟过程中往往会表现出不同的特征，如西瓜以瓜秧卷须枯萎、南瓜以表皮硬化并在白粉增多时采收为宜。

由于野生果蔬种类、品种繁多、成熟特性各异，在判定成熟度时应综合考虑多种因素，采用两种或多种方法可更准确地判断其成熟度和最适采收期。

（三）采收方法

果蔬的采收方法包括人工采收和机械采收。根据果蔬的特性不同，其采收方法存在差异。

1. 人工采收　　人工采收是由人工或借助简易工具完成摘、剪、挖、刨、切、铲、割等作业的方法。目前我国鲜食果蔬以人工采收为主。此方式灵活度高，机械损伤小，可以分期和分级采收。但成本和劳动强度高，效率低，且对成熟度把控不一致。其具体方法视果蔬特性而异，如山葡萄、花椒等多借助采果剪或指甲成串采下（资源4-3）；山楂、山核桃等进行单果采摘或借助竹竿打落；荠菜、蒲公英等采收时常利用小刀等其带根挖出。

4-3

2. 机械采收　　机械采收通常适于加工用或者一次性采收且对机械损伤不敏感的果实，也多用于地下根茎类蔬菜。对于果梗和果枝间形成离层的果实，可采用振动采收机或振摇式采果机，利用强风或强力振动，迫使果实脱落至树下柔软传送带或集果器中。对于坚果，也可使果实直接落于地面后用捡拾器捡拾。地下根茎类蔬菜多采用挖掘工具采收地下根茎，如百合、石蒜等。这种方法劳动强度降低，效率高，且成本低，但对产品的选择性和保护性不强，容易造成机械损伤，增加贮藏中的腐烂率。随着科技进步和智能化发展，采收机械不断更新，如林果振动采收机、切割采收机和采收机器人等。

无论采用人工还是机械采收，果蔬采收时均需注意采前准备、适时采收和天气条件等诸多因素，并尽量避免各类机械损伤的发生，如人工采摘野草莓时应避免用手直接接触果实表面，以确保果实品质。

二、贮藏

果蔬营养物质丰富、含水量高，采收后呼吸代谢旺盛，极易发生机械损伤，受到微生物侵染而腐烂，进而影响其食用或加工品质。需要根据不同种类或品种果蔬的生理特性，采用适宜的贮藏方式最大限度地抑制其新陈代谢，控制微生物的生长繁殖，延缓成熟和衰老进程，保持其品质。

（一）常温贮藏

常温贮藏通常指在相对简单的贮藏空间内，根据果蔬的生理特性，利用外界环境条件随季节和昼夜变化的特点调节果蔬贮藏温湿度，人为控制果蔬贮藏的适宜条件。此法简单、成本低，但极易受自然环境因素的影响，主要包括堆藏、沟藏和窖窖贮藏等。目前生产中仍然应用的有土窖洞贮藏和通风库贮藏。它们主要是利用秋冬季节的自然环境获得低温，利用覆盖材料的保温、保湿作用，营造适宜果蔬贮藏的温湿度条件，维持果蔬的新鲜度。

（二）机械冷藏

机械冷藏是指在具有良好隔热保温性能的库房中配置机械制冷设备，根据果蔬的生理特性，控制库中温湿度至最适宜的贮藏条件，从而延长果蔬贮藏寿命。可分为保鲜库（0℃左右）和冷冻库（低于 −18℃），目前果蔬贮藏多采用保鲜库。机械冷藏可抑制果蔬病原菌的繁殖和呼吸代谢，适用于各种果蔬，且不受外界环境影响，在果蔬保鲜中应用最广。

（三）气调贮藏

通常所说的气调贮藏即 CA 贮藏，一般是在冷藏的基础上，采用机械快速将环境气体成分（包括 O_2、CO_2、C_2H_4 等）配比调整至果蔬贮藏需要的适宜条件，以控制果蔬生理活动的贮藏方式。适用于绝大多数果蔬，对呼吸跃变型果实和乙烯敏感的果实效果更佳，具体气体配比依据不同果蔬的特性而存在差异。但因其成本较高、操作复杂，多用于经济价值高的果实。目前，自发气调包装（MA）因其成本低、操作性强等特点，在果蔬贮藏中应用广泛。它是利用果蔬自身的呼吸作用消耗包装环境中的 O_2、积累 CO_2，在高 CO_2 和低 O_2 浓度环境下，果蔬的呼吸作用和其他代谢作用受到抑制，同时会减弱乙烯的合成，抑制病原菌的繁殖，进而延缓果蔬衰老。目前，应用最多的是低密度聚乙烯（LDPE）、聚氯乙烯（PVC）和聚丙烯（PP）薄膜。

（四）冰温贮藏

冰温贮藏是继冷藏和冻藏之后的一种新兴保鲜技术，是指将新鲜果蔬贮藏在 0℃ 至组织结冰点以上温度范围内进行贮藏的方式，能有效保持果蔬的色、香、味和营养成分。介于冷藏和冷冻之间的环境，能够保持果蔬细胞组织完整性、降低其呼吸代谢和有效抑制微生物生长等，延长其贮藏期。例如，冰温贮藏在草莓、冬枣、葡萄、杨梅等果实中应用较广泛，可延长贮藏期 1 倍以上；冰温 −1℃贮藏的蓝莓果实，呼吸代谢降低，贮藏效果优于冷冻贮藏，贮藏期可延长 3 倍；冰温贮藏的桑葚果实，货架期延长，贮藏效果优于 4℃（王香君等，2020）；−3℃的冰温条件提升了山芥菜的新鲜度和口感。

（五）其他贮藏技术

1. 化学保鲜剂   化学保鲜技术具有节能降耗、成本低和操作性强等优势，已被广泛应用于果蔬保鲜领域，主要包括化学涂膜剂、植物生长调节物质和天然植物提取物等。1-甲基环丙烯（1-MCP）是一种植物生长调节剂类保鲜剂，具有无毒和无污染的特性，是目前应用效果显著的一种新型乙烯竞争型抑制剂。它通过与乙烯受体优先结合的方式，抑制果蔬内源和外源乙烯的生理作用，进而控制果蔬的成熟与衰老（资源 4-4）。适用于野生猕猴桃、苹果、酸枣、番茄、竹笋等多种果蔬，其处理效果与果实发育程度、处理浓度、环境温度、熏蒸环境密封条件等因素均有关系。过高的浓度可能会引起果实风味变淡或部分生理性病害。此外，适宜浓度的植酸处理也对香菜、菠菜等具有良好的保鲜效果。

4-4

2. 辐射技术   辐射技术是指利用放射性同位素放出的高能射线照射果蔬，产生一系列物理、化学和生物效应，起到杀菌消毒、抑制发芽或延缓成熟作用，最大限度地维持果蔬原有的风味，减少品质损失。辐射技术无污染、操作简单、节约能源，且不改变果蔬原有的营养品质。目前应用的射线包括 X 射线（资源 4-5）、γ 射线、电子束、紫外线和微波等，其中，γ 射线应用最广泛。

4-5

3. 减压贮藏   减压贮藏又称负压或低压贮藏，是继冷藏和气调贮藏技术之后发展起来的一种贮藏方法，是将果蔬置于密闭容器内，抽出容器内部分空气，使气压降到一定程度，由于空气压力的降低，有效降低了果蔬呼吸强度，从而延缓其成熟衰老进程。该技术可有效维持石榴、枣、芒果、草莓、山药、空心菜和鸡毛菜等果蔬的采后品质，预防采后生理性和侵染性病害等。另外，真空减压贮藏的保鲜效果优于常压条件，但真空度也不宜过高，因为过低的氧气条件也会对果蔬产生不利影响。

除以上果蔬贮藏技术外，电磁场技术作为一种物理技术，在果蔬贮藏中逐步被应用。它能通过影响果蔬采后内部的生理生化反应，从而延缓其衰老、腐烂过程。经一定磁场强度处理的草莓，其腐烂率和失重率明显优于未处理的草莓（高山等，2015）。近年来，高压静电场（HVEF）杀菌技术在果蔬保鲜中也有广泛应用。

◆ 第三节　野生果蔬植物资源的加工

一、原料预处理

新鲜的野生果品和蔬菜，根据其形态和理化性质的不同，经不同加工工艺可制成多种产品。果蔬加工前的预处理对其制成品生产影响很大。如果处理不当，不仅会影响产品的质量和产量，而且会对后续加工工艺造成影响。尽管果蔬种类、品种及各种产品的生产工艺等各异，但加工前的预处理工序基本相同，主要包括原料的选别、分级、清洗、去皮、切分、修整、烫漂、护色、半成品保存等工序等。

（一）选别和分级

进厂的原料大多掺杂一定的杂质，且其大小、成熟度及色泽均有一定的差异。因此，原料进厂后首先要进行粗选，以剔除霉烂果、病虫害果及残次果等不符合加工要求的果实。然后再按照大小、重量和色泽进行分级。原料合理分级，不仅便于操作和提高生产效率，更重要的是可以保证加工工艺的顺利完成，提高产品质量。

果蔬产品分级方法包括人工分级和机械分级两种。人工分级就是通过目测或借助分级板（资源4-6），按照产品的颜色、大小等，将产品分为若干等级。该法能够最大程度地减轻机械伤害，但工作效率低，级别标准不够严格。机械分级是采用机械实现对果蔬的分级，其工作效率高，尤其适用于对机械损伤不敏感的产品种类。果蔬分级机械主要包括重量分级机、大小分级机和图像式分级系统。例如，运用MATLAB图像处理技术对苹果的大小、颜色、圆形度及缺陷度进行融合分析，准确率高达75%左右（任龙龙等，2021）。机械分级通常与人工分级结合进行。此外，果蔬加工中还有蘑菇分级机、橘瓣分级机和菠萝分级机等专用分级机。无须保持形态的制品如果蔬汁、果酒和果酱等，则不需要进行形态及大小的分级。大部分罐装果蔬在装罐前也需要进行色泽分级。

（二）清洗

原料清洗的目的在于洗去果蔬表面附着的灰尘、泥沙、微生物及部分残留化学农药，保证产品清洁卫生。洗涤用水应符合饮用水要求，以免增加污染。水温一般采用常温，为增加洗涤效果，有时可用热水，但不适于柔软多汁、成熟度高的原料。洗前用水浸泡，污物更易洗去，必要时可以用热水浸渍。

果蔬清洗方法需根据生产条件、果蔬形状、质地、表面状态、污染程度、夹带泥土量及加工方法而定，主要包括手工清洗和机械清洗两大类。机械清洗所需设备有洗涤水槽、滚筒式清洗机、喷淋式清洗机及桨叶式清洗机等。近年来多采用一些新型果蔬清洗方式，如臭氧、超声波、电解、洗涤盐等，均可显著提高果蔬的清洗效率。

（三）去皮

除大部分叶菜类以外，果蔬外皮一般粗糙、坚硬、口感不良，且部分表皮上附着杀虫剂和杀菌剂，对加工制品均有一定的不良影响。例如，桃、梅、李、杏、苹果等外皮含有纤维素、果胶及角质；柑橘外皮含有精油和苦味物质；甘薯、马铃薯外皮含有单宁及纤维素、半纤维素等；竹笋外壳的纤维质不可食用，一般要求去皮处理。在加工某些果酱、果汁和果酒时，因需要打浆、压榨所以无须去皮，加工腌渍蔬菜也常无须去皮。

果蔬去皮不可过度，只需去掉不可食用或影响制品品质的部分，否则会增加原料损耗。去皮的方法有手工、机械、碱液、热力、真空和冷冻去皮等。手工去皮适于苹果、梨、土豆、萝卜等果实；机械去皮适于苹果、梨、柿、菠萝等大型果品；碱液去皮在果蔬原料去皮中应用最广，对桃、李、杏、橘瓣等的应用效果好；热力去皮适于桃、李、枇杷等薄皮且成熟度高的果蔬；真空去皮适于成熟的桃、番茄等；冷冻去皮（−28～−23℃）则对杏、桃、番茄等脱皮效果好。此外还有远红外辐射去皮、超声波去皮等多种新型去皮技术。

（四）切分和修整

体积较大的果蔬原料在罐藏、干制、加工果脯、蜜饯及腌制时，为保持其适当形状，需要适当地切分。切分的形状根据产品的标准和性质而定。例如，核果类加工前需去核，仁果类需去心，枣、金橘、梅等加工蜜饯时则需划缝、刺孔。罐藏产品加工时，在装罐前需对果块进行修整，以保持良好的形状外观，如除去果蔬碱液未去净的皮、残留于芽眼或梗洼中的皮，以及部分黑色斑点和其他病变组织。柑橘罐头加工前需去除未去净的囊衣。

（五）烫漂

烫漂在生产上也称为预煮，是将已切分的或经过其他预处理的新鲜原料放入沸水或蒸汽中进行短时间处理，是许多加工品制作工艺中的重要工序。除腌制外，糖制、干制、罐藏和速冻原料一般均需烫漂处理。除破坏酶活性起护色作用外，该处理还具有缩短干燥时间、杀死部分微生物、改善产品风味等作用。因此，烫漂处理的好坏，直接关系加工制品的质量。工业上常用的果蔬烫漂方法有蒸汽和热水两种。烫漂也会存在引起果蔬可溶性固形物流失和失脆等不良问题。近年来微波、射频、红外和超高压等物理加工技术在国际上悄然兴起，目前大多还处于探索阶段（张振娜等，2018）。

（六）护色

一些果蔬原料去皮和切分后，放置于空气中会很快变成褐色，从而影响外观，也破坏了产品的风味和营养价值。这主要是因为产生了酶褐变，其关键作用因子有酚类底物、酶和氧气。因为酚类底物不能除去，一般护色措施均从排除氧气和抑制酶活性两方面着手。在加工预处理中所用的护色方法主要包括以下几种。

1. **烫漂** 烫漂为护色最常用的方法，对于多数原料特别是蔬菜，具有明显的护色效果。例如，烫漂温度80℃、烫漂液（柠檬酸）浓度0.3%、烫漂时间3min时，能很好地保持杏鲍菇的色泽（梁星等，2020）。果蔬采用热处理时，一般会损失10%～30%可溶性物质，特别是沸水处理。

2. **食盐水浸泡** 食盐水通过减少水中的溶解氧和自身渗透压来抑制果蔬的氧化酶系统活

性，进而减弱果蔬褐变程度。工序间的短期护色，一般采用 1%～2% 的食盐溶液，浓度过高会增加脱盐困难。此法常在制作水果罐头和果脯时使用。

3. 酸溶液护色 酸溶液既可降低 pH 和多酚氧化酶活力，又因对氧气的溶解度较小而兼有抗氧化作用。常用的酸有柠檬酸、苹果酸和抗坏血酸，但后两者价格昂贵，因此除了一些名贵果品或速冻时使用外，生产中常用浓度为 0.5%～1.0% 的柠檬酸进行果蔬的护色。抗坏血酸浓度＞0.25% 时，对苹果和梨的防褐变效果较好。

4. 抽空 某些果蔬内部组织疏松，含空气较多，对加工特别是罐藏或制作果脯不利，需进行抽空处理。即将原料在一定的介质里置于真空状态下，使内部空气释放出来，代之以糖水或无机盐等介质的渗入。抽空处理能够抑制加氧酶活性，防止酶褐变。一般果品用糖水作抽空母液，在 500mmHg 的真空度下抽空 5～10min。抽空处理可防止果蔬营养物质的损失，保证罐头的真空度，降低内壁腐蚀，保持果蔬色泽。

5. 硫处理 二氧化硫或亚硫酸盐类处理是果蔬加工中原料预处理的重要环节之一。新鲜果蔬一般用二氧化硫、亚硫酸及其盐类处理，而亚硫酸及其盐类起真正作用的是其中的有效 SO_2。二氧化硫既能被有机过氧化物中的氧氧化，使其不生成过氧化氢，过氧化酶则失去氧化作用，又能与单宁的酮基结合，使单宁不受氧化。二氧化硫是一种强烈的杀菌剂，能杀死多种微生物胚芽，且具有漂白作用。它能与许多有色化合物结合变成无色的衍生物，对花色素中的紫色及红色作用特别明显，SO_2 解离后有色化合物又会恢复原来色泽。此法对各种加工原料工序间的护色都适用。二氧化硫的处理方法有熏硫法和浸硫法两种。当浸泡液中的 SO_2 含量达 1mg/L 时，褐变率降低 20%；含量为 10mg/L 时则完全不变色。

（七）半成品保存

由于果蔬成熟期短、产量集中，采收期多数正值高温季节，短时间内加工不完，就会迅速腐烂变质，因此有必要进行贮备，以延长其加工期限。除了有贮藏条件可进行原料的鲜贮外，还有一种办法就是将原料加工处理成半成品进行保存。半成品一般是利用食盐、二氧化硫及防腐剂等来处理新鲜果蔬原料。

1. 盐腌处理 食盐具有防腐能力，能够抑制有害微生物的活动，使半成品得以保存。食盐中含有的 Ca^{2+}、Mg^{2+} 等离子能增进半成品的硬度，提高耐煮性，然而在腌制过程中果蔬的营养成分会部分损失，半成品再加工时需要用清水反复冲洗脱盐，进而造成更多损失。盐腌处理主要有干腌和水腌两种方法：干腌用盐量一般为 14%～15%，适合于成熟度高、含水分多、易于渗透的原料；水腌一般配制 10% 的食盐溶液，适合于成熟度低、水分含量低、不易于渗透的原料。某些加工的产品，如青梅蜜饯、凉果、蘑菇及某些蔬菜的腌制品，首先用高浓度的食盐将原料腌渍成盐坯，然后经脱盐、配料等后续工艺加工制成成品。

2. 硫处理 经硫处理的果蔬，适宜制作果干、果酱、果脯、果汁、果酒、蜜饯与片状罐头，但不宜制作整粒罐头或完整果实罐头。经 SO_2 处理保存的原料，脱硫后色泽复显。但因 SO_2 与亚硫酸对人体有害，经硫处理的半成品不能直接食用，所以需脱硫再加工制成成品后才可食用。

3. 防腐剂处理 在果蔬原料半成品保存中，为了抑制有害微生物的生长繁殖，防止原料腐败变质，常应用防腐剂或辅助其他措施进行处理。一般适用于果酱、果汁半成品的保存。常用防腐剂为苯甲酸钠或山梨酸钾，防腐剂的添加量、果蔬汁 pH、微生物种类、贮藏时间及贮藏温度等因素与防腐效果密切相关。其添加量需符合国家标准要求。目前，许多发达国家已禁止应用化学防腐剂进行果蔬半成品的保存。

4. 大罐无菌保存　　大罐无菌保存是将经过巴氏杀菌并冷却的果蔬汁在无菌条件下装入已灭菌的密闭大金属容器中，经密封而达到长期保存产品的目的，是无菌包装的一种特殊形式。该法是一种先进的保存工艺，可以明显减少因热处理造成的产品质量问题。现代果蔬汁和番茄加工企业大多采用该方法保存半成品。该法设备投资较高，操作工艺严格，且技术性强，因消费者对加工产品的质量要求越来越高，半成品的大罐无菌贮存工艺应用日趋广泛。

二、果蔬干制

干制也称为干燥或脱水，是一种在自然或人工控制条件下，促使原料中的水分蒸发、散失而脱除的工艺过程。野生果蔬干制是一种传统、经济、高效、安全及大众的加工方法。干制后的产品体积小、质量轻，携带方便，易于运输和保存。随着干燥技术的提高，干制品的营养价值和风味较其他加工产品更接近于新鲜果品和蔬菜，甚至口感更佳。因此，野生果蔬干制技术很有发展潜力和市场前景，近年来发展迅速。

（一）基本原理

果蔬干制过程是热现象、扩散现象、生物和化学现象的复杂综合体。要获得高质量的干制品，必须了解原料的性质、干制中水分的变化规律，以及干燥介质空气的温度、湿度、气流循环等对野生果蔬干制的影响。基于果蔬干制的脱水、品质形成和保藏的目的，在工艺操作上分为脱水、品质形成和防劣变三大工艺目标。

1. 脱水

（1）原理　　脱水通常是为了保证产品品质变化最小，在人工控制条件下促使产品水分蒸发的工艺过程。常规脱水干燥多以常规空气作为干燥介质，加热湿空气，使其相对湿度降低、吸收水分能力提高，水分在扩散作用下，原料与周边空气形成一种动态平衡。当野生果蔬的水分向湿空气扩散的部分超过湿空气向原料扩散的水分时，原料失水干燥，反之则吸水增重。水分从原料表面的蒸发称为水分外扩散，在原料内部的迁移则称为水分内扩散。

干燥初期，水分蒸发主要是外扩散，造成产品表面与内部水分之间的水蒸气分压差，内部水分向表面移动，进行水分内扩散；干燥时，由于各部分温差，还存在着水分的热扩散（从温度较高处向较低处转移），但内外层因干燥时温差甚微，所以热扩散较弱。

实际上，干燥过程中水分的表面汽化和内部扩散同时进行，二者的速度因果蔬种类品种、原料状态及干燥介质的不同而异。一些含糖量高、胶质、块形大的原料如猕猴桃、山药等，其内部水分扩散速率较表面汽化速率慢，内部水分扩散速率对整个干制过程起控制作用，称为内部扩散控制。这类果蔬干燥时，为了加快干燥速率，必须设法加快内部水分扩散速率，如采用抛物线式升温、高湿空气、对果实进行热处理等，不能仅单纯提高干燥温度和降低相对湿度，尤其是在干燥初期，否则表面汽化速率过快会造成内外水分扩散的毛细管断裂，使表面过干而结壳（称为硬壳现象），阻碍水分的继续蒸发，反而延长干燥时间。同时，由于内部含水量高，蒸汽压力高，当这种压力超过果蔬所能承受的压力时，就会使组织被压破，出现开裂现象，使制品品质降低。对一些含糖量低、切成薄片的野生果蔬产品如红菌、松茸等，其内部水分扩散速率较表面汽化速率快，表面水分汽化速率对整个干制过程起控制作用，称为表面汽化控制。这类果蔬内部水分扩散一般较快，只要提高环境温度、降低湿度，就能加快干燥速率。

果蔬中的水分可分为束缚水和游离水，在一定温度下，游离水的蒸气压是一定的，它接近同温度下纯水的蒸气压，但束缚水的蒸气压却随束缚力的不同而不同。按水分蒸发的速度可将干燥过程分为两个阶段：恒速干燥阶段和降速干燥阶段。

（2）过程 果蔬干制时，当干燥介质的温度、湿度等性质不变时，原料自身的温度、湿度（含水量）、干燥速率与干燥时间的关系可用模式曲线图表示（图4-1）。

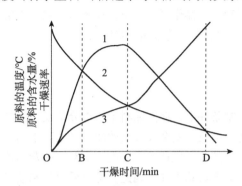

图 4-1 野生果蔬干燥的模式曲线图
（引自樊金拴，2013）
1. 干燥曲线；2. 原料含水量曲线；3. 原料的温度曲线

1）干燥速率是指单位时间内绝对水分含量的下降值。在干燥初始阶段，果蔬原料温度升高，达到干燥介质的湿球温度，原料的水分含量也开始沿曲线逐渐下降，干燥速率由零值增至最高值，这一阶段（图4-1 O～B）被称为初期加热阶段。接着进入恒速干燥阶段（图4-1 B～C），在这一阶段干燥速率基本稳定不变。在干燥中，原料本身所含的有机物质、水分、空气等受热都会膨胀，气体的膨胀系数比液体大，液体又比固体大。在恒速干燥阶段，原料含有大量的游离水，温度升高时，其中的空气和水蒸气膨胀，导致内部压力增大，促使内部水分向表面移动，这时可将果蔬表面近似地比作一个水面，当干燥条件不变时，这个"水面"的蒸发速率是不会改变的，因此干燥曲线呈恒定不变趋势，干燥速率主要由外扩散控制。当原料中的游离水分基本被排除后，由于剩余的水分所受束缚力大，水分含量越来越少，干燥速率就会随着干燥时间的延长而减慢，曲线呈下降趋势，直到干燥结束（图4-1 D点）。在这一阶段（图4-1 C～D），干燥速率主要由内扩散控制，故后一阶段被称为降速干燥阶段。

2）原料的含水量在干燥过程中呈下降趋势。在恒速干燥阶段，由于原料中游离水含量高，水分易蒸发，湿度呈直线下降。当大部分游离水被蒸发，原料失水 50%～60%（图4-1 C点）时，此后干燥脱除的主要是束缚水，含水量曲线呈缓慢下降，进入降速干燥阶段，干燥结束（图4-1 D点）时，所含水分达到平衡水分。

3）在干燥过程中原料的温度变化可用干/湿球温度来表示。在恒速干燥阶段，原料温度较低，保持恒定的湿球温度，这是由于水分的蒸发速率快并且恒定，干燥介质传递的热量多数被用于水分的蒸发。进入降速干燥阶段，随着水分蒸发速率的减慢，热量除了用于水分蒸发外，逐渐被较多地用于原料自身温度的升高，当水分不再蒸发时，原料的温度则接近或达到干球温度。

（3）速度与产量 干燥速率对于成品品质起决定性的作用。一般来说，干燥越快，制品质量越好。干燥速率受多种因素的影响，归纳起来有两个方面：一是干燥的环境条件；二是原料的性质和状态。

作为干燥介质的空气有两个功能：一是传递干燥所需要的热能，促使果蔬水分蒸发；二是将蒸发出的水分带走，使干燥作用持续不断地进行。因此，空气的温度、湿度、流速等均与干燥速率有密切关系。

原料因素包括原料种类、原料预处理和原料装载量。不同的果蔬原料，由于所含各种化学成分的保水力的差异和组织、细胞结构性的差异，在同样的干燥条件下，干燥速率各不相同。一般来说，可溶性固形物含量高、组织紧密的产品，干燥速率慢；反之干燥速率快。叶菜类由于具有很大的表面积，比根菜类或块茎类易干燥。

果蔬表皮有保护作用，能阻止水分蒸发，特别是果皮致密而厚，且表面包被有蜡质。因此，干制前必须进行适当的前处理，以加速干燥过程。否则干燥时间过长，有损品质。果蔬干制前处理包括去皮、切分、热烫、浸碱、熏硫等，对干制过程均有促进作用。去皮使原料失去表皮的保护，利于水分蒸发。原料切分后，比表面积增大，水分蒸发速率也增大，切分越细、需时越短。热烫和熏硫均能改变细胞壁透性、降低细胞持水力，使水分容易移动和蒸发。热烫处理的猕猴桃、山杏、豆梨（资源4-7）等干燥所需要的时间比不进行热烫处理的缩短30%～40%。包有蜡质的原料如山柿，干制前用碱液除去蜡质，可使干燥速率显著提高；经浸碱处理的葡萄，完成全部干燥过程只需12～15d，而未经浸碱处理的则需22～23d。

4-7

　　单位烤盘面积上装载原料的数量对干燥速率影响极大。装载量越多，则厚度越大，不利于空气流动，使水分蒸发困难，干燥速率减慢。在干燥过程中可以灵活掌握原料装载量，例如，干燥初期产品要放薄一些，后期可稍厚些；自然气流干燥的宜薄，鼓风干燥的可厚。

　　果蔬原料种类、品种及干制成品含水量不同，造成干燥前后质量差异很大，用折干率（原料鲜重：产品干重）来表示，不同原料的折干率不同。一般旱季、果皮比例大、野生的折干率高；口感差的折干率高，口感好的折干率低（因为口感好的果蔬一级代谢产物多为水解态）。几种野生果蔬制品的折干率如表4-1所示。

表4-1　几种野生果蔬制品的折干率

种类	折干率	种类	折干率
野樱桃	（3～5）：1	野生猕猴桃（中果）	（8～11）：1
豆梨	（4～6）：1	野柿（中果）	（3.5～4.5）：1
山桃	（4.5～9.0）：1	拐枣	（4～6）：1
野薤头	（11～13）：1	野黄花菜	（5～8）：1

　　2. 品质形成　　果蔬的脱水干燥不是单纯的脱水，而是复杂的品质和风味形成过程。脱水干燥技术得当，形成的产品质量和价值将大幅度提高。脱水品质和风味的形成，主要涉及果蔬的酶促转化、非酶促褐变等，有些野生果蔬制品适于低温脱水、有的必须高温脱水、有的需要变温脱水，技术得当才能加工出合格的产品。

　　3. 防劣变　　果蔬的劣变涉及腐败变质和内含物生化劣变两方面。腐败变质多因微生物的生长繁殖引起，而内含物的生化劣变多因酶促反应和非酶促的氧化还原反应所致。野生果蔬制品富含水分和营养物质，是微生物生长繁衍的良好场所，只要有适当的机会（如创伤、衰老等），微生物就会侵入生长，造成果蔬腐烂。干制一方面可通过高温杀灭微生物，另一方面可通过脱水使微生物无法生长。

　　果蔬作为一个生命体，离体后仍然不断进行新陈代谢作用，即使不被微生物侵染，营养物质也会慢慢消耗，逐渐劣变而失去食用价值。果蔬干制不仅将果蔬中水分减少到一定限度，延缓了制品中活性营养物质的降解和破坏，而且通过高温钝化酶活性，大幅度延缓内含物的自降解，使制品得以较长时间保存。

（二）干制方法

　　1. 自然干制　　自然干制是在自然条件下，利用太阳辐射能、低湿空气等条件使果蔬干燥的方法。自然干制方法简便，设备简单，但受气候条件影响大，如果在干制季节阴雨连绵，会延长干制时间，降低制品质量，甚至会使制品霉烂变质。自然干制方法分为两种：一种是选择空旷通风、地面平坦处,将果蔬铺于地上、苇席或晒盘上直接暴晒,夜间或阴雨时收盖,天晴再晒,直至晒干,称为晒制;另一种是将原料放在通风良好的室内、棚下以低湿空气吹干,称为阴干或晾干(资源4-8)。

4-8

自然干燥要注意防鸟、兽、鼠,保证卫生,经常翻动产品以加速干燥。当大部分水分已除去后,应短期堆积使之回软后再晒,这样才会使产品干燥彻底。

2. 人工干制 人工干制是人为控制干制环境和干制过程的干燥过程。与自然干制相比,人工干制能大幅度缩短果蔬干制时间,并获得高质量的干制产品。但干制设备和安装费用高,生产成本高,能耗大,操作技术比较复杂。

人工干制又可分为传统干燥技术和新型干燥技术两种,不同干制技术对果蔬干制品品质的影响不同。通常,传统干燥技术(如热风干燥)在干燥过程中易使物料发生化学变化,而新型干燥技术通常能较好地保留干制产品品质。优良的人工干制设备必须具备以下条件:①具有良好的干燥装置,能够有效地控制干制情况和均匀度;②能使水分充分、快速、高效、及时地由原料中散失;③具有良好的卫生和劳动条件,避免产品污染,便于操作管理。目前国内外先进的干燥设备基本都能满足以上条件。下面介绍几种目前使用较多的新型干燥技术。

(1)真空冷冻干燥 真空冷冻干燥是先将原料中的水分冻结成冰晶,然后在较高真空度下给冰晶提供升华热,使其直接升华从而除去水分、达到干燥的目的。此法能较好地保持产品的色、香、味和营养价值,复水容易且复水后的产品接近新鲜产品。经超低温冷冻干燥处理的金刺梨干保持了加工前的形状和风味,有效地保持了产品中的营养元素,延长了产品保质期(表4-2)。但设备复杂、能耗非常高,因此这种干燥方法主要用于高价值的原料。

表4-2 金刺梨在不同干燥条件下处理后营养物质的变化(引自裴彦军和程理,2016)

产品	处理条件	水分含量/%	维生素C含量/(mg/100g)
金刺梨鲜果	常压干燥	84.72	503
金刺梨干	常压干燥	9.74	870
	超低温真空冷冻干燥	4.41	1300

(2)膨化干燥 膨化干燥根据压力可分为减压干燥和加压干燥两种形式,按工作的投/出料状态可分为连续干燥和间歇型机组干燥。膨化技术已成功地应用于土豆、苹果、胡萝卜、蓝莓等果蔬。采用这种膨化技术生产出的果蔬制品除了具有蜂窝状结构、复水率高外,产品的质地松脆,极大限度地保持了新鲜野生果蔬的风味、色泽、营养。据报道,膨化干燥与传统干燥相比,能节约44%的蒸汽,速度是传统干燥的2.1倍。缺点是原料全部变形,难以完全保持原料原有的色、香、味、形。

(3)真空低温油炸干燥 真空低温油炸干燥利用在减压条件下水分汽化温度降低的特性,在低温条件下用热油脂作为产品的脱水供热介质对产品进行油炸脱水。该方式能起到膨化及改善产品风味的作用。其技术关键在于原料前处理及油炸时真空度和温度的控制,原料前处理除常规的清洗、切分、护色外,对有些产品还需进行渗糖和冷冻处理。渗糖浓度为30%~40%,在-18℃左右冷冻16~20h,油炸时真空度一般控制为92.0~98.7kPa,油温控制在100℃以下。目前国内外市场出售的真空油炸果蔬制品销量较大的有速食脆片、油酥香芋片等。

(4)远红外线干燥 红外线干燥根据辐射波长分为远红外线干燥、近红外线干燥等,生产中多用远红外线干燥,主要是辐射能力更强、干燥效率更高。远红外线干燥的耗电量为近红外线的50%左右,与热风干燥相比效果更明显,且产品表层和深层能同时吸收红外线,干燥均匀，制品的物理性能好。设备尺寸小，成本低。

（5）微波干燥 微波的穿透能力比红外线更强，水分子对特定波长的微波具有良好的吸收性。因此，微波干燥具有加热均匀、干燥时间短、热效率高和反应灵敏等优点，可将干燥速率提高几百倍。由于微波对水分有选择性的加热效应，原料可在较低温度下快速干燥，所以对于提高制品品质、减少营养成分损失具有重大意义。

（6）表面活性剂干燥 表面活性剂干燥，即添加表面活性剂使被干燥产品表面的"活性中心"闭合，使束缚水变成自由水，在一系列情况下甚至可用机械途径除去。

（三）干制工艺

1. 工艺流程

原料选择→原料预处理（清洗、除杂、杀青）→脱水干燥
                        ↓

干制品出厂←干制品贮藏←干制品包装←干制品包装前处理（回软、分级、整理成型）

2. 操作要点

（1）原料选择 干制原料的选择要求与罐藏、糖制、腌制等加工技术要求一致，干制产品多为速食和回水后食用，所以要求纤维化程度低、含水量低、含酸量低，脱水后无嫌忌气味；回水后食用的产品还要求水溶性成分低。

（2）原料预处理

1）清洗：原料干制前需洗涤，以保持洁净、美观和去除不符合产品标准要求的夹杂物。洗涤清洁后还应根据原料的品质、大小和成熟度进行拣剔、分级，剔除不合格的部分，以获得质量一致的干制品。

2）除杂：果蔬原料干制前要尽可能地去除不可食用部分，如野生猕猴桃、野柿、竹笋等需去皮以提高制品质量，同时使水分易于蒸发，促进干燥。去皮方法有手工去皮、机械去皮、热力去皮和化学去皮等。

3）杀青：杀青是果蔬干制时的重要工序，可使原料的内源酶活性钝化，减少氧化变色和营养物质的损失，并使细胞透性增强，有利于水分蒸发、缩短干制时间。杀青有炒制、微波加热、热风、蒸煮、热烫、红外线处理等方式。

炒制、微波加热、热风均为直接加热杀青，优点在于杀青的同时原料大幅度失水，提高了效率，降低了能耗，缺点是通常不能快速杀青和加料杀青，所以适用于多酚氧化酶活性低的稳定原料。

蒸煮、热烫的弊病是会损失一部分可溶性物质，特别是用沸水热烫的损失更大，但也便于加料杀青，如加入柠檬酸、亚硫酸钠等进行化学杀青。蒸煮、热烫杀青的损耗与原料切分的程度有关：原料切得越细，损失越多。热烫水重复使用时，热烫水的浓度增大使原料的可溶性物质的流失减少，可减少原料的损失。因绿色蔬菜要保持绿色，可调节热烫水 pH 至中性或微碱性，因为叶绿素在碱性溶液中分解会生成叶绿酸、甲醇和叶醇，叶绿酸仍为绿色，如进一步与碱反应形成钠盐则更加稳定。热烫可采用热水或蒸汽。热烫的温度和时间应根据原料种类、品种、成熟度及切分大小选择，一般热烫水温为80～100℃，时间为0.1～8.0min，热烫过度会导致组织糜烂，影响质量。相反，如果杀青不彻底，反而会促进褐变，如豆梨、山李等热烫不当时，变红的程度比未热烫的还要严重。热烫钝化酶活性的程度可用愈创木酚或联苯胺检查是否达到要求。

红外线（远/近红外线）杀青是在杀青的同时获得烘烤、烘干效果的工艺途径。红外干法

杀青与传统的热水漂烫杀青相比可节约 66%～80% 的能源，大大降低水资源利用量，同时可避免对环境的污染。

（3）干制品包装前处理　　干制的果蔬制品易破碎、吸水、回潮、生虫及霉变，必须进行包装，以延长保质期和货架期。为了防止干制品的霉变、虫害，提高品质、便于包装，一般在包装前需按制品的性质进行一系列前处理。

1）回软：回软又称均湿或平衡水分，目的在于干制品内部与外部水分的转移，使各部分含水量均衡，呈适宜的相对柔软状态。干制过程中，制品不同部位或组织的干燥程度是不均衡的，有的可能过干、有的干燥不足，往往形成外干内湿的情况，若在此时包装，含水量高的部位常会发生霉变。因此，产品干制后必须进行回软处理。方法是将干燥后的产品选择剔除过湿、过大、过小、结块的产品及细屑等，待冷却后立即堆集起来并放在密闭容器中，在此期间，过干的产品会吸收尚未干透制品的多余水分，使所有干制品的含水量均匀一致，产品较干的部分会回软。回软所需的时间视干制品的种类而定，一般蔬菜干 1～3d，果干 2～5d。回软后的原料经检测水分含量低于霉变水分活度（Aw≤0.6）即可进入分级整理。

2）分级：分级整理的目的是去除杂质和次品，使成品质量符合产品质量标准要求。分级工作通常在固定的不锈钢分级工作台上，或附有传送带的分级台上进行。分级时，根据标准要求分为不同的等级，软烂、破损、劣变及残次的均须剔除。分级整理必须保持干燥、清洁、及时，以免产品吸水、回潮、变质。不同产品的质量标准不同，分级依据与要求也不同。

3）整理成型：整理成型的目的是将干燥、分级后的产品进一步改造为合适的商品形状。脱水果蔬大多仅适当压成型即进行包装，特殊产品可进行压块，使体积大幅度缩小（可缩小为原来的 1/8～1/2）。尽管压块后大幅减少了产品所需的包装和仓库容积，减少产品与空气的接触，降低氧化、陈化作用，减少了虫害，但货架视觉效果会受到影响。

整理成型与温度、湿度和压力的关系密切。在不损坏产品质量的前提下，温度越高、湿度越大、压力越高则产品压得越紧。因此，干制果蔬的整理成型多在干燥后趁热进行，原料冷却后组织坚脆，极易压碎；有的产品甚至需要喷少量蒸汽软化后再压块。压块后还需进行最后的干燥。在这个阶段干燥所需的时间较长，产品的营养成分损失大。因此，最好将产品和干燥剂一起放在常温下，使干燥剂吸收产品中的水分。

（4）干制品包装　　果蔬干制品经过必要的前处理之后即可进行包装。包装干制品的容器要求能够密封、防虫、防潮。常用的包装容器有复合袋、纸箱、树脂瓶（罐）等。近年来基本上采用聚乙烯、聚丙烯等薄膜袋及复合袋，这些物质的密闭性能好且轻便美观，是理想的包装材料。

干制品的包装方法主要有普通包装法、真空包装法和充气包装法。普通包装法是指在普通大气压下，将经过处理和分级的干制品按一定量装入容器中。真空包装法和充气包装法是将产品先抽真空或充惰性气体（氮、二氧化碳），然后进行包装的方法。合理包装的干制品受环境因素影响小，未经灭菌而密封包装的干制品容易发生变质。

（5）干制品贮藏

1）影响干制品贮藏的因素：①原料的选择和处理，原料的选择及干制前的处理与干制品的耐藏性有很大关系。原料新鲜完整、成熟充分、无机械损害和虫害、洗涤干净，就能够保证干制品的质量，提高干制品的耐藏性；反之，耐藏性则差。例如，未成熟的野杏干制后色泽发暗，未成熟的野桃干制后色泽发黄，且不耐贮藏。此外，原料经过热处理和硫处理能较好保持制品颜色，并能避免微生物及害虫的侵害。②含水量，含水量对干制品的耐藏性影响很大。在不损害成品质量的情况下，含水量越低，保藏效果越好。不同的干制品含水量要求不同。果蔬类制品干制后含水量较高，通常为15%～20%，蔬菜类可溶性固形物含量低，组织柔软易败坏，干燥后的含水量应控制在4%以下，才能减少贮藏期间的变色和维生素损失。③贮藏条件，影响干制品贮藏的环境条件主要有温度、湿度、光线和空气。温度对干制品贮藏影响很大，低温有利于干制品的贮藏，这是因为干制品的氧化作用随温度的升高而加强。氧化作用不但促使干制品品质变化和维生素破坏，而且使亚硫酸氧化而降低制品的保藏效果。因此干制贮藏时应尽量保持较低的温度，以10～14℃甚至更低为宜，0～2℃最好。空气湿度对未经防潮包装的干制品影响很大，空气湿度高会使干制品的平衡水分增加、提高制品的含水量、降低制品的耐藏性。此外，较高的含水量降低了制品的二氧化硫浓度，使酶活性恢复，导致制品耐藏性变差。光线和空气的存在会降低制品的耐藏性：光线能促进色素分解，空气中的氧气能引起制品变色和维生素的破坏。因此，干制品最好贮藏在遮光、缺氧的环境中。

2）干制品的贮藏方法：贮藏干制品的库房要求卫生、清洁、干燥、通风良好、遮阳、密闭并具有防鼠设备。注意在贮藏干制品时，不要同时存放潮湿物品。库内干制品箱的堆码应留有行间距和走道，总高度应在2.0～2.5m，箱与墙之间也要保持0.3m的距离，箱与天花板应为0.8m的距离，以利于空气流动。库内要维持一定的温湿度，一般采用通风换气来维持。必要时可采用制冷设备或铺生石灰降温降湿。此外，还要经常检查产品质量、做好防虫防鼠工作。干制品的贮藏时间不宜过长，应在一定期限内组织出库、销售。

3）干制品的防虫：干制品的含水量很低，使微生物处于生理干旱而受到抑制，但虫害却时常引起制品变质，一旦温度、湿度等条件适宜，干制品中的虫卵就会发育，造成危害。危害果蔬干制品的害虫主要有印度谷蛾、粉斑螟蛾、烟草螟蛾、露尾虫、锯谷盗等。防治方法主要包括化学防治和物理防治：①化学防治是利用化学手段抑制甚至杀灭害虫，如使用药剂熏蒸干制品杀灭害虫，在仓库外铺设马拉硫磷带防止害虫入侵等，但因有毒性，应用时要谨慎小心；②物理防治是利用物理手段扰乱害虫正常的生理代谢功能，从而抑制害虫发生发展甚至杀灭害虫，常用的有做好仓库、加工厂、贮藏机具、包装物及运输工具等的清洁消毒工作，以及利用高温杀虫、低温杀虫和气调杀虫等。

（四）产品质量评价

不同的果蔬干制产品，特别是野生果蔬产品，其产品质量要求差距非常大。目前除涉及的食品质量安全要求必须遵守国家相关法规和食品质量安全强制标准的规定外，无论园艺果蔬还是野生果蔬干制品，尚未见统一的国家和行业标准。食品安全与质量标准都是分别根据具体产品，甚至加工方法来进行规定的，主要涉及感官要求、理化指标和安全性指标三个方面。对部分干制品而言（如野生食用菌等），还涉及复水性。

1. 感官要求　　产品必须具有使用正常原料、在正常工艺技术条件下加工所应具有的正常感官质量，即正常的色、香、味、组织结构和形态。不正常的产品感官特征主要有霉变、酸味、烟味、糊味等，以及出现加工中使用的食品添加剂如醋酸、柠檬酸、二氧化硫等的气味。

2. 理化指标　　不同干制品的理化指标不同，通常包含产品的物理或化学可测的限制性指标。最常用的如下：①有效限制性成分的含量，如水分、灰分、纤维素、同类夹杂物、异类的含量等，以及营养成分、特异成分的含量等；②净含量，无论是容量计量还是重量计量，净含量计量误差必须在容许的负差范围内；③其他可测的理化指标，不同的材料根据具体情况确定其他需要测定的理化指标。

3. 安全性指标　　主要包括：①污染成分含量指标，如重金属、农药残留量等；②嫌忌成分含量指标，如某种原料所含有的特有有害成分等；③微生物指标，如致病菌、细菌总数等。

三、果蔬粉加工

果蔬粉是指将新鲜果蔬通过干制后粉碎或者打浆后喷雾干燥制备成的粉末状产品，是果蔬加工的重要形式之一。果蔬粉具有营养丰富、用途广泛、贮藏稳定性好、运输成本低、可高效综合利用的优点，基本保持了原有果蔬的营养成分及风味，并且使一些营养和功能组分更利于消化吸收，是一种良好的全营养深加工产品。果蔬粉可以复配成多功能营养粉，生产营养咀嚼片或作为配料添加到其他食品中，不仅丰富产品种类，还改善了食品的色泽、风味和营养。果蔬粉还可作为新鲜果蔬的替代品用于一些特殊消费人群，如满足婴幼儿、老年人、某些疾病的患者、地质勘探人员和航天航海人员等特殊人群的需要。

果蔬粉水分含量一般低于 7%，既可以有效抑制微生物的繁殖，又可以降低果蔬体内酶的活性，从而利于贮藏，延长保质期。果蔬干燥制粉后体积减小、质量减轻，节约了包装材料，同时也大大降低了运输费用。果蔬制粉对原料的大小、形状等都没有要求，甚至部分果蔬的皮和核也可以得到有效利用；同时可对加工中产生的大量富含活性因子的副产物进行制粉加工，大大提高了果蔬原料利用率。果蔬粉的独特性能够满足人们对果蔬多样化、高档化和新鲜化趋势的需求，具有广阔的开发前景（毕金峰等，2013）。目前常见的果蔬粉主要有红枣粉、石榴粉、蓝莓粉、沙棘果粉、板栗粉、南瓜粉、番茄粉等。

（一）加工原理

果蔬粉加工主要包括干燥粉碎和打浆干燥两种。

1. 干燥粉碎制备果蔬粉的原理　　干燥粉碎就是先对果蔬产品进行干燥处理，再结合粉碎的方法制取果蔬粉的工艺过程。目前常用的果蔬干燥方法有热风干燥、真空冷冻干燥、微波干燥等。①热风干燥是目前果蔬干燥粉碎的主要生产方法。对于非热敏性或含糖分较低的果蔬原料，尤其是蔬菜原料，用该法能取得较好的效果。②真空冷冻干燥因在低温下完成干燥过程，因此可以较好地保持食品原来的性状，减少食品色、香、味及营养成分的损失，所得产品品质较好，是目前高品质果蔬粉的生产主要方式。③微波干燥技术的干燥速率快，可以大大缩减干燥时间。该方法的缺点是易出现过度加热现象，局部温度过高（>100℃），导致原料中的热敏性成分被破坏、营养风味损失等。在选择微波干燥制粉时，要充分考虑不同物料的特性。④变温压差膨化干燥，又称爆炸膨化干燥、气流膨化干燥或微膨化干燥等，它结合了热风干燥和真空冷冻干燥的优点，产品具有绿色天然、品质优良、营养丰富、质地酥脆等特点。目前，该新型干燥技术正应用于果蔬脱水加工过程中，由于其产品具有良好的酥脆性，易于制备超微营养粉，因此，变温压差膨化干燥联合超微粉碎技术将是果蔬粉制备的新发展方向。

干燥粉碎的方法有常规粉碎和超微粉碎，下面主要介绍超微粉碎技术的原理。超微粉碎技术是指使用机械或者流体动力的方法将物料的粒度粉碎至 25μm 以下，甚至达到纳米水平的技术。利用超微粉碎技术生产的微粉具有一般粉体所不具备的特殊理化性质，如更高的溶解性、流动性、吸附性、化学反应活性等。

根据原料粒度和粉碎之后的粒度，粉碎分为粗粉碎、细粉碎、微粉碎和超微粉碎 4 种类型（表 4-3）。超微粉碎是通过碾磨、冲击、剪切等物理粉碎方法，克服物料内部结合力使之降低到一定粒度，按照粒径可分为三种：微米级粉碎（1~25μm）、亚微米级粉碎（0.1~1.0μm）和纳米级粉碎（0.001~0.100μm）。

表 4-3 粉碎类型

粉碎类型	原料粒度/mm	成品粒度/μm
粗粉碎	10.0~100.0	5 000~10 000
细粉碎	5.0~50.0	100~5 000
微粉碎	5.0~10.0	<100
超微粉碎	0.5~5.0	<25

　　超微粉碎技术按性质可分为化学合成法和机械粉碎法两种：化学合成法成本高，产量低，应用范围窄；机械粉碎法可保持物料原有的化学性质，粉碎过程中不会发生化学反应，应用范围广。机械粉碎法按物料载体可分为干法粉碎和湿法粉碎；根据粉碎过程中产生粉碎力的原理不同，干法粉碎有气流式、高频振动式、旋转球（棒）式、锤击式和自磨式等几种形式；湿法粉碎主要采用胶体磨和均质机等。干法粉碎和湿法粉碎的类型、基本原理和典型设备见表4-4。

表 4-4 干法粉碎和湿法粉碎的几种形式（引自朱蓓薇和张敏，2015）

方法	类型	粉碎级别	基本原理	典型设备
干法	气流式	超微粉碎	利用气体通过压力喷嘴的喷射产生剧烈的冲击、碰撞和摩擦等作用力，实现对物料的粉碎	环形喷射式、圆盘式、对喷式、超音速式和叶轮式气流粉碎机
	高频振动式	超微粉碎	利用球形或棒形磨介的高频振动产生冲击、摩擦和剪切力，实现对物料的粉碎	间歇式和连续式振动磨
	旋转球（棒）式	超微粉碎或微粉碎	利用球形或棒形磨介在水平回转时产生冲击和摩擦等作用力，实现对物料的粉碎	球磨机、棒磨机、管磨机和球棒磨机
	锤击式	微粉碎	利用高速旋转的锤头产生冲击、摩擦和剪切等作用力来粉碎物料	锤击式和盘机式粉碎机
	自磨式	微粉碎	利用物料间的相互作用产生的冲击或摩擦力来粉碎物料	自磨机、半自磨机和踪磨机
湿法	胶体磨	超微粉碎	通过转子的急速旋转，产生急剧的速度梯度，使物料受到强烈的剪切、摩擦和湍动来粉碎物料	卧式和立体式胶体磨
	均质机	超微粉碎	由于急剧的速度梯度产生强烈的剪力，使液滴或颗粒发生变性和破裂以达到微粒化的目的	均质机
	搅拌磨	超微粉碎	在离心力的作用下产生强烈的剪切、摩擦、冲击和挤压作用力，使浆料粉碎	密闭型立式和卧式搅拌磨
	超声波乳化	超微粉碎	乳化液中悬浮的液滴受到巨大应力而分散为更细的液滴，形成更为稳定的乳化系统	超声波乳化器

　　超微粉碎主要有以下优点：①所得粉体粒径小，分布比较均匀。超微粉碎技术可将物料粉碎至微米级甚至纳米级，由于现代超微粉碎加工设备的条件得到优化，超微粉碎过程可在干燥、密封、低温的环境下进行，能在较短的时间内将物料粉碎成粒度均匀的超微粉体，避免长时间粉碎仍达不到所需物料粒度，从而浪费资源。②保留物料固有的属性及功能性质的完整性。现代超微粉碎技术基本都在低温状态下进行，在粉碎过程中不会产生局部温度过高的现象，可最

大限度留存物料的活性成分。③增强人体及其他动物对功能性成分的吸收。原料经过超微粉碎后，细胞壁被破坏，进入人体后其有效成分迅速释放，粒径小的颗粒更容易吸附在肠道内壁，利于被肠胃直接吸收。④改善粉体、使之具有独特的理化性质。物料经超微粉碎，粒度达到10μm以下后，微粉颗粒表面分子排列、晶体结构均发生巨大变化，颗粒比表面积、孔隙率、表面能增加，从而使颗粒具有高分散性、高溶解性、高吸附性等特性。⑤扩大资源的利用范围。超微粉碎的深加工方法解决了传统粗粉碎难以充分发挥食物功能性效用和成品口感差的问题，满足现代人们的消费和食用要求，推动新产品的开发，使资源得到了充分有效利用。

2. 打浆干燥制备果蔬粉的原理　　打浆干燥就是将鲜果经去核打浆加水均质后，再结合喷雾干燥制取果蔬粉的工艺过程，其核心工艺是喷雾干燥。

喷雾干燥的基本原理是物料经过滤器由泵输送到喷雾干燥器顶端的雾化器，利用雾化器将液态物料分散成液滴，由于雾滴半径较小，比表面积和表面自由能大，且高度分散，雾滴表面湿分的蒸气压大于相同条件下平面液态湿分的蒸气压，所以水分很快挥发，产品迅速得到干燥（资源4-9）。

4-9

喷雾干燥具有以下优点：①干燥速率快。料液经雾化器雾化之后体积增大几千倍，细小雾滴在与热空气接触过程中，瞬间即可完成90%～95%以上的水分蒸发量，根据不同形式的设备差异，干燥时间可以控制在5～10s，干燥过程非常迅速。②物料不承受高温，适用于热敏性物料的干燥。在喷雾干燥过程中，物料与热空气直接接触，但是大部分热量都用来蒸发料液中的水分，物料不会因为高温空气而影响产品质量，适用于果蔬热敏性物料的干燥。③应用于从高级合成物到大宗化学品的多种产品的生产。喷雾干燥技术非常适用于料液固形物含量在60%以内物料的干燥，通过改变工艺参数，可高效生产符合粉体粒度、形状、密度、分散性、多态性和流动性等特性的复杂粉体。

根据干燥的特点，喷雾干燥可分为雾化、干燥、分离三个步骤。①物料雾化：果蔬浆通过雾化器的雾化作用雾化成直径细小的雾滴，增大料液的传热面积。②物料干燥：物化之后的细小雾滴在与高温热空气直接接触时迅速蒸发大部分水分，从而把料液干燥成粉体或颗粒状产品的过程，在此过程中物料与环境之间发生热量和质量交换。③气固分离：干燥之后的物料为粉末物料和气体状溶剂，生产过程中一般采用旋风分离加布袋除尘器法进行分离。

（二）加工工艺

1. 干燥粉碎（以桑葚粉为例）

（1）工艺流程

原料选择 → 清洗 → 热风预干燥 → 变温压差膨化干燥 → 粗粉碎 → 超微粉碎
　　　　　　　　　　　　　　　　　　　　　　　　　　　↓
　　　　　　　　　　　　　　　　　　　成品 ← 包装 ← 杀菌

（2）操作要点

1）原料选择与清洗：选择新鲜、无霉变和腐烂的桑葚进行清洗，晾干。

2）热风预干燥：在2.3m/s的风速下，70℃下预干燥3h。

3）变温压差膨化干燥：经热风预干燥后，进行变温压差膨化干燥，膨化温度80℃，抽空温度70℃，停滞时间5min，抽空时间2.5h。所得干燥产品色泽鲜亮、口感酥脆、营养物质保留率高，且缩短了干燥时间。

4）粗粉碎：将干制后的桑葚投入高速万能粉碎机中初步粉碎，每次打粉10s，每次间隔1min，为防止粉碎机的温度过高，共打粉3次。

5）超微粉碎：将粗粉投入超微粉碎机中，粉碎 20min。

6）杀菌：将配比好的粉末在紫外线下灭菌。

7）包装：密封包装得到成品。

2. 打浆干燥（以南瓜粉为例）

（1）工艺流程

原料选择→清洗→去皮、籽→破碎→细磨→浓缩

成品←包装←喷雾干燥

（2）操作要点

1）原料选择：采用肉质金黄，无变质、霉烂的老熟南瓜为原料。

2）清洗：用清水将南瓜外表洗净。若外表污染较严重，可用 0.1% 的 $KMnO_4$ 溶液浸泡 3～5min，然后再用清水漂洗干净。

3）去皮、籽：用刀将瓜剖开，去除瓤中南瓜籽，削去外层老皮，分切成 3～5cm 见方的小块。

4）破碎：用锤式破碎机将分切的小块南瓜原料破碎成浆状，过 60 目筛网，滤去粗渣。

5）细磨：将上述南瓜浆放入胶体磨中磨成颗粒更细小均匀的浆液。若用胶体磨研磨一次的浆液仍不够细小均匀，可反复多磨几次直至达到要求。

6）浓缩：南瓜浆中固形物含量约为 10%，若直接用此浆液喷雾干燥不但能量消耗大，而且影响设备的效率，因此南瓜浆液需先浓缩后再进行干燥。南瓜浆液可用带搅拌的夹层式真空浓缩锅或双效降膜蒸发器来浓缩，使其固形物含量提高到 30%。浓缩时，浓缩设备的真空度应保持在 0.065MPa 左右，浓缩温度不要超过 60℃。

7）喷雾干燥：采用顺流压力式喷雾干燥塔。南瓜浆液浓缩完毕后要趁热将料液送入喷雾干燥塔中喷粉，进料温度要控制在 50℃以上，温度过低则料液黏度升高、流动性差，不利于干燥。喷雾干燥塔进风温度 165℃，排风温度 90℃，喷雾压力控制在 10.2MPa 左右。

8）包装：喷雾干燥制得的粉状产品容易吸潮、结块，因此应迅速用不透气的铝箔袋进行充气包装。

（三）产品质量评价

果蔬粉质量评价具体包含感官要求、理化指标和安全性指标三个方面。水果粉、蔬菜粉和坚果粉对应的指标数值不同。

1. 感官要求　具有该产品固有的色泽，且均匀一致；呈疏松、均匀一致的粉状；具有该产品固有的滋味和气味，无焦煳、酸败味和其他异味；无肉眼可见的杂质；冲调后无结块，均匀一致。

2. 理化指标　主要包括水分、灰分、蛋白质、酸不溶性灰分和总酸含量，以及酸价和过氧化值。

3. 安全性指标　包括无机砷、铅、镉、总汞、亚硝酸盐、二氧化硫、黄曲霉毒素、展青霉素、糖精钠、山梨酸及其钠（钾）盐、苯甲酸及其钠盐、环己基氨基磺酸钠、六六六、滴滴涕、氯氟氰菊酯、毒死蜱、三唑酮、胭脂红、苋菜红、赤藓红和柠檬黄等卫生指标，以及菌落总数、大肠杆菌、霉菌与酵母、致病菌（沙门菌、志贺菌、金黄色葡萄球菌）等微生物指标。

四、果蔬罐藏

罐藏分为传统罐藏和新技术罐藏两大类：传统罐藏是将固态果蔬制品经过一定处理后装入包装容器中，密封后灭菌，使其与外界环境隔绝，同时杀灭罐内有害微生物（即商业灭菌）并使酶失活，从而获得能保持无菌、不被微生物再次污染的产品，传统罐藏多用于中小型企业和传统型产品生产；新技术罐藏多用于大中型企业原味果汁的生产。

（一）基本原理

为了实现成功的商业罐藏并保质，罐藏食品必须同时满足多种条件，其中无菌、无氧、酶失活是稳定罐藏食品质量的三个工艺要素，而充分灭菌达到无菌条件是最重要的工艺要求。

1. 灭菌原理

（1）微生物对罐藏食品的影响　　凡是能在食品上不受限生长繁殖的微生物均能够导致罐藏食品的腐败和劣变。罐藏食品如果灭菌不彻底或因密封、包装、环境等缺陷被微生物侵入，条件又适于微生物生长时，就会出现腐败。

凡能导致罐藏食品腐败变质的微生物统称为腐败菌。罐藏食品的种类不同，对应的腐败菌类型也有差异。罐藏涉及的腐败菌可能是一种或数种，也可以是极其复杂的综合污染。由于细菌、酵母和霉菌是导致罐藏食品腐败的最常见微生物，且细菌对灭菌、生长和环境条件的适应性和要求特别宽泛，所以现在有关灭菌的理论、工艺和计算标准都是以某类细菌的致死性为依据。

（2）罐藏食品灭菌的目的　　罐藏食品灭菌的主要目的首先在于杀灭一切能导致罐内食材变质、产毒、致病的微生物，同时使能导致食材劣变的酶失活，使食材得以稳定保存；其次能起到一定的调味和煮熟的作用，改进食材质地和风味，使其更符合食用要求。

罐藏食品的灭菌不同于微生物学上的无菌。微生物学上的灭菌通常要求杀灭所有微生物，达到绝对无菌状态；罐藏食品加工的灭菌通常仅要求杀灭在罐藏条件下能造成食材败坏的微生物，即达到商业无菌要求，所以罐藏食品不是绝对无菌的食品。商业无菌指罐头食品经过适度热杀菌后，不含有致病性微生物，也不含有在通常温度下能在其中繁殖的非致病性微生物的状态。

罐藏食品的灭菌加工需综合权衡以下因素：保持食材的色、香、味、组织质地、营养价值，食品保质期及安全风险。

2. 影响灭菌的因素

（1）微生物的种类和数量　　不同微生物的耐热性差异很大，嗜热性细菌耐热性最强，芽孢比营养体更耐热。微生物数量（尤其是芽孢数量）越多，在同样致死温度下灭菌所需时间越长（表4-5）。

表4-5　孢子数量与致死时间的关系

孢子数/（CFU/mL）	100℃致死时间/min	孢子数/（CFU/mL）	100℃致死时间/min
7.20×10^9	230～240	6.50×10^5	80～85
1.64×10^9	120～125	1.64×10^4	45～50
3.28×10^7	105～110	3.28×10^2	35～40

注：致死时间指自然污染菌群灭活90%以上的致死时间

罐藏果蔬制品中微生物的种类和数量主要取决于原料，如是否损伤、是否有病虫害、是否受到污染、新鲜程度和灭菌前的处理等。所以，采用的原料要求新鲜、洁净、完好无损，从采收到加工均应得到良好的保鲜，贮藏及时，加工的各工序之间衔接要紧密。尤其是罐藏加工在清洗、切分、预煮杀青后到灭菌之前不能积压，否则罐内微生物数量将大大增加而影响灭菌效果。生产中要严格注意卫生管理，从采后仓储、装运到生产车间、机具、清洗用水等，果蔬制品接触的一切物品均应清洁、消毒，使原料的微生物风险降到最低，否则会影响罐藏食品的灭菌效果。

（2）果蔬制品的性质和化学成分　　微生物的耐热性在一定程度上与所处环境有关。果蔬制品的 pH、氧化还原电位、物理性质和化学成分对微生物是否存活有决定性影响。因此，果蔬制品的含酸量、含糖量、含盐量及种类等都能影响微生物的耐热性。在高糖、高酸和高盐果蔬罐藏中应特别注意。

（3）传热的方式和传热速率　　当罐藏食品灭菌时，原料和罐腔必须达到一定的温度和压力。湿热灭菌主要是以湿空气、热水或蒸汽为介质。因此，灭菌时必须保持热能交换通畅、均匀、及时，罐间和原料载具（托盘、网箱、输送带等）均应无死角和屏蔽区。热量由介质到原料的传递速率，特别是罐藏食品中心区的升温速率、温差和保温时间对灭菌效果有直接影响。影响罐藏食品传热速率的因素有罐内原料、加热工艺、设备等。

（4）海拔和压力　　海拔影响水的沸点，海拔高，水的沸点低，灭菌时间应相应增加，一般海拔每升高 300m，常压灭菌时间在 30min 以下的应延长 2min。高原应尽可能采用加压灭菌，水蒸气压力越高则温度越高，可供交换的热量就越多，灭菌效果越好。湿空气和干空气灭菌亦然。

（二）罐藏容器

罐藏容器对罐藏产品的保质有决定性影响。

1. 金属罐　　金属罐的优点是能完全密封、耐高温高压、耐搬运。缺点是一次性使用，生产和材料成本高；常会与内容物发生作用；不透明等。常用的金属罐为马口铁罐和铝合金罐。

2. 玻璃罐　　玻璃罐的主要优点：性质稳定，与食品不起化学反应；透明性、密封性、阻隔性强，采用金属盖时可多次启闭，内容物可见，便于顾客选购；空罐可回收重复使用。主要缺点：质量大，质脆易破，运输和携带不便；光阻隔性差，内容物易褪色或变色；传热性差，不能承受骤冷和骤热的温度变化。

3. 树脂罐（瓶）　　树脂罐（瓶）是由一些能耐高温的合成树脂粒料吹制而成的大口瓶罐类包装容器。主要优点：运输、制造成本低；质量性质稳定，与产品不起化学反应；透明、密封性、阻隔性较强，采用瓶、盖结构时可多次启闭，内容物可见，便于顾客选购；空罐可回收重复使用。主要缺点：机械强度较低，易被挤压变形；光阻隔性差，内容物易褪色或变色。

4. 软包装　　软包装分为耐高温型和不耐高温型两种。耐高温型软包装即蒸煮袋，是一类由耐高温的复合膜或单层树脂薄膜制成的保藏包装容器，如铝箔蒸煮复合袋，俗称软罐头。不耐高温型软包装即常见的食品薄膜包装袋。软包装与其他罐藏容器相比有以下优点：制造、运输、材料、灌装成本低；易于加工成不同的形状规格；质量轻，体积小，易开启，携带方便；耐高温高压杀菌，贮藏期长；易于印刷、成型、灌装、封口等，加工方法简便，传热速率快、受热均匀；气、水、光阻隔性好，可在常温和低温条件下贮藏。

（三）罐藏工艺

1. 工艺流程

原料选择→原料预处理→调配装罐→排气与充气→密封→罐装灭菌
↓
产品包装出厂←质检包装←冷却

2. 操作要点

（1）原料选择　　罐藏食品通常可食部分应达100%，野生果蔬罐藏也不例外，罐藏加工需经原料处理、调配和加热灭菌等工序，对原料有特殊要求。罐藏原料形状应均匀、美观、大小适中；具有良好的煮制性；为了保证产品的商品质量和货架期，必须选用合适的材料和容器。为了减少加工损耗，原料的废弃部分要尽量少。

原料对罐藏制品的品质有决定性影响，它不仅直接决定了罐藏产品的商品属性和价值，而且是其色、香、味、质地、性状等形成的基础。因此，正确选择罐藏原料是保证制品质量、商品属性和价值的关键。

1）对野生果实原料的要求：果实的罐藏多为糖、盐、酸渍藏。对果实原料的要求包括原料和加工工艺两方面。原料必须成熟后风味好、可加热灭菌或低温灭菌；还必须能够产业化生产、稳产高产和抗逆性强等。在工艺方面的要求取决于加工工艺和产品质量标准，产品应达到市场对色、香、味和食品质量安全的要求。

2）对野生蔬菜类原料的要求：罐藏的蔬菜类原料通常指作蔬菜食用的植物营养器官。通常要求罐藏的蔬菜原料无危害食品质量安全的嫌忌 / 有害成分，风味特别、营养价值高、新鲜、纤维化低，成熟度一致且适度，肉质质地柔嫩细致，无不良气味、虫蛀、霉烂及机械损伤，能耐高温处理和贮藏。不同野生蔬菜适于食用及罐藏的部位不同，如蕨菜（龙须菜，*Pteridium aquilinum* var. *latiusculum*）仅可用当日采收的幼嫩芽叶作酸渍罐藏。蔬菜的罐藏具体要求：安全合适的品种、原料新鲜、适宜的成熟度、合适的加工方法和工艺参数。

（2）原料预处理　　罐藏原料的预处理与脱水干制的预处理类似，在整个过程中必须防止原料的机械损伤和化学损伤，特别是酶促褐变及腐败，防止害虫、微生物侵染和残留，应通过保质处理保持产品的应有品质。保质处理因原料的不同而异，通常有酸碱处理、抗氧化处理、抗褐变处理等：酸碱处理采用柠檬酸、醋酸、碳酸氢钠溶液等浸泡；抗氧化处理采用双氧水、亚硫酸、抗坏血酸、异脱氧抗坏血酸溶液浸泡；抗褐变处理类似于抗氧化处理。

（3）调配装罐　　原料预煮处理结束，经冷却、漂洗，达到规定要求后，即可按产品质量标准要求进行调配装罐。装罐时通常按计量要求装入野生果蔬块后再加入罐藏液料，如糖液、盐液、酸液、风味渍制液等，再经排气、密封、灭菌、冷却后包装。

1）空罐的准备：装罐前应先检查空罐的质量。使用前必须进行空罐的清洗和消毒，清除所有影响产品质量的污物，保证容器清洁卫生，提高灭菌效果。

2）罐液的配制：野生果蔬罐藏时，含固形物类的先加固形物，然后向罐内加注液汁（罐液或汤汁）；原汁和黏稠类（如果酱等）的需调配好后直接灌装。即食水果型罐头的罐液一般是糖液，蔬菜罐头多为盐水、酸液，也有只用清水的。有时为了增进风味、护色和提高灭菌效果，会在罐液中加入适当的符合法规和产品标准规定的食品添加剂。

3）原料盛装：经预处理整理好的原料应尽快装罐，不应存积。原料一经加工则极易受微生物污染，发生化学变化，影响后续的灭菌、保质效果。同时，应趁热装罐、工艺连贯，可以缩短灭菌时间。装罐时需注意确保罐装原料的品质和数量符合产品标准要求。

（4）排气与充气　　排气是指将装罐后罐的内顶隙、原料间和原料组织细胞内的空气尽可能地从罐内排除，从而使密封后罐藏品顶隙内形成部分真空的工艺过程。充气是指将装罐后罐的内顶隙、原料间和原料组织细胞内的气体和空间用氮气或二氧化碳替换的工艺过程，通常在软包装中采用。

（5）密封　　为了使罐藏食品能长期保存而不变质，必须充分杀灭能在罐内环境生长繁殖的微生物。依靠罐藏包装的密封，罐内制品与外界完全隔绝，不再受到外界微生物污染和氧气氧化等作用。为保持这种阻隔状态，必须采用封罐机或封口机将包装容器彻底密封，并达到足够的密封性和强度，这一过程称为封罐或封口。封罐或封口是罐藏食品加工中的一项关键性操作，直接决定产品质量和保质期。密封必须在灌装、排气后立即进行，以免罐温下降而影响真空度。

（6）罐装灭菌　　罐藏食品灭菌的方法很多，目前最常用的有加热灭菌和辐照灭菌。

1）加热灭菌：罐藏食品加热灭菌时，应根据原料、产品、包装、容器和规格等的不同而采用不同的灭菌方法和操作条件。该过程可在装罐前或装罐密封后进行：装罐前灭菌即所谓的无菌装罐，需要先将待装罐的原料和容器灭菌，然后在无菌条件下装罐、密封，对设备和环境要求极高；装罐密封后灭菌相对简单易行，我国多采用装罐密封后灭菌的方式。

果蔬罐藏制品的加热灭菌根据原料、包装的材料、性质和规格、容量的不同，可采用常压灭菌（灭菌温度不超过100℃）或加压灭菌（灭菌温度超过100℃，甚至达到121℃以上）。无论常压灭菌还是加压灭菌，均存在加热、保温和冷却三个阶段。各阶段所需的升/降温时间（速度）、达到所需温度后的持续时间和冷却至所需温度的时间，均与原料、包装容器规格和材料密切相关。通常升温所需时间主要取决于物料和包装的导热性、容器的规格和材料，在包装不损坏的前提下越快越好；保温时间以全部杀灭微生物和达到产品80%的熟化度为宜；冷却以包装不损坏、物料品质最佳、有利后续贴标和装箱装盒为宜，越快越好。几种常见野生果蔬罐藏食品的灭菌条件如表4-6所示。

表 4-6　几种常见野生果蔬罐藏食品的灭菌条件

罐藏食品种类	罐型	容量/mL	灭菌条件[①]
山桃	玻璃瓶	500	5～（15～45）min/100℃
		1000	5～（20～45）min/100℃
山李	铝二片罐	500	5～（5～20）min/100℃
蘑菇	马口铁三片金属罐	1500	15～（5～25）min/121℃
	PET[②]瓶	800	15～（10～20）min/121℃
	铝箔复合蒸煮袋	1000	10～（5～25）min/121℃
冬笋节	玻璃瓶	800	20～（20～50）min/116℃
斑竹笋	PET瓶	800	20～（10～30）min/116℃
冬笋片	铝箔蒸煮复合袋	1500	15～（15～40）min/121℃

①升温程序，例如，5～（15～45）min/100℃指在罐心物料温度达100℃后保持5min，然后在15～45min内降温至包装温度或室温；15～（5～25）min/121℃指在罐心物料温度达到121℃后保持15min，然后在5～25min内自然冷却、风冷或水冷至室温；大生产灭菌中，罐心物料温度多为灭菌仓温度相对稳定时所测定的接近或达到工艺要求的温度

②PET为聚对苯二甲酸乙二酯树脂

2）辐照灭菌：辐照灭菌是目前广泛应用的食品灭菌方式，优点是灭菌速度快、操作简单、常温下灭菌彻底。缺点是对产品的质量有一定影响，但多可忽略。因消费者对辐照食品安全有特殊的顾虑，因此目前市场上多数未依规进行标识。

罐藏食品的辐照灭菌，必须根据其原料、产品、包装、容器和规格等的不同而采用不同的辐照强度和方法。辐照处理罐藏食品时，可以在装罐前或装罐密封后进行。由于辐照源的管理与安全性限制，以及罐藏食品的腐败风险，辐照灭菌通常采用装罐密封后初步加热灭菌、再辐照彻底灭菌的二次灭菌技术和装罐密封后尽快一次辐照灭菌的方式。

（7）冷却　罐藏食品制品加热灭菌结束后产品仍处于高温状态，如不立即冷却就会变质，如野生果蔬会色泽变暗、风味变差、组织软烂，甚至失去食用价值。冷却缓慢，在高温阶段（38～65℃）停留时间过长，还会促进嗜热细菌繁殖，致使罐藏食品变质腐败。继续受热也会加速对罐内壁的腐蚀作用，特别是含酸高的制品。罐藏食品灭菌后冷却越快，对产品的品质越有利。

冷却有水冷和风冷两种方式，玻璃罐大多只能采用风冷，其他不限。生产上多采用输送带上的风淋或水淋技术进行，非常便捷。玻璃罐的冷却速率不宜太快，常采用分段冷却的方法，即80℃、60℃、40℃三段冷却，以免爆瓶。金属罐、树脂罐灭菌后可一次冷却到高于室温8～15℃的温度，以保留余温使包装表面水分蒸发又不至于影响品质，避免引起锈蚀、水蚀、标识剥离等。实际操作温度取决于周边的环境条件和原料搁置的状态。

（8）质检包装　冷却后产品需逐一经过外观感官检验，去除有包装或内容物缺陷的产品。不同厂家对外观质量控制的要求不同，批次越多，产量越大，控制则越严格。

外观感官检验合格的产品，即可进行标识和包装。预印小包装产品的包装比较简单，可直接装外包装箱。玻璃罐、马口铁金属罐和树脂罐需要进行标识。目前多采用热缩膜或树脂薄膜标识，套袋热缩或粘贴后装外包装箱。装外包装箱前均需喷印出厂日期和产品批次。

（四）产品质量评价

不同罐藏食品的产品质量要求各异。大致包含感官要求、理化指标和安全性指标三个方面。

1. 感官要求　一般而言，罐藏食品的感官要求是必须使用正常原料，具备在正常工艺技术条件下加工后所应具有的正常产品的正常感官质量，即正常的色、香、味、组织结构和形态。具体指标以产品标准为准，参照的国家标准为《食品安全国家标准　罐头食品》（GB 7098—2015）。

2. 理化指标　不同罐藏食品的理化指标不同，通常包含产品的物理或化学可测的限制性指标。最常用的如下：①有效限制性成分含量，如固形物、糖、盐、酸、水分含量等，营养成分、特异成分含量等。通常以 pH 4.6 为界分为低酸性（pH>4.6）罐头食品和酸性（pH≤4.6）罐头食品，使产品具有一定的酸度，可提高水果蔬菜罐头的质量和杀菌效果。②净含量，无论是容量计量还是重量计量，净含量计量误差必须在容许的范围内。③其他可测的理化指标。

3. 安全性指标　主要包括以下三个方面：①污染成分含量，如重金属、农药残留量等。罐头食品锡与铅的污染主要来源于制罐材料。锡是罐头食品重要的污染指标，国际食品法典委员会（CAC）规定水果蔬菜罐头的锡含量≤250mg/kg，我国国家标准规定锡含量≤200mg/kg，铅含量≤1mg/kg。②嫌忌成分含量，如某种原料所含有的特有有害成分不得超过特定范围。③微生物，如不得检出致病菌、细菌总数不得超标等。

无论采用栽培还是野生原料生产的罐藏食品，都须遵守国家相关法规和强制标准的规定，这些相关法规和强制标准有规定的，均自动成为质量管理、检测的指标和内容。

五、果蔬糖制

果蔬糖制是以果蔬为原料,将其与糖或其他辅料配合,利用高浓度糖液的渗透脱水作用加工而成糖制品的一种加工技术。果蔬糖制是我国古老的食品加工方法之一,糖制品的出现对于丰富食品种类具有重要意义。最早的糖制品是利用蜂蜜熬煮果品蔬菜制成各种加工品,并冠以"蜜"字,称为蜜饯(succade)。甘蔗糖和饴糖的发明和应用,大大促进了糖制品加工的迅速发展。果蔬糖制品具有高糖高酸的特点,有良好的保藏性和贮运性,是保藏果蔬的一种有效方法,糖制品加工也是果蔬原料利用的重要途径之一。野生果蔬糖制品原料众多,加工方法各异,根据糖制品的加工方法和成品形态,糖制果品分为蜜饯和果酱两大类。

(一)基本原理

糖制品是以食糖的保藏作用为基础的加工保藏方法,食糖的种类、性质、浓度及原料中果胶的含量和特性对制品的质量、保藏性都有较大影响。糖制品要做到较长时期的保藏,必须使其含糖量达到一定的浓度。食糖本身并无毒害作用,低浓度糖液还能促进微生物生长发育,高浓度糖液才对微生物有不同程度的抑制作用,食糖的保藏作用主要体现在以下几方面。

1. 高渗透压作用　糖溶液具有一定的渗透压,而且浓度越高,渗透压越大。高浓度的糖液具有较高的渗透压,能使微生物细胞脱水收缩、发生生理干燥而无法活动。例如,1% 的葡萄糖溶液可产生 121.59kPa 的渗透压,1% 的蔗糖溶液产生 70.93kPa 的渗透压。糖制品一般含有 60%~70% 的糖,按蔗糖计,可产生相当于 4.265~4.965MPa 的渗透压,而大多数微生物的渗透压只有 0.355~1.692MPa,糖液的渗透压远远超过微生物的渗透压,可使微生物脱水而抑制其繁殖。

高浓度糖液的强大渗透压也加速了原料的脱水和糖分的渗入,缩短糖渍和糖煮时间,利于改善制品的质量。然而,糖制初期若糖浓度过高,也会使原料因脱水过多而收缩,降低成品率。蜜制或糖煮初期的糖浓度以不超过 30% 为宜。

2. 降低水分活性　高浓度的糖使糖制品水分活性下降,同样也抑制微生物的活动。食品中游离水的数量用水分活度(Aw)表示。大部分微生物要求 Aw 在 0.9 以上。当原料加工成糖制品后,食品中的可溶性固形物增加,游离水含量减少,Aw 降低,微生物因游离水的减少而受到抑制。虽然糖制品的含糖量一般达 60%~70%,但由于存在少数在高渗透压和低水分活性尚能生存的霉菌和酵母,因此对长期保存的糖制品,宜采用杀菌或加酸降低 pH 及真空包装等有效措施来防止产品的变坏。

3. 抗氧化作用　糖的抗氧化作用是糖制品得以保存的另一原因。由于氧在糖液中的溶解度小于在水中的溶解度。糖浓度越高,氧的溶解度越低。例如,20℃时氧在浓度 60% 的蔗糖溶液中的溶解度仅为纯水的 1/6。糖液中含氧量降低,有利于抑制好氧型微生物的活动,也利于制品的色泽、风味和维生素的保存。

(二)蜜饯类加工

蜜饯类是果蔬经过预处理(如去皮、去核等)后进行糖煮或浸糖,烤至表面不粘手,产品仍然保持果蔬原来形状的一种高糖制品。

蜜饯按照产品形态可分为干态蜜饯、湿态蜜饯和凉果三类。①干态蜜饯:是糖制后经晾干或烘干,形成不粘手、半透明,有些表面裹一层半透明糖衣或结晶糖粉的产品,如各式果脯、冬瓜条、糖藕片等。②湿态蜜饯:是果蔬原料糖制后,按罐藏原理保存于高浓度糖液中,果形完整、饱满，质地细软、味美，呈半透明的产品，如蜜饯海棠、蜜饯樱桃、蜜饯青梅、蜜金橘等。③凉果：是指用咸果坯为主要原料的甘草制品，经盐腌、脱盐、晒干，加配调料秘制，再晒干而成，制品含糖量不超过35%，属低糖果制品，外观保持原果形，表面干燥、皱缩，有的品种表面有层盐霜，味甘美、酸甜、略咸，有原果风味，如陈皮梅、话梅等。

蜜饯还可按照产品传统加工方法分为京式蜜饯、苏式蜜饯、广式蜜饯、闽式蜜饯和川式蜜饯。

1. 工艺流程

$$原料选择→原料预处理→糖制 \begin{cases} →干燥→上糖衣→干态蜜饯 \\ →装罐封罐→杀菌→冷却→湿态蜜饯 \\ →加配料→烘干→凉果 \end{cases}$$

2. 操作要点

（1）原料选择　糖制品的质量主要取决于外观、风味、质地及营养成分。选择优质原料是制成优质产品的关键。原料质量的优劣主要取决于品种、成熟度和新鲜度等方面。蜜饯类产品需要保持一定形态，原料应为肉质紧密、耐煮性好的品种，不能采用过熟的产品，以绿熟/坚熟为宜，且要求色泽一致、形态美观、糖酸含量高等。例如，蜜枣类制品宜选果大核小、质地疏松的品种，并于果实由绿转白时采收，转红后不宜加工，全绿则褐变严重；生产杏脯的原料要求是色泽鲜艳、风味浓郁、离核、耐煮性强的品种。

（2）原料预处理　原料预处理包括分级、清洗、去皮、去核、切分、切缝、刺孔等工序，还应根据原料特性差异、加工制品的不同进行腌制、硬化、硫处理、染色等处理。

1）分级、去皮和切分：目的是剔除不符合加工要求的原料。对果皮较厚或含纤维较多的果蔬原料可采用机械或化学等方法去皮，如刺梨去皮时可采用刺梨皮刺脱除机。大型果蔬原料宜适当切分成块、条、片、丝等，以便缩短糖制时间。枣、李、梅等小型果蔬原料一般不去皮和切分。为加速糖液的渗透，常在果面切缝或刺孔，切缝可用切缝机。

2）盐腌：用食盐或加少量明矾或石灰腌制的盐坯（果坯），常作为半成品保存方式来延长加工期限，盐坯大多作为南方凉果制品的原料。盐坯腌渍包括盐腌、暴晒、回软和复晒4个过程。盐腌有干腌和盐水腌制两种：①干腌法适用于果汁较多或成熟度较高的原料，用盐量依种类和贮存期长短而异，一般为原料重的14%～18%。腌制时，分批拌盐，拌匀，分层入池，铺平压紧，下层用盐较少，由下而上逐层加多，表面用盐覆盖隔绝空气，便能保存不坏。②盐水腌制法适用于果汁稀少或未熟果或酸涩、苦味浓的原料。盐腌结束，可作水坯保存或经晒制成干坯长期保藏，腌渍程度以果实呈半透明为宜。

3）保脆和硬化处理：为提高原料耐煮性和酥脆性，在糖制前可对某些原料进行硬化处理，即将原料浸泡于石灰（CaO）、氯化钙（$CaCl_2$）、明矾 [$Al_2(SO_4)_3 \cdot K_2SO_4$]、亚硫酸氢钙 [$Ca(HSO_3)_2$] 等稀溶液中，使钙/镁离子与原料中的果胶物质生成不溶性盐类，使细胞相互粘在一起，提高硬度和耐煮性。硬化剂的选用、用量及处理时间必须适当，过量会生成过多钙盐或导致部分纤维素钙化，使产品质地粗糙，品质劣化。经硬化处理后的原料，糖制前需漂洗除去残余的硬化剂。

4）硫处理：为了使糖制品色泽明亮，常在糖煮之前进行硫处理，既可防止制品氧化变色，又能促进原料对糖液的渗透。在原料整理后，浸入0.1%～0.2%的亚硫酸盐溶液中几分钟即可。也可在糖制过程中用0.1%～0.2%的硫处理，达到防腐和护色的目的。经硫处理的原料，在糖煮前应充分漂洗除去残留的硫。用马口铁罐包装的制品，脱硫必须充分，因过量的 SO_2 会引起铁皮的腐蚀，产生氢胀现象。

5）染色：有些果蔬在加工过程中常失去原有的色泽，需人工染色，以增进制品的感官品质。常用的染色剂有天然色素和人工色素两大类：天然色素如姜黄、胡萝卜素、叶黄素等，是无毒、安全的色素，但染色效果和稳定性较差；人工色素有苋菜红、赤藓红、柠檬黄和靛蓝等，具有着色效果好、稳定性强等优点，但用量不得超过相关标准规定的最大使用量。染色时将原料浸于色素液中着色，或将色素溶于稀糖液中，在糖煮的同时完成染色。为增进染色效果，常用明矾为媒染剂。

6）漂洗和预煮：凡经亚硫酸盐保藏、盐腌、染色及硬化处理的原料，在糖制前均需漂洗或预煮，除去残留的 SO_2、食盐、染色剂、石灰或明矾，避免对制品外观和风味产生不良影响。预煮可以软化果实组织，有利于糖在煮制时渗入，对一些酸涩、具有苦味的原料，具有脱苦、脱涩作用。预煮还可以钝化果蔬组织中的酶，防止氧化变色。

（3）糖制　糖制是蜜饯类加工的主要工艺。糖制过程是果蔬原料排水吸糖的过程，糖液中糖分依赖扩散作用进入组织细胞间隙，再通过渗透作用进入细胞内，最终达到要求的含糖量。糖制方法有煮制（热制）和蜜制（冷制）两种：煮制适用于质地紧密、耐煮性强的原料；蜜制适用于皮薄多汁、质地柔软的原料。

1）煮制：煮制分常压煮制和减压煮制两种。

常压煮制又分一次煮制、多次煮制和快速煮制 3 种。①一次煮制法：经预处理好的原料在加糖后一次性煮制成功，如苹果脯、蜜枣等。先配好 40% 的糖液入锅，倒入处理好的果实，加热使糖液沸腾，果实内水分外渗，糖进入果肉组织，糖液浓度渐稀，然后分次加糖，使糖浓度缓慢增高至 60%～65% 停火。分次加糖可以使果实内外糖液浓度差异不大，使糖逐渐均匀地渗透到果肉中去，这样煮成的果脯显得透明饱满。此法快速省工，但持续加热时间长，原料易煮烂、色、香、味差，维生素破坏严重，糖分难以达到内外平衡，致使原料失水过多而出现干缩现象。②多次煮制法：将处理过的原料经过多次糖煮和浸渍，逐步提高糖浓度的糖制方法，一般经过 3～5 次煮制完成。先用 30%～40% 的糖溶液煮至原料稍软时，放冷糖渍 24h，然后每次煮制糖浓度均增加 10%，煮沸 2～3min，直到糖浓度达 60% 以上。此法适用于细胞壁较厚、难以渗糖和易煮烂的柔软原料或含水量高的原料；但加工时间过长，煮制过程不能连续化、费工费时且占容器。③快速煮制法：将原料在糖液中交替进行加热糖煮和放冷糖渍，使果蔬内部蒸气压迅速消除，糖分快速渗入而达平衡。处理时将原料装入网袋中，先在 30% 热糖液中煮 4～8min，取出立即浸入等浓度的 15℃糖液中冷却。如此交替进行 4 或 5 次，每次糖浓度提高 10%，最后完成煮制过程。快速煮制法可连续进行，煮制时间短，产品质量高，但糖液需求量大。

减压煮制法又称真空煮制法，指原料在真空和较低温度下煮沸，因组织中不存在大量空气，糖分能迅速渗入果蔬组织里面达到平衡。温度低，时间短，制品色香味形都比常压煮制好。减压煮制分间歇性减压煮制和连续性扩散煮制两种。①间歇减压煮制：是将前处理好的原料先投入盛有 25% 稀糖液的真空锅中，在气压 83.545kPa、温度 55～70℃下热处理 4～6min，消压后糖渍一段时间，然后提高糖液浓度至 40%，再在真空条件下煮制 4～6min，消压后糖渍，重复 3 或 4 次，每次糖液浓度提高 10%～15%，使产品最终糖液浓度在 60% 以上为止。②扩散煮制法：是在真空糖制基础上进行的一种连续化煮制法，机械化程度高，糖制效果好。先将原料装在真空扩散器内，抽空排除原料组织中的空气，而后加入 95℃的热糖液，待糖分扩散渗透后，将糖液顺序转入另一扩散器内，再将原来的扩散器内加入较高浓度的热糖液，如此连续进行几次，制品即达要求的糖浓度。

2）蜜制：蜜制是指用糖液进行糖渍，使制品达到要求的糖度。糖青梅、糖杨梅、樱桃蜜饯、无花果蜜饯及多数凉果等含水量高、不耐煮制的原料，一般采用蜜制法。蜜制方法的特点在于分次加糖，无须加热，能很好地保存产品的色泽、风味、营养价值和应有的形态。

在未加热的蜜制过程中，原料组织保持一定膨压，当与糖液接触时，因细胞内外渗透压存在差异而发生内外渗透现象，使组织中水分向外扩散排出，糖分向内扩散渗入。但糖浓度过高时，糖制时会出现失水过快、过多，使其组织膨压下降而收缩，影响制品饱满度和产量。为了加速扩散并保持一定的饱满形态，可采用下列蜜制方法。①分次加糖法：在蜜制过程中，将需要加入的食糖分3或4次加入，每次糖浓度提高10%~15%，直到糖制品浓度达60%以上时出锅，如刺梨加糖蜜制方法（资源4-10）。②一次加糖多次浓缩法：在蜜制过程中，分期将糖液倒出，加热浓缩提高糖浓度，再将热糖液回加到原料中继续糖渍，冷果与热糖液接触，利用温差和糖浓度差，加速糖分的扩散渗透。具体做法是先将原料放入30%糖液中浸渍，然后滤出糖液，将其浓缩至浓度达45%，再将原料投入热糖液中糖渍。反复3或4次，最终糖制品浓度可达60%以上。③减压蜜制法：果蔬在真空锅内抽空，使果蔬内蒸气压降低，然后破坏锅内的真空，因外压大可以促进糖分快速渗入果内。具体方法是将原料浸入含30%糖液的真空锅中，抽空40~60min后，消压浸渍8h；然后将原料取出，放入含45%糖液的真空锅中，抽空40~60min后，浸渍8h，再在60%糖液中抽空，浸渍至终点。④蜜制干燥法：凉果的蜜制多采用该方法。在蜜制后期，取出半成品暴晒，使之失去20%~30%的水分，再蜜制到终点。该法可减少糖用量，降低成本，缩短蜜制时间。

4-10

（4）干燥与上糖衣　除糖渍蜜饯外，多数制品在糖制后需进行烘晒，除去部分水分，使表面不粘手，利于保藏。干燥的方法一般采用烘烤或晾晒，烘干温度不宜超过65℃。烘干后的蜜饯要求保持完整、饱满、不皱缩、不结晶，质地柔软，含水量在18%~22%，含糖量在60%~65%。制糖衣蜜饯时，可在干燥后用过饱和糖浆浸泡一下取出冷却，使糖液在制品表面凝结成一层晶亮的糖衣薄膜，使制品不黏结、不返砂，增强保藏性。上糖衣用的过饱和糖浆，常以3份蔗糖、1份淀粉糖浆和2份水配合而成，将混合浆液加热至113~115℃，然后冷却到93℃即可使用。

为增强保藏性、改善外观品质，将干燥的蜜饯表面裹一层糖粉，称为上糖粉。糖粉的制法是将砂糖在50~60℃下烘干磨碎成粉。操作时，将收锅的蜜饯稍稍冷却，在糖未收干时加入糖粉拌匀，筛去多余糖粉，成品的表面即裹有一层白色糖粉。

（5）整理、包装与贮藏　干燥后的蜜饯应及时整理或整形，以获得良好的商品外观，如杏脯、蜜枣、橘饼等，干燥后经整理，使外观整齐一致，便于包装。干态蜜饯和凉果的包装以防潮、防霉为主，常用阻湿隔气性好的包装材料，如复合塑料薄膜袋、铁听等。湿态蜜饯以罐头工艺进行装罐，糖液量为成品总净重的45%~55%，装罐密封后在90℃下杀菌20~40min，然后冷却。对于不杀菌的蜜饯制品，要求其可溶性固形物应达70%~75%，糖分不低于65%。

贮存糖制品的库房要清洁、干燥、通风，尤其是干态蜜饯，库房墙壁要用防湿材料，库温控制在12~15℃，避免温度低于10℃引起蔗糖晶析。贮藏时糖制品若出现轻度吸潮，可重新进行复烤处理，冷却后再包装，受潮严重的制品要重新煮烘后复制为成品。

3. 产品质量评价　蜜饯类产品由于采用的原料种类和品种不同，或加工操作方法不当，可能会出现返砂、返糖、流糖、软烂、皱缩、变色等质量问题。一般从感官要求、理化指标和安全性指标对其进行质量评价，应符合《食品安全国家标准　蜜饯》（GB 14884—2016）的规定要求。

（1）感官要求　感官评定是确定蜜饯类产品品质、口感和风味的直接依据，是决定产品质量的重要因素。一般包括组织形态、色泽、滋味、气味等方面。蜜饯类产品要求具有该产品应有的状态，形状完整、饱满、组织细腻、不牙碜，表面光泽/色泽均匀、颜色鲜亮，原果香味浓郁。

（2）理化指标　　常用水分、总糖、还原糖、总酸、氯化钠含量、渗糖率等指标评判。例如，蜜饯制品要求总糖量68%～70%，含水量17%～19%，转化糖达到总糖量60%时，制品不会返砂。但较低气温下高转化糖易返糖及潮湿条件下易流糖，故一般以转化糖达到总糖量的40%～50%为宜。

（3）安全性指标　　在微生物方面，常采用菌落总数、大肠菌群数、霉菌数、真菌毒素、沙门菌等致病菌来衡量蜜饯类产品的质量。菌落总数、大肠菌群数、霉菌数应符合食品安全系列国家标准（GB 4789—2016）的规定；真菌毒素含量符合《食品安全国家标准　食品中真菌毒素限量》（GB 2761—2017）的规定；沙门菌等致病菌应符合《食品安全国家标准　预包装食品中致病菌限量》（GB 29921—2021）的规定，在被检的5份样品中，不允许任一样品检测出沙门菌。违规使用食品添加剂如防腐剂、甜味剂、合成着色剂及漂白剂是蜜饯类产品的主要质量安全问题。食品添加剂的使用要符合《食品安全国家标准　食品添加剂使用标准》（GB 2760—2014）的要求，农药残留量、重金属残留量等应该符合《食品安全国家标准　食品中农药最大残留限量》（GB 2763—2021）和《食品安全国家标准　食品中污染物限量》（GB 2762—2017）的要求。

（三）果酱类加工

果酱类是指果蔬组织破碎成浆状或榨汁，加糖、酸等熬煮、浓缩、成形后得到的一类高糖高酸糖制产品。按照制法和成品性质，可分为果酱、果菜泥、果膏、果冻、果糕、果丹皮、马茉兰。按照原料分为果酱和果味酱，二者配方中的果蔬、果汁或果浆用量分别为大于等于25%和小于25%。

1. 工艺流程

原料选择→预处理→调配→浓缩→装罐密封→杀菌冷却→成品

2. 操作要点

（1）原料选择　　生产果酱类制品的原料要求含果胶及酸量多，芳香味浓，成熟度适宜，对于含果胶及酸量少的果蔬，制酱时需外加果胶及酸，或与富含该种成分的其他果蔬混制。例如，果酱、果泥类制品要求柔软多汁、易于破碎的品种，一般在成熟时采收；果冻制品的原料要求果胶质丰富的品种，于成熟度较低时采收。

（2）预处理　　生产时，首先进行选别分级、剔除霉烂变质、病虫害严重的不合格果实，经清洗、去皮（或不去皮）、切分、去核/心（或不去核/心）等处理。去皮、切分后的原料若易变色，应进行护色处理，并尽快进行加热软化，以破坏酶的活性。软化时可加原料重量10%～20%的水进行软化，也可以采用水蒸气或加入稀酸进行软化。软化升温要快，时间依原料种类、成熟度而异。每批投料不宜过多，生产流程要快，防止长时间加热影响风味和色泽。生产果冻、马茉兰的果实，软化后需要经过榨汁、过滤等处理。

（3）调配　　按原料的种类和成品标准要求而定，一般要求果肉（汁）占总配料量的40%～50%，砂糖占45%～60%（允许使用占总糖量20%以下的淀粉糖浆），果肉与加糖量的比例一般为1∶（1.0～1.2）。为使果胶、糖、酸形成适当的比例，利于凝胶的形成，可根据原料所含果胶及酸的量，添加适量柠檬酸、果胶或琼脂。柠檬酸和果胶补加量以控制成品含酸量和果胶量分别为0.5%～1.0%和0.4%～0.9%为宜。

（4）浓缩　　加热浓缩是通过加热排除果肉中大部分水分，使砂糖、酸、果胶等配料与果肉煮至渗透均匀，提高浓缩度，改善酱体的组织形态及风味。加热浓缩还能杀灭有害微生物，破坏酶的活性，有利于制品的保藏。加热浓缩的方法主要有常压浓缩和减压浓缩两种。

1）常压浓缩：是将原料置于夹层锅内，在常压下用蒸汽加热浓缩。浓缩过程中，糖液应分次加入。开始加热时蒸气压为 0.294～0.392MPa，浓缩后期，压力应降至 0.196MPa。每锅下料量以控制产出成品 50～60kg 为宜，浓缩时间 30～60min。时间过长，影响果酱的色、香、味和凝胶力，造成转化糖含量高，以致发生焦糖化；时间过短，转化糖生成量不足，在贮藏期间易产生蔗糖结晶现象，且酱体凝胶不良。浓缩时要注意不断搅拌，促进水分蒸发，使锅内各部分温度均匀一致，以防锅底焦化。需添加柠檬酸、果胶或淀粉糖浆的制品，应在浓缩到可溶性固形物为 60% 以上时再添加。

2）减压浓缩：也称为真空浓缩。浓缩时待真空度达到 53.32kPa 以上，开启进料阀，浓缩的物料靠锅内的真空吸力进入锅内。浓缩时，真空度保持在 86.66～96.00kPa，料温 60℃左右，浓缩过程应保持物料超过加热面，以防焦糊。待果酱升温至 90～95℃时，即可出料。

（5）装罐密封　果酱、果泥等糖制品含酸量高，多以玻璃罐或抗酸涂料铁罐为容器。装罐前应彻底清洗容器并消毒，一般采用 95～100℃的热水或热蒸汽消毒 3～5min。果酱出锅后应迅速装罐，一般要求每锅酱体分装完毕不超过 30min。密封时，酱体温度 80～90℃，封罐后迅速杀菌冷却。果糕、果丹皮等糖制品浓缩后，将黏稠液趁热倒入钢化玻璃、搪瓷盘等容器中并铺平，进入烘房烘制，然后切割成型，并及时包装。

（6）杀菌冷却　果酱在加热浓缩过程中，微生物绝大部分被杀死。由于果酱是高糖高酸制品，一般装罐密封后残留的微生物不易繁殖。在生产卫生条件好的情况下，果酱密封后，只要倒罐数分钟，进行罐盖消毒即可。但为安全起见，果酱罐头密封后，进行杀菌是必要的。一般以 100℃杀菌 5～20min 为宜，杀菌后冷却至 38～40℃，擦干罐身的水分，贴标装箱。

3. 产品质量评价　果酱类产品由于加工操作方法不当，可能会出现变色、糖结晶、液体分泌、酱体流散、生霉等质量问题。主要从感官要求、理化指标和安全性指标等方面进行质量评价，应符合《果酱》（GB/T 22474—2008）的规定要求。

（1）感官要求　果酱类产品要求果蔬组织状态均匀、无明显分层和析水，无结晶，具有该品种应有的色泽和风味，无异味，无可见的杂质和霉变。例如，不同加糖量下的百香果果酱感官特点见资源 4-11。

4-11

（2）理化指标　果酱类产品常采用可溶性固形物、总糖含量、产品净含量等进行质量评判。一般果酱中的总糖含量≤65%。产品净含量需符合制品的相关要求。保证在规定条件下商品净含量准确，同时考虑在贮存和运输过程中可能引起的商品净含量的合理变化。

（3）安全性指标　同上文"蜜饯类加工"。

六、果蔬腌制

蔬菜经过腌（盐）渍加工后的产品称为腌制品。腌制不仅是一种加工方法，也是一种传统的食品保藏方法，制法简单且可赋予食物诱人的气味、良好的色泽及独特的风味，深受大众喜爱。按照生产工艺，腌制品一般可分为酱渍菜类、盐渍菜类、盐水渍菜类、清水渍菜类、糖醋渍菜类和菜酱类。

（一）基本原理

果蔬腌制的原理主要是利用食盐的防腐作用、微生物的发酵作用、蛋白质的分解作用及其他一系列的生物化学作用，通过这些复杂而缓慢的变化，不仅使果蔬得以保藏，也丰富了食品的种类。

1. 食盐的防腐能力 食盐的防腐保藏作用主要体现在脱水、抗氧化、降低水分活性、离子毒害和抑制酶活性等方面。食盐溶液具有很高的渗透压，1% 的食盐溶液渗透压可达 618kPa，而大多数微生物细胞的渗透压为 304～608kPa。蔬菜腌制的食盐用量大多在 4%～15%，可产生 2472～9270kPa 的渗透压。高渗透压造成微生物质壁分离，导致细胞脱水失活，发生生理干燥而被抑制甚至死亡。

食品腌制中因盐水的使用，降低了氧气在腌制液中的溶解度，从而造成缺氧环境，降低了好氧性微生物的破坏作用。同时，食盐溶于水后，离解的每个钠离子和氯离子周围都聚集一群水分子，使水分子由自由态转变为结合水状态，导致水分活度下降，使微生物无自由水可利用，而达到食品防腐目的。

此外，食盐分解的钠离子能和微生物细胞原生质中的阴离子结合产生毒害作用，使食品保鲜。食盐中的钠离子和氯离子可分别与微生物分泌的酶蛋白的肽键和—NH_3^+ 相结合，使酶失去活力，从而减少因微生物分泌的脂肪酶和蛋白酶等对食品成分分解而导致的食品败坏。

2. 微生物的发酵作用 在蔬菜腌制过程中的发酵作用有酒精发酵、乳酸发酵和乙酸发酵。其发酵产物乙醇有防腐作用；二氧化碳有一定的绝氧作用；乳酸、醋酸和二氧化碳还能降低环境的 pH。腌制中因上述三种发酵作用生成的产物，可使有害微生物细胞中的组分被破坏而受到抑制或死亡，起到防腐作用，还能使制品产生酸味及香味。

3. 蛋白质的分解及其他生化作用 在腌制过程中及腌制品后熟期，蔬菜自身蛋白酶和外界微生物的作用使腌制品中所含蛋白质逐渐分解为氨基酸，这一变化是腌制品产生色、香、味的主要来源，也是提高腌制品品质的重要生化反应。另外，腌制中加入的一些调味品，如生姜、大蒜、醋等，不但起调味作用，而且有些调味品所含的特殊成分（如大蒜中的蒜素）本身就具有防腐灭菌的作用。

（二）腌制品加工

影响腌制品的因素有食盐浓度、pH、温度、原料组成和气体成分等。在 20%～25% 食盐浓度下，几乎所有微生物都停止生长。腌制品中的有益微生物酵母和乳酸菌比较耐酸，有害微生物除霉菌外，腐败细菌、大肠杆菌和丁酸菌在 pH 4.5 以下时，其活力均受到抑制。温度对腌制品中食盐的渗透、蛋白质的分解和微生物的繁殖有很大影响。为了控制腐败微生物活动，生产上常采用的温度为 12～22℃。原料体积、水分含量和原料组成对制品的色、香、味及脆度有很大影响。腌制蔬菜中常加入一些辛香料和调味品，以改进风味和防腐。腌制中的嫌气条件可抑制好氧性腐败菌的活动，也可防止原料中维生素 C 的氧化。下面以操作容易、设备简单、取食方便、风味可口、广受消费者喜爱的榨菜和泡菜为例，简要介绍其腌制技术。

1. 榨菜 我国的榨菜与德国的甜酸甘蓝、欧洲的酸黄瓜并称世界三大著名腌菜，受消费者普遍喜爱。因光绪年间重庆涪陵邱姓商人家中的工人邓炳成在加工青菜头制作腌菜时用到了木榨，故得名"榨菜"。

（1）工艺流程

原料选择→搭架晾晒→盐腌制脱水→修剪挑筋→分级整型→淘洗上榨

验收保存←覆口封口←拌料装坛

（2）操作要点

1）原料选择：鲜榨菜头采收时含水量应低于 94%，可溶性固形物含量应在 5% 以上，单个菜头在 150g 以上。采收后修掉叶柄，摘下叶子，去除老皮及硬筋，选取外形完整、大小及颜色一致、无损伤、无腐烂的榨菜心，同时将榨菜心切分成 150～200g 的小块。

2）搭架晾晒：选择风大宽敞地带用木棍等顺风搭成"X"形架，在其两侧搭菜晾晒。自然风吹脱水至表面皱而不干枯，无霉烂斑点及泥沙污物，手捏柔软无硬心，单块重 70～90g。下架率依采收期而不同（下架率指每 50kg 青菜头原料经去皮穿串、上架晾晒后所收干菜块的重量）。于立春前后 5d 所收的头期菜，下架率以 40%～42% 为宜；立春后 5d 到雨水季节所收的中期菜，下架率要求为 38%～40%；雨水后收的尾期菜，下架率要求为 34%～38%。

3）盐腌制脱水：分为两道工序。①第一道盐腌制：腌制池多为地下式，规格为 4.0m×4.0m×2.3m 或 3.3m×3.3m×3.3m，用耐酸水泥或瓷砖做内壁。菜块过秤后入池，每层菜厚 30～45cm，重 800～1000kg，每 100kg 菜用盐约 4kg。一层菜一层盐铺至与池口平齐，层层踩紧，每层留盐 1kg 全部撒在顶层作面盐，面层铺上竹编隔板和重石。每立方米需加压 2.0～2.5t；36～48h 后，边淘洗边上囤，囤高可达 2m，以便靠自重排水，上囤 24h 后即为半熟菜块。②第二道盐腌制：方法与前相同，但每层菜量减少为 600～800kg，用盐增加为每 100kg 菜用盐 6kg，装至距池口 20～25cm 处停止入池，以免盐水溢出。早晚踩池一次，7d 后菜上囤，踩压紧实，24h 后即为毛熟菜块。

4）修剪挑筋：修剪时从池中捞出，以不损伤青皮、菜心和菜块形态为原则，用剪刀剔除叶梗基部虚边、菜块上的飞皮、黑斑烂点、老皮、硬筋。菜坯随取随修，不能过夜，以免影响品质。

5）分级整型：按成品等级标准要求进行。

6）淘洗上榨：将已分等整型的菜坯，用澄清过滤的咸卤水淘洗，然后榨去明水，压榨时避免菜块变形或破裂。脱水程度依不同等级标准进行。每天压榨结束后注意清洗榨机和配件。

7）拌料装坛：出榨后称重，对于优级菜，每 100kg 榨菜添加食盐 4100g，辣椒粉 1150g，混合香料 95g（混合香料的配比为白芷 3%、八角 45%、山奈 15%、干姜 15%、甘草 5%、桂皮 8%、白胡椒 5%、砂头 4%），甘草粉 65g，花椒 80g，苯甲酸钠 50g 拌料。事先在大菜盆内充分拌和均匀，再均匀撒在菜块上，随即进行装坛。装坛前菜坛要洗净消毒，并检查无砂眼、缝隙。菜要分次装，每坛宜分 5 次装满，每次装菜要均匀，每层用擂棒等木制工具压紧压实，排出空气。装满后在坛口菜面上再撒一层红盐约 60g（红盐为食盐 1kg 加辣椒面 25kg 后拌匀）。红盐面上交错盖上 2 或 3 层干净玉米壳，再用干萝卜叶或干咸菜叶扎紧坛口、封严，并称量标明净重。随后入库堆码后熟。

8）覆口封口：榨菜后熟期至少需要两个月。装坛后 15～20d 进行覆口检查，取出塞口菜，如坛面菜块下落，应追加同级菜块，如坛面出现生花发霉，应将菜块取出，另换新菜，再加面盐。装坛后一个月开始出现坛口翻水现象，即坛口菜叶逐渐被上升的盐水浸湿，进而有黄褐色的盐水由坛口溢出坛外，这是正常现象。翻水现象至少要出现 2 或 3 次，每次翻水后取出菜叶并擦净坛口及周围菜水，换上干菜叶扎紧坛口，这一操作称为清口，一般清口 2 或 3 次。坛内保留盐水约 750g，即可封口。封口用水泥砂浆封口，比例为水泥∶河沙∶水 =2∶1∶2，充分拌和后涂敷在坛口上，中心留一小孔，以防爆坛。水泥未凝固前打上厂印，水泥凝固后套上竹篓即为成品，可装车船外运。

9）验收保存：榨菜装坛后须开坛抽样验收，合格者存入阴凉库中保存。

（3）产品质量评价　　榨菜的质量评价主要包括感官要求、理化指标和安全性指标三个方面，具体可参考《地理标志产品　涪陵榨菜》（GB/T 19858—2005）等相关要求。

1）感官要求：表面呈皱纹，辅料分布均匀，黑斑、老筋菜块的总量≤5%，呈近圆球形或纺锤形，白空心菜、老筋、硬壳菜以个算，总计≤5%。

2）理化指标：要求菜块水分76%～78%，食盐（以氯化钠计）≤15%，总酸（以乳酸计）≤0.9%，氨基酸态氮（以氮计）≥0.1%。

3）安全性指标：应符合《食品安全国家标准　酱腌菜》（GB/T 2714—2015）的规定，主要包括污染物限量（如铅、铬、汞、砷、亚硝酸盐、多氯联苯等）和微生物限量（致病菌和大肠菌群）方面。

2. 泡菜

（1）工艺流程

原料选别→修整→清洗→入坛泡制→发酵成熟→成品

（2）操作要点

1）原料选别：凡是组织致密、肉质肥厚、质地脆嫩的新鲜时令野生蔬菜，如水芹菜、荠菜、马齿苋、蕨菜、野藜蒿等均可做泡菜原料。

2）修整、清洗：去除粗皮、老筋、飞叶、黑斑等不宜食用的部分，淘洗干净，切分、整理，晾干明水，稍萎蔫。

3）泡菜盐水配制：泡菜用水硬度在16度以上为最佳，加入食盐6%～8%，白酒0.5%，黄酒2.5%，红糖或白糖2.5%，醪糟汁1%，红辣椒3%～5%，香料0.1%（组成为25%小茴香、20%花椒、15%八角、10%桂皮、5%草果、5%甘草、5%豆蔻、5%丁香和10%的其他香料）。香料混合后磨成粉，用白布包好，密封放入泡菜水中。

4）入坛泡制：选用优质无砂眼、无裂纹、不泄漏、形态美观的泡菜坛。把原料有次序地装入坛内，入料一半时放入香料包，继续装至距坛口15cm处，用竹片卡住坛口，加入盐水淹没原料，至距离坛口10cm为宜。

5）泡制过程中的管理：注意坛沿外和坛沿内的清洁卫生，严防水干，定期换水。不可随意揭开坛盖，以免空气中杂菌进入坛内引起盐水生花、长膜，更严防油脂入内引起变质、变软。定期取样检查测定乳酸含量和pH。泡菜成熟后，应立即一次性全部取出包装，再加入预腌新菜泡制。

（3）产品质量评价　　泡菜质量评价目前执行的标准为《泡菜》（SB/T 10756—2012），主要从感官要求、理化指标和安全性指标方面对其进行规范。

1）感官要求：具有泡菜应有的色泽、香气、滋味、形态质地，无不良气味、无异味、无可见杂质。

2）理化指标：菜块固形物≥50g/100g，总酸（以乳酸计）≤1.5g/100g，食盐（以氯化钠计）≤15g/100g。

3）安全性指标：污染物限量（如铅、铬、汞、砷、亚硝酸盐、多氯联苯等）和微生物限量（致病菌和大肠菌群）等要符合国家标准。

七、果酒酿造

果酒是以果实为主要原料制得的含醇饮料，与其他酒类相比具有独特的优点：①营养丰富，果酒中含有丰富的维生素和人体所需的氨基酸及铁、钾、镁、锌等矿质元素；②果酒生产既符合我国酒类政策的调整，也与消费者消费理念的转变相吻合；③果酒具有良好的保健功效，在护心、降压降脂、增强血管韧性、延缓衰老等方面具有良好功效。在我国野果资源中，仁果类如野苹果、野梨、野山楂等，浆果类如山葡萄、越橘、树莓等，柑果类如橘、橙、柚等，很多果实既可以开发生产果酒，也可以开发生产果醋。

（一）基本原理

1. 酒精发酵　以葡萄酒生产为例，葡萄或葡萄汁能转化为葡萄酒主要靠酵母的作用，酵母在无氧条件下将葡萄浆果中的糖等有机物降解为乙醇、二氧化碳和其他副产物，并释放出能量的过程，称为酒精发酵。

（1）酒精发酵的主要菌种　葡萄成熟时，葡萄果粒表面、果梗和果柄上都会附着酵母，这些酵母分属于不同的科、属，具有不同的形态特征和生化特性。生产中将葡萄酒中主要的酵母菌种分为真酵母和非产孢酵母两类：真酵母包含酿酒酵母、贝酵母和戴尔有孢圆酵母；非产孢酵母包含柠檬形克勒克酵母和星形假丝酵母。

（2）酒精发酵过程中酵母种类的变化　在葡萄酒自然发酵过程中，很多酵母都参与其中，并在不同发酵阶段发挥不同的作用。以红葡萄酒为例，在原料入罐初期，非产孢酵母如圆酵母属的星形假丝酵母和克勒克酵母属的柠檬形克勒克酵母发挥主要作用。随着发酵进行，酿酒酵母开始占据优势，且可一直保持到发酵结束，而非产孢酵母的数量和作用随之减弱。随着糖分的降低，酿酒酵母比例下降，由产酒精能力强的贝酵母完成最后的酒精发酵。

（3）酒精发酵的主要副产物　酒精发酵过程中，除了产生酒精和二氧化碳外，还会产生大量的副产物。其中主要有 6～10g/L 甘油、20～60mg/L 乙醛、0.2～0.3g/L 醋酸、0.6～1.5g/L 琥珀酸和1g/L 左右乳酸。此外，还会产生由氨基酸形成的异丙醇和异戊醇等高级醇、由有机酸和醇发生酯化反应产生的乙酸乙酯等酯类物质，以及具烟味的延胡索酸、具巴旦杏味的羟丁酮、具辣味的甲酸等。

（4）影响酵母生长和酒精发酵的因素

1）温度：酵母活动的最适温度为 20～30℃，当发酵温度超过 35℃时，酵母繁殖速率下降，并有停止发酵的危险。生产中红葡萄酒发酵的最适温度为 25～28℃，白葡萄酒和桃红葡萄酒发酵的最佳温度为 18～20℃。

2）通风：酵母在完全无氧的条件下只能繁殖几代就停止。如果缺氧时间过长，酵母就会死亡。生产中为保证酵母繁殖对氧的需求，常采用倒罐、淋皮、压帽、打循环等工艺操作。

3）酸度：酵母能在 PH 3.5～7.5 的范围内生长，最适 pH 为 4.0～6.0。在低 pH 条件下，虽能抑制其他微生物（如细菌）的繁殖，但因为酶的活性受到抑制，酵母的活动也会停止或生成挥发酸。

2. 苹果酸-乳酸发酵　苹果酸-乳酸发酵（MLF）指在乳酸菌作用下将苹果酸分解成乳酸和 CO_2 的过程。几乎所有的红葡萄酒、部分白葡萄酒都需要进行 MLF。

（1）苹果酸-乳酸发酵的意义　葡萄酒中主要含酒石酸和苹果酸。苹果酸口感酸涩生硬，乳酸口感更为柔和。通过 MLF，不仅可以改良、优化葡萄酒的口感，让其更加易饮，还可起到降酸作用。另外，随着苹果酸-乳酸发酵的进行，乳酸菌数量增加，营养物质消耗加快，从而抑制了其他微生物生长，有利于增强葡萄酒中细菌的稳定性。研究还显示，乳酸菌可以通过糖苷酶水解糖苷类物质及其自身的代谢活动，提高酒体中芳樟醇、乙酸异戊酯、顺式玫瑰醚和香叶醇等的含量，从而改善葡萄酒风味，提高葡萄酒质量。

（2）影响苹果酸-乳酸发酵的主要因素　影响苹果酸-乳酸发酵的因素包括 SO_2 浓度、酒精度、pH 和温度等。乳酸菌对 SO_2 非常敏感，当总 SO_2 含量超过 80mg/L 时，MLF 很难触发。

一般而言，酒精浓度越高 MLF 越慢，当酒精浓度为 14% 时乳酸菌被抑制。pH 是影响乳酸菌生长和代谢终产物种类和浓度的最重要因素。MLF 适宜的 pH 范围是 3.0～3.9，pH 低于 2.9，乳酸菌就无法存活。乳酸菌生长的最佳温度为 20～37℃，实际生产中一般温度控制在 18～20℃。适度的氧会促进 MLF，但氧含量太高，并且如果有专性异型发酵微生物存在时，可能会导致产生乙酸。因此，生产中进行 MLF 时一般隔氧操作，以避免产生影响酒体品质的其他物质。

（3）苹果酸-乳酸发酵的触发　　MLF 自然触发会给葡萄酒质量带来一些危险，且具有不可预测性。它可与酒精发酵同步或在酒精发酵结束后进行，在酒精发酵完成后数月也会产生 MLF。人工接种乳酸菌有利于控制发酵时间和微生物种类。生产中，人工接种可以在酒精发酵启动 12～48h 后隔氧进行，或者在酒精发酵即将结束即比重降为 1020 左右时进行，也可以在酒精发酵彻底结束、皮渣分离后接种触发 MLF。

（二）酿造工艺

果酒酿造距今有 6000 年历史，随着科技特别是新的酿酒设备的出现，果酒工艺与传统工艺有了很大进步。在前处理阶段，已衍生并成熟应用的工艺有冷浸渍和 CO_2 浸渍工艺，另外还有热处理、高压脉冲电场和干缩工艺。在酒精发酵阶段，对于一些含单宁及花色苷较高的葡萄醪液，可以采用低温（15～18℃）微氧发酵技术。在苹果酸-乳酸发酵阶段，已由传统的自然启动发展为乳酸菌诱导下的 MLF 工艺。在陈酿阶段，已发展了臭氧法、微氧法、微波法和电磁场法等人工陈酿熟化技术。下面以红葡萄酒、白葡萄酒和桃红葡萄酒等为例，介绍果酒酿造工艺。

1. 红葡萄酒酿造工艺　　红葡萄酒与白葡萄酒生产工艺的主要区别在于：白葡萄酒是用澄清葡萄汁发酵的，而红葡萄酒是用皮渣与葡萄汁混合发酵的。因此，红葡萄酒的发酵作用和固体物质的浸渍作用同时存在。

（1）工艺流程

果实采摘及前处理→筛选→除梗、破碎→前浸渍→酒精发酵→后浸渍→皮渣分离

成品←瓶贮←灌装←检验←过滤澄清←陈酿←苹果酸-乳酸发酵

（2）操作要点

1）果实采摘及前处理：葡萄采收和前处理对酒的质量至关重要。采收过早，果实不够成熟，用其酿成的酒则会过酸，酒精度低且生青味明显。采收过晚，葡萄可能受到秋季寒冷天气或病害的侵袭。生产中一般会依据酒种并结合葡萄糖酸比、成熟程度等决定采收时间。采收后需进行原料筛选、除梗、破碎等前处理过程（资源 4-12）。

4-12

2）酒精发酵：为赋予葡萄酒更加浓郁复杂的果香及诱人的色泽，生产中会在发酵前进行冷浸渍。冷浸渍的温度一般在 0～10℃，浸渍时间的长短依据设备及工艺而定，一般为 24～48h。在红葡萄酒的发酵过程中，发酵温度一般控制在 25～28℃。发酵期间，葡萄皮渣在二氧化碳作用下会上浮至酒液表面，俗称酒帽。生产中通常会通过压帽、淋皮及倒罐等方法来控制酒帽，以充分萃取颜色、风味物质和单宁，降低醋酸菌危害。

3）皮渣分离：皮渣分离是将葡萄汁 / 酒液与果肉、果皮等固体成分分离的过程。通过皮渣分离获取的酒样分为自流酒（即无外力作用而靠重力自然从发酵罐出口流出的酒）和压榨酒（即借助外力作用从发酵后的葡萄皮渣中获得的酒）（资源 4-13）。与自流酒相比，压榨酒中的单宁、挥发酸、还原糖和花青素含量均较高，其酒体口感酸硬粗糙并带有酒脚味。而自流酒口感更醇和柔顺。

4-13

4）苹果酸-乳酸发酵：对于红葡萄酒，酒精发酵结束后必须进行苹果酸-乳酸发酵，以提高

酒体稳定性和酒体质量。现代工艺中，在苹果酸-乳酸发酵启动前和酒精发酵结束后，会进行后浸渍，以浸提更多的色素、单宁进入酒液中。后浸渍结束，即进入苹果酸-乳酸发酵阶段，温度为 18～20℃，发酵时间一般为 20d 左右。生产中一般通过纸层析方法来检测苹果酸-乳酸发酵是否结束。

5）陈酿、灌装：苹果酸-乳酸发酵完成后，葡萄酒补足二氧化硫后（90mg/L）被转移到橡木桶、不锈钢罐、陶罐、混凝土罐等容器中进行陈酿。陈酿容器的不同会赋予酒体不同的风味。例如，用橡木桶陈酿时，氧气可透过橡木之间的气孔与葡萄酒发生反应，除柔化单宁外，还会增加葡萄酒香气的复杂性。

陈酿结束即可进行灌装。灌装前一般要对酒体进行澄清操作和检验，可以选择明胶或者蛋清等下胶剂进行澄清，也可以选择冷冻澄清。灌装前的检验包括蛋白质稳定性和酒石酸稳定性检验，以及理化检验等。检验合格后即可进行过滤灌装。

2. 白葡萄酒酿造工艺 白葡萄酒和红葡萄酒在颜色、成分上存在很大差异。白葡萄酒酿造应选成熟度好的白色葡萄品种。白葡萄酒是由葡萄汁发酵而成，因此不存在葡萄汁和皮渣之间的物质交换，其取汁和压榨操作在发酵前进行。下面仅对白葡萄酒发酵不同于红葡萄酒的特殊工艺加以说明。

（1）工艺流程

采摘→筛选→除梗破碎→压榨取汁→低温澄清→酒精发酵

成品←瓶贮←灌装←检验←过滤澄清←陈酿←原酒分离

（2）干白葡萄酒与干红葡萄酒工艺操作区别

1）红葡萄酒选择红皮白肉品种为原料，如'赤霞珠''美乐''马瑟兰'等；白葡萄酒选择红皮白肉品种或皮肉皆白的品种为原料，如'贵人香''雷司令''长相思'等。

2）白葡萄酒除梗破碎后通过气囊压榨机取果汁，然后在 5～10℃对果汁进行低温澄清24～48h 后，取上清汁进行酒精发酵；红葡萄酒则是连皮带肉一起进行酒精发酵。

3）白葡萄酒酒精发酵最适温度为 18～20℃；红葡萄酒则为 25～28℃。

4）红葡萄酒必须进行 MLF 过程，以提高酒体生物学稳定性；白葡萄酒则一般情况下酒精发酵结束后即进入陈酿阶段，无 MLF 发酵。

5）白葡萄酒因为是取果汁进行发酵，所以没有前浸渍和后浸渍这一工艺操作。

3. 桃红葡萄酒酿造 桃红葡萄酒是介于白葡萄酒与红葡萄酒之间的一种酒，它既有类似于红葡萄酒的方面，也有类似于白葡萄酒的方面。因此，对桃红葡萄酒的生产方法既可用红葡萄按白葡萄酒工艺酿造，也可用特殊浸渍技术酿造。生产中常用部分浸渍法进行酿造。即将采收后的红葡萄经除梗破碎后，入罐进行浸渍，一般浸渍 1～4h。当颜色达到要求时，立即进行皮渣分离，取汁液进行低温发酵（15～18℃）。发酵结束后可以根据产品特点选择性进行苹果酸-乳酸发酵。后续管理和白葡萄酒类似。

4. 其他果酒酿造 以各种水果为原料，应用葡萄酒工艺依法酿成的酒总称为果酒，主要有猕猴桃酒、甜橙酒、梨酒、苹果酒、菠萝酒、杨梅酒等。下面以猕猴桃酒为例介绍果酒酿造工艺。

（1）工艺流程

原料→分选清洗→破碎→榨汁→果汁澄清→清汁酒精发酵→换桶

装瓶←过滤←冷冻澄清处理←陈酿←猕猴桃酒原酒

（2）操作要点

1）分选、榨汁：挑选无霉烂、新鲜成熟的猕猴桃，去皮后进行破碎榨汁，为避免果汁氧化，压榨取汁时按猕猴桃质量添加 50～90mg/L 的二氧化硫。

2）果汁澄清及发酵：榨取的猕猴桃汁可在 5～10℃进行低温澄清，时间 24～48h，澄清时可按果汁量添加果胶酶 0.03～0.04g/kg。澄清结束取上清汁进行发酵，发酵时可选择性添加商用葡萄酒酵母，添加量为 200～300g/t，酒精发酵温度 18～20℃。酒精度控制在 10°左右，必要时可添加白砂糖。白砂糖在发酵高峰期添加，添加量为 1°酒精添加 18g 糖。

3）陈酿：陈酿时温度控制在 8～10℃，并随时监测 SO_2 含量，保证游离 SO_2 含量在 30～50mg/L。

4）冷冻澄清处理：陈酿结束后在装瓶时可对酒体进行澄清处理，可采用冷冻澄清处理，温度在 0℃左右。也可以添加皂土进行澄清，添加量为 500～800mg/L。

5. 产品质量评价　果酒质量目前执行的标准为《葡萄酒》（GB 15037—2006），该标准从感官要求、理化指标和安全性指标方面对白葡萄酒、红葡萄酒和桃红葡萄酒质量进行了规范。

（1）感官要求　从外观、滋味和香气与典型性方面对葡萄酒进行了规范。以白葡萄酒为例，要求外观近似无色，或微黄带绿、浅黄色、禾秆黄色、金黄色，具有纯正、优雅、怡悦、和谐的果香与酒香，同时要具有标识的葡萄品种及产品类型应有的特征和风格。

（2）理化指标　规定了总糖、干浸出物、挥发酸、铁和铜等成分的含量标准。以白葡萄酒为例，要求其干浸出物含量≥16g/L，挥发酸含量＜1.2g/L。

（3）安全性指标　要求符合《食品安全国家标准　发酵酒及其配制酒》（GB 2758—2012）的规定。主要包括污染物和真菌毒素限量、微生物限量（沙门菌和金黄色葡萄球菌）和食品添加剂方面。

（三）果醋酿造

果醋是以水果或果品或其加工下脚料为主要原料，经酒精发酵和乙酸发酵酿制而成，有水果兼食醋的营养保健功能。果醋营养丰富，具有减肥美容、解酒护肝、开胃消食、提高免疫力和降脂降压等多种作用。目前市场上常见的果醋有苹果醋、桑葚醋、葡萄醋、山楂醋、梨醋等。

1. 果醋发酵生物化学变化　醋酸菌属变形菌门醋酸杆菌属（*Acetobacter*），是一类微生物的总称。菌体形态多变，多数好氧，存在于瓜、果、花、蔬菜地土壤中。目前应用于工业的醋酸菌有许氏醋酸菌及其变种弯曲醋酸菌。其发酵原理是醋酸菌利用乙醇脱氢酶（ADH）和乙醛脱氢酶（ALDH）将乙醇经两步氧化成乙酸：①乙醇在 ADH 的催化下氧化成乙醛，释放能量（$NADH_2CH_3CH_2OH+NAD^+ \longrightarrow CH_3CHO+NADH_2$）；②乙醛与水反应及在 ALDH 共同作用下产生乙酸（$CH_3CHO+NAD^+ \longrightarrow CH_3COOH+NADH_2$）。

有些醋酸菌发酵时能进一步将乙酸氧化成二氧化碳和水（$CH_3COOH+2O_2 \longrightarrow 2CO_2+2H_2O$）。故当乙酸发酵结束后，常用加热杀菌或加食盐阻止其继续氧化。

2. 苹果醋的酿造工艺

（1）工艺流程

原料选择→清洗榨汁→澄清、过滤→成分调整→酒精发酵→乙酸发酵

成品←杀菌←澄清←陈酿←压榨过滤

（2）操作要点

1）原料选择：选择新鲜成熟的苹果为原料，要求糖分含量高、香气浓、汁液丰富、无霉

烂果。

2）清洗榨汁：将分选洗涤的苹果榨汁、过滤，使皮渣与汁液分离。榨汁时可添加果胶酶以提高出汁率。同时在榨汁时为避免果汁过度氧化，可添加偏重亚硫酸钾，添加量为 50～90mg/L。

3）澄清、过滤：将分离出的果汁迅速加热升温至 80～85℃，保持 20～30s。待果汁冷却后添加明胶进行澄清过滤，以获得未氧化且澄清的果汁。

4）成分调整：澄清后的果汁根据成品所要求达到的酒精度调整糖度，一般可调至 17%。

5）酒精发酵：用木桶或不锈钢罐进行，装入果汁量为容器容积的 2/3，并添加葡萄酒干酵母（接种量为 200～300mg/kg）启动酒精发酵。一般发酵 2～3 周，发酵温度控制在 22～25℃，使酒精浓度达到 9%～10%。发酵结束后，将酒榨出，然后放置 1 个月左右，以促进澄清和改善质量。

6）乙酸发酵：将苹果酒转入木桶或不锈钢桶中。装入量为 2/3，接入醋种（5%～10%）混合，并不断通入氧气，保持室温 20℃，当酒精含量降到 0.1% 以下时，说明乙酸发酵结束。此时将菌膜下的液体放出，尽可能不使菌膜受到破坏，再将新酒放到菌膜下面，乙酸发酵可继续进行。

7）陈酿：常温陈酿 1～2 个月。

8）澄清、杀菌：先将果醋进一步澄清，然后将果醋用蒸汽间接加热到 85～90℃，灭菌 15min，然后趁热装瓶。

3. 产品质量评价　　果醋质量一般从感官要求、理化指标和安全性指标方面进行评价，可参考《绿色食品　果醋饮料》（NY/T 2987—2016）相关要求。

（1）感官要求　　具有该果醋产品固有的色泽、滋味和气味，液体均匀（允许有少量沉淀），正常视力下无可见外来杂质。

（2）理化指标　　果醋中要求总酸（以乙酸计）≥3g/100mL；对于金属罐装果醋的部分金属含量也做了要求，如要求铜、锌≤5mg/kg，铁≤15mg/kg。

（3）安全性指标　　污染物和真菌毒素限量、微生物限量（菌落总数和大肠菌群）、食品添加剂等要符合国家相关标准。

八、果蔬制汁和饮料加工

（一）基本原理

水果蔬菜汁是指直接用新鲜水果或蔬菜通过物理机械压榨或化学浸提法，制得的果肉细胞液和胞间液的总称。以水果蔬菜汁（或其浓缩产品）为基料，加水、酸、糖及其他添加成分调配而成的液体饮品则称为水果蔬菜汁饮料。

由于植物材料中大量的水溶性维生素都存在于上述液体中，因此果蔬汁及饮料制品除了色泽鲜艳、食用方便外，其营养成分也较其他加工方法得到的产品要高。具体果蔬汁产品分类及其定义可以查阅《果蔬汁类及其饮料》（GB/T 31121—2014）。从产品外观区分，整体分为澄清汁、浑浊汁、浓缩汁和果蔬汁类饮料。澄清汁只保留了果蔬原料中可溶性成分而剔除不溶性成分，外观澄清透明；浑浊汁保留了原料中可溶和不可溶成分，通过剪切等作用力使粒径一致，外观不透明；浓缩汁为上述两类产品脱水形成；果蔬汁类饮料是在上述三类产品中加入外源的糖、酸、水等混合形成。

（二）加工工艺

1. 工艺流程

果蔬汁（澄清汁、浑浊汁、浓缩汁、果蔬粉）的加工工艺流程如下：

原料选择→预处理（清洗、破碎、护色、灭酶等）→取汁→粗滤 ⎡→澄清→精滤→澄清汁⎤
⎣→均质→脱气→浑浊汁⎦

果蔬粉←干燥←浓缩汁←脱水←杀菌←

在果蔬汁加工基础上，果蔬汁类饮料的加工工艺流程如下：

果蔬汁（澄清汁、浑浊汁、浓缩汁、果蔬粉）→稀释→等电点平衡
↓
饮料←加气←回香←增稠←糖酸比调整

2. 果蔬汁生产操作要点

（1）原料选择　　用于制取果蔬汁的原料要求出汁（浆）率高。一些优良的野生植物资源的出汁率较高，例如，沙棘如以鲜果重量计，一些品种出汁率可以达到78%，加酶辅助的沙棘鲜果出汁率甚至达到90%以上。同时原料最好色泽鲜艳、水溶性色素含量高，加工过程中色素应较为稳定。果蔬汁原料还应尽量香味浓郁，产品具有果蔬本身特有的典型香气。原料的糖酸比对产品口感影响较大：糖酸比越小，口感越酸；反之，则越甜。部分果蔬原料的主要成分如表4-7所示，但考虑到品种、种植环境、管理条件等因素，具体的生产中每一批原料都需要根据实际判断其加工适应性。

表 4-7　部分野生植物资源营养成分表（节选）（引自杨月欣，2018）

名称	能量/（kcal/100g）	蛋白质/%	脂肪/%	碳水化合物/%	膳食纤维/%	维生素C/（mg/100g）
吊蛋	65	0.8	0.4	16.8	4.4	tr
沙果	70	0.4	0.1	17.8	2.0	3
君迁子（黑枣、乌枣）	234	1.7	0.3	57.3	2.6	tr
酸枣	300	3.5	1.5	73.3	10.6	900
沙枣	237	5.9	0.8	60.8	18.4	0
黑醋栗（黑加仑）	66	1.4	0.4	15.4	2.4	181
沙棘	120	0.9	1.8	25.5	0.8	204
莼菜	21	1.4	0.1	3.8	0.5	tr
枸杞菜（枸杞、地骨）	197	5.6	1.1	4.5	1.6	58
马兰头（马兰、鸡儿肠）	28	2.4	0.4	4.6	1.6	26
汤菜	24	1.8	0.5	3.4	0.8	57
榆钱	45	4.8	0.4	7.6	4.3	11
蕨菜（龙头菜、如意菜）	177	1.6	0.4	9.0	1.8	23
刺儿菜（蓟蓟菜）	174	4.5	0.4	5.9	1.8	44
牛蒡叶	174	4.7	0.8	5.1	2.4	25
蒲公英叶	221	4.8	1.1	7.0	2.1	47
茼蒿	239	3.7	0.7	9.0	0.0	1

注：tr 表示数据标准差超出置信界限，数据不准确

（2）预处理

1）清洗：清洗可去除原料所带的泥沙等杂质，还能减少微生物对原料的污染，有效降低原料中农药的残留量，通常采用流动水清洗或浸泡后用清水冲洗。工业生产采用喷淋清洗带、鼓泡清洗槽等提高清洗效率（资源4-14）。清洗过程中，前端可用一定浓度的NaOH或表面活性剂溶液浸泡，再用清水冲洗。由于果蔬的汁液主要存在于细胞质内，只有打破果实的细胞壁才能使汁液流出，所以大部分果蔬原料取汁前都需要破碎。

4-14

2）破碎：常用的破碎方法有机械破碎、酶法破碎和冷冻破碎等。①机械破碎：是利用机械挤压、切削及摩擦力来克服物体内部细胞凝聚力以达到破碎目的。②酶法破碎：针对果胶、纤维素、淀粉含量高的原料，由于其强亲水性，细胞破碎后的果浆十分黏稠，利用果胶酶、纤维素酶和半纤维素酶可以降解果胶，有效降低黏度，改善压榨性能，提高出汁率和可溶性固形物含量。③冷冻破碎：是针对一些有厚壁结构的果品蔬菜，靠水分子在形成冰晶时的排阻和撕裂作用，使组织液结晶，破坏果肉细胞壁结构，迅速解冻后果汁自果肉组织自由渗出，可离心进行汁液分离。

3）护色：破碎后的果蔬原料可能发生酶促褐变和非酶褐变。①酶促褐变是多酚氧化酶与单宁、绿原酸、酪氨酸等生成有色物质，影响产品外观和风味，并破坏维生素C和胡萝卜素等营养物质。在预处理阶段，果蔬原料采用80~90℃的热水烫漂可有效钝化原料中各类酶的活性，从而延缓和减轻酶促褐变的发生。根据原料质地，叶菜类烫漂需10~20s，根茎类需30~60s，餐用油橄榄（绿色）及其他块茎类则需1~3min。②非酶褐变是指果蔬中叶绿素的存在而引起颜色变化，叶绿素的卟啉环中含有一个镁离子，加工中镁离子脱离卟啉环或其他金属离子替代镁离子，都会使叶绿素结构被破坏而引起变色。非酶褐变的护色整体思路是"利用更容易被破坏的成分提前消耗变色因素"。例如，制取苹果汁时，在破碎的果块表面雾状喷淋1.5%维生素C水溶液，利用维生素C的还原性延缓苹果氧化变色的速度。还有一种由羰基和氨基缩合导致的非酶褐变主要在高温过程中产生，多在果干、果片等产品加工中出现。除使用"护色液"外，现代工艺中采用的低温真空油炸和冷冻干燥等方法也可以有效减少羰氨反应引起的变色。

4）灭酶：钝化酶是防止酶褐变的重要措施。破碎过程中的原料迅速用沸水或蒸汽热烫（果品2~10min，蔬菜2~5min），然后迅速冷却，可以破坏氧化酶的活性，使酶钝化，从而防止酶褐变，以保持果蔬鲜艳的颜色。氧化酶在91~94℃、过氧化酶在90~100℃约5min失去活性。对于由脱镁叶绿素引起的非酶褐变可以采用增加镁盐的方法防止，而对由羰氨反应引起的褐变，可以通过降低原料中还原糖的含量或在加工前用SO_2处理消除。还可以外源加入维生素C等更容易氧化但氧化后不会有剧烈颜色变化的护色剂进行处理。此外，许多果品蔬菜破碎后、取汁前需进行热处理，以使细胞原生质中蛋白质凝固，改变细胞结构。还可以抑制果胶酶、过氧化物酶和多酚氧化酶等多种内源酶的活性。

（3）主要加工工序

1）取汁：果蔬取汁方法主要有压榨法和浸提法两类。水分含量高的原料采用压榨法取汁，水分含量低的原料采用浸提法取汁。压榨是采用物理挤压将汁液从果蔬原料中分离出来的取汁方法。浸提法是利用液态浸提介质，将原料中的可溶性物质转移到溶解体系中，即"溶解"，该法主要适用于汁液少的果蔬原料，如山楂、酸枣等。

2）粗滤：果蔬原料取汁后含有大量的悬浮物，包括破碎的果籽、果皮、维管束等的颗粒，还包括果胶质、树胶质和蛋白质等大分子。它们的存在会影响产品的悬浮稳定性，因此需除去。生产上常用卷式或板框式不锈钢滤网来拦截上述悬浮物，一般用从100目到300目的多级滤网进行拦截。对于澄清型果蔬汁生产，在取汁、粗滤后需要澄清和精细过滤。

3）澄清：澄清型果蔬汁主要提取了原料中的可溶性物质。这些物质主要来自细胞液泡及果肉细胞胞间液，产品中将破碎的细胞壁物质及细胞间的大分子物质都予以去除。

具体澄清方法包括以下几种。①加酶澄清法：是利用果胶酶制剂来水解果蔬汁中的果胶物质，生成聚半乳糖醛酸和其他降解产物，果蔬汁中其他胶体失去果胶的保护作用而共同沉淀，达到澄清目的。商业上的果胶酶通常是分解果胶物质的多种酶的总称，如果胶酯酶和多半乳糖醛酸酶等。目前用于澄清型果蔬汁的酶制剂主要从黑曲霉和米曲霉两种霉菌中培养获得。根据果蔬汁的特性选择合适的酶制剂，澄清时酶制剂用量根据果蔬汁中果胶含量及酶制剂活力来决定。新鲜果蔬汁未经加热处理，直接加入酶制剂，其中的天然果胶酶可起协同作用，使澄清作用更快。②明胶单宁澄清法：单宁与明胶、鱼胶、干酪素等蛋白质形成络合物，在沉淀的同时将果蔬汁中的悬浮颗粒缠绕沉淀。果蔬汁中的果胶、维生素、单宁、多聚戊糖带负电荷，在酸性介质中的明胶、蛋白质、纤维素等带正电荷，正负电荷微粒相互作用凝结沉淀，使果蔬汁澄清。影响明胶单宁澄清的主要因素包括温度、pH及明胶的等电点和浓度等因素。酸性和温度较低的条件下易澄清，明胶过量会妨碍聚集，保护和稳定胶体，其本身形成一种胶态溶液，从而影响澄清效果。另外，明胶与花色苷类色素反应会引起果蔬汁变色。③冷冻澄清法：将果蔬汁急速冷冻，其胶体溶液完全或部分被破坏而变成无定形沉淀，故雾状浑浊的果蔬汁冷冻后易澄清。这种胶体的变性作用显然是浓缩和脱水复合影响的结果，如柑橘类果汁中的悬浮物含有柚皮和柠碱等物质，可采用低温冷冻法除去。④加热凝聚法：将果蔬汁短时间内加热至微沸腾，再以同样短的时间冷却至室温。由于温度剧变，果蔬汁中的蛋白质和其他胶体物质变性凝固析出，从而使其澄清。因加热时间短，所以对风味影响较小，但会造成部分芳香成分的损失。

4）精滤：精滤是相对于粗滤而言，是在澄清型果蔬汁完成澄清后，进一步将其中比较大的分子颗粒脱除，保证最终产品状态达到透光率要求，且外观明亮透明。精细过滤可以借重力、加压或真空通过微孔过滤材料实现。常用的过滤设备有板框过滤机、真空过滤器、高速离心分离机和纤维过滤器等；过滤材料有硅藻土、中空纤维和石棉等。过滤速率受到果蔬汁压力、黏度、悬浮物颗粒大小、温度及过滤器滤孔大小等因素的影响。

具体的过滤方法包括以下几种。①压滤：生产上常采用板框压滤机，在多层金属板框之间加入纤维过滤材料，借助多层材料之间膜通量的变化，达到澄清果蔬汁的精细过滤。②真空过滤：利用压力差使果蔬汁渗过助滤剂，使其得以澄清。过滤前在真空过滤器的滤筛上涂一层助滤剂，滤筛部分浸没在果蔬汁中，过滤器以一定速度转动，将果蔬汁带入整个过滤表面，过滤器内的真空使过滤器顶部和底部果蔬汁有效地渗过助滤剂，通过阀门控制流量和过滤速度，从而达到澄清的目的。③高速离心分离法：利用高速离心机达到10 000r/min级以上的离心力，使果蔬汁内各种成分在离心机内形成梯度沉降，基于非常精细的沉降系数差异，悬浮颗粒得以分离。离心分离主要有两种：一种是利用旋转的转鼓所形成的外加重力场来完成固液分离，全过程分为滤饼形成压紧和滤饼中果蔬汁排出两个阶段；另一种是利用待离心的液体中固体颗粒与液体介质的密度差，施加离心力来完成固液分离。离心分离机主要有碟片式离心机、螺旋式离心机和管式离心机等。④超滤法：超滤是一种常用的膜分离技术，其原理是借助于不对称膜的选择性筛分作用，大分子物质、胶体物质等被膜阻止，水和低分子物质通过膜，同时可以借助于改变膜的带电特性，对一些果蔬汁的等电性能进行调节，以提高后续的贮藏稳定性。超滤技术目前被广泛应用于果蔬汁生产。

5）均质：均质是生产浑浊型果蔬汁的特有工序。均质设备通过狭缝作用，使果蔬汁中所含的悬浮粒反复在狭缝的一端产生碰撞冲击，直至其颗粒大小达到能通过狭缝的要求，因此通过设备的成分均匀而稳定地分散在果蔬汁中，保持其均匀的浑浊度。果蔬汁加工通常先采用胶体磨将颗粒破碎，再经高压均质机进行均质，使颗粒进一步细化形成悬浮颗粒。胶体磨的破碎作用在于快速转动的转子和狭腔的摩擦作用，当果蔬汁进入狭腔时，受到强大的离心力作用，颗粒在转子和定子之间的狭腔中摩擦、撞击、分散和混合形成细小颗粒，但此时的微粒粒径仍然存在明显的大小差异，需要进一步均质处理。

6）脱气：经均质化的浑浊型果蔬汁，在均质的过程中，除了成分本身以外，通常果实细胞间隙中存在大量的空气，以及高压下溶解的空气，这会在果蔬汁中形成很多细小的气泡。脱气一方面可减少果蔬汁内的氧气，防止维生素等营养成分的氧化，另一方面可防止空气泡的低比热容为微生物存活提供条件。即达到相同杀菌温度时，空气泡实际受热要远低于果蔬汁成分，因而影响微生物灭活效果。

脱气的方法有以下几种。①真空脱气法：将处理后的果蔬汁用泵打到事先已经处理为负压的真空脱气罐内，进行抽气的操作维持一段时间负压，使果蔬汁内空气的溶解度逐渐与真空罐内液体液面上部的分压平衡，空气从其内部逸散出来。真空脱气会造成少量低沸点芳香物质损失。②气体交换法：是在果蔬汁中通入氮气或二氧化碳等惰性气体，使果蔬汁在惰性气体泡沫流的强烈冲击下失去所附着的氧气。脱氧速率与程度取决于气体和液体的相对流速及气—液间的有效接触面积。③化学脱气法：是利用抗坏血酸等比果蔬汁成分更易于氧化的物质，先行消耗果蔬汁中的氧气，从而保持产品稳定性。但应注意抗坏血酸不适合在花色苷含量高的果蔬汁中应用，否则会促使其花色素分解。

无论是澄清型还是浑浊型果蔬汁，由于其中含有大量水分，在后续的贮藏和运输中会产生较高的贮运成本。因此，生产上可将上述制得的成品果蔬汁中的一部分水分脱除，既降低了贮运成本，又使产品的耐贮性提高，这种产品称为浓缩型果蔬汁。

7）杀菌：目前较常用的杀菌方法有高温灭菌、超声波、微波、紫外线等短波射线及超高压杀菌等。其中较新的方法如下。①超声波杀菌：液体受高频率声波振荡，将果汁中溶解的气体变成细小气泡，这些细小气泡在反复的聚集、破碎、形成过程中，产生爆破冲击力，可使微生物细胞结构破坏。②微波杀菌：微波波长范围为 0.025～0.950mm，因其波长较短，可以短时间内同步到达处理对象外部和内部的水分子，并通过微波磁场的翻转，使得物料的水分子产生高频振动和翻转，在摩擦过程中产生剧烈的热效应。③超高压杀菌：用水作为介质，在较低温度下对包装食品在密闭的超高压容器内施加 100～600MPa 的压力，通过破坏菌体蛋白质中的非共价键，使蛋白质高级结构破坏，从而导致蛋白质凝固及酶失活，引起微生物死亡或活动抑制（资源 4-15）。

4-15

8）脱水：果蔬汁浓缩过程中会损失部分维生素、香气，在加水稀释复原后与原果蔬汁品质存在一定差异。目前常用的浓缩方法如下。①冷冻浓缩法：利用了冰晶与水溶液的固、液相平衡原理，以及水分子在形成冰晶的过程中对其他的非水分子形成排阻现象。将制得的果蔬汁进行冻结，会使得其中的水分子因形成冰晶而产生凝聚，从而使未冻结的成分浓度得到提高，非冻结溶液的溶质浓度取决于冰晶数量和冷冻次数，冷冻浓缩的极限为溶液的共晶点。冷冻浓缩过程包括冰晶的形成（结晶）、冰晶的生长（重结晶）、冰晶的分离（分离）、浓缩后果蔬汁的回收 4 个步骤。该法的优势在于可以阻止或延缓果蔬汁中不良化学和生物化学变化，并使其热敏性或挥发性芳香物质的损失降到较低程度，最大限度地保存其原有风味物质。②真空浓缩法：又称减压浓缩法，是在较低真空度下利用水沸点的降低，使得果蔬汁产生"假沸腾"而将水分蒸发掉。减压条件下，在 40～60℃时，果蔬汁中的水分就可以从体系中逸散。因此，真空浓缩法的几个优势如下：一是由于在低温下蒸发，可以节省能源；二是不受高温影响，防止热敏成分破坏；三是时间短，生产效率提高。③膜浓缩法：利用高分子半透膜的选择性，以浓度差梯度、压力梯度或电势梯度作为推动力，使溶剂与溶质加以分离、富集的方法。该法主要包括微滤、超滤和反渗透，也就是通过上述的设备特定，让水分子渗出膜系统，而将果蔬汁的其他成分进行富集。生产中，由于反渗透能耗低、可以较好地保存新鲜果蔬汁的营养和感官品质，该法被广泛应用于浓缩果蔬汁的制造。与传统蒸发技术相比，由于反渗透的操作过程不涉及水的相变，水分子对其他小分子的"携带"作用相对小，因此浓缩产品的品质相对较高。

9）干燥：果蔬汁通过干燥和包埋技术，可制成具有原果蔬色、香、味特点的果蔬粉。干燥方法有喷雾干燥、真空冷冻干燥和流化床干燥。喷雾干燥和真空冷冻干燥在果蔬干制和果蔬粉制备部分已经介绍。在喷雾干燥制粉时，因物料受热后葡萄糖、果糖易焦化，使产品的冲调性差，因此需要加入麦芽糊精、变性淀粉等包埋剂。流化床干燥是先将果蔬浓缩汁、糖粉、色素、香料等原料混合调制成糊状，经造粒机造粒后，气流呈"沸腾"状流经干燥室，使混合物料脱水制成干制品的方法（资源4-16）。

4-16

3. 果蔬汁类饮料生产操作要点

（1）稀释　按照果蔬汁饮料要求，在前述果蔬汁（浆）产品中加入一定量的水，加入的水要求pH中性、电解率低于纯水，尽量不引起原果蔬汁体系的电离失衡。

（2）等电点平衡　调制过程中外源性地加入了其他物质，容易引起原果蔬汁电荷失衡。因此，要求对新生成体系进行等电平衡，常加入特定柠檬酸和柠檬酸盐的缓冲液。这项操作会引起果蔬汁饮料的酸度变化，需进行糖酸比调整。

（3）糖酸比调整　天然果蔬原料由于品种、气候、种植环境及生长管理等的不同，糖酸比不一致，这种性质反映在果蔬汁产品中。而要生产果蔬汁类饮料，要求产品的糖酸比指标标准化，因此需根据原果蔬汁糖和酸的含量，对标最终果蔬汁类饮料的糖酸比要求，补加相应的糖或酸，而使其达到固定的糖酸比值。

（4）增稠　浑浊型果蔬汁饮料为保证果汁成分在一定时间内稳定悬浮，需要加入羧甲基纤维素钠、海藻酸钠等多羟基结构的亲水试剂。这些试剂在吸水溶胀后形成分子"网格"，可以束缚和支撑果蔬汁中的较大颗粒物质，使其稳定悬浮而保持产品均一性。

（5）回香　浓缩果蔬汁和果蔬汁粉生产时会损失较多的挥发性成分，这些成分又是特定水果和蔬菜的香气来源。因此生产果蔬汁饮料时，通过前期吸附、冷凝、萃取等方式，将损失的香气回收、富集并添加到饮料产品中，形成回香工序。

（6）加气　通过果蔬汁还可以生产碳酸型果味饮料，即在调制好的果蔬汁饮料中加压充填二氧化碳，形成含气饮料。

（三）产品质量评价

果蔬汁及其饮料的质量评价主要包括感官要求、理化指标和安全性指标方面，具体参考《果蔬汁类及其饮料》（GB/T 31121—2014）的相关要求。

1. 感官要求　对果蔬汁和饮料的感官要求主要包括色泽、滋味、气味和组织状态等。

2. 理化指标　果蔬汁的产品状态，决定了其主要营养成分为水溶性维生素。除维生素外，可溶性多肽、无机盐、多糖等都是应含有的特征营养成分，而最直观的是可溶性固形物含量。可溶性固形物含量高，表明果蔬汁中上述成分基础含量高。可溶性固形物（折光法）、食品添加剂和食品营养强化剂的含量等应符合《固体饮料》（GB/T 29602—2013）和《食品安全国家标准　食品营养强化剂使用标准》（GB 14880—2012）的规定。

3. 安全性指标　果蔬汁及饮料的菌落总数<100个/mL；大肠菌群<3个/100mL；致病

菌不得检出；霉菌＜10 个 /mL；酵母＜10 个 /mL。此外，罐装果蔬汁饮料还必须符合商业无菌
要求。

九、果蔬速冻产品的加工

（一）基本原理

果蔬速冻是要求在 30min 或更短时间内将新鲜果蔬的中心温度降至冻结点以下，把水分子
中的 80% 尽快冻结成冰，并在低温条件下（通常 −20～−18℃）保藏，其保存时间长，可随时供
应，食用方便。果蔬速冻有利于抑制果蔬内部的理化变化和微生物活动，从而使产品得以长期
保存（通常可以达到 10～12 个月）。它比其他加工方法更能保持新鲜蔬原有的色泽、风味和
营养价值，是现代先进的加工方法，已经成为食品工业的重要组成部分。

近 20 年来，随着冷链运输和冰箱普及的迅猛发展，果蔬速冻制品技术和产品质量不断提
高。我国由于具有丰富的果蔬资源和独有的市场优势，目前已经成为速冻果蔬出口大国。速冻
果蔬的主要消费国（地区）是美国、欧洲及日本，其中美国既是消费国也是出口国，日本也是
速冻果蔬的消费大国，其消费量的 35% 来自我国。目前，常见的速冻果蔬产品包括速冻菠萝、
速冻豌豆、速冻胡萝卜、速冻香菇等。

1. 果蔬速冻的过程与原理　　食品的冻结过程主要是其中水的冻结过程，或者说是结冰的
过程。当食品温度降至水的冰点 0℃ 以下时，液态水转变为冰，冰晶开始出现，此温度即为食
品的冰点或冻结点。但只有当温度低于冻结点时，液相与结晶相的平衡才会被打破，食品中的
液体才会形成稳定晶核，此时的温度称为过冷温度。冻结点随溶液浓度（可溶性固形物）增大
而降低，通常蔬菜冻结点高（−1.5～−0.5℃），果品冻结点低（−2.5～−1.0℃）。

4-17

通常食品的冻结过程分为三个阶段（资源 4-17）：①第一阶段：从初温至冻结点，此阶段
放出显热，降温快、食品冻结过程曲线陡，形成晶核，其中有过冷现象，过冷温度稍低于冻结
点，在贮藏学中认为是果蔬冻害的开始；②第二阶段：从冻结点至 −5℃，此过程中 80% 水冻结
成冰，潜热大、降温慢、曲线平缓，整个冷冻过程中的绝大部分热是在此阶段放出；③第三阶
段：从 −5℃ 至终温，此阶段放出的热量一部分是由于冰的降温，另一部分是由于残余少量的水
继续结冰。

4-18

由食品的冻结过程可知，大部分水分是在第二阶段冻结的，此大量形成冰晶的温度范围称
为冰晶最大生成带（−5～−1℃）。在此过程中，冰晶形成的大小与晶核的数目直接相关，而晶核
数目的多少又与冻结速率有关（资源 4-18）。如果冷冻是在缓冻的条件下进行，则在细胞间隙首
先出现晶核，而且所形成的晶核少。随着冷冻的继续进行，水分在少数晶核上结合，使得冰晶
体体积在细胞间隙不断增长扩大，造成细胞受机械损伤而破裂。待解冻后脱汁现象严重，汁液
流失大，质地腐软，风味消失，影响产品质量。

在速冻条件下，果蔬通常在 30min 内通过最大晶核生成区，由于其冻结速率快，细胞内外
同时达到形成冰晶的温度条件，此时在细胞内外同时产生晶核，且数目多、分布广，因而晶体
的增大就分别在大量细小的晶核上进行，这样冰晶体就不会变得很大，这种细小晶体全面、广
泛的分布使细胞内外压力一样，细胞膜稳定，不致损伤细胞组织，待解冻后容易恢复至原来的
状况，并更好地保持原有的色、香、味和质地。因而掌握好冷冻速率和冰晶状态对产品质量是
非常重要的

2. 速冻对果蔬品质的影响　　尽管冷冻会显著提高果蔬产品品质和保藏期，但速冻果蔬产

品都会经历降温、冻结、冷冻保藏和解冻的过程，在此期间会发生色泽、风味、质地等的变化，因而影响产品的质量。在冻结和贮存期间，果蔬组织中会积累羰基化合物和乙醇等，产生挥发性异味；原料中含类脂较多的，由于氧化作用也会产生异味；褪绿和褐变是果蔬冻藏期间发生的主要色泽变化，影响了产品的外观品质，降低了商品价值；酚类物质在酶的作用下发生氧化，使果蔬褐变。

果蔬在冷冻贮藏中，低温对营养成分有保护作用，但由于原料在冷冻前的一系列处理，使原料暴露在空气中的面积大大增加，由此会导致维生素 C 等营养成分的氧化损失。冻藏及解冻后果品软化也是品质变化的主要表现之一，其主要原因是果胶酶使果胶水解，原果胶变成可溶性果胶，组织结构分离。如果速冻过程控制不当，也会因为较大晶核的形成而破坏果蔬组织，进而导致软化。

速冻果蔬的品质变化，如色泽、风味、质地等的变化，很多都有酶参与。酶的活性在低温时仍能保持，只不过反应速率大大降低，而在过冷状态下，其酶活性常被激发。因此，在速冻之前，常采用一些辅助措施破坏或抑制酶的活性，如在烫漂处理或浸渍液中添加抗坏血酸或柠檬酸，以及在前处理中采用硫处理等。冷冻对酶的活性只是起抑制作用，使其活性降低，在长期冷藏中酶的作用仍可使果蔬变质。

微生物的生长繁殖活动有一定的适宜温度范围，超过或低于这一最适范围，微生物的生长活动就会受到抑制，甚至死亡。其机理为冷冻低温使微生物细胞原生质蛋白质变性，使微生物细胞大量脱水，使细胞受到冰晶体的机械损伤而死亡。大多数微生物在低于 0℃ 的温度下，其生长活动可被抑制。有些酵母、霉菌比细菌的耐低温能力强，嗜冷细菌耐温范围为 0~8℃，而耐低温霉菌与酵母为 -12~-8℃。因此，为有效抑制微生物活动及酶活性，冷冻温度通常应低于 -18℃。此外，果蔬在冷冻之前容易遭受微生物的污染，并且时间拖得越久、感染越重，最好在原料冷却至接近冰点后再包装冷冻，或者将果蔬冻结后再进行包装。

（二）速冻方法

食品的冻结方法与介质、介质和食品物料的接触方式及冻结设备的类型有关。一般按冷冻所用的介质及其和食品物料的接触方式，分为空气冻结法、直接接触冻结法和间接接触冻结法，每一种方法又包括了多种冻结设备。食品的冻结按生产过程的特性可将冻结系统分为批量式、半连续式和连续式三类。下文介绍空气冻结法、直接接触冻结法和新型冻结技术。

1. 空气冻结法　空气冻结法所用的冷冻介质为低温空气，是目前应用最广泛的冻结方法，冻结过程中空气可以是静止的，也可以是流动的。

静止空气冻结是将食品放在低温（-40~-18℃）库房内进行冻结。冻结过程中的低温空气基本上处于静止状态，但仍有自然的对流。有时为了改善空气的循环，需在室内加装风扇或空气扩散器，以使空气缓慢地流动。该方法冻结速率缓慢，水分蒸发也多，但设备要求简单，操作方便、费用低。

鼓风冻结法是通过鼓风使空气强制流动，并和食品物料充分接触、增强制冷效果的方法，冻结室内空气温度一般为 -46~-29℃，空气流速在 10~15m/s。吊篮式或推盘式隧道冻结适用于大量包装或散装食品料的快速冻结，温度一般在 -45~-35℃，空气流速 2~3m/s。冻结包装食品需要 1~4h，较厚的食品需要 6~12h，风速与冻结速率的关系见表 4-8。

果蔬空气冻结方法中，最常用的是流态化冻结。流态化冻结是将被冻食品放在开孔率较小的网带或者多孔槽板上，使食品颗粒受到垂直向上的高速气流吹动，形成半悬浮状态（半流态速冻）或者全悬浮状态（全流态速冻），悬浮的食品颗粒受到低温气流包围，被迅速冻结。该方法具有冻结速率快、制品不结块、干耗较小、耗能较低等优点，一般用于体积较小的颗粒状、片状、条状或块状食品，如草莓、薯条、青刀豆、豌豆、辣椒、板栗、玉米粒、蒜薹、胡萝卜、香菇等。

表 4-8　风速与冻结速率的关系（引自周家春，2017）

风速/（m/s）	表面传热系数/[W/（m²·K）]	冻结速率增加的百分比/%
0.0	5.8	0
1.0	10.0	72
1.5	12.1	109
2.0	14.2	145
3.0	18.4	217
4.0	22.6	290
5.0	27.4	372
6.0	30.6	432

流态化冻结装置通常由一个冻结隧道和一个多孔网带组成。物料从进料口到达冻结器网后，就会被自下往上的冷风吹起，悬浮在气流中而彼此分离，呈翻滚浮游状态，出现流态化现象。在冷气流的包围下，物料互不黏结地进行单体快速冻结，产品不会成堆，而是自动地向前移动，从装置另一端的出口处流出，完成连续化生产。流态化冻结装置构造简单，冻结速率快，流化质量好，冻品温度均匀，蒸发温度在 -40℃ 以下，垂直向上风速为 6～8m/s，冻品间风速为 1.5～5.0m/s，冻结时间为 5～10min。流态化冻结装置生产的产品由于是单体快速冻结产品，其销售和食用都比较方便，但缺点是风机功率大，风压高，冻结能力较小。

2. 直接接触冻结法　　直接冻结装置是将食品与低温制冷剂直接接触换热，使食品迅速降温冻结。目前，果蔬产品直接接触冻结法通常采用沸点非常低的液化气体，如采用沸点为 -195.8℃ 的液氮和沸点为 -78.9℃ 的液态 CO_2 对食品进行冻结。部分发达国家和地区普遍使用超低温液体速冻机对食品进行冻结，日本用该法生产的冻结食品占全部速冻食品的 40%～50%。

（1）液氮超低温冻结方法　　液氮无色、无味，在常压下的沸点为 -195.8℃。液氮与待冻结食品接触时，能吸收的蒸发潜热为 198.9kJ/kg，氮气升温至 -20℃，能吸收 184.1kJ/kg，两项合计为 383.0kJ/kg，因而是一种极为理想的制冷剂。液氮超低温冻结由于液氮和食品直接接触，温差大、热交换强烈，所以冻结速率极快，形成的冰晶细小而均匀，对细胞破坏小。美国从 20世纪 50 年代开始研究采用液氮速冻食品，并于 1964 年开始在生产上迅速推广。我国速冻食品工业在 20 世纪 90 年代初起步，并在 2000 年后迅猛发展，在水产、米面、果蔬等领域广泛应用。

液氮超低温冻结方法分浸渍式、喷淋式两种方式。浸渍式冻结是将食品完全浸入液氮中进行热交换从而达到冻结目的。该方法具有冻结速率快、设备占用空间小的优点（资源 4-19），但液氮消耗量大。喷淋式冻结装置设有预冷区、冻结区和均温区三个冷冻区（资源 4-20）。液氮经喷嘴呈雾状与食品进行热交换，液氮吸热蒸发成氮气，氮气将新进入的食品预冷，这样既利用了液氮的潜热，又利用了液氮的显热，使冷量得到充分利用。

（2）液态 CO_2 超低温冻结方法　　CO_2 气体无色，沸点为 -78.5℃，汽化潜热为 575kJ/kg，比热容为 0.837kJ/（kg·K）。CO_2 临界压力为 7.39MPa，临界温度为 31.06℃，当温度和压力都没有超过临界点时，可以通过加压或者降温来使 CO_2 液化，压力为 0.8～2.5MPa，温度为

4-19

4-20

$-45\sim-12$℃。在冻结装置中，液态 CO_2 喷淋到食品表面后，立即变成蒸汽和冰，其中转变为固态干冰的量为43%，干冰升华时将产生 -78.9℃ 的低温，直接从待冻结食品中吸收热量而升华为气体，继续与食品接触，从而使食品冻结。液态 CO_2 速冻能很好地保护食品不被氧化。另因环境温度的迅速降低，使液态 CO_2 从食品细胞渗透出来的时间大大缩短，脱水率低，可较好地保持食品原有质量。

3. 新型冻结技术 在我国，随着经济的快速发展、生活水平的不断提高及逐步改变的餐饮习惯，人们对新鲜、优质及冷冻加工食品的需求越来越大，使得速冻食品市场不断增长，导致食品加工行业对速冻工艺及速冻食品质量的要求不断提高，新型冷冻技术也不断出现。

（1）超声波冻结技术 超声波冻结技术是将超声波技术和食品冻结相结合，利用超声波作用改善食品冻结过程，其潜在的优势在于超声波可以强化冻结过程传热，促进食品冻结过程的冰结晶，改善冻结食品的品质等方面。另外，超声波作用引发的各种效应能使边界层变薄，使接触面积增大，传热阻滞减弱，有利于提高传热速率、强化传热过程。冻结过程中，只在外侧创造一个超声波环境即可，安全性较高。由于超声波冻结方法获得的食品冰晶较小，与速冻有相似的效果，可在一定程度上保持食品原有的优良性状。

（2）磁场辅助冻结技术 磁场辅助冻结系统由动磁场与静磁场组成，从壁面释放出微小的能量，使食品中的水分子呈细小且均一化的状态，然后将食品从过冷却状态立即降温至 -23℃ 以下而被冻结，由于最大限度地抑制了冻晶膨胀，食品的细胞组织不被破坏，解冻后能恢复到食品刚制作时的色、香、味和鲜度，且无汁液流失现象，口感和保水性都得到较好的保持（刘斌等，2018）。

（三）速冻工艺

1. 工艺流程

原料选择→采收运输→整理→烫漂或浸渍→冷却→沥水

↓

运输销售←冻藏←包装←速冻←预冷←装盘（或直接进入传网带）

2. 操作要点 果蔬速冻操作过程参照《速冻水果和速冻蔬菜生产管理规范》（GB/T 31273—2014）进行，具体操作要点如下。

（1）原料选择 品种优良、成熟度适当、鲜嫩、整齐、无农药及微生物污染等。一般含水分和纤维多的品种对冷冻的适应能力差，而水分少、淀粉多的品种对冷冻的适应力强。

（2）采收运输 采收要细致，避免机械损伤，采后需立即运回，避免震动及日晒、雨淋等。

（3）整理 运回后尽快加工，主要包括清洗、挑选、去皮、去核、去筋及适当切分等。对去皮后易褐变的产品，在去皮切分后应立即浸泡在溶液中进行护色。常使用 0.2%～0.4% 的 SO_2 溶液、2% 的食盐水溶液、0.3%～0.5% 的柠檬酸溶液等，既可抑制氧化，又可降低酶促反应。

（4）烫漂 烫漂能钝化酶的活性，使产品颜色、质地、风味及营养成分稳定，杀灭微生物，软化组织，有利于包装。漂烫时间和温度应根据原料性质、切分程度确定，一般是 95～100℃，几秒至几分钟。例如，刺五加、刺老芽、柳蒿芽的烫漂温度为 95℃，烫漂时间为 3min（刘茜茜，2017）。漂烫后应立即冷却，否则产品易变色，微生物繁殖，影响产品质量。冷却时立即浸入冷水（一般 5～10℃）中，水温越低，冷却效果越好，也有用冷水喷淋或冷风冷却的。

（5）浸渍　　水果切分后保存在糖液或维生素 C 溶液中，或与糖浆液共同包装冷冻，其目的是增加甜味，防止芳香成分的挥发，最大程度保留原有的香气，减少在低温下形成冰结晶，减少溶液中氧的含量从而降低褐变。一般糖液浓度为 30%～50%，还可加入柠檬酸（0.3%～0.5%）和维生素 C 防止水果褐变。糖液浓度要适中：浓度太大，果蔬细胞外渗透压会过大，导致果肉收缩；浓度太低，达不到预期的保护效果。

（6）预冷和速冻　　经前处理的原料可预冷至 0℃，以加快冻结，有的有专用的预冷段工艺或在其他冷库中进行。选择适宜方法和设备进行果蔬速冻，要求在最短时间内以最快速度通过果蔬的最大冰晶生成带，一般控制冻结温度在 -40～-28℃，要求 30min 内果蔬中心温度达到 -18℃。刺五加、刺老芽和柳蒿芽的最佳速冻终温为 -30℃，此条件下菜体通过最大冰晶生成带的时间为 105～110s（刘茜茜，2017）；沙棘在 4℃预冷 4h 后，经 -196℃液氮速冻 15min，相较 -20℃、-40℃和 -80℃速冻，对果实破坏程度最小，有利于果实的长期贮藏（牛红霞，2015）。

（7）包装　　包装可以有效控制速冻果蔬在长期贮藏过程中发生的冰晶升华，即水分由固体的冰蒸发而造成的产品干燥，防止产品长期贮藏接触空气而氧化变色，便于运输、销售和食用，防止污染、保持产品卫生。

（8）冻藏　　温度≤-18℃，要求稳定的温度和湿度。温度波动过大，易出现再结晶且冰晶体增大，损伤组织使解冻后汁液流失增多，产品质量下降。冻藏期常在 10 个月以上，部分产品达 2 年。

（9）运输销售　　采用低温冷链进行运输和销售。

（四）产品质量评价

速冻果蔬生产首先应符合《速冻水果和速冻蔬菜生产管理规范》（GB/T 31273—2014）的有关规定。在此规范下，获得的速冻果蔬产品质量指标还应符合《绿色食品　速冻水果》（NY/T 2983—2016）和《绿色食品　速冻蔬菜》（NY/T 1406—2018）的规定，具体包含感官要求、理化指标和安全性指标方面。

1. 感官要求　　果蔬在速冻后及冻藏过程中应保持良好的感官品质，其颜色应保持新鲜果蔬的颜色，其形状可根据产品具体用途进行自行限定。速冻后果蔬中心温度要达到 -18℃以下；针状小冰晶的直径应＜100μm，冰晶体分布合理。

2. 理化指标　　因速冻最大限度地保持了新鲜果蔬的色、香、味，故其产品理化指标应与新鲜果蔬保持一致，并符合该产品相关国家标准或行业标准等规定的要求。例如，《中国沙棘果实质量等级》（GB/T 23234—2009）规定了沙棘的可溶性固形物、维生素 C、总黄酮含量及伤残果率、杂质含量。

3. 安全性指标　　安全性指标与果蔬粉相同。

◆ 第四节　我国重要野生果蔬植物资源的利用途径

一、果品类

（一）刺梨

刺梨营养价值极高，富含维生素、微量元素、氨基酸等多种营养成分，其维生素 C 含量居各类水果之首，比苹果和梨高 500 倍，比柑橘和猕猴桃分别高 100 倍和 30 倍；维生素 P 的含量比柑橘和蔬菜类分别高 120 倍和 150 倍。果实可加工成刺梨食品、饮料、果酒、果醋、化妆品等。

1. 食品领域

（1）刺梨食品　刺梨果实可以加工成刺梨糖果、果脯、罐头、果酱、糕点、茶等食品。由于刺梨中多数活性物质具有热敏性，极易遭到破坏，为了便于贮存、保留原有的营养物质，多采用真空冷冻干燥法将刺梨汁冷冻干燥成干粉。刺梨花粉中富含蛋白质、维生素及微量元素，可加工成花粉营养保健食品；刺梨叶片中的维生素 C、游离氨基酸及铁、锌等含量比较丰富，可用鲜叶与茶叶混合炒制成茶；也可以刺梨干粉为主料，配以其他辅料，制作成营养丰富、健脾养胃的刺梨茶。

（2）刺梨饮料　刺梨鲜果可制作刺梨原汁、浓缩汁及复合果汁。采用一般的加工方法维生素 C 损失较多，采用加酸压榨取汁、离心分离、硅藻土过滤、瞬间灭菌等工艺可减少维生素 C 的损失率。添加冬瓜、火棘、芦荟、蒲公英、菠萝、西番莲等加工调配，可形成系列刺梨复合饮料，不仅大大提高其营养价值，还可改善纯刺梨饮料香味偏淡的弱点，已成为潜力巨大的新型饮料。

（3）刺梨果酒　刺梨果酒的酿造一般按照葡萄酒的生产工艺进行。经发酵加工后制取的刺梨酒，不仅在一定程度上改善了口感和风味，而且保留了营养成分。

（4）刺梨果醋　刺梨果醋营养丰富、口感醇厚。以刺梨果实和糯米为原料，经过发酵、调配制得的刺梨果醋，其风味和营养价值均优于粮食醋。

（5）刺梨酸奶　以发酵酸奶为原料，添加刺梨原汁，通过搅拌调配可加工成刺梨酸奶，不仅具有独特的风味，且营养丰富，有良好的保健价值。但在实际生产中，因刺梨果汁含大量单宁和有机酸，与牛乳中的酪蛋白混合极易产生凝聚沉淀，降低产品品质，因此其关键生产技术仍需攻克。

2. 其他领域

（1）医药　刺梨在药用方面历史悠久，《本草纲目》中记载其花、果、叶、籽皆可入药。刺梨一般以其果实和根入药，具有抗氧化、延缓衰老、抗肿瘤、调节人体免疫等功能，以及抗疲劳、解毒、镇静等药理作用，能够健脾消食、抗动脉粥样硬化和降血糖等，在心血管系统、消化系统、泌尿系统疾病等方面有较好的临床疗效，被誉为"长寿果"。

刺梨保健品的开发也具有较好的前景，如以灵芝（40.67%）和刺梨（59.33%）为原料制成的刺梨胶囊，具有延缓衰老的作用。

（2）化妆品　刺梨中富含维生素 C、超氧化物歧化酶（SOD）和黄酮等成分，具有显著的抗氧化作用，用刺梨果提取物制备的刺梨面膜在市场上已有销售。目前，有关刺梨化妆品的研发进展不及刺梨食品。

（二）拐枣

拐枣是一种具有高开发价值的野生果品类资源，可制成蜜饯、果脯、果干、软饮料等休闲保健食品，通过深加工还可以酿酒、酿醋，由于含有丰富的维生素 C，所以还有美容养颜的功效，开发前景广阔。

1. 食品领域

（1）拐枣汁饮料　拐枣果梗加水浸提、榨汁、过滤后，可调配制成风味独特的拐枣汁饮料。研究表明，当浸提果汁的比例为 60%、糖度 12%、酸度 0.3%，并加入 0.5g/kg 的柠檬酸钠后，所得的果汁不仅酸甜适口，且具有浓郁的拐枣香气。此外，在拐枣中也可以加入一些山楂、红薯叶、枸杞等制成复配饮料。

（2）拐枣酒　　拐枣泡酒的制作距今已有 500 年的历史。国内目前还没有一个系统的拐枣酒分类标准，一般根据制作方式分为纯拐枣发酵酒、纯拐枣蒸馏酒和拐枣配制酒 3 个类型。近年来，市场上的拐枣酒制品大多属于拐枣配制酒，即用拐枣浸提液与其他具有保健功效的原料如中药材、香料等调配而成，是具有解酒滋补等功效的饮料酒或酒精饮料。

（3）拐枣果醋和果酱　　拐枣果实进行发酵后可以调配果醋饮料，在保证良好风味的同时保留了良好的活性成分。其主要工艺：拐枣果柄→去杂、果实打浆→超高温灭菌→酒精发酵、乙酸发酵→过滤、均质、杀菌→罐装→检验→贮藏。

以拐枣和其他物质进行复配开发的拐枣果酱，具有较好的营养风味和价值。例如，以拐枣和黑米（1∶1.5）为主要原料（添加量为 50%）、蛋白糖 0.15%、柠檬酸 0.5%、复合增稠剂（黄原胶∶羧甲基纤维素钠=1∶2）0.6% 制成的复合果酱，热量低、风味独特、营养丰富（付晓萍等，2013）。

目前，拐枣茶、拐枣咀嚼片、拐枣酸奶等产品也都有一定程度的开发。生活中拐枣还可以用来烹菜，如拐枣炖木瓜、拐枣烧牛蛙、脆皮拐枣等。

2. 其他领域

（1）医药　　我国拐枣药用历史悠久。其树皮、根、叶、果实和种子均可药用。树皮可活血、舒筋解毒，主治腓肠肌痉挛、小儿积食；果梗有健胃、补血的作用；果实中含多糖、黄酮类等重要保健功能因子，具增强免疫力、抗氧化、抗肿瘤、降血脂、抗衰老等功效；种子含枳椇皂苷，味甘平，有清热利尿、止渴除烦、解毒功效，主治热病烦渴、呕吐、小便不利、酒精中毒等。

（2）园林绿化　　拐枣是一种高大的乔木，叶大而圆，叶色浓绿，树形优美，病虫害少，是绿化环境的理想树种。其木材纹理粗而美观，收缩率小，材质坚硬，不易反翘，适合作家具及装饰用材。

（三）沙棘

沙棘是国家卫生健康委员会公布的药食同源品种，具有较高的经济价值，其根、茎、叶、花、果实中含 400 多种营养物质和生物活性成分。果实中维生素 C 含量高，素有"维生素 C 之王"的美称。果实可鲜食，味酸微甜，但因酸度较大，所以鲜销量较小，主要用于加工。随着科技进步和现代加工技术的提升，沙棘产品已涵盖食品、医药、化妆品等领域。

1. 食品领域

（1）沙棘饮料　　包括原汁和固体饮料等。例如，冰糖沙棘果汁饮料的制备工艺为：−7℃以下将沙棘果自然冻结→采收→选果、洗果→压榨→护色→酶解→过滤→调配→澄清过滤→无菌热灌装→喷淋杀菌→灯检→包装→冰糖沙棘果汁饮料。

（2）沙棘保健食品　　以沙棘为原料，可与各种食材进行复配，生产沙棘保健食品，包括沙棘果冻、沙棘奶油、沙棘果酱、沙棘糖浆和沙棘叶茶等。此外，还有沙棘酒（包括果酒、香槟）等。

2. 其他领域

（1）医药　　我国是最早记录沙棘药用价值的国家。《中华人民共和国药典》中记载：沙棘具有健胃消食、止咳祛痰、活血散瘀的功效，用于治疗肺虚食少、食积腹痛、咳嗽痰多、跌扑瘀肿等。作为藏族和蒙古族人民的传统药物，常用于治疗心脑血管、消化系统疾病，以及冻伤和烧伤。沙棘中许多活性成分在抑制肿瘤细胞、抗辐射、抗病毒、抗衰老、增强机体免疫力等方面具有独特疗效。沙棘黄酮在治疗和预防动脉硬化、脑血栓、高血脂方面有显著疗效；沙棘种子油具有改善胰岛素抵抗的功能，以及缓解干眼症症状、抗抑郁、抗肿瘤等作用。利用沙棘根、茎、叶、果等提炼沙棘籽油和黄酮等功能成分，可加工成沙棘油胶囊、黄酮口服液/冲剂等药品。

（2）化妆品　　沙棘具有润肤养颜、抗衰老的功效，已在沙棘沐浴露、乳霜类、按摩油和面膜等方面应用。

此外，沙棘枝叶含有丰富的蛋白质、脂肪及生物活性物质，可加工成牲畜喜食的饲料。

二、蔬菜类

（一）香椿

香椿具有独特的口感和丰富的营养价值，营养全面均衡，全株具特殊气味，富含多种生物活性物质，被称为绿色保健菜，有"蔬菜之皇"之称。作为兼具保健和食疗价值的优良木本蔬菜，可应用于食品、医药和工业等领域，开发利用前景广阔。

1. 食品领域

（1）直接食用　　香椿可炒食、凉拌、油炸和腌制等，如香椿芽炒鸡蛋、香椿芽拌豆腐等均为美味佳肴。

（2）香椿调味料　　将香椿嫩芽、嫩叶与酱油一起，可加工成口感良好的液态调味剂，既保留了香椿的风味和营养，又克服了其季节性供给不足和耐贮性差的缺点。按一定比例配料制成的香椿火锅底料，克服了现有火锅底料口味单一、营养不够丰富等问题（冯小霞，2016）。其种子含有的挥发油香气浓郁，可以作为调味剂和保健油食用。

（3）香椿酱　　将香椿烫漂并脱水后，加入香椿量5%～10%的食盐，然后再加入调味油和配料，结合制茶工艺中的做青工艺和香椿的发酵工艺，经灭菌后制成的香椿酱营养丰富、色泽好、具有香椿独特的味道。同时，也可以加入花生、黑豆等其他食材，制成花生香椿酱、黑豆香椿酱等（资源4-21）。

（4）香椿酒　　在啤酒中添加1%～4%的香椿汁，既保持了啤酒的风味，又具有浓郁的香椿香味，且使其营成分增加。将香椿与白酒有机融合，可显著增加白酒的保健功能，赋予特殊风味，并能起到抗氧化、降血糖、抑菌抗病毒等作用。

4-21

（5）香椿茶　　将60%～80%的茶叶和20%～40%的香椿叶混合炒，可以制成兼容茶叶和香椿叶优点的香椿茶，同时避免因二者用量过度给人体造成的危害。

2. 其他领域

（1）医药　　香椿叶、芽、根、皮和果实均可入药。叶中含有黄酮类和挥发油类等成分，有消炎、解毒、杀虫等功效，主治暑湿伤中、恶心呕吐、食欲不振、痢疾、痈疽肿毒和疔疮等；根皮含川楝素、洋椿苦素等，其煎剂对肺炎球菌、伤寒杆菌及大肠杆菌等有抑制作用；果实中含萜类化合物，具有止血、去湿止痛等功效。另外，香椿还含有维生素E和性激素类物质，对不孕症也有很好的疗效。

（2）工业　　香椿种子含油率高，可以制成肥皂、润滑油及油漆；香椿的木屑和树根也含有芳香油，其商品名称为香椿木油，可以作为雪茄烟的赋香剂。

（二）蒲公英

蒲公英营养丰富，富含蛋白质、脂肪酸、氨基酸、维生素及多种矿质元素。矿质元素中钾的含量最高，是钠含量的 8 倍，铁含量在野菜中名列前茅。因其具有很高的营养、药用和保健价值，已被收入药食同源目录，其应用开发情况备受关注。

1. 食品领域

（1）直接食用　蒲公英中的钾含量高而钠含量低，是难得的高钾低钠盐野生蔬菜，其食用部分是幼苗，可生食、凉拌、煲汤、炒食或者制成盐渍咸菜。

（2）蒲公英茶　除作为蔬菜食用外，蒲公英应用较多的就是直接炒制成茶，或与不同种类的茶混合制成蒲公英茶，如蒲公英绿茶、蒲公英白茶、蒲公英花茶、蒲公英黑茶、蒲公英红茶、蒲公英乌龙茶、蒲公英普洱茶、蒲公英金银花茶等。蒲公英茶不仅满足了人们对蒲公英的保健需求，同时也增添了茶的保健功效。蒲公英绿茶的制备工艺：幼苗期采摘外层大叶→清洗→筛选→烘干预处理→揉捻成形→进一步烘干→热风蒸干机中进行蒸干→含水量降至5%～10%→蒲公英绿茶。

（3）蒲公英食品　蒲公英根中含类固醇、豆类甾醇及多种维生素，是多种食品的主要原料，其提取物在食品中作香味成分使用，其中包括含酒精和不含酒精的饮料、冰冻甜品、糖果、烘烤食品、糕点等多种食品。已开发出的产品有蒲公英面条、酱、咖啡、根粉、花粉、饮料、酒和果醋等。

2. 其他领域

（1）医药　蒲公英有较高的药用价值。其含有肌醇、苦味质、皂苷、菊糖、胆碱等多种保健功能成分，具有清热解毒、抑菌杀菌和利胆保肝等功效，被誉为"天然抗生素"。蒲公英中果胶含量极高，可满足人体对可溶性膳食纤维素的需求；含有一定量黄酮类物质，可软化血管、降血糖、降血脂，消除体内自由基，增加机体免疫力；还富含抗肿瘤活性物质硒，为自然界中罕见的富硒植物，可用于治疗疮疖疔毒、乳腺炎、淋巴腺炎、急性结膜炎、急性支气管炎等。目前已开发蒲公英含片、颗粒、胶囊、泡腾片、注射剂和喷雾剂等药品。

（2）化妆品　蒲公英水煎剂或提取物具有清热利湿、解毒疗疮的功效，应用到化妆品中可清洁皮肤，已被广泛用于洁面露、粉刺露、营养露等各种化妆品中。

此外，还开发出了蒲公英牙膏、奶液及香皂等产品。

（三）沙葱

沙葱营养成分全面，其脂肪酸成分主要为不饱和脂肪酸，含量高于一般蔬菜。目前，沙葱驯化栽培方面的研究刚刚起步，其开发利用主要集中于调味品和饲料加工等初级加工层面，如将沙葱制成沙葱酱、沙葱腌制品罐头、沙葱方便面调料包等。

1. 食品领域

（1）直接食用　沙葱营养丰富，风味独特，可鲜食、清炒、凉拌、烹调拌馅、干制或腌制等。以沙葱为原料烹饪的菜肴和食品，已成为家居和酒店餐桌上的美味佳肴，主要有腌渍沙葱、爆炒沙葱、炝拌沙葱、沙葱包子等。

（2）沙葱酱　采用 25～32 份沙葱、3～8 份食盐、0.5～2.5 份白砂糖和 12～18 份水制成的沙葱酱，是味道鲜美浓厚的调味品。

（3）沙葱罐头　将洗净、沥干水分的沙葱放入调制好的盐水，然后一层沙葱一层盐交替放入罐头瓶中，同时加入辣椒、花椒、生姜、茴香后，将罐头瓶密封、自然发酵，腌制出的沙葱罐头味辛而不辣，质地保持脆嫩，风味独特，是一种天然、健康、美味的食品。

（4）调味料　沙葱的花和种子可作调味佐料，制作肉汤等时放入少量沙葱，其效果胜过葱和韭菜，且食用沙葱不易引起不良反应。利用沙葱的辛辣气味与羊肉中的腥膻味发生反应，生成具有特殊香味的酯类这一特性，可以去膻、解腥和增香。目前，利用沙葱花制成的调味料在市面上也有出售，但使用范围较小。

2. 其他领域

（1）医药　沙葱含黄酮类化合物和多糖等重要的活性成分，能提高机体免疫力，增强机体抗氧化能力，还具降血脂及抗肿瘤的作用，极具开发价值。《本草纲目》中记载，沙葱人皆食之……气味辛微温、无毒，除瘴气，久服能强智益目。沙葱含多种维生素和大量纤维素，利于肠胃蠕动、增进食欲和预防流感等。《内蒙古植物志》中记载，沙葱地上部可入蒙药，能开胃、消食、杀虫，主治消化不良、不思饮食、秃疮、青腿病等。但目前对其药理作用研究和开发利用研究较少，相关功能性保健品和药品还有待开发。

（2）饲料　沙葱是一种优等的饲用植物，能够加工成动物饲料，各种牲畜均喜食，牛、羊、马和骆驼等食用后均能明显增膘。

思政园地

几经兴衰的脱贫致富"黄金果"——野刺梨利用的华丽蜕变

刺梨作为一种维生素 C 含量极高的野生水果，原产于贵州且被当地广泛种植。据调查，贵州民间利用刺梨酿制果酒已有上百年的历史，而刺梨的产业化发展自 20 世纪 50 年代以来几经兴衰。

1951 年，我国最早的刺梨加工企业贵州花溪酒厂建立，主打的花溪刺梨糯米酒供不应求且远销海外，加之相关科研院所后续研制出的刺梨果汁等新产品，20 世纪 80 年代中期贵州刺梨企业已增至 53 个，年产值达 1131.1 万元，至此刺梨产业迎来第一次发展浪潮。而 1987 年以后，由于对市场经济的转变适应性差，刺梨产业走向衰落，企业锐减至 5 家。到 20 世纪 90 年代中期，刺梨产业又恢复升级，产值达到了 9810.5 万元，而后逐年减产，直至 2000 年国家颁布退耕还林新政策后又开始回升。

尽管产量增长，但刺梨价格低和交通不便造成的滞销问题，却成为贵州农户脱贫奔小康的绊脚石，所以实现刺梨产业现代化、打通产业链迫在眉睫。在乡村振兴战略和全面脱贫攻坚背景下，建立规范化种植基地、规模化生产加工、创新化市场营销等新方案已为贵州当地创造了大量就业岗位，实现了特色优势产业与科技开发、市场营销等方面的深度融合，使得"黄野果"成为"黄金果"。野刺梨的成功开发与利用，呈现了一条乡村振兴的好路子。

？ 思考题

1. 野生果蔬与栽培果蔬相比具有哪些重要的营养成分差异？
2. 简述果蔬采收成熟期的判定依据及常见贮藏方式。
3. 果蔬加工前的预处理主要包括哪些工序？预处理中硫处理主要发挥的作用是什么？
4. 果蔬常见的加工产品有哪些类别？

5. 野生果蔬干制的影响因素有哪些？简述干制产品品质与干制环境相对湿度和温度的相关性。

6. 用数学模型或公式表达物料折干率与含水量之间的关系。

7. 对比分析果蔬干制品包装时充气与抽真空包装的优缺点。

8. 干制高糖高酸野生果蔬制品时，为何随含水量和温度的升高干制越来越困难？

9. 喷雾干燥制备果蔬粉的工艺流程和操作中应注意的主要问题有哪些？

10. 简述罐藏果蔬的工艺流程及操作要点。

11. 简述罐藏果蔬灭菌的影响因素。

12. 简述果蔬罐藏原理及罐藏时食糖的保藏作用。

13. 简述蜜饯类、果酱类制品常见的质量问题及其质量评价主要指标。

14. 提出几种腌制蔬菜保绿和保脆的方法，并以当地一种野菜为例，设计腌制品的加工工艺。

15. 简述在白葡萄酒酿造过程中避免果汁氧化的措施。

16. 以杨梅为例制定杨梅果醋加工工艺图并阐述其操作要点。

17. 澄清型果蔬汁的常见澄清方法及浑浊型果蔬汁的常见均质方法。

18. 简述果蔬汁冷冻浓缩原理。

19. 以 1 或 2 种常见野生果蔬速冻加工为例，简述速冻果蔬制备的原理及工艺流程。

20. 试述 4 种常见野生果蔬的主要利用途径。

| 第五章 |

野生药用植物资源开发与利用

野生药用植物是指自然界生长、未经人工驯化栽培、具有药用价值的一类植物，是极其宝贵的天然药物种质资源库。我国的野生药用植物资源丰富，近年来随着国家中医药国际化的开展，使得中药材在国际舞台逐渐发挥着不可替代的作用，中药材（尤其是高品质中药材）的需求量大幅增长。

◆ 第一节　野生药用植物的化学成分与功效

野生药用植物的化学成分是其新陈代谢的产物，分为初生代谢物和次生代谢物，许多次生代谢物具有很强的生物活性和医疗价值，通常被称为活性成分。本节主要介绍野生药用植物的活性成分，如糖类、苯丙素类、黄酮类、萜类、生物碱类等，并简单介绍其功效。

一、糖和糖苷

糖在植物中存在最广泛，常占植物干重的 80%～90%。糖类化合物包括单糖、低聚糖和多聚糖及其衍生物。常见的单糖有葡萄糖、半乳糖、鼠李糖等；低聚糖有蔗糖、芸香糖、麦芽糖；多糖有纤维素、淀粉、黏液质等。糖类在野生药用植物中的分布非常广泛，例如，五加科的人参、豆科的蒙古黄芪、茄科的宁夏枸杞、桔梗科的桔梗都含有丰富的多糖和低聚糖类；地黄、石斛、黄精等含有大量多糖，多糖类具有抗肿瘤、延缓衰老、增强机体免疫功能等功效。

苷类又称配糖体，是由糖及糖衍生物与非糖物质通过糖的端基碳原子连接而成的一类化学成分，苷中的非糖部分称为苷元或配基。苷类在高等植物中分布广泛，具有消炎、杀菌、抗氧化等作用，如黄芩苷是黄芩清热解毒的有效成分。

二、醌类

醌类化合物是一类具有醌式结构的化学成分，主要分为苯醌、萘醌、菲醌和蒽醌 4 种类型。许多中药如大黄、虎杖、何首乌的有效成分都是醌类化合物，在中药中以蒽醌及其衍生物尤为重要。大多数羟基蒽醌类化合物是以苷的形式存在，如大黄中的大黄酚葡糖苷、大黄素葡糖苷、大黄酸葡糖苷等，具有泻下、抗菌、止血、镇咳、平喘等功效。

三、苯丙素类

苯丙素是一类含有一个或几个 C_6—C_3 单位的天然成分，这类成分有单独存在的，也有多个单位聚合存在的。常见的有简单苯丙烷类、香豆素类和木脂素类。①简单苯丙烷类包括苯丙酸类和苯丙醇类，它们多以游离或酯、酰胺、苷的形式存在，如杜仲、茵陈、金银花等药用植物中所含的绿原酸具有抗菌、利胆活性。②香豆素是具有苯骈 α-吡喃酮母核的一类化合物，可分为简单香豆素类、呋喃香豆素类、吡喃香豆素类、异香豆素类、双香豆素类及其他香豆素类。香豆素具有抗菌作用，如秦皮中的七叶内酯和补骨脂中的补骨脂素；具有光敏作用，能用于治疗白癜风，如补骨脂素与异补骨脂素。③木脂素是一类由苯丙烷类氧化聚合而成的天然化合物，具有抗肿瘤、抗病毒、保肝等作用。例如，牛蒡子中的木脂素牛蒡子苷有解热、利尿、抗菌等作用；五味子中的五味子酯甲及其类似物是治疗慢性肝炎的药物。

四、黄酮类

黄酮类是以 2-苯基色原酮为母核衍生的一类化学成分，具有 C_6—C_3—C_6 的基本碳架，包括黄酮和黄酮醇类、双黄酮类、二氢黄酮和二氢黄酮醇类、查耳酮和二氢查耳酮类、异黄酮和二氢异黄酮类、花色素类、黄烷醇与黄烷类等。黄酮类化合物主要分布于高等植物中，不仅具有较强的生物活性和重要的药用价值，还可用作食品、化妆品等的天然添加剂。黄酮类具有抗脑缺血、抗心肌缺血、保肝、抗肿瘤等生物活性。例如，儿茶素具有显著的抗氧化活性；芦丁和槲皮素具有扩张冠状动脉的作用；银杏的总黄酮提取物在多种消化溃疡模型上显示出对胃溃疡损伤的显著保护作用。

五、鞣质

鞣质是存在于植物体内的一类结构比较复杂的多元酚类化合物，具有涩味和收敛性。根据鞣质的化学结构可将其分为水解鞣质、缩合鞣质和复合鞣质三大类。鞣质具有抗病毒、抗肿瘤、抗氧化、降脂等多种生物活性。例如，地榆、五倍子中的鞣质有收敛、止血和抗菌功效；翻白草中的鞣质临床用于治疗痢疾、咯血、结核等疾病；仙鹤草、土茯苓中的多聚鞣花酸鞣质具有明显的抗肿瘤活性。

六、萜类

萜类化合物是指起源于甲戊二羟酸或三磷酸甘油醛、分子式符合 $(C_5H_8)_n$ 通式的一类衍生物，根据分子结构中异戊二烯单位的数目可分为单萜、倍半萜、二萜、二倍半萜、三萜、四萜和多萜（表 5-1）。

表 5-1　萜类化合物的分类及其存在情况（引自高锦明，2003）

名称	碳原子数	母体化合物	主要存在形式
单萜	10	焦磷酸牻牛儿酯（GPP）	精油
倍半萜	15	焦磷酸法尼酯（FPP）	苦味素，精油，树脂

续表

名称	碳原子数	母体化合物	主要存在形式
二萜	20	焦磷酸牻牛儿牻牛儿酯（GGPP）	苦味素，树脂，乳汁，植物醇
二倍半萜	25	焦磷酸牻牛儿法尼酯（GFPP）	海绵，菌类，地衣
三萜	30	角鲨烯	皂苷，树脂，乳汁
四萜	40	八氢番茄红素	植物色素
多萜	$7.5 \times 10^3 \sim 3 \times 10^5$	GGPP	橡胶类，多萜醇

萜类化合物在大多数有花植物中均有分布：单萜主要分布于唇形目、菊目、云香目等植物中；倍半萜主要存在于木兰目、牻牛儿目、云香目等植物中；二萜主要存在于无患子目、牻牛儿目植物中；三萜主要存在于毛茛目、石竹目、山茶目等植物中。萜类物质生物活性多样，例如，穿心莲中的穿心莲内酯，临床已用于治疗急性菌痢、肠胃炎、咽喉炎等；银杏根、皮及叶中的强苦味成分银杏内酯，是治疗心脑血管病的主要有效成分；冬凌草中的冬凌草甲/乙素是抗肿瘤的有效成分。

七、挥发油类

挥发油类是存在于植物中具有芳香气味的挥发性油状成分的总称，可随水蒸气蒸馏出来，与水不相溶。挥发油由数十种到数百种化学成分组成，主要有萜类化合物、芳香族化合物和脂肪族化合物。精油类成分在菊科、芸香科、伞形科、唇形科等植物中广泛存在，具有止咳、平喘、祛痰、消炎、祛风、镇痛和强心等功效，例如，芸香油用于止咳平喘、去痰消炎；小茴香油有祛风健胃功效；当归油有活血镇静作用。

八、甾体类

甾体类化合物是具有环戊烷骈多氢菲甾核的化合物，包括植物甾醇、胆汁酸、C_{21}甾类、昆虫变态激素、强心苷等。强心苷是由强心苷元与糖缩合而成，对心有显著生理活性，主要分布于夹竹桃科、玄参科、桑科等十几个科的100多种植物中。C_{21}甾体具有抗炎、抗肿瘤、抗生育活性，主要分布于罗摩科、夹竹桃科、毛茛科等植物中。

九、皂苷类

皂苷类化合物按其皂苷元不同大致可分为三萜皂苷和甾体皂苷两大类。皂苷类多存在于百合科、薯蓣科、石蒜科等植物中，具有预防心脑血管疾病、抗肿瘤、降血糖和免疫调节等作用，例如，蒺藜中提取的总皂苷可缓解心绞痛及改善心肌缺血；大蒜中分离的甾体皂苷具有降血脂和抗血栓活性。

十、生物碱

生物碱是一类含氮有机化合物，多呈碱性，可与酸成盐，多具有显著的生物活性。至少有

100多个科的植物中含有生物碱，如毛茛科、木兰科、茄科、麻黄科等。生物碱功效多样，如黄连中的抗菌消炎成分小檗碱，长春花中的抗肿瘤有效成分长春新碱，萝芙木中的降压成分利舍平，防己中的镇痛、消炎、降压、肌肉松弛及抗菌、抗肿瘤成分粉防己碱等。

十一、氨基酸、多肽和蛋白质

氨基酸是含有氨基和羧基的一类有机化合物的统称，是生物功能大分子蛋白质的基本组成单位，从营养学的角度可分为必需氨基酸和非必需氨基酸。蛋白质是由氨基酸通过肽链结合而成的一类高分子化合物。酶是生物体内的蛋白质，它的催化作用具有专一性，通常一种酶只能催化某一种特定的反应。多肽简称为肽，是氨基酸以肽键连接在一起而形成的化合物，它也是蛋白质水解的中间产物。由10~100个氨基酸分子脱水缩合而成的化合物叫多肽，生物活性肽具有传递生理信息、生理功能的作用，对于人体的神经、消化、生殖等系统正常生理活动的维持非常重要。许多氨基酸已被应用于医药方面，例如，天冬、玄参中含有的天冬氨酸具有止咳平喘作用；半夏、天南星中的γ-氨基丁酸具有暂时降压的作用；鼠李科、菊科、唇形科等植物含有的环肽类成分具有抗肿瘤、抗病毒和免疫调节等多方面生物活性。

十二、其他成分

野生药用植物的其他活性成分包括色素、油脂、蜡、无机成分、有机含硫化合物和有机酸类等。植物色素是指普遍分布于植物界的有色物质，如叶绿素类、叶黄素类、胡萝卜素类等。油脂和蜡为脂类，植物油脂大多为高级脂肪酸的甘油酯；蜡为高级脂肪酸与高级一元醇结合的脂类。无机成分主要指钾盐、钙盐及镁盐，其以无机盐或者与有机物结合的形式存在，也有的以特殊的结晶形式存在。有机含硫化合物有大蒜辣素、大蒜新素、萍莱素等，其中，大蒜新素是一种有发展前景的广谱抗菌药物。有机酸是分子中含有羧基（不包括氨基酸）的一类酸性有机化合物。药用植物中有很多生物活性物质是由各种脂肪酸通过生物合成而得到，如具有多方面生物活性的前列腺素类成分是由花生四烯酸转化而成。

◆ 第二节　野生药用植物的采收与贮藏

一、采收

5-1

野生药用植物资源对保障中药材质量、保护和扩大药源十分重要。人们在长期实践中对药用植物的采集积累了丰富经验，如"春采茵陈夏采蒿，知母黄芩全年刨，秋天上山挖桔梗，及时采收质量高"，这说明了采收季节对保证中药材质量的重要性（资源5-1）。药用植物有的是多年生，有的是一年生，采收时除了考虑采收季节外，还应考虑药用植物的生长年限，如黄连栽后第五年方可收获，药农认为黄连是"二、三年长架子，四、五年长肉头"。此外，由于药用植

5-2

物种类繁多，药用部位不同，不同发育阶段其有效成分积累也不同（资源5-2），同时，受产地土壤、气候、海拔等多因子影响，采收时不仅要考虑药材单位面积产量，更要考虑有效成分含量，力求获得高产优质的药材（图5-1）。

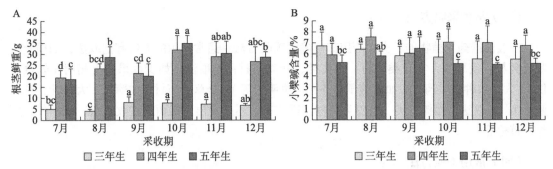

图 5-1　不同采收期不同生长年限黄连根茎鲜重（A）和小檗碱含量（B）变化规律（引自王钰等，2011）

不同小写字母表示差异显著，$P<0.05$

（一）采收的一般原则

1. 根及根茎类药材　　根为植物贮藏器官，当地上植株开始生长时往往会消耗根中贮藏的养分，因此根及根茎类药材一般在药用植物的休眠期采收，即秋、冬两季采收，如葛根、黄精、丹参。但也有例外，例如，防风、党参在春季采收，太子参在夏季采收，元胡在立夏后植株地上部分枯萎前采挖。

2. 叶类及全草类药材　　一般在药用植物地上部分生长最旺盛时，或在花蕾开放前，或者花盛开而果实尚未成熟时采收，如艾叶、番泻叶均在开花前采收，益母草、荆芥、香薷宜在开花时采收。

3. 茎木类药材　　一般在秋、冬两季采收，如关木通、大血藤、忍冬藤、首乌藤等。

4. 皮类药材　　一般在春末夏初采收，此时树皮养分及汁液增多，形成层细胞分裂较快，皮部与木部容易剥离且伤口较易愈合，如黄柏、厚朴、杜仲、秦皮。

5. 花类药材　　根据影响药材性状、颜色、气味及药效成分含量的因素决定采收时期。有些在花含苞待放时采收，如辛夷花、丁香、槐米等；有些于花刚开时采收，如红花、洋金花等；有些于花盛开时采收，如菊花、番红花。对于花期较长、花朵陆续开放的植物，应分批采摘以保证药材质量（资源 5-3）。

5-3

6. 果实及种子类药材　　果实类药材一般在接近成熟或者成熟时采收，如瓜蒌、栀子、山楂；有些在果实成熟后经霜色变时采摘，如川楝子、山茱萸；有些在果实未成熟时采收，如枳实、青皮等。种子类药材必须在种子完全成熟时采收，如牵牛子、决明子、白芥子等。

（二）适宜采收期的确定

药用植物适宜采收期确立的基本原则是中药材的质量最优和产量最大化。中药材品质优良的核心评价指标是能够客观表征临床功效的药用成分的组成和量。然而，药用成分的形成与积累过程受生态环境、气候条件和人为活动等复合因素的影响。药用植物的药用部位生长发育与药用物质的积累往往随着物候期而呈动态、有节律的变化。从植物的发芽、展叶、开花、结实到根系的膨大、地上部分的凋萎（资源 5-4），均是生物长期适应季节性周期变化的气候环境而形成的生长发育节律，与药用有效成分的形成和积累密切相关。一般来讲，有效成分含量是采收期的决定因素，在有效成分达到要求的基础上，兼顾产量确定采收期。对于有毒性的中药材，采收期的确定除了考虑有效成分外还需考虑毒性成分，优先选择有效成分含量高、毒性成分含量低、适当兼顾产量的时期作为最佳采收期。

5-4

（三）常用采收方法

一般根据药用植物的种类和药用部位确定采收方法。通常采用的方法有挖取法，如根及根茎类药材；摘取法，如花类药材、果实类、叶类药材；割取法，如少数果实类药材（如薏苡仁）、大多数种子类药材（如莱菔子、芥子、决明子等）、全草类药材（如薄荷、大青叶、绞股蓝等）；剥取法，如树皮类、根皮类药材。近年来，还开发出了活树剥皮收获法，如杜仲、厚朴、黄柏等。

（四）常用干燥方法

中药材采集之后，除鲜用之外绝大部分需要干燥去除水分以防变质、便于贮藏，有利于炮制和投药。常用的干燥方法大致可分为晒干、阴干、烘干三种，有些药材的干燥常是几种方法综合应用：晒干法一般适用于阳光照射下不要求保持一定颜色、不含挥发油、有效成分不易分解的中药材，如黄芪、决明子等；阴干法是将鲜品放置在室内或棚下通风较好的地方，促使水分自然蒸发的干燥方法，适宜于含挥发油、有芳香气味的药材，如荆芥、藿香、桂皮等；烘干法是采用人工加热的方式将药材炕干、烘干、烤干等的干燥方法，如黄连、白术、地黄、天麻等。

二、贮藏

中药材在贮藏过程中容易发生虫蛀、霉烂、变质、泛油、气味散失、失鲜、风化等变质现象，因此，贮藏保管是保证药材质量的重要环节。中药材在贮藏过程中变质，除了药材本身的性质外，还受外界因素如温度、阳光、虫害、微生物的影响。应根据药材的品种、性能，以及对贮存条件、季节变化的要求等分门别类妥善保管。

（一）干燥处理贮藏

干燥处理贮藏指针对含水量不在安全范围之内，发生或将发生虫蛀、霉烂、泛油、变色等变质现象的药材或饮片，采取干燥处理，使水分达到安全范围，再将处理后的药材或饮片贮藏，使其在一定时间内保持品质的贮藏方法。常见的有晾晒干燥贮藏法、烘炕干燥贮藏法、远红外线干燥贮藏法等。

（二）密封贮藏

密封是通过隔热、隔气、避光和稳定湿度，防止药材生虫、发霉、泛油，是一种防止质变的较全面的贮藏方法，仅适用于安全水分含量内的贮藏对象，包括容器密封、罩帐密封、库房密封等。

（三）吸湿贮藏

吸湿贮藏是指在密封条件下，用吸湿剂吸去中药材的多余水分以达到贮藏要求的安全水分。常用的吸湿剂有生石灰、氯化钙、炭灰、草木灰等。机械吸湿法一般采用空气除湿器吸湿。

（四）对抗贮藏

对抗贮藏是在密封或封盖的容器内，利用贮藏药物种类成分不同，或物理性质不同的特性，将两种中药材贮藏在一起形成互相对抗，达到互不生虫、不发霉、不泛油、不变色、不变质的目的。使用实例有牡丹皮与泽泻、樟脑与三七、花椒与蕲蛇、大蒜与全蝎、陈皮与高良姜等。

（五）化学药剂养护

传统的中药材化学药剂养护一般为硫黄熏蒸，随着现代科学技术的发展，硫黄熏蒸的方法逐渐被淘汰，逐渐向减轻药剂弊端又能杀虫的低氧低药量养护方向发展。

（六）气调养护

气调养护是指在密封条件下人为降低氧气浓度，使原有的害虫死亡、外界害虫不能侵入、微生物缺氧受限制等而防止药材质变。常用的方法有自然降氧法、机械降氧法、充二氧化碳法等。

（七）辐射处理密封贮藏

应用放射线同位素处理中药材，杀灭引起质变的微生物、害虫，然后密封贮藏，以防菌/虫感染药材发生质变。该技术的辐照源包括紫外线、^{60}Co-γ 射线、电子束和 X 射线等。

◆ 第三节　野生药用植物产地初加工与炮制

药用植物经过产地初加工和炮制两个环节，最终制备成中药饮片供中医临床应用，产地初加工与炮制直接影响中药饮片的质量，从而影响其临床疗效。

一、野生药用植物产地初加工

（一）概念

产地初加工是指在中医药理论指导下，根据制剂、调剂及临床医疗实践的需要，在产地对作为中药材来源的植物、动物和矿物（除人工制成品和鲜品外）进行采收和简单加工处理的过程。产地初加工属于中药材加工的第一个部分，中药材加工还包括中药材炮制和中药材深加工。

（二）目的

一般新采收的植物药材均为鲜品，内部含有大量水分，若不及时进行加工处理会生虫、霉变和变质，严重影响中药材的质量和疗效。此外，中药材的特点是一地或几地产、全国销，一季或两季产、全年销，因此，产地初加工对中药材的贮藏和运输尤其重要。其目的主要有以下几方面。①除去中药材中的杂质、非药用部分、劣质部分，提高中药材的洁净度，使入药部位符合中药材商品规格，从而保证中药材质量。②分离同一来源药材的不同药用部位，如分离莲子和莲心。③使新鲜药材尽快灭活和充分干燥，防止药材霉烂腐败，保持有效成分，从而保证中药材的质量和疗效。④按照中药材的特点及临床用药需要，以及产品等级规格标准进行整形、分等分级和其他技术处理，使中药材商品规格标准化，便于按质论价和商业交流与贸易。同时也有利于中药饮片厂进行下一步的炮制、切制和粉碎等加工处理。⑤包装成件以便于贮藏和运输。

（三）方法

按加工处理次序，中药材产地加工过程可分为分级、净选、干燥等环节，有些药材还需进行切制、蒸煮、发汗等特殊处理。

1. 分级　　大部分根及根茎类中药材采挖后需按大小进行分级，以便进一步加工和分等销售，如三七、天麻、地黄等。

2. 净选、修整　　指通过清洗、挑选、削刮等方法，去除非药用部位及泥沙等杂质，并进行分级，以利于后面的加工处理，如根及根茎类药材需洗去泥沙，除去须根、芦头、木心、残茎等。

3. 蒸、煮、烫　　为了促进药材干燥和便于去皮、抽心，可将鲜药进行蒸、煮或烫处理。通常含淀粉和糖分较多的药材，经蒸煮后易于干燥；用开水烫或蒸至皮热而心不热时，较易去皮、抽心。

4. 趁鲜切制　　趁鲜切制指将新鲜的药材在产地直接切成规定的饮片。趁鲜切制可省去干药材切制前的浸润软化工艺，减少有效成分的损失和发霉变质，改善饮片质量，节省人力、物力和时间等。

5-5

5. 发汗　　有些药材（如杜仲、厚朴、玄参等）在加工中，为促使其变色、充分干燥、增加气味或减少刺激，常叠放堆置，使其发热，内部水分向外扩散，这种方法俗称发汗（资源 5-5 ）。

6. 干燥　　除少数药材鲜用外，大部分药材采后需及时干燥，以防药效降低或变质。

二、野生药用植物炮制

炮制是指根据中医药理论，依照辨证施治用药的需要和药物自身的性质，按调剂、制剂的不同要求所采取的制药技术。现代中药炮制技术是根据现代中医药理论，按照临床用药、中药制剂及相关法规的要求所采取的制药技术。其任务是遵循中医药理论体系，在继承传统中药炮制技术和理论的基础上，采用现代科学技术和设备进行中药炮制，使其成品符合饮片质量标准要求，保证医疗用药的安全有效。

（一）目的

1. 降低或消除药物的毒性或副作用　　一些中药虽然有较好的疗效，但由于毒性或副作用大使得临床应用不安全。为了使这些中药能够充分发挥作用，同时又不至于使患者发生毒性反应或副作用，需要通过炮制降低其毒性或副作用。例如，含毒性成分杂质的中药朱砂中的游离汞、可溶性汞和雄黄中的三氧化二砷（As_2O_3）可通过水飞法使其纯净，从而降低毒性。

2. 改变或减缓药物的性能　　中药以四气五味来表达其性能，性味偏盛的中药在临床使用时会给患者带来一定的副作用，如太寒伤阳，太热伤阴，过酸损齿伤筋，过苦伤胃耗液。炮制可改变某些中药的性味，例如，生地性寒，具有清热、凉血、生津的作用，经蒸制成熟地后药性变温，有补血滋阴、养肝益肾的作用；大黄经酒蒸后结合性蒽醌含量显著下降，泻下效力降低了95%左右。

3. 增强药物疗效　　炮制可提高药物的疗效。明代《医宗粹言》记载："凡药用子者俱要炒过，入煎方得味出"。大多数种子或果实常有硬壳，有效成分不易煎出，经过炒制后表皮爆裂，有效成分易于煎出。例如，延胡索醋制后活性成分溶出率提高，止痛作用增强；款冬花和紫菀经蜜炙后化痰止咳作用增强。

4. 改变药物的作用趋向　中药作用于机体的升降沉浮趋向与中药的性味有密切关系，经炮制改变药性，引起其作用趋向发生变化。例如，黄柏作用于下焦，有清热燥湿的作用，酒炙后，能借助酒的升腾作用引药上行，清上焦头目之火，盐炙后则有增强滋肾阴、泻相火、退虚热的作用。

5. 改变或增强药物的作用部位　归经是中药对于机体某部位（脏腑、经络）的选择性作用，表示该药对某些脏腑和经络有明显的治疗作用，而对其他脏腑和经络没有作用或者作用不明显。炮制使药性发生变化，并改变或增强其对疾病的作用部位。例如，百合养阴润肺、清心安神、归心肺经，蜜炙后可增强润肺止咳作用，主入肺经，多用于肺虚久咳或肺痨咯血。

6. 便于调剂和制剂　个体较粗大的植物类药材如黄芪、甘草、大黄等切制成片、丝、段等一定规格的饮片后，有利于进一步炮制、粉碎和临床调配时剂量的分取，有利于煎出有效成分，保证炮制品和制剂的质量，提高用药效果。一些坚硬的果实、种子类中药通过炒制使其质地疏脆，便于粉碎和临床调配时捣碾。

7. 便于贮藏和保存药效　植物类药材常含有一定量水分，贮藏不当易引起发霉、虫蛀、泛油等变质现象。加热炮制后能使药材中的含水量降低，杀死虫卵和附着的微生物，避免霉烂变质等，有利于贮藏保管。果实、种子类药材经过蒸、炒、燀等加热处理，能破坏体内的各种酶，终止种子发芽。

8. 祛臭除味、便于服用　某些药材因具有特异不快的气味，患者难以口服或口服后出现恶心、呕吐、心烦等不良反应。为了便于服用，常将此类药物采用炒、酒制、醋制等方法进行加工炮制，起到祛臭、除味的效果。

（二）方法

中药材经过炮制，可使一些成分的含量增加，另一些成分的含量减少或者消失，甚至产生新的化合物。因此，比较中药炮制前后药用成分的变化，完善炮制工艺及评价饮片的质量，对保证用药安全、辨证论治都具有重要意义。

1. 净选　净选加工是选取规定的药用部分，除去非药用部位、杂质及霉变品、虫蛀品、灰屑等，使其达到药用净度标准的办法，经净制处理后的药材称为净药材。

2. 切制　切制是将净选后的药材软化，然后切成一定规格的片、丝、块、段等的炮制工艺。切制包括趁鲜切制和干燥药材切制（资源 5-6）。

5-6

3. 炒法　炒法是将净制、切制过的药材，加辅料或不加辅料用不同火力加热，并不断翻动或转动使之达到一定程度的炮制方法。可分为清炒法（资源 5-7）和加辅料炒法：清炒法又分为炒黄、炒焦和炒炭；加辅料炒法根据所加辅料的不同而分为麦麸炒、米炒、土炒、沙炒、滑石粉炒等。

5-7

4. 炙法　炙法是将净选或切制后的药材，加入一定量的液体辅料拌炒，使辅料逐渐渗入药物组织内部的炮制方法。炙法可分为酒炙、醋炙、盐炙、姜炙、蜜炙、油炙等。

5. 煅法　煅法是将药材直接放于无烟炉火中或适当的耐火容器中煅烧的炮制方法，分为明煅法、煅淬法、闷煅法。

6. 蒸、煮、燀法　蒸、煮、燀法是一类"水火共制"法。蒸制是利用水蒸气加热药物的方法，主要在于改变药物性味、产生新的功能、扩大临床适用范围，如黄精炮制需要九蒸九晒（资源 5-8）。煮制是利用水、辅料或药汁的温度加热药物，无论是清水煮、药汁煮还是加用固体辅料，其目的都是为了降低毒性或副作用。燀法是将药物置沸水中短时间浸煮的方法，目的在

5-8

于破坏一些药材中的分解酶（如苦杏仁、桃仁）、毒蛋白（如白扁豆）等。

7. 制霜法　　药物经过去油制成松散粉末或析出细小结晶或升华的方法称为制霜法，可分为去油制霜、渗析制霜、升华制霜等。其目的是降低毒性、缓和药性、降低副作用等，如巴豆、千金子。

8. 其他制法　　其他炮制方法有捣碾、制绒、拌衣、提净、水飞、干馏等。捣碾指某些中药材不便于切制，需碾碎或捣碎以方便调配和制剂，如制半夏、决明子、石膏。制绒指将某些药物碾成绒状，可缓和药性或便于应用，如将艾叶制绒得艾条或艾柱。拌衣指将药物表面用水湿润使辅料黏于药物上，从而起到治疗作用，如朱砂拌茯苓、茯神、远志等，增强其宁心安神作用。

◆ 第四节　野生药用植物化学成分提取与纯化

药用植物所含化学成分复杂，既有有效成分又有无效成分和毒性成分，为了全面提高中药材、中药饮片及中药制剂的内在质量，提高中药的临床效果，减轻毒副作用，应选用合理的方法对中药化学成分进行提取、纯化。

传统的中药提取方法为溶剂提取法，分离方法为沉淀法、盐析法等。近年来，新技术和新方法普遍应用在中药化学成分提取分离中，包括超声波辅助提取、微波辅助提取、超临界流体萃取等提取技术和双水相萃取、膜分离等分离技术。新技术具有效率高、纯度好、速度快等优点，在中药化学成分的提取纯化方面具有广阔的应用前景。

一、野生药用植物化学成分的提取方法

（一）溶剂提取法

溶剂提取法是根据相似相容原理，依据各类成分在不同溶剂中的溶解度不同，将成分从药用植物组织中溶解出来的过程，是最常用的一种提取方法。溶剂提取法根据操作方式可分为浸渍法、渗漉法、煎煮法、回流提取法及连续回流提取法等。

（二）水蒸气蒸馏法

水蒸气蒸馏法是将水蒸气通入药材中，使药材中所含有的挥发性成分随水蒸气蒸馏出来的提取方法，主要用于能随水蒸气蒸馏而不被破坏的难溶于水的成分提取。该方法具有设备简单、操作安全、产量大等特点，避免了提取过程中的有机溶剂残留。水蒸气蒸馏法主要应用于挥发油、某些小分子生物碱、小分子酚性化合物的提取，可分为共水蒸馏法（即直接加热法）、通水蒸气蒸馏法、水上蒸馏法等多种方法，如秦皮中七叶内酯的提取、麻黄中麻黄碱的提取、薄荷中薄荷油的提取。

（三）半仿生提取法

半仿生提取法是指从生物药剂学的角度，模仿口服药物及其在胃肠道的运转过程，用一定pH的酸水和碱水依次连续提取以得到指标成分含量高的混合物的方法。半仿生提取法的优点是技术条件的优选，既考虑到单体成分又考虑了活性混合成分。提取过程符合中医配伍、临床用

药的特点及口服药物在胃肠道转运吸收的特点。该方法可用于黄芩中黄芩苷的提取、葛根芩连汤有效成分的提取和麻杏石甘汤有效成分的提取等。

（四）微波辅助提取法

微波辅助提取法是一种利用微波的能量进行化学成分提取的新技术。微波萃取具有选择性好、穿透力强、效率高等特点。微波技术应用于天然药物活性成分的浸提过程中，有效提高了收率，在中药提取中有良好的应用前景。该方法目前已经应用于灵芝中三萜类化合物的提取、草珊瑚中总黄酮的提取、甘草中有效成分的提取。

（五）超声波辅助提取法

超声波辅助提取法是一种外场介入强化化学成分提取的技术，适用于多糖、黄酮、酚酸等中药材各类成分的提取（资源 5-9），具有提取时间短、能耗低及操作简单等特点，还具有一定的杀菌作用，但对生物大分子结构可能产生一定破坏。该方法可应用于银杏叶中黄酮的提取、茯苓中三萜类成分的提取及黄精多糖的提取。

5-9

（六）酶辅助提取法

酶辅助提取法是指利用酶的生物催化活性、专一性等特点进行辅助提取的技术。选用适当的纤维素酶、果胶酶使细胞壁及细胞间质中的纤维素、半纤维素、果胶质等物质降解，从而有利于有效成分的溶出。该法具有反应条件温和、产物不易变性、提取率高等特点，已广泛应用于中药花粉多糖、药用菌胞内多糖及其他成分的提取，如黄连中小檗碱的提取、三七中皂苷的提取。

（七）超临界流体萃取法

超临界流体萃取法是利用超临界流体（即温度和压力略超过或靠近超临界温度和临界压力、介于气体和液体之间的流体）作为萃取溶剂，从固体或液体中萃取成分以达到分离和纯化目的的一种分离技术。超临界流体萃取过程介于蒸馏和液—液萃取之间，是利用超临界状态的流体，依靠被萃取物质在不同蒸气压下具有不同化学亲和力和溶解能力的性质进行分离、纯化的操作（资源 5-10），目前常见的萃取剂是超临界 CO_2。该方法具有超临界溶剂成本低且无溶剂残留、提取温度低、提取和分离同步完成、操作参数易于控制、提取效率高等特点（资源 5-11），可用于黄酮类、生物碱类、挥发油等物质的提取。

5-10

5-11

（八）连续逆流提取法

连续逆流提取法也称为连续动态逆流提取，是通过多个提取单元之间物料和溶剂的合理浓度梯度排列和相应的流程配置，结合物料的粒度、提取单元组数、提取温度和提取溶媒用量等参数，循环组合对物料进行提取的一种新技术。该法具有有效成分提取率高的优点，并且每个提取单元中的溶剂都参与对所有各类药材的提取，通过循环大大降低溶剂的绝对用量。该方法已用于提取当归挥发油、白及多糖、山楂黄酮等。

（九）提取液的浓缩

提取液的浓缩包括蒸发和蒸馏两种方法：①蒸发是利用液体汽化作用除去溶剂的过程，分为常压蒸发和减压蒸发（真空蒸发），相比于常压蒸发，减压蒸发适宜于处理热敏性物料，蒸发效率高、系统热损失小，但能耗稍高；②蒸馏是通过加热使溶剂汽化、再经冷却凝为液体而回收，以达到提取液浓缩目的的方法，一般用于有机溶剂提取液的浓缩，蒸馏法分为常压蒸馏和减压蒸馏。

二、野生药用植物化学成分的分离和纯化方法

野生药用植物化学成分经过提取浓缩后，得到的多是含有多种成分的混合物，需要进一步分离和纯化。

（一）两相溶剂萃取法

两相溶剂萃取法简称萃取法，是利用混合物中各成分在两种互不相溶溶剂中的分配系数不同而达到分离的方法。在萃取过程中，两成分的分配系数相差越大、分离效果越好。萃取法的主要操作方法包括简单萃取法、连续萃取法和逆流分配法等。简单萃取法主要用于分离分配系数差异较大的成分；逆流分配法及以逆流分配法为基础的液滴逆流色谱法和高速逆流色谱法可用于单体化合物的分离，但需要较大的仪器设备投入，该方法已用于大黄中羟基蒽酮类化合物的分离。

（二）沉淀法

沉淀法是利用某种沉淀剂或改变条件，使需提取的药物或杂质在溶液中溶解度降低、形成无定形固体沉淀从而达到分离目的的方法。沉淀法可分为水醇沉淀法、酸碱沉淀法、铅盐沉淀法、专属试剂沉淀法等。沉淀法有选择性好、工艺设备简单、操作方便、成本低、便于批量生产等优点。由于沉淀过程受多因素干扰，所以容易出现共沉淀、沉淀析出不彻底、过滤困难、产品纯度低等问题。沉淀法已用于茯苓多糖、槲皮苷、蝙蝠葛碱的分离。

（三）结晶法

结晶法是利用成分在不同温度的某种溶剂或某种混合溶剂中的溶解度不同来达到分离的方法。固体化学成分溶于一种热的溶剂或混合溶剂中，冷却此溶剂，溶解的化学成分在较低温度时因溶解度下降而形成过饱和溶液，化学成分从溶液中结晶析出，而其他杂质仍留在母液中，这种现象称为结晶。中药化学成分必须要纯化到一定程度才能用结晶法进行分离和纯化，其具有以下特点：无副反应、产物纯度高、无环境污染、操作简单、实验条件易控、成本低、产量高、适用于工业化生产。

（四）膜分离法

膜分离法是以选择性透过膜为分离介质，在膜两侧一定推动力的作用下，使原料混合物中的某组分选择性地透过膜，从而使混合物得以分离，达到提纯、浓缩等目的的分离技术。常用的膜分离技术包括微滤、超滤、纳滤、反渗透、透析、膜蒸馏等。膜分离技术在常温操作，适宜于热敏物质的分离、浓缩和纯化，分离设备体积小、使用方便，易与其他分离过程结合实现连续操作，具有能耗低、分离系数大等特点。该方法可用于黄芪多糖、人参多糖的分离。

（五）色谱分离法

早在 1903 年，俄国植物学家茨维特（Tswett）就提出应用吸附原理分离植物色素，1906 年

他将这个方法命名为色谱法。色谱分离的依据是混合物中各组分在固定相和流动相间不断地分配平衡，当流动相中所含的化合物经过固定相时，就会与固定相发生溶解、吸附、渗透或离子交换等作用，化合物在固定相和流动相间进行反复多次的溶解、吸附与解吸附、离子交换等过程，使得不同性质的化合物在固定相与流动相间产生了滞留时间和移动速率的显著差异，进而将各组分按顺序分离出来。

色谱分离法按照固定相和流动相存在的状态可以分为气相色谱法和液相色谱法；按照样品组分在两相间分离的机理可以分为吸附色谱法、分配色谱法、离子交换色谱法、凝胶色谱法、亲和色谱法等；按操作形式可分为柱色谱法、薄层色谱法和纸色谱法等。柱色谱法是目前分离纯化中药化学成分最经典和最常用的方法，柱色谱的分离依其固定相的作用机制可分为以下几种。

1. **分配色谱**　是利用混合物中各成分在两种液体之间的分配系数差别而达到分离目的的一种方法。用来固定一种溶剂的惰性固体称为支持剂，被支持剂固定的溶剂称为固定相，被分离的样品用适当溶剂（称为流动相）进行洗脱，在洗脱的过程中流动相与固定相发生接触，依据样品中各成分在流动相与固定相中的分配系数（化合物在固定相与流动相的溶解度之比）的不同而将化合物分离开来。

2. **吸附色谱**　是利用混合物中各化学成分与吸附剂的吸附能力的差别而分离的方法，其固定相为吸附剂。由于各种化学成分的性质不同，吸附剂对其的吸附能力和洗脱剂对其的溶解能力就有显著差异，各化学成分被洗脱剂溶解移动的速度也不同，吸附力最弱的化学成分随洗脱剂移动最快，吸附力强的化合物移动最慢。化学成分之间的性质差异越大，分离效果越好。

3. **离子交换色谱**　利用混合物中各离子型化学成分与固定相的可交换能力或交换系数的差异而分离。由于不同化合物所含的离子不同，与固定相的离子交换能力不同，可选择性地将化合物交换到固定相上，再选择适当的洗脱溶剂将化合物从固定相上置换下来。

4. **凝胶色谱**　是利用凝胶微孔的分子筛作用对混合物中分子大小不同的化学成分进行分离的方法。凝胶是具有许多孔隙的立体网状结构的多聚体，其孔隙大小有一定的范围，各组分在凝胶上的保留程度取决于分子的大小，各组分按分子由大到小的顺序洗脱而得到分离，这种效应也称为分子筛效应，因此凝胶也称分子筛。

5. **高效液相色谱**　高效液相色谱是色谱法的一个重要分支，以液体为流动相，采用高压输液系统，将具有不同极性的单一溶剂或不同比例的混合溶剂、缓冲液等流动相泵入装有固定相的色谱柱，在柱内实现各成分的分离。还可通过检测器进行检测，实现对成分的定量分析。该技术可在短时间内完成数种甚至数十种成分的分离，广泛用于中药化学成分的分析、鉴定和纯化制备。

（六）分子蒸馏法

分子蒸馏法是一种新型、特殊的液—液分离技术，又称短程蒸馏，是在高真空条件下，根据混合物中不同化学成分的分子运动平均自由程的差别，使各化学成分在远低于沸点的温度下得到分离。该方法特别适用于热敏性、易氧化且沸点高的化合物分离。根据分子蒸馏装置形成蒸发液膜的不同，可分为静止式分子蒸馏、降膜式分子蒸馏、刮膜式分子蒸馏和离心式分子蒸馏。分子蒸馏技术具有操作温度低、分离效率高、没有沸腾和鼓泡现象等特点，目前已应用于α-亚麻酸、L-乳酸和维生素 E 的分离纯化。

（七）分子印迹法

分子印迹法是利用具有分子识别能力的聚合物材料——分子烙印聚合物对模板分子具有很高的亲和性，且对于模板分子结构类似的化合物也表现出较高的结合能力，来分离、筛选、纯化目标分子，具有预定性、识别性和实用性等特点。目前，该项技术已应用于生姜中高纯度的6-姜酚和木蜡树中非瑟酮的纯化。

（八）双水相萃取法

双水相萃取法是利用不同物质在不相溶的两相中分配系数不同的原理而达到分离目的的方法。双水相体系是指某些高分子有机物之间或高分子有机物与无机盐之间，在水中以适当的浓度溶解后形成互不相溶的两相或多相水相体系。双水相萃取具有萃取条件温和、易于操作、分离迅速、无有机溶剂残留等优点。目前，已用于分离黄芩苷、葛根素、绿原酸、多糖等成分（资源5-12）。

5-12

三、野生药用植物重要化学成分的提取、分离与纯化

（一）糖类

1. 提取和分离 根据糖类的性质及原料中其他组分的特性，选择适宜的提取和纯化方法，尽可能多地获得目标物质，同时还应避免其结构被破坏。提取工艺一般通过实验确定最佳条件，如浸提料液比、浸提温度、浸提时间、浸提次数等，常用的提取方法有热水浸提法、酸水浸提法和酶法等。分离方法包括水提醇沉法、柱层析法、膜分离法等。此外，脱除蛋白质和色素是多糖纯化的一个重要环节，常用脱除蛋白质的方法有Sevag法、三氟三氯乙烷法和三氯乙酸法（TLA）；多糖脱色一般可用活性炭处理，对于呈负性离子的色素不能用活性炭脱色，可用弱碱性树脂DEAE纤维素吸附色素。中药提取单糖和低聚糖的工艺如图5-2所示。

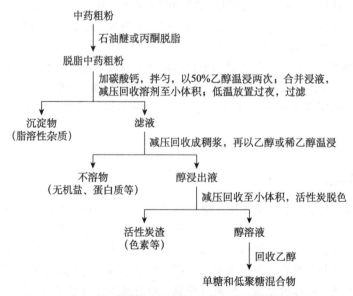

图5-2 中药提取单糖和低聚糖的工艺（引自杨俊杰，2016）

从中药中提取单糖和低聚糖时，首先需通过石油醚或者丙酮脱脂，若共存有酸性成分，可

用碳酸钙、碳酸钠等中和，尽量在中性条件下用水或稀乙醇作为提取溶剂进行提取。由于多种物质共存的助溶作用，用乙醇回流提取有利于单糖和一些低聚糖的提取。然后以活性炭脱去色素，回收乙醇溶液，即得单糖和低聚糖混合物。

2. 应用实例——黄芪多糖的提取和分离

（1）常见工艺　黄芪中黄芪多糖提取和分离的常见工艺如图 5-3 所示。

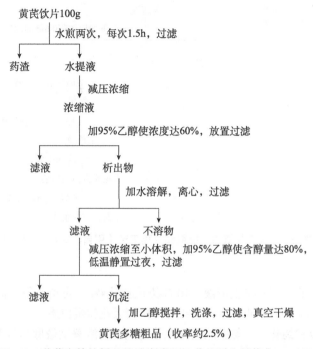

图 5-3　黄芪多糖的提取和分离常见工艺（引自杨俊杰，2016）

（2）操作要点　黄芪药材以水煎煮或回流提取两次，每次 1.5h；滤渣弃用，水提液减压浓缩后加入 95% 乙醇使其浓度达到 60%，放置过夜；过滤后滤液弃用，析出物加水溶解，离心并过滤，取滤液减压浓缩，加入 95% 乙醇使含醇量达到 80%，低温静置过滤，所得沉淀加乙醇搅拌、过滤、真空干燥，即得黄芪多糖粗品。

（二）氨基酸、多肽和蛋白质

1. 蛋白质的提取和纯化　大部分蛋白质可溶于水、稀盐、稀碱、稀酸溶液，少数与脂类结合的蛋白质则溶于乙醇、丙酮、丁醇等有机溶剂。常用的蛋白质提取方法为溶剂提取法，采用不同溶剂，以及调整影响蛋白质溶解度的外界因素（如温度、pH、离子强度等）即可把所需的蛋白质提取出来。从细胞膜上提取水溶性蛋白质常用的方法有浓盐或尿素溶液提取、碱溶液提取、加入金属螯合剂、有机溶剂抽提、去垢剂处理等。从细胞内提取出来的蛋白质仍属于混合物，需进一步纯化。常用的纯化方法有盐析法、等电点沉淀法、有机溶剂分级分离法、层析法、电泳法、结晶法等。下文以天花粉中蛋白质提取和分离为例，介绍其提取工艺及操作要点。

（1）常见工艺　天花粉蛋白质提取和分离的常见工艺如图 5-4 所示。

（2）操作要点　天花粉是由葫芦科草质藤本植物栝楼的块茎制成，天花粉蛋白质是碱性蛋白，对光、热、潮湿均不稳定。将新鲜天花粉原汁在 10℃ 以下加入 2mol/L 的盐酸调节 pH 至 4，离心得上清液，同样条件下加原体积 0.8 倍的丙酮，离心得上清液，再加 0.6 倍体积的丙酮，

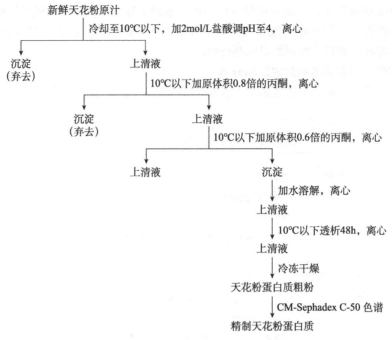

图 5-4　天花粉蛋白质提取和分离工艺（引自李医明，2018）

离心得沉淀，加水溶解，离心得上清液，10℃以下透析 48h，再离心得上清液，冷冻干燥后得天花粉蛋白质粗粉。再通过 Sephadex 柱层析可得精制天花粉蛋白质。

2. 氨基酸的提取和纯化　　氨基酸具有在等电点时的溶解度最低和与重金属如铜、银、汞等制成的络合物不溶于水的特性，可以利用这些特性对氨基酸进行分离。一般采用冷浸法、渗漉法、回流法等，以水或稀乙醇作为提取溶剂进行提取。也可采用逆流浸出法提取，即将物料粉碎后装入逆流浸出罐组的每个浸出罐中，用水作为浸出溶剂，并在搅拌下进行加热逆流浸出，得到总氨基酸粗提物。提取得到的总氨基酸粗提物可以通过离子交换法、成盐分离法、晶析法等进行分离纯化。

3. 多肽的提取、分离及制备　　常用的活性肽制备方法包括人工合成法（固相合成法、液相合成法、微生物发酵法）、从生物体中提取分离（动物脑腺分离法、植物提取法）、基因表达法、酸解法，以及用生物酶催化蛋白质产生等方法（王立晖等，2016）。

（三）萜类

1. 提取和分离　　萜类化合物在植物体内多以非苷形式存在，少数为苷形式，倍半萜类内酯易发生分子重排，二萜易聚合，苷类化合物易水解，提取时应尽量避免酸、碱处理，且要抑制酶的活性。常用的提取方法有溶剂提取法、吸附法；常用的分离方法有结晶法、色谱法及利用特殊官能团进行分离的方法。

2. 应用实例——青蒿中倍半萜青蒿素的提取和分离

（1）常见工艺　　青蒿中倍半萜青蒿素提取和分离的常见工艺如图 5-5 所示。

（2）操作要点　　取青蒿叶干粉，以 5 倍量乙醚冷浸三次，提取液浓缩至小体积，用稀碱除去酸性成分，蒸去乙醚得中性醚提取物，将其拌聚酰胺粉，用 50% 乙醇渗漉，将渗漉液浓缩至小体积再用乙醚提取，合并乙醚提取液，浓缩后上硅胶柱层析，依次用石油醚、10% 乙酸乙酯-石油醚、15% 乙酸乙酯-石油醚洗脱。其中，10% 乙酸乙酯-石油醚洗脱液浓缩得青蒿素，15% 乙酸乙酯-石油醚洗脱液浓缩得青蒿乙素。

（四）生物碱

1. 提取和分离　生物碱的提取是建立在生物碱的理化性质不同的基础上，少数具有挥发性的生物碱可用水蒸气蒸馏法提取，具有升华性的生物碱可采用升华法提取，大多数生物碱可用溶剂提取、离子交换法进行分离纯化。系统分离通常采用总生物碱、类别或部位、单体生物碱的程序分离。类别是指碱性强弱或酚性 / 非酚性组分的生物碱类别；部位是指最初层析中洗脱的不同极性的生物碱。分离生物碱的常见工艺如图 5-6 所示。

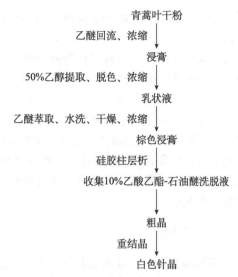

图 5-5　青蒿中倍半萜青蒿素提取和分离的常见工艺（引自杨俊杰，2016）

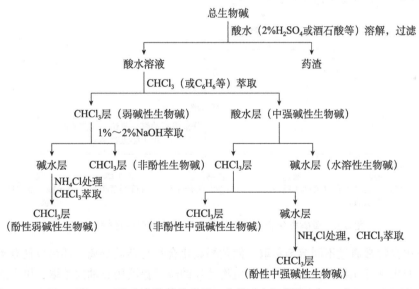

图 5-6　分离生物碱的常见工艺（引自杨俊杰，2016）

　　通常利用生物碱在不同溶剂中溶解度不同而达到预分离的目的。先将总生物碱溶于少量乙醚、丙酮或甲醇中静置。析出结晶后过滤，滤液浓缩至少量或加入另一种溶剂，继续得到生物碱结晶，直至再无结晶析出，此时剩下的一般是结构与性质比较相近的生物碱。分离此类生物碱，可利用碱性强弱不同，溶解性能差异或特殊功能基等，先初步分成几个部分，然后再系统分离单体。

2. 应用实例——麻黄中麻黄碱和伪麻黄碱的提取和分离

（1）常见工艺　　一般应用水蒸气蒸馏法、溶剂法、离子交换树脂法进行。此外，分离和纯化还可用梯度 pH 萃取法、利用生物碱结构中特殊功能基团进行分离、层析法等。图 5-7 为水蒸气蒸馏法从麻黄中提取和分离麻黄碱和伪麻黄碱的工艺。

（2）操作要点　麻黄碱和伪麻黄碱在游离状态下具有挥发性，可用水蒸气蒸馏法从麻黄中提取，提取工艺：取麻黄粗粉加入 4～6 倍 0.1% HCl 溶液浸煮，过滤后取滤液浓缩为麻黄膏，以石灰乳调节 pH 为 13，通过水蒸气蒸馏得蒸馏液，加饱和草酸溶液，通过结晶和母液浓缩分别得麻黄碱和伪麻黄碱。该过程由于加热时间长，部分麻黄碱可能被分解而导致提取率下降。

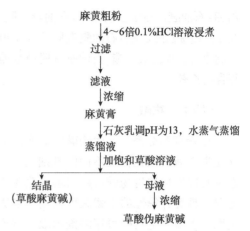

图 5-7　麻黄中麻黄碱和伪麻黄碱的提取和分离工艺（引自徐怀德，2016）

（五）黄酮类

1. 提取和分离　常用的黄酮提取方法是溶剂提取法，黄酮苷类和极性较大的苷元如双黄酮、橙酮、查尔酮等一般可用丙酮、乙酸乙酯、乙醇或极性较大的混合溶剂提取。多糖苷类则可用沸水提取。黄酮类化合物的分离方法有柱层析法、梯度 pH 萃取法、铅盐法等，其中层析法最常用，包括硅胶柱层析、氧化铝柱层析、聚酰胺柱层析、葡聚糖凝胶柱层析及液滴逆流层析等。黄酮类化合物提取的常见工艺如图 5-8 所示。

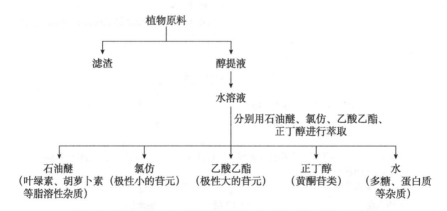

图 5-8　黄酮类化合物提取的常见工艺（引自徐怀德，2016）

黄酮类化合物常通过不同溶剂萃取，使黄酮类化合物与杂质分离，还可以使苷类与苷元或极性苷元与非极性苷元相互分离。例如，植物叶片的醇浸提液用石油醚萃取，可以除去叶绿素和胡萝卜素等脂溶性色素；水提取液浓缩后加入 3～4 倍量的乙醇，可除去蛋白质、多糖等水溶性杂质。

2. 应用实例——黄芩中黄芩苷的提取和分离

（1）常见工艺　黄芩中黄芩苷的提取和分离工艺如图 5-9 所示。

（2）操作要点　取黄芩粗粉，用 10 倍量的水煎煮 2 次，每次 1h，过滤得滤液；加盐酸调节 pH 至 1～2，80℃保温 30min，静置，离心沉淀，过滤得沉淀；加适量水搅匀，用 40% 氢氧化钠调节 pH 至 7，再加入等量 95% 乙醇，过滤得滤液；加盐酸调节 pH 至 1～2，充分搅拌加热至 80℃，保温 30min，放冷，过滤得沉淀为黄芩苷粗品，分别用水、50% 乙醇洗涤，再用 95% 乙醇重结晶得黄芩苷。

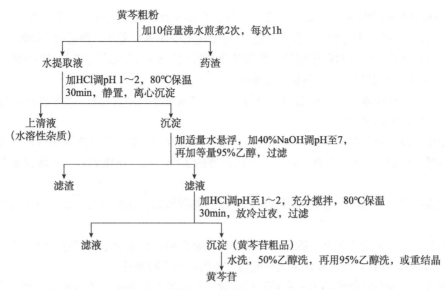

图 5-9　黄芩中黄芩苷的提取和分离工艺（引自杨俊杰，2016）

◆ 第五节　野生药用植物成分复配技术

中医理论认为，人体在健康状态下腑脏经络的生理活动正常，并与外界环境之间保持阴阳平衡的动态平衡状态。当受各种疾病因素影响时，便会破坏这种协调和谐的关系，导致邪盛正衰、阴阳气血失常、腑脏经络功能紊乱等病理改变，从而发生疾病。针对不同的病因，使用相应的中药或去除病邪，或扶助正气，或协调脏腑功能，纠正阴阳的盛衰，使机体恢复或重建其阴阳平衡的正常状态。张仲景的认识与此相合，最早确立了"因势利导、扶正祛邪"的治疗原则，并把这一原则用在复方配伍上，通常所说的"君、臣、佐、使"是对复方中各味药之间主次地位的形象说明。中药与疗效有关的性质和性能统称为药性，它包括药物发挥疗效的物质基础和治疗过程中所体现出来的作用，是药物性质和功能的高度概括，基本内容包括四气五味、升降浮沉、归经、有或无毒、配伍、禁忌等。

一、药物配伍

（一）概念

按照病情的需要和药物的特点，有选择地将两种及两种以上的药物配合在一起应用，叫作配伍。从中药的发展历史看，随着对药性特点的不断明确，对疾病认识的逐渐深化，用药也由简到繁，出现了多种药物配合应用的方法，并逐渐形成了配伍用药的规律，从而既照顾到复杂病情又增进了疗效，减少了毒副作用。

（二）内容

药物配合应用相互之间产生一定的作用，有的可以增进原有的疗效，有的可以相互抵消或削弱原有的功效，有的可以降低或消除毒副作用，也有的药物合用产生了毒副作用。因此，《神农本草经》将各种药物的配伍关系归纳为"有单行者,有相须者,有相使者,有相畏者,有相恶者,有相反者,有相杀者。凡此七情,合和视之"。这七情之中除单行者外,都是指药物配伍关系。

1)单行:单用一味针对性较强的药物来治疗某种病情单一的疾病,如古方独参汤即单用一味人参治疗大失血所引起的元气虚脱的危重病症。

2)相须:两种功效类似的药物配合应用,可以增强原有药物的功效,如麻黄配桂枝能增强发汗解表、祛风散寒的作用。

3)相使:以一种药物为主,另一种药物为辅,两药合用。辅药可以提高主药的功效,如黄芪配茯苓治脾虚水肿,黄芪为健脾益气、利尿消肿的主药,茯苓淡渗利湿、可增强黄芪益气利尿的作用。

4)相畏:指一种药物的毒副作用能被另一种药物所抑制,如半夏畏生姜,生姜可抑制半夏的毒副作用。

5)相杀:指一种药物能够消除另一种药物的毒副作用,如羊血杀钩吻毒、金钱草杀雷公藤毒等。相畏和相杀没有质的区别,是同一配伍关系的两种不同提法。

6)相恶:一种药物能破坏另一种药物的功效,如人参恶莱菔子,莱菔子能削弱人参的补气作用。

7)相反:两种药物同用能产生剧烈的毒副作用,如甘草反甘遂、贝母反乌头、丹参反藜芦等。

(三)禁忌

配伍禁忌是指某些药物合用会产生剧烈的毒副作用或降低和破坏药效,因而应避免配合应用,即《神农本草经》中所谓"勿用相恶、相反者"。历经发展,金元时期将反药概括为"十八反"和"十九畏",累计37种反药并编成歌诀,便于诵读。

十八反歌源自张子和《儒门事亲》,十八反列述了三组相反药:甘草反甘遂、京大戟、海藻、芫花;乌头(川乌、附子、草乌)反半夏、瓜蒌(全瓜蒌、瓜蒌皮、瓜蒌仁、天花粉)、贝母(川贝、浙贝)、白蔹、白及;藜芦反人参、沙参(南沙参、北沙参)、丹参、玄参、苦参、细辛、芍药(赤芍、白芍)。十九畏歌源自刘纯《医经小学》,释义为:硫黄畏朴硝,水银畏砒霜,狼毒畏密陀僧,巴豆畏牵牛,丁香畏郁金,川乌、草乌畏犀角,牙硝畏三棱,官桂畏石脂,人参畏五灵脂。

二、方剂组成与变化

(一)方剂概述

方剂的理论体系形成于20世纪50年代,其基本任务是阐明方剂与病症之间治法的关系,揭示构成方剂的诸要素与功效之间的关系。方剂的内容是以古典方剂的制方原理为主线,运用经典方剂的制方原理、治法、组方思路、方剂配伍、服用方法等方面的理论,包括方中药物配伍的主次关系和功效与主治病症病机相关的配伍原理,方剂适用范围、使用要点、加减变化及剂型选择的规律等(董汉良等,2017;宋敬东等,2018)。

(二)组方原则

方剂是由药物组成的,是在辨证立法的基础上选择合适的药物组合成方。药物的功用各有所长也各有所偏，通过合理的配伍，可增强或改变其原有的功用，调其偏性、制其毒性、消除或减缓其对人体的不利因素，使各具特性的药物发挥综合作用。

方剂的组方原则为"主病之谓君，佐君之谓臣，应臣之谓使"，即君、臣、佐、使。君为方中主药，针对主要病症起治疗作用，其药力居方中之首。臣为辅助君药和加强君药功效的药物。佐有三种意义：一是用于消除或减缓君药、臣药的毒性或烈性的药物；二是协助主药治疗次要的病症的药物；三是根据病情需要，使用与君药药性相反而又能在治疗中起相成作用的药物。使的作用有两种：一为引经药，引方中诸药直达病所的药物；二是调和药，即调和诸药的作用，使其合力祛邪。

（三）组成变化

方剂组成的变化归纳起来主要有药味增减、药量增减、剂型更换、配伍变化4种。①药味增减变化：佐使药的加减，因为其药力较小，不发生主要配伍变化，所以一般不会引起功用的根本变化，只是主治的兼证；臣药的加减，这种加减改变了君臣配伍关系，必然使方剂的功用发生根本性变化。②药量增减变化：指方中药物不变，只增减药量。可改变方剂的药力大小，改变方剂的主药和主治。③剂型更换变化：指同一方剂，由于剂型不同在运用上也有区别。这种差别只是压力大小和峻缓的区别，在主治病情上有轻重缓急之分。④配伍变化：方剂主药的配伍变化直接影响其主要功效。

三、常见药物组方实例——安宫牛黄丸

（一）组成

牛黄、郁金、犀角（水牛角代）、黄连、朱砂各30g；冰片、麝香各7.5g；珍珠15g；山栀30g；雄黄、黄芩各30g。

（二）功用与主治

清热解毒，化痰开窍。治疗邪热内陷心包证，高热烦躁、神昏谵语、舌红或绛、脉数有力，亦治中风昏迷、小儿惊厥属邪热内闭者（资源5-13）。

5-13

（三）方解

本方为治疗热陷心包证的常用方，亦是凉开法的代表方。凡神昏谵语属邪热内陷心包者，均可运用。临床应用于高热烦躁、神昏谵语、舌红或绛、苔黄燥、脉数有力（资源5-14）。该方的君、臣、佐、使方解如下。

5-14

君：牛黄、水牛角、麝香。牛黄苦凉，清心解毒，辟秽开窍；水牛角咸寒，清心凉血解毒；麝香芳香开窍醒神。三药相配是清心开窍、凉血解毒的常用组合，共为君药。

臣：黄连、黄芩、山栀、冰片、郁金。臣以大苦大寒之黄连、黄芩、山栀清热泻火解毒，合牛黄、水牛角则清解心包热毒之力颇强；冰片、郁金芳香辟秽，化浊通窍，以增麝香开窍醒神之功。

使：雄黄、朱砂、珍珠。雄黄助牛黄辟秽解毒；朱砂、珍珠镇心安神，以除烦躁不安。用炼蜜为丸，和胃调中为使药。

（四）辨证要点

增减变化，用《温病条辨》清官汤煎汤送服本方，可加强清心解毒之力；热温病初起，邪在肺卫，迅即逆传心包者，可用银花、薄荷或银翘散加减煎汤送服本方，以增强清热透解作用；若邪陷心包，兼有腑实，症见神昏舌短、大便秘结、饮不解渴者，宜开窍与攻下应用，以安宫牛黄丸两粒化开，调生大黄末 9g 内服，先服一半，不效再服；热闭症见脉虚，有内闭外脱之势者，急宜人参煎汤送服本方。

◆ 第六节　我国重要野生药用植物资源的利用途径

一、杜仲

杜仲（*Eucommia ulmoides*）是杜仲科杜仲属植物，为我国特有的第三世纪子遗植物，以皮入药，其叶、枝条、雄花和种子中也含有与皮类似的化学成分，在各领域应用广泛（资源 5-15）。

1. 医药领域　杜仲皮是名贵中药材，在民间有"植物黄金"之称。化学成分主要有黄酮类、木脂素类、苯丙素类、环烯醚萜类、多糖类及其他化合物，有补肝肾、强筋骨、安胎的功效，主治腰脊酸疼、足膝痿弱、小便余沥、阴下湿痒、胎漏欲坠、胎动不安、高血压等症。杜仲皮对血压具有双向调节作用，即对高血压患者有降压作用而对低血压患者有升压作用，其中的松脂醇二葡糖苷等木脂素类化合物是杜仲调节血压的物质基础。以杜仲为原料制成的全杜仲胶囊、杜仲降压片和杜仲平压片的疗效已得到临床验证。全杜仲胶囊由杜仲制成，具有降血压、补肝肾、强筋骨的功效，用于治疗高血压、肾虚腰痛和腰膝无力。

2. 其他领域

（1）食品　杜仲叶与杜仲皮所含化学成分极为相近，除了含有木脂素类、环烯醚萜类、黄酮类等，还含有氨基酸、微量元素。目前，以杜仲叶为原料开发的产品有杜仲茶、杜仲酒、杜仲饮料、杜仲醋、杜仲酸奶、杜仲硬糖、杜仲果冻、杜仲可乐等。杜仲籽油脂肪酸中的 α-亚麻酸含量极其丰富，具有降压、降血脂和抗肿瘤作用。杜仲雄花已被列为新食品原料，以杜仲雄花为主要原料制备的杜仲雄花茶、杜仲花叶茶、杜仲红茶和复合茶等有显著的保健功能，备受市场青睐。

（2）工业原料　杜仲胶是源于杜仲皮、叶和种子的特有产品，杜仲胶加工成的高弹性体用途广泛，既可做塑料又可做热弹性材料，还可做橡胶弹性材料，兼有塑料及橡胶的双重特性。人们利用杜仲胶制备出了一系列复合薄膜（资源 5-16），包括杜仲胶/硅烷化纤维油水分离薄膜（资源 5-17）、生物炭/杜仲胶复合薄膜、聚 ε-己内酯/杜仲胶复合薄膜等。杜仲胶形状记忆复合材料是一类新型智能高分子材料，其能对热、光、pH、电磁场等外界条件刺激做出响应，从而实现临时形状的固定与初始形状的恢复。

（3）饲料/饲料添加剂　杜仲籽产业化可采用多级开发模式，将杜仲籽仁与杜仲籽壳进行分离，杜仲籽仁部分提取非极性的杜仲籽油，油粕用来提取桃叶珊瑚苷活性成分，剩余糟粕加工成杜仲籽蛋白和功能饲料。杜仲叶也可开发动物饲料添加剂，可使家禽羽绒中的胶原蛋白含量增加 1.6 倍，产蛋量提高 52.4%，尤其是饲喂杜仲叶后，鸡可产出低胆固醇、富含高密度脂蛋白的鸡蛋。

5-15

5-16

5-17

此外，杜仲籽壳提取杜仲胶后的废渣可用于生产杜仲胶渣复合板（资源5-18）。杜仲皮提取物能调节胃肠消化功能、预防便秘、促进新陈代谢、降血脂、增强机体免疫力、改善睡眠质量、减肥、美容、抗衰老，可应用于化妆品领域。

5-18

二、金银花

金银花是忍冬科植物忍冬（*Lonicera japonica*）的干燥花蕾，是最常用的清热解毒药，用于外感风热及瘟病，对多种致病菌和病毒具有较强的抑制和杀灭作用，其藤茎称忍冬藤，功效与花蕾近似。金银花为药食两用种类，除了医药领域，根据其清热解毒功效，可开发出果酒、茶饮、食品等，还可开发香料、化妆品等。

1. 医药领域　金银花中含有绿原酸、异绿原酸、木犀草素、忍冬苷、肌醇等，并含有30种以上挥发油成分。具有清热解毒、散风消肿功效，可抗结核杆菌、白喉杆菌、流感病毒、腮腺炎病毒等。金银花复方在临床上可用于治疗急性扁桃体炎、泌尿系统感染、糖尿病足、高血压等70余种疾病。以金银花为配方的中药制剂也是人们家用的常备药品，医药工作者根据方剂配伍原则和经方开发了多种金银花中药制剂，扩大了其临床应用，除了传统的汤剂、颗粒剂、散剂之外，还有注射剂、含漱液、胶囊剂、凝胶剂、喷雾剂、片剂等。忍冬叶中所含绿原酸虽为花蕾的30%～70%，但其抑菌率较高、产量大、易采收、价格便宜，可作为提取绿原酸的医药工业原料。

2. 其他领域

（1）食品　金银花属于药食同源种类，其食用历史悠久。目前市场上可见的金银花产品种类繁多，包括金银花酒（如金银花山葡萄酒、二花酒、金银花保健啤酒等）、金银花饮料和凉茶（如银花山楂饮、花露玉液、二花清暑饮、金银花凉茶等）、酸奶、粥和汤品（如金银花酸奶、金银花粥、银花蜡梅汤等）、口香糖（如荷叶金银花保健口香糖、抗龋护齿口香糖、清火口香糖等），以及果冻、冰淇淋、软糖、面条、香精、米粉、火锅底料等产品。

（2）化妆品　金银花干花蕾和鲜花中提取的精油应用于化妆品中，可使泡沫丰富、香味融合、清洁皮肤、滋养肌肤、增强皮肤活力，能达到延缓皮肤衰老的目的，对脂溢性皮炎、皮肤炎症亦有一定疗效。已开发的产品有金银花复方洗手液、金银花药物洗浴剂、金银花露等。

（3）饲料添加剂　金银花除应用于人体病症的治疗外，还可作为饲料添加剂应用于畜禽养殖。金银花内含有丰富的氨基酸、葡萄糖、维生素、微量元素，是一种良好的饲料营养成分；金银花主要药效成分绿原酸具有抗菌消炎的作用，对兔、鸡等牲畜有防病治病的功效。金银花制剂对20余种牲畜常见疾病有较好疗效，如猪/牛/羊结膜炎和角膜炎、牛流行性感冒、兔中暑等。

此外，含有金银花提取液的牙膏具有清热解毒、消炎祛火、除口臭的功效，金银花漱口水、驱蚊液、加香洗衣粉、枕芯、痱子粉、香烟、香水、溃疡贴、空气清新剂等也已成功开发。

三、五味子

五味子是木兰科植物五味子（*Schisandra chinensis*）的干燥成熟果实，主要应用于医药行业，是东北著名道地药材之一，也可用作食品和保健品原料，其坚果可榨取果汁用来配制果酒和饮料，果实可酿酒或制成食物添加剂等。我国民间还将其用作调味品，使肉、菜产生鲜美味道。

1. 医药领域 五味子的主要化学成分为木脂素类和挥发油类，是其药用有效成分，还含有酚类化合物、维生素、有机酸、脂肪酸和糖类等，具有抗肝损伤、诱导肝药物代谢酶和抗氧化、抗衰老作用。它对中枢神经系统具有调节作用：改善人的智力活动、提高工作效率、改善视力、扩大视野。在心血管系统方面有扩张血管作用：可调节血压和兴奋呼吸，使呼吸加深加快并能对抗吗啡的呼吸抑制作用。另外，其还有抗溃疡、增强机体适应能力、抗菌及杀蛔虫等作用。五味子是果实类传统大宗药材，我国约40%的药厂将五味子作为重要原料之一，生产的药物品种达千种以上。

2. 其他领域

（1）食品 五味子果实营养价值丰富，被广泛运用于食品生产中，如五味子果酒、五味子果汁、五味子口服液等。五味子果实含有抗氧化成分，其产品不需添加防腐剂就可以保存较长时间，果实中天然的胭脂红色为食品工业提供了防腐剂和色素原料。五味子嫩叶的柠檬香气浓郁，可开发具有保健功能的五味子嫩叶茶；还因营养丰富，被列入上品野菜直接利用。藤茎通常被称为山藤或山花椒，东北民间把它放进大酱或咸菜中，以获得特殊香气。

（2）化妆品 木脂素是五味子的主要有效成分，也是抗氧化功效最强的天然抗氧化剂之一，可用于开发系列抗氧化保湿化妆品。

四、鸡血藤

鸡血藤为我国特产豆科植物密花豆的干燥茎藤，秋冬季节采收后切片晒干而成。鸡血藤作为补血活血药，在临床上具有广泛用途，在饲料添加剂、盆景、食用色素、保健食品、日化产品开发等方面也具有广阔的应用前景。

1. 医药领域 鸡血藤中的化学成分主要有黄酮类、甾醇类、萜类、蒽醌类、各种苷类化合物及几十种微量元素。作为补血活血的传统中药，临床用于治疗贫血及各种原因引起的全血细胞减少和再生障碍性贫血等疾病。鸡血藤还具有抗肿瘤、抗病毒、免疫调节等作用。鸡血藤中的儿茶素类化合物、芒柄花素、间苯三酚及丁香酚具有较强的促进造血细胞增殖的作用；总黄酮可以促进血虚动物模型造血功能恢复，具有抗贫血作用。

我国生产的含有鸡血藤的中成药共有191种，如鸡血藤片、鸡血藤颗粒、鸡血藤糖浆等单方药，以及金鸡胶囊、乳癖消片、调经活血片等复方药。全国有数百家制药企业生产含鸡血藤的中成药制品，产品涵盖片剂、散剂、胶囊剂等近20种剂型。以鸡血藤为主要原料的金鸡胶囊具有清热解毒、健脾除湿、通络活血的功效，用于治疗子宫内膜炎、盆腔炎、附件炎等疾病。乳癖消片用于痰热互结所致的产后乳房结块、红热疼痛，以及乳腺增生、早期乳腺炎等症。

此外，鸡血藤还可作为原料生产保健品，可与其他药用植物组合开发鸡血藤保健茶，具有补肝肾、养气血、祛风湿、益血培本的功效。

2. 其他领域 鸡血藤中的红色素提取后可用作天然食用色素。鸡血藤提取物以一定浓度添加到蛋鸡饲料中，能够提高褐壳蛋商品品质。此外，鸡血藤还可开发天然染料，对蛋白质、锦纶纤维、纱线或织物均具有良好的染色效果，且安全无毒。鸡血藤常用作垂直绿化类植物，可达到增加绿量、软化硬质景观的效果。

思政园地

中药古旧不陈旧、药植天然不枉然

　　野生药用植物资源是中医防治疾病的主要物质基础，几千年来为中华民族及世界人民的健康做出了巨大的贡献。为了保证中药产业上游优质药材的生产，中国中医科学院中药资源中心黄璐琦院士等经过多年潜心钻研，编著《中国中药区划》一书，为全国因地制宜规划中药生产结构布局，实现区域化、规模化、专业化生产优质药材提供依据。随着健康中国行动的推进及中医药健康服务业的发展，野生药用植物资源作为基础在发展中药饮片、中成药，以及其他中药食品、保健品、化工产品等方面具有广阔前景。随着我国中医药创新体系的持续完善，以中医药为源头的标志性科技成果不断涌现。2000 年以来，中医药行业共获得国家科技奖励 117 项。最具代表性的是屠呦呦的青蒿素研究成果于 2015 年获诺贝尔生理学或医学奖，这是第一个以中药为研究源头的成果获评诺贝尔奖，是传统中医药送给世界人民的礼物。

　　现代生物技术能够从分子水平阐述中药及其复方的作用机理，保护中药的种质资源与基因资源，研发中药新药及进行中药材的现代鉴定等。我国对药用植物资源的开发利用已经取得显著成绩，尤其在抗肿瘤和神经药物的研究方面，发现了新的药源、有效成分和利用部位，使药用植物的研究向综合利用方向发展。例如，从三尖杉、粗榧中分离出的抗肿瘤成分三尖杉酯碱和高三尖杉酯碱，对治疗淋巴系统恶性肿瘤有较好的疗效；从洋金花中分离出的有效成分东莨菪碱是 M 型胆碱受体的阻滞剂，以洋金花为主的中药麻醉的研究成功，促进了神经药理学的发展；用长春花悬浮培养细胞实现了对天麻素的生物转化；用氮离子束注入技术来诱变桑黄菌株，获得了多糖含量高且遗传性状稳定的菌株；指纹图谱质控技术是带动中药工业现代化的关键技术，使中药产业发展从以数量为主转变为以质量为主。

? 思考题

1. 野生药用植物含有的主要化学成分的种类及其功效有哪些？
2. 野生药用植物采收期确定的一般原则是什么？
3. 野生药用植物产地初加工的目的是什么？有哪些常用的方法？
4. 中药材炮制的目的和意义是什么？常用的炮制方法有哪几种？
5. 描述药用植物化学成分提取分离的新型方法，并举例说明。
6. 举例说明我国药用植物资源利用的现状和前景。

| 第六章 |

野生香料植物资源开发与利用

香料是精细化学品的重要组成部分，具有挥发性香气和香味，由天然香料、合成香料和单离香料3个部分组成。野生香料植物的器官中富含芳香成分，可以作为植物性香料开发的重要来源。香料植物中所含有的芳香成分是植物的次生代谢物，它存在于植物的腺体、油室、油管、分泌细胞或树脂道等各种组织和器官中，分布于植物的根、茎、叶、花、果等部位。通常由萜类、醛类、酯类、醇类等化学物质组成，这些化学成分多数具有抗菌、抗氧化、消炎等生物活性，在食用香料、食品工业、制药、医疗保健、化妆品及病虫害防治等方面得到广泛应用。

◆ 第一节　植物香料的化学组成与功效

植物香料的味道来自植物自身的化学成分。植物香料化学组成复杂，一种挥发油中常有数十种到数百种化学成分，如保加利亚玫瑰中检出近300种化合物。植物香料的成分可分为萜类化合物、芳香族化合物、脂肪族化合物和含氮含硫类化合物四类，其中以萜类化合物最为常见。

一、萜类化合物

萜类化合物是植物体内种类最丰富、数量最多、结构多样、具广泛生物活性的重要次生代谢物，从化学结构来看，它是异戊二烯的聚合体和衍生物，其骨架一般为C_5基本单位。尽管萜类结构具有多样性，但所有萜类都是由五碳前体、异戊烯基二磷酸及其烯丙基异构体二甲基烯丙基二磷酸合成。这些化合物属于最多样化的天然产物家族——萜类化合物。挥发油中的萜类成分主要是单萜、倍半萜和它们的含氧衍生物，这些含氧衍生物多具有较高的生物活性和芳香气味，是医药、化妆品和食品工业的重要原料。单萜以苷的形式存在时，不具有挥发性，不能随水蒸气蒸馏出来。在草本植物和柑橘类水果等产精油植物中，有特定的组织（如腺毛、油管和分泌囊）积聚萜类化合物，不含精油的水果蔬菜中也存在一部分低浓度的萜类化合物。常见的萜类化合物分类及主要代表化合物见表6-1。

表6-1　萜类化合物分类及主要代表化合物

分类	碳原子数	通式（C_5H_8）$_n$	存在部位	主要代表化合物
单萜	10	$n=2$	挥发油	香叶醇、橙花醇、罗勒烯
倍半萜	15	$n=3$	挥发油	金合欢烯、橙花叔醇、甜没药烯等
二萜	20	$n=4$	树脂、苦味质、植物醇	银杏内酯、维生素A
二倍半萜	25	$n=5$	海绵、细菌及昆虫的代谢物	蛇孢假壳素A

萜类化合物具有丰富的生物活性，如香茅油中的柠檬醛具有止腹痛和驱蚊的作用；松节油中的蒎烯含量为 80% 左右，工业上用来合成樟脑，是生漆和蜡的溶剂；薄荷油里薄荷醇含量为 8% 左右，内服薄荷醇可以安抚胃部、止吐解热，外用对皮肤和黏膜有清凉和弱麻醉作用，用于镇痛和止痒，亦有防腐和杀菌作用。

二、芳香族化合物

芳香族化合物是植物精油中的第二大类化合物，主要包括两类衍生物：一类是萜源衍生物，如百草香酚、孜然芹烯和 α-姜黄烯等。另一类是苯丙烷类衍生物，其结构多具有 C_6—C_3 骨架，多有一个丙烷基的苯酚化合物或酯类，如桂皮醛存在于桂皮油中；茴香醚为八角茴香油及茴香油中的主成分；丁香酚为丁香油中的主成分；α-细辛醚、β-细辛醚为菖蒲及石菖蒲挥发油中的主成分。莽草酸作为高等植物中次生代谢的起始物，连接着糖代谢与多酚代谢，是芳香族类物质生物合成途径中的关键物质，是色素、生物碱、激素和细胞壁成分等许多天然产物的前体物质。莽草酸途径的中间产物及合成底物都可以被直接或间接合成其他次生代谢物。

植物精油的赋香效果来自芳香族化合物，例如，花椒果实中的花椒烯、水茴芹萜、香叶醇和香茅醇等；八角茴香中富含反式大茴香脑、大茴香醛、芳樟醇和桉叶素等；丁香中含有大量的丁香醇、苯乙醇、芳樟醇和大茴香醛等。这些植物的芳香族次生代谢物质构成了辛香料的特征香气，能够赋予食品独特的风味。同时这些成分可以遮盖食品中的异味（腥味和臭味）。香料还具有抗氧化和防腐作用，其抗氧化成分主要是其中的精油（挥发油）和酚类物质，可使食品中的营养成分得到保存并延长保质期，如迷迭香精油、生姜精油、香菜精油、胡椒酚、肉豆蔻精油、鼠尾草酚、百里酚、丁子香酚和姜烯酚等物质表现出较强的抗氧化和防腐作用。

三、脂肪族化合物

脂肪族化合物是植物精油中的第三大类化合物，其含量相对于萜类化合物与芳香族化合物较少。植物精油中包含小分子的醇类、醛类和脂类，这些化合物是类脂物质通过 α-氧化、β-氧化和脂氧合酶途经所形成，其主要调控酶是脂肪氧化酶（LOX）。例如，在绿茶加工过程中，类脂降解酶促进类脂物质释放脂肪酸，使 LOX 底物浓度增加。茶叶中的脂肪酸在 LOX 作用下转化为 C_6 醛、醇等低碳化合物，这些低碳化合物在之后的加工过程中继续发生裂解、异构、缩合聚合等反应而形成绿茶的香气挥发物质。

一些小分子脂肪族化合物如烃、醇、醛、酮、酯等，广泛存在于植物特别是水果中。正丙醇、辛醛、醋酸乙酯、甲酸、辛酸乙酯等组成果蔬特有的香气。异戊醛存在于柑橘、柠檬、薄荷、桉叶、香茅的挥发油中，是合成维生素 E 的原料。在茶叶及其他绿叶植物中含有少量的顺-3-己烯醇，因其具有青草的清香，所以也称叶醇。2-己烯醛也称叶醛，是构成黄瓜清香的天然醛类，可用于合成精油及调和花香。2,6-壬二烯醛存在于紫罗兰、水仙、玉兰、金合欢中，是其香气的重要组成部分。

四、含氮含硫类化合物

除上述三类化合物外，部分具有辛辣刺激性味道的植物香料中还含有含氮含硫类化合物。例如，大蒜精油中的大蒜素（二烯丙基三硫醚）、二烯丙基二硫醚和二烯丙基硫醚，黑芥子精油中的异硫氰酸烯丙酯，柠檬精油中的吡咯，洋葱中的三硫化物等。含氮含硫类化合物在天然香料植物中存在且含量极少，但在葱、蒜和花生等食品中常有发现。虽然它们属于微量化学成分，但由于气味往往很强，因此不可忽视。

植物中的芳香成分大多具有止咳、平喘、祛痰、祛风、健胃、解热、镇痛、强心和抗氧化等多种生物活性。例如，牡荆、满山红、小叶枇杷精油等具有止咳平喘作用；檀香、松节精油具有降血压活性；当归、川芎精油具有活血镇静作用；砂仁、豆蔻、小茴香精油具有醒脾开胃活性；薄荷精油具有清凉、消炎、止痛、止痒的作用；柴胡精油具有较好的退热作用。芳香精油不仅在医药上有重要的作用，也是香料、食品和化学工业的重要原料。

◆ 第二节　野生香料植物的采收与贮藏

一、采收

对于香料植物来说，芳香成分在植物体内存在的部位常随品种的不同而各异，有的全株植物中均含有，有的分布于植物的根、茎、叶、花和果实中。一般花或果实中的含量较多，其次为叶，茎和根中的含量相对较少。适宜的采收时期是保证香料植物质量的关键环节，并对保护和开发利用香料植物资源具有重要意义。香料植物采收是否合理主要体现在采收的时间性和技术性上：时间性主要指采收期和采收年限；技术性主要指采收方法和利用部位的成熟度等。

（一）采收时期

1. 全草类　指全草均可作为香料植物加以利用，通常在植株充分生长、枝叶茂盛的花蕾期或初花期收割，如藿香、荆芥等。但也有一些例外，如菌类在嫩苗期采收为佳、马鞭草在花期采收最好，而薄荷等香料植物一年内可进行多次采收。

2. 叶类　指以叶为原料的香料植物，一般来说，在叶片生长旺盛、叶色浓绿、花未开放或果实未成熟前采收，如紫苏叶、艾叶等。植物一旦开花结果，叶片内贮藏的营养物质就会向花、果实转移，从而降低香料植物的产量和质量。对于一些木本香料植物来说，需达到一定的年限后方可采收，如桉树类叶片需定植 3 年后方可采叶提油，每年采收两三次。

叶片是植物进行光合作用和制造营养的器官，采收时应有计划地分批、分片采收，以不破坏资源为宜。叶类香料植物的精油含量受季节和气候的影响。例如，薄荷叶于连续 7 个晴天后采收，采收时间为上午 10：00 到下午 3：00 之间，此时精油含量最高。以小暑至大暑间为其盛花期，此时叶片肥厚，香气浓郁，薄荷油和薄荷脑含量均最高；若在此期间阴雨后 2～3d 采收，其精油含量将降低 3/4。颠茄、毛地黄、大风艾等也有与薄荷类似的现象，除了要求晴天外，每天在 10：00～16：00 采收最为适宜。

3. 根及根茎类　根及根茎为植物的营养器官，这类香料植物一般在休眠期采收，此时地下部分积累的有机物质较多。通常精油的质量与植物生长时间长短有较大关系，根龄长时油的质量较好，香气浓郁。多年生的香料植物，如缬草和鸢尾等，其根中含有精油，2～3 年才可采收利用。但有些植物比较特殊，如香根草在种植一年半以上采收为宜，至 3 年以上时含油率反而下降。当归、白芷等应在抽薹开花前采收。

4. 皮类　皮类包括根皮、树皮及草本香料植物的茎皮等。香料植物的树皮一般应在生长到一定树龄、树皮达到一定厚度、容易剥皮时采收。通常在春末夏初，此时皮部养分和树液增多，形成层细胞分裂旺盛，易于剥皮，且伤口也较易愈合，能达到保护资源和降低生产成本的目的。例如，肉桂在树龄 10 年以上时即可采收，每年可分两次采收，4～5 月采收的称"春剥"，9 月采收的称"秋剥"。

5. 花类　花类香料植物采收时节性强，多集中在花蕾含苞欲放或花朵初开时采收。过早采收时香气不足，过迟则香气散失、花瓣易散落，进而影响其产量和质量。不同种类的花采收期略有不同。例如，金银花、辛夷、丁香、槐米等在花蕾期采收；玫瑰花若提取香料油应在花朵初放、刚露花心时采收，过迟则花心变红、质量下降，一天中以上午 6：00～10：00 含油量高，此时采收最适宜；白兰花一般在上午 6：00～9：00 花朵微开时采收；菊花、红花、桂花、合欢花、佛手花等则在盛花期采收；薰衣草花含精油的部分主要是在花序，以末花期含油量最高，其精油中的乙酸芳樟酯含量自开花到种子成熟前逐渐上升，种子成熟后含量下降。

6. 果实种子类　果实种子类香料植物一般在果实充分成熟、籽粒饱满时采收，如莱菔子、续随子等。一些蒴果类种子（如豆蔻）完全成熟后，蒴果会开裂，种子散失难以收集，故宜稍提前采收。有的苦香植物花期较长，如月见草 7 月开始开花，到 10 月植株顶部尚有花蕾，等到秋季集中采集时先熟的种子则已经散失，而后开花的果实还未成熟，严重影响其产量和质量。因此，应视情况随熟随采，或植株上有 2/3 的果实成熟时即可全株采下，在干燥后采集种子。

（二）采收方法

香料植物的采收方法通常根据香料植物的种类和利用部位而定。采收方法恰当与否，直接影响香料植物的产量和质量。通常有以下几种采收方法。

1. 挖掘　根及根茎类，以及带根应用的全草类香料植物采用挖取法采收。一般选在雨后晴天或阴天土壤湿润时挖取。若土壤干燥不易挖出，可采挖前先浇灌 1 次，待能下锄时进行挖取。

2. 采摘　此法主要用于成熟期不一致的果实、种子和花的收获。由于其成熟期不一致，分批采摘可保证原料的品质与产量，如辛夷花、菊花、金银花等。采摘果实、种子或花时，要注意保护植株，不要损伤未成熟部分，以免影响其后续的生长发育。同时也要避免遗漏，以免其过熟脱落、枯萎或衰老变质等。另外，一些果实、种子个体大，或者枝条质脆易断的香料植物，其成熟期虽较一致，但不宜用击落法采收，也可采用此方法，如佛手、连翘、栀子和香橼等。多汁类果实采收时，要特别注意避免挤压翻动，以免果实破裂。

3. 收割　收获全草、花、果实、种子和成熟一致的草本香料植物时，可以根据不同香料植物及利用部位的具体情况，或整齐割下全株，或只割取其花序或果穗。对于全草类一年多收的香料植物，在收割后要留茬，以利于萌发新的植株，提高下次的产量，如薄荷、瞿麦和竹叶柴胡等。

4. 剥离　此法主要用于采收树皮或根皮类香料植物。树皮和根皮的剥离方法略有差异。

树皮的剥离一般采用活树剥皮收获，如厚朴、桂皮等。剥取的方法是在树干基部先环割一周，再在相应高度（不同树种高度不同）环割一周，然后在两环之间纵割一刀后沿纵割线慢慢掀起，使皮层整块与木质部分离。为了保证树木的成活和皮层再生，一般在春末夏初采收，剥皮时要控制剥取的面积，使伤口容易愈合。采皮时可用环剥、半环剥和条状剥取。剥后严禁用手触摸树干剖面，并迅速用塑料薄膜或纸张包扎剥面，以促进形成层愈合、分化和新皮再生。

木本植物粗壮的树根与树皮的剥皮方法相似，所割皮的长度依据实际情况而定。灌木和草本植物根部较细，一种方法为用刀顺根纵切根皮，将根皮剥离，另一种方法为用木棒轻轻敲打根部，使根皮与木质部分离，然后抽去或剔除木质部，如牡丹、远志等。

5. 击落　对于树体高大的木本或藤本香料植物的果实和种子，采集困难时可选择器械击落。击落时在植物下面垫草席、布围等，以便收集与减轻损伤，同时也应尽量减少对植物体的损伤。

6. 割伤　树脂类香料植物如安息香、松香等，常采用割伤树干收集树脂的方法。一般是在树干上凿"V"形伤口，让树脂从伤口渗出，流入下端放置的容器中进行收集。

二、贮藏

（一）鲜花鲜叶的贮藏

1. 未发香鲜花　对于茉莉、晚香玉等采收即将开放的成熟花蕾，花蕾采集后还在进行新陈代谢，存在一定的生理代谢活动，经过适当时间的保存，鲜花才会开放并发香。在鲜花保存和开放过程中，花蕾会释放热量，保存不当时会发霉变质。花蕾采摘后需立即适当保存，保存过程中以薄层形式放置，厚度不超过5cm。贮存花蕾的环境保持适宜的温、湿度，一般以温度28～32℃、湿度80%～90%为宜。为使花蕾全部均匀一致开放，每隔一段时间应轻轻上下翻动。

2. 已开放鲜花　白兰、黄兰、栀子、玫瑰花等是采集当天开放的花朵，这些花朵有浓郁的香味，花虽然被采摘，但也有新陈代谢，仍在放热。采集后应松散放置，并及时加工。如不能及时加工可以铺薄层放置。

3. 鲜叶　鲜叶采集后，以薄层形式放至半干后再加工，如白兰叶、玳玳叶、橙叶和薄荷叶等。放置一段时间后，其出油率较鲜叶高5%～20%。鲜叶、花蕾和鲜花在运输和保存过程中，均要防止因发热而导致发酵，从而影响出油率。

（二）干品原料的贮藏

部分香料需干燥后贮藏保存。这种方法适用于原生于热带、干旱地区的植物，如薄荷类家族（罗勒、迷迭香、百里香等）、樟科的月桂叶等。这类植物的香气物质在干燥环境中能够长期保存，最好的干燥方式是在阴暗处风干。如急用可采用烤箱低温烘烤或干燥箱脱水，但温度设置不宜过高。烘干法制备的香料风味往往没有风干法好。此外，也可采用微波干燥香草，微波加热速率快、穿透力强、风味流失较普通烤箱少。

◆ 第三节　植物香料的加工

植物香料的加工是指以天然香料植物为原料，从其花、叶、枝干、树皮、果皮、种子、茎等器官中提取芳香成分，从而获得天然植物性香料。根据提取的方法不同，可以获得精油、浸膏、净油等不同产品。

根据香料工业实际生产需要，原料中应用于日用范围的称为日用香料；应用于食品范围的称为食用香料。香料植物含有的具有芳香气味的油状液体称为精油。精油可随水蒸气蒸馏，常温下呈液态，具有高的流动性和一定的芳香气味，故也称为挥发油。在香料工业生产中还有酊剂、浸膏、净油等制品，多用低沸点的溶剂提取而得。酊剂是指用乙醇做溶剂提取香料植物，得到的液体冷却后过滤掉不溶物而得到的产品。浸膏是以植物的花为原料，经浸提、浓缩所得制品。净油是将浸膏再经乙醇处理后回收乙醇而成的浓缩物。采用溶剂法从香料原料（食品调料）中将其香气和口味成分提取出来，回收溶解后制得的稠状、含有精油的树脂性产品称为油树脂。以香料植物为原料经乙醇提取、浓缩后获得的产品为香膏。鲜花（如桂花、茉莉）的浸提一般采用石油醚、苯冷浸制备，如用脂肪吸收法制作的产品称为香脂。头香是冷冻法或聚合多孔树脂吸附法所得到的鲜花芳香成分，多为低沸点组分，能够真实反映鲜花的天然香气。

一、精油制备

精油是指从香料植物或泌香动物中加工提取所得到的挥发性含香物质的总称。通常植物精油是指从花、叶、根、种子、果实、树皮、树脂、木心等部位，通过水蒸气蒸馏法、压榨法、吸附法或萃取法提取的挥发性芳香物质。精油的挥发性很强，可在室温下挥发，所以精油必须用可以密封的深色瓶储存。精油的制备方法主要包括以下几种。

（一）蒸馏法制备

大多数香料植物提取精油均可采用水蒸气蒸馏法，如薄荷、留兰香、丁香、肉桂、百里香、玫瑰、橙花等。但在沸水中香味成分容易受损的植物不适合采用此方法，如茉莉、紫罗兰、风信子等。

1. **基本原理**　　虽然香料植物芳香成分的沸点为 150～300℃，但原料经粉碎后均匀装在蒸馏器中与水相接触，细胞和组织中渗出的精油和水分形成多相混合物，互不相溶的混合物蒸汽全压等于各个组分蒸气压的总和，在混合相压力等于蒸馏锅内压力的情况下，沸点较高的精油能在低于 100℃的温度下随水蒸气一同蒸出，再经油水分离，即得精油。

影响植物原料水蒸气蒸馏的主要有三种作用：水散作用、水解作用和热力作用。植物的茎、叶、花，无论是新鲜原料还是干燥原料，必须在饱和蒸汽的作用下，经润湿之后才有利于蒸馏，这一过程称为锅内水散，实际上是水散作用的开始。为了缩短锅内水散过程，原料可在装锅之前进行淋水润湿，这一过程称为锅外水散。有些原料如玫瑰花等可在蒸馏之前用清水浸渍，既有保藏作用，也起到锅外水散作用。

水的作用过程：原料表面润湿→水分子向细胞组织中渗透→水置换精油或微量溶解→精油向水中扩散→形成精油与水的共沸物→精油与水蒸气同时蒸出→冷凝→油水分离→精油。

蒸馏法分为三种：水中蒸馏、水上蒸馏和水汽蒸馏。①水中蒸馏：将物料浸入水中进行蒸馏的方法叫水中蒸馏。水中蒸馏热源可采用间接蒸汽、直接蒸汽（即水汽蒸馏）或者直接火加热。由于物料始终泡在水里，受热均匀，从而避免因蒸汽短路产生的原料黏结和结块现象，一般水散效果较好，保证了大量水溶性成分溶于蒸馏水中，最大限度地保留了水溶性有效成分，但水中蒸馏精油中的酯类成分易水解，因此含酯类高的香料植物不能采用这种方法。②水上蒸馏：又称隔水蒸馏，是将原料置于蒸馏釜内的筛板上，筛板下釜底层部位盛放一定水量以满足蒸馏所需的饱和蒸汽，水层高度以水沸腾时不溅湿筛上物料为界。水上蒸馏所用的热源也可采用间接蒸汽、直接蒸汽和直接火加热。水上蒸馏的特点是蒸汽永远是饱和的湿蒸汽，有利于物料的水散作用，也有利于精油蒸出。③水汽蒸馏：又称直接蒸汽蒸馏，其原理与水上蒸馏的方法大致相同，是将原料置于蒸馏釜内的筛板上，锅底不加水，以饱和或过热的水汽在较大气压的专用设备的压力下由穿孔的汽管喷入锅的下部，经过多孔隔板及其上面的植物原料而上升，植物中的挥发性成分随着蒸汽上升而蒸馏出来，有利于物料的水散作用，也有利于精油蒸出。

2. 工艺流程

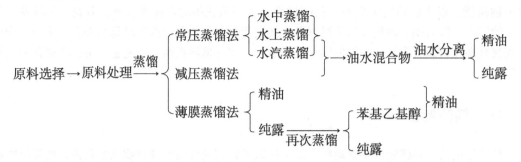

3. 操作要点

6-1

（1）原料选择　　水中蒸馏法适用于细胞壁较厚、不易发生水解、遇热容易结团的物料和鲜花，也用于破碎果皮精油的蒸馏，如玫瑰花、洋甘菊（资源6-1）、橙花、柑橘果皮、檀香粉和松针等。松脂加工的滴水法也属于这类工艺。

水上蒸馏法适用于大面积种植的香料植物，如薄荷、香茅和桉树叶等。此法也适用于破碎后的干燥原料如碎木屑和某些阴干的花草，以及易水解的原料，且适用于大规模生产，如白兰叶、橙叶、薰衣草等的精油制备。

水汽蒸馏法的使用范围同水上蒸馏法，也适用于鲜花、阴干的花草、破碎后的香料植物枝叶等，以及易水解的原料，且可用于大规模生产，如薰衣草、薄荷、香茅、橙花等的精油制备。

减压蒸馏法及薄膜蒸馏法适用于遇热容易发生水解的原料，一般用于柔嫩鲜花的精油提取，如香雪兰、晚香玉等，提取成本稍高。

（2）原料处理　　原料首先分拣，然后去除杂质。无论是新鲜原料还是干燥原料，必须经过浸泡或润湿充分吸水后方可进行蒸馏。各种原料蒸馏时，除鲜花外大多需要适当切碎或压碎处理。

鲜叶采收后一般不立即提取精油，需薄铺一段时间后再进行加工，这样可以提高鲜叶的出油率，如橙叶和薄荷叶放置处理后较鲜叶出油率可以提高5%～20%。有些娇嫩的鲜叶如香叶天竺葵，为防止因过度受热而发酵，影响出油率和质量，采集后应立即加工。

干花需要破碎后用水浸泡2h才可以用于提取精油。一般鲜花选择采摘半开放状态的花蕾进行，采后薄铺，保证周边适宜的温度和湿度，并每隔一段时间上下轻轻翻动花层，保证花朵开放良好、香气均匀。

原料装填时，水中蒸馏法一般装填原料量为蒸锅的80%，因有些原料吸水后会膨胀，应在锅顶上方留出水油混合蒸汽的空隙，以防原料进入鹅颈和冷凝器造成堵塞现象。装料要均匀，料层松紧一致。鲜花或者干花类装填以松散为宜。水上蒸馏法中原料的填装应根据物料情况在多孔板铺一层麻布，以阻止板上小的植物原料落入水中。隔板下面放水，水层与隔板保持一定距离（通常30cm），以促使蒸汽与原料的正常接触。

（3）蒸馏　　根据蒸馏时压强的不同分为常压蒸馏和减压蒸馏，其中减压蒸馏多用于精油的精制。薄膜蒸馏法利用各组分的沸点不同来分离各组分，主要用于特定产品的制备。

1）常压蒸馏法：常压下用水蒸气蒸馏法提取精油，热源可以用火或者水蒸气，水中蒸馏、水上蒸馏和水汽蒸馏三种蒸馏方法均可以采用。通常蒸馏4～5h，收集油水混合物，静置分层后油水分离即得精油。例如，大马士革玫瑰采用常压水蒸气蒸馏法，每4000kg原料可生产1kg玫瑰精油。如果将玫瑰进行酸水解或者酶水解，可以提高玫瑰精油的得率。

2）减压蒸馏法：也称真空减压蒸馏法，是在蒸馏设备的基础上增加真空减压装置，以此来降低水蒸气沸点，进而避免高温破坏化学成分。一般用在水中和水上蒸馏中或者样品的精制中。低温蒸馏花材时需要减压以降低沸点，水蒸气通过植物时，可以避免高温破坏精油分子，提高纯露的有效成分。

3）薄膜蒸馏法：是在三种水蒸气蒸馏的基础上，将蒸汽通过具有微过滤作用的高分子薄膜，获得含有精油的纯露，经进一步分离后可得精油。将具有一定微压的蒸汽，经过装填原料的筛板由下而上加热料层，形成饱和的水蒸气渗入料层到锅顶形成水油混合蒸汽，然后通过疏水性高分子薄膜。这层膜可以阻挡掉部分水蒸气，让芳香分子更快通过。此时可获得精油含量为 0.15%～0.35% 左右的纯露，高出普通纯露中精油含量 3 倍左右（普通纯露中精油含量在 0.050%～0.095%）。这些纯露需要重蒸一次以萃取重要成分，这种方式也称为回流蒸馏法。例如，玫瑰花经过蒸馏之后，其中水溶性的苯基乙基醇会留在花水内，因此玫瑰花水有浓厚的玫瑰味，但是玫瑰精油却少了最重要的成分，所以玫瑰花水必须再次蒸馏，提取出苯基乙基醇，再放回第一次蒸馏所得的精油内，此时两次蒸馏工艺所得到的精油，就是知名的奥图玫瑰精油。

（二）压榨法制备

在精油制备中经常用到压榨法，因这种压榨方法是不使用热源的，所以又称为冷榨法。含精油较多的果皮经冷磨或机械冷榨，将芳香油压榨出来经分离水分后可得到冷榨精油。

1. 基本原理　　压榨法制备精油的原理就是以高强度的压力从植物原材料中挤出植物精油。一般情况下，这种方法可生产出高品质的食用油。该法也用于芸香科柑橘属植物精油的提取，因为此类植物的精油多存在于果皮，能够很轻易地获得，如橘、柠檬、酸橙、葡萄柚等。主要分成海绵吸收法、针刺提取法和机械研磨提取法三种方法。

2. 工艺流程

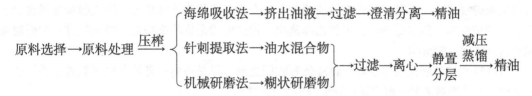

3. 操作要点

（1）原料选择　　压榨法制备精油应选择品质优良的新鲜原料，如成熟度良好的柑橘类（红橘、甜橙、柠檬和香柠檬等），制作姜油时应选用新鲜的姜。

（2）原料处理　　针刺法和机械研磨法原料处理包括分级、清洗、水泡等工序。由于柑橘类鲜果皮中含有大量水溶性果胶，不利于果皮的压榨和油水分离。因此，在橘皮浸泡时常用过饱和石灰水浸泡一段时间，使果胶变为不溶于水的果胶酸盐，有利于油水分离，提高精油得率。海绵吸附法需要将洗好的新鲜橘果切成两半，手工用刮匙将果肉去掉，将含有精油的果皮泡在温水中，使果皮里的海绵体吸水膨胀并变软，果皮吸水后会变得更加有弹性，然后把果皮外翻，这样有助于割裂含精油的细胞。

（3）压榨

1）海绵吸收法：将海绵靠近果皮，然后挤压果皮以释放可挥发的精油，精油会被直接吸收到海绵中。当海绵吸足精油后，挤压海绵，将油释放于油水分离罐中进行油水分离。油水分离时，需等油水充分静止，固体物沉淀，精油浮于上层、下层为水层，最后将精油倾析出来。此方法手续烦琐、耗费人工较多、产率低，一般只能回收果皮中 50%～70% 的精油，因此成品的价格较高。但手工操作压出的橘油与橘皮的天然香气非常接近，很受消费者欢迎。

2）针刺提取法：将果实放在机器内，机器内壁有针不断旋转，能刺破果实表面的含油细胞致其破裂，精油和其他物质（如色素）会流到容器中心位置的收集器。精油会漂浮在混合物的表面，底下是水分，这时就可以把精油从混合物中转移出来，倒入另外的容器中，经过滤、离心、静置分层后减压蒸馏获得成品。

3）机械研磨法：又称果皮压榨法，是用机械将外果皮剥离、压榨柑橘皮，使其油胞破裂，内部油分流出，由流动水把油从果皮分离出来，然后投入离心式分离器中，去除水分后即可得到柑橘精油。离心式分离方法提油的过程很快，此时精油与其他细胞成分相混，需采用现代压榨方式进一步分离，可进行低温蒸馏从而获得高品质精油。

压榨法因在室温下操作，未经高温处理，得到的精油香气接近于鲜柑橘，适用于工业化大规模连续生产。但精油提取率较低，提取量仅为果皮内精油的30%～50%。以柑橘精油的提取为例，其操作要点如下。①原料分选清洗：选取无病虫害的健康果实，将其表面杂质污物洗净。②机械研磨：将果实放入机械中，借助高速转动使磨盘的刺将果皮刺破，挤压流出精油。同时喷水将油冲洗下来，流入接收槽内。③过滤、分离：将果汁和精油混合液通过筛滤机过滤后，送入高速（6000r/min）离心机中分离精油。④精制：由于分离出的精油中含有少量水分和杂质，需在5～8℃冷库中静置5～7d，使杂质下沉，采用虹吸管吸出上层精纯清油，再进一步低温蒸馏获得高品质柑橘精油。

（三）萃取法制备

1. 基本原理　广义的萃取法不仅指用化学溶剂提取，还包括其他形式，如用固体油脂和CO_2作为溶剂提取，这种方法提取的精油中还包含了蜡状物和色素部分，需要进一步精制加工。常用的溶剂有乙醇、丙酮、二氯乙烯、石油醚和苯等。溶剂提取后的植物材料，除去有机溶剂后可以获得浸膏。浸膏是一种含有蜡质的芳香化合物，又称为固体精油。用乙醇浸提浸膏除去所含有的植物蜡、色素等杂质，再将乙醇蒸出，得到的残余物称为净油，净油经进一步低温蒸馏获得品质优良的精油。

香料精油的萃取技术与萃取香料浸膏有相同之处，只是香料浸膏的萃取更侧重于香气成分的获取，而香料精油的萃取更强调特征性成分的获得。

2. 工艺流程

$$原料选择 \to 原料处理 \xrightarrow{萃取} \begin{cases} \xrightarrow{溶剂萃取} \\ \xrightarrow{CO_2超临界萃取} \end{cases} 萃取物 \begin{cases} \xrightarrow{挥发溶剂} 浸膏 \xrightarrow{乙醇萃取} 净油 \xrightarrow{低温蒸馏} 精油 \\ \xrightarrow{挥发溶剂} 精油 \end{cases}$$

3. 操作要点

（1）原料选择　溶剂提取原料常选用品质优良的鲜花、果实、根、茎等，如玫瑰、薰衣草、姜和乳香等。溶剂提取法所选取的一般为容易破碎的原料，因为它们经受不起蒸汽蒸馏所产生的热量。溶剂提取精油的浓度较高，更接近于天然植物具有的香味。姜、乳香、玫瑰等常使用CO_2超临界萃取，香气成分较为丰富，气味较一般蒸馏萃取法有所不同。用此方法萃取的精油也称为CO_2精油。该精油由于不会受到热的影响而破坏其本身分子结构，很接近于天然植物中的状态，和蒸馏法相比香气十分完美，因此品质很好。

（2）原料处理　干燥的花或者根茎经纯净处理后适度粉碎，增加原料与溶剂的接触面积，以便精油向外溶出，如茉莉、风信子、水仙和晚香玉等。鲜花一般是在上午6：00～9：00采摘微开状态的花朵，采摘后薄层放置于花筛上，厚度不超过 3 朵花重叠的厚度，以便上下透气，避免发热变质。加工前花朵的标准：饱满、花瓣微开，香气清雅而浓郁。采收和贮运过程中，必须防止花朵变黄和产生发酵腐败气味。因此，应在采后最短的时间内进行加工。

（3）萃取

1）溶剂萃取：该法根据香料原料的特点选择不同类型的浸提设备。例如，耐热性原料鸢尾、黑香豆、芫荽籽等采用回流式浸提设备；热敏性原料生姜、酒花、桂花等采用搅拌浸提；对于粉碎度高的原料，适合采用浮滤式萃取机；茎、叶、根、花等颗粒状原料，适宜采用平转式连续浸提器和泳浸桨叶式连续浸提器。浸提液经浓缩、减压和回收溶剂获得浸膏，浸膏经乙醇萃取后获取净油，然后经低温蒸馏可得精油。

例如，溶剂萃取法制备白兰花精油的操作要点：采用石油醚室温间歇浸提原料，花与溶剂的比例为 1 :（3.0~3.5）（重量：体积），经 1 次浸提 2 次洗涤（时间分别为 180min、60min、60min），提取液浓缩获得白兰浸膏。采用乙醇溶解白兰浸膏，滤去固体杂质后再减压蒸馏回收乙醇，得到的净油经低温蒸馏可获得白兰精油。在浸提过程中，花中会游离出较多的水，中途需要放水 2 或 3 次，以保证浸提效率和产品质量。

2）CO_2 超临界萃取：原料处理方式、温度、压力和添加剂等因素对超临界萃取的影响较大。需依据不同原料中活性成分的热敏性、经济成本等方面综合分析，获取最佳提取条件。

例如，柑橘精油的超临界 CO_2 萃取工艺：选用新鲜干燥的柑橘果皮，以压强 20MPa、温度 40℃为宜，且可以在萃取终点添加夹带剂进行二次萃取，萃取率可提高到 6.6%。

尽管 CO_2 超临界萃取的操作成本高于传统水蒸气蒸馏法和有机溶剂萃取法，但其发展潜力巨大，这是因为该法获得的产品在组成上具备传统方法无法比拟的优点：①与水蒸气蒸馏法相比，CO_2 超临界萃取产物具有较高的含氧化合物含量和较低的单萜烃含量。而天然香料香气的关键成分多是含氧化合物，单萜烃类一般对香气贡献小，且易氧化变质而影响质量。相较于溶剂萃取法等，该法能取得成分更为完整的精油，并且无溶剂残留。②此法操作自始至终均在低温下进行，因此产物中含有更多的头香成分。③此法有效防止天然香料中热敏性或化学性质不稳定成分的破坏，获得的精油香气更自然、更饱满。④此法生产精油的得率往往比水蒸气蒸馏法高。

（四）吸附法制备

吸附法是传统的精油萃取方式，源自法国。该方法利用了油脂能很好地吸收植物花朵中所含精油的能力，将其用于植物花瓣精油的提取。例如，茉莉花剪下后仍会持续分泌精油，利用这种方法萃取得到的精油量较多。此方法得到的产品香味接近花朵本身，特别是固体精油产品（香脂）便于携带，产品深受欢迎。

1. 基本原理　采用动物油脂吸收鲜花或者香料中的芳香成分，可以制成香脂，又称为固体精油。也可采用固体吸收剂吸收鲜花中的芳香成分，通过有机溶剂洗脱，回收溶剂后可获得精油。常见的方法有热脂浸渍法、脂肪冷吸法和固体吸收剂吸收法。

2. 工艺流程

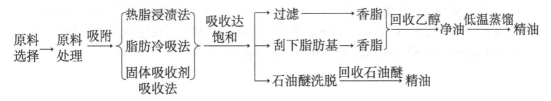

3. 操作要点

（1）原料选择　　选择芳香成分容易释放、香气较强的花类作为原料，如茉莉花、兰花、橙花等名贵花朵及易氧化分解的香料。由于加工温度低、芳香成分不易破坏，所以产品香气质量佳，可以完整保留花朵及香料的原有香气。脂肪冷吸法、热脂浸渍法的提取原理与浸提法相似，只是采用的是非挥发性溶剂或固体吸附剂。例如，非挥发性溶剂采用的是吸收力较强的油脂，这些油脂本身不能有过强的气味并且稳定性良好，如纯净的橄榄油、牛油、猪油等。固体吸收剂吸收法采用的是活性炭、氧化铝、硅酸、分子筛、XAD-4 树脂和多孔聚合物等原料。多孔吸附树脂对极性较小的有机分子有强的吸附作用，可用于头香制备。

（2）原料处理　　原料处理依吸附方法的不同而存在差异。①热脂浸渍法：原料（花蕾、鲜花或香料）经去杂质分拣后备用，将非挥发性溶剂橄榄油、猪油、牛油等先精制，然后加热到 50～70℃并保温，充分搅拌使之呈现黏度较低、质地均匀的液态。②脂肪冷吸法：将高度精炼的牛油 2 份和猪油 1 份混合，铺于方框的玻璃板两面，将原料去杂分拣后平铺于玻璃板上（资源 6-2）。③固体吸收剂吸收法：活性炭使用前须置于 120℃烘箱中干燥 2～3h。

6-2

（3）吸附

1）热脂浸渍法：原料在温热的油脂中浸渍一段时间后，更换原料，反复多次至油脂中芳香成分吸收至饱和时为止，过滤除去废花可得香脂，经乙醇萃取可得香脂净油，香脂净油进一步低温蒸馏获得品质优良的精油。

2）脂肪冷吸法：加工时，先将脂肪基涂于方框的玻璃板两面，随即将原料平铺于涂有脂肪基的玻璃板上。玻璃板层层叠放，层间由木框间隔，玻璃板上层鲜花与脂肪基充分接触，玻璃板下层涂层不与鲜花相接触。每天更换鲜原料，且将玻璃框上下翻转，直至脂肪基中芳香物质吸收达到饱和，将脂肪基从玻璃板上刮下可得到冷吸香脂。

3）固体吸收剂吸收法：原料密闭于设备中，将一定温度、湿度和数量的纯净空气通过填料区，含有原料挥发性成分的气体经活性炭层吸收，直至活性炭中吸附的精油达到饱和，然后用石油醚浸泡脱附，回收石油醚，即得精油。生产中活性炭一般为三层，每层高度为 10cm。

例如，固体吸收剂吸收法生产茉莉精油的工艺：1kg 鲜花对应的风量为 50L/min，空气的相对湿度为 85%～90%，每格花筛的鲜花厚度 5～7cm，吸附间隔 18～24h。茉莉吸附精油的得率为 0.20%～0.22%。

（五）产品质量评价

精油类产品因采用的原料或者提取加工方法不同，加工所得的精油质量也相差较大。一般从感官要求、理化指标和安全性指标进行评价，需要符合《按摩精油》（GB/T 26516—2011）对应的精油标准。

1. 感官要求　　应表现出对应精油的色泽特征，无异味。

2. 理化指标　　酸值（mg KOH/g）≤ 5；过氧化值（mmol）≤ 10；皂化值（mg KOH/g）≥ 80。

3. 安全性指标　　在微生物方面，细菌总数（CFU/g）≤ 1000（眼、唇部、儿童用品≤ 500）；霉菌和酵母总数（CFU/g）≤ 100；不得检出粪大肠菌群、金黄色葡萄球菌和绿脓杆菌。此外，铅（mg/kg）≤ 40；汞（mg/kg）≤ 1；砷（mg/kg）≤ 10。

二、纯露加工

纯露又称水精油、花水、芳香蒸馏水、芳香水等，是精油提取过程中馏出的一种100%饱和的蒸馏原液，通常被认为是精油的副产品，故凡是通过蒸馏法获得精油的香料植物均可同时制备纯露，也就是说纯露制备工艺同精油。

纯露的成分天然纯净，香味清淡怡人、为植物的自然香气。由于纯露中含有香料植物体内的水溶性物质和少量精油成分，所以与植物精油有近似的作用和功效。纯露使用起来更方便，对皮肤具有多种治疗和保养功效，广泛应用于化妆品中，在一些国家和地区甚至还当作饮料饮用。常见的使用方法有口服、敷脸、护肤、沐浴、空气净化等。

一般用采摘的新鲜花蕾、开放的鲜花或鲜叶制备纯露，干燥的香料植物也可以用于纯露的制备。例如，洋甘菊、肉桂、快乐鼠尾草、丝柏、尤加利、天竺葵、杜松、薰衣草、香蜂草、橙花、广藿香、薄荷、迷迭香、檀香和茶树等。市场中常见的纯露有玫瑰纯露、洋甘菊纯露、薰衣草纯露、迷迭香纯露和橙花纯露等。下文介绍玫瑰纯露制备的具体操作要点，其工艺流程与蒸馏法提取精油相同。

（一）原料处理

原料能立即加工的无须处理，直接投入蒸馏釜提取精油；48h内能加工的花朵，用花筐装起来放入冷库保存待加工；8h以上至10d内才能完成加工的花朵，需完全浸泡在20%的食盐溶液中保存以待提取；长期不能加工的，将花朵和食盐按照1∶0.2的比例混匀后装入桶内储存，盐渍后的花朵可保存半年以上。

（二）蒸馏和收集

1. 蒸馏　　蒸馏釜的加水量为整个釜体积的1/10，即将蒸馏釜下锥形加满。玫瑰鲜花原料与水按1∶4的比例投入蒸馏釜内，先用直接蒸汽加热，温度上升到70～80℃时，通入直接蒸汽30～40min加热到沸腾，继续蒸馏2.5～3.0h。控制流出液量为鲜花重量的1～2倍，蒸馏速率为蒸锅容积的8%～10%，冷却水量适宜，使流出液前半小时的温度为28～35℃，之后至最终温度（40～45℃），一般不超过50℃。

2. 收集　　从沸腾开始计时，2.5h以内出油最多，此时在分油器玻璃观察罩内有大量油珠出现，当无大量油珠出现时即可接取玫瑰纯露（一般在沸腾2.5h以后）。通常每锅可以接取100～150kg纯露，用时1.0～1.5h。摄取过多时，由于通气时间长，纯露香气淡或无香气，而且拖延了蒸馏时间。蒸馏过程要实时观察蒸汽压力，保持其稳定，最佳控制在0.18～0.20MPa。纯露接取完毕后，将分油阀门关闭，让分油器内液面上升，浮于上层的玫瑰精油从分油器内流进盛油瓶内。

（三）产品质量评价

一般从感官要求、理化指标和安全性指标评价纯露产品的质量，目前尚无纯露产品专门的国家标准，护肤纯露可参照《化妆水》（QB/T 2660—2004）的相关要求。

1. 感官要求　　无色至淡黄色透明液体，无黑点及异物，香气纯正，具有独特的香气，无异味。水质清澈，无浑浊、无分层、无肉眼可见杂质。

2. 理化指标　　pH 4～7；相对密度（20℃）0.98～1.05；耐热［（40±1）℃保持24h］、耐

寒〔（5±1）℃保持24h〕且恢复至室温后指标均应与试验前无明显差异。

3. 安全性指标 细菌总数（CFU/g）≤1000；霉菌和酵母总数（CFU/g）≤100；不得检出耐热大肠菌群、金黄色葡萄球菌和铜绿假单胞菌；铅（mg/kg）≤100.0；汞（mg/kg）≤1.0；砷（mg/kg）≤2.0；甲醇（mg/kg）≤2000.0。

三、浸膏制备

浸膏是指用有机溶剂浸提香料植物（包括树胶或树脂）所得的香料制品，成品中应不含溶剂和水分。浸膏中含有相当数量的植物蜡、色素等。在室温呈蜡状固态，有时有结晶物质析出，不全溶于乙醇。

（一）基本原理

采用有机溶剂浸提香料植物组织（如花、叶枝、茎、树皮、根、果实等）中的芳香成分，溶剂挥发后制成黏稠的膏状物。

（二）工艺流程

$$原料选择 \rightarrow 原料处理 \xrightarrow{溶剂} 提取 \rightarrow 过滤 \xrightarrow{蒸发溶剂} 浸膏$$

（三）操作要点

1. 原料选择 一般为香料植物的花、叶、枝、茎、树皮、根和果实等。

2. 原料处理 为了保证原料的质量和产品提取率，香料植物在提取前要进行前处理。需根据原料的化学成分和性质选择适宜的处理方式，一般包括除杂、干燥、粉碎、发酵、水解、脱蜡和生物酶制剂处理。

（1）除杂 原料的除杂和洗涤一般在原料采收后、干燥前进行。一般新鲜原料因组织状态完好，除杂和洗涤时成分无损失。一些木质性根类原料干燥后比较坚硬，一般的处理方法是用水浸软后切片。对于草本类材料，在浸泡过程中存在有效成分的损失，可在干燥后切割。

（2）干燥 当调料中水分含量小于14%时，原料的保藏更加容易，而且便于运输。同时，干燥会破坏细胞膜和细胞壁的作用，利于有效成分的浸出。

（3）粉碎 粉碎的目的是增加香料原料的比表面积，提高浸出速率。粉碎程度要根据原料的种类和性质而定，一般草本类可以粉碎得粗一些，木本类则尽量细一些。草本类如罗勒、香芹、九里香、广藿香、香茅等，没有坚硬的木质结构，水分含量大，在干燥过程中水分的散失对组织结构破坏较大，目标物质浸出容易；木本类组织结构致密，粉碎得细一些有利于后续的浸提，如肉桂、阿魏等。

（4）发酵和水解 一些香料物质需要经过发酵才可以富集产生，可利用细菌、酵母和霉菌发酵产生代谢产物积累芳香物质；还有一些芳香物质存在于细胞内，一般方法难以破坏细胞，可采用发酵法破坏细胞膜和细胞壁，利于芳香物质溶出。例如，从花粉中浸出有效成分制备浸膏时，必须先用发酵法处理花粉细胞壁。还有一些果实原料，因芳香物质被果胶包裹，较好的处理方式也是采用发酵处理。对于一些外层包裹耐酸碱物质的种子和果实，可以采用酸碱水解的方法，使得芳香物质有效释放出来。

（5）脱蜡 一些香料植物含有蜡质物质，因阻碍溶剂渗入使得溶出较难进行，需要进行脱蜡处理。

（6）生物酶制剂处理 酶处理实质是进行定向的水解，从而有利于目标物的释放。常用的酶制剂有蛋白酶类、纤维素酶、半纤维素酶和淀粉酶等。

3. 提取 依据相似相溶原理进行溶剂提取。为了提高产率，可以采用物理、生化等辅助提取技术，主要包括超声波辅助提取、高压萃取、微波辅助提取、超临界流体萃取和三相分离法。

影响提取的因素包括原料的粉碎度、提取温度、浓度差、提取时间和提取溶剂。①粉碎度：提取包括渗透、溶解和扩散等过程。物料的粉碎程度越高，颗粒越小，比表面积则越大，浸出过程就越快；但粉碎度过高时，样品颗粒比表面积过大，吸附作用和表面张力增加，影响了目标物的传质过程和后续的固液分离，对于提取反倒不利。提取时一般采用粗粉（20 目左右）或薄片，采用有机溶剂提取时一般要细一些（60 目左右）。②提取温度：提取温度越低，杂质越少，但效率越低；反之，温度越高，提取效率越高，但杂质越多。温度升高时，分子运动速率加快，渗透、溶解和扩散速率也加快，提取效果好。但温度过高时，有些成分易被破坏，同时杂质含量增多，增加了精制的难度和工作量。热提温度一般控制在 60℃左右，最高不超过 100℃。③浓度差：浓度差越大越有利于提取。因此，采用回流提取一般要比浸渍法提取效率高，多次反复提取可以有效提高提取率。④提取时间：各种有效成分随提取时间的延长，其浸出物含量也增大；但时间过长，杂质成分也随之浸出，如果用热水提取，一般以 0.5～1.0h为宜，最长不超过 3h。⑤提取溶剂：香料成分的结构决定了其在不同溶剂中的溶解度不同，常用的溶剂按溶解度从大到小依次为石油醚＞苯＞氯仿＞乙醚＞乙酸乙酯＞丙酮＞乙醇＞甲醇＞水。

4. 过滤 提取液需与残渣分离，常用的固液分离方式主要包括离心和过滤两种。离心设备因生产成本高、连续化生产复杂，因此在浸膏固液分离中应用较少；过滤因设备简单、生产成本低、易连续化生产等优点而在浸膏生产中广泛应用。根据过滤的介质不同，可以分为澄清过滤和滤饼过滤。

（1）澄清过滤 过滤的介质有硅藻土、砂、颗粒活性炭、玻璃珠和塑料颗粒等。过滤时，将过滤介质填充于过滤器内构成过滤层，当悬浮液通过过滤层时，固体颗粒被阻拦式吸附在滤层的颗粒上，使滤液澄清。该过滤方式适用于固体含量少于 0.1g/100mL、颗粒直径在 5～100μm的悬浮液的过滤分离，一般用于发酵后制品的过滤分离。

（2）滤饼过滤 使用天然或合成的纤维织布、金属织布、毛毡、石棉板、玻璃纤维纸、合成纤维等作为过滤介质，过滤介质只是起到支撑滤饼的作用。当悬浮液通过滤布时，固体颗粒被滤布阻拦而逐渐形成滤饼（废渣），滤饼达一定厚度时即起过滤作用。此种方法适合于固体含量大于 0.1g/100mL 的悬浮液的分离，大部分的天然辛香料提取浸膏采用该种过滤方式。由于该过滤过程中前期没有滤饼形成，因此需将先流出的液体重新过滤收集。在滤饼过滤中按照推动力的不同可以分为重力过滤、加压过滤、真空过滤和离心过滤。

5. 蒸发溶剂 蒸发过程有两个组成部分：加热溶液使溶剂沸腾汽化和除去汽化的溶剂。典型的蒸发器如列管式换热器，是由加热室和分离室两部分组成。加热室中常采用饱和水蒸气加热，从溶液中蒸发出来的溶剂在分离室中与蒸汽分离。为了防止液滴随蒸汽带出，一般在蒸发器的顶部设有气液分离装置。在分离器中，使用冷却液将溶剂进行冷却，冷却液的流向与溶剂蒸汽运动呈逆流方式，与上升的蒸汽直接接触，溶剂冷凝成液体从下部排出，未冷凝部分从冷凝器顶部排出。料液在蒸发器中蒸发浓缩，达到要求后形成浸膏，然后从蒸发器底部放出。

（四）产品质量评价

浸膏类产品主要用于食品和化妆品行业，不同的产品有明确的质量标准。食品行业的浸膏标准需符合《食品安全国家标准　食品添加剂使用标准》（GB 2760—2014）的相关要求；化妆品行业的浸膏标准可参考具体产品的轻工业标准，如《茉莉浸膏》（QB/T 1794—2011）等。

四、食品调料制备

调料又称辛香调料，是指能够给食品赋予香、辛、麻、辣、苦、甜典型气味的食用香料。由于它能给食品赋味的特性，所以多称为烹调香草或简称香草。美国辛香调料协会认为，凡是主要用来做食品调味用的植物，均可称为食用香料植物。近年来，国际上将香料、香精生产的发达与否作为衡量一个国家或地区科技进步、人民生活水平高低的标志之一。中国是世界文明古国，烹饪技术闻名于世，我们的祖先在食品和辛香调料的应用方面积累了丰富的经验。在我国，辛香调料的绝大多数种类为传统中草药，民间习称为香药料、卤料、佐料等。正是调味品的巧妙配合，才给食品带来了千万种令人神往的风味。

不同的食品调料适用于不同口味的食品，例如，肉桂、八角、茴香、生姜等适用于甜味食品；胡椒、茵陈蒿、芥菜籽等适用于酸味食品；胡椒、肉豆蔻等适用于咸味食品；洋葱、辣椒、香菜、大蒜等非常适合油脂类食品。食品调料来源于根及根茎的有大蒜、百合、辣根等；种子果子类有八角、茴香、五味子、花椒、芝麻等；全草类有香芹、九里香、薄荷、迷迭香等；茎叶类有月桂、冬青、百里香、蓝桉、甜叶菊等；花类有丁香、菊花、茉莉花、啤酒花等；树皮及树脂类有肉桂、桂皮、阿魏等。东西方食品烹饪中常用的辛香调料有所不同（表6-2）。

表6-2　东西方食品烹饪中常用的辛香调料

功能	东方常用辛香调料	西方常用辛香调料
风味	肉桂、莳萝、薄荷、八角、小茴香、肉豆蔻、芝麻、小豆蔻、胡卢巴、芹菜、欧芹	欧芹、肉桂、莳萝、薄荷、龙蒿、甘牛至、罗勒、茴香、肉豆蔻、肉豆蔻衣、小茴香、香荚兰
辛辣	红辣椒、花椒、胡椒、生姜、芥子、辣根、山葵菜	芥子、生姜、辣根、胡椒、红辣椒
祛臭和掩盖	大蒜、月桂叶、丁香、大葱、小豆蔻、洋葱、芫荽	生姜、香薄荷、月桂叶、丁香、百里香、迷迭香、葛缕子、鼠尾草、牛至、洋葱、芫荽
着色	青椒、红椒、姜黄	青椒、姜黄、番红花

食品调料按形态可分成固态调味料、半固态（酱）调味料、液体调味料和食用调味油。固态调味料不仅包括各种辛香调料及各种辛香料粉等，还包括新型拟固体产品微胶囊调料，它是利用微胶囊造粒技术，将辛香调料固体、液体或气体进行物质包埋，封存在微型胶囊内成为一种固体微粒。半固态调味料包括各种非发酵酱、复合调味酱、油辣椒、火锅调料（底料和蘸料）等。液体调味料包括辛香料调味汁、糟卤、调料酒、液态复合调味料等。食用调味油包括香油、花椒油、芥末油、辣椒油、辛香料调味油等。下文主要介绍固态调味料和食用调味油。

（一）固态调味料制备

1. 干制调料制备　　固态食品调料除了香草一类的使用鲜品直接用于烹饪外，大多数均需干制后使用。

6-3

6-4

（1）基本原理　　新鲜的食品调料中含有大量水分，为便于贮藏，需除去其中的水分，即为食品调料的干制。在食品调料的干制过程中，许多辛香成分会发生积累或转化，风味会变得丰富、香味增加。干制的方法有很多，主要包括自然干制（晒干或阴干）（资源 6-3）和人工干制（热风干燥和冷冻干燥等）（资源 6-4）。

（2）工艺流程

$$
原料选择 \rightarrow 原料处理 \xrightarrow{\text{干制}} \left\{ \begin{array}{l} 自然干制 \\ \\ 人工干制 \end{array} \right\} \rightarrow 干制调料 \xrightarrow{\text{分级}} 包装
$$

（3）操作要点

1）原料选择：用于干制调料制备的原料应选择含水量低、干制后容易保存且芳香气味保存持久的香料，如胡椒、花椒、干姜、辣椒、八角（大茴香）、丁香、月桂叶、肉桂、桂皮、陈皮、小茴香、薄荷、香草、豆蔻等。这类香料干制后形态和香味一般不会受到很大影响，但芫荽籽、丁香花蕾、月桂叶、肉桂、辣椒、胡椒等在干制时辛辣成分转化，香味会增加。含有热敏性物质的辛香料如大蒜、洋葱等多采用冷冻干燥。

2）原料处理：选择品质优良的原料去除杂质后分级，为后续环节做准备。

3）干制：分自然干制和人工干制。自然干制整个过程温度较低，可使内外水分均匀，有效成分散失少。将食品调料在室外进行晾晒或者阴干，当水分低于 10% 即可包装贮存。

人工干制分热风干燥和冷冻干燥。①热风干燥：整个干燥过程温度应控制在 50℃ 以下。烘干初期，鲜湿香料表面水分蒸发很快。当水分降至 20% 以下时，干燥速率变慢。物料体型大时，如果烘干初期温度过高，其表面会生成硬层，反而阻碍水分的继续蒸发。②冷冻干燥：其工艺包括两个重要步骤。一是预冻：预冻温度最好比待处理物共晶点温度低 8～10℃，即要快速冷冻，这样产生的冰晶较小，对细胞影响小。虽然小冰晶不利于后续的升华干燥，但其升华能更好地保持物料原结构与形状。二是升华：此过程提供低温热源，在真空状态下使冰直接升华变成水蒸气而使物料脱水。升华温度要低于待处理物的共晶点温度，否则会出现熔化和干溶现象。升华脱水后的物料尚含有 10% 左右的水分，需要进一步干燥，方法是将物料的温度迅速上升到其允许的最高温度（一般在 40℃ 以下），并维持到冻干结束为止。

2.调味粉制备

（1）基本原理　　固态调味料的一种常见传统制品为调味粉。根据粉碎颗粒大小，粉碎方法可分为常规机械粉碎（粗粉碎 5～50mm、中粉碎 0.1～5.0mm、微粉碎 0.1mm）和超微粉碎（10～25μm）。一般的食品调味粉是将食品调料进行粉碎，加工设备比较简单。超微粉碎技术是近 20 年来迅速发展的新技术，通过对物料冲击、碰撞、剪切、研磨和分散等手段来实现。传统的挤压粉碎方法达不到超微粉碎的效果。超微粉碎大大提高了食品调料的质量，如辛香料中的芥末、胡椒粉、杏仁粉等。现在常用的超微粉碎方式有如下几种：机械冲击式粉碎、气流粉碎机、振动磨、搅拌磨和深冷振动磨等。

（2）工艺流程

（3）操作要点

1）原料选择：食品调料粉是常用的调味料，如我国大量使用的辣椒粉、十三香、花椒粉等，其原料通常选择干制好的花椒、八角、茴香、香叶、胡椒、芝麻等。

2）原料处理：干制的物料进行粉碎时其含水量应不超过 4%，经过烘焙（杀菌、提香）或不焙炒直接加工制粉。

3）粉碎：常规机械粉碎常见的设备有锤式粉碎机和辊式粉碎机，通过机械挤压研磨，物料与运动表面之间受一定的压力和剪切力作用，当剪应力达到物料的剪切强度极限时，物料就被粉碎。将食品调料粉碎后再挤压研磨，被研磨的物料通过机器的筛网排除，制成不同规格产品。

超微粉碎可采用以下方式。①机械冲击式粉碎：用于中等硬度物料的粉碎，粉碎过程不仅具有冲击和摩擦两种粉碎作用，还具有气流粉碎的作用，对热敏感物质不宜采用此种方式。②气流粉碎：气流粉碎机可将产品粉碎得很细，粒度分布范围更窄（即粒度更均匀）。同时气体在喷嘴处膨胀降温，可降低粉碎过程中所产生的温度，所以粉碎时升温很少。对低熔点和热敏性物料的超微粉碎有利。③振动磨：具有结构相对简单、能耗较低、磨粉效率高和易于工业规模生产等优点，对于脆性较大的物料可以获得亚微米级产品，目前日益受到有关行业的重视。④搅拌磨：是在球磨机的基础上发展起来的。搅拌磨在加工粒度小于 20μm 的物料时成品的粒度可达到 10μm 以下，在食品调料超微粉的加工中有很好的应用。⑤深冷振动磨：是利用冷冻改变物料的机械特性，使原来不易破碎的物料得以粉碎，其产品细度能够达到 350 目以上，作为近几年发展起来的一种先进粉碎技术，是植物材料进行超微粉碎获得微米、亚微米级粉末的理想方式。深冷振动磨是在振动磨的基础上，引入机械制冷和液氮深冷双重制冷技术，采用冷循环，具有效率高、制冷速率快、液氮消耗少、性能可靠等优点。可在 -150℃恒温下连续运转。如果不用液氮，则可在 -40℃恒温下连续工作。这种先进的加工技术在欧美国家已成功用于食品调料的加工中，如可可粉、杏仁粉、咖啡豆粉、胡椒粉及香荚兰豆粉等。

3. 微胶囊制备

（1）基本原理　微胶囊技术是一种用成膜材料把气体、液体或固体包埋形成微小粒子的技术。微胶囊调料是一种在直径 5～500μm 的微小胶囊中包裹着食物调料精油、油树脂或其他有效成分的粉末状食品调料，也称拟固态调料，是 20 世纪 60 年代开发的调料产品，但在 20 世纪末在技术上才趋于完善。

（2）工艺流程

原料选择→原料处理→混合→杀菌→均质→喷雾干燥→胶囊调料产品
↑
水相

（3）操作要点

1）原料选择：主料为通过提取获得的食品香料精油、油树脂、香料粉末等。微胶囊的外部是一层使内部物质不受外界影响的保护膜，这种膜在一定条件下可被溶解而将被包裹物质释放出来。用作外膜（胶囊）的材料多数为天然高分子化合物，如明胶、阿拉伯树胶、海藻胶、环糊精等，它们无害、进入人体内能为酶所分解，其分解产物可通过代谢排出体外，通常微胶囊壁厚在 0.1～200.0μm，所包裹物重量为全重的 50%～90%。

2）原料处理：先将食品调料精油、油树脂或其他复配成分乳化。作为食品调料乳化剂的脂质体最常用的是卵磷脂和大豆磷脂，它使内包物质分散在脂质等惰性物质之中。将提前溶解好的胶质溶解在 63～70℃的蒸馏水中，恒温 30min 后加入麦芽糊精搅拌均匀，使溶液没有固体颗粒。

3）混合：油相是将溶解的乳化剂和食品调料精油、油树脂充分融合，搅拌均匀并保持温度恒定，使用氢化油可防止油脂凝固。将准备好的水相和油相混合均匀，使固形物含量为20%～35%，并在55～60℃条件下乳化5min；也可用分散器分散1min，转速12 500r/min。

4）杀菌：将混合后的物料在高压灭菌锅中杀菌，条件为恒温121℃、时间5min。

5）均质：灭菌后的物料在压力为20～30MPa的均质机中均质2次，保证产品品质均匀。

6）喷雾干燥：在气流式喷雾干燥器中进行干燥。使用前，需先对喷雾干燥塔进行预热，使风温达到195℃，出风温度达到85～95℃。出口温度必须达到所设温度。

7）胶囊调料产品：出塔的产品自然冷却到常温，过细筛后即为微胶囊产品。

（二）食用调味油制备

食用调味油是指从植物或植物籽粒中提取的油脂，或者萃取呈味成分溶于植物油中的调味品，如芝麻油、橄榄油、辛香料调味油等。由香料植物制成的油脂即香油，一般为液体，多采用含油量较高的香料种子或果实，经加工后获得，具有香料的特征气味。香油中包括两部分：一部分是不易挥发的甘油三酯类，另一部分是易挥发的呈香物质。在香油加工的过程中需使这两部分成分均得到有效提取，才可以实现其特有的味道和性状，因此加工过程应尽量避免高温。根据香油的特点，常用的加工方式可分为萃取法、压榨法和水代法三种。

1. 萃取法制备

（1）基本原理　利用有机溶剂（如轻汽油、工业己烷、丙酮、无水酒精、异丙醇、糠醛）"溶解"油脂的特性，将料坯或预榨饼中的油脂提取出来，此法称为萃取法，即浸出法。萃取法得到的油脂，需经过脱脂、脱胶、脱水、脱色、脱臭和脱酸后才能加工成成品油。

（2）工艺流程

$$原料选择 \rightarrow 预处理 \rightarrow 制坯 \rightarrow 萃取 \rightarrow 混合 \xrightarrow{\text{蒸发溶剂}} 食用调味油$$

（3）操作要点

1）原料选择：原料主要为富含芳香成分的香料种子或果实，如花椒、油茶籽、枸杞籽、核桃及松子等。

2）预处理：首先去除原料中夹带的泥沙、石子、茎叶、铁质等杂质，分离出混在原料中的霉变籽粒。根据物理性质不同，常用的清理方法有筛选、风选、磁选和比重分选等。

3）浸出：包括制坯、萃取、混合等步骤。①制坯：将预处理好的原料清理、破碎、软化并轧制成坯。②萃取：把油料坯（或预榨饼）浸于选定的溶剂中萃取，使油脂溶解在溶剂内（组成混合油）。此过程可分成两个阶段：第一阶段主要是由溶剂溶解被破坏细胞中的油脂，提取量大且时间短，仅15～30min即可提取总含油量的85%～90%；第二阶段，溶剂渗透到未被破坏的细胞中，时间长且效率低。需根据实际情况考虑最佳时间。溶剂比的大小直接影响浸出后的混合油浓度、浸出时料坯内外混合油的浓度差、浸出速率及残油率等技术指标。一般多阶段混合式浸出的溶剂比（溶剂：物料）在（0.3～0.6）:1。③混合：将多阶段浸出油混合后，随后间接蒸汽加热，蒸脱溶剂。从浸出工序得到的浓混合油中含油量一般为10%～30%，浸出法制油规定毛油中残留溶剂为50～500mg/kg。要得到毛油必须从混合油中将溶剂蒸脱掉，通入压力为0.2～0.5kg/cm^{2}的直接蒸汽，在110～115℃的温度下汽提，使混合油中的少量溶剂随蒸汽一起带走，以脱尽残留溶剂，即可获得食用调味油。

2. 压榨法制备

（1）基本原理　　采用机械高强度的压力将食品调料中的芳香油脂成分挤压出来。

（2）工艺流程

原料选择 → 原料处理 → 制坯 → 榨取 → 混合 → 食用调味油

（3）操作要点

1）原料选择：选择含油量较高的香料种子或果实类，这些原料经加工后可以获得具有特征气味的油脂，优良的原料可以获得品质优良的产品。如芝麻、胡麻、花椒等。

2）原料处理：首先将原料去除杂质，可以采用常见的筛选、风选、磁选等去除各种杂质。采用自然干燥（日晒、自然通风法）和人工干燥进行烘干。将烘干的原料进行破碎处理，使油料颗粒度变小。破碎要求为破碎后原料颗粒度均匀，不出油，不成团，且粉末少。

3）压榨：包括制坯、榨取、反复榨取和混合4个步骤。①制坯：经过破碎、软化的物料，要经过轧坯设备对其进行碾轧，使之成为具有一定厚薄的料坯或生坯。通过轧坯可以破坏油料细胞组织，使油能从细胞中分离出来。轧坯还便于蒸炒，吸热面增大，吸热均匀。②榨取：借助机械外力的作用使油脂从榨料中挤压出来的过程。榨取过程中，油脂的液体部分和非脂物质的凝胶部分分别发生两个不同的变化：油脂从榨料空隙中被挤压出来和榨料粒子经弹性变形形成坚硬的油饼。③反复榨取：该过程中物料变形、油脂分离、摩擦发热、水分蒸发，应反复多次榨取直至物料中油脂全部分离出来。④混合：油料生坯经过挤压膨化，其容重增加，油料细胞组织被彻底破坏，酶类被钝化。这使得膨化物料浸出时，溶剂对料层的渗透性和排泄性都大为改善，浸出溶剂比减小，浸出速率提高，混合油浓度增大，湿粕含溶降低，浸出油的品质提高。混合前后压榨所得即为液体食品调料。

3. 水代法制备

（1）基本原理　　水代法又称小磨法，生产的香油具有特殊的香气，是我国普遍使用的方法。水代法在油脂制取中是较为特殊的一种方法，主要用于芝麻油（小磨香油）的加工，其原理与压榨法、浸出法均不相同。此法是利用油料中非油成分对水和油的亲和力的不同，以及油水之间的密度差，经过一系列工艺过程，将油脂和亲水性的蛋白质、碳水化合物等分开。芝麻种子的细胞中除含有油分外，还含有蛋白质、磷脂等，它们相互结合成胶状物，经过炒籽，使可溶性蛋白质变性为不可溶性蛋白质。当加水于炒熟磨细的芝麻酱中时，经过适当的搅动，水逐步渗入芝麻酱之中，油脂就被代替出来。

（2）工艺流程

原料选择→原料处理→炒籽→磨籽→兑浆搅油→振荡分油→撇油除渣→食用调味油

（3）操作要点

1）原料选择：水代法是从芝麻中提取香油的传统工艺，制成的产品被称为小磨香油，核桃、胡麻也可采用这种方式加工。

2）原料处理：原料处理时，先筛选清除干净芝麻中的泥土、砂石、铁屑等杂质，以及杂草籽和不成熟芝麻粒等。用水漂洗清除芝麻中与芝麻大小差不多的并肩泥、微小的杂质和灰尘，将芝麻漂洗浸泡1~2h，使其均匀吃透水分，此时芝麻含水量为25%~30%，再将芝麻沥干后入锅炒籽。若芝麻尚湿就入锅炒籽则容易掉皮。芝麻经漂洗浸泡，水分渗透到完整细胞的内部，使凝胶体膨胀起来，再经加热炒籽，可使细胞破裂，油体自原生质中流出。

3）炒籽：炒籽可以使蛋白质变性，利于油脂的取出，同时生成香味物质。炒到接近200℃时，蛋白质基本完全变性，中性油脂含量最高，超过200℃烧焦后，部分中性油脂溢出，油脂含量降低。此外，在兑浆搅油时焦皮可能吸收部分中性油。因此，炒得过老则出油率降低。高温炒籽后制出的油，如不再加高温，就能保留住浓郁的香味。

4）磨籽：采用机械加工磨成粉状，磨得越细，细胞组织中的油脂越容易溢出。

5）兑浆搅油：分3或4次加入沸水，加入量相当于原料重量的80%～100%。撇去大部分油脂后，最后还应保持7～9mm厚的油层。该环节是整个工艺中的关键工序，是完成以水代油的过程。加水量与出油率关系密切，加水量适宜则出油率较高。

6）振荡分油：利用振荡法将油尽量分离提取出来。将两个空心金属球体（称作葫芦）挂在锅中间，浸入油浆（约及葫芦的1/2）。锅体转速10r/min，葫芦不转，仅作上下击动，迫使包在麻渣内的油珠挤出升至油层表面，此时称为深墩。约50min后进行第二次撇油，再深墩50min进行第三次撇油。深墩后将葫芦适当向上提起，浅墩约1h。

7）撇油除渣：撇完第四次油后即除渣放出。撇油多少根据气温不同而有差别。夏季宜多撇少留，冬季宜少撇多留，借以保温。当油撇完之后，麻渣温度在40℃左右，油上浮后用勺撇出，即得食品调料油（香油）。

（三）产品质量评价

原料要求应符《芝麻油》（GB/T 8233—2018）相应的标准要求和有关规定，不得添加或使用非食品原料。一般从感官要求、理化指标和安全性指标来评价食品调料的质量。其中固态复合调味料需符合《食品安全国家标准　复合调味料》（GB 31644—2018）的规定，食用调味油需符合食品微生物学检验系列标准（GB/T 4789—2003）和食品安全系列国家标准（GB/T 5009—2005）的相关规定。

1. **感官要求**　固态食品调料：应具有天然植物原状、粉状或复合调配加工后本品应有的形态，具有原料和辅料混合加工后特有的色泽，香味纯正，无不良气味，具有产品固有的滋味、气味，无不良滋味、气味，无肉眼可见杂质。色泽质地均匀，固体粉末无结块、无霉变、无肉眼可见杂质。

食用调味油：具有油脂香味，无焦煳、酸败及其他异味。组织形态呈半透明液态。无肉眼可见外来杂质。

2. **理化指标**　固态食品调料应符合：氨基酸态氮（g/100g）≥0.05；总氮（以N计）（g/100g）≥0.1；总灰分（g/100g）≤10；酸不溶性灰分（g/100g）≤5；食盐（g/100g）≤75；铅（以Pb计）（mg/kg）≤3；水分（g/100g）≤14；总砷（以As计）（mg/kg）≤0.5；筛上残留物（g/100g）≤5。

食用调味油符合：折射率（n_D^{20}）1.4575～1.4792；相对密度（d_{20}^{20}）0.915～0.924；碘值（以I计）（g/100g）104～120；皂化值（以KOH计）186～195；棕榈酸（C16:0）7.9～12.0；硬脂酸（C18:0）4.5～6.9；油酸（C18:1）34.4～45.5；亚油酸（C18:2）36.9～47.9；总砷（以As计）（mg/kg）≤0.05；铅（以Pb计）（mg/kg）≤0.1；多氯联苯a（mg/L）≤2；黄曲霉素不得检出。

3. **安全性指标**　主要为微生物相关指标，细菌总数（CFU/g）≤2000；大肠菌群（CFU/g）≤30；金黄色葡萄球菌（CFU/g）≤100；不得检出致病菌（沙门菌、志贺菌、副溶血性弧菌）。

◆ 第四节　我国重要野生香料植物资源的利用途径

我国野生香料植物资源种类繁多，储量丰富，且分布极广，但除少数被简单开发利用外，大多数尚处于待开发状态。野生香料植物资源以其独特的芳香气味被人们广泛喜爱，应用于食品领域、药品领域、工业领域、化妆品领域等。天然植物香料有其特有的定香作用、协调作用及独特的天然香韵，合成的香料深受人们喜爱。

一、花椒

6-5

花椒（资源6-5）是我国传统的调味品，果皮为其主要利用部位。花椒具有特殊的强烈芳香气，麻味浓郁，富含挥发油和脂肪，含油率达30%，可作为原料进行蒸馏提取芳香油，也可用作食品香料和香精原料等。在食品、医药、日化等领域应用广泛。

1. 食品领域

（1）干花椒　干花椒是我国菜肴中使用率非常高的一种调味品。其香味浓郁，尤其是炒熟之后更浓烈，具有去腥和增香的作用，是厨房的常备调味品之一。与胡椒、辣椒并称为"川味三椒"，深受善食麻辣人群的喜欢。

（2）花椒粉　花椒粉有浓厚的香味，是一种很好的调料粉。其味麻鲜香，在烹调中既能单独使用，也能与其他原料配制成调味品，用途极广，如五香粉、十三香、花椒盐和葱椒盐等。

（3）花椒油　花椒油一般以新鲜花椒、花椒果皮直接放入热的食用植物油中，或者将花椒盛入孔径小于花椒直径的容器中，将热的食用植物油徐徐淋入容器中，炸出其香味，使有效成分溶入油中，即得花椒油。花椒籽油是由花椒籽压榨而得，其中含有大量的不饱和脂肪酸，亚油酸、α-亚麻酸这两种人体必需多不饱和脂肪酸含量之和就达60%左右，花椒籽油可直接开发为食用油，也可作为调和油的多不饱和脂肪酸成分。花椒果皮和籽提取的精油可以制成食品防腐剂。

（4）花椒芽菜　花椒嫩芽和嫩叶具有独特的麻香味和丰富的营养，历来是人们喜爱的木本芽菜。日光温室生产的花椒芽菜颜色鲜绿、质地脆嫩、风味独特、营养丰富且清洁无污染。每千克花椒种子可生产芽菜1.5～3.0kg，花椒芽菜的售价可达100～160元/kg，效益可观。

此外，以花椒芽菜为主要原料开发的花椒芽菜辣酱鲜辣可口、麻香浓郁，产品供不应求。花椒芽菜嫩枝和鲜叶均可直接食用，或作为炒菜和腌菜的辅料，还可以用作脱水蔬菜，其新的系列产品正在不断开发，用途广泛且市场前景良好。

2. 其他领域

（1）医药　花椒果皮、果梗、种子及根茎、叶片均可入药。具有温中散寒、防潮杀虫、行气止痛等功效。树根熬出的汁可治疗蛇毒和消化道疾病；果皮打成粉末后与醋混合是一种治疗牙痛和疥疮的良药；花椒籽中的酊剂被用于治疗霍乱。此外，花椒果皮和籽提取的精油可用于治疗哮喘、牙痛和风湿病。花椒籽油还具有调节血脂、改善血流变、防止脂质过氧化的作用。

（2）日化　将花椒精油或油树脂微胶囊化，既能保持花椒的有效成分和原有风味，又可避免霉烂虫蛀，保存使用方便。花椒精油是我国重要的出口辛香料精油之一，可以制成花椒注射液，也可用于化妆品及皂类加工，还可作调香原料；经精制加工后，可调制馥奇型香精，作为调制薰衣草型香精的原料。

（3）工业原料　　花椒油还可用作生产肥皂、油漆、润滑油等的原料。花椒籽除用于提取花椒籽油、深加工提取 α-亚麻酸和制备生物柴油外，由于其籽油碘值高，属半干性油，所以可作为生产涂料的基料油，且其特性近于梓油而优于豆油，可代替其他植物油生产醇酸树脂、氨基树脂、环氧树脂、有机硅树脂等。

此外，花椒果皮可用作驱虫剂，用果皮和籽提取的精油可以制成除臭剂和杀虫剂，其树皮也是一种杀虫剂。制取油脂后的花椒饼粕含有较高的蛋白质（18.7%），可作为配合饲料原料，按一定比例掺入家畜饲料中或作为农家肥料应用。

二、肉桂

肉桂（资源 6-6）为常见调料，其树皮含精油 1%～2%，高者可达 5.0%～8.6%。肉桂也是传统中药之一，在食品、医药和日化领域有广泛应用。

6-6

1. 食品领域

肉桂油在食品中作为天然的食用香料广泛应用，主要用于软饮料、糖果、罐头、食品、焙烤食品、酒类和烟草类等，几乎涉及食品领域的各个方面。在饮料、肉制品和调味品中，其允许用量分别为 3mg/kg、290mg/kg 和 140mg/kg。肉桂油中的肉桂醛主要用作香料和保鲜剂，用于配制肉桂、桂皮、可乐等香型的香精，也可以制备食品防霉剂，用于水果和糕点的保鲜。

2. 其他领域

（1）医药　　自古以来，由于肉桂的枝、叶和皮气味芳香，能驱虫、杀菌，有消毒作用，可以有效地利用其芳香物质给人治病、防病。现代研究结果表明，肉桂油中的肉桂醛等成分能够消灭病毒，可以制备一系列芳香药物，也是良好的祛风药和健胃药。肉桂醛可以通过呼吸吸入和皮肤吸收，使人体有效摄入芳香物质。用肉桂油、薄荷油等精油合成的香精具有极强的抗伤寒沙门菌的能力，与青霉素相当。

（2）日化　　肉桂油有驱虫、防霉和杀菌的作用，能够制成衣物、鞋袜和高档日用品的驱虫剂和防霉剂。其中的肉桂醛和其他芳香物质可用于生产香皂和除臭剂，应用于日常洗涤、除臭和消毒。

此外，肉桂树根也含有精油，其主要成分为苯甲酸、苯甲酯、桂醛、硅酸乙酯、樟脑等，可以蒸馏提取利用，亦可用作日化和食品工业的原料。肉桂油和柑橘油、姜油等可以制成戒烟用香料。

三、迷迭香

迷迭香（资源 6-7）是一种历史悠久的香料植物，别名"海洋之露"，兼具观赏、食用、药用多种用途。其嫩叶和花序精油的主要成分为 α-蒎烯、莰烯、β-蒎烯、柠檬烯等 23 种化合物，有抗氧化、抗肿瘤、抗菌、抗炎、保肝等作用，在食品、医药和日化品等方面应用广泛。

6-7

1. 食品领域　　迷迭香的叶和整个植株气味芳香，鲜品采后迅速干燥、磨粉，可以按一定比例添加到食品中进行烹饪，多用在腌肉、烤鸡、煮汤时调味。添加该种香料的食品风味独特、广受欢迎。有些欧洲国家，人们将新鲜的迷迭香直接用于烹饪。

采用蒸馏法提取制备的迷迭香精油也属于传统香料，其特有的清凉提神气味兼有一定的抗氧化功能，可应用于软饮料、调味品、肉类和焙烤制品等。添加了迷迭香精油的食品香气怡人、味美可口。迷迭香干制后可制成迷迭香茶。这种茶拥有令人头脑清醒的香味，能增强脑部的功能，改善头痛、增强记忆力。

2. 其他领域

（1）医药　迷迭香植物中含有鼠尾草酸、迷迭香酸、鼠尾草酚等多种有效成分，具有延缓衰老、防腐、抗菌、抗氧化等功效，故其提取物在医药保健领域也具有广泛用途。迷迭香提取物天然无毒，抗氧化功效远高于维生素 C、维生素 E 和茶多酚等天然抗氧化剂，是人工合成抗氧化剂丁基羟基茴香醚（BHA）和二丁基羟基甲苯（BHT）的 2～4 倍；而且其结构稳定，不易分解，可耐 190～240℃的高温，彻底克服了维生素 C 和茶多酚等多数天然抗氧化剂遇高温分解这一致命弱点。因此，相对于其他同类产品，它更加高效广谱、独具优势。迷迭香精油还被用作抗菌剂、利胆剂和止痛剂等。

（2）日化　迷迭香属于名贵的天然香料植物，有清心提神的功效。它的茎、叶和花具有怡人的香味，花和嫩枝提取的芳香油，可制作空气清洁剂、香水、香皂等日化品，也可用于面霜、化妆水等化妆品的制作。

四、薰衣草

薰衣草自古以来是大家喜爱的香草植物，在日化领域应用广泛。其中含有的类黄酮化合物有利于调整血压，对神经中枢系统有镇静作用；鲜植株和花朵有较高的药用价值，能提高免疫能力和皮肤的再生力，常用于外伤和手术后镇痛及关节镇痛消肿。

1. 日化领域　薰衣草精油是最常见的植物精油之一，具有超强的渗透能力，能够有效消除色斑、美白肌肤、滋润补水，促进细胞再生，帮助肌肤迅速吸收并锁住水分。制成的护肤品中的精油可快速渗透毛囊、消毒抗菌、促进细胞再生等。薰衣草精油用于化妆品时，可摒弃单方精油弊端，将多种护肤精油与薰衣草精油以科学的黄金比例调配而成复方时，多重功效相互协作，大大提升皮肤深层修护效果。还可以用薰衣草干花或薰衣草精油混合蜜蜡、橄榄油、棕榈油等制作薰衣草手工皂。

2. 其他领域

（1）医药　薰衣草精油具有杀菌和止痛功效，可治疗严重烧伤和外伤，促进伤口愈合，避免留下疤痕；避免蚊虫叮咬，或减轻被叮咬处的疼痛，阻止伤口感染，避免伤势扩大；也可杀死霉菌。最重要的是，其可以帮助减轻情绪不平衡群体的症状。薰衣草护眼产品具有提神和镇静作用。

（2）食品　薰衣草花常被用作香草茶和饮料。20 世纪以来，薰衣草油被应用到食品工业，主要用于配制柑橘类、杏、桃、梨等型香精，也常用于软饮料、冷饮、糖果、焙烤食品、布丁类等产品中。

（3）园林绿化　薰衣草为一种低矮的芳香亚灌木，株型紧凑，全株芳香，花色优美典雅，品种丰富，景观价值极高。且适应性强，易于养护，是具有生态意义的良好园林植物材料。可用于生态观光农业、薰衣草庄园、香草专类园等多种景观类型，具有良好的观赏效果。薰衣草还是很好的蜜源植物，薰衣草蜜中富含维生素 A、维生素 P 等。

五、玫瑰

玫瑰富含多种生物活性成分，目前有关玫瑰精油成分的报道较多，至今报道已有 360 余种。

玫瑰花和提取物主要应用在日化、食品和医药等领域。

1. 日化领域

（1）玫瑰粉　　玫瑰为香料植物，玫瑰粉为化妆品添加料或辅料，具有改善皮肤质地，促进血液循环及新陈代谢，养肤修颜，增加皮肤活力，调节、修复、补水、保湿、抗敏、美白、养肤、修护黑眼圈等作用，任何肤质均适用，尤其是缺水性皮肤效果更明显。玫瑰粉是各种功能性面膜的主料或辅料，在面膜中应用广泛。例如，玫瑰淡斑面膜配方为玫瑰、当归、桃仁、白芷、绿豆、白茯苓、白及细粉各等量，加玫瑰精油几滴、玫瑰花水适量。此配方有活血淡斑、增白滋养的功效，适用于各种肤质，尤其是暗沉、黑斑和萎黄的成熟肤质。

（2）玫瑰精油和纯露按摩油　　从玫瑰花中提取的香料——玫瑰油，在国际市场上价格昂贵。玫瑰油成分纯净、气味芳香，一直是世界香料工业不可取代的原料，在欧洲多用于制造高级香水等化妆品。精油提取过程中馏出的冷凝液，气味芳香怡人，为植物的自然香气，它含有香料植物体内的水溶性物质和少量的精油成分。

玫瑰精油和其他油相结合可以制成按摩类产品。例如，玫瑰精油、檀香精油及按摩底油相调配制成的玫瑰按摩产品，在脸部皮肤按摩使用时可使皮肤滋润柔软、年轻有活力，也可全身按摩；玫瑰精油的香气具有延缓衰老等作用。

2. 其他领域

（1）食品　　玫瑰花富含多种人体必需氨基酸、色素、维生素、黄酮类、多糖类等生物活性成分，被广泛应用于食品生产中。可用于制作玫瑰糖、玫瑰果酱、玫瑰腐乳、玫瑰月饼、玫瑰蛋糕等食品；开发出的葡萄酒、白酒、果酒、保健酒已有上百种之多；以其为原料或调味剂烹调出的各种菜品、汤类等已自成体系。玫瑰精油还可用作食品香料，用来配置杏、桃、苹果、草莓、桑葚、梅等型香精，主要用于饮料、糖果、烟草、烘焙制品中。

（2）医药　　玫瑰花含有多酚、黄酮类等化学成分，具有消除自由基、抗氧化活性、抗血栓、抗肿瘤、抗炎、抗菌作用，以及降血脂、预防心脏病等生理活性；能提高机体免疫力、调节荷尔蒙水平、促进循环代谢、改善及增强泌尿系统机能、利尿、强肾、促进毒素排解代谢等；具有一定的抗菌、抑菌功能；能促进肠道蠕动，有轻泻作用，能改善反胃、呕吐及便秘等。

此外，玫瑰精油还可被用作高档香烟的调香剂。提取玫瑰精油后剩余的玫瑰浓缩液，可以用于足疗、沐浴等。玫瑰渣可加工成浴盐等。蒸煮后的玫瑰渣，可用于制作饲料添加剂。也可将玫瑰精油装入项链坠、香包中制成工艺品。玫瑰根皮可作为绢丝等物的黄色染料。

思政园地

野生植物香料或成精细化工产业的"香饽饽"

我国幅员辽阔，气候条件和土壤资源多样，出产丰富的野生植物香料资源，并且不断引入原产于欧洲及热带的香料植物，先后已有十余个品种引种成功，如丁香、薰衣草、迷迭香、香荚兰和胡椒等。据不完全统计，我国经常使用的香料植物有140余种，这些与我们的日常生活密切相关。我国是香料植物生产大国，也是一个消费大国，香料品种繁多、产量高、消耗量大。目前，香料行业销售额在精细化工大行业中仅次于医药行业。

近年来，随着世界各国对香料工业提出新的要求和限制，人们对天然香料安全的认可度提升。伴随着新的加工技术在香料产品加工领域的应用，天然香料的应用相较过去有相当大的拓展，其产品销售前景看好，为香料行业发展带来了难得的机会。同时，食品工业的快速发展也为食用香料的发展提供了巨大的市场前景，而日用化学产品主要依靠其合成洗涤剂、肥皂、消毒剂、化妆品及烟用香精等。可见，香料是我国国民经济的重要组成部分。随着人民生活水平的不断提高，使用天然香料制作加香产品将会越来越多，其天然精油产品在美容保健方面的消耗量也稳步增加。

❓ 思考题

1. 简述野生香料植物资源的分类。
2. 植物香料的化学组成有哪些？请举例。
3. 简述香料植物的采收期如何确定。
4. 简述常见香料植物的采收方法。
5. 简述精油的加工原理及工艺流程。
6. 简述纯露的加工原理及工艺流程。
7. 简述食用调料的加工方法及其原理。
8. 简述浸膏的加工工艺流程。

| 第七章 |

野生能源植物资源开发与利用

中国是植物生物多样性最丰富的国家之一，特别是种子植物的种类居世界第三位，其中非粮能源植物种类繁多。目前国内外开发利用的非粮能源植物主要集中在夹竹桃科（Apocynaceae）、大戟科（Euphorbiaceae）、萝藦科（Asclepiadaceae）、菊科（Compositae）、桃金娘科（Mytaceae）及豆科（Leguminosae）等科。然而，我国非粮能源植物的开发利用起步较晚，与发达国家相比还有较大差距。本章将从化学成分与功效、采收与贮藏、加工及利用途径等方面介绍野生能源植物资源的开发与利用概况。

◆ 第一节　野生能源植物的化学成分与功效

野生能源植物的转化利用与其化学成分组成是密切相关的，其某一组分是转化利用的主要原料成分，体现该植物的主要特征。因此，可将野生能源植物分为油脂植物、糖料植物、淀粉植物、纤维素类植物及石油植物等大类，它们的主要化学成分包括甘油三酯、可溶性糖、淀粉、纤维素类及烃、烯类化合物等。

一、甘油三酯

富含油脂成分的植物，既是人类食物的重要组成部分，又是工业用途非常广泛的原料。能源植物产生的植物油脂是多种脂肪酸的混合甘油酯，其主要成分为长链脂肪酸与甘油结合形成的甘油三酯，可以通过转酯化（或酯化）反应过程形成脂肪酸甲酯类物质，得到生物柴油。例如，黄连木油脂中的脂肪酸主要包括 7 种：棕榈酸（C16:0）、油酸（C18:1）、亚油酸（C18:2）、棕榈油酸（C16:1）、硬脂酸（C18:0）、亚麻酸（C18:3）、花生酸（C20:4），其碳链的碳原子数为 16～18，利用黄连木油脂生产的生物柴油，其碳链中碳原子数为 17～20，与普通柴油主要成分的碳链长度极为接近，因此黄连木是非常适合用来生产生物柴油的木本植物。

二、可溶性糖

糖料植物富含可溶性糖，利用这些植物所得到的最终产品是乙醇。可溶性糖转化为乙醇的化学过程最简单，生产成本最低，经发酵产生的乙醇可混到汽油中作汽车燃料，可减少单纯燃烧汽油造成的污染。例如，菊芋块茎中主要成分是菊糖，是一种由呋喃构型的 D-果糖经 β-2,1 糖苷键脱水聚合而成的果聚糖混合物，其末端以 α-1,2 糖苷键连接一分子葡萄糖，乙醇转化效率较高，原料与乙醇转化比率为 12.2～15.4，每吨鲜块茎可生产乙醇 80～110L。甜高粱成熟后的茎秆总糖分含量为 28.0%～40.3%，主要成分蔗糖约占总糖的 55%，葡萄糖仅占 3.2%。

三、淀粉

淀粉是绿色植物进行光合作用的最终产物，是仅次于纤维素的具有丰富来源的可再生性资源，也是人类食物的重要来源，可用于生成燃料乙醇，我国乙醇发酵主要选择木薯和一些木本淀粉能源植物。例如，木薯被誉为"淀粉之王"，新鲜的木薯根通常含有约 30% 的淀粉和 5% 的可发酵性糖，干片含有 80% 以上的淀粉，是非常有潜力的生物乙醇生产原料。制备生物乙醇时，需要先将淀粉液化为胶体溶液（主要含有淀粉、糊精和低聚糖），再经过糖化和发酵过程产生生物乙醇。

四、纤维素类

纤维素类能源植物主要包括富含纤维素和半纤维素的草本植物及木质素含量较高的高大乔木，这些植物及其残余物或废弃物能够以燃烧或发电的形式直接转化为热能、电能等生物质能，或通过降解转化为燃料乙醇、固体颗粒燃料等能源。例如，柳枝稷被认为是最有潜力的草本纤维类能源植物之一，纤维素含量极高，干物质年产量可达 35t/hm^2，其乙醇转化率可达 57%，所得到的纤维素乙醇具有可再生、环保、无污染的优点。木本纤维能源植物主要提供薪柴和木炭，也可以作为生物质发电和生物质制氢的原材料。例如，株行距为 1m×2m、林龄 3～6 年的沙棘林，热值可以达到 19 717J/g，产薪量超过 1991.7kg/（hm^2·a），被认为是最有发展前途的薪炭木本植物。

五、烃、烯类化合物

富含烃、烯类化合物等类似石油成分的能源植物，称为石油植物，其主要化学成分为烷烃、环烷烃、芳（香）烃及烯类等。这类植物通过简单处理即可作为柴油使用，与其他能源植物相比，加工技术及生产成本低，利用率高。目前已发现并受到青睐的植物有续随子、绿玉树、麻疯树、油楠、古巴香胶树、西谷椰子、西蒙得木、巴西橡胶树等。例如，原产非洲的大戟科大戟属绿玉树，其枝条中含有的乳汁实质上是富含烷烃、烯烃等碳氢化合物的乳浊液，含能与汽油持平或超过汽油，可通过生物质转化变成燃料。因此被认为是一种有希望的石油植物。同属植物续随子是一种生产石油的新型能源油料植物，其种子油中约三分之一的含量是可作为石油代用品的碳氢化合物，经处理后即可得到与石油成分相似的油。我国热带地区的植物油楠，树体内可产生类似石油成分的树脂油，包含 75% 无色透明的清淡芳香油，24% 棕色树脂类残渣，其中 α-依兰烯含量为 40.8%、β-丁香烯为 30.5%。

◆ 第二节　野生能源植物的采收与贮藏

一、采收

不同野生能源植物的可利用部位不同，成熟期差异较大，因而采收的方法和最佳时期也各不相同。掌握好各种野生能源植物的成熟期，利用合适的采收方法及时采集，才能有效地利用野生能源植物资源。

（一）采收时期

1. 果实种子　采收部位为果实或种子时，一般在果实完全成熟时采收，有些果实成熟不同期，需随熟随采，严防掠青，如文冠果；一些蒴果类植物种子完全成熟后蒴果会开裂，种子散失难以收集，因此在果实将近成熟、有少量开裂时即可采收，如南蛇藤；有些植物的最佳采收时期随着种植地不同气候类型而变化，如麻疯树在我国西南干热河谷地区种植时，集中在夏末秋初的黑果期采收，此时果实的油脂含量及质量最佳，而在气候炎热潮湿的地区如海南省种植时，需要在黄果期，即果实表皮变为黄色时及时采摘，以免果实发芽影响产量和毛油品质。

2. 块茎、根茎　这类能源植物的块茎和根茎通常储存大量的可溶性糖和淀粉成分，一般选择叶、茎及秆完全干枯，植物进入休眠期后进行采收，避免出芽，以保证地下部分有机物质的最大量积累。采收时期通常在 11 月中下旬至 12 月左右，气温下降并出现初霜时，此时植物地上部分出现枯黄，地下块根或块茎成熟，有机物含量最高，如菊芋、蕉芋、葛根等。

3. 枝条、茎秆　采收部位为枝条的能源植物多为丛生灌木，干燥处理后作燃料使用，具有易点燃、发热量大的优点，如沙棘、柠条、柽柳等。部分速生乔木也可作为薪炭能源植物进行枝条采收，如杨树、柳树、桉树等。在落叶后至发芽前均可进行采收，以早春土壤未解冻前最好，需根据植物的生物学特性选择适宜的采收林龄及采收周期。例如，沙棘平茬收割的林龄为 5~7 龄，平均平茬周期为 5~8 年；而柠条平茬收割的林龄为 3~5 龄，平茬周期以 3~6 年为宜。

采收部位为茎秆的能源植物通常为禾本科多年生植物，其茎秆富含纤维素类物质。例如，在我国 10 月末霜降期前进行柳枝稷的采收，可以获得稳定可持续的高产。另外，收获频次也应注意，过高的收获频次将导致立地衰退，只有在夏季水分较充足的情况下，一年收割两次才能获得较高的干物质量。

4. 树脂油　富含碳氢化合物的能源植物，植物体中可分泌树脂油，不同树种采收时间差异较大。例如，油楠树高 12~15m 时，心材部分形成棕黄色油状液体，成分与柴油极为相似。绿玉树分泌的乳汁中烷烃、烯烃等碳氢化合物的含量呈现季节性变化，春季较为丰富，在夏季达到顶峰，秋季迅速降低，因此需在秋季来临前碳氢化合物含量最丰富时及时采收。

（二）采收方法

1. 采摘　采摘法主要通过人工手摘或者修枝剪剪取，摘取成熟的果实或果穗，多适用于果枝较脆易断、果实较大、果实或种子成熟期不整齐的能源植物。例如，文冠果果实因其成熟期有先后，需随熟随采。值得注意的是，采摘时需注意保护当年新梢或来年的结果母枝免遭机械损伤，这对于次年结实至关重要。

2. 击落　　对于树体高大的乔木和灌木等能源植物，若其果实、种子外皮坚硬不易受到机械损伤，可以通过器械击落后收集的方式进行采收，如油桐、栓皮栎、橡子等，此方式虽粗放但采收效率较高。击落时常在树下垫上草席、布围等，以便于收集和减轻损伤，使用机械时也应尽量减少对植物体的损伤。

3. 挖掘　　利用部位为块茎和根茎的能源植物，需要采用挖掘法进行采收。一般在植物地下部分成熟或早春土壤解冻后，选用人力或机械设备，从雨后湿润的土壤中取出。若土壤干燥不易挖掘时，可先进行1次人工浇灌，以降低挖掘难度。

4. 平茬　　多适用于丛生灌木或多年生草本能源植物，采收部位为枝条，通过枝剪、割灌机等器械将移栽后2~3年的苗木地上枝条截掉进行采收。平茬时需要注意两个方面：一是适时平茬，一般在果实或种子采收后进行平茬，间隔1~2行，平茬周期也要符合树种生长规律，保证能源林质量，如沙棘一般在冬季或早春平茬可延长生长期，避免因伤口流失树液而影响正常生长，促进新生萌条充分木质化。二是剪口要平滑，保留一定高度的残茬，保护幼芽生长点不受损伤，从而在春季尽快恢复生长，如在采收柳枝稷时应保留高度为15~30cm的残茬。

5. 凿孔　　富含碳氢化合物的能源植物，树干木质部受损后可分泌树脂油，高大乔木类如油楠，胸径80cm以上的采收时不需要砍倒树木，而是直接在树干上凿孔插入竹吸管，使树脂流出即可收集。

二、贮藏

贮藏是能源植物加工利用过程中的重要一环，贮藏方法的适合与否对其品质的影响较大。根据利用部位、化学成分及贮藏时间的不同，选择适宜的贮藏方法对能源植物的加工利用具有重要意义。

（一）果实种子

贮藏前通常需要进行果实或种子的精选、干燥，以及杀虫、杀菌等预处理。利用部位是种子的，在脱去果皮等杂质后，通常先采用晾晒或阴干的方式处理，控制含水量，使种子处于较干燥状态。例如，麻疯树和油松等的种子可以晾晒处理，油桐、黄连木的种子则通过阴干的方式。对于易受虫蛀和霉变的果实和种子，如橡子、栓皮栎等，贮藏前需高温杀虫、杀菌。

果实种子预处理后，一般根据贮藏时间和空间条件选择低温或普通贮藏方式。低温贮藏通常将果实或种子用纸袋密封放入低温低湿冰箱中，量大者可放入冷库贮藏，这种贮藏方式可将充分干燥的种子寿命保持1年以上。普通贮藏方式适用于翌年播种或榨油的果实或种子，可用透气的麻袋包装，然后放入阴凉、干燥且具有通风口的仓库中贮藏，贮藏过程中要随时观察鼠/虫害的情况。含油量较高的果实或种子需要较长时间贮藏时，可选用低氧环境的充氮包装或真空包装，以达到延长种子寿命和保持种子品质的效果。

（二）块茎、根茎

能源植物的块根和块茎主要有两种贮藏方式：一种是将鲜块茎处理成干样品贮存，这种方式不但贮存时间较长，而且便于长距离运输；另一种是鲜块根和块茎直接贮藏，且尽量保证块根和块茎的完整无损，贮藏场所需要尽可能保持低温和湿润。特别要注意的是，这种方式需要经常检查，如发潮或嗅到酒味则表示贮藏物质已变质，应及时挑拣出并重新堆藏。

（三）枝条、茎秆

对于木质纤维素含量较高的枝条和茎秆，在采收后可直接进行晾晒降低水分，截短、劈开，整理成捆，在干燥通风的环境下堆放贮藏，如杨树、柳树、柠条、沙棘、芦竹等。对于含糖量较高的茎秆，则需要使用低温贮藏条件以降低贮藏过程中的糖分损耗，如甜高粱等。

（四）树脂油

富含碳氢化合物的能源植物所产生的树脂油的主要成分易挥发，因此要密闭保存，防止一些轻组分的散失。同时要注意降低温度、水分、阳光、金属对树脂油品质的影响。

◆ 第三节　野生能源植物的加工

一、生物柴油的制备

生物柴油是指以植物油脂或其水解的脂肪酸为原料，与一元醇通过醇解或酯化生产的脂肪酸一元酯。它可以替代石化柴油，是一种可再生、清洁的生物燃料。商业化生物柴油的主要成分是脂肪酸甲酯。生物柴油的生产方法分为物理法、化学法、物理化学法和生物法等多种，但目前真正用于工业生产并有实用价值的主要是化学法，因此下文只介绍化学法加工工艺。能源植物化学法生产生物柴油的过程主要包括：①酯交换，即油脂的醇解；②甲醇的精馏回收；③粗品脂肪酸甲酯的精馏提纯；④副产品甘油的提纯等。其核心工序是酯交换。

（一）基本原理

以植物油脂为原料制备生物柴油，基本原理是甘油三酯与醇发生酯交换反应（醇解反应），得到脂肪酸酯和甘油，酯交换反应由一系列可逆反应组成，每一步均产生一个单酯。反应方程式如下：

$$
\begin{array}{l}
CH_2\text{—}OOCR_1 \\
| \\
CH\text{—}OOCR_2 + 3ROH \xrightarrow{\text{催化剂}} \\
| \\
CH_2\text{—}OOCR_3
\end{array}
\quad
\begin{array}{l}
CH_2\text{—}OH \\
| \\
CH\text{—}OH + R_1\ (R_2,\ R_3)\text{—}COOR \\
| \\
CH_2\text{—}OH
\end{array}
$$

式中，R_1、R_2、R_3 表示碳原子数为 12～24 的饱和或不饱和直链烃基；ROH 表示低级醇，多为甲醇。

由于空间效应对反应的影响，酯交换反应发生时，所选醇的碳链越短，受空间效应影响越小，反应活性越高，甲氧基是最小、最活泼的烷氧基，甲醇是最适合的醇。甲醇中的甲氧基与甘油三酯中的一个脂肪酸结合，形成长链脂肪酸甲酯从甘油三酯上脱落，同时形成甘油二酯；甲醇中的甲氧基继续与甘油二酯中的一个脂肪酸结合，形成长链脂肪酸甲酯从甘油三酯上脱落，同时形成甘油单酸酯；甲醇中的甲氧基继续与甘油单酸酯中的脂肪酸结合，形成长链脂肪酸甲酯从甘油三酯上脱落，同时形成甘油。从以上可以看出经过转酯化反应之后甘油三酯分裂形成3 个单独的脂肪酸甲酯从而减短碳链的长度，同时形成有用的副产物甘油。酯交换反应则可选用酸、碱或酶催化剂催化。其中，酶催化剂造价高且易失活，制约了它在生物柴油工业生产中的应用。酸催化剂对酯交换反应的催化活性不如碱催化剂，如要求较高的反应温度和醇油比、反应时间长且甲酯收率不理想等，故酸催化剂主要应用于高酸值油脂的酯化反应合成生物柴油，工业上酯交换法合成生物柴油还是以碱催化为主，催化剂为氢氧化钠、氢氧化钾、甲醇钠和甲醇钾等均相碱。

（二）制备工艺

生物柴油的制备有物理法、化学法和生物法三种：物理法包括直接混合法和微乳液法；化学法包括高温热裂解法、酯交换法和无催化的超临界法；生物法包括酶催化酯交换法。其中酯交换法具有工艺简单、操作费用较低、制得的产品性质稳定等优点，因此工业应用最为广泛。

1. 工艺流程　　油脂酯交换法制备生物柴油的工艺流程如下：

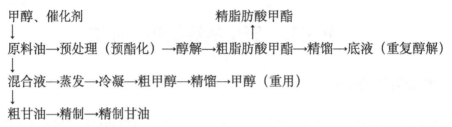

生物柴油制备流程示意图如图 7-1 所示。

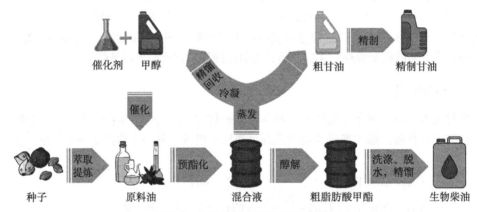

图 7-1　生物柴油制备流程示意图

2. 操作要点

（1）预处理　　植物油脂原料制备生物柴油，原料酸值低于 4（一般以不高于 2 为宜）的油脂称为低酸值油脂，酸值高于 4 的称为高酸值油脂。高酸值油脂中含有较多的脂肪酸，遇碱则成为稳定的羧酸离子，影响反应速率，导致甲酯化不完全，因此在醇解前不适宜用碱性催化剂，应改用酸性催化剂，且需要预先脱酸进行预酯化。但用酸性催化剂生产生物柴油的反应速率慢，需较高的温度和较长的时间，且含环氧酸、共轭酸、羟基丙烯酸时不宜用酸性催化剂。以 10 个酸值左右的油脂为例，通过甲醇萃取后，绝大部分脂肪酸进入溶剂相，油相酸值可降到 2 以下，脱水后与低酸值油脂相似，可用碱性催化剂催化醇解，获得脂肪酸甲酯。捕集了大量脂肪酸的甲醇相，蒸发脱溶后，可得到酸值高达 60 以上的油脂，可通过酸催化预酯化，将其中的脂肪酸先酯化为甲酯，再将剩下的油脂通过碱催化醇解为脂肪酸甲酯。由于在酸催化预酯化过程中会产生水，所以预酯化后应进行干燥脱水，以免影响醇解效果。

（2）酯交换（醇解）　　经过预处理的原料油与甲醇、催化剂一起投入带加热、搅拌功能的反应釜内（资源 7-1），搅拌加热至醇解反应温度下。需要注意的是，低酸值油脂原料（酸值低于 4）一般选择碱性催化剂，可以在较低的温度和较短的时间内醇解完全，以避免低级脂肪酸在高温下挥发及不饱和脂肪酸氧化等不良结果。常用的碱性催化剂有甲醇钠（效果最好、用量为油重量的 0.1%～1.0%）、氢氧化钠、氢氧化钾。高酸值油脂则需要先进行一系列脱酸预酯化处理，降低酸值后再与碱性催化剂、甲醇混合进行醇解反应。醇油摩尔比为 7∶1 比较合理，继续增大甲醇用量，效果不明显，反应压力为常压。理论上讲，加压有利于反应的进行，但增加了设备投资和工艺难度，因此建议使用常压。反应温度在无甲醇回流系统时为 64℃（不能高于甲醇的沸点 64.5℃）；有甲醇回流系统时为 65℃，建议设甲醇回流系统。搅拌要求充分，以保证脂肪酸、甲醇、催化剂充分接触。

7-1

（3）甲醇的精馏回收　　将甲醇部分汽化与反应生成的水汽一起送入甲醇回收塔内，脱去水后再回到反应釜中参加反应。甲醇回收塔工艺简单，回收效率也比较高，但是当甲醇浓度在 10% 左右的时候，设备的精馏能力就严重降低，很难进行分离。浙江大学研制了一种甲醇超重力分离器，其原理就是利用离心原理把甲醇和水分离（资源 7-2）。

7-2

（4）粗脂肪酸甲酯的精馏提纯　　反应结束后的粗产物泵入水洗锅，首先用热水依次洗涤至中性，再泵入干燥脱水锅加热干燥脱水。最后送入高温蒸馏釜精馏提纯（资源 7-3），得到最终的产品脂肪酸甲酯即生物柴油。

7-3

3. 质量评价　　2017 年我国发布实施生物柴油产品国家标准《B5 柴油》（GB 25199—2017）。生物柴油的质量评价指标包括密度、黏度、十六烷值、闪点、灰分、残碳量、甲醇含量、甘油含量、游离脂肪酸含量、水含量和磷含量等。

（1）密度　　密度一般为 0.85～0.90g/cm³，比石化柴油（0.82～0.85g/cm³）稍高。密度增加，喷油射程（L）虽呈小幅度增加，但液滴直径明显增加，这使得柴油在气相阶段分布均匀性变差，柴油雾化变差。同时燃油质量增加，柴油机的油耗因为这项指标会稍有所增加。

（2）黏度　　柴油黏度过小，雾化变好，但油束射程（L）减小，柴油渗漏，实际供油量降低，润滑作用下降，喷油嘴等配偶件磨损增大，发动机功率下降。黏度过大，柴油雾化变差，油束在燃烧室内的分布不均匀，燃烧不全，柴油消耗增加，碳烟排放增加。因此，柴油都有一个最佳黏度，一般 40℃时运动黏度为 2～4mm²/s。

（3）十六烷值（CN 值）　　十六烷值越高，柴油的自燃能力越强，发火延迟期越短，发动机工作越平稳。一般要求柴油的 CN 值为 45～60。

（4）甲醇含量　　甲醇有毒且能溶解橡胶零件，还会降低生物柴油的闪点，同时甲醇吸水性强，导致微生物滋生。应尽量用蒸馏法和水洗法除去，测量时可用气相色谱法和分光光度法。

（5）甘油含量　　酯交换反应的副产品甘油，其含量是评定生物柴油质量的重要指标之一，包括游离甘油和结合甘油（甘油酯）。游离甘油引起污垢和乙醛排放，甘油酯会在喷油嘴、活塞和气门周围形成积炭。游离甘油可通过水洗除去，甘油酯则需要通过进一步蒸馏除去。

（6）水含量　　生物柴油在储存时要控制水的含量。水含量高时会引起微生物滋生，使储存不稳定。水分还会导致生物柴油水解变质。

（7）磷含量　　磷含量主要取决于原料油脂精炼的程度。高的磷含量会增加灰分，致使尾气中颗粒排放物含量升高。可通过严格的原料处理来降低，测量时可用分光光度法。

（8）闪点　　生物柴油的闪点低于原植物油，但比柴油高。我国 0 号柴油和 10 号柴油闪点不低于 65℃，生物柴油闪点一般都有 130℃，因此火灾安全性比柴油好。

（9）生物降解性和毒性　　生物柴油的降解速率是柴油的 2 倍左右，主要是因为生物柴油由简单的直链碳氢化合物组成，并且含氧，较容易被环境中专门分解油脂的细菌所代谢。动物试验表明，生物柴油的毒性也比柴油低。

（10）氧化稳定性　　氧化稳定性是确保生物柴油品质的关键之一。若甲酯被氧化，燃料性质会改变，油渣形成并堵塞燃油滤清器。提高生物柴油中不饱和脂肪酸甲酯抗氧化稳定性是保证生物柴油质量的关键。

（11）低温流动性　　生物柴油中脂肪酸甲酯的不饱和度决定了低温流动性，不饱和度越高，低温流动性越好。此外，还受到碳原子数和支链影响：碳原子数越多，低温流动性越差；带支链的脂肪酸甲酯含量越高，低温流动性越好。通过加入降凝剂可以改善生物柴油的低温流动性，传统柴油降凝剂对生物柴油的降凝效果不佳。

（12）润滑性　　为降低柴油机的碳烟颗粒排放，采用低硫和少芳香烃柴油是有效途径之一。但低硫必定导致柴油润滑性能下降，柴油机喷油泵容易出现过早磨损。因此，石化柴油甚至需要加入改善润滑的添加剂。国外通常用高频率转动环试验方法评估油料润滑性。大量试验表明，生物柴油的润滑性能比石化柴油好得多，明显减少零件的磨损。

二、生物乙醇的制备

生物乙醇是以生物质为原料，主要通过发酵工艺、生物技术和化工技术等方法制备生产的乙醇，它是一种良好的汽油添加剂。将其掺入汽油中可使燃料变得更为"清洁"，提高燃料的辛烷值，降低一氧化碳、碳氢化合物和氮氧化物等污染物的排放量，且促进燃料充分燃烧，降低油耗。尽管生产乙醇的方法有很多种，但是归根结底主要分为两大类——微生物发酵法和化学合成法。我国乙醇生产以微生物发酵法为主，主要以富含淀粉、糖及纤维类等的物质为原料，通过水解（糖化）、发酵、蒸馏脱水等步骤和生产流程而实现和完成。生物乙醇生产技术根据所用能源植物原料主要分为三类：一是淀粉原料，是制造生物乙醇的主要原料，约占80%；二是糖蜜原料；三是木质纤维类原料。下文重点介绍微生物发酵法制备乙醇的工艺。

（一）基本原理

1. 水解（糖化）　　淀粉由葡萄糖基团聚合而成，是多糖中最易水解的一种。在水中加热、溶胀，60～80℃时破裂，开始糊化成 α-淀粉，再加热使支链淀粉溶解，成流动性醪液，即完成了淀粉液化。在液化后的淀粉醪液中加入酶制剂或糖化曲，可使淀粉全部糖化为葡萄糖。而糖蜜原料则省略水解过程，含糖物质（如甘蔗等）经压榨后直接就是葡萄糖。纤维素性质稳定，一般用酸水解或酶水解，把纤维素大分子转化成葡萄糖、纤维三糖等小分子。酸水解是以硫酸、盐酸、氢氟酸等强酸为催化剂，其反应过程为 $(C_6H_{10}O_5)_n + nH_2O \longrightarrow nC_6H_{12}O_6$。酶水解以纤维素酶为催化剂，其由 C_1 和 C_x 组成。纤维素先被 C_1 降解为低分子化合物，再由 C_x 的几种酶作用成为纤维二糖，最后再由 β-葡糖苷酶水解为葡萄糖。但酸/酶水解速率有限，糖得率低，因此纤维素利用难度最大。

2. 发酵　　乙醇发酵是指微生物在厌氧条件下发酵己糖形成乙醇，反应过程由大量酶催化来完成。其反应过程分为两个阶段：①糖经糖酵解（EMP途径）分解为丙酮酸；②在无氧条件下，丙酮酸由脱羧酶催化成乙醛和二氧化碳，乙醛进一步还原（$C_6H_{12}O_6 \longrightarrow 2C_2H_5OH + 2CO_2 +$ 能量），反应的副产物为甘油、有机酸（琥珀酸）、杂醇油（高级醇）、醛类、酯类等。

（二）制备工艺

1. 工艺流程　　生物乙醇制备工艺流程如下：

预处理→液化→水解（糖化）→发酵→蒸馏→脱水→乙醇

生物乙醇制备流程示意图如图 7-2 所示。

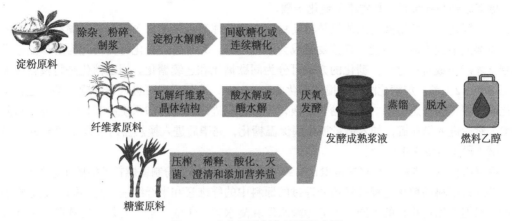

图 7-2　生物乙醇制备流程示意图

2. 操作要点

（1）预处理

1）淀粉原料预处理包括除杂、粉碎和制浆等环节。经过手工和机器等多个环节先去除原料中混有的泥土、小砂石等杂质，以免损坏机器设备。粉碎的目的是增加原料的表面积，有利于淀粉酶制剂与淀粉分子的充分接触，提高淀粉转化率和便于输送。粉碎后的原料经过浸泡，通过控温膨胀将含有淀粉颗粒的悬浊液转变为浆液。在一定温度的淀粉浆液中，淀粉颗粒吸水膨胀而被糊化。

2）糖蜜原料由于其干物质浓度较大、糖分高、含较多的产酸细菌及灰分和胶体物质，所以必须进行稀释、酸化、灭菌、澄清和添加营养盐等预处理，才能被酵母利用进行发酵。稀释糖蜜的工艺一般分单浓度流程和双浓度流程。稀释方法也可分为间歇稀释法和连续稀释法。为了保证稀糖液的正常发酵，除了加酸提高酸度来抑制杂菌生长繁殖外，最好对糖液进行灭菌。灭菌的方法有物理灭菌和化学灭菌两种：物理灭菌主要是采用加热的方法，化学灭菌法是采用化学防腐剂来杀灭杂菌。常用的防腐剂有漂白粉、甲醛、氟化钠等。对稀糖液进行澄清处理，可以去除对酵母生长和乙醇发酵有害的胶体物质、色素、灰分和其他悬浮物质，澄清方法有加酸澄清法、絮凝剂澄清法和机械澄清法。由于糖蜜原料经一系列处理后损失了大部分营养成分，所以应当在糖液中适当添加氮源、磷源、生长素、镁盐等，以满足酵母生长繁殖需要。

3）纤维素原料预处理阶段需要粉碎半纤维素和木质素对纤维素的保护，瓦解纤维素的晶体结构，使之与水解酶充分接触，达到良好的水解效果。此阶段大部分半纤维素转化为可溶性的五碳糖或低聚合度的五碳糖，其中约 90% 的木聚糖转化为木糖；7%～8% 的纤维素转化为葡萄糖。常用的预处理方法主要分为物理法、化学法、生物法及其他联用技术。其中物理法主要包括机械破碎、蒸汽爆破、微波处理、超声波处理等，通过这些方法处理原料可有效改变天然纤维素的结构。化学法主要包括酸、碱、臭氧和其他有机溶剂处理，可破坏纤维素的晶体结构，打破木质素和纤维素的连接。生物法是利用可降解木质纤维素类物质的微生物产生的酶来降解木质素和溶解半纤维素。

（2）液化　淀粉的液化是利用淀粉液化酶使糊化的淀粉黏度降低，并水解成糊精和低聚糖的过程。目前多使用 α-淀粉酶进行液化，耐高温 α-淀粉酶采用 95℃的处理温度，而普通 α-淀粉酶采用 85℃的处理温度。α-淀粉酶的用量一般为每克淀粉使用 2～10U，含单宁多的原料用量可适当增大。液化时间一般控制在 45～90min。淀粉液化不需要非常彻底，一般控制淀粉水解程度在葡萄糖值为 10～20 较好，液化的终点常以碘液显色控制。

糖蜜原料与纤维素原料省略了液化步骤。

（3）糖化　淀粉液化工艺只是将淀粉转变为胶体溶液（主要含有淀粉、糊精和低聚糖），而胶体溶液中很多成分不能被直接发酵成为燃料乙醇，只有通过糖化将其转化为酵母能够发酵的糖蜜才能完成这一过程。糖化的方式可分为间歇糖化和连续糖化。间歇糖化是将液化浆液冷却至（60±2）℃，加糖化酶均匀搅拌糖化 25～35min，冷却后即可进入发酵罐，整个过程是在糖化罐或糖化锅中进行的。连续糖化是液化浆液首先进入真空冷却系统冷却，瞬时温度可降至 60℃，然后进入糖化罐，加入适量糖化酶保温糖化，完毕后进入换热器内继续冷却至 30℃后进入发酵工段（资源 7-4）。

7-4

糖蜜原料同样省略了水解的步骤，后续的发酵等过程与淀粉制备燃料乙醇的工艺类似。

纤维素原料的糖化过程是将预处理过的原料中的纤维素和半纤维素，利用酶或酸等降解为单糖，根据所用催化剂的不同，可分为酸水解和酶水解。①酸水解工艺是采用浓酸、稀酸和无水无机酸等，在低温（80～140℃）或高温（160～240℃）下多相或均相水解纤维素将其转化为糖。其优点是水解速率较快，糖得率高（90% 左右）；缺点是需要进行酸回收和设备易腐蚀等问题。利用稀酸水解糖的得率较低，一般为 50% 左右。而且水解过程中会生成有机酸、酚类和醛类化合物等抑制发酵的有害副产物，需要用石灰中和、蒸发、离子交换、酶处理等方法将其脱除，成本较高。②酶水解工艺具有条件温和（pH 为 4.8，温度为 45～55℃）、能量消耗小、糖转化率高、无腐蚀、无环境污染和无发酵抑制物等特点。缺点是反应速率慢、生产周期长、酶成本高，纤维素酶活性不高、重复利用率低导致使用成本昂贵。纤维素酶的成本是纤维素乙醇生产成本中的关键因素，酶制效率的提高及价格的降低是纤维素乙醇经济效益的核心因素，也是纤维素乙醇产业化的助推剂。

（4）发酵　淀粉质原料制备燃料乙醇的发酵工艺方法很多，根据不同的标准进行分类的结果也会有很大的差别。如果根据发酵生产过程中原料存在的状态不同，可分为固体发酵法、半固体发酵法和液体发酵法三种。如果根据发酵浆液注入发酵罐的方式不同，可分为间歇式、半连续式和连续式三种。但是根据不同分类标准得到的分类方法又可以自由组合而形成新的发酵方法，例如，固体发酵法通常会和间歇式发酵方式组合在一起；液体发酵法则可以分别和间歇式、半连续式和连续式三种发酵方式进行组合。大多数的淀粉原料燃料乙醇厂都采用液体发酵法，此方法生产成本低、周期短、劳动强度低（资源 7-5）。

7-5

以纤维素水解得到的糖为原料，通过细菌、真菌（如酵母）进行发酵制乙醇的过程，可采用间歇法和连续法。利用酿酒酵母生产乙醇的主要问题之一是该酵母不能吸收和利用五碳糖。因此，纤维素乙醇制备的关键是进一步利用半纤维素水解得到的木糖发酵生产乙醇。最好是能够找到同时利用五碳糖和六碳糖的酵母，也就是共发酵技术。根据糖化和发酵工艺的联合方式，可以将糖化发酵工艺分为分步水解糖化发酵法（SHF 法）、同步糖化发酵法（SSF 法）、非等温同时糖化发酵法（NSSF 法）、同步糖化共发酵法（SSCF 法）和联合发酵法（CBP 法）。

（5）蒸馏　蒸馏可以将乙醇从发酵成熟浆液中分离出来。该过程通常需要两个步骤来实现：一是将乙醇和挥发性杂质从发酵醪浆液中分离出来，即乙醇的粗馏；二是将乙醇从混合挥发性杂质中分离出来，进一步蒸馏将杂质去除，得到纯度较高的乙醇，即乙醇的精馏。

7-6

根据蒸馏流程中的蒸馏塔板数量的不同，可分为单塔蒸馏、双塔蒸馏、多塔蒸馏等几种流程。单塔蒸馏就是用一个塔来完成乙醇从发酵成熟浆液中分离的过程（资源 7-6），此时得到的乙醇各方面指标并不是很高，现在的乙醇生产中已不再采用。若想得到纯度很高的乙醇，就需要实施双塔蒸馏或多塔蒸馏。双塔蒸馏是在两个塔内进行，其中一个塔为粗馏塔，另一个为精馏塔，得到的乙醇质量更高。当双塔流程仍不能满足产品质量要求时，则需要采用三塔或三塔以上的多塔流程。常规的三塔流程包括粗馏塔、脱醛塔和精馏塔，脱醛塔的作用是排除醛酯类头级杂质。

（6）脱水　　燃料乙醇对水分的要求非常高，用普通蒸馏方法得到的乙醇浓度不会超过95.57%（质量分数），因此乙醇从蒸馏系统出来以后，一定要进行进一步脱水处理。常用的乙醇脱水方法主要有以下几种：①固体吸水剂脱水，是在低温条件下用固体吸水剂去水，如氧化钙脱水法、分子筛脱水法、有机物吸附脱水法、离子交换脱水法等；②液体吸水剂脱水，是利用吸水性较强的甘油、汽油等液体吸收普通乙醇中的水分以达到脱水目的；③膜分离脱水，利用蒸汽通过膜的扩散现象脱水，主要采用渗透蒸发法脱水；④超临界或亚临界萃取脱水，以高压超临界状态的液体为溶剂，萃取所需组分，然后通过恒压升温、恒温降压和吸附吸收等方法将溶剂与所萃取的组分分离。

3. 产品质量评价　　通过向燃料乙醇中加入体积分数为1.96%～4.76%的变性剂可以得到变性燃料乙醇，再向汽油中加入变性燃料乙醇又可得到车用乙醇汽油。《车用乙醇汽油（E10）》（GB 18351—2017）、《变性燃料乙醇》（GB 18350—2013）、《车用乙醇汽油调合组分油》（GB 22030—2017）等国家标准发布实施以来，为我国积极、稳妥地推广使用车用乙醇汽油，规范生物乙醇产品的生产、混配、使用和质量监督起到技术保证作用。

（1）变性燃料乙醇

1）外观要求：若乙醇燃料中存在沉淀或者杂质，将对汽车发动机输油管道产生不同程度的堵塞，极易发生故障。因此，乙醇需要确保一定的纯洁度，乙醇燃料产品的外观应清澈透明，无肉眼可见的沉淀及杂质。

2）乙醇含量：汽油中存在的有机化合物会影响乙醇的燃烧效率，因此需要对变性燃料中的乙醇含量进行明确规定，一般情况下应≥92.1%。

3）甲醇含量：甲醇含量≥2.5%时，会降低燃料的水溶性，并在一定程度上提高蒸气压，具有较高的危险性。因此需要通过国家标准对甲醇含量实施有效的控制，将变性燃料乙醇的甲醇含量保持在0.5%以下。

4）溶剂洗胶质：溶剂洗胶质在一定程度上会导致喷射器、化油器及气门等部位出现大量的沉积物，造成燃料过滤器的堵塞，无法确保车辆相关部件的正常运行，因此一般情况下规定变性燃料乙醇中的溶剂洗胶质应≤5mg/100mL。

5）水分：水分在乙醇汽油中是一个较为重要的指标，如果油箱中沉积有水分或在变性燃料中混入水分，会使油品水分超标，出现燃料乙醇与调和组分油分层的现象，影响发动机正常工作。因此，标准中规定含水量应≤0.8%。

6）铜含量：乙醇汽油中也含有一定量的铜元素，主要是因为铜与其他元素相比较为活跃，能够促进烃类在含量较低的情况下生成催化剂。但乙醇汽油中的铜含量≥0.012mg/kg时，则会在较大程度上提高胶质的形成速率，降低乙醇汽油质量，为此标准规定变性燃料乙醇中的铜含量应低于0.08mg/L。

7）pHe值：pHe值是燃料乙醇中酸强度的度量。不同的pHe值会使乙醇汽油的性质发生一定的变化，pHe值≤6.5时，会使整流器与电刷之间形成一种薄膜，此薄膜会对汽车零件产生破坏，对发动机影响最大，极易导致发动机在运行过程中出现不同程度的障碍，也会使燃料喷射器在运行过程中出现失灵。pHe值≥9.0时，会对发动机塑料部位产生影响，因此标准规定pHe值应在6.5～9.0。

（2）车用乙醇汽油

1）馏程蒸发温度与铜片腐蚀：乙醇对铜、铝等少数金属材料会产生腐蚀作用，实际生产中会加入一定量的金属腐蚀抑制剂，以降低车用乙醇汽油对铜材料的腐蚀。但这种腐蚀抑制剂可能具有易挥发性等特征，反而增加车用乙醇汽油对铜材料的腐蚀。因此，标准规定铜片腐蚀应低于一级。

2）烯烃、苯及芳烃含量：由于汽油中含有一定量的烯烃、苯及芳烃，并且车用乙醇汽油调合组分油与变性燃料乙醇在调合的过程中，乙醇对烯烃、苯及芳烃均产生不同程度的稀释作用。炼油厂在生产汽油的过程中，大多以催化裂化汽油为调合组分，因此主要是对烯烃含量进行有效降低，为了使苯与芳烃在汽油中的含量保持不变，需要把烯烃含量调整到38%。

3）硫含量：在车用乙醇汽油调和的过程中，会对硫含量产生一定的稀释效果，对汽油质量的提高具有较大的促进作用，标准规定硫含量限量值为＜10mg/kg。

三、固体燃料颗粒的制备

秸秆类农业固体废物原料直接燃烧时会冒黑烟，燃烧不充分，对大气环境造成污染，我国允许其在农村作为生活薪材使用，但不允许在城市中使用，而且禁止农田秸秆焚烧。生物质成型燃料是将秸秆类农业固体废物作为原材料，经过粉碎、混合、挤压、烘干等工艺，制成块状、颗粒等成型燃料，是一种可直接燃烧的新型清洁燃料。即生物质固体颗粒燃料是利用新技术及专用设备将各种农作物秸秆、木屑、锯末、果壳、玉米芯、稻草、麦秸、麦糠、树枝叶等低品位生物质，在不含任何添加剂和黏结剂的情况下，通过压缩制成密度各异的生物质成型的清洁燃料，因为秸秆等物料中含有一定的纤维素和木质素，其木质素是物料中的结构单体，是苯丙烷型的高分子化合物，具有增强细胞壁、黏合纤维素的作用。木质素属非晶体，在常温下主要部分不溶于任何溶剂，没有熔点，但有软化点。当温度达到一定值时，木质素软化黏结力增加，并在一定压力作用下，使其纤维素分子团错位、变形、延展，内部相邻的生物质颗粒相互进行粘连结合，重新组合而压制成型，使松散、能量密度低、热效率仅为10%左右、不易保存、不便运输与利用的生物质原料，经过加工变为致密、能量密度高、热效率可达45%左右、易保存和便于运输的高品位清洁能源产品。它具有燃烧特性好、燃烬率高、粉尘少、化学污染排放低的优势。

（一）基本原理

植物细胞中除了含有纤维素和半纤维素外，还含有木质素（木素），其是由苯基丙烷单元构成的三维空间聚合物。在阔叶树材、针叶树材中木质素含量为27%～32%（干基），禾草类中为14%～25%。虽然在各种植物中都含有木质素，但木质素结构非常复杂，各种植物的木质素结构均不同，即使在同一植物中，木质素的结构也会因存在的部位不同而大不相同。木质素属非晶体，没有熔点，但有软化点。木质素在适当温度（130～200℃）下会软化，此时加以一定的压力使其余纤维素紧密黏结并与相邻颗粒互相胶接，冷却后即可固化成型。因此利用木质素加热软化的特点，适当提高热压成型时的温度有利于减小挤压动力，生物质颗粒燃料就是利用这一原理挤压成型的。

（二）制备工艺

生物质固体成型燃料技术就是在一定温度与压力作用下，将各类原来分散的、没有一定形状的秸秆、树枝等生物质，经干燥和粉碎后，压制成具有一定形状、密度较大的各种成型燃料的新技术。其产品为棒状、块状和颗粒状等各种成型燃料，密度可达 $0.8\sim1.4\text{g/cm}^3$，热值为 16 720kJ/kg 左右。其性能优于木材，相当于中质烟煤，可直接燃烧，燃烧特性明显改善，具有黑烟少、火力旺、燃烧充分、不飞灰、干净卫生，氮氧化物（NO_x）和硫氧化物（SO_x）极微量排放等优点，而且便于运输和贮存，可代替煤炭在锅炉中直接燃烧进行发电或供热，也可用于解决农村地区的基本生活能源问题。

1. 工艺流程　　生物质固体颗粒燃料生产工艺主要分为 3 个工段：原料预处理工段、固体成型工段、辅助配套工段。具体工艺流程如下：

原料选择→预处理（粉碎、干燥、输送、混配、喂料）→成型→切断→冷却

包装←计量←添水

2. 操作要点

（1）原料选择与预处理　　生物质颗粒燃料制备一般选择森林采伐残渣、木材加工残渣、秸秆、稻壳、花生壳、玉米芯、山茶油壳、棉籽壳等原料。

1）原料接收：生物质原料自堆料场转运至投料棚，沿着喂料输送带方向顺序堆放，准备投料。同时，暂存部分原料，以保证原料在一个班次足量供应。

2）粉碎：首先将尺寸较大的原料粗粉碎成短而细的颗粒状原料，以备二次精细粉碎。将原料由粗粉碎工序输送到精细粉碎机，经二次粉碎后，粒度≤5mm，输送至原料仓，同时还可对原料进行烘干。

3）混配：提升机将原料暂时储存在原料仓内，在仓内安装抄板，对原料进行搅拌与混合，保证喂料顺畅，成型连续生产。

（2）固体成型

1）成型：由固体成型机将原料挤压成型。

2）切断：在固体成型机内装有可调节间隙的切刀，根据用户需求将挤压出的燃料切断，便于包装储运。

（3）辅助配套

1）冷却：将加工成型后的高温燃料进行降温，使其温度能够达到包装储存的条件。整个工艺流程中配套组合冷却机，通过冷却工序，带走固体成型燃料的热量和水分。

2）添水：根据原料特性及含水率情况，适当添加水分进行调湿，以满足固体成型的要求。

3）计量和包装：对成品进行计量，实现机器包装。

生物质成型燃料成型加工的整套设备机组包括上料系统、成型系统、出料系统、配电系统。从原料到产品的主要生产设备有装载机、粉碎机、输送带、成型压块机、造粒机、烘干机、包装机等。

3. 产品质量评价　　我国目前没有专门的生物质成型燃料的国家标准，一般情况下工业锅炉主要采用直径为 8～10mm、长度为 25～35mm、以木质为主的生物质颗粒作为燃料。其主要技术指标如下。

1）粒度：直径 6～12mm，长度为直径的 2～4 倍。

2）密度：堆积密度≥600kg/m³，成型密度在 800～1100kg/m³。

3）破碎率：≤2%。

4）干基含水量：≤15%。

5）灰分含量：≤1.5%。

6）元素含量：硫含量和氯含量均≤0.07%，氮含量≤0.5%。

7）热值：≥16MJ/kg。

四、生物质汽化发电

汽化是指含碳有机材料（如煤、重油、石脑油、木材和秸秆等）与汽化剂（如空气、氧气和水蒸气）发生热化学反应，获得富含氢气和一氧化碳产品气的过程。生物质汽化技术被认为是可为小型工业设施提供电力和为小片居民区域提供燃气的相对廉价的技术选择。当前国内外的各种生物质汽化系统的输出功率一般在数百千瓦到数兆瓦之间，以木材、木屑、树枝、稻壳、果壳、各种农作物秸秆和其他农林废弃物为主要原料。汽化获得的产品气用于燃烧供热、发电或驱动内燃机，或作为合成气、还原气用于化工生产，产生了一批成功的工程实例。汽化技术能量转化效率高，过程反应速率快，原材料适应范围广，设备和操作简单，是一种较好的小型热力/动力燃气与化工原料气生产技术。

（一）基本原理

1. 基于生物质部分氧化　　如果生物质汽化过程采用的汽化剂是空气或氧气，这种汽化过程的核心原理是部分氧化，即输入汽化器的氧气量或空气量显著少于或等于完全燃烧汽化器生物质所需的氧气量或空气量，生物质中的炭发生不完全燃烧反应，生成一氧化碳，然后通过后续的炭和水蒸气的还原反应，生成氢气。整个汽化过程基本可以分成以下4个阶段。

第一阶段是生物质干燥。生物质进入汽化装置后，首先被加热蒸发出水分。干燥阶段主要发生在100～150℃。干燥是一个简单物理过程，生物质在表面水分完全脱除之前，其温度基本保持稳定。当生物质含水量过高时，会降低汽化器内的温度，影响产品气品质。所以生物质在进入汽化器前最好适当预先干燥。

第二阶段是热解。汽化器内部升温至150℃以上后，生物质开始发生热裂解反应，挥发分气体析出，生物质转化为木炭。挥发分和炭都将参与后面阶段的反应。生物质是高挥发分燃料，热解产生的气相产物可达生物质质量的70%，因此热解阶段在汽化过程中扮演着比煤汽化更为重要的作用。热解阶段会产生一些重烃类焦油，如果留在产品气中，冷凝后容易堵塞管道，影响用气设备的运行。如何降低汽化过程产生焦油的数量或清除产生的焦油，一直是生物质汽化技术中的难题。

第三阶段是氧化阶段。该阶段主要发生如下的部分氧化反应、完全氧化反应和水煤气反应：

$$2C+O_2 \longrightarrow 2CO \quad \Delta H=-268kJ/mol$$

$$C+O_2 \longrightarrow CO_2 \quad \Delta H=-406kJ/mol$$

$$C+H_2O \longrightarrow CO+H_2 \quad \Delta H=+118kJ/mol$$

产品气中的大部分一氧化碳、一部分氢气即来自这一阶段。

第四阶段是还原阶段。前面阶段产生的二氧化碳和水蒸气被还原，主要发生如下的水煤气变换反应、Boudouard反应和甲烷化反应：

$$CO+H_2O_{(g)} \longrightarrow CO_2+H_2 \quad \Delta H=-42kJ/mol$$

$$C+CO_2 \longrightarrow 2CO \quad \Delta H=+162kJ/mol$$

$$CO+3H_2 \longrightarrow CH_4+H_2O_{(g)} \quad \Delta H=-88kJ/mol$$

第四阶段产生产品气中的一部分一氧化碳、大部分氢气和全部甲烷。

从反应热效应上看，干燥、热解和还原阶段是吸热的，氧化阶段是放热的，通过部分氧化反应、完全氧化反应能够释放大量热量，用于供给干燥、热解和还原阶段需要的热量，同时可以使汽化器内部维持在800～900℃。因此，使用空气或氧气作为汽化剂的汽化过程是一个自热式的过程，一旦汽化反应正常启动，则无须外界再供给热量，汽化反应能连续稳定进行。事实上，由于汽化过程非常复杂，是生物质热解、氧化、部分氧化和还原等诸多复杂反应的集合，导致产品气中还含有少量乙烷、乙烯、乙炔、氨气、二氧化硫和氮氧化物等。

需要注意的是，只有在固定床汽化器中发生的汽化过程才能够比较明显地分成上述4个阶段，在流化床汽化器中，生物质以粉体颗粒形式存在，与汽化剂气流充分接触，传热、传质速率极快，整个汽化过程在瞬间完成，所以无法明显界定4个阶段。

由于空气含有79%的惰性氮气，它不参加反应，但能够稀释产品气中的可燃气成分，因此当使用空气为汽化剂时，获得的产品气大约含50%的氮气，使产品气的热值只有4.5～6.0MJ/Nm³，大致相当于煤气发生炉产生的煤气热值。这是空气作为汽化剂汽化的一个缺点，但由于空气容易取用，因此空气是最廉价的汽化剂，应用最为普遍。使用氧气作为汽化剂，不但可以避免氮气的稀释，还可以提高汽化反应温度，加快汽化速率，将产品气热值提高至12MJ/Nm³左右，但也同时提高了汽化成本。

2. 基于生物质水蒸气重整　　为了增加产品气中氢气的含量，还可以采用过热水蒸气作为汽化剂进行汽化。这类汽化过程的核心原理是无氧条件的生物质的热裂解，以及随后的水蒸气重整反应、水蒸气和炭的还原反应等。在无氧的高温条件下，生物质发生热裂解，生成各种烃类、含氧有机物及炭。烃类、含氧有机物与水蒸气可发生如下的重整反应：

$$C_nH_mO_k + (n-k) H_2O \longrightarrow nCO + (n+m/2-k) H_2$$

此外，水蒸气和炭也会发生水煤气反应、水煤气变换反应等还原反应，生成一氧化碳和大量氢气。水蒸气汽化能够获得氢气含量较高（20%～26%）的产品气，并且其热值可以达到17～21MJ/Nm³。但是，无论汽化开始阶段的热解，还是后面的水蒸气重整反应、水蒸气和炭的还原反应，都是吸热反应，需要设置水蒸气发生器及过热设备，以提供大量的过热蒸汽。因此这种汽化过程不是自热的，所需的设备也比有氧汽化复杂，因此整个汽化系统造价和成本较高。

一般来说，除非为了获得含氢气量较高的产品气，一般水蒸气不单独使用，而是将空气/氧气与水蒸气混合使用作为汽化剂，这样做的好处是可以防止单独采用空气/氧气作为汽化剂时汽化器温度过高，适度增加产品气的氢气含量与产品气的热值。空气/氧气与水蒸气混合作为汽化剂得到的产品热值一般在10MJ/Nm³以上，由于产品气中氢气含量较高，还可以作为化工生产的合成气使用。

（二）发电工艺

生物质汽化发电是先将生物质汽化为燃气，然后利用燃气燃烧产生的高温高压烟气推动涡轮机发电。

1. 工艺流程

原料预处理（干燥、粉碎）→汽化→冷却→净化→燃气发电→蒸汽二次发电→蒸汽供热

2. 操作要点

（1）原料预处理　　生物质原料需先干燥和粉碎。

（2）汽化　　干燥和粉碎的木材在闭锁仓内加压，从接近底部处加入汽化器。空气经过燃气轮机压缩机和鼓风压缩机加压后射入汽化器底部。操作温度950～1000℃，操作压力18bar。

（3）冷却与净化　　产生的产品气经过冷却器，被从蒸汽发生器来的蒸汽冷却到350～400℃，然后在高温过滤器中除去焦油和灰尘（生物质汽化发电系统为连续操作，需要将产品气

中的焦油高效去除，保证整个系统的连续操作）。

（4）燃气发电　　燃气送入燃气轮机的燃烧室，燃烧产生高温烟气推动涡轮机发电。单轴燃气轮机的燃料系统、喷嘴和燃烧器经过专门设计，适合低热值产品气。

（5）蒸汽二次发电与供热　　离开燃气轮机的热烟气被导入蒸汽发生器，产生的蒸汽经过产品气冷却器后，供入蒸汽轮机发电，离开蒸汽汽轮机的蒸汽冷凝对外供热。

位于瑞典南部的小镇 varnamo，有一个生物质汽化联合循环发电（IGCC）的标志性工程，是世界第一个生物质汽化联合循环发电系统（图7-3）。系统操作要点如上所述，整个系统稳定运行后，不但产品气在燃气轮机内燃烧发电，而且高温产品气和高温烟气加热水获得的高温水蒸气可推动蒸汽轮机发电，此外，从蒸汽轮机离开的水蒸气还可以为区域供热，充分利用汽化过程中产生的能量，具有很高的能量利用效率。

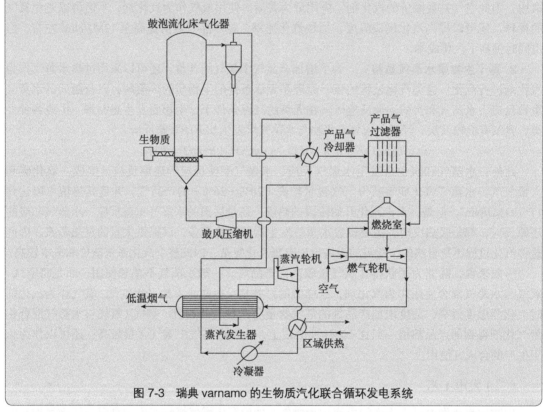

图 7-3　瑞典 varnamo 的生物质汽化联合循环发电系统

3. 产品质量评价　　生物质汽化发电目前处于研究阶段，尚无国家与国际质量标准。一般生物质汽化发电系统的发电效率应不低于 15%，其用于发电的燃气的焦油含量不高于 50mg/Nm^3，氢气体积含量为 10%～12%，一氧化碳含量为 15%～18%，燃气热值为 5～6MJ/Nm^3。

五、生物油燃烧发电

生物质可以通过快速热解转化为液体生物油，生物油是一种深褐色液体，其能量密度（单位为 MJ/m^3）是固体生物质能量密度的 3～6 倍。所以，生物油更容易使用车辆运输或储存。基于生物油的这个特性，可以在生物质资源丰富的各个地区建立生物质液化工厂，将固体生物质就地液化为生物油，然后通过罐车、船舶将这些生物油统一运输至中心加工厂进行利用（如热电联产），或进一步精深加工（车用燃料或高附加值化学品）。如此，可以显著降低整个产品链的成本。近十几年来，生物质热解技术发展很快，新工艺、新设备不断涌现，涉及生物质液化过程及生物油的加工利用研究论文和发明专利层出不穷，是生物质能源领域的又一热点和重点。

（一）基本原理

在中温（500℃左右）、无氧的条件下，生物质颗粒（一般粒径≤3mm）与热载体（一般是中温的沙子和无氧气体）接触，生物质颗粒迅速升温，生物质颗粒的组成单元纤维素、半纤维素和木质素瞬间发生热裂解，转变为有机蒸汽相、炭粉和不可冷凝气体（如甲烷、氢气、二氧化碳、一氧化碳和烯烃）。有机蒸汽相被迅速冷凝，获得一种外观类似浓缩咖啡的液体产品，称为生物油。生物质快速热解的机理概括如下：

$$
\begin{array}{c}
炭粉 \\
\uparrow \\
生物 \rightarrow 无氧、500℃ \rightarrow 有机蒸汽 \rightarrow 快速冷凝 \rightarrow 生物油 \\
\downarrow \\
不可冷凝气体
\end{array}
$$

生物质快速热解是吸热过程，实现生物质快速热解一般需要满足 4 个条件：①生物质颗粒的升温速率在 1000～10 000℃/s；② 500℃左右的反应温度；③不超过 2s 的气相停留时间；④生物油的快速冷凝与收集。为了实现条件①，需要热载体将热量迅速传递给生物质，由于固体之间的热传导具有很高的传热速率，所以一般使用高温的沙子作为载热体，沙子与生物质接触，实现载热体与生物质之间的高效传热。此外，为了保证热量迅速传递至生物质颗粒内部，一般生物质颗粒的粒径不能超过 3mm。热解液化需要一定的温度使得生物质裂解，如果热解温度较低，则会增加炭粉的产量，而生物油产量较低。如果热解温度过高，则会促进有机蒸汽的进一步裂解，增加不可冷凝气体的产量而降低生物油的产量。所以生物质热解液化温度一般维持在 500℃左右。生物质快速热裂解为有机蒸汽相后，如果在热解反应器内停留时间过长，则会发生二次裂解，有机蒸汽将进一步裂解为不可冷凝气体，降低生物油产量。所以，有机蒸汽相在热解反应器内停留的时间不能过长，需要将有机蒸汽相迅速引出热解反应器而后迅速冷凝，这样才能获得高产率的生物油。

（二）发电工艺

生物油燃烧发电是先将生物质气热解液化为生物油，然后生物油在锅炉内燃烧释放热量加热水使之变成高温高压蒸汽，蒸汽进入蒸汽涡轮机发电。

1. 工艺流程

原料预处理（干燥、粉碎）→ 快速热解 → 生物油燃烧 → 发电

2. 操作要点 需要仔细选择或设计制造生物油雾化装置，保证生物油均匀雾化为足够细的液滴颗粒，使之充分燃烧。

（1）原料预处理 将生物质原料先进行干燥和粉碎。

（2）快速热解 经干燥和粉碎的生物质进入流化床热解系统热解液化为生物油，常压操作，热解温度 500℃。

（3）生物油燃烧 生物油在锅炉内燃烧，产生的热量对流经锅炉的液态水进行间接加热，液态水转变为高温高压的水蒸气。

（4）发电　高温高压的水蒸气进入蒸汽透平，推动其中的涡轮做功发电。

荷兰 BTG 公司在 Harculo 火电厂进行了生物油与天然气共燃发电的工程实践。生物油-天然气共燃发电系统如图 7-4 所示。

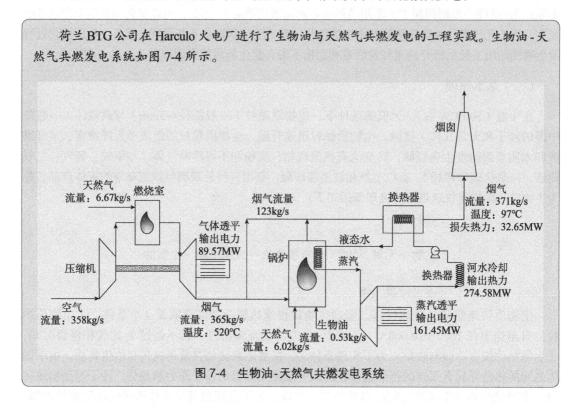

图 7-4　生物油-天然气共燃发电系统

3. 生物油燃烧发电的质量评价　生物油燃烧发电目前处于研究阶段，尚无国家与国际质量标准。一般生物油燃烧发电系统的发电效率应不低于 30%，使用的生物油原料的热值一般为 13～16MJ/kg，pH 为 2.5 以上，含水率不高于 25%，黏度不高于 120mm^2/s。

六、生物质汽化制氢

氢气是重要的化工原料，它是炼油工业加氢精制、合成氨和众多精细化学品的生产原料和冶金工业的还原剂，同时又是高热值的清洁能源。近年来，由于环保的需求，原油加氢精制对氢气的需求剧增，而燃料电池汽车的开发对车载制氢提出了更高要求。高效、低成本的制氢技术已经成为国内外广泛关注的热点。

（一）基本原理

生物质汽化制氢包括生物质部分氧化制氢和生物质水蒸气汽化制氢，其原理和相应的流化床设备汽化工艺已在前文生物质汽化部分讲述。生物质汽化制氢也常采用固定床汽化技术，下文仅叙述生物质固定床汽化制氢工艺。

（二）制氢工艺

固定床汽化工艺存在所谓的自平衡机制，当送风速率提高时，氧化层的高度虽然维持不变，但温度会迅速升高。迅速升高的温度会促进还原层的还原反应，但还原反应是强烈吸热反应，其反应剧烈程度是自我抑制的，结果就使离开还原层的气体温度和成分保持基本稳定。只要保持足够的原料层高度，无论送风速率如何变化，固定床内的反应层结构和机制都不会发生大的改变。对于上吸式汽化器和中间缩口式汽化器，其氧化层维持在接触新鲜空气的一个薄层中。对于层吸式汽化器，送风速率提高时氧化层位置会略有下移，但总的来说，固定床内过程稳定，因此可以方便地通过调节送风速率来调节生产能力。调节送风速率时，原料和空气的比例会由于自平衡机制而自动调整，在较宽范围内不会影响产品气成分。在增大送风量时只是增加了汽化强度，下吸式汽化器会因为氧化层温度的提高而使得产品气中的焦油含量降低。

1. 工艺流程

原料预处理（干燥、粉碎）→汽化→除尘→除焦油

2. 操作要点

（1）原料预处理　　原料进行粉碎造粒，粒径在 10～30mm。

（2）汽化　　干燥和粉碎的生物质从顶部加入固定床，操作当量比一般在 0.25～0.35，汽化温度 1000℃。

（3）除尘　　汽化得到的燃气通过旋风分离器和布袋过滤器除尘。

（4）除焦油　　燃气通过洗涤装置或催化裂解装置去除焦油。需要选择能够高效去除产品气中焦油的装置或工艺，以防焦油堵塞系统管道或污染氢气。

3. 产品质量评价　　生物质固定床汽化制氢目前处于研究阶段，获得的氢气尚无国家与国际质量标准。生物质汽化后得到的产品气经过净化后（脱除粉尘、焦油和水蒸气）是由多种气体组成的混合气体，主要成分包括氢气、一氧化碳、甲烷、二氧化碳、氮气、少量的小分子烃类和氧气。产品气中各种气体的含量与汽化过程使用的原料、汽化剂、汽化器、当量比都有一定关系。一般来说，各种纤维素类生物质的元素组成差别不是很大，所以原料对产品气成分的影响不大，使用空气作为强化剂时，固定床汽化制氢的氢气体积组成为 20%～30%，使用纯氧或富氧作为汽化剂时，制氢的氢气体积组成为 30%～40%。

七、生物油水蒸气重整制氢

以天然气、轻油和煤为原料的水蒸气重整制氢是工业上生产氢气的主要方法。随着人们越来越关注发展的可持续性与环境保护，热解油水蒸气重整制氢获得了研究人员的极大关注，该工艺较容易获得高的氢气产率，且易于纯化得到纯氢。美国国家可再生能源实验室早在 20 世纪 90 年代就提出了生物油水蒸气制氢的工艺路线，对生物油水蒸气重整制氢工艺进行了详细的热力学分析、化学分析和经济可行性分析。

（一）基本原理

生物油水蒸气重整制氢是一种复杂的反应过程，主要包括生物油中含氧有机物的重整反应、有机物裂解反应和水煤气变换反应等复杂反应。首先，生物油（假设生物油的分子式为 $C_nH_mO_k \cdot xH_2O$）和水在催化剂的作用下发生水蒸气重整，生成 CO 和 H_2：

$$C_nH_mO_k \cdot xH_2O + (n-k-x) H_2O \longrightarrow nCO + (n+m/2-k) H_2$$

其次，CO 再发生水煤气变换反应生成 CO_2 和 H_2：

$$nCO + nH_2O_{(g)} \longrightarrow nCO_2 + nH_2$$

上述两个主要反应可以用下列总反应式表示：

$$C_nH_mO_k \cdot xH_2O + (2n-k-x) H_2O \longrightarrow nCO_2 + (2n+m/2-k) H_2$$

生物油水蒸气重整制氢通常在较高的反应温度下进行，通常伴随热裂解和催化裂化反应形

成的裂解碎片、气体产物和焦炭：

$$C_nH_mO_k \longrightarrow C_xH_yO_z + (H_2, CO, CO_2, CH_4\cdots) + 焦炭$$

此外，还可能发生 CO 的歧化反应：

$$2CO \longrightarrow CO_2 + C$$

从原子经济性的角度来看，生物油水蒸气重整制氢是一个高效利用氢原子的过程，因为它不但利用了生物油中含氧有机物的氢，还利用了水分子中的氢。但从能量衡算的角度看，生物油水蒸气重整制氢是一个吸热过程，需要外界给整个反应系统供给热量。

（二）制氢工艺

生物油水蒸气重整制氢可以分为使用催化剂的催化重整和不使用催化剂的非催化重整。催化重整能够获得更高的氢气产率，但由于重整过程产生的焦炭会沉积在催化剂表面造成催化剂失活，显著增加过程成本。因此催化剂的选取是生物油水蒸气催化重整的关键。生物油水蒸气重整所用的催化剂可以分为负载型贵金属催化剂（如 Pt、Pd 和 Rh）和非贵金属催化剂（如 Ni、Cu、Fe、MgO 和 La_2O_3）。贵金属催化剂具有高活性、抗积碳的优点，但成本较高。非贵金属催化剂中的镍催化剂具有较高的催化活性和经济适用性，一般是生物油重整制氢的首选催化剂。

1. 工艺流程

原料预处理（干燥、粉碎）→快速热解→生物油重整→氢气

2. 操作要点 应选择有效的催化剂再生方法，恢复催化剂失活。保证系统连续操作。

（1）原料预处理 生物质原料需先干燥和粉碎。

（2）快速热解 干燥和粉碎的生物质进入流化床热解系统热解液化为生物油，常压操作，热解温度 500℃。

（3）生物油重整 生物油和水蒸气同时进入重整设备，发生重整反应，制备氢气，其中水蒸气与生物油的质量比例在 4～6。

3. 产品质量评价 生物油水蒸气重整制备氢气目前处于研究阶段，尚无国家与国际质量标准。一般来说，生物油重整过程的温度为 800～850℃，水碳比 4～6，生物油空速为 700～1000h^{-1}，通过生物油水蒸气催化重整制氢工艺，每 100kg 生物油一般应当获取氢气 2～3kg。

◆ 第四节 我国重要野生能源植物资源的利用途径

目前，大多数能源植物尚处于野生或半野生状态，人们正在研究应用遗传改良、人工栽培或先进的生物技术等育种与栽培手段，研发高效生物质能转换技术，以提高利用生物能源的利用效率。本节简要介绍几种野生能源植物的开发利用途径。

一、黄连木

黄连木果实含油率高，油品质好，不饱和脂肪酸含量高，以油酸和亚油酸为主，是不干性油，精制后可供食用及生产生物柴油，具有较好的开发利用价值。

1. 能源领域 黄连木是一种极具开发前景的木本生物质能源树种，在出油率、转化率、生物柴油品质、地域分布、适应性、经济收益等方面具有其他树种不可替代的综合优势。由黄连木种子生产的生物柴油，其油品主要物理化学指标达到美国生物柴油及我国轻柴油标准，使

用生物柴油的柴油机的动力性能，与使用常规柴油无明显差别，排放物中的一氧化碳、碳氢化合物有所下降，微烟和烟度排放明显改善，因此具有清洁、高效、安全的优点。

2. 其他领域

（1）医药　据中医记载，黄连木的皮、叶可入中药，用来治疗痢疾、霍乱、风湿疮、漆疮初起等症。叶上寄生的蚜虫常被称为五倍子，可治疗肺虚咳嗽、久痢脱肛、伤出血等症。

（2）工业原料　黄连木种子榨出的油是制造肥皂和机械润滑油的重要原料。木材质地坚韧致密、有光泽、好加工、抗压耐腐，可供建筑、制造加工、工艺雕刻、镶嵌之用。

（3）园林绿化　黄连木具有较高的观赏及生态价值，可作为绿化树种及造林树种。黄连木属温带落叶乔木树种，树冠浑圆，枝叶繁茂秀丽，其外观会根据四季的变化呈现不同形态。且黄连木喜光，幼龄期较耐阴，对土壤要求不严，耐干旱瘠薄，是较好的困难地造林材料。

此外，黄连木的叶还可用来做茶，鲜叶中含有 0.12% 的芳香油，可作为食品添加剂添加到食品中，也可作香薰剂。枝、叶、皮、根可配制成农药，防治农作物病虫害。

二、芒草

芒草是分布于我国北方的高产 C4 植物，具有高含量的纤维素，光合作用效率高，能在比较贫瘠的土地上产生较大的生物量，可直接燃烧发电，也是生产燃料乙醇等能源燃料的良好原料。

1. 能源领域

（1）燃烧发电　直接燃烧发电是目前芒属植物作为能源植物最主要的利用方式。据测定，每 2t 芒草秸秆的热值就相当于 1t 标准煤。而且其含硫量平均只有 3.8‰，而煤含硫量约 1%。在生物质的再生利用过程中，排放的 CO 与生物质再生时吸收的 CO 达到碳平衡，具有 CO 零排放作用。

（2）生物乙醇　利用硫酸或纤维素酶分解芒草木质纤维素也可生产纤维乙醇等。芒草细胞壁中纤维素含量较高且木质素含量偏低，热值与转化效率高，燃烧时会更加充分，且具有低投入和高产出的优点，更能满足生物能源可持续发展的要求。

（3）固体颗粒燃料　芒草有多种形式的能源用途，如对芒草进行粉碎、压缩可制成生物质固体颗粒燃料，在高温下热解可产生液体燃料和化学制品，或汽化为 CO、H_2 等气体燃料，利用硫酸或纤维素酶分解芒草木质纤维素也可生产纤维乙醇等。

（4）生物质汽化发电　在高温下热解也可产生液体燃料和化学制品，或汽化为 CO、H_2 等气体燃料。

（5）沼气生产　沼气发酵也是利用芒草中的生物质产能的有效办法。沼气发酵的相对成本低、净能产出率高，沼渣可以还田，降低芒草的施肥成本、减少化肥对环境的污染。

2. 其他领域

（1）医药　芒草可供药用，如五节芒的根茎具有利尿和止血功效、芒的花序有活血通经之效。芒草还具有清热凉血的药效等。

（2）工业原料　芒属植物是优良的草类纤维原料，适合作为制浆造纸和人造纤维浆粕的原料。芒皮层纤维管束密集，纤维量大，是较好的制浆成分。

（3）饲料添加剂　芒属植物获的幼叶营养丰富，其粗蛋白、粗脂肪、粗纤维含量高，是很好的动物饲料。此外，芒草青草期长，丰产性好，在低海拔地区可作为四季常绿的重要饲料。

（4）园林绿化　芒草根系发达，根系入土深，能够有效涵养水源，防止水土流失。同时，作为 C4 途径植物，芒草的 CO_2 固定效率很高，对于维持自然环境中 O_2 与 CO_2 的比例十分有利。

芒草还能吸收大气中的粉尘和土壤中的重金属（Cd 和 As 等），对于改善大气和土壤环境具有一定的效用。

三、木薯

木薯是一种重要的经济作物，不仅可作为粮食食用，还是重要的工业原料，能加工出淀粉、乙醇、山梨醇等 2000 多种产品，特别是以木薯为原料制成的燃料乙醇，被称为环保型的绿色汽油，是经济可行的生物质能源。

1. 能源领域　木薯作为制备燃料乙醇的原料，具有生物特性好、种植面积广阔、单产增长潜力大、乙醇生产率高和生产成本低等优势。木薯块根通过深加工可以制备成能源木薯乙醇，是汽油中的一种清洁添加燃料，相比普通汽油可以减少大量的碳排放，不仅可以补充石油燃料的不足，而且可以显著降低大气污染程度。利用木薯茎秆生产的固体生物质燃料具有资源丰富、燃烧性能好、成型颗粒质量高的特点，产生良好的经济和环境双重效益。

2. 其他领域

（1）食品　木薯块根富含淀粉等碳水化合物、蛋白质、脂肪和维生素等营养成分。世界上木薯全部产量的 65% 用于人类食用，在非洲几乎所有的木薯都作为粮食消耗，在拉丁美洲约40% 被加工成各种食品，在欧洲主要作为休闲食品原料。

（2）工业原料　木薯块根富含淀粉，其淀粉粉质细腻，以支链淀粉为主，含蛋白质等杂质少。通过深加工，主要可以得到三大类工业产品：第一类是变性淀粉，广泛用于纺织、造纸、医药、食品等行业；第二类是化工产品，用木薯淀粉生产的有机化工品主要有乙醇、聚乙烯、乙酸等，是生产橡胶、农药、化妆品的重要原料；第三类是糖，木薯淀粉可生产葡萄糖、果葡糖、麦芽糖等数十种不同甜度的糖，是新兴的保健食品。

（3）饲料添加剂　木薯块根和叶片是一种良好的饲料，其中的蛋白质、氨基酸、胡萝卜素、粗纤维、维生素等含量丰富。

四、甜菜

甜菜是一种以高酒精产出量为特征的甜菜类型，加工成生物乙醇，既可以缓解不可再生能源的消耗和短缺，还可在一定程度上解决粮食作物用作乙醇生产原料而引起的口粮供应与燃油供应的竞争关系。

1. 能源领域

（1）生物乙醇　甜菜根部的糖分可被酵母直接利用转化为乙醇，比淀粉制取乙醇减少了淀粉糊化和糖化两个耗能过程。每吨甜菜可转化生物乙醇 1.30～1.95kg，且制备工艺成本低、简单易行，是可以规模化、工业化、商业化生产乙醇的非粮生物质原料，不存在与粮争地的问题，具有良好的环境效益和经济效益。

（2）生物丁醇　利用能源甜菜也可以生产新一代生物燃料丁醇，具有燃能高、腐蚀性小、绿色环保等优点。

2. 其他领域

（1）食品　甜菜是甘蔗以外的一个主要糖来源作物，也是中国主要糖料作物之一。食用甜菜可以用来做汤、沙拉、西餐配菜、雕刻拼摆和凉拌菜。还可加工成甜菜粉、果酱、罐头、果脯、腌汁菜、辣味腌菜、盐渍菜等食品。另外，食用甜菜中含有甜菜红、甜菜碱、维生素等化学成分，其中甜菜红的含量最多，是重要的水溶性红色色素，已广泛应用于果汁、汽水、冰淇淋、糖果等食品的着色。

（2）医药保健　　甜菜具有很高的保健价值，对肿瘤、肝炎等具有一定的疗效。目前，在美国已有用食用甜菜作为主要原料加工的抗肿瘤药。

（3）饲料添加剂　　固态发酵法生产乙醇产生的甜菜渣，含粗纤维 20%～30%，粗脂肪0.6% 左右，粗蛋白 7%～10%，无氮浸出物 54%～65%，可以作为一种粗饲料用于喂养牲畜。

思政园地

我国能源植物发展之路在何方？

　　目前，大多数能源植物尚处于野生或半野生状态，世界上许多国家都开始开展野生能源植物的引种、驯化及栽培研究，建立起新的能源基地，如"石油植物园"和"能源农场"等，以满足对能源结构调整和生物质能源供应的需要。我国能源植物的产业链构建主要存在两个问题：一是由于我国确立了"不与人争粮，不与粮争地"的原则，因此国外广泛利用粮食作物来制备生物柴油和乙醇等的工艺并不适合我国的基本国情；二是由于高新技术的匮乏，加工工艺并不十分成熟，导致了原料转化率低的问题，使得原料资源产生了较大的损耗与浪费。尽管在能源植物的开发利用方面还存在一些技术问题，但该领域正处于快速发展阶段，我国对一些非粮能源植物种质的筛选和培育工作也逐步取得了可喜的成绩。今后，大力发展具有自主知识产权的关键技术，打破国外公司垄断的行业壁垒，通过生物技术等手段对能源植物进行改良，提高原料的转化效率，走出一条符合我国基本国情的独特研发道路将是能源植物发展的必然选择。

？ 思考题

1. 按化学成分和使用功效可将我国野生能源植物主要分为哪几类？
2. 列举 3 种野生能源植物的采收和贮藏方法。
3. 简述生物柴油的工艺流程及操作要点。
4. 简述生物乙醇制备的基本原理及工艺流程。
5. 列举生物质压块燃料的两种制备工艺。
6. 简述生物质汽化的过程与原理。
7. 简述生物质汽化发电的流程。
8. 简述生物油燃烧发电的流程。
9. 列举 3 种我国重要野生能源植物资源的利用途径。

第八章

野生工业原料植物资源开发与利用

野生工业原料植物可用于木材、食品、化妆品、栲胶、造纸、染料和保健品等工业领域。随着科学技术的不断进步和研究者对野生工业原料植物开发利用的不断挖掘，工业用途的野生植物种类将持续增加，其应用也会更加广泛。本章主要介绍野生鞣料植物、纤维植物、色素植物、树脂植物、树胶植物和昆虫寄主植物六大类工业原料植物。香料植物和能源植物见本书第六章和第七章。

◆ 第一节　野生鞣料植物

鞣料是我国经济建设的重要工业原料，鞣料植物资源是指植物体内含有丰富鞣质物质的一类植物。鞣质又称植物单宁，我国已发现300余种单宁含量高的植物，如落叶松、橡椀、荆树等。富含鞣质且有利用价值的植物的皮、干、叶、果等称为植物鞣料，用水浸提植物鞣料所得的浸提液叫作植物鞣液。植物鞣液经进一步处理得到的固体块状物或粉状物称为植物鞣剂或栲胶。鞣质能与蛋白质结合形成不溶于水的沉淀，使皮成为致密、柔韧、难以透水且不易腐败的革。

一、植物鞣质的化学组成与功效

从各种植物鞣料中用水或者有机溶剂浸提的鞣质（植物单宁），往往是由几种多元酚衍生物组成的复杂混合物。这些混合物组分复杂，各组分的分子量差别不大，分布均匀。各组分在化学结构上具有异构化作用，结构中含有大量羟基。这些都有利于单宁分子在溶液中相互缔合。植物单宁是那些分子量在500～3000的植物多酚。分子太大，难以渗透到裸皮纤维中，不能产生鞣革作用；分子太小，不能在胶原肽链间发生多点结合，也没有鞣性。单宁按其化学结构特征可分为水解类单宁和凝缩类单宁。

1. 水解类单宁　水解类单宁又称可水解单宁，分子内具有酯键，通常以一个碳水化合物（或与多元醇有关的物质）为核心，通过酯键与多元酚酸连接而成。水解类单宁能被酸、碱或酶水解而产生多元酚羧酸。根据水解产物的不同，又可分为倍单宁和鞣花单宁两类。前者水解后产生倍酸（或没食子酸），后者水解后产生鞣花酸。例如，中国五倍子含倍单宁（或没食子单宁），橡椀中含鞣花单宁。水解单宁具有多种生物学作用，如有效降低糖尿病患者的血糖水平，可以作为治疗糖尿病及其并发症的药物成分。

2. 凝缩类单宁　凝缩类单宁又称缩合单宁或不可水解单宁。凝缩类单宁所有的芳香环都是以碳链相连。在水溶液中不为酸或酶水解。在强酸作用下缩合成不溶于水的红色沉淀，俗称红粉。多数凝缩类单宁由黄酮体化合物聚缩而成，如坚木单宁、荆树皮单宁、落叶松单宁等。极少数凝缩类单宁是由羟基芪类化合物聚缩而成，如云杉单宁。

利用单宁的各种特性反应，可以大体上识别单宁的类别。单宁最基本的定性反应是加明胶溶液时立即浑浊。根据颜色和沉淀反应来鉴别单宁类别是常用的定性方法。几种单宁的颜色和沉淀反应见表 8-1。

表 8-1　几种单宁的鉴别反应

鉴别反应	凝缩类单宁			水解类单宁	
	荆树皮	坚木	落叶松	栗木	橡椀
颜色反应					
铁盐反应	深绿→灰蓝	绿	墨绿	蓝	蓝
亚硝酸反应	–	–	–	淡红→深红	红→深红
浓硫酸反应	红	红	红	褐	褐
荧光反应	黄	黄	黄	–	–
沉淀反应					
甲醛、盐酸	沉淀	沉淀	沉淀	–	浑浊
溴水反应	沉淀	沉淀	沉淀	–	–
乙酸铅、乙酸	+	–	+	++	++
硫化铵反应	–	–	+	+	+

注："–"表示不发生反应；"+"表示一般反应；"++"表示强反应

用水解类单宁鞣制的皮革一般颜色淡亮，沉淀物很少，但皮革较死板；用凝缩类单宁鞣制的皮革颜色深红，沉淀多，皮革较丰满。用水浸提植物鞣料时，与单宁同时被浸提出来的非单宁物质主要是其他酚类物质、糖、有机酸、植物蛋白，以及某些含氮物、无机盐、色素等。

二、野生鞣料植物的采收与贮藏

（一）采收

鞣料植物采收时应注意采收富含单宁的部位和选择适宜的采收季节。栎树壳斗的单宁含量是树叶的 3 倍，落叶松外层树皮的单宁含量是内层树皮的 2.8 倍。秋季采集的原料往往比春季采集的单宁含量高。同时，也要考虑树龄对单宁含量的影响。例如，据测定，5～10 年树龄的栓皮栎，壳斗单宁含量为 18.3%，纯度为 58.7%，而 15 年树龄的栓皮栎，壳斗单宁含量为 27.3%，纯度为 62.6%。因此，在采收原料时应考虑这些因素。鞣料植物种类较多，采集时间、采集方式各不相同。

1. 根皮或树皮的采集　根皮或树皮四季均可采收，以秋冬采集时单宁含量较高，也易于采集，应结合伐木进行。例如，采集余甘树皮最好在 5～6 月，立木人工剥皮时，树干留 1～3cm 的树皮营养带，首先上下直切，然后分段横切（约 20cm），再将树皮撬开剥下，这样 1 年后可长出再生树皮，以保护资源。不能用刀斧敲击树皮，否则会损伤木质部。剥下的树皮应尽快送到工厂加工，可提高栲胶质量和产量。如不能及时送到工厂加工，应及时晾干，防止日晒雨淋降低树皮中栲胶的质量。毛杨梅树皮常在初夏树液流动时人工剥皮，其尺寸约 20cm。木麻黄和黑荆树的树皮是在秋季采伐后进行人工剥皮，先按 2m 锯断，剥下皮后再锯成 1m。落叶松树皮是在采伐、运到贮木场后人工剥皮，其尺寸小于 1m。

2. 果壳的采集　果壳类一般应在果实成熟后立即采收，若果实落地应随时收捡。各类原料因表面有突起或者毛刺，尽量避免杂质掺入，以免影响品质。若该种鞣料植物的果实无食用价值，从树上采摘青 / 黄色原料最为理想，此时单宁含量最高，随着颜色变深其含量反而降低。例如，栓皮栎和麻栎的果实分别于 8~9 月和 9~10 月成熟，可从 8 月中旬至 10 月下旬进行采摘；采摘橡椀时以成熟的青黄色橡椀为主，已变褐色的不宜采用，采摘当天需进行杀青，杀青后及时剥去橡籽进行晒干和晾干，防止发霉。

3. 树叶及草本植物的采集　树叶及草本植物一般在夏末秋初植株生长旺盛、鞣质含量最高的时期采收为佳。

（二）贮藏

新鲜鞣料植物含抽出物多，颜色浅，可生产出质量好、产量高的栲胶，所以应尽量使用新鲜原料，避免使用陈料。但是由于鞣料植物具有季节性，如橡椀每年只在秋季成熟、采收一次，其产量还受大小年的影响；各种树皮只有在树液流动期才易剥得，所以生产中常年使用新鲜原料是不现实的，部分地区使用陈料也不可避免。为了保证正常生产需要，一般在原料收购期使用新料，且至少要贮藏半年生产需要的原料。

1. 鞣料植物贮藏的质量变化

（1）抽出物减少　库存的落叶松树皮、橡椀和余甘树皮与新鲜的相比较，原料抽出物下降 3%~4%。这是非单宁中糖类发酵分解，以及单宁水解或缩合的结果。

（2）颜色变深　余甘树皮、橡椀贮藏后颜色分别从淡棕色、灰白色变成灰褐色、红棕色，余甘栲胶总色值增加 11，青橡椀为 1，新橡椀为 1.6，陈橡椀为 4.3。鞣料植物在贮藏过程中受氧、阳光及酶的作用，使单宁的酚羟基氧化成醌基，其颜色变深，并随温度、pH 提高而增加。因此，原料贮藏应避免日晒、高温和发酵。

（3）红粉值增大　在水中加 5%（占原料重）的亚硫酸钠浸提原料所得的单宁量与清水浸提所得的单宁量之比，称红粉值。它是树木生长和贮藏过程中缩合单宁杂环异构化的产物。例如，落叶松树皮上干全皮的红粉值为 1.43，下干全皮 1.66；云杉树皮的普通皮红粉值为 1.46，老皮 1.73，发霉老皮 1.90，露天久存的碎树皮 3.50。

（4）发霉　鞣料植物因水分大、被雨淋湿和堆放不通风等状况，有利于微生物繁殖而引起发霉，导致抽出物和单宁量大大下降，颜色变深，甚至发黑而成废料。

2. 鞣料植物贮藏的要求

（1）贮藏中应尽量使鞣料植物质量少降低　入库鞣料植物应气干，贮藏中注意防雨、防潮和防水浸。贮藏湿树皮时，堆垛不能过大过高，应有良好的通风散热条件，否则鞣料植物发酵产生的热量不易散出，导致鞣料植物发热变质，甚至引起自燃，酿成火灾；要加强管理，经常检查原料中心点的温度；应按质量不同分区存放，按入库时间合理安排出库时间，防止在未用完的陈料上又堆放新料，使中下层陈料积压变质。

（2）贮藏足够数量以保证生产需要　贮量太少时不能满足生产需要，太多时贮藏期过长，抽出物损失大，原料单耗增加，过夏发霉，质量降低，也造成资金积压。

（3）注意防火　鞣料植物贮藏仓库与生产厂区、居民区之间应有防火隔离地带，并有消防通道和防雷设施。

3. 鞣料植物贮藏的方式

（1）简易仓库贮藏　这种仓库为砖木结构，高 4～5m，四周有砖墙，墙上设有通风窗，有较宽的门，便于原料出入库。仓库地平面较高，可铺水泥地面供车辆行驶及防潮湿。广泛适用于贮藏散装或麻袋包装的干燥鞣料植物。这种仓库造价不高，鞣料植物堆积较高，仓库面积利用比较经济，但机械化程度不高，鞣料植物入库的劳动强度大。

（2）简单棚贮藏　简易棚为砖木结构，有顶无墙，但一侧或数侧有透风板墙，另一侧无墙，透风良好。建于地势较高不积水的场地，铺设地板，地板与地面有 20～60cm 的空间，每隔 4～6m 设一空心通风柱，进行库底和堆中心的通风散热。

（3）露天堆垛贮藏　选择地势较高、排水良好的场地堆垛，垛底垫以煤渣或用木楞架空，四周挖排水沟。一般垛长 30～50m，宽 10～20m，高 10～12m。垛顶呈 60°的屋脊形，便于排水，盖上帆布以防雨。料垛之间距离 4m 以上，每 2 行垛之间应有 8～10m 的通道，以利运输。一般适用于仓库不够用时的临时贮存。

三、栲胶的加工

栲胶是由富含单宁的鞣料植物原料经水浸提和浓缩等步骤加工制得的产品。通常为棕黄色至棕褐色，粉状或块状。其组成除主要成分单宁外，还有非单宁和不溶物。原料不同，其组成也不同。一般在栲胶产品名前冠以原料名，如落叶松树皮栲胶、橡椀栲胶等。

（一）工艺流程

原料选择→粉碎→浸提→过滤→蒸发→亚硫酸盐处理→干燥→包装

（二）操作要点

1. 原料选择　栲胶的质量首先取决于原料。进厂原料应质量良好、无发霉变质。可靠的原料供应是栲胶生产的首要条件。工厂厂址应靠近原料产地，以便就近获取质优价廉的原料。靠近原料基地的栲胶厂，可以常年均衡地得到新鲜原料。原料随采、随运、随生产，所生产的栲胶色浅、易溶，质量最好。长期贮藏的原料必须是气干的。潮湿的原料在贮藏时易发霉变质造成栲胶质量的降低和成本的提高。

2. 粉碎　在浸提之前，原料需经过粉碎达到一定的粒度，以适合浸提的需要。原料的粉碎方式视原料的性状而异：成捆入厂的条状树皮适于用树皮切断机切碎，切断长度为 10～25mm，切断长度可以通过切断机刀轮转速的变更进行选择；块状的不规则树皮适用于锤式粉碎机粉碎，粉碎粒度为 5～15mm。

粉碎后的物料应有比较均匀的粒度，大颗粒料和粉末应较少，因为大颗粒料在浸提时难以浸提完全，而粉末在浸提时易于黏结成团，使流体阻力增加、堵塞过滤器和增加栲胶中的不溶物。从切断机得到的物料常含有大颗粒料。从锤式粉碎机得到的物料，总是含有大颗粒料及粉末，特别是干燥物料含的粉末较多。为了改进物料的粒度，除了应该经常保持粉碎设备有良好的工作状态外，还可以采用筛选和二次粉碎的方法来改进。例如，采用切断机—粉碎机、切断机—筛选机—粉碎机或粉碎机—筛选机—粉碎机等组合方式。筛选机将不符合要求的大颗粒料、粉末与合格料分开。大颗粒料经过第二次粉碎后，与合格料合并用于浸提，含泥沙杂质较多的粉末则废弃不用。这样就使原料的质量和粒度都得到了改进。

粉碎后的物料以风力输送或用皮带输送机、斗式提升机运送到浸提罐上部的加料斗内。夹杂在原料中的杂铁会损伤粉碎设备，降低栲胶质量。一般将电磁铁安装在皮带输送机上部或粉碎机入口处，可以吸去原料中的杂铁。干燥的原料在输送、粉碎、筛选过程中易产生较多的灰尘，影响人体健康及环境卫生。因此，粉碎工段必须具有良好的防尘吸尘设施。

3. 浸提　　粉碎后的原料以热水浸提，溶出所含的抽出物。一般采用浸提罐组或连续浸提器，以逆流的方式进行。浸提工艺流程如图8-1所示。粉碎后的原料从加料斗（1）放入浸提罐组（2）后，按照逆流原理进行浸提。浸提水从浸提上水贮槽（3）经上水泵（4）送到上水预热器（5），加热到一定温度后，进入浸提罐组的尾罐，并逐罐前进进行浸提，最后在首罐内浸提新的原料成为浸提液而从罐组排出，经浸提液过滤器（6）过滤后进入浸提液贮槽供蒸发用。废渣由尾罐排出，经运输设备送给压榨机压榨脱水。

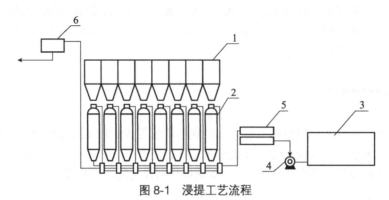

图 8-1　浸提工艺流程

1.加料斗；2.浸提罐组；3.浸提上水贮槽；4.上水泵；5.上水预热器；6.浸提液过滤器

栲胶原料的浸提过程包含三个步骤：①溶剂（水）渗透到原料颗粒内部含有溶质的细胞组织内，溶解其中的溶质，在细胞组织内形成胞内溶液；②胞内溶液扩散到原料颗粒的表面；③溶质从与原料颗粒表面接触的浸提液中向浸提液的主体中扩散，当原料内外的溶液浓度相等时，扩散作用停止，这时需放出浸提液，再换入低浓度的溶液或清水继续浸提，使扩散作用重新进行，直到建立新的平衡为止。在逆流浸提中，溶剂与原料沿着相反的方向做相对移动，可以始终保持较大的浓度差。

在保证浸提液质量的前提下，为得到高的产量、抽出率和浸提液浓度，浸提应避免单宁的破坏和颜色的加深。为了有效地利用原料，单宁的抽出率应不低于90%。浸提液应有较高的浓度，以减少蒸发负荷和蒸汽消耗，达到优质、高产、低消耗的目的。影响浸提的因素很多，主要如下。

（1）原料粒度　　原料的粒度小，则溶质在原料内扩散距离短，扩散表面积大，被打开的原料细胞壁部分增加，使浸提速率加快。理论上粉末的浸提最快，但粉末的透水性差。在罐组浸提中，粉末易阻碍转液、堵塞管路、造成排渣困难。最适于浸提的原料粒度是3～5mm。粉碎程度对于难浸提的原料影响极大，但是对于易浸提的树皮，可以放大到10～15mm。原料颗粒过大，浸提时不仅扩散速率减慢，而且抽出率降低。不同粒度的物料一起浸提时，大粒料还未浸提完全而小粒料已得到超时间的浸提，使浸提设备的生产能力得不到充分发挥。因此，原料的粒度应尽量均匀一致。

（2）浸提温度　　提高浸提温度，不仅能提高扩散速率，而且能降低溶剂黏度。密闭加压式金属浸提罐优于常压式浸提罐的特点之一就是能够在压力下以高于100℃的温度浸提，使扩散速率大为加快，但是过高的温度会使单宁受到破坏。允许的最高温度取决于单宁热敏性及受热时间的长短。通常凝缩类单宁允许在较高温度下（约120℃）进行短时间浸提，可以提高浸提效率而又不降低溶液的质量。

（3）浸提次数　　　原料的浸提次数取决于罐组罐数和罐组运行的方式，罐组罐数一般为5～10罐，常用6～8罐，8罐组的正常浸提次数为15次。罐数和浸提次数增加，则流过原料的溶液总量增加，使原料受到充分浸提。罐数和浸提次数过少则浸提不完全。增加溶液量或浸提时间可以在一定程度上弥补浸提次数的不足，但会造成浓度或生产能力的降低。反之，罐数过多时抽出率并不成比例增加，反而使周期延长、流体阻力加大、设备生产率降低。

（4）物料流动、搅拌　　　浸提时溶液在原料表面上的流动能够加快扩散。原料在螺旋移动床连续浸提器受到的搅拌有利于加速扩散、增加固液接触面积、消除粉末结块和不透水现象。

（5）亚硫酸盐添加　　　浸提时添加亚硫酸盐，对于含有水不溶性单宁的原料，能够将水不溶性单宁转化为可溶的单宁，使单宁的获得率提高。

此外，浸提用水水质对单宁的产量和质量也都有影响。硬水中的钙／镁离子与单宁结合，使单宁损失，溶液颜色加深，产品灰分增加，且易在蒸发罐内结垢。

可见，浸提过程是在影响浸提各因素的共同作用下进行的，各因素的影响大小不同，又相互制约。一般说来，温度的影响最大。对于凝缩类单宁的浸提，生产上倾向于采用高温短时间浸提，即适当地减小原料粒度，采用较高的温度和较短的时间，在较少的浸提次数和较低的出液系数下，综合实现高质量、高浓度、高抽出率和高产量的要求。

4. 蒸发　　　浸提液含可溶物一般在10%以下，须通过蒸发提高浓度成为浓胶，然后经过干燥制成固体栲胶。由于蒸发设备蒸发水分的能力比干燥水分大得多，费用也低得多，因此应尽可能地提高浓胶的浓度，将大部分水分在蒸发工序中去掉。

蒸发工序在栲胶生产各环节中消耗蒸汽和水最多。因此，减少汽、水消耗是蒸发生产工艺的重要内容。多效蒸发可以节约汽和水，通常采用的效数是2～4效。效数的增加受到有效温度差及溶液黏度的限制。

在栲胶生产中，所使用的蒸发器有外加热式、液膜式（升膜和降膜）和刮板式3种。真空蒸发，是将最后一效蒸发器的二次蒸汽引到真空冷凝系统，使尾效内产生负压，并且使前面各效的压力也相应地降低。负压使溶液的沸点降低，减少单宁在受热下可能遭受的破坏，同时也增大了加热蒸汽与溶液间的温度差，使蒸发强度提高。目前，较为先进的是四效降膜真空蒸发器，其优点是蒸汽消耗低、蒸发强度高，缺点是操作时较难控制、造价高。但由于四效降膜真空蒸发器造价高、前期投入大，所以部分企业仍使用三效降膜蒸发。在四效降膜式蒸发器内，料液由顶部经液体分布装置均匀地进入加热管内。在重力作用下，料液沿管内壁呈膜状下降而得到蒸发，增浓了的溶液从管的下端进入汽液分离器，由溶液泵送入下一效蒸发器。降膜式蒸发器没有静压压强效应减去的温度差损失，能够在较小的温度差下工作，因此能够增加蒸发罐的效数，减少效数增加引起的效率降低（资源8-1）。

节约蒸汽的另一个途径是采用热泵（即蒸汽喷射器）对第一效出来的二次蒸汽进行压缩，提高其温度和压力，然后重新作为第一效的加热蒸汽之用，以节约新鲜蒸汽。

8-1

蒸发罐组的负压是在冷凝器与真空泵的共同工作下产生的。冷凝器将二次蒸汽凝结，真空泵则将不凝结气体排入大气。不凝结气体产生于设备、管路连接部位的渗漏气体和液体中的溶解气体。冷凝器真空度为80～88kPa时，末效沸腾温度为55～65℃。

5. 亚硫酸盐处理　　　经蒸发所得的浓胶，在干燥前常需经过亚硫酸盐处理，亚硫酸盐处理的作用如下：①给缩合单宁分子引入亲水的磺酸基团，增加水溶性，减少沉淀物和不溶物；②防止缩合单宁氧化，淡化浓胶颜色；③降低浓胶黏度，有利于喷雾干燥。变更亚硫酸盐处理的条件可以生产不同类型的栲胶，如生产普通的、冷溶的、半冷溶的、脱色的栲胶等。

常用的亚硫酸盐是亚硫酸氢钠（NaHSO$_3$）及焦亚硫酸钠（Na$_2$S$_2$O$_5$）。亚硫酸氢钠和焦亚硫酸钠的还原性可以保护单宁，防止氧化。单宁在碱性条件下或在有氧化酶的条件下很快氧化，加入少量的亚硫酸盐后，由于亚硫酸盐的氧化势高于单宁，因而单宁的氧化停止。

亚硫酸盐用量应根据产品品种而异。例如，黑荆树皮单宁的水溶性很好，不经处理也能使用，或者只需轻度处理；坚木单宁的水溶性较差，亚硫酸氢钠用量占干栲胶重的7.5%左右；杨梅、油柑树皮单宁的亚硫酸盐用量为栲胶干重的5%～7%。

亚硫酸盐除了与单宁分子反应外，还可能与非单宁反应。反应产物中还含有未结合的亚硫酸盐及其转化产物，如硫酸盐、硫代物、二氧化硫等。亚硫酸盐处理能造成纯度的降低、灰分的提高和结合皮质能力的降低，因此其用量必须适当。

亚硫酸盐处理一般在带有加热和搅拌的容器内进行，处理时间1～6h。原菲瑟定、原刺槐定类单宁需要处理的时间较长，处理温度80～102℃。在亚硫酸盐处理中加入甲酸可以调节pH、淡化颜色。加入少量的硫酸铝能与单宁形成浅色的络合物，也有淡化颜色的作用。

6. 干燥　　浓胶的浓度一般为35%～55%，可以直接用于鞣革。但液状产品不易运输贮存，需经干燥制成粉状或块状栲胶。粉胶质量好，使用方便，特别适于干法速鞣。世界栲胶生产中粉胶的比例不断上升。中国生产的栲胶大部分是喷雾干燥的粉胶。喷雾干燥的干燥时间短，物料温度低，生产连续化，劳动生产率高，是栲胶干燥最重要的方法，其缺点是能量消耗大，造价较高。

喷雾干燥用雾化器将溶液喷成雾滴，悬浮在热气流中，使雾滴中的水分迅速蒸发，成为干燥的粉末，其工艺流程示意图如图8-2所示。浓胶由浓胶贮槽（1）经泵（2）送入高位贮液槽（3），经定位槽（4），以蒸汽预热后进入离心喷雾器（5），被喷成雾滴。空气经过滤器（7）、送风机（8）进入空气加热器（9），经间接蒸汽加热后通过干燥塔（6）顶部的空气分布器进入塔内，与浓胶雾粒接触，使雾滴水分迅速蒸发。雾滴被干燥成粉胶，由塔底的回转耙汇集到出口，排入螺旋输送机（14），送入包装袋。随废气带走的少量粉胶进入旋风分离器（10）被分离下来，落到下部料斗（12），经星形排料器（13）进入螺旋输送机（14），与塔底部的粉末一起包装。废气由抽风机（11）排入大气。

喷雾干燥的工艺要求是产品的含水率及质量应该符合质量标准的要求，且质量保持稳定。需要严格控制浓胶的浓度、温度、进风温度及排气温度，使之保持在许可的波动范围内，避免湿塔或产生大量的块胶。

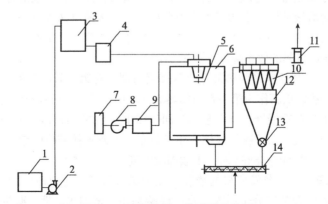

图 8-2　喷雾干燥工艺流程示意图

1.浓胶贮槽；2.泵；3.高位贮液槽；4.定位槽；5.离心喷雾器；6.干燥塔；7.过滤器；8.送风机；
9.空气加热器；10.旋风分离器；11.抽风机；12.料斗；13.星形排料器；14.螺旋输送机

（三）产品质量评价

栲胶的质量对其使用效果影响很大，皮革的质量在很大程度上取决于栲胶质量。随着皮革工业中各种速鞣法的发展，其鞣期大大缩短，对栲胶的质量有了更多的要求，特别要使用易溶解、渗透快的粉状或粒状栲胶。此外，为适应不同皮革或不同鞣制阶段的需要，已由从一种原料制成的单一品种的栲胶发展为多个品种，如冷溶、半冷溶、脱色等不同品种。评价栲胶的质量应参考相应树种拷胶标准中的规定要求。如《橡椀栲胶》（LY/T 1091—2010）、《马占相思栲胶》（LY/T 1932—2010）和《毛杨梅栲胶》（LY/T 1084—2010）等，主要包括感官要求和理化指标等方面。

1. 感官要求　栲胶颜色对成革外观质量影响很大，出口产品要求皮革色泽浅淡，然而我国多数栲胶颜色太深，为影响质量的主要问题之一。相关标准中对不同类型栲胶外观颜色要求不同，如橡椀栲胶外观颜色要求为浅棕色至棕黄色、毛杨梅栲胶为浅棕黄色、马占相思栲胶颜色则要求为浅黄色等。

2. 理化指标

（1）单宁含量　单宁是栲胶中的重要成分，应该达到规定含量，但不等于含量高质量就好。例如，新橡椀和陈橡椀制成的栲胶，前者单宁含量比后者低 5%～8%，但前者质量优于后者。非单宁有助于单宁的胶溶，对渗透有良好作用。单宁与非单宁之比要合适，才有利于鞣制时的渗透和结合，如橡椀栲胶单宁和非单宁之比最好是 2.8，如果大于 3.0 就会影响鞣制效果和成革质量。

（2）水分含量　粉胶水分过高容易结块，水分含量应<12%；块胶水分过高容易长霉，水分含量应<18%。

（3）不溶物与沉淀物含量　不溶物与沉淀物的含量规定在一定范围以下，以免鞣革妨碍单宁的渗透，甚至大量沉淀物沉积在裸皮表面，形成死鞣或夹生情况。例如，热溶橡椀栲胶不溶物和沉淀物的含量要求分别为≤4.0%和≤8.0%；冷溶橡椀栲胶不溶物和沉淀物的含量要求分别为≤3.5%和≤5.0%。

（4）pH　栲胶溶液的pH直接影响鞣制效果。开始鞣制时，pH宜高（4.5～4.8），以利于渗透，但太高会使裸皮变软，颜色加深。结束鞣制前，pH宜低，以提高单宁与胶原的结合量，使成革坚实，但过低易使裸皮过度膨胀，成革容易断裂。

3. 其他方面　上述指标仍不能完全反映栲胶的质量优劣，必须考虑鞣制性能方面，主要包括栲胶的溶解性、聚集稳定性、渗透与结合性等。近年来国产栲胶的质量明显改进，主要是溶解性和渗透性的提高、沉淀物的减少和颜色的淡化，但主要品种的栲胶仍存在渗透较慢、结合较弱、颜色较深等缺陷。就目前而言，对栲胶质量具有决定性影响的仍是原料的品种，以及所含单宁的固有理化性质。

四、我国重要野生鞣料植物资源的利用途径

天然栲胶制品不易变形、富有弹性，透气和吸湿性能优良。近年采用快速鞣革工艺，为栲胶用于鞣革提供了新的有利条件，植物鞣料将有更大的发展。鞣料除主要用作制革工业鞣皮剂外，还常被广泛用作锅炉除垢剂、泥浆减水剂、选矿抑制剂、胶黏剂、污水处理剂和电池电极添加剂，以及用于气体脱硫、医药制品、食品保鲜等多种用途。近年来发展了以鞣料为原料制成工程防渗加固灌浆材料，新型、特型铸造辅料等新用途。黑荆树和栓皮栎为重要的鞣料植物，

其主要利用途径如下。

（一）黑荆树

黑荆树是主要的栲胶树种，也是珍贵的鞣料树种之一，主要利用部位为树皮、豆荚和根。树皮含单宁36%～48%，纯度77%～85%；豆荚含单宁21.6%，纯度61.5%；根含单宁12.7%，纯度75.2%。黑荆树树皮单宁含量高，制成的栲胶颜色浅、渗透快、成革质量好，是世界上的优质鞣料之一。黑荆树中的单宁属凝缩类单宁，树皮栲胶含有较多的羟基，且分子量大小适宜，因而较其他凝缩单宁有更广泛的用途。

1. 工业领域　黑荆树树皮栲胶具质量稳定、品质好、色泽浅、溶解度高、渗透快、沉淀少、缓冲性和鞣革性能好等特点，主要用于鞣革，约占总量的80%。既可单独用于鞣革，也可与其他栲胶混合使用，既可以鞣制各种重革，也是轻革复鞣填充最理想的栲胶。所鞣出的革丰满、弹性好、质地柔软、粒面光滑、颜色美观。黑荆树栲胶可以代替苯酚制造冷固性胶合剂、热固性胶合剂、橡胶-织品胶合剂、石棉胶合剂、球状活性炭胶合剂和金属的黏结剂等，经过改性还可以作为水处理剂。

黑荆树种子含油率约9%，其制取的油黏度低，可供工业用。此外，种子含有6%的环氧酸，可做塑料配方中的稳定剂和制造其他长链化合物。

2. 其他领域　黑荆树皮、叶中含有低聚原花色素。低聚原花色素由儿茶素（即原花青定）、棓儿茶素（即原翠雀定）等聚合而成，是一种多酚类聚合物，具有较强的抗氧化、清除自由基、保护心脑血管和抑制肿瘤等生物活性，对白血病细胞、肝癌细胞、胃癌细胞和人乳腺癌细胞等均具有明显的抑制作用，可用以开发药品及保健食品。

黑荆树种子油可以食用。花期长，是很好的蜜源植物。树干、树枝是培育食用菌的理想原料。其根系发达，根瘤菌多，具有固氮作用，有改良土壤和保持水土的作用。枝叶茂密，树叶革质，叶中富含N、P、K，落叶后易腐解，是良好的绿肥。据分析，1公顷黑荆树林地平均每年可增加氮225kg，比紫苜蓿及其他豆科植物还要多。

（二）栓皮栎

栓皮栎作为重要的鞣料植物，其包被果实的壳斗（即橡椀）单宁含量很高（19.18%～25.12%），是重要的栲胶原料。栓皮栎叶、树皮和树枝的单宁含量分别为6.04%～9.06%、7.21%～9.12%和5.12%～7.86%。栓皮栎叶和枝条具有便于大量采收的优点，可以重复利用。除橡椀外，其他部位也可以作为栲胶及单宁生产的原料。橡椀栲胶是我国栲胶的主要类型，应用范围从鞣皮制革领域逐渐扩大到医药、食品、石油化工、塑料制品等领域，具有巨大的开发潜力和经济价值。

1. 工业领域

（1）**栲胶**　栓皮栎种实外的壳斗是浸提栲胶的重要原料。种仁浸泡液含有单宁，经过浓缩才能得到栲胶及黑色染料。每50kg种子经过加工后可以得到12.5kg栲胶。种仁浸泡液所含单宁属于水解单宁，具有鞣革性能好、所得栲胶质量高等优点。栓皮栎栲胶用途非常广泛，如作为石油工业中的钻井液降黏剂、降滤失剂、堵水剂，制革生产的鞣剂，锅炉、热交换器及汽车水箱的除垢剂，废水处理的絮凝剂及净化气体用的脱硫剂等。

（2）**软木**　栓皮栎的树皮别名为栓皮，是我国软木工业中的重要原料。栓皮栎软木是冷藏、保温材料必不可少的一部分。以栓皮栎软木做地板，或再加工而制成的软木块、软木砖、软木片可以用来做建筑材料，具有防热、防潮、隔音等多种作用，且美观大方、别具一格，已成为高端场所装修的理想选择。

此外，栓皮本身具有不与化学药品起反应、不透水、不透气等特性，可以应用于航海领域，以及为军用火药仓库和电影院等提供隔音材料，还可以用混入栓皮粉的油漆来粉刷锅炉及仓库，起到防湿保温的作用。

2. 其他领域

（1）食品　　栓皮栎种仁含有 50.4%～63.5% 的淀粉，因此栓皮栎被称作"木本粮食"。这种淀粉中的维生素 B 含量比大米高十倍以上。利用橡子淀粉可生产出多种橡子食品，如橡子粉丝、橡子挂面、橡子凉粉等，具有多种保健功能成分。以栓皮栎种仁淀粉作为酿酒原料，出酒率大约 44%。另外，橡子淀粉的糖化率高达 37% 以上，是制作葡萄糖原料的上品。

（2）医药　　栓皮栎种实具有健胃、收敛、止血痢的功能，可以治疗痔疮和痈肿，还可以用来止咳和涩肠。栓皮栎果壳可以治疗咳嗽及头癣等。栓皮栎叶中含有的氯仿萃有明显的抗炎活性的作用。栓皮栎糖浆是一种高效、低毒的中草药，对食管癌前期病变有阻断作用，能增强巨噬细胞的吞噬功能，提高和增强血清溶菌酶的成分，增强机体的免疫功能等，可以延长肿瘤患者生存期、减轻症状。

（3）饲料　　栓皮栎种实经过加工去除单宁后，再经过深加工可以获得动物饲料。种实用作饲料时，每 100kg 大约相当于 80kg 玉米的营养价值，用种实替代玉米喂猪不仅节约饲料成本，而且可以有效缓解粮食资源的紧张。

◆ 第二节　野生纤维植物

植物纤维是普遍存在于植物体内的一种机械组织，它的存在可使植物体具有韧性和弹性。纤维植物资源是指体内含有大量纤维组织的一群植物，可应用于纺织、造纸、食品、生物材料、能源化工等领域，对缓解能源紧张和环境恶化，促进社会经济的可持续发展具有十分重要的意义。

一、植物纤维的化学组成与功效

植物纤维的主要化学成分为纤维素、半纤维素和木质素。这三种成分构成植物体的支持骨架。其中，纤维素组成微细纤维，构成纤维细胞壁的网状骨架，半纤维素和木质素则是填充在纤维之间和微细纤维之间的"黏合剂"和"填充剂"（资源 8-2）。在一般的植物纤维原料中，这三种成分的质量占总质量的 80%～95%（棉花的纤维素含量高达 95%～97%），故称为植物纤维的主要化学成分。除此之外，植物纤维原料中通常还含有少量的抽出物和灰分等物质。

8-2

（一）纤维素

纤维素是植物纤维原料最主要的化学成分，也是纸浆和纸张最主要、最基本的化学成分。植物纤维的纤维素含量高低，是评价植物纤维制浆造纸价值的基本依据。

纤维素是由 β-D-葡糖基通过 1, 4-糖苷键连接而成的线状高分子化合物。纤维素分子中的 β-D-葡糖基含量即为纤维素分子的聚合度（DP）。天然存在的纤维素分子的聚合度高于 1000，如苎麻纤维聚合度约为 2220。经过蒸煮及漂白，纸浆纤维的聚合度会受到不同程度的降解。因此，在一般情况下，纤维素是生产过程中必须尽量保护的，以免造成纸浆得率、强度下降，生产成本提高。除了传统的造纸、纺织、功能材料的应用外，纤维素还可通过水解反应或生物转化将大分子转变为葡萄糖，制取乙醇或其他产品。

（二）半纤维素

半纤维素是由多种糖基、糖醛酸基所组成且分子中常有支链的复合聚糖的总称。常见的有木糖基、葡糖基、甘露糖基、半乳糖基、阿拉伯糖基、鼠李糖基等，其分子中还含有糖醛酸基（如半乳糖醛酸基、葡糖醛酸基等）和乙酰基，常有数量不等的支链。

不同植物纤维原料的半纤维素含量及组成不同。针叶树材、阔叶树材、禾本科三类代表性原料中均含有较多的半纤维素，且其化学组分不同。这些特点将对制浆造纸过程、产品质量及综合利用带来不同的影响。

半纤维素是无定形物质，是填充在纤维之间和微细纤维之间的"黏合剂"和"填充剂"，其聚合度较低（小于200，多数为80～120），易吸水溶胀。半纤维素的存在对纸浆（及纸张）的性质及纤维素样品的加工性能带来不同程度的影响。对于一般造纸用浆来说，保留一定量的半纤维素有利于节省打浆动力消耗，提高纸页的结合强度。在生产人造纤维及其他纤维素衍生物时，半纤维素则应尽量除去（戊糖含量低于5%），以免对生产工艺过程及产品质量带来不良影响。

（三）木质素

木质素是由苯基丙烷结构单元（即 C_6—C_3 单元）通过醚键、碳-碳键连接而成的芳香族高分子化合物。不同原料的木质素含量及组成不同。针叶树材原料的木质素含量最高，一般可达30%左右（绝干原料质量），禾本科原料的木质素含量较低，一般为20%或更低，阔叶树材原料的木质素含量一般介于针叶树材和禾本科之间。

植物纤维原料中，木质素也是填充在胞间层及微细纤维之间的"黏合剂"和"填充剂"，是植物纤维原料及纸浆颜色的主要来源；植物纤维原料及纸浆中的木质素含量是制定蒸煮及漂白工艺条件的重要依据。针叶树材原料的木质素含量高，难蒸煮、漂白，禾本科原料的木质素含量低，较易蒸煮、漂白，阔叶树材原料则介于上述两种原料之间。

木质素含量高低及性质不同，纸浆白度及白度稳定性也将不同。故生产中，应依纸浆质量对白度及白度稳定性的不同要求，将木质素进行不同程度的去除。对纤维素衍生物及高白度、高白度稳定性纸张的生产用浆，蒸煮、漂白时必须尽量除去木质素；对新闻纸等对白度、白度稳定性要求不高的生产用浆，漂白时可采用 H_2O_2、$Na_2S_2O_4$ 等进行；对于水泥袋纸及瓦楞纸等用浆，一般对白度没有特别要求，在符合产品质量要求的条件下，可尽量保留木质素，以提高纸浆得率，降低生产成本。

（四）其他成分

除上述三种主要成分之外，植物纤维原料中还含有少量的抽出物和灰分等物质，且这些少量成分的含量及组成也因植物纤维原料种类、部位及产地的不同而异。尽管这些物质的含量较少，但往往会对制浆、漂白等生产过程及产品质量造成不良的影响。

1. 抽出物 植物纤维原料的抽出物，一般包括部分无机盐、糖类、植物碱、单宁、色素、黏液、淀粉、果胶质、脂肪、脂肪酸、树脂、树脂酸、萜、酚类物质、甾醇、蜡和香精油等。这些抽出物的溶出程度因溶剂不同而异。水抽出物包括原料中的部分无机盐类、糖、植物碱、单宁、色素及多糖类物质，如树胶、黏液、淀粉、果胶质等成分。稀碱除能溶出原料中能被水溶出的物质外，还可溶出部分木质素、聚戊糖、树脂酸、糖醛酸等。乙醚能溶解原料中的脂肪、脂肪酸、树脂、植物甾醇、蜡及不挥发的碳氢化合物。苯溶解树脂、蜡、脂肪及香精油的能力很强，但苯不溶于水，对含水试样渗透性较差；乙醇对脂肪、蜡的溶解能力较小，但能与水相混溶，能溶解单宁、色素、部分碳水化合物和微量木质素等，故通常以苯-醇混合液为溶剂进行抽提。

2. 灰分 植物纤维原料中，除碳、氢、氧等基本元素外，还有许多种其他元素，如氮、硫、磷、钙、镁、铁、钾、钠、铜、锌等。这些元素一般以离子形式存在，是植物的根从土壤或水中吸收的。植物纤维原料的灰分含量及灰分中各种元素的比例，随原料的品种、植物器官的种类及植株的年龄等的不同而异；此外，植物生长环境中的元素对植物的灰分含量及组成也会有影响。

二、野生纤维植物的采收与贮藏

（一）采收

纤维植物的采收主要集中在 8～11 月，大部分采取割取茎秆、枝条后剥皮的方式。可以趁鲜剥皮，也可以用剥皮机干剥，有的也可直接使用。用途不同，其采收的方式亦不同，部分主要野生纤维植物的采收方式和用途如表 8-2 所示。用于纺织的韧皮纤维，多来自多年生草本或亚灌木，采收方法有干剥和湿剥。用于制绳、造纸或制人造棉的树皮纤维，主要来自乔灌木，采收方法为鲜剥。

表 8-2 部分主要野生纤维植物的采收方式和用途（引自周秀珍等，2013）

名称	采收方式	用途
旱柳	夏季采割枝条，剥皮，晒干	韧皮纤维可代麻用、制绳、造纸
青檀	1月至翌年3月均可割枝条	韧皮纤维优良，制宣纸
榆树	8～9月或春季割枝条，剥皮	枝皮纤维坚韧，可织麻、制绳和造纸
构树	宜在夏秋间采割枝条，剥皮	高级纤维，可造纸、制人造棉
大麻	宜在8～9月收割，干剥或鲜剥	可织细帆布或平布，造特种纸
桑	夏秋采收，割枝条剥皮晒干	造蜡纸、绝缘纸、皮纸等，制人造棉
苎麻	每年收割2或3次，把茎割下剥制	茎皮纤维细长，用于织布或国防和橡胶工业
宽叶荨麻	9～10月割下全株，或翌年春天割	韧皮纤维强韧，可织麻布、织麻袋、制绳等
鬼箭锦鸡儿	9～10月采割枝条，剥皮	茎皮纤维层很厚，可织麻袋和制绳等
胡枝子	9～10月砍割枝条，直接用或剥皮	枝皮纤维可造纸、制绳索、编筐等
葛	7～8月采收茎皮	茎皮纤维可织布、制绳索和造纸
田菁	8月收割茎秆	茎皮纤维可以搓绳或织麻袋
南蛇藤	4～5月采其一至二年生的枝条	茎皮纤维可造纸，可制人造棉
糠椴	树皮全年可取，以春秋季节为宜	韧皮纤维可织麻袋、制绳索、造纸等
苘麻	8～9月收割最好，全株砍下剥麻	茎皮纤维可织麻袋、搓绳、编麻鞋、造纸

续表

名称	采收方式	用途
陆地棉	10～11月采棉絮，棉花收获后，晒棉秆	种子纤维用于纺织，茎皮纤维造牛皮纸、普通纸
罗布麻	秋后割取茎秆，干剥	韧皮纤维用于纺织及制渔网线、皮草线
萝藦	10月采割，泡6～7d，剥茎皮	茎皮纤维质好，制人造棉或与棉混纺
白茅	秋末冬初采收，割后晒干	茎纤维可供造纸、制绳及编织等
芦苇	秋末冬初收割，将茎压成捆	造纸原料，也是编织原料
蔗草	7～10月收割，晒干或直接用	可织席、编草鞋及搓绳、造纸
灯心草	9～10月采收，晒干或直接用	茎皮可织席、编绳、造纸、制棉等

由于植物纤维在植物体内不同部位及在不同季节时纤维韧性存在差异，应根据不同纤维植物的种类、季节及用途合理采收，以获得质量好、拉力强和韧性高的纤维。根据纤维植物的种类，其采收方法可归纳如下。

1. 草本纤维植物采收　对一年生草本纤维植物宜在开花结果期采收，否则不是剥皮困难便是纤维质量不好，强力、韧性减低；对多年生草本纤维植物宜在开花抽穗前采收，在其离根4～6cm处割下，具体根据不同品种的生长情况，每年采割1或2次。

2. 木本纤维植物采收　木本纤维植物可结合伐木采收以提高产品质量。小灌木或其他树干不大的植物，如山棉皮、黄条等，采伐时要在植物茎秆基部离地面5～10cm处用利刀砍断，保留近根部分使其继续萌芽生长。对树干粗大的树木，必须采伐枝，如杨树、梧桐、木芙蓉等都可采取削枝方法。每棵树木每次砍下的枝条数量不应超过树枝总数量的2/3，以免妨碍植物的生长。树皮是植物运输养分的必经之路，没有树皮植物便不能继续生长，因此剥取的干皮绝对不能过多。对不宜采伐和割枝的高大乔木，大部分采取三角留皮法。

3. 藤本纤维植物采收　藤本植物纤维常年可采，但以夏秋季采收的产品质量最好。此时植物含水分较高，便于剥皮，纤维质量也较佳。若作编制用，最好选取全藤大小均匀而光滑的藤条，削去侧生枝叶，捆扎成束备用。

（二）贮藏

采集后的枝条或经过剥皮后的原料只需晒干、整理、捆扎，放通风干燥处，并按不同品种和用途及时加工。灌木多可以趁鲜剥皮，如瑞香科的某些植物。有一些纤维植物如藤条等需趁鲜加工，因此采收后应及时加工，不易贮藏过久。

三、植物纤维的加工

植物纤维是人类重要的生活和生产原料，对植物纤维加工制品的开发和综合利用具有重要的理论价值和现实意义，其具体加工工艺流程如下：

$$植物纤维 \rightarrow 脱胶 \rightarrow 三大成分分离 \begin{cases} 纤维素 \rightarrow 纸浆 \rightarrow 纸或纸板 \\ 半纤维素 \rightarrow 木糖和木糖醇、糠醛 \\ 木质素 \rightarrow 酚醛树脂胶黏剂、碳纤维 \end{cases}$$

（一）脱胶

植物纤维组成中除纤维素外，还含有半纤维素、木质素和果胶等非纤维素物质，统称为胶质。这些胶质包裹在纤维外表，使单纤维胶结在一起而呈现片条状。脱胶是利用微生物发酵或化学处理，脱除野生植物纤维周围全部或部分胶质，以满足纺织加工等需求。纤维脱胶后基本分离，成为一束束的纤维，但仍含有部分半纤维素和木质素，称为初步脱胶。经过初步脱胶后的纤维具有一定的长度和强力，是纺织工业的原料来源。有些植物纤维如棉秆皮、椴树皮等，单纤维长度很短，只能用来织麻袋、麻布、打麻绳，如把它的胶质全部去掉、成为更短的纤维就无法供纺织使用，所以不能继续脱胶。还有一些野生植物纤维，如南蛇藤、罗麻等，虽然经过初步脱胶后成为麻状束纤维，也可以用于织麻袋。但是因为这种单纤维很长，把它再进一步加工脱胶就可以得到一根根有一定长度的单纤维，这样的纤维可以用来和棉花、羊毛一起混合纺纱、织布等，使用价值被大大提高。这种进一步的加工脱胶叫作精制脱胶。初步脱胶可以用微生物脱胶，也可以采用化学脱胶。但精制脱胶一般都是采用化学脱胶，其脱胶效果好、效率更高。

1. 初步脱胶

（1）微生物脱胶　　微生物脱胶是将野生纤维扎捆置于河流或池塘中，利用附着在纤维和天然水体中的微生物群体，以纤维胶质为营养物质，将半纤维素、木质素和果胶等非纤维素成分降解的脱胶过程。微生物脱胶方法包括天然脱胶法、保温法、堆积脱胶法、人工加菌脱胶法和雨露脱胶法。下面对常用的天然脱胶法作重点介绍。

天然脱胶法就是把植物纤维浸在河水、池沼中，利用天然水源和水温使纤维上和水中的微生物在自然条件下繁殖，在此过程中产生果胶酶，从而破坏纤维中所含有的果胶质，达到脱胶目的。在自然条件下浸渍脱胶时，水的温度、微生物的营养和纤维产生的酸度都受自然条件影响，脱胶时间不易控制，但不需要专业设备，生产成本较低、产品质量较好。

1）工艺流程

植物纤维→选皮→扎把→吊把→浸河→检查发酵→捞把→敲洗→晒收→整理

2）操作要点

A. 选皮：生皮品质的好坏对熟纤维品质有直接影响。选皮时，应分清颜色和形态尺寸，以青白色为好，黄白色也可，棕褐色则不能使用。对于霉、僵、枯的皮毛，必须剔除，不要脱胶。

B. 扎把：按生皮品质不同的情况，分别进行扎把，每把的质量以150～200g为适宜，最高不超过250g。扎把的方法：将生皮在根部17cm左右处折叠起来，采用一根棉秆皮从腰部束起，不能过松或过紧，以不脱落为原则，然后用草绳从中间串扎起来，草绳要留出两头以便系结在竹竿上。

C. 吊把：将分组扎好的棉秆皮，分左右两排系结在竹竿上，把与把的距离为13～17cm，把要理松，不可凌乱或绞拢。

D. 浸河：一般选择湖水、池塘、河水，棉秆皮要在水面下67cm左右，不使浮出水面，或下沉水底。要经常保持于水的中部，以免上浮脱胶不均、下沉沾染污泥色泽变黑，还应将浸皮水中的杂草除净，否则影响发酵。

E. 检查发酵：发酵的时间与水温的高低有直接关系。通常在夏季水温的积累度数为650～700℃，即可发酵成熟，如每天平均水温为25℃，则28d左右就能发酵好。但因生皮有厚薄，所以在发酵约到达一半的程度时，就得按天进行检查。如有不均的地方，应及时翻动。检查时，如发现发酵到八九成时，即用手摸时皮上胶质大部分能脱落，手触根部感觉很软、很光滑，根部纤维用手撕开成为网状，漂洗后外皮的胶质可以全部洗掉，或者个别地方还存在胶质和硬纤维，但经过轻敲漂洗后可以脱落时，说明发酵已经成熟。

F. 捞把：发酵好的皮应及时捞上岸。没有完全发酵好的皮还要再浸一段时间才能捞把。捞把要彻底，不可散落在水中，当天捞把要当天洗完，不能搁置。

G. 敲洗：捞出来的皮要先漂后敲、再漂再敲。漂洗时，抓住根部顺着漂洗，一面漂、一面搓洗，不可倒漂。倒漂会使纤维发毛、凌乱。如有僵硬的块斑，可用小木榔头轻敲，用力要均匀，不要把纤维敲断。

H. 晒收：洗出的熟纤维要晒在竹架或绳子上，晒时要摊薄、晒匀、晒干，不晒干会发热发霉造成损失。遇到雨天，应该摊薄晾在席棚内。在晒的时候，就要一把一把将熟纤维分清，根梢部理直，同时随手将粘在上面的皮屑去掉。

I. 整理：将晒干后的熟纤维按质量标准分辨好坏，分把放置。如有脱胶不净或硬斑的地方，要用手搓软，并将皮屑和杂质去净。

（2）化学脱胶

化学脱胶是利用野生纤维中纤维素与胶质成分对碱具有稳定性差异的特点，以碱煮为主，并辅以各种助剂和一定的机械作用，进而去除角胶质的方法，目前在我国麻纺织企业中应用较多。

1）工艺流程

植物纤维→机械预处理→浸泡→蒸煮→捶打→水洗→脱水→干燥

2）操作要点

A. 机械预处理：植物纤维在进行化学脱胶之前，可先用软麻机、揉搓机等预处理1或2次，机械处理时可以使纤维的表皮经过揉搓产生裂纹直至脱落，植物纤维上的一部分杂质如半纤维素、胶质等经过揉搓也可以脱落。因此，经过机械预处理可使纤维松软，在水浸、碱煮时碱液易于渗透到纤维层中，可以缩短脱胶时间。揉搓时有5%~12%的杂质可以脱落，所以同样的纤维在脱胶时就容易处理得多，同时减轻了质量，脱胶产量增加，生产成本随之降低。

B. 浸泡：用水浸泡是使纤维中一部分可溶于水中的杂质溶解出来，并使水渗透到纤维层中，在碱煮时碱液也就易于渗透。

C. 蒸煮（碱煮）：蒸煮时纤维中的脂肪与碱作用，起皂化作用而溶解于水。果胶质和单宁都能溶解于热碱液中，蛋白质也能全部溶解，产生氨基酸使碱液发出特异气味。因果胶、蛋白质和单宁溶入热碱液中生成深褐色物质污染纤维，所以经过碱煮后的纤维就呈浅红色，要经过漂白才能褪色。

D. 捶打：捶打的目的是使碱煮后的纤维进一步分离，并除去部分碱液，便于水洗。

2. 精制脱胶　有些纤维较长，细而较韧，强力较好的可以和棉花、羊毛混纺或纯纺。这些纤维虽然经过初步脱胶，但是其中还含有少部分多缩戊糖、木质素和果胶质等，如果不用化学药品把这些杂质处理掉，在纺纱或染色加工过程中会产生许多困难，影响这些纤维的合理利用。多缩戊糖要完全除掉需靠酸碱轮番处理。木质素要用漂白粉氧化及氯化处理，然后再用碱液蒸煮。所以对这些品质好的纤维，要经过精制脱胶这一过程。

（1）工艺流程

植物纤维→机械处理→水浸→碱煮（第一次）→水洗→碱煮（第二次）→捶打

　　　　　　　　　　　　　　　　　　　　　　　　　　　　　　　　　↓

整理←软化←水洗←脱氯←漂白←水洗←酸洗←水洗

如果在初步脱胶后纤维是湿的，就可进行精制脱胶，不需要经过机械处理和水浸工序。

（2）操作要点

1）机械处理：机械处理的目的是除去夹杂在纤维中的灰尘和杂质，同时使原料疏松，药液易于渗透，而减少药料的消耗。处理方法可以采用手工捶打、揉搓或动力打花机打松。

2）水浸：水浸除了能进一步除去纤维中可溶于水的杂质和在机械处理时没有除尽的尘土外，还可以起到洗涤和帮助碱煮时碱液渗透均匀的作用。浸泡对蒸煮时间和蒸煮质量影响很大。最好在温水中进行，浸泡时间以1～3d为佳。

3）碱煮：碱煮是精制脱胶的主要工艺过程，常用的是烧碱，用量一般为纤维质量的4%～12%。碱煮时的用水量一般为纤维质量的10～20倍，通常采用一次碱煮。但有的纤维杂质还不能完全除掉，就要进行二次碱煮，但第二次碱煮时的用碱量少于第一次。碱煮时间一般为4～6h，温度为98～100℃。碱煮时，纤维原料中的脂肪和碱起皂化作用而溶于水中，其他的单宁、果胶和蛋白质都能溶解于热碱液中，生成带有臭味的暗红色物质。

4）捶打：纤维经过碱煮后，绝大部分的杂质都能溶解到碱液中，而捶打工序能够进一步促使纤维间互相分离成单纤维状态。捶打后在水洗时也较易把杂质洗尽。

5）水洗：碱煮后，要先用40℃温水洗，然后用冷水洗。否则纤维经碱煮后温度很高，遇冷水骤然冷却后，部分杂质就凝结在纤维表面，不易洗掉。

6）酸洗：碱煮后的纤维虽然经过温水清洗，但纤维上的碱液往往不能完全洗尽，并且纤维经碱煮后颜色发红。如果用稀酸液洗一次，可以中和纤维上剩余的碱液，纤维的颜色较白，对之后的漂白也有好处。酸洗时酸液内硫酸浓度为0.3%～0.5%，温度为15～20℃。

7）漂白：常采用漂白粉溶液对植物纤维进行漂白。漂液与纤维质量之比常为1∶（20～30）。漂白时间随漂液温度而改变，一般在30～35℃时漂洗30～60min。在漂白时，一般温度不应超过40℃。漂白过程中应经常翻动，以免漂白色泽不匀。植物纤维经漂液漂白后，会附有不溶性钙块及残余漂粉等，所以在漂白后常加0.5%的稀硫酸处理。酸处理除使钙块生成硫酸钙易于洗去外，还有进一步促进漂白和减少灰分的作用。酸容易使纤维受损伤，因此酸处理后，必须用水充分洗净，最后再以1%的硫代硫酸钠（大苏打）或亚硫酸钠浸洗一次，以除去纤维中残存的氯。

8）软化：植物纤维经过碱煮、漂白等工序后，应加脂软化。否则，干燥后仍呈僵硬的束纤维状，造成梳理上的困难。将纤维原料质量2%～3%的肥皂或松香皂在少量热水中溶化，然后加入水和硫酸化蓖麻油，再投入脱氯纤维，像手工浆纱一样揉搓。浸泡时，温度在60℃左右，浸2h即可。

9）整理：整理工序包括干燥和梳理两个过程。经过软化后的纤维，用离心机脱去多余软化溶液，然后晒干或烘干。晒干时，由于日光和空气的作用，纤维常较烘干的洁白。烘干可在蒸煮锅的烟道上修建烘房，烘房的温度宜保持在60℃左右。纤维在进入烘房前，应先松散晾晒，使其水分较少时进入烘房。否则既不易烘干，又会使纤维颜色发黄。干燥后的纤维，即可打包或直接用来梳理纺纱。

（二）三大成分分离

1. 纤维素的分离　　在植物纤维原料中，纤维素、半纤维素和木质素相互连接形成紧密的三维网络结构。因此，为了实现纤维素的高效提取分离，需要通过物理法或化学法破坏或者改变半纤维素和木质素结构。

物理法是指通过机械作用和热解作用等方法来破坏植物纤维的结构，主要包括机械粉碎、蒸汽爆破、微波处理、超声波处理等。物理法主要是对植物纤维进行预处理，环境破坏小，但能耗高且分离效果欠佳，一般需要和其他方法联合使用。

化学法主要包括稀酸处理法、碱处理法、有机溶剂法和离子液体法等。原理是利用化学试剂打断三大成分之间的化学键或氢键连接，尽可能脱除包裹在纤维素周围的木质素和半纤维素，以期得到高得率和高纯度的纤维素，是目前提取纤维素最常用的方法之一。但存在环境污染问题，处理过程中会对纤维素造成破坏。

2. 半纤维素的分离　　植物纤维原料中，半纤维素不仅与纤维素和木质素之间存在广泛的共价键和氢键连接，而且其化学性质较后两者更活泼。因此，半纤维素的分离比较复杂，常需要多步分离工艺才可制得率和纯度较高的半纤维素（裴继诚，2019）。

（1）工艺流程

植物纤维→无抽提物试料→综纤维素→半纤维素

（2）操作要点

1）无抽提物试料：在分离半纤维素前，需要把植物纤维原料中的盐类、萜类化合物等物质除去。一般先用水抽提，再用苯醇抽提，必要时可采用草酸盐溶液抽提。

2）综纤维素：针叶树材（落叶松除外）的半纤维素从无抽提物试料中直接抽提分离的得率低、纯度不高，因此应先采用亚氯酸钠法或氯-乙醇胺法制备综纤维素，然后再分离半纤维素；阔叶树材和禾本科类原料不需要此步骤。

3）半纤维素：常采用碱液和其他助剂的混合液，或单独使用有机溶剂等抽提综纤维素来分离半纤维素。植物纤维原料不同，分离半纤维的方法各异。从植物纤维原料中分离提取半纤维素用于工业生产时，一般应尽可能提高半纤维素的得率，不需要保持其原始结构。

3. 木质素的分离　　木质素分离对象主要包括植物纤维原料、纸浆和制浆废液。从植物纤维原料中分离木质素可采用球磨-溶剂萃取法、纤维素水解酶处理法和离子液法等。目前，磨木木质素和纤维素水解酶木质素与木材中的原始木质素结构最为接近。纸浆分离木质素是采用纤维素酶水解碳水化合物，将浆中的木质素变为不溶性残留物，这种途径得到的木质素会有不同程度的酶污染，需要增加净化工序。从制浆废液中分离木质素应根据制浆工艺采取不同的分离方法，烧碱法、硫酸盐法制浆废液时，可采用酸沉淀和热凝结分离获得木质素，亚硫酸盐法制浆废液是通过烷基胺处理和溶剂萃取得到木质素磺酸盐。

（三）纤维素加工

1. 纸浆制备

（1）工艺流程

植物纤维→备料→蒸煮→洗涤→筛选→漂白→纸浆

（2）操作要点

1）备料：备料的目的是将原料除尘、切断、选别，其规格和质量均符合生产要求，以不断供给生产车间使用。在制造高级纸张时，必须除去原料中的杂质和发霉原料。制造中低级印刷和工商用纸时，原料大多不经过除尘选别。使用野生植物及农作物纤维原料时，在备料时切断即可。

2）蒸煮：蒸煮的目的是利用化学药品溶出原料中的非纤维物，由原料分离出纤维是制浆最主要的工作。碱法蒸煮是根据不同类型的纸浆需要，适当除去原料中的木质素，使纤维结合力下降，为促使其解离成浆或通过机械处理使之解离成浆创造条件，同时使原料中的树脂、蜡、脂肪等皂化除去。

3）洗涤：洗涤的目的就是使非纤维素分解物迅速与纤维素分离，如果较长时间不洗净，黑液中分解的有机物和色素吸附在纤维上，会使漂白困难。洗涤工作常在洗涤池进行，借水的压力和重力使清水通过浆层过滤，污水由底部排出，反复数次使浆料排净。

4）筛选：洗涤后纸浆最好经过沉砂和筛选，以除去纸浆中的泥沙和未蒸解透的节子、纤维素、杂草、树枝等物。这些杂质在纸浆漂白时难以漂到需要的白度，造纸后便成为黄丝黑点的污渍而影响纸浆质量。

5）漂白：漂白的目的是进一步除去纸浆中的木质素、色素等杂质，进一步纯化纸浆，使纤维呈现白色。漂白时浆料浓度以 5%～6% 为宜，温度 38～40℃，纸浆 pH 7.0～7.5，这样的酸碱度对纤维的破坏性最小。漂白剂加入量一般为绝干浆的 10%～15%。随时测定漂白终点，到达规定白度后应迅速加清水彻底洗去纸浆中的残余漂液。

2. 造纸工艺

（1）工艺流程

纸浆→打浆→施胶→加填→筛选→纸页成型→压榨→干燥

$$\downarrow$$

纸或纸板←整理←压光

（2）操作要点

1）打浆：打浆是利用物理机械方法处理浆料，使纤维经挤压、摩擦、剪切等处理作用，互相分离成单根纤维。打浆的目的在于宏观上利于纤维之间互相缠绕、增加交织强度，从而利于形成纸页，微观上使微细纤维之间足够接近，形成分子链之间的氢键结合。

2）施胶：施胶就是在纸内或纸面加一定的抗水性胶体物质，使纸张具有一定程度抗拒液体渗透的能力。将胶料直接加入纸浆内，然后制作成纸张，称为纸内施胶，施胶剂多为松香胶；若将胶料涂布于纸和纸板表面，则称为表面施胶。施胶剂多为淀粉及其衍生物等。

3）加填：加填就是在纸浆内加入适当的无机填料，目的是使纸张具有可塑性与柔软性，纸张压光后表面更为平整，同时提高纸张的不透明性和适印性能，使印刷字迹清晰、饱满、不透印，提高纸张白度，降低纤维消耗量与成本。常用的填料有滑石粉、瓷土、$CaCO_3$ 和 TiO_2 等。此外，根据纸和纸板的用途，造纸前还需在纸浆中加入适量的化学助剂，以改进其产品质量。例如，为了提高白度加入品蓝染料或荧光增白剂；为了提高纸页湿强度加入三聚氰胺甲醛树脂、脲醛树脂等。

4）筛选：筛选是将调制过的纸料再稀释成较低的浓度，并筛除杂物和未解离纤维束，以保证纸张品质及保护设备。

5）纸页成型：纸料从流浆箱流出在循环的铜丝网或塑料网上，并均匀分布和交织。

6）压榨：压榨部的多组重辊进一步挤压脱除纸页中的水分，改善纸页结构，增加紧度、消除网痕。

7）干燥：通过加热装置将纸页中的水分蒸发至 6%～10%，进一步完成纸的施胶效应。

8）整理：干燥后的纸页经过压光辊压光，卷成纸卷或直接裁切，最后打包入库。

（四）半纤维素加工

1. 木糖和木糖醇制备　半纤维素中的木聚糖经过化学、生物等方法降解可得到木糖，用于食品、医药、化工等行业。木糖醇是一种天然的甜味剂，还具有防龋齿、改善肝功能和胃肠功能的重要作用，由木糖经过化学催化加氢制得，其反应如下：

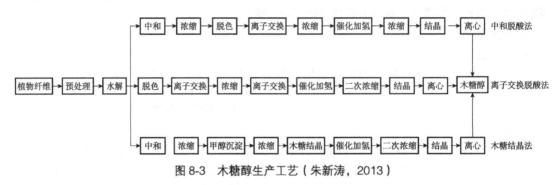

（1）工艺流程　　目前，工业化生产木糖醇主要采用中和脱酸法、离子交换脱酸法和结晶木糖法三种，具体工艺流程如图 8-3 所示。

图 8-3　木糖醇生产工艺（朱新涛，2013）

（2）操作要点

1）水解：水解工序常采用稀硫酸作为催化剂，温度应控制在 120℃左右，温度太高会使水解液中的木糖继续脱水生成糠醛等副产物，水解时间一般为 1～3h，水解时间长会增加副反应的发生。

2）中和：中和的目的是中和水解液中的硫酸而不是有机酸，常选用碳酸钙进行中和。水解液的 pH 为 1.0～1.5，当加入中和剂使 pH 至 3.5 时，代表此时水解液中的无机酸几乎全部被中和掉，糖分损失可控制在 3% 以下。

3）脱色：脱色是木糖醇生产的主要工序，目的是脱除原料中的天然色素和在生产中生成的色素。活性炭是比较理想的吸附剂。脱色时脱色速率要快，温度不要过高。脱色完成之后要过滤才能送往浓缩工序。

4）浓缩：浓缩的目的是除去水分，提高糖浆浓度，蒸发微量酸分，并析出硫酸钙沉淀。

5）离子交换：经过蒸发浓缩后的木糖浆含有前面各工序未能除掉的杂质，如灰分、酸分、含氮物、胶体和色素等。因此，需采用离子交换净化木糖浆，以保证氢化反应顺利进行。第一次采用阴离子交换树脂，除去无机酸和有机酸；第二次采用阳离子交换树脂，除去灰分和阳离子。

6）催化加氢：催化加氢是木糖水溶液在镍的催化条件下，化学加氢制备木糖醇，温度 120～150℃，压力 9～10MPa。

2. 糠醛的制备　　糠醛是半纤维素生产的最重要的化工产品。采用玉米芯、甘蔗渣、油茶壳、棉籽壳、稻壳等为原料，在一定温度和催化剂作用下，使聚戊糖经水解、脱水即生成糠醛，广泛应用于合成塑料、医药、农药等工业。聚戊糖用稀酸在高压下加热可以蒸馏出糠醛，其反应如下：

$$(C_5H_8O_4)_n + nH_2O \xrightarrow{\text{稀酸}} nC_5H_{10}O_5$$

$$C_5H_{10}O_5 \xrightarrow[\text{高温}]{\text{稀酸}} \begin{array}{c} HC\!\!-\!\!\!-\!\!\!-\!\!CH \\ \| \qquad \| \\ HC \qquad C \\ \diagdown_O\diagup \quad \diagdown CHO \end{array} + 3H_2O$$

（1）工艺流程

植物纤维→水解→气相中和→蒸馏→补充中和→真空精制→糠醛

（2）操作要点

1）水解：糠醛由植物纤维中的半纤维素在稀酸催化下水解制得，常采用 3% 稀硫酸，反应温度 140～185℃，压力 0.35～1.00MPa，反应时间 3～10h。

2）蒸馏：在蒸馏塔中进行，杂质和水分在蒸馏过程中被冷凝、汽化而除去，从而获得粗醛。

3）真空精制：粗醛需要进一步通过连续的精馏塔进行精制和提纯，从而获得糠醛成品。精馏塔为真空操作。

（五）木质素加工

1. 酚醛树脂胶黏剂制备　　木质素含有酚羟基、醇羟基等活性官能团，可替代部分苯酚与甲醛反应，也可代替部分甲醛与苯酚缩合。利用木质素制备酚醛树脂，能够达到降低成本、减少游离酚和游离醛释放的目的。为了提高苯酚的替代率和胶黏剂性能，通常采用化学改性提高木质素反应活性，使其能够更好地应用于酚醛树脂胶黏剂制备。

（1）工艺流程

工业木质素→分离提纯→活化改性→木质素酚醛树脂

（2）操作要点

1）分离提纯：工业木质素主要来源于制浆废液，产量大、化学成分复杂。不同工业木质素结构及理化性能差异显著，反应活性低。磺化木质素来自亚硫酸盐制浆废液，需要先用长链烷基胺处理，然后依次使用有机溶剂、碱性水溶液萃取获得。碱木质素是用烧碱法或硫酸盐法制浆废液通过酸沉淀和热凝结获得。工业木质素一般含有大量无机盐和还原糖，木质素含量低。脱盐一般应用离子交换树脂法，脱盐率达到 90% 以上。降低糖杂质含量采用酶解或弱酸水解处理。

2）活化改性：磺化木质素和碱木质素与苯酚相比，反应活性低、反应位置有限，通常在制备胶黏剂时苯酚替代率仅能达到 20% 左右，并且生产的人造板性能难以达到国家标准要求。因此，应通过活化改性方法提高工业木质素反应活性后再应用于酚醛树脂胶黏剂合成。

化学改性是最有效的手段，磺化木质素适宜在酸性条件下酚化改性；而碱木质素一般采用羟甲基化、脱甲基化和碱性条件下酚化等改性方法。物理改性包括超滤分级法、微波活化法、超声波活化法等，主要通过对木质素原料进行分子量分级和降解改性，提高其参与共聚反应的活性。生物改性是利用真菌对木质素特定官能团的特异性降解反应，降低木质素分子聚合度，增加活性官能团数量。

3）木质素酚醛树脂：木质素酚醛树脂的合成方法与纯酚醛树脂的合成方法相同，只是反应原料中添加木质素，减少苯酚的添加量，通常采用木质素一次性加入的共缩聚工艺。木质素对苯酚的替代率对胶黏剂性能影响显著：替代率不宜过高，否则会影响胶黏剂的胶合强度，导致游离甲醛含量升高。

2. 碳纤维制备

（1）工艺流程

工业木质素→提纯与改性→纺丝液的制备→纺丝→预氧化→炭化→碳纤维

（2）操作要点

1）提纯与改性：工业木质素的提纯参照前述木质素分离提纯的方法。而木质素在熔体纺丝之前，必须经过改性处理从而获得热熔性。酚解法对磺化木质素和碱木质素均可适用，在酸性条件下，将酚类化合物加入木质素，使其大分子变成小分子，具有可熔融的特性。

2）纺丝液的制备：采用与木质素相容性好、玻璃化转变温度低的高聚物（如聚氯乙烯等）与其共混，降低整体的玻璃化转变温度，达到提高木质素可纺性的目的。

3）纺丝：木质素制备碳纤维通常采用熔融纺丝法。

4）预氧化：原丝在碳化之前需要先进行预氧化处理，防止因温度过高引发纤维提前黏结，一般在氧化气氛中使原丝先形成不熔融的皮鞘层。

5）炭化：原丝在炭化过程中需要经历低温阶段（300～1000℃）和高温阶段（1100～1600℃）。

（六）产品质量评价

1. 纤维 纤维质量与纸张（浆）性能密切相关，主要从感官要求和物理指标等来对纤维进行质量评价。

（1）感官要求 要求手感柔软，光泽均匀一致，无油污锈渍，偶见斑疵，如大麻精麻可根据《大麻纤维 第1部分：大麻精麻》（GB/T 18146.1—2000）的规定要求进行等级评判。

（2）物理指标 纤维常采用纤维长度、断裂强度、含杂率、回潮率等物理指标来进行评判。例如，剑麻纤维可根据《剑麻纤维》（GB/T 15031—2009）的规定要求进行等级评定，剑麻纤维一等品须满足纤维长度≥95cm、断裂强度≥880N、含杂率≤2.5%、回潮率≤13%的要求。

2. 木糖醇 木糖醇作为食品添加剂，其质量主要从感官要求和理化指标进行评价，需符合《食品安全国家标准 食品添加剂 木糖醇》（GB 1886.234—2016）的规定要求。

（1）感官要求 应为白色结晶或晶状粉末。

（2）理化指标 木糖醇含量为98.5%～101.0%，干燥减量≤0.5%，灼烧残渣≤0.1%，还原糖≤0.2%，其他多元醇≤1%，镍≤1mg/kg，铅≤1mg/kg，总砷≤3mg/kg。

3. 糠醛 工业糠醛主要通过感官要求和理化指标进行质量评价。其质量要符合《工业糠醛》（GB/T 1926.1—2009）的规定要求。

（1）感官要求 应为浅黄色至琥珀色透明液体，无悬浮物及机械杂质。

（2）理化指标 工业糠醛常采用理化指标来进行等级评定，分为优级、一等和二等。优级工业糠醛须满足：密度1.158～1.161，折射率1.524～1.527，水分≤0.05%，酸度≤0.008mol/L，糠醛含量≥99%，初馏点≥155℃，158℃前馏分≤2%，总馏出物≥99%，终馏点≤170℃，残留物≤1%。

四、我国重要野生纤维植物资源的利用途径

我国利用纤维植物历史悠久，随着近代科学技术的发展，植物纤维经过加工广泛地应用于纺织、造纸、医疗保健、农副产品加工等领域。下面以苎麻、罗布麻和沙柳为例概述其利用

途径。

（一）苎麻

苎麻富含纤维素，苎麻纤维是公认的"天然纤维之王"，其纤维纵向有横节竖纹，断面呈腰圆形，中腔有裂缝。纤维长（单纤维最长 620mm）、柔韧色白、不皱不缩、拉力强、富弹性、耐水湿、耐热力大、富绝缘性，在纺织业、航空等工业领域应用广泛。

1. 工业领域　作为韧皮纤维作物的苎麻，其纤维粗细和长度类似于棉纤维，适合用作纺织原料。苎麻纤维可单纺，适于织夏布、人造棉、人造丝等，也能与羊毛、棉花混纺成高级布料。苎麻纤维的抗张力强度要比棉花高 8～9 倍，可以做飞机翼布、降落伞原料及制造帆布、航空用绳索、手榴弹拉线和麻线等各种绳索。苎麻纤维在浸湿的时候强度增大，吸收和发散水分快，而且具有耐腐、不易发霉的特性，是制造防雨布、渔网等的好材料。苎麻纤维散热也快，且不容易传电，因此可以做轮胎的内衬、电线的包皮和机器的传动带等。

2. 其他领域　苎麻的根供药用，具有清热利尿、凉血安胎的功能；茎、叶可提苎麻浸膏，止血效果较好（资源 8-3）。我国很多地方都有用新鲜苎麻叶制作传统美食的习俗。苎麻副产物可以做成青贮饲料饲喂畜禽，也可以粉碎后做成颗粒饲料供各种家畜、家禽及鱼类饲用。此外，苎麻根系发达，入土较深，固土力特别强，覆盖率高，水土保持效果好。

8-3

（二）罗布麻

罗布麻原称野麻，又名野茶、红麻、喆麻、红根草等。罗布麻纤维主要由纤维素、半纤维素、木质素、果胶和水溶物五大类组成。罗布麻纤维的化学组分为纤维素含量 45%～55%，半纤维素 15%～17%，果胶 8%～10%，木质素 11%～13%，水溶物 14%～17%。

1. 工业领域　罗布麻纤维是从罗布麻韧皮中分离出来的一种高品质纺织原料，其纤维细度、强度、光泽、耐腐蚀性都优于其他麻类纤维和天然纤维，但整齐度和抱合力差，纤维表面光滑且易脆裂分叉，难以进行纯纺纺纱。罗布麻纤维常与棉、毛、丝进行混纺，生产出高级服装面料，能够节约 30%～50% 的棉、毛、丝等原料。

罗布麻织物的吸湿性、透气性、保暖性均高于纯棉织物，舒适度高。还具有良好的抑菌、紫外线防护和远红外功能，特别适宜制作夏季服装和保暖内衣面料。现已开发研制出各种罗布麻睡衣、毛巾、内衣、枕套等多种纺织系列产品。

2. 其他领域　罗布麻具有平抑肝阳、清热利尿、安神的功效，叶有降压作用，根有强心作用，对高血压、心脑血管疾病、感冒等都有良好效果。罗布麻是野生优良的水土保持植物，具有耐旱、耐寒、耐暑、耐盐碱、耐风等特性，根系发达，入土深，能穿过表土层直达地下水层，在一般作物不能生长的盐碱荒漠上种植，既可增加经济效益，又可绿化环境、防风固沙、控制水土流失。

（三）沙柳

沙柳是极少数可以生长在盐碱地的植物之一，含有丰富的纤维素和半纤维素，应用在造纸、人造板制造等方面。

1. 工业领域　沙柳中的纤维素和半纤维素含量高，以其为原料制浆造纸，可以得到高质量高产率的纸产品。沙柳直径很小，也可作为制作刨花板、纤维板的原材料，制备人造板时能耗低，比其他木材具有更高的经济效益和市场竞争力。还可以将沙柳液化，适当代替石化原料参与高分子材料合成，用于制备胶黏剂和注模材料。

2. 其他领域　　沙柳具有祛风清热、散瘀消肿的功效，主治麻疹初起、斑疹不透、皮肤瘙痒、慢性风湿、疮疖痈肿和腰扭伤等。利用沙柳还能够生产适合畜牧业使用的青贮饲料或复合饲料颗粒。此外，利用沙柳开发重组木材、梁柱式木结构房屋、户外木栈道、节能保温门窗等产品已形成规模化产业。

◆ 第三节　野生色素植物

植物色素是指植物体内含有的天然色素，主要来源于植物的根、茎、叶、花、果或各种皮（根皮、树皮、果皮或种皮）组织中。植物色素原料涉及的植物种类遍及众多科（属），据不完全统计，目前有 5000 多种植物可以提取色素。植物色素绝大多数无毒副作用、安全性高，很多还是生物活性物质，是植物药和保健食品中的功能性成分。因此，植物色素的众多优点使它成为近年来轻工业领域的新宠儿。从市场规模来看，我国植物色素行业市场规模逐年大幅增长，出口率提升，进口率下降，表现出良好的发展前景。

一、植物色素的化学组成与功效

植物色素是具有复杂化学结构和性质的有机化合物，种类繁多。按溶解性分为脂溶性色素、水溶性色素和醇溶性色素。脂溶性色素包括叶绿素、类胡萝卜素，大多数植物的叶，以及胡萝卜、番茄、栀子等中含量丰富；水溶性色素如花青素属黄酮类物质，存在于多数果蔬和花卉中，在葡萄、朱瑾、蔓越橘、紫苏、紫玉米等中含量丰富；醇溶性色素存在于红曲和栀子蓝等中。植物色素按化学结构可分为四吡咯衍生物类、异戊二烯类、多酚类、醌类衍生物类和其他色素类等，下面介绍这几类色素的组成和功效。

（一）四吡咯衍生物类

四吡咯衍生物类色素是以 4 个吡咯环构成的卟啉络合金属镁元素为结构基础的植物色素，属于脂溶性色素。普遍存在于绿色植物体幼嫩茎及叶中，主要为叶绿素 a 和叶绿素 b，一般呈现绿色。叶绿素具有抵抗细菌感染、促进造血干细胞制造血液及活化细胞等诸多有利于人体的功效。

（二）异戊二烯类

异戊二烯类色素是以异戊二烯残基为单元组成的共轭双键长链。因最早发现的是胡萝卜素，所以异戊二烯类色素又称为类胡萝卜素。类胡萝卜素包含两种：一种为只含碳和氢的化合物，称为胡萝卜素；另一种为含氧的衍生物，称为叶黄素。胡萝卜素一般由三个基本结构单位组成，在此基础上变构成 α、β、γ 三种异构体，通常三种异构体共存，其中以 β 体最多。胡萝卜素具有维生素 A 活性，可预防肿瘤、调节免疫力、延缓衰老等，对机体有重要的生理调节和疾病预防作用。叶黄素类为共轭多烯烃的加氧衍生物，多存在于植物叶、果，以及玉米种子中。叶黄素一般呈现红色、黄色、橙色或橙红色，如玉米黄素、胭脂树橙色素、番茄红素等都是此类色素。叶黄素对老年性黄斑退化病和白内障等视力疾病有防护作用，还可缓解视疲劳，对眼涨、眼痛、视力模糊等症状有改善作用。

（三）多酚类

多酚类色素是多元酚的衍生物，含有多个酚羟基，并有一个基本母核苯并吡喃，因此又称为苯并吡喃类色素。一般可分为花青素类（类黄酮）、花黄素类（黄酮类）、原花色素和单宁四类。

1. 花青素　　花青素（anthocyanidin）又称花色素，是黄烷醇的衍生物，属于类黄酮化合物。花青素基本结构包含 2 个苯环，并由一个 3 碳的单位（C_6—C_3—C_6）连接碳骨架结构，称为花色阳离子基本结构。自然条件下游离的花青素极少，在植物体内常与各种单糖结合形成糖苷，称为花色苷（anthocyanin）。所有花色苷都是花色阳离子基本结构的衍生物，目前已知有超过 300 种不同的花色苷。花青素具有抗氧化、预防动脉粥样硬化等药理活性功能。

2. 花黄素　　通常是指黄酮及其衍生物，也称黄酮类色素，黄酮类色素的基本结构是 2-苯基-苯并吡喃酮。重要的类黄酮化合物是黄酮（flavone）和黄酮醇（flavonol）的衍生物，具有延缓或消除疲劳、提高人体抵抗力等功效。

3. 原花色素　　也叫前花青素（oligomeric proantho cyanidin，OPC）。原花色素本身没有颜色，但在酸热条件下可以分解为花青素和其他多酚类化合物而显示一定的颜色。原花色素的基本结构是由儿茶素（黄烷 3-醇或黄烷 3, 4-二醇，反式儿茶素）、表儿茶素（顺式儿茶素）分子相互缩合而成，根据缩合数量及连接的位置不同而构成不同类型的聚合物，如二聚体、三聚体、四聚体…十聚体等，其中二到四聚体称为低聚体，五以上聚体称为高聚体。原花色素具有抗氧化、保护心血管系统、预防动脉粥样硬化、预防阿尔茨海默病等药理活性功能。

4. 单宁　　又称为植物多酚，结构较为复杂，多是高分子多元酚类的衍生物，水解后可生成葡萄糖、没食子酸（棓酸）或其他多酚酸（鞣酸）。单宁按化学结构可分为缩合单宁和水解单宁两类。缩合单宁主要是原花色素或聚黄烷醇类多酚，是以黄烷醇为单体的物质。水解单宁主要是聚酸酯类多酚，是由棓酸及其衍生物与多元醇或葡萄糖以酯键而成。根据水解反应产生的多元酚羧酸的不同，大部分水解单宁又可细分为棓单宁和鞣花单宁。单宁既可以和金属离子络合显色，又能与蛋白质结合起到染色作用。单宁具有涩味，不宜用于食品着色，多用在各种纤维染色和染发剂中。

（四）醌类衍生物类

醌类衍生物类色素又称醌类色素，是一类含醌类化合物的色素，有苯醌、萘醌、蒽醌、菲醌等类型。醌类色素普遍具有抗菌、抗病毒、抗肿瘤、抗氧化等功效。

（五）其他色素类

其他色素类主要包括吲哚衍生物类（如靛蓝等）、生物碱类（如小檗碱、甜菜色素等）、二氢吡喃类（如苏木精、巴西木红素等）、双酮类（如姜黄等）和环烯醚萜类色素。其中，甜菜色素是一类小众色素，目前已知的甜菜色素种类有 75 种，都属于季胺型生物碱，分为以氨基酸为附基类型的甜菜黄素（betaxanthin）和与糖结合形成糖苷化类型的甜菜红素（betacyanin）两种类型；环烯醚萜类化合物可分为环烯醚萜和裂环烯醚萜，它们多以糖苷形式存在，水解后一般呈现蓝色或黑色，如栀子苷（京尼平苷）水解呈蓝色、玄参根中的哈帕苷水解后呈黑色等。吲哚衍生物类色素具有防虫杀菌的功效；双酮类色素具有抗氧化、抗肿瘤、抑菌、降血脂、降血糖、降血压等功效。

二、野生色素植物的采收与贮藏

（一）采收

野生植物色素存在于植物的根、茎、叶、花、果实和皮中，不同部位的采收方式和采收时节不同。

1. 根及根茎类　　一般在秋、冬季节植物地上部分即将枯萎时，或春初发芽前或刚露苗时采收。此时根或根茎中贮藏的营养物质最为丰富，通常含有效成分也比较高（如紫薯、姜黄、甜菜等的根茎）。

2. 茎木、皮类　　茎木类一般在秋、冬两季采收，多是木材的心材色素，如黄柏、苏木、黄栌等。皮类一般在春末夏初采收，此时树皮养分及液汁增多，形成层细胞分裂较快，皮部和木质部容易剥离，伤口较易愈合，如鼠李科、冻绿、杨梅等的树皮。

3. 叶、花类　　叶类多在植物光合作用旺盛期、开花前或果实未成熟前采收，如苋菜、槲树、冻绿、芒果等的叶。花类一般不宜在花完全盛开后采收，例如，金银花、辛夷、丁香、槐米等在含苞待放时采收，红花、洋金花等在花初开时采收，菊花、番红花等则在花盛开时采收。

4. 果实、种子类　　果实类一般在果实自然成熟或接近成熟时采收，也有的采收幼果。果实分为鲜果和干果，鲜果如蓝莓、青皮核桃等，干果如栀子、板栗等。干果和鲜果采收时需要的成熟度不同。采用鸡冠花种子提取红色素、丝瓜种子提取绿色素、石榴种子提取红色素、可可种子提取可可棕色素等时，均需在其种子完全成熟时采收。

5. 全草类　　全草类植物也富含多种色素，主要是草本色素植物。例如，菠菜、茜草全株可用于提取绿色色素，荞麦、蓼蓝和石松全株可分别用于提取红色色素、靛蓝色素和蓝色色素。它们多在植株充分生长、茎叶茂盛时采割，也有的在开花时采收，如益母草、荆芥、香薷等。

（二）贮藏

野生色素植物在贮藏过程中，在外界条件和自身性质相互作用下，会发生物理、化学变化，如出现霉变、虫蛀、变色、变味和风化等现象，影响色素的质量和后续利用。针对植物色素性质和植物原料处理方式的不同，贮藏方式也就不同。

1. 鲜贮　　叶绿素类、部分花青素类等色素，一般以新鲜的茎皮、嫩茎叶或果实为原材料，在贮藏过程中受水分、光、温度的影响很大，容易出现氧化劣变、酶变或异构化。例如，叶绿素类一般取材于鲜嫩的茎叶或茎皮（如中国绿提取自冻绿），贮藏期间容易变黄失绿。这类色素植物通常是提纯色素本身进行贮藏，其原料一般在低温保湿状态下贮藏 7d 以内为宜。

2. 干制　　黄酮类、多酚类、蒽醌类和吲哚类色素等，一般取材于植物的枝干、根部、花、干果和种子。这类材料通常晒干或者烘干后贮藏。例如，从辣椒、栀子、红花、姜黄、紫草中提取黄色素、红色素、紫草素等，是分别把辣椒采后的果皮、栀子的果实或花萼、菊科红花属植物的花、姜黄的根茎和紫草的全株晒干进行贮藏，往往可以贮藏很长时间。但一般色素植物原材料的贮藏是为了能顺利进行加工生产，均不需要贮藏时间过长：一是贮藏需要成本，二是贮藏过程中或多或少都会影响所含色素的含量和质量。

此外，由于天然植物色素都位于植物细胞的细胞质体、液泡或细胞壁中，因此植物材料贮藏过程中应尽量保持完整，不宜有过多伤折，以免使细胞破损过多、色素暴露而发生氧化或酶解变质。

三、植物色素的加工

我国地域辽阔，地形和气候多样，植物资源十分丰富，生产各种天然植物色素的资源雄厚。改革开放以来，我国的天然植物色素迅速产业化。出口品种有红曲红、辣椒红、高粱红、叶黄素、萝卜红、甜菜红、可可壳色、姜黄素及姜黄油树脂、红花黄、叶绿素及叶绿素铜钠盐、栀子黄、紫甘薯色素、甘蓝红、紫苏红等（侯拥铨等，2009）。

色素生产的原理是根据目标成分在不同溶剂中的溶解度不同而将其分离。色素用溶剂浸提，然后再经过离心、精滤提纯，再结合单效、多效浓缩、减压真空浓缩等方式，对提取液进行浓缩和除杂，干燥后获得最终产品。目前所用设备通常包括提取罐、浓缩器、分离机、喷雾干燥机、过滤机等设备。设备自动化程度高，大大降低了人工参与度，实现了高效率生产。

（一）工艺流程

原料选择 → 原料处理 → 色素提取 → 分离纯化 → 干燥浓缩 → 制成品

（二）操作要点

1. 原料选择　色素植物的新鲜度、种类、品种及采集时间是直接影响自身色素含量的关键因素。首先，应尽量选择无病虫害或霉变腐烂的植物。其次，选择颜色比较鲜亮的种类和品种。另外，选择在合理时间采集的原材料，例如，绿色系材料最好是在植物生长旺盛期、新鲜墨绿的时候采收，并且尽量就近取材来保持其新鲜度，因为叶绿素在植物体内随着水分、温度等条件的变化极易转化失绿；果实类最好在完全成熟状态下采收，保证色素尽可能地转化和积累，如辣椒、番茄、蔓越莓、可可等的果实越成熟，色素转化或积累越多。

2. 原料处理　根据所提取色素不同的性质特点，原材料的预处理有所不同。色素分布在植物的细胞内或存在于细胞质体中或分布在液泡中时，需要先将植物材料粉碎，尤其是使细胞破碎，促进色素析出。原料要先用水清洗去除表面杂质，然后将水分沥干；有的新鲜材料直接捣碎并水洗滤渣，或冷冻后低温下解冻打浆，有的需要烘干至恒重后粉碎或过筛。淀粉类植物材料生产中采用发酵法提取时，一般蒸煮熟以后再行粉碎，以充分发酵，缩短生产时间。为了促进细胞的破碎、更利于色素的分离提取，在粉碎原材料的预处理中，生产上还会加入果胶酶、纤维素酶、多酚氧化酶等，利用酶反应辅助处理。选用恰当的酶可以通过酶反应较温和地将植物组织分解，使植物细胞壁破坏，从而扩大细胞内有效成分向提取介质扩散的传质面积，减少传质阻力，增加有效成分的溶出率。目前人们逐渐开始使用植物组织细胞在人工培养基上进行培养增殖，短期内培养出大量含有色素的细胞，然后进行提取，组织培养法生产色素不受自然条件的限制。能在短期内产生大量的色素细胞。但该法投入人力物力较多，成本较高，大规模生产中尚未见采用。

天然食用色素一般稳定性较差，对光、热、pH等较敏感。因此，原材料处理过程中一定要注意避光、控制温度及控制粉碎后的放置时间。烘干温度视材料而定，例如，花青素类由于热稳定性较低，一般烘干温度在60℃左右，而部分多酚化合物类的棕色素可以把果皮/种皮在105℃下烘干。如果干燥温度太高、时间太长，色素容易在处理过程中发生分解破坏，导致后期提取率降低、质量下降。原材料粉碎颗粒的大小也影响后续的色素提取率。

3. 色素提取　色素提取一般采用水煮、溶剂浸提和直接压榨等方法。水煮和直接压榨适用于水溶性色素提取，不需要过多的设备投入，一般所需原材料价格低廉，色素含量高，整体投入成本较低时使用，而且提取的整个过程全天然、安全无毒。但缺点是不适用于光、热稳定差的色素，且提取率比较低。水煮法还用于将本来无色的物质或非需要色的物质，经熬煮转化成需要色的物质。另外，由于提取色素的不同，水煮温度、提取时间和料水比例是影响色素提取的关键，有些还要控制光照强度。

目前生产上提取天然色素最常用的是溶剂浸提法。提取色素所用的溶剂根据色素的性质、所用原料等情况有不同的选择，常用浸提液有酸（盐酸、硫酸、硝酸等）、碱（氨水、氢氧化钠等）和有机溶剂（乙醇、石油醚、丙酮等）。例如，叶黄素采用四氢呋喃作为浸提剂、叶绿素采用无水乙醇作浸提剂、乙醇可作花青素和醌类色素的浸提剂、靛蓝可由氯仿萃取、水可直接提取甜菜红素、溴化 1-甲基-3-正癸基咪唑和乙醇可以提取姜黄等。

溶剂浸提法工艺简单，设备投资少，提取操作简单，便于生产。缺点是原材料预处理能耗大、产品质量不太理想（色素溶解性差、色泽变化较大等），且有大量溶剂回收导致整体生产成本高的问题。因此，现在生产上逐渐发展了一些辅助提取方法，包括空气爆破、微波辅助萃取、超声波萃取、加压萃取、超临界流体萃取、酶法和多级或连续浸取等技术（张惠燕，2019），以提高色素的得率，缩短提取时间，改善提取物的质量。例如，工业提取叶黄素通过亚临界流体萃取优化后提取率可达 32.28%，萃取时间由常规提取方法的 72h 缩短至 44min（李冰等，2020）；通过超高压提取工艺优化后的萘醌类色素提取率可达 13.68%，而超声辅助提取法的提取率仅为 8.22%（程茹等，2016）；大孔吸附树脂优化后的花青素提取率可达 97.31%，且纯度为常规方法的 2.2 倍（许志新，2021）。工业采用溶剂提取色素过程中，溶剂的种类、浸提时间、浸提温度、料液比是产率和纯度高低的主要影响因素，也是植物色素提取工艺的关键。

4. 分离纯化　植物色素提取无论采用何种提取方式，浸提液中都含有胶体、纤维素、脂肪颗粒、鞣质、蛋白质等杂质，这些杂质会影响产品的提取纯度。因此，杂质的滤除是提升色素品质的关键。生产中的分离纯化方法包括溶剂多次萃取、加压过滤、超临界 CO_2 流体萃取、吸附树脂和膜分离技术等。传统的离心分离、板框过滤、滤芯过滤和树脂吸附等方法精度低、进液要求高、运行维护成本高，且得到的产品质量较差。目前使用较多的方法是膜分离技术。

5. 干燥浓缩　传统的干燥方法有箱式干燥、滚筒干燥、耙式干燥等。对于高品质、热敏性、非水溶性，以及对粒度大小和分布有严格要求的色素，常采用气流干燥、旋转闪蒸干燥、低温真空干燥、冷冻干燥等。目前生产上常用的是喷雾干燥和低温真空干燥。

6. 制成品　天然植物色素的粗制品大多为粉末或结晶，通常稳定性较差，对光、热、酸、碱、金属离子等条件敏感。因此，为防止制成品质量劣变，需要采取一定的措施：①添加维生素 C、维生素 E 或天然抗氧化剂，以及明矾、酒石酸钠、磷酸等稳定剂增加其稳定性；②将色素进行微胶囊化；③色素分子结构修饰，即对天然色素分子的不稳定基团进行结构修饰，可以有效提高天然色素的稳定性、着色力和溶解性，如把叶绿素的中心原子镁换成铜，并把酯基水解成游离的羧基，生成叶绿素铜，能有效提高叶绿素的稳定性；④改善色素加工贮藏环境，尽量采取避光、低温和真空包装等环境条件，维持色素较高的稳定性。另外，加工过程中应避免与氧化性物质及 Cu^{2+}、Fe^{3+} 等金属离子接触。

（三）产品质量评价

我国《食品安全国家标准　食品添加剂使用标准》（GB 2760—2014）明确规定了允许使用的食品着色剂的品种、使用范围及使用限量，相应的质量规格要求也在逐步完善。目前，我国批准使用的食用天然植物色素品种均已列入上述国标中，允许使用的天然色素有靛蓝、姜黄素、番茄红素等 47 种。对于天然色素在印染工业中的应用尚未有国家标准出台，但部分企业出台了个别的行业标准。以下列举对靛蓝、姜黄素、番茄红素等 7 种色素的质量评价。多数色素一般从感官要求和理化指标进行质量评价，具体需要符合相关标准要求。

1. **靛蓝** 靛蓝的质量需符合《靛蓝》（HG/T 2750—2012）的规定要求。

（1）感官要求 色泽要求深蓝色，状态为均匀粉末或颗粒。

（2）理化指标 靛蓝含量≥93%，水分≤1%，细度（通过250μm筛的残余物）≤5%，铁元素含量≤500mg/kg。

2. **姜黄素** 姜黄素的质量需符合《食品安全国家标准 食品添加剂 姜黄素》（GB 1886.76—2015）的规定要求。

（1）感官要求 色泽为橙黄色，状态为晶体或结晶性粉末，需带有姜黄特有的气味。

（2）理化指标 总姜黄素含量≥90%，溶剂残留（正己烷、异丙醇和乙酸乙酯）≤50mg/kg，总砷（以As计）≤3mg/kg，铅≤2mg/kg。

3. **番茄红素** 番茄红素需符合《食品安全国家标准 食品添加剂 番茄红素（合成）》（GB 1886.78—2016）的规定要求。

（1）感官要求 色泽为红色至紫红色，状态为晶体。

（2）理化指标 总番茄红素含量≥96%，全-反式-番茄红素含量≥70%，干燥失重≤0.5%，阿朴-12′-番茄红素醛含量≤0.15%，三苯基氧膦（TPPO）≤0.01%，铅≤1mg/kg。

4. **甘薯色素** 甘薯色素的质量需符合《食品安全国家标准 食品添加剂 紫甘薯色素》（GB 1886.244—2016）的规定要求。

（1）感官要求 色泽为红色至紫黑色，状态为液体、粉末或颗粒状，无肉眼可见杂质。

（2）理化指标 色价 $E_{1cm}^{1\%}$（530nm±10nm）≥5，pH（10g/L 水溶液）2~5，总花色苷（以矢车菊-3-葡糖苷计）≥0.7%，灰分≤4，总砷（以As计）≤2mg/kg，铅≤3mg/kg。

5. **辣椒红素** 辣椒红素的质量需符合《食品添加剂 辣椒红》（GB 10783—2008）的规定要求。

（1）感官要求 深红色油状液体。

（2）理化指标 色价 $E_{1cm}^{1\%}$ 460nm≥50，总砷（以As计）≤3mg/kg，铅（以Pb计）≤2mg/kg，己烷残留量≤25mg/kg，总有机溶剂残留量≤50mg/kg。

6. **甜菜红色素** 甜菜红色素质量需符合《食品安全国家标准 食品添加剂 甜菜红》（GB 1886.111—2015）的规定要求。

（1）感官要求 色泽为紫红色，状态为液体、粉末或颗粒状固体。

（2）理化指标 色价 $E_{1cm}^{1\%}$ 535nm≥3，pH 4~6，灼烧残渣≤14%，总砷（以As计）≤2mg/kg，铅（以Pb计）≤5mg/kg。

7. **叶黄素** 叶黄素质量需符合《食品安全国家标准 食品添加剂 叶黄素》（GB 26405—2011）的规定要求。

（1）感官要求 色泽为橘黄色至橘红色，状态为粉末状。

（2）理化指标 总类胡萝卜素含量≥80%，叶黄素含量≥70%，玉米黄质含量≤9，干燥减量≤1%，灰分≤1，正己烷≤50mg/kg，总砷（以As计）≤3mg/kg，铅（以Pb计）≤3mg/kg。

四、我国重要野生色素植物资源的利用途径

（一）红花

红花是一种集药材、染料、油料和饲料为一体的特种经济作物，主要含有黄酮类、木脂素

类和多炔类等化学成分，含红花苷和红花黄色素两种色素，其中以黄色素含量较高。目前对红花的开发主要集中在红花色素、红花油和红花蛋白质的提取与利用：红花色素主要用于化妆品和食品着色；红花油在许多国家和地区已被广泛用作食用油及油漆、蜡纸、印刷油墨、润滑油等工业制造用油；红花蛋白质可用作育肥牲畜的饲料和食物的强化剂。

1. 工业领域　　目前，工业上使用的合成染料在生产、使用过程中常产生大量废气与废液，对环境造成污染、对人体产生危害，并且染后废液降解存在一定技术难度，给国家带来巨大的经济负担。红花色素属黄酮类化合物，具有良好的水溶性，属直接染料，不需要添加还原剂，可直接对纤维上染，符合绿色环保的时代要求，是具有发展潜力的植物染料之一。与其他天然植物染料相比，红花色素染料具有良好的耐光性，因其本身的共轭结构，对紫外线具有一定的吸收能力，因此可满足纺织服饰的日晒色牢度需求。红花黄色素对锦纶染色的摩擦和皂洗色牢度均在Ⅳ级以上。利用红花色素染色薄木，经 100h 光老化后表面色牢度等级可达 1～2 级，且在室内等紫外线不强的场所使用可延长木制品的使用寿命（杨菲，2021）。另外，红花色素染色的真丝内衣、睡衣既能防虫杀菌又能保护皮肤。

2. 其他领域　　红花既是药品，又是食品，它不仅广泛用作药材，也可作为药膳或饮料的原料。

（1）食品　　选用优质红花籽为原料，经科学加工精制成可食用红花油，不但保持了原有的营养成分，且富含天然维生素 E，多不饱和脂肪酸含量达 90% 以上，其中亚油酸含量高达83%，还具有耐贮藏、不易酸败的特性。红花油食用后消化吸收率为 99%，高于其他食用油，且不含胆固醇，营养又健康。

（2）医药　　红花有扩张人体冠状动脉及股动脉、活血化瘀、降压降脂和兴奋子宫的作用，入药可广泛用于治疗冠心病、心绞痛和心肌梗死。红花油在降低血液中胆固醇的含量、防治心脑血管疾病方面具有非常显著的作用。将花片长、色鲜红、质柔软的红花浸泡在白酒中制成的保健酒，是我国最常见、最古老的红花保健食品之一。以红花为原料配制成的红花茶，除具有防治心脑血管等疾病的功效外，还有丰富的营养价值。另外，因红花花粉中含有丰富的 Zn、Mn、Co、Cu、Fe 等元素，常将红花花粉作为人体保健食品，且发展了花粉食谱。

此外，红花中的红花黄色素是三种查耳酮葡糖苷结构分子的混合物，是一种很有价值的天然食用色素，具有色泽艳丽、耐高温、耐高压、耐低温、耐光、耐酸、耐还原和抗微生物等优点，是世界卫生组织和一些发达国家允许 / 鼓励使用的天然食用色素，我国已于 1985 年颁布其使用标准。

（二）姜黄

姜黄的化学成分主要为姜黄素类及挥发油两大类，还有糖类、甾醇等。其中的色素主要有姜黄素、去甲氧基姜黄素及双去甲氧基姜黄素，还有二氢姜黄素等。云南产区的姜黄以野生资源为主。目前国内对姜黄的年需求量达到 5 万 t 以上，国外年进口我国姜黄量已超 20 万 t。姜黄的开发利用集中在印染、化妆品、食品添加剂和医药等方面。

1. 工业领域

（1）化妆品　　由于姜黄具有抗氧化和抗菌作用，所以护肤效果较好。化妆品中加入姜黄会使皮肤白度显著改善，可减退红印及暗疮印，减少汗毛，减轻阳光及环境对皮肤的影响。姜黄素与各种金属离子配合可形成各种鲜艳的颜色，且着色效果好、色牢度较强，加上其抗菌护肤等功效，所以作为天然的染色剂广泛应用于化妆品。

（2）印染　　用姜黄对未改性纤维织物、阳离子改性棉针织物、真丝织物进行染色，染色性能高，均匀性、透染性都较好，色牢度比未改性的提高 1～2 级，并使织物具一定抗菌性。

2. 其他领域

（1）医药　姜黄入药有行气解郁、破瘀止痛的功效。具有辛辣味，可健胃，祛风寒，活血化瘀，对黄疸、溃疡有疗效。现代研究证实，姜黄中的主要成分姜黄素具有抗氧化、抗肿瘤、降血脂、降血糖、抗溃疡、保护肝、抗心肌缺血、抗抑郁、抗菌、消炎、抗病毒和抗真菌等作用，可用于治疗肿瘤、糖尿病、冠心病、关节炎、阿尔茨海默病及其他慢性疾病。

此外，姜黄除了用于临床治疗外，还可直接用作辛香料、调味品、普通食品、功能保健食品，如姜黄末、姜黄茶、姜黄饮料、姜黄泡酒等。

（2）饲料添加剂　姜黄素能提高蛋鸡的生产性能及产蛋性能。在蛋鸡日粮中添加姜黄素，蛋鸡产蛋率、采食量提高，显著降低料蛋比，鸡蛋总胆固醇含量也有所减少。肉鸡饲粮中添加姜黄素对肉鸡的生产性能和免疫力的提高及肉品质的提升有一定的改善作用。同时，在肉鸡日粮中添加姜黄素可显著提高肉鸡抗氧化能力和生长性能，通过增加有益菌数量、降低致病菌数量来调节肉鸡肠道菌群。姜黄素与抗菌肽的协同作用效果更佳，可以作为抗生素的新型替代品。

蓝耳病（PRRS）是严重威胁猪健康的疾病之一，姜黄素能够抑制 PRRS 病毒，也是猪圆环病毒免疫疫苗的增强剂，通过促进机体活性免疫细胞增殖分化并加强活性而加强机体的免疫功能。姜黄素还能够提高猪的生长性能并改善肉质，育肥猪日粮中添加姜黄素能改善血液生化指标，增强猪的抗病力。

（三）栀子

栀子的色素成分主要是萜类的藏红花素和黄酮类的栀子黄色素。栀子的花、果实、叶和根部可以提取栀子黄色素、栀子蓝色素和栀子红色素，广泛应用于印染工业、化妆品、食品等领域。

1. 工业领域

（1）印染　栀子黄色素的主要成分是藏红花素和藏红花酸，着色性好，无毒性，是一种天然染料。早在我国古代就有所应用，在现代染料工业上也应用广泛。栀子中的栀子苷可与氨基酸等物质反应生成栀子蓝色素和栀子红色素，二者均有较好的着色性能。

（2）化妆品　栀子花含乙酸苄酯、乙酸芳樟酯和乙酯苏合香酯等成分，芳香四溢，可用于化妆品香料。栀子花油可配制多种花香型香水、香皂和化妆品香精。

（3）食品工业原料　栀子花可作花卉类蔬菜食用，炒菜、做汤和凉拌均可；还可做成栀子花茶；也可将花瓣用盐搓揉后以冷开水洗净、沥干，以花瓣与糖 1:2 的比例加入糖拌匀，装在密封容器内腌制成蜜饯。栀子色素不仅可染纤维，还可用于饮料、酒类、糕点等的染色。栀子花可用作食品香料，栀子花油常作为口香糖的香精。栀子黄色素在水溶液里溶解性极好，且溶液为碱性，稳定性良好，用栀子黄色素配制的水果糖、饴糖，可精制成较透明的柠檬黄色的制品，长期保存无褪色现象。

2. 其他领域

（1）医药　栀子以果实入药，性寒、味苦，清热泻火，主治热病高烧、心烦不眠、结膜炎、疮疡肿毒、尿血等；外用治外伤出血、扭挫伤。栀子花具有清肺止咳、凉血止血的功效，主治肺热咳嗽和鼻衄。栀子叶具有活血消肿、清热解毒的功效，主治跌打损伤、疔毒、痔疮、下痢。根入药主治传染性肝炎、跌打损伤和风火牙痛。近来研究表明，栀子苷具有保肝利胆、抗肿瘤和防止流感作用。

（2）园林绿化　栀子具有良好的园林绿化作用，可成片丛植或配置于林缘、庭前等地，用作花篱、阳台绿化等均十分适宜，也可用于街道和厂矿绿化。此外，还可以作为酸性土壤的指示植物。

◆ 第四节　野生树脂植物

野生树脂通常是指由植物（少数由动物）获得的树脂。植物树脂是一些树木的生理分泌物（常伴生精油，如松脂等）。松树、冷杉和漆树等为常见获取树脂的重要野生植物树种。随着科学技术的发展，野生树脂中的松香、冷杉和生漆等已经成为工业生产中不可或缺的重要原料：我国生产的野生树脂主要为松脂，松脂加工后得到松香和松节油产品；冷杉树脂可制得冷杉胶和冷杉油；生漆是从漆树韧皮部割口采集的乳状汁液，为一种珍贵的天然植物涂料，素有"涂料之王"之称，具有环保、无毒的特点。

一、植物树脂的化学组成与功效

（一）松脂

松脂指松树中含有的树脂，是生产松香、松节油的原料。松脂是混合物，主要是固体树脂酸溶解在萜类中形成的溶液。松脂刚从松树的树脂道流出时无色透明，油含量可达36%。流出后，松节油中的单萜很快挥发，树脂酸也呈结晶状析出，松脂逐渐变稠，呈白色半流体状或半固体状。松香和松节油是我国生产的主要松脂产品。就原料而言，一般进入工厂的优级松脂平均组成为松香74%～77%、松节油18%～21%、水分2%～4%、杂质约0.5%。

松脂经加工后在室温下可得到挥发性萜类物质，称为松节油，非挥发性的树脂酸熔合物称为松香。树脂酸是松香的主要组分，萜类是松节油的主要组分。由于加工条件的关系，松脂加工时不能使树脂酸和萜完全分离，因此松香中除了树脂酸外，还含有少量脂肪酸和高沸点的中性物，松节油中也含有微量树脂。松脂中的树脂酸组分有海松酸、山达海松酸、长叶松酸、左旋海松酸、异海松酸、脱氢枞酸、枞酸和新枞酸（资源8-4）。

8-4

单萜、倍半萜、树脂酸等二萜化合物是组成松脂的主要组分。松脂中各种树脂酸和脂肪酸是以游离酸或化合酸（如酯）的形式存在，可以提高松脂酸值。松香软化点与其含油量（高沸点中性物）有关，一般含油量高，软化点则较低，并且不成比例。松脂中的二萜物质沸点较高，加工后会留存在松香中影响松香酸值及其软化点。松脂的中性物含量较少、组成复杂，松香的中性物含量越高，导致其结晶趋势越小，软化点、酸值、电绝缘性能降低。

（二）冷杉树脂

冷杉树脂由冷杉树皮皮囊中分泌的树脂加工制成，又称冷杉香胶。冷杉树脂由较易挥发的冷杉油（20%～35%）、树脂酸（30%～45%）、不易挥发的中性物（20%～28%）、氧化树脂酸及微量的脂肪酸组成。氧化树脂酸的含量视原料的新鲜程度而定。

1）冷杉油的主要组成为挥发性的萜及其衍生物醇、酯等，其组成可分为液体和固体两部分，其中α-蒎烯含量为30%左右，柠檬烯含量可达40%以上。其所含的固态乙酸龙脑酯和龙脑等为松节油中不存在的成分。冷杉油中的蒎烯、水芹烯等单萜化合物具有挥发性，这使得冷杉树脂暴露在空气中时，随着冷杉油挥发，逐渐成为不结晶的固态透明薄膜。

2）树脂酸存在于冷杉树脂中，大部分是枞酸、新枞酸和海松酸，而长叶松酸只是少量。冷杉树脂中树脂酸的成分与松脂中的相近，因此它具有树脂酸的一般化学性质。新鲜冷杉树脂的酸值一般为 50～70，也有高达 100 左右的。老树、病树、死树的树脂和氧化程度增强后的树脂，酸值均会提高，颜色加深。

3）中性物是指冷杉树脂蒸出冷杉油后存于冷杉胶中不能被皂化的物质。其成分比较复杂，除了未被蒸出的倍半萜及其衍生物外，主要是二萜烃类及其含氧化合物。除此之外，中性物中还含有冷杉醇，冷杉醇是双环二萜醇，常以水合的形式存在。中性物是黏稠透明的淡黄色液体，少量存在就能大大降低松香的结晶倾向和增加导电性能。中性物的存在使冷杉胶的弹性、柔韧性、耐低温性能增加，使软化点、酸值、黏度下降。中性物中的冷杉醇具有特殊的分子结构和多种活性基团，有望在合成工业中得到充分应用。

（三）生漆

生漆是从漆树韧皮部割口采集的乳状汁液，接触空气后，在常温条件下经漆酶的催化作用能自然干燥成膜，其色泽因氧化由浅逐渐变黑。因能抵抗强酸、强碱及大多数有机溶剂的腐蚀，具有耐热、耐水、绝缘及防辐射的优良特性，广泛应用于轻工、化工、机械、国防等部门。研究表明，生漆中各成分的含量随漆树品种、生长环境、采割时期等的不同而异。我国生漆中各成分含量大致如下：漆酚（60%～65%）、漆多糖（5%～7%）、树胶质（5%～7%）、漆酶（1%）、水分（20%～25%）及少量其他有机物（Gao et al., 2016）。

1）漆酚是生漆的主要成分。它是具有 15～17 个碳原子的不同饱和度的长侧链邻苯二酚的混合物。漆酚不溶于水，但能溶于乙醇、丙酮、苯、二甲苯、三氯甲烷等有机溶剂与植物油中。它不仅具有芳香化合物的特性，还兼有脂肪族化合物的特性。一般而言，生漆中的漆酚含量越高，漆酚结构中的脂肪烃侧链的共轭双键或双键数目越多，其化学性质越活泼，成膜性能就越佳，即生漆的燥性越好、漆膜越光亮。

三烯漆酚是中国生漆中漆酚的主要组成部分，含量在 50% 以上，且具有特殊的共轭双键结构。故可认为，生漆中三烯漆酚的含量与生漆的干燥性能有极为密切的关系，对于生漆的质量有重要影响。

2）漆酶是一种由肽链、糖配基和 Cu^{2+} 组成的糖蛋白，属蓝色多铜氧化酶家族，在氧气参与下可催化多酚、多氨基苯等物质，使之生成相应的苯醌和水。漆酶被广泛应用于食品、医药和工业等领域。漆酶存在于生漆的含氮物中，对漆酚的氧化聚合起催化作用，是常温下漆膜干燥不可或缺的催化剂。此外，漆酶作为一种去除废水中的酚类、非酚类高效能的物质，作用条件温和、环境友好且不会造成二次污染（吕虎强等，2020）。

3）含氮物无生物活性，它不溶于乙醇、乙醚等有机溶剂，也不溶于水。含氮物的成分结构及其在生漆中的作用有待研究。

二、树脂的采收与贮藏

（一）松脂

1. 采收　松脂采割是指在松树的树干上定期、有规律地开割割口，引起松脂大量分泌并收集从割口流出来的松脂的操作（资源 8-5）。松脂采集包括割沟、收脂、松脂贮运等。目前对符合采脂规程的松林多进行常法采脂；为了充分利用树脂资源，在伐前还可进行强度采脂；同时，化学采脂也取得了良好结果，但由于种种原因尚未大规模推广。

8-5

（1）常法采脂　不使用化学药剂或刺激剂处理割面或割沟的采脂称为常法采脂。根据割面部位扩展方位不同，常法采脂工艺可以分为下降式采脂法和上升式采脂法。下降式采脂法是指割面部位从树干高处开始采割，第一对侧沟开在割面的顶部，第二对侧沟开在第一对侧沟的下方，逐渐从上往下开沟，一般割到距离地面20cm处为止（图8-4）。上升式采脂法则相反。

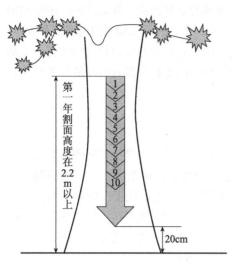

图8-4　下降式采脂法割面配置图

1）下降式采脂法：在采脂季到来之前，必须做好采脂规划、技术培训和制作采脂工具等准备工作，以便采割季节顺利进行生产。具体流程如下。

A. 选定割面：松树阳面的产脂量一般比阴面高30%，因此割面应选在向阳面、节疤少和松脂能畅流到受脂器的树干上。对于长期采脂的松树，每年均需紧接上年割面的正下方配置新割面，继续用下降式采脂法，直至距离地面20cm为止。接下来的采脂工作则选在割面的另外一面进行。

B. 刮皮：在选定的割面部分用刮皮刀把粗皮刮去，直至出现较致密、无裂隙、淡红色的树皮为止。留在树干上的树皮不宜过厚，一般不超过0.4cm。刮皮应在早春时节、树液尚未流动时进行。如果树液流动，内皮水分过多，粗皮与内皮则容易分离脱落，造成内皮裸露干硬，最终造成产脂量降低。

C. 开割中沟和第一对侧沟：首先，在割面中间与地面垂直开割深入木材的宽1.0～1.5cm、深约1.0cm的中沟。沟槽应外宽内窄且光滑。可用割刀开割成"V"形沟槽，以便松脂畅流到受脂器。

D. 安装导脂器和受脂器：导脂器倾斜60°安装在中沟的下端。受脂器挂在导脂器正下方，禁用铁钉固定，以免将来砍伐松树时损坏工具。松脂由导脂器流入受脂器，受脂器应加盖，以保持松脂洁净和防止松节油挥发。

E. 割沟：割好第一对侧沟后，需按照开沟间隔期依次有规律地向下开割，下一对侧沟紧贴上一对侧沟。应保证每一对侧沟等深、等长、平行。

F. 收脂：松脂的收集时间应根据气温条件、季节、受脂器容量而定。收脂越勤，松节油含量越高：割口刚流出的松脂含油量30%左右；每天收脂，含油量高达30%；3d收脂，含油量为25%；8～9d收脂，含油量为20%；半月收脂，含油量仅为15%左右。收脂过勤质量虽好，但是费工时，一般以8～9d为宜。松脂收运一次一般不要超过15d。收集的松脂按不同级别倒入木桶或缸坛中。收脂时应把积水倒净，并拣去杂质，及时交售。脂桶须加盖，防止掉入杂质和松节油挥发。

G. 采脂结束工作：采脂的温度一般要求在10℃以上，最好在15℃以上，最适宜的温度是20～30℃。气温高，松脂流动性增大，同时树木生长快，光合作用强，松脂形成也多。但天气炎热干燥的时候，产脂量反而下降，因为松节油强烈挥发，松脂快速硬化，缩短了松脂流出的持续时间。

各地的采脂季节应根据当地的气温情况决定。一般长江以南大部分地区4～11月可以采脂；亚热带可以常年采脂；长江以北5～10月可以采脂；黄河以北、东北，以及内蒙古5～9月可以采脂。当秋季昼夜温度在10℃以下时即停止开沟，将受脂器、导脂器及其他工具分别整理收藏。对于常年采脂的地区，采脂结束工作可免除。

2）上升式采脂法：上升式采脂法的工艺流程与下降式大致相同，只是不开沟，侧沟的夹角较小，一般为 60°，方便松脂流下。在树木水分充足的条件下可选用下降式采脂法，而当树木营养物质含量丰富时可采用上升式采脂法。

（2）强度采脂　　强度采脂的目的是充分利用树木，争取在树木砍伐前的两年时间里得到更多的松脂。一般采用"一树多口"的分层采脂法，即在树干上纵列开割多个割面，但割面间必须规整排列，不得形成"品"字形。

（3）化学采脂　　化学采脂是利用植物激素或者化学药剂刺激松树，促进松脂分泌，延长流脂时间，以提高松脂产量和劳动生产率。多年实践研究表明，对于需要长期进行化学采脂的树种主要是利用刺激剂，如乙烯利、苯氧乙酸和 α-萘乙酸等来处理刮面或割沟，尽量保证树木的生命力不受影响，使采脂年限延长 10 年以上。1～3 年内要砍伐的松林可以选用硫酸软膏化学刺激剂进行采脂，其机理：由于硫酸为强腐蚀性药剂，杀死排列在树脂道周围的泌脂细胞，扩大树脂道，减少树脂在树脂道中的流动阻力，延缓由于树脂酸结晶而造成的阻塞，进而促进树脂的流动强度。

2. 贮藏　　松脂的贮藏应坚持保持清洁、不渗漏、尽量减少松节油挥发的原则。收集的松脂宜装入不漏油的容器内，在安全处存放，容器需加盖，避免日晒和尘土混入，并及时运到收购点或工厂。收购点和工厂应将松脂分级并加盖贮存，注意防火。短期内不能调运或加工的松脂，应加清水保养，以防松脂氧化变质。松脂严禁与铁器直接接触，避免颜色加深。

（二）冷杉树脂

1. 采收　　冷杉树脂的采集主要有立木或戈倒木的制破式采脂和割沟采脂两种方法。

（1）立木或戈倒木的制破式采脂　　目前最广泛采用的方法是制破树脂囊取得树脂。立木采脂时，工人背上采脂壶，手持采脂筒，从树干下端到树顶，左手把树，右手将采筒的刀口刺破树脂囊的下部，用大拇指排压树脂囊，使树脂通过玻璃或竹制导管流入受脂器或采脂器，采脂器充满树脂后倒入采脂壶，再重新采集（资源 8-6）。

一般单个树脂囊可采脂 1～5g，特大的可采 15g，中等冷杉树每株可采脂 10～300g。大的树木有时每株可采 1kg。伐倒木采脂可结合采伐进行，较立木采脂方便，不必爬树。如将剥下的树皮集中起来采脂，效率更高，对树脂囊亦无影响。

8-6

立木采脂应注意安全，危险的树和悬崖陡坡上的树都不宜上树采集，并要采取安全措施。采集时还要注意勿使树皮、泥沙、雨水落入脂内，不使用不干净或有其他化学药品的容器进行包装。干树脂和其他树种的树脂不能混入，以保证冷杉树脂的质量。

（2）割沟采脂　　由于树脂道的网状结构和树脂道内部的压力，冷杉树脂可用割沟采割。垂直条沟宽 1cm，长 1m，间距 10cm，深至韧皮部或形成层。为了减少受脂器的数目，可在数条直沟的底部加一条斜沟，使树脂流入一个受脂器内。此法的优点是产量和劳动生产率较高，生产成本低。但树脂长期暴露在空气中易氧化，油分挥发损失，会有泥沙等杂质和雨水混入树脂内，质量受到影响。

2. 贮藏　　特制改性冷杉胶用平底指形玻璃管包装，普通冷杉胶和一般改性冷杉胶用三醋酸纤维薄膜筒包装，液体冷杉胶用棕色玻璃瓶包装。产品应放在阴凉干燥、通风良好、避光、避热的地方。

（三）生漆

1. 采收　　在漆树树干的皮部依次开割伤口，收集分泌的漆液，这种作业就是割漆（资源 8-7）。

（1）割漆的树龄和季节　漆树生长到一定年龄，漆脂道发育完全后，才可割漆。漆树的开割期因品种和产地条件不同而有很大差异。高寒山区和土壤瘠薄地方生长的野生漆树，需13～15年才能开始割漆。在较好条件下人工栽培的漆树，一般7～9年即可开割。例如，陕西、河南栽培的火罐子，5年可开割；陕西安康地区的大红袍7～8年可开割。一般来说，人工栽培的漆树由于产地条件好，开割期较野生漆树早。通常随着树龄的增长，树干胸径加粗，树皮增厚，漆脂道发育完全，生漆产量上升。因此不能完全以树龄作为开割标准，还应结合胸径和漆脂道的发育程度来确定。

采割漆液应在漆树生长旺期进行，一般以夏至到秋分期间为好。割漆季节因各地气候不同而有早迟，气温高、海拔低的地方，夏至（6月20日）前10d即可开割，霜降（10月23日）时停止，可采割120d左右。而在气温低、海拔较高的地方，一般要到接近小暑（7月8日）才能开割，寒露（8月10日）时停止，可以割90d左右。伏天是割漆的黄金季节。适龄开割的漆树，每隔3d割一次，一年可割10～15次。一棵漆树可割20年左右。

（2）割漆前的准备工作

1）割漆规划：勘察漆树资源状况，有计划地安排割漆劳力，合理划分工作区。一位漆农一天可以采割的漆树就是一个工作区，漆农称为"一路"或"一朝"。由于漆树每割两次之间要有数天的间隙，一般中低山栽培漆树的间隙为4～6d，中高山野生漆树的间隙为6～8d，因此每位漆农必须安排4～8个工作区，以便轮回采割。

2）工具准备：割漆工具包括刮刀、割漆刀、竹篮、漆桶、蚌壳和绑架时用的木棍藤索等。

3）开林道：在选定的每个工作区内确定工作路线，为了提高割漆工作效率，应以"Z"形或循环路径，使开刀和收刀相连接，停割后与收漆相衔接。选好路线后，开设开道，将路上的蔓藤荆棘杂草等排除，以利割漆。

4）扎架：在野生漆树或高大型品种的漆树上割漆，割口不断上移，为了安全生产和提高工效，必须在树干上按一定的距离（间距约80cm）进行扎架，做成一个梯子，梯架是由竹篾或葛藤将木棒横绑在漆树干上。严禁用在漆树上钉木楔的办法攀登上树割漆。

5）选定割面：为了便于操作和提高生漆产量，割面应选择在向阳、节疤少和生漆能流入受脂器的树干部，割面的高度：通常是第一个割面距树干基部33cm左右，第二个割面位于第一个割面的正上方，相距60cm左右，使之排列有序（在一条垂线上）。不能在树干上交错地配置割面，造成对树干的环割，阻碍养分输送，导致漆树早衰。如果树干直径较粗，需开多行割口时，行与行之间要注意保留一条宽20cm左右的垂直营养带，以保证养分输送，不致影响树木的正常生长发育，并能促进割口愈合。

6）刮粗皮：在选定的割面上用刮刀刮去粗皮，使割面光滑平整，利于割漆。要尽可能避免刮伤内皮。刮粗皮可结合放水工作同时进行。

7）放水：在割面上第一次开割，流出的树液含漆量极少，无收集价值，故名"放水"。放水等于开割的第一刀，因此割口形状也是根据割漆规程进行的。

（3）割口形状、割漆方法和时间

1）割口形状：我国劳动人民在几千年的生漆生产实践中积累了丰富的经验，创造了各种各样的割漆口型，可概括为单口型和双口型两大类。单口型如牛眼睛、柳叶形、画眉形和斜"一"字形，流行于四川、湖北、贵州等地。双口型如剪刀形、鱼尾形、牛鼻形等，流行于陕西、河南等地。

实践证明，采用双口型割漆法最好。据调查，各种口型之间的愈合状况有明显差别：小口型的画眉形、柳叶形等割口，在割后第二年已大量出现全愈合状态；牛鼻形割口在割后第三年出现少量全愈合；剪刀形在割后十年才出现少量全愈合口子；斜"一"字形割口愈合能力更差。割线过长和割口面过大是影响愈合的主要因素。

2）割漆方法：在树干基部距地面20cm处，割出剪刀形/鱼尾形/牛鼻形割口，两侧共割4刀，使之形成剪刀形/鱼尾形/牛鼻形。割后立即将蚌壳横插在割口的尖端下面，使漆汁流入蚌壳内。3~4h后，用软刮子将蚌壳内的漆液刮入竹桶里。

正确而熟练的割漆技术是提高生漆产量的主要因素。采割时注意事项如下：①为了保护漆树资源，必须切实做到胸径12cm以下的幼树不割、枝丫不割、主根一侧不割；②开口要合理，留足"营养带"，割口长度不超过围径的40%；③掌握好割口深度、割条宽度和割线角度。

割口深度以达树皮厚度的3/4左右为宜。割口过浅，割断的漆脂道数量少，产漆量低；割口过深，会伤害形成层，甚至损伤木质部，不仅影响割口愈合，而且增加生漆的含水量，影响生漆质量。割条宽度是指每次割漆时所切下的树皮狭条的宽度，它直接关系最后割口面的大小。割面越大，割口愈合越困难，进而影响漆树的生长发育。一般根据割口的干枯情况，每次割皮的厚度（宽度）为2~3mm为宜，实验证明，增加割条宽度，并不能导致产漆量的上升。因此尽量减少树皮的损耗，是采割技术中的一条重要经验。割线角度是指割线与树干中轴的垂线之间的夹角，实践证明以保持45°左右为好，既能保证漆液顺利畅通地流入受脂器，又能切断较多的漆脂道（对单口型和双口型都一样）。

3）割漆时间：伏天的理想割漆时间是日出之前，当光线使人能看到割口时就应开始割漆。这时树冠的蒸腾作用小，空气湿度大，漆液分泌快，分泌时间也较长，因而产量比较高。如割口较多，日出前不能全部割完，则应先割阳坡，后割阴坡，避免烈日当头时割漆。高温阴雾天是割漆的最好时机，漆液分泌时间长。应避免雨天割漆，因为上下树不安全，且雨水进入受脂器，生漆质量差。一般在割后3~4h按先后次序收取漆液。生漆割回后要存放在阴凉处，但时间不宜过久，要尽快调运，以免影响质量。

2. 贮藏　目前我国生漆的包装，绝大部分是用椭圆形木桶，由于质量不一及季节气候等的变化，常发生破裂、渗漏等问题，造成不少损失。因此，在贮藏过程中，必须注意掌握不同季节温度和湿度的变化规律，采取必要的措施，防止木制包装桶的变形和破裂，保持生漆原有的性状和品质。根据我国生漆产区的现实条件，生漆贮藏应满足以下几点要求。

1）生漆收集以后，必须在库内存放，不应在露天堆垛，以免因雨淋、日晒使漆桶破裂造成损失。存放生漆的库房宜建在阴凉避光处，地下仓库更为理想。

2）暂无条件建立生漆专用库房的地方，必须注意不能将生漆和盐、碱、硝、化肥、石灰等混合存放，应在库内隔离开，以防混入这些物质，使生漆变质。

3）在气温高、湿度低的季节，注意防止漆桶破裂，可用喷雾降温或淋水潮湿等方法，使库内保持一定的相对湿度，但要防止洒水过量、库内过潮而使漆桶底腐烂。

4）对于新制的漆桶，应细致做好糊桶工作，内壁涂刷一层漆，当干透后再装漆，以防渗漏。注意经常检查漆桶有无渗漏现象，发现后要立即采取措施，严重渗漏的及时换桶，轻微渗漏的及时进行修补。修补剂的配方：取熟石膏粉60%、立德粉25%、石棉粉15%混合均匀。按1∶3（混合粉∶生漆）的质量比，将此混合粉缓缓加入生漆中调和。修补时取纱布一块涂上修补剂糊在渗漏处即可。对十分轻微的渗漏处，将熟石膏粉直接抹在上面也可防止继续渗漏。

5）宽敞的库房不必堆垛存放生漆。条件不允许时，堆垛不宜过高，大桶2或3层，小桶3或4层为宜。堆垛过高，费工且不安全，漆桶受压易变形破裂，发现渗漏后也不便于修补。

6）采用的木制包装桶应既保证生漆不变质，又能安全长途运送到各工业部门，尽量减少因包装问题造成的损失。

7）在产区收购入库的生漆不宜久存，应尽早转送至各相关部门和加工厂。生漆存放一年，正常耗损量为2%左右，保管不当的耗损量在5%以上。因此，生漆的贮藏必须注意"先进先出，后进后出"的原则，保存期一般不要超过两年。

三、植物树脂的加工

（一）松脂

8-8

松脂的加工是为了将可挥发的松节油与不挥发的松香分离，并除去杂质和水分。最原始的方法是置松脂于金属容器中用火直接加热。松节油具挥发性，沸点相对较低，先逸出，经冷凝后收集，留下的便是松香。将水蒸气蒸馏的原理应用于松脂加工，就是水蒸气蒸馏法（资源8-8）。水蒸气蒸馏法是用水蒸气作为加热和解吸介质松脂加工的方法。加工过程分为三个工序：松脂的熔解、熔解脂液的净制和净制脂液的蒸馏。先将松脂加热并加松节油和水，使之熔解为液体状态，滤去大部分杂质，洗去深色的水溶物，同时加入脱色剂，除去松脂中的铁化合物。熔解脂液再经热水洗涤后进入净制工序，进一步除去细小杂质和绝大部分水，得到的净制脂液在间歇蒸馏釜或连续蒸馏塔中用过热水蒸气蒸馏，制得松香和松节油产品。水蒸气蒸馏法3个工序连续进行的为连续式；全部间歇式进行的为间歇式；也可以某些工序采用连续式，另一些工序采用间歇式。

1. 工艺流程

2. 操作要点

（1）松脂的熔解　由贮脂池运至车间的松脂呈黏稠的半流体状，含有泥沙、树皮、木片等杂质，以及相当量的水。为了除去杂质和水分，必须再加入适量的松节油和水，并加入草酸，加热至93～95℃。加热和加油的目的是使松脂更好地熔解，降低松脂的密度和黏度；加水是为了洗去松脂中的水溶性色素；加入草酸是为了除去有色的树脂酸铁盐，生成溶于水的盐类。在

8-9

松脂熔解锅（资源8-9）中熔解后的脂液呈流动状态，便于过滤、净制和输送。

1）松脂间歇熔解：松脂送入熔解釜，加入熔解油。并加松脂原料的8%～10%的水。熔解时用饱和或过热直接蒸汽（活汽）搅拌加热至93～95℃。松脂熔解完毕后，从熔解釜顶部通入蒸汽。将熔解脂液经压脂管压入过渡槽。一般工厂熔解过程（包括进料、熔解、压脂、清渣）操作一次约需25min。间歇熔融残渣的成分随松脂熔解是否完全而异，熔融完全的残渣成分为松香25%、松节油6%、杂质35%、水分34%。

2）松脂连续熔解：松脂、熔解油和水送入立式熔解器。松脂在立式熔解器内被蒸汽加热搅拌，熔解脂液从立式熔解器上部流出，滤去轻质浮渣后送至净制工序。粗渣泥沙等物沉积于立式熔解器底部定期排出。少量蒸发出的松节油和水的混合蒸汽接冷凝器回流。

（2）熔解脂液的净制　传统的松脂加工工艺是在松脂熔解过程中加入部分冷水，加上熔解松脂用的水蒸气冷凝水，可洗去松脂中的色素。但实际上，熔解有一定温度，提高了树皮等杂质中色素的浸出率，这些色素大部分随水于澄清时除去，但仍有部分留在脂液中，使产品的颜色加深。一般的水洗工艺都是在熔解粗滤后进行，粗滤将大部分有色物质滤去，脂液经过滤

槽沉去有色的洗涤水，再进行水洗，以进一步除去脂液中的色素，提高产品松香的颜色级别。水洗还可以除去脂液中残留的无机酸，以减弱蒸馏时对树脂酸的异构。水洗后除去水和细小杂质则多数仍采取澄清法。澄清法设备简单，维修容易，无须消耗动力，缺点是占地面积大，分离时间长，还需加一套中层脂液处理设备。在高压静电场中脂液连续澄清的工艺在中小型厂应用效果显著。

1) 脂液澄清过程的理论基础：澄清法是利用悬浮液或互不相溶的液体中各种物质密度不同而自行分层的原理。脂液澄清时，下沉的粒子主要是水，还有少量树皮和泥沙等。重的杂质如泥沙等在澄清时较易下沉，水和树皮等细小杂质与脂液的密度差不是很大，沉降需要较长时间。

2) 半连续式澄清工艺：为了保证脂液的正常流速和不致溢出，除了过渡槽具有的位能外，各澄清槽脂液的进出口也须保持 10cm 的位差。

3) 斜板澄清：在澄清槽中加设斜板能增大槽中的沉降面积，缩短水粒沉降深度，改善水流状态，达到提高沉淀效率和减少槽容积的目的。

4) 高压静电场脂液澄清工艺：在化工生产和环境保护工程中，应用高压电场对气体的除尘、液体雾滴的捕集和石油原油的脱水等均有良好的效果。其原理是用 4 万～7 万伏的特高压直流电源产生不均匀电场，利用电场中的电晕放电使杂质粒子荷电，然后在电场库仑力作用下把荷电的颗粒集向正极，凝集成较大的颗粒沿正电极沉于底部。

脂液的密度与松节油的含量和温度有关。随着温度的升高和浓度的降低，脂液的密度减小。一般送往工厂加工的松脂和水的密度接近，因此很难分离。为了使脂液很好地澄清，必须加大水和脂液的密度差，方法有两种：①在熔解时向松脂中加松节油，以减低脂液的密度；②向松脂中加易溶于水的食盐，增大水溶液的密度。加入食盐存在几点不利：一是食盐是强电解质，它强烈腐蚀设备与管道，并增加废水中的污染物；二是食盐与草酸和其他杂质形成不溶于水的物质，逐渐将过滤的滤孔堵死；三是在换热器和蒸馏釜中生成锅垢，影响传热效果；四是少量食盐溶于澄清后的脂液和水中，蒸馏后残留在松香中，影响松香的透明度和增加灰分含量。因此，我国松脂加工厂在熔解松脂时一般不加食盐而采用提高脂液中含油量（36%～38%）的方法。

（3）净制脂液的蒸馏　脂液在净化工序除去杂质和水分后可进入蒸馏工序，在蒸馏工序用水蒸气将松节油蒸出并制得成品松香。由于脂液中松节油的组成随采脂树种、地区、季节、树龄等的不同而有较大的差异，因此，加工工艺也有所区别。水蒸气蒸馏一般用于蒸馏在常温下沸点比较高，或在温度达到沸点时易分解的物质，也常用于挥发组分与不挥发组分的分离。其所得产品应完全或几乎不与水互溶。

1) 间歇式脂液水蒸气蒸馏（资源 8-10）：脂液间歇式蒸馏时，低沸点与高沸点的组分不易严格分离，因此常分 3 个阶段蒸馏：在 160℃前蒸出优油；在 160～185℃一部分低沸点油和高沸点油同时蒸出，称为熔解油或中油；在蒸馏的最后阶段蒸出的主要为高沸点的重油。蒸出的各类松节油和水的混合蒸汽经冷凝冷却，再分离残余水分后收集。优油和重油分别运往仓库，中油泵回熔解油高位槽用以熔解松脂。

8-10

2) 连续式脂液水蒸气蒸馏（资源 8-11）：由于原料的组成不同，加工工艺的流程与条件也不相同。对不含或少含倍半萜的松脂可采用一塔一段的蒸馏工艺。对含一定量倍半萜的松脂，工艺就复杂些。

8-11

（4）产品的包装　经过连续蒸馏塔煮炼的松香，可直接从塔底经管道输入包装场地，包装于镀锌铁皮的圆柱形桶中。如输送管道过长，可用蒸汽夹套保温。间歇蒸馏釜放出的松香，必须先集中放入铝板焊制的槽车，然后分装于桶中。化验员可按时于包装场所取样，测定松香软化点、检验色级和其他项目。

3. 质量评价　　原料松脂经采集、熔解、净制、蒸馏等加工过程后，可获取松香、松节油等产品。对松香和松节油进行质量评价时，可分别参照《脂松香》（GB/T 8145—2021）和《脂松节油》（GB/T 12901—2006）相关指标参数。

（1）松香的质量评价

1）外观：松香为透明固体，质硬而脆。松香的颜色由微黄到黄红，根据颜色变化而将其分成不同的等级。特级松香颜色微黄，一至三级松香颜色由淡黄、黄至深黄，四级、五级松香的颜色则呈黄棕和黄红色。

2）软化点：松香和松香衍生物是无定形固体，没有确切的熔点。为了进行质量检查，松香和树脂的生产与使用单位采用了各种不同的方法测定其开始流动的温度（软化点）。我国松香采用环球法测定软化点。软化点越低，质量越差。特级和一级松香软化点≥76℃，二级和三级松香软化点≥75℃，四级和五级松香软化点≥74℃。

3）比旋光度：松香是各种树脂酸的混合物，树脂酸具有旋光性。旋光能力有加和的性质，因此混合物的旋光能力等于在混合物组成中每组分旋光能力的代数总和。比旋光度为松香的重要性质指标之一，比旋光度呈正值（右旋）还是负值（左旋）由松脂的种类和加工工艺条件而定。

4）结晶趋势：松香在一定的有机溶剂（如丙酮）中有析出树脂酸晶体的趋向性，称为松香的结晶趋势。通常采用丙酮结晶法测定松香的结晶趋势。在15min内出现晶体的松香具有强烈的结晶趋势，2h以上才出现晶体的松香可以认为结晶趋势很小。

5）黏度：松香的黏度是很重要的物理常数。松香在不同温度下的黏度与松香的结晶性有关。松香的黏度不仅随温度改变而变化，同时还受到松香组成、树脂酸的异构程度和氧化程度等因素的影响。因此，不同树种、等级、产地和生产方法的松香，其黏度亦各异。

6）酸值：中和1g松香所消耗的氢氧化钾毫克数称为酸值，它表示松香中有机酸的含量。特级和一级松香酸值≥166mg/g，二级和三级松香酸值≥165mg/g，四级和五级松香酸值≥164mg/g。

7）不皂化物：松香中不和碱起作用的物质称为不皂化物。在造纸工业中如松香不皂化物含量高，则皂化后的乳化液不均匀，呈凝聚状态，影响均匀施胶而降低纸的质量。不皂化物含量高的松香常使油墨发黏，不易干燥。特级、一级、二级和三级松香的不皂化物含量≤5%，四级和五级松香的不皂化物含量≤6%。

8）乙醇不溶物：将松香溶于乙醇中，不溶部分即为乙醇不溶物。乙醇不溶物含量多，给造纸、油漆和合成橡胶的表面都带来不利的影响，因此要求越少越好。特级、一级、二级和三级松香的乙醇不溶物含量≤0.03%，四级和五级松香的乙醇不溶物含量≤0.04%。

9）灰分：松香高温煅烧至恒重后得到的残渣质量即为灰分。特级和一级松香灰分≤0.02%，二级和三级松香灰分≤0.03%，四级和五级松香灰分≤0.04%。

（2）松节油的质量评价

1）外观：松节油是透明无色、具有芳香气味的液体。分优级和一级两个等级。

2）相对密度 d_4^{20}：优级松节油<0.87，一级松节油<0.88。

3）折射率 n_D^{20}：优级松节油1.465～1.471，一级松节油1.467～1.478。

4）初馏点：优级松节油>150℃，一级松节油>150℃。

5）酸值：松节油本身无酸性，含微量树脂酸时稍具酸值。萜受到空气的氧化作用也会形成游离酸。松节油在有水分和光照的条件下，易吸收空气中的氧变为黄色树脂状产物，称为松节油黄化或树脂化。优级松节油酸值≤0.5mg KOH/g，一级松节油酸值≤1.0mg KOH/g。

（二）冷杉树脂

由冷杉树脂提炼的主要产品为冷杉胶。通常使用蒸汽蒸煮、低温干馏、加压蒸馏的方法来提取冷杉树脂，再进一步提取得到冷杉胶。

1. 工艺流程

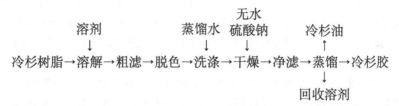

2. 操作要点

（1）溶解　冷杉树脂黏稠、难以过滤，需要稀释，常用的溶剂有乙酸乙酯、乙醚和松节油。乙酸乙酯对冷杉树脂的溶解性好，常被选作溶剂。此外采集的冷杉树脂中含有一些杂质，必须在蒸馏前除去。因此需先将树脂溶于乙酸乙酯中，以便过滤、脱色处理。

（2）粗滤　冷杉树脂在采集过程中，会带有树皮、苔藓、泥沙等各种机械杂质，应先除去。除去方法为低真空，用布氏漏斗工业滤纸过滤。除上述杂质外，树脂的不溶物也能同时除去。

（3）脱色　原脂在采集和存放过程中如果与铁器接触或存放太久，颜色会变深，而氧化树脂酸能使冷杉胶变脆易裂，降低耐低温性能。树脂酸铁盐的存在不仅增加了树脂的色值，而且使冷杉胶的质量下降，所以生产过程中要除去树脂中的氧化树脂酸和树脂酸铁盐。脱色的方法很多，常用以下几种。

1）溶剂法：溶剂法包括单溶剂的离析和双溶剂的液-液萃取两种。原理是利用树脂中不同组分的溶解度对溶剂的极性有选择性而将着色物质加以分离。一般常用的油性溶剂有石油醚、汽油等。一般常用的亲水性溶剂有糠醛、间苯二酚、乙二醇、稀碱液和醋酸钾的水溶液等。

2）溶剂-吸附法：根据吸附分离原则，欲从弱极性的冷杉树脂中将着色物质等强极性的组分分离，应选用非极性溶剂和高活性吸附剂。用3～5倍于冷杉树脂的石油醚溶解脂液时，用少量活化高岭土即可有效除去氧化树脂。

3）复分解法：树脂酸的铁盐是弱酸盐。因此，凡是比树脂酸强的酸类、酸式盐，都能使树脂酸还原而生成新的铁盐。强无机酸也能脱色，但会导致树脂酸的异构而不宜使用。用这些脱色剂，可将深色树脂精制成浅色树脂。

（4）洗涤　洗涤的目的是去除树脂中的水溶物和尘土等杂质。为了提高效率一般采用盐水洗涤，盐水量（含盐3%左右）与树脂体积等量，洗涤两次一般可以达到要求。用蒸馏水洗涤脱色后的溶液，以除去其中水溶性的有机酸和其他水溶物。

（5）干燥　洗涤后的溶液还含有少量水分，含水树脂难以滤净，必须在蒸馏前进行脱水干燥，脱水去除残留的微量水分。干燥剂一般选用无水硫酸钠，将其投入溶液后应不停地摇动、搅拌，干燥剂应微过量，以防因脱水不充分而造成溶于水的硫酸钠进入胶液，蒸馏时又会失去水分呈粉末状析出，进而影响产品质量。然后静置几小时至一昼夜，用中速滤纸过滤，将吸水后含胶的硫酸钠用乙酸乙酯洗涤后回收。

（6）净滤　为保证冷杉胶的清洁度达到光学胶的严格要求，脱水干燥的溶液先经5号或6号玻砂漏斗过滤除尘，滤液经检查合格后再进行蒸馏。

（7）蒸馏　净滤合格的冷杉树脂溶液，用蒸馏的方法分离出溶剂和冷杉油。如果溶剂的沸点较低，可在常压下蒸出溶剂，然后用减压蒸馏蒸出冷杉油。

3. 产品质量评价　冷杉树脂及冷杉胶主要从感官要求和理化指标进行质量评价。

（1）感官要求　刚采集的新鲜冷杉树脂具有特殊气味，几乎无色，透明，常温下呈液态；长时间放置的冷杉树脂会逐渐成为透明蜂糖状淡黄绿色黏稠液体，为稍具荧光的透明体，不结晶，有令人愉快的芳香气息，味苦涩，长期放置在空气中冷杉油渐渐挥发，树脂凝固变硬。

（2）理化指标　冷杉胶一般为黄色透明固体，相对密度（d_{20}^{20}）1.05～1.06，折射率（n_D^{20}）1.52～1.54，线膨胀系数（$\alpha_{0.25}$）1.6×10^{-4}～2.0×10^{-4}，皂化值124～135，酸值96～110。

各树种的冷杉树脂和固体本性胶都有较固定的酸值，如岷江冷杉树脂酸值在50～60，其固体本性胶的酸值为80～85。若固体本性胶蒸不干而酸值又较低时，说明掺有矿物油、植物油、液状石蜡等物质。若固体本性胶硬度较高，而酸值又超出正常值很多时，说明掺有松脂、毛松香或其他树脂物质。

一般来说，品质较好的冷杉胶具有透明度好、不结晶、无毒、膨胀系数小，有一定的胶合能力和迅速固化的特性，折射率与玻璃相近，并有合适的线膨胀系数，适应性强，在±45℃范围内具有不会偏移和破裂的特性，能耐高/低温，胶合强度好，并有便于拆胶的特性。

（三）生漆

生漆的加工主要包括精制和改性两个方面。生漆精制是指生漆除渣后，经活化漆酶、氧化聚合、脱水、过滤等工序的加工过程。生漆中漆酚苯环上两个邻位的酚羟基性质很活泼，且具有酸性，可以与许多无机化合物反应生成盐，与部分有机化合物反应生成酯或醚。受这两个酚羟基的影响，与它们成邻位或对位的苯环上的氢原子也变得非常活泼。生漆的改性主要是利用漆酚的反应活性，发生酯化、醚化、烷基化、络合、缩聚、共聚等一系列反应，从而制备具有不同功能特性的改性生漆（邓雅君，2018）。通过精制和改性能获得一些性能优越的功能材料，从而拓展生漆的应用领域。

1. 工艺流程

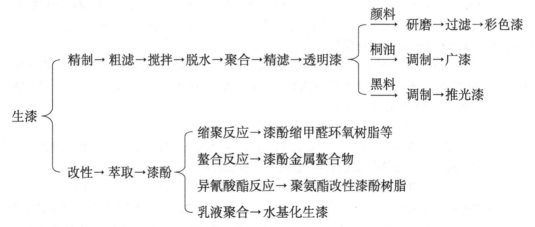

2. 操作要点

（1）生漆精制

1）生漆过滤：过滤生漆的目的是除去漆中的固体杂质，便于进一步加工和使用。根据每次处理量的多少可采用不同的方法和设备。

少量的生漆，一般用滤布直接过滤。通常采用方形夏布（细麻布）作滤布，在夏布上均匀地摊上一层丝棉，再于丝棉上盖上一层纱布，将生漆倒上后，两人将滤布的四角提起对称折齐，在垂直的折缝两边上部各捆扎上一根小木棍，朝相反的方向同时将滤布卷起用力绞紧挤出漆液（资源 8-12）。操作时两人的动作要协调，随时松动滤布，一松一紧地绞滤，使漆液容易绞出来。此法的劳动强度大、效率低。

8-12

若需过滤大量的生漆可采用手摇压力机压滤。将生漆装在细麻布口袋内，扎紧袋口，放在压力机上，摇动压力机，漆液即从麻布口袋的织孔中流出。若生漆黏稠度过大，过滤困难时，可加入少量汽油。

无论采用何种方法过滤，最好分两步进行：第一步粗滤，采用织孔较大的粗麻布或网孔大（如 60 目）的铜丝笼过滤；第二步精滤，用细麻布或细铜丝笼过滤。过滤后的生漆应装入木桶或陶瓷缸 / 钵内，用涂过豆油或菜油的牛皮纸贴于漆液面上，将其紧密地覆盖好。防止生漆接触空气氧化结膜，或水分、尘土等落入漆中。

2）生漆脱水：生漆经过暴晒或在低温下除去部分水分即为棉漆。将过滤后的生漆倒入浅盘中在烈日下暴晒，随时用牛角刮刀翻动漆液，让上下层均受到阳光直接照射，使水分能充分蒸发。生漆在阳光直射下面层很快由本色变为黄色，之后颜色逐渐加深。晒漆时要勤翻动，当面层漆液变为黄褐色时就要立即翻动，使底层生漆翻于表面与阳光接触。此时面层漆液又由本色开始逐渐变色，待变为黄褐色时又翻动一次。如此来回翻晒，直至漆色澄清，漆液上下层均呈黄褐色或褐色为止，此时漆中水分已大部分蒸发，汇集于容器内用油纸贴盖密封，贮存备用。

在没有太阳暴晒的情况下，可采用红外线灯泡加热法（资源 8-13），使漆中水分蒸发。但应严格控制温度，一般在 40℃ 以下，边加热边搅拌，以利于保持漆酶的活性和 5% 以上水分含量。要注意生漆黏度的变化，以适于刷涂施工为度。

8-13

3）精制彩色漆：习惯上根据加入颜料的颜色来命名彩色漆。用透明推光漆、广漆与各种颜料调配，可制成各色熟漆。色漆也可以在生漆中直接加入颜料调配而成，用生漆调成的色漆比各色熟漆的质量好，漆膜坚硬，在很大程度上保持了纯生漆的各种优点。用生漆调制的各色色漆，可用于涂刷工业设备、部件、管线等，不同的颜色可标志不同物件的不同用途，并且防腐性能良好。

用来配制色漆的原料生漆须先经过精滤除去固体杂质，颜料要先经过研磨、粉碎、筛选（用 120 目筛子）等处理。涂刷每平方米面积约需用生漆 150g、石膏 12g，并加入所需的颜料。调配色漆时要一边调一边加色加漆，用刮刀在板上将颜料和漆拌和均匀，然后收集于容器中备用。调色漆的要领是调成膏状挑起能挂丝不急不滞为宜。调制太浓涂刷费力而容易留下刷痕，太稀容易流挂而遮盖力差。

除以上所述几种精制生漆外，采用精制的方法还可以获得提庄漆、朱合漆、赛霞漆、透明漆、亚光生漆等产品。

4）精制广漆：广漆又名金漆、透纹漆、笼罩漆，是由棉漆与干性油（桐油、亚麻仁油）混拼而制成。干性油多采用桐油，俗称坯油。将未混杂其他植物油的纯桐油倒入铸铁制的平底熬油锅内，倒入量为锅总容量的 1/3，另备同样大小的一口锅，为熬好的坯油倒入冷却用。桐油加热冒出不太大的烟时（约 140℃），减小火量慢慢地熬，否则会因加热过猛，油内水分来不及挥发而产生大量油泡沫溢出锅外发生事故。约 10min 后油内水分基本蒸发完毕不再产生大量泡沫时，可继续加温，用木棍轻轻地搅拌，并随时用木棍挑起油进行观察。若油像水一般滴下需要继续熬炼，如发现挑起的油下滴时末尾有丝并有缩回木棍的现象，说明快到火候，迅速将油滴在铲刀上放入冷水中冷却。取出检查试样，并观察锅内的油，泡沫由白色变黄而呈烧焦现象时，说明油已熬到最高温度（250～260℃），此时立即将锅拿下将油倒在盛装熟油的锅内，用勺反复将油舀起倒下把油烟清除干净，待冷却后过滤即成调配广漆的坯油。

坯油加棉漆（质量比为1:1）即成广漆。广漆的颜色比生漆和明光漆浅，呈半透明状，涂刷后结膜为紫棕色而透明，光泽较生漆膜亮，但基本性能比生漆差，漆膜的坚固性也差，干燥率大大降低。因此使用时仍按季节不同再适当调入棉漆，以利于干燥结膜。通常伏天用对半的比例调配，其他季节依据气温情况确定。根据季节、气温，广漆与棉漆的调配量可按下列比例（质量）灵活调整：春季棉漆5份：广漆5份；夏季棉漆4份：广漆6份；秋季棉漆6份：广漆4份。

5）精制推光漆：又名退光漆。熬炼推光漆主要是用低温蒸发除去生漆中的水分，并保持漆酶活性，使漆酚由单体变为具有一定分子量的聚合体。将生漆倒入热的熬漆锅内，用文火（或水浴）加热，保持温度在30~40℃，慢慢熬炼。边熬边搅拌，并注意观察漆液变化情况。先是漆液开始沸腾翻起直径约2cm的大泡，并清晰可见白色水蒸气蒸出，当大泡布满液面后逐渐变为小泡，这时漆酚开始聚合，应加速搅拌帮助漆中水分蒸发，同时使漆液受热均匀一致。小泡逐渐变为枯黄色细泡，待细泡中出现豌豆大小的黑色小窝时，表明漆酚已聚合到相当程度，漆中含水约在8%，漆液呈深褐色，应立即离火，经除烟、冷却、过滤，即成推光漆的坯漆。除烟的方法和明光漆相同。

炼制推光漆时要严格掌握火候，应保持在漆酶最适宜的温度下加热，用猛火或加温超过40℃都不适宜。坯漆中的水分也不能完全除尽，含水量应保持在5%以上，否则会因漆酚聚合度大而造成漆液流动性差或影响干燥。

推光坯漆，习惯上称为熟漆，不加黑料的可以用来配制色漆，称为朱合漆，加入黑料即成黑色推光漆。一般在熬炼推光漆时加入5%的工业用氢氧化铁，使之与漆酚化合成为漆酚铁盐，这样炼制出来的坯漆黑度好。在未加黑料的浅色坯漆中加入银朱颜料，便是朱红推光漆。

熟漆不易干燥，使用时必须加入棉漆，常根据季节和气候不同，采用不同的配比。气温高、湿度大可多加热漆（坯漆），气温低、湿度小应多用棉漆。其基本配比（质量）：春秋两季，棉漆1份：坯漆1份；夏季，棉漆1份：坯漆1.5份；冬季，棉漆1.5份：坯漆1份。

（2）生漆改性　　漆酚可以从生漆中萃取分离获得，常用的萃取剂有无水乙醇、丙酮、氯仿、四氯化碳、石油醚、二氯甲烷、乙酸乙酯、正丁醇等。生漆在溶剂中的溶解顺序为极性溶剂＞弱极性或非极性溶剂。生漆常温下萃取3~5次，萃取液合并后，经加热减压蒸馏回收溶剂后真空干燥，可以获得漆酚。在加热减压蒸馏中为了避免漆酶对漆酚的聚合，可以采用HCl等调节萃取液的pH至4以抑制漆酶的活性。

1）改性漆酚缩醛环氧类涂料：利用合成酚醛树脂的原理，用亚甲基苯把漆酚连接成线型带有分枝的大分子，再与环氧树脂进行交联反应。生产配方如下：漆酚：甲醛=1:0.7（质量比）；漆酚缩甲醛：E-20环氧树脂=1:1（质量比）；磷酸（加入量）为成品量的0.5%；丁醇：二甲苯=1:2.7（质量比）；氨水适量。

先将生漆与二甲苯等量投入反应釜中加热，生漆中的水分与二甲苯形成共沸物一起排入冷凝器中，冷凝并分层，上层二甲苯回流入釜，待釜中水排尽后放料，使其冷却并沉淀，将上层二甲苯漆酚液再经高速离心机进一步去渣，得纯漆酚二甲苯清液。

将漆酚二甲苯清液投入反应釜中，边搅拌边投入甲醛，再投入氨水，加热，在90℃保持反应1h以上，然后升温排水，二甲苯回流入釜，待釜中水排净后继续加热，釜中温度恒定，保持至漆酚缩甲醛达到要求黏度时为止。再投入E-20环氧树脂及丁醇、加热至釜中温度恒定时保温，使其进行交联反应。待其黏度合格时，加入部分二甲苯及磷酸再继续反应1h后放料，过滤、包装。

2）改性漆酚金属螯合物：利用漆酚苯环上的酚羟基和有机硅、有机钛等进行反应，可以得到含有该种物质成分的漆酚有机元素化合物。由于结构中加入了 Si—O、Ti—O 等键，减少了漆酚上的酚基，从而提高了涂层的电性能、耐热性和耐碱性等。

3）漆酚有机硅涂料：采用甲基乙氧基硅烷，便得到漆酚有机硅单体或聚合物。使用的有机硅单体不同，获得的产物也不同。这些漆酚有机硅单体在加热时，可依靠单体上所保留的漆酚侧链上双键的氧化聚合，及单体上的—OH、—OC$_2$H$_5$ 等进一步反应交联而成膜。此类树脂属于烘干型涂料，其漆膜具有良好的抗油、抗水（于沸水中 200h 漆膜无变化）、耐热、耐溶剂、耐化学腐蚀等性能，并可以与醇酸树脂等配合使用。

4）漆酚铁有机化合物：在漆酚中加入有机酸铁盐或氢氧化铁，极易生成黑色的漆酚铁有机化合物。例如，漆酚树脂黑烘漆 1006 型，是将生漆中的漆酚萃取出来与乙酸铁进行反应而成的特黑色烘干型涂料，色特黑而纯正，不带杂色，具有优良的冲击强度和耐磨、耐热、抗潮、抗水（包括抗沸水）等性能，在 160℃下 1.0～1.5h 即可干燥。

3. 产品质量评价　生漆及产品质量的优劣与产品种类、漆树品种、立地条件、割漆时间等密切相关。目前，精制生漆产品的质量评价可通过感官要求和理化指标方面进行。改性生漆产品种类繁多，无统一的评价方法，可参考相应的化工涂料种类评价方法进行质量评价。

（1）感官要求　对生漆产品的感官要求主要包括以下几个方面（王性炎，2021）。

1）看漆膜：割入桶后的生漆，由于接触空气和漆酶的催化氧化作用，漆液表面会自然结成一层漆膜。从漆膜结构看，质量优的生漆，皱纹细致、分布均匀，颜色深黑鲜艳，韧性良好。凡掺入杂质的，由于生漆内掺杂的种类和数量不同，其漆膜状态和色泽反应也不同。一般掺入少量水和油的，漆膜韧性差，色暗黑带红；掺入水的为黄白色、水红色，漆膜粗糙，严重者形成一块平板，缺乏韧性；掺入油的是灰暗的棕黑色，漆膜韧性差；如果长期不能结膜，一般是掺入了较多的不干性油。

2）看层次：新采收的生漆经装桶后，如存放一周左右不搅动，会自然沉降形成三层。所谓油面、腰黄、粉底，就是对三层色泽的具体写照。各层次颜色差别显著，界限分明。凡掺入杂质或经强烈搅动后的生漆，层次遭到破坏，称为"上下一律"。

3）看转色：转色又称为转艳，正常的漆液当拨开漆膜后，表层为黄、赤黄或深谷黄色。当用竹板将生漆搅动后，会迅速转变颜色，由浅色逐渐转为深色。转变的色泽鲜艳、斑纹层次明显，是好漆的标志之一。转色过程的速度快慢，与生漆的干燥性能有密切关系。一般说来，转色速度快的生漆，其干燥性能好；反之则差。

4）看"米心"：所谓"米心"，是生漆中一种乳白色形似碎米状的颗粒，有时颗粒很小，当缓慢搅动漆液时，部分"米心"破碎、随漆液流动呈乳白色线条，如强烈搅拌，则颗粒逐渐消失、与漆液混合均匀。漆液中"米心"的存在，说明这种漆液纯正，是真正的漆液原状，这种漆能保存一定时间不易变质。一般大木漆"米心"小，小木漆"米心"大。没有"米心"的漆，一般来说质地不纯。

5）看丝条：用木片搅动生漆后，将木片提起看所黏附的漆液下流时悬垂拉成的丝条，丝条细长，下垂断丝后回缩力强，断头处回缩呈鱼钩状，即为好漆。如流下的漆液呆滞，丝条粗短，丝头断处无回缩力，或漆液下滴成团起堆，说明质量差。

6）看含渣量：在采制生漆过程中，难以避免地会混入少量树皮屑等渣质；同时漆液因接触空气，面层有自然干燥结膜现象，因而漆液内必然有少量自然干燥的软渣，这是正常现象。如含渣量过高，超过百分之三，则质地不纯。

7）闻气味：鉴别生漆除用肉眼观察产品上述方面外，还可闻其气味。正常漆液具有香味或酸味，根据香、酸气味浓度的大小，大致可以判断漆液的好坏程度，并确定其存放期长短。大木漆具有酸香味，小木漆有芳香味。如气味过浓或有腐败和其他异味，都可能是变质的表现，这类漆不宜贮存。

（2）理化指标　　生漆原料和精制生漆产品常采用漆酚含量、含水量和低沸点组分含量、树胶质和含氮物含量等理化指标来进行评判：漆酚含量在 50%～70%，含水量在 20%～30%，树胶质含量在 10% 以下。

目前，我国检验生漆及生漆产品的质量，仍主要采用传统方法，即物理感官鉴定法，主要靠感官，其准确度取决于检验者的实践经验，即使是具有丰富经验的检验员，在检验中也必须把各种检验结果有机地结合起来，经参照分析和综合评定，才能对生漆的质量做出正确的判断。

四、我国重要野生树脂植物资源的利用途径

（一）松脂

松香、松节油可以作为普通的化工原料直接应用，如作涂料、医药、胶黏剂等。由于松香存在易结晶、不耐氧化等缺点，一般要利用它的反应基团，经过化学改性，得到各种再加工产品，这些产品的附加值高、使用效果好、应用范围广，发达国家大多使用松香、松节油再加工产品。

1. 工业领域　　松香适合用作电绝缘材料，脂松香和歧化松香可以用来浸渍电缆绝缘纸，松香及其改性物也可用于制造高级电缆油。松香是一种弱酸性物质，它能除去金属表面的氧化物，并轻微地刻蚀金属表面。含少量铵盐的松香还有助于焊剂的展开，由于其展开性和润湿性良好，可降低制作一个牢固可靠的焊点所要求的时间和温度，这对焊接工艺是极为重要的。因此许多焊剂中都含松香，如含松香的焊锡条。

松节油作为一种溶剂，可用于稀释油性涂料、生产清漆，以及用作化学工业的原料。松节油和蜂蜡或巴西棕榈蜡的溶液长期用作家具蜡。水溶性松香树脂除在水性油墨和水性涂料中广泛应用外，在胶黏剂和防锈剂等方面的应用也备受关注。将水溶性丙烯海松酸树脂用于胶黏剂，使其具有良好的水溶性和黏结性能。将上述树脂与丙烯酸乳液混合可制备一种初黏力大、黏接强度高、固化时间短的水性胶黏剂。采用水溶性松香树脂作防污涂料黏合剂，能够将涂料的释放速率调节至合适值。

此外，松香在食品工业中的开发与应用，不仅符合"天然、营养、多功能"的发展宗旨，也是我国林产化工行业发展水平高低的重要标志。由松香或氢化松香与甘油经过酯化、精制而成的食用松香树脂，具有无毒、良好的增黏和乳化性能，被广泛应用于食品添加剂、食品乳化剂和胶基原料等。

2. 其他领域

（1）医药　　松香入药，可以祛风燥湿、排脓、拔毒、生肌止痛，外用可以治疗痈疽、恶疮、疥癣和疔毒等。基于松香对皮肤的兴奋和排毒作用，许多药膏和药用肥皂均含松香。对于一般的用于检验尿、胆碱酯酶、钙、镁的血液试纸，经胆甾醇或其酯溶液处理，则具有不吸附红细胞和血色素等的特点，因而可使读数清晰。

松节油具有很好的医用效果，可以用来清洗伤口、取代其他有害药物试剂、溶解结石等。以右旋柠烯为主要成分制成的复方柠檬烯胶囊，具有利胆溶石、理气开胃、消炎止痛的功效，可用于治疗胆结石、胆囊炎等。将松节油原液与鱼肝油按一定配比制成合剂，可用于伤口止血，又能促进肉芽组织生长。水溶性松香树脂还可以用于制备基质片剂和丸剂以持续释放药物。许

多松香衍生物也被用于医药合成。

（2）农药增效剂　　松节油作为昆虫驱避剂，在对人畜安全和环境友好方面具有较大优势。天然的松节油是混合物，利用松节油合成高效、低价、无毒的增效剂产品，成为开发松节油资源的一条新途径。农药增效剂多为生物解酶的抑制剂，增效剂本身对昆虫无毒杀作用，但与杀虫剂混配使用，能提高杀虫效果，降低用药物成本，减少环境污染。

（二）冷杉树脂

冷杉树脂是由冷杉树皮皮囊中分泌的树脂加工而成，是一种珍贵的化工原料，用途广泛。

1. 工业领域　　冷杉树脂是优良的光学玻璃胶合剂。尽管现代合成光学树脂技术在飞速发展，但冷杉树脂由于质量优，资源较多，生产成本低廉，仍然是目前光学用胶的一个重要来源。我国国产冷杉树脂的主要性能指标均超过了从德国、日本进口的加拿大树脂，因而不仅占据了国内市场，而且远销国外。将冷杉树脂、橡胶或其他树脂的混合物在真空中加热，然后加入植物油或矿物油，是一种很好的瓶口密封剂。

冷杉胶用作光学零件的胶合剂，已有数百年的历史。随着现代科技的发展，冷杉胶的用途更为广泛，可以用于制备电子显微技术中的专用薄膜。此外，还可用作吸湿的偏光片、滤色片的封藏胶合剂。与聚合型树脂配合作用，可有效地把亲水胶质滤光片封藏在两块玻璃之间，不但不会破坏薄膜，而且胶合力强，可有效防水，能保证光学均一性。

冷杉油可直接用作溶剂，也可用于油漆和纺织工业（制造媒染剂、染料及毛织物的洗涤去脂等）。此外，还可用作除臭剂及印刷油墨、杀虫剂等的添加物。

2. 其他领域　　冷杉树脂在药用领域具有重要作用，用作外伤的涂敷药物已有很久的历史。它可以防止伤口腐烂发炎，特别是对那些长期不愈、溃疡性外伤具有治疗作用。对火伤、烫伤也有治疗作用，并可作为泻药使用。在医药生产中，冷杉树脂是膏药的良好基质，还可以黏合药丸，用冷杉树脂和蜂蜡混合，只用很少的量即可使药丸的各种成分黏合在一起，长期保持不软不硬，可避免吸湿潮解，防止变质变味。冷杉树脂的地衣酸铜盐溶液对革兰氏阳性菌具有抗菌作用，可作为烧伤、其他外伤及形态手术的外用药。

（三）生漆

漆树是一种重要的工业原料林树种，除采割生漆用于涂料外，在其他领域也具潜在开发价值。

1. 工业领域　　生漆可用于轻手工、纺织、印染、石油、化学等工业领域。用生漆涂饰家具和日用品中的高档商品，光彩照人，精致高雅，经久耐用，颇受人们喜爱。在印染工业方面把生漆用在印机的主要部件印花板和要求耐高压、耐沸水、防腐的染色管上，效果较好。部分油田将生漆用于水罐、脱氧水罐、含油污水沉降罐、贮油罐和水塔中的防腐涂层。石油贮备部门的贮油罐，特别是高级油料的贮备罐用生漆作内壁涂料比较理想，既能防腐蚀、延长油罐使用寿命，又能保证油品质量。在合成氨、尿素、硫酸、甲醇等化工品生产中，各种气体、液体对设备、贮罐腐蚀严重。部分化工厂将生漆用于脱硫塔、热水饱和塔、冷却塔、再生塔、水洗塔、水管、除盐水箱、甲醇车间和硫酸车间管道的涂装，均不同程度地解决了防腐蚀问题。

2. 其他领域　　漆树的果实为漆籽（资源 8-14），从中所榨取的油脂为半干性或近干性油，无毒、味香，含 60% 以上亚油酸，具有降血脂、抗动脉粥样硬化作用，有较高的食用价值与保健价值，可以直接食用。因漆油益气补虚功效显著，我国傈僳族自古以来常用漆油炖鸡，作为产妇的营养滋补品；国内民间常将熔化的漆蜡倒入加热的白酒中制成漆蜡酒或制成漆蜡茶，饮服可治胃病。现代药理研究表明，漆树提取物特别是黄酮类物质具有明确的抗肿瘤、抗氧化、

8-14

抗炎、抑菌、保护神经细胞、治疗糖尿病等作用。

漆籽制蜡榨油后的剩余物漆饼渣含有丰富的粗蛋白、粗脂肪及粗纤维，可制作混合饲料喂养家畜。漆酚类化合物是一种很好的异株克生剂，它经氧化而成的酯型化合物具有抑菌、杀虫的功效，可用于田间作物农药防治。漆蜡中含有 0.5%～1.5% 的三十烷醇，可作为植物生长调节剂，广泛应用于农作物、蔬菜和水果栽培，促进植物生长。此外，以漆酚为原料合成的漆酚树脂可制成化学传感器，应用于医药行业。

◆ 第五节　野生树胶植物

8-15

树胶是一种水溶性多糖物质。天然树胶原指树木伤裂处分泌的胶黏性液体凝固而成的无定形物质，如桃树胶、阿拉伯树胶等，被认为是植物抵御外界不良因素反应的一种病理产物，后来被扩展到从陆生和海生植物中用水浸提出来的各类多糖物质（资源 8-15），现泛指来自植物和微生物的一切能形成水凝胶或在水中生成黏稠分散体的多糖和多糖衍生物。来源包括植物分泌物、植物水浸提物、种子胶和海藻胶。我国树胶植物种类很多，大部分处于野生或未被利用状态，主要分布在豆科、蔷薇科、猕猴桃科和天南星科等植物中，其中豆科是最重要的产胶科。

一、树胶的化学组成和功效

天然树胶种类很多，一般都按来源命名，如来源于魔芋具有树胶性质的多糖就被称为魔芋胶，来源于刺梧桐的多糖就被称为刺梧桐胶。这些树胶除根据来源分类外，还可按化学结构或性质等归入不同类别，如瓜尔豆胶和角豆胶按化学结构组成同属于半乳甘露聚糖胶；阿拉伯树胶和刺梧桐胶按凝胶特性都属于阴离子型树胶。常见天然树胶分类见表 8-3（Suhail et al., 2019）。

表 8-3　常见天然树胶分类

分类依据	类别	举例
化学结构	半乳甘露聚糖	瓜尔豆胶、角豆胶、田菁胶、决明子胶、胡卢巴胶
	葡甘露聚糖	魔芋胶、白及胶
	三杂多糖	结冷胶、罗望籽胶
	四杂多糖	阔叶榆绿木胶、车前籽胶
	五杂多糖	阿拉伯树胶、桃树胶、黄芪胶
所带电荷	阴离子胶	阿拉伯树胶、刺梧桐胶、桃树胶、角叉藻聚糖、结冷胶
	非离子型胶	瓜尔豆胶、角豆胶、罗望籽胶、黄原胶
成胶特性	冷凝胶	结冷胶、亚麻籽胶
	热凝胶	魔芋胶、琼脂
来源	微生物	黄原胶、结冷胶
	植物分泌物	阿拉伯树胶、刺梧桐胶、黄芪胶、阔叶榆绿木胶
	植物内含物	魔芋胶、黄蜀葵胶、猕猴桃藤胶
	植物种子	瓜尔豆胶、角豆胶、田菁胶、罗望籽胶
	海藻	海藻酸、角叉藻聚糖
形状	有长侧链	阿拉伯树胶、黄芪胶
	有短侧链	黄原胶、瓜尔豆胶

大部分树胶是杂多糖，少数是均多糖，有些还含有蛋白质及小分子代谢物等杂质。树胶的典型结构如黄芪胶（由半乳糖醛酸主链和含半乳糖、木糖、岩藻糖、阿拉伯糖的侧链构成）和瓜尔豆胶（由甘露糖主链和半乳糖侧链构成）（资源 8-16）（Suhail et al.，2019）。

树胶的单糖组成主要有半乳糖、葡萄糖、甘露糖、阿拉伯糖、鼠李糖、木糖及各种糖醛酸等，其羧基还可被甲酯化或与 Mg^{2+}、Ca^{2+} 及其他阳离子形成盐。表 8-4 是主要天然树胶的单糖组成（Suhail et al.，2019）。

8-16

表 8-4　主要天然树胶的单糖组成

名称	来源	单元组成
阿拉伯树胶	阿拉伯金合欢、阿拉伯胶树	半乳糖、鼠李糖、阿拉伯糖、葡糖醛酸、4-甲基葡糖醛酸
桃树胶	桃属、李属、杏属等	阿拉伯糖、半乳糖、木糖、葡糖醛酸、鼠李糖
刺梧桐胶	刺梧桐	鼠李糖、半乳糖、半乳糖醛酸、葡糖醛酸
田菁胶	田菁	甘露糖、半乳糖
罗望子胶	罗望子	葡萄糖、木糖、半乳糖
黄芪胶	黄芪	半乳糖醛酸、半乳糖、木糖、岩藻糖、阿拉伯糖
瓜尔豆胶	瓜尔豆	甘露糖、半乳糖
黄原胶	黄单胞杆菌	葡萄糖、甘露糖、葡糖醛酸
阔叶榆绿木胶	阔叶榆绿木	半乳糖、葡糖醛酸、阿拉伯糖、甘露糖
角豆胶	角豆树	甘露糖、半乳糖
结冷胶	伊乐假单胞菌	鼠李糖、葡萄糖、葡糖醛酸
刺云实豆胶	刺云实	甘露糖、半乳糖

树胶因其稳定的物理、化学性质及增稠性、成膜性和泡沫稳定性等特点，已广泛应用于新型食品添加剂及辅助医疗制剂。例如，天然胶中瓜尔豆胶的水溶液黏度高，可以作为食品的增稠剂。此特性最常用于饮料生产中，比普通增稠剂更易增加果汁的黏稠度，使饮料的质地和口感有所改善。作为一种水溶性膳食纤维，瓜尔豆胶有助于人体排除废物、降低血脂和胆固醇、改善人体肠道菌群、预防肛肠疾病等，且具有食用安全性。瓜尔豆胶黏性的降低有利于其在生产应用中的控制，使瓜尔豆胶能够用于食品加工、医疗辅助剂、造纸等领域，成为大有发展潜力的新资源食品（Shadpour et al.，2021）。

二、树胶的采收和贮藏

（一）植物种子树胶

植物种子树胶资源植物很多，主要是豆科植物。该类树胶植物可在豆荚成熟时采用联合收割机进行田间收割和脱粒，也可收割后集中脱粒。对于高大树木上的木本豆荚，则需要专用机械采收或人工采收后集中脱粒。脱粒后一般要经过干燥、除杂、分级等工序，最后贮藏于干燥的仓库中。有些虫害严重的种子，在采收后还要及时用磷化铝或二硫化碳等药剂密闭熏蒸处理。需要注意的是，无论是晒干还是烘干，都要凉透后入库。入库的树胶类种子含水率一般应在13% 以下，不以播种为目的的种子可在更低的含水率下贮藏，含水率越低越利于长期贮藏。贮藏期间要注意仓库湿度和温度的变化，定期检查种子含水率，并观察霉变或虫害情况。

（二）植物分泌物树胶

对于阿拉伯树胶、桃胶和黄芪胶等植物分泌物树胶，一般直接手工从树上采摘或用小刀辅助剥取树木分泌物。对于阿拉伯树胶，一般是于旱季时先在生长 15 年以上的阿拉伯胶树上割去一小块树皮，3 周后采收伤口周围分泌的树胶，之后每 2 周收集一次，直到旱季结束。采收后经过简单的暴晒就可售卖或使用。干燥的阿拉伯树胶含水率一般在 15% 以下，性质稳定且耐贮藏，可在干燥的环境下长期贮藏。

桃胶是我国的特产，已有数千年利用历史。广义的桃胶包括桃属、李属、杏属和樱属等的树干分泌物。目前以采收自然分泌桃胶较多，人工割胶较少。虽然有报道在早桃采收后可割树皮促进桃胶分泌，但未见大量科学研究资料。由于该操作可能会影响树势及来年桃的产量，因此应谨慎处理。与阿拉伯树胶等于旱季采收不同的是，桃胶一般在雨水充沛的季节分泌较多，此时微生物和昆虫都很活跃，因此桃胶很容易被污染，同时由于吸水膨胀还会导致桃胶掉落或粘在树皮上难以采集。传统的一般是在秋季等待桃胶在树上自然干燥后采收，由于树胶在树上停留的时间长，往往因污染和氧化而变成棕黄色甚至褐色，溶解性很差。桃胶刚分泌时一般颜色较浅，建议分泌后于天晴时及时采收，然后晒干或经过清水漂洗去杂后烘干。干燥的桃胶性质较稳定，但由于其中含有多种桃树次生代谢物，其中有些易于氧化变色，长期贮藏时颜色会变深。

（三）植物内含物树胶

对于猕猴桃藤胶和魔芋胶等植物内含物树胶，一般采收植物茎秆、叶或果实等含胶部位后直接利用或加工，也可干燥后贮藏。猕猴桃为原产于我国的古老野生藤本果树，近年来作为富含维生素的果树大量栽培。猕猴桃藤可在秋冬采收，去除叶后晒干，贮藏于通风干燥处。

魔芋球茎中含有大量葡甘露聚糖，可生产魔芋胶。我国魔芋属植物有 19 种，广泛分布于除东北以外的各地丘陵和山区，其中利用价值较高的主要有：魔芋（*Amorphophallus konjac*），含葡甘露聚糖 52%～59%；白魔芋（*A. albus*），含葡甘露聚糖 60% 左右；攸乐魔芋（*A. yuloensis*）和勐海魔芋（*A. kachinensis*），含葡甘露聚糖 33%～40%。魔芋一般在地上部分枯萎后 30d 左右采收（通常在 11 月中下旬），采挖时防止挖烂碰伤，要细挖轻放，边挖边晒，待晒去 15% 左右的水分后即可贮藏。

魔芋贮藏可分为鲜芋贮藏和干燥贮藏。鲜芋贮藏怕伤、怕冷、怕热、怕干、怕湿、怕闷。传统做法是在魔芋收挖后，选无病无伤的魔芋在太阳下晒 2d 后入地窖贮藏。入窖前地窖用草烧一次，再撒硫黄粉消毒，也可喷洒布托津或多菌灵等杀菌剂对地窖消毒，还可用杀菌剂和防发芽剂等处理魔芋。窖内贮量为其容量的一半为宜，冬季密封窖门，但窖上要留一个小风孔，春季气温回升后打开窖门，注意通风透气。现代贮藏可用冷库贮藏，贮藏温度为 8～10℃、湿度 70% 左右，同时注意通风，避免二氧化碳浓度过高或氧气浓度过低。用于加工魔芋胶的魔芋，可在采收后立即洗涤、去皮、切片或切块干燥，然后将干燥的魔芋片置于干燥低温环境贮藏，以待进一步的魔芋胶加工。

三、树胶的加工

1. 植物分泌物树胶　　对于阿拉伯树胶、桃胶和黄芪胶，可从树上采收后直接使用，也可经过溶解、过滤、漂白、杀菌和喷雾干燥后包装售卖。有些树胶如桃胶由于溶解性差，加工工艺中一般还需增加水解环节。

2. 植物内含物树胶和果胶　　对于猕猴桃藤胶、黄蜀葵胶和柑橘果胶等，一般直接采收茎秆、叶或果实等含胶部位，用水提取后过滤、真空浓缩、喷雾干燥或加乙醇沉淀后离心或过滤，然后进行干燥粉碎。魔芋胶可采用干法或湿法两种方法加工。

3. 植物种子树胶　　植物种子树胶是采收植物成熟的种子，其中豆科的树胶一般存在于胚乳中，其加工主要是分离出胚乳后进行粉碎；其他种子如车前子和薜荔种子的树胶存在于外种皮上，其加工方法类似于果胶，一般采用水提取。

下面介绍几种具有代表性的树胶的加工方法。

（一）桃胶

1. 工艺流程

$$桃胶→冲洗→溶胀→漂洗→破碎→水解→沉淀→过滤$$
$$检验包装←固体胶←干燥←液体胶检验←过滤←漂白$$

2. 操作要点

（1）溶胀、漂洗、破碎　　采收的桃胶一般先用水冲洗去表面泥沙，然后按料液比 1∶2 加水溶胀 2d 左右，搅拌漂洗去杂后进行破碎。对于质量较好、杂质少的干燥桃胶，也可直接破碎后按料液比 1∶2.5 加水溶胀 12～24h 即可。

（2）水解　　传统的水解是加热自然水解，一般料温 120℃水解 3～6h，或 100℃水解 12～24h。现代加工可用超声波和微波辅助提取，也可用碱水解，但要特别注意其 pH 和时间，以免水解成单糖，降低树胶得率。不同的水解处理可导致桃胶的得率、分子量和水溶性差别很大。

（3）沉淀、过滤　　水解后的桃胶经过自然沉降或离心沉降去除密度大的泥沙等杂质，然后用板框过滤机或袋式过滤机过滤，此时的桃胶称为未漂桃胶。

（4）漂白　　未漂桃胶可加桃胶干重 10% 的次氯酸钠或 15% 的浓度为 30% 的双氧水，搅拌漂白，当颜色变白后去除泡沫并离心或过滤，此时得到漂白液体桃胶。

（5）干燥　　将上述桃胶液经喷雾干燥或减压蒸干后粉碎，即可得到固体状的干燥桃胶粉末。

（6）检验包装　　冷却后的胶粉经检验合格后进行密封包装，避免其吸潮结块。

3. 产品质量评价　　桃胶在我国利用历史悠久，但目前无其质量相关的国家标准，仅有地方药材相关标准和企业自行编制标准。树胶产品若作食品添加剂要符合食品安全有关强制性标准。一般来说评价桃胶质量的共性指标如下。

（1）感官要求　　应为无色、淡黄色或红棕色，半透明、有光泽的块状物，性脆、易碎，无臭、无味。

（2）理化指标　　在水中易溶，有机溶剂中不溶；干燥桃胶水分<15%，灰分<5%，炽灼残渣<1%。部分企业有相关具体要求。多糖含量也是衡量其质量的重要指标，一般应占桃胶干物质的 80% 以上。

（二）魔芋胶

魔芋属植物的球茎富含葡甘露聚糖，可加工制备魔芋胶。与黄原胶及瓜尔豆胶等相比，魔芋胶具有更高的黏度，被广泛用于各种食品及医药化工等行业。其加工方法主要有干法和湿法两种。

1. 干法加工

（1）工艺流程　　干法加工是利用含葡甘露聚糖颗粒的细胞不易被破碎，而含淀粉等杂质的细胞易被破碎的原理。

鲜魔芋块茎→洗涤→去皮→切片→晒干或烘干→粉碎→分离（筛选、风选）

↓

魔芋精粉←分级←干燥←过滤←研磨←乙醇浸泡

（2）操作要点

1）洗涤、去皮、切片：将鲜魔芋块茎洗涤干净后，去皮和切片。

2）晒干或烘干：将魔芋片晒干或烘干，一般采用热风或者微波烘干。

3）粉碎：应用剪切、揉搓和研磨等方法使魔芋中的葡甘露聚糖颗粒与杂质剥离。

4）分离：通过筛分和风选分离，分别收集葡甘露聚糖及杂质（淀粉等）。干法加工的缺点是含葡甘露聚糖颗粒的细胞破碎不完全，特别是异型细胞内部杂质无法去除，腥味较重（含三甲胺等气味物质），但可通过进一步精制去除异味，提高质量。

5）乙醇浸泡：在魔芋胶粉中加入浓度为50%左右的乙醇溶液浸泡。

6）研磨、过滤：将所制备的乙醇浸泡魔芋胶粉研磨后，用板框过滤机或袋式过滤机过滤。

7）干燥：将上述过滤后的魔芋滤饼进行低温真空干燥或者热风干燥处理。

8）分级：将所制备的魔芋胶按照粉碎粒径进行分级即得精制产品。

2. 湿法加工

（1）工艺流程　　湿法加工利用的是含葡甘露聚糖颗粒的细胞与含淀粉的细胞性质差异的原理。

鲜魔芋块茎→洗涤→去皮→切片、护色→加溶剂破碎→脱溶剂去杂

↓

魔芋胶产品←分级粉碎←干燥←洗涤←脱溶剂二次去杂←加溶剂研磨

（2）操作要点

1）洗涤、去皮：将鲜魔芋块茎洗涤后去皮。

2）切片、护色：将去皮后的鲜魔芋切片后用硫黄熏蒸或在处理液中加10%亚硫酸氢钠进行护色处理。

3）加溶剂破碎：将魔芋切片在75%乙醇溶液或异丙醇溶液中进行粉碎，促使含葡甘露聚糖颗粒的细胞吸水受阻，仍保持其较大硬度和韧性，而使含淀粉的细胞硬度低、质脆易破碎。

4）脱溶剂去杂：魔芋切片在有机溶剂中破碎后，将富含杂质的有机溶剂溶液和粗魔芋胶进行过滤，得到粗魔芋胶。

5）加溶剂研磨：加有机溶剂对上述粗魔芋胶进行研磨。经过研磨，淀粉细胞及淀粉颗粒会被粉碎，同时含葡甘露聚糖颗粒的细胞中的异味物质及魔芋中其他醇溶性成分被溶解。研磨时所加的乙醇溶液浓度与魔芋含水率及温度有关，一般含水率高，温度高，要增大乙醇溶液浓度，或增加用量。

6）脱溶剂二次去杂：通过过滤可去除有机溶剂中的杂质。

7）洗涤、干燥、分级粉碎：经过洗涤、干燥、分级粉碎后，可得到质量好的魔芋胶产品。

3. 产品质量评价　　魔芋胶根据加工工艺和葡甘露聚糖含量，主要分为普通魔芋粉和纯化

魔芋粉。普通魔芋粉是用魔芋干（包括片、条、角）经物理干法，以及鲜魔芋采用粉碎后快速脱水或经食用乙醇湿法加工初步去掉淀粉等杂质的魔芋粉。纯化魔芋粉是指用鲜魔芋经食用乙醇湿法加工或用普通魔芋精粉经食用乙醇提纯得到的魔芋粉。二者的质量主要从感官要求和理化指标进行评价，具体可参照《魔芋粉》（NY/T 494—2010）。

（1）感官要求（资源 8-17）　普通魔芋粉分为普通魔芋微粉和普通魔芋精粉。普通魔芋微粉为粉末状、少量颗粒状，白色，允许有极少量黄色、褐色或者黑色颗粒；普通魔芋精粉为颗粒状，白色或黄色，允许有少量褐色或黑色颗粒，无结块、无霉变。允许普通魔芋粉有魔芋固有的鱼腥气味和极轻微的 SO_2 气味。

8-17

纯化魔芋粉分为纯化魔芋微粉和纯化魔芋精粉。纯化魔芋微粉为粉末状、少量颗粒状，白色、允许有少量黄色或褐色颗粒；纯化魔芋精粉为颗粒状，白色或黄色，允许有少量褐色或黑色颗粒，无结块、无霉变。允许纯化魔芋粉有魔芋固有的鱼腥气味和酒精气味。

（2）理化指标（资源 8-18）　普通魔芋粉含水量<15%，灰分<6%，黏度（4 号转子 12r/min，30℃）≥18 000MPa·s，含沙量≤0.2%。普通魔芋精粉胶粒度 0.125～0.425mm（对应 120～40 目），普通魔芋微粉的粒度≤0.125mm（120 目）。

8-18

纯化魔芋粉含水量<12%，灰分<4.5%，黏度（4 号转子 12r/min，30℃）13 000～28 000MPa·s，含沙量≤0.04%。纯化魔芋精粉胶粒度在 40～120 目的颗粒占 90% 以上，纯化魔芋微粉胶粒度≤120 目。

（三）猕猴桃藤胶

猕猴桃藤中含有黏液性树胶，可用水浸泡溶出，是我国传统的造纸常用胶料，特别是宣纸不可缺少的生产原料。猕猴桃藤胶的基本组成为半乳糖 42.8%、岩藻糖 15.8%、阿拉伯糖 12.7%、糖醛酸 8.7% 和葡萄糖 3.3%，另外尚有 12.9% 未知糖类和少量其他糖类。猕猴桃藤胶在我国虽然应用历史悠久，并且资源丰富，但相关研究并不多，目前尚无商业化树胶产品。

1. 工艺流程

猕猴桃藤→破碎→浸泡→压滤→再浸泡→二次压滤→精滤→液体猕猴桃藤胶液

　　　　　　　　　　　　　　　　　　　　　　　　　　　　↓

精制猕猴桃藤胶←干燥←脱色←脱蛋白←粗猕猴桃藤胶←干燥

2. 操作要点

（1）破碎　将收集的猕猴桃藤去除树叶后，切段锤碎或破碎至 10～20 目。

（2）浸泡、压滤　将破碎的样品按 1:（1～2）料液比（新鲜猕猴桃藤），或 1:（3～4）料液比（干燥猕猴桃藤）加水浸泡 6～24h，螺旋压滤，滤饼按 1:（1～2）料液比加水混合搅拌 1～2h 后二次压滤，视压滤效果可将滤饼再次加水搅拌后压滤，合并滤液，用 20 目筛网粗滤后再用 120 目筛网板框过滤机或袋式过滤机精滤，即得液体猕猴桃藤胶液。

（3）脱蛋白、脱色、干燥　将上述藤胶液分别进行脱蛋白和脱色处理，然后将胶液直接进行喷雾干燥或减压干燥后粉碎，即得精制猕猴桃藤胶粉末。

3. 产品质量评价

（1）感官要求　应为白色或红棕色，半透明、有光泽的块状物，性脆、易碎，无臭、无味。

（2）理化指标　在水中易溶，有机溶剂中不溶。一般干燥的猕猴桃藤胶要求水分<15%，灰分<5%，炽灼残渣<1%。多糖含量也是衡量其质量的重要指标，一般应占猕猴桃藤胶干物质的 80% 以上。

（四）柑橘果胶

果胶属于广义的树胶，以原果胶、果胶和果胶酸三种形态广泛存在于植物的细胞壁中，如柑橘、柠檬、柚子等果实或果皮中含量很高。果胶单糖组成中一般都含有较多的半乳糖醛酸，其中有些半乳糖醛酸的羧基被甲酯化、乙酰化或酰胺化，其酯化度决定了该凝胶特性。根据果胶酯化度及酯化种类的差异可将果胶分为三类：高酯果胶（酯化度 E>50%）、低酯果胶（酯化度<50%）和酰胺化果胶（酰胺化度>25%）。果胶可形成凝胶，很多树胶虽有增稠作用但不能形成凝胶。

工业上果胶主要从柑橘皮和苹果渣的副产品中提取，其中苹果渣中果胶含量为 10%～15%，柑橘果皮含有的成分比苹果渣高 20%～30%。我国柑橘产量大，原料来源丰富，且从柑橘皮中提取果胶的工艺较成熟，因此以柑橘皮为原料研究果胶的提取一直是热点话题。

1. 工艺流程

柑橘皮 → 加热 → 压榨 → 烘干 → 粉碎 → 加热萃取 → 过滤 → 浓缩
　　　　　　　　　　　　　　　　　　　　　　　　　　　　　↓
精制柑橘皮果胶 ← 干燥 ← 过滤 ← 浸泡 ← 果胶粗粉 ← 干燥

2. 操作要点

（1）加热、压榨、烘干　　选择新鲜无霉烂的柑橘皮，放入 95℃水中加热 10min，捞出后压榨去水分，晒干或烘干，放置阴凉干燥处或冷库密闭储藏。霉烂皮会导致果胶没有凝胶性，质量差，要避免使用。

（2）粉碎、加热萃取　　将柑橘皮粉碎过 10 目筛，按料液比 1∶6 加水，用亚硫酸调 pH 为 2.0 左右，95℃加热萃取 45～60min。

（3）过滤　　将提取物冷却到 60℃，加入 0.3%～0.5% 的活性炭，还可加入 1.0%～1.5% 的硅藻土，用板框过滤或离心过滤。

（4）浓缩　　将滤液在 40～50℃下减压浓缩到固形物含量为 7%～8% 后即可灭菌冷藏销售，或减压干燥后粉碎，或进一步浓缩到固形物 20% 左右喷雾干燥，将干燥后的果胶粉末密闭包装。

（5）浸泡、精制　　在上述 7%～8% 粗果胶液中加 5% 的盐酸搅拌 30s 左右，然后加等体积 95% 乙醇浸泡，静置 12～24h 离心或过滤，沉淀减压干燥粉碎后，即得到较纯净的果胶。

3. 产品质量评价
根据《食品安全国家标准　食品添加剂　果胶》（GB 25533—2010）的规定，作为食品添加剂的柑橘果胶要符合如下质量标准。

（1）感官要求　　颜色为白色、淡黄色、浅灰色或浅棕色。状态为粉末状。

（2）理化指标　　含水率≤12.0%，二氧化硫≤50mg/kg，酸不溶灰分≤1.0%，总半乳糖醛酸≥65%，铅（Pb）≤5mg/kg。

四、我国重要野生树胶植物资源的利用途径

树胶已被广泛用于食品、日化、医药、造纸、纺织印染、冶金和石油开采等行业（Shadpour et al.，2021）。我国在 5000 年前的彩陶烧制中就用到桃树胶，西方绘画中也早就用到树胶。下面着重对桃树胶和魔芋胶的利用途径进行论述。

（一）桃胶

1. 工业领域

（1）医药　　生物基医用材料是当前研究和产业领域的热点，利用丰富的生物质资源开发

结构稳定和性能优异的医药材料具有重要的意义。桃胶分子量大、结构复杂，具有多孔网状结构，可以与蛋白质结合，改善蛋白质的结构与功能。对于易挥发、不稳定的物质，桃胶可以作为囊材将其包埋在空隙中。采用复合凝聚法制备桃胶-明胶复合壁材紫苏籽油微胶囊，其包埋率高，溶解度大，贮藏稳定。桃胶不被消化液分解，可用作缓释辅材。不同配伍的桃胶可以调节释药时间，但并不会影响其均衡释放，这为性质不稳定的肠道靶向药物提供了良好的载体。但桃胶的乳化稳定性低于明胶，故在稳定性要求较高时常将桃胶与明胶混合使用，以增加其稳定性。将桃胶与硫辛酸、对甲苯磺酸一起高温反应后透析，与化学试剂反应后再透析，可制得桃胶多糖纳米球。该操作简单，成本低。此纳米球具有良好的分散性和稳定性，用于包裹填充物，有良好的应用前景。

（2）染料吸附剂　　桃胶吸附性好，保持颜色能力强，在彩色粉笔中添加桃胶可增加粉笔的黏性，同时也可以使色彩更持久。我国敦煌壁画中就使用桃胶，国外也有在颜料中加入桃胶的记载。古代文明早已发现桃胶的固色作用，也是因为它的加入才使古代的色彩在现代社会仍可看到。此外，桃胶粉末对河水污染物吸附效果显著。其对甲基橙、苋菜红等阴离子染料及以甲基蓝为代表的阳离子染料有强吸附效果且不可逆，同时对水中的 Pd^{2+}、Cd^{2+} 也有很好的吸附效果。我国桃胶年产量大、价格低、天然无毒、可生物降解，对缓解水体污染治理具有重要的意义。

（3）食品

1）食品保鲜剂：桃胶溶液具有良好的成膜性、天然无毒的特点，涂膜在食品表面可隔绝空气，亦不怕残留，是一种良好的食品保鲜剂。将桃胶多糖涂膜在樱桃、番茄表面可以有效减轻其重量、糖分和总有机酸的丢失，桃胶形成的保护膜具有抗菌抗氧化作用，同时还能隔绝空气、抑制呼吸作用，延长贮藏时间。在白虾表面应用桃胶液涂膜的方法，同样也能延长保质期，保持口感。为进一步方便使用，有学者将玉米醇溶蛋白与桃胶液混合、倒模、干燥后得到复合型可食用保鲜膜，此款保鲜膜具有保护性好、绿色天然、可食用、柔软、延展回缩性好等特点。

2）食品添加剂：桃胶有良好的医用价值，同时也具有安全无毒、物理化学特性好等特点，可以直接食用或用作食品添加剂。桃胶整个浸胀后体积膨胀，无特殊气味，口感弹性好、饱腹感强。市面上现有桃胶炖银耳、桃胶牛奶、桃胶奶茶等各种小甜品，还有桃胶烹饪的菜肴。更有将其设计成各种便携食品，如桃胶酸奶、桃胶橘皮果冻、桃胶饮料、桃胶果酱、桃胶软糖等。桃胶还经常被用作食品添加剂并且有良好的效果，在面条中加入 3% 的桃胶粉可以降低面汤的浊度、减少干物质损失，增加面条的口感、韧性。在冰淇淋中用桃胶代替脂肪，可使冰淇淋更加健康且风味独特、香味浓郁。

2.其他领域

（1）医药　　桃胶能够降低空腹血糖、餐后血糖，具有调节免疫力、降血脂、抗菌和抗氧化等作用。也能促进胃肠道蠕动，缓解便秘，有利于新陈代谢。同时有止血尿、排除泌尿系统结石、降低血糖、延缓糖尿病并发症的发展等作用。将桃胶与馒头同时给糖尿病患者食用，发现其与不加桃胶组相比能降低餐后血糖水平。桃胶有良好的成膜性，也能帮助烧烫伤患者伤口愈合。随着研究水平的不断提升，桃胶在医药保健方面的优势不断体现。

（2）化妆品　　桃胶多糖是良好的乳化剂、黏合剂，同时具有抗氧化和保湿作用。在高湿度环境中改良桃胶多糖的吸湿率高达 81.5%，保湿效果比海藻酸钠、丙三醇、茯苓多糖等效果好，低浓度的改良桃胶多糖可透皮吸收。由于桃胶性能好、天然无毒、产量大、价格低廉，是不可多得的护肤品生产原料。目前对桃胶护肤品的研究开发包括前处理、工艺、产品等方面。也有利用发酵技术开发桃胶产品的研究：先将桃胶进行发酵，再将发酵后的溶液进行过滤、离心，收集上清液，冻干后得到桃胶发酵冻干粉。经过发酵，桃胶的分子量减小，溶解度增加，产品保湿性好。这为桃胶的利用增加了空间和价值。此外，利用碱性条件水解的桃胶有效成分含量高，可以用于制作面膜。

（二）魔芋胶

魔芋胶具有优良的成胶性、成膜性、生物安全性和生物可降解性。随着现代工业技术的发展及人们对魔芋胶功能、性质的深入研究，魔芋胶在食品、医药、仿生材料等领域越来越受到关注。

1. 工业领域

（1）食品

1）工业原料：魔芋葡甘露聚糖分子链长且富含羟基，溶于水后极易发生分子间与分子内氢键相互作用，进而引发分子链的相互缠绕、团聚。乙酰基团的存在迫使葡甘露聚糖分子链发生空间位阻作用，形成比较稳定的凝胶结构。由于水分子充满凝胶网络内部，葡甘露聚糖具有高吸水性和高膨胀性，并且在水溶液中形成黏稠的凝胶，可用作食品工业中的增稠剂、悬浮剂和乳化剂。

2）包装材料：魔芋葡甘露聚糖因其再生性、生物可降解性、生物相容性和良好的成膜能力等优良性能，被广泛应用于可食用薄膜的制备。魔芋葡甘露聚糖与其他材料混合制备的食品包装材料具有更高的热稳定性、表面疏水性及优异的低气体透过率和拉伸强度。

（2）环保乳化剂　　一般认为絮凝、沉淀、相反转、奥斯瓦尔德熟化和乳化作用等会破坏乳状液的稳定性。通过添加各种稳定剂可以增加连续相的黏度而控制连续相的流变性，或者控制两相的界面特性，可以增加乳液的稳定性。研究证实，乙酰基的存在可以使魔芋葡甘露聚糖具有油水两亲特性，通过形成多糖-蛋白双层界面，或吸附在油滴表面能够显著提高乳剂界面的稳定性。此外，含有大量羟基的魔芋葡甘露聚糖分子在水相中通过氢键形成网络结构，空间位阻限制了油滴的流动性，使水相的黏度大大增加，从而增加乳状液的黏度，最终促进其稳定性。

此外，魔芋胶及其衍生产品也常用作生物吸附剂、金属阻蚀剂等。魔芋葡甘露聚糖衍生物的羟基和亲核官能团对金属离子具有强的吸附能力，可以通过离子交换、亲和作用和配位反应吸附金属离子。此外，由于魔芋胶具有优异的水溶性和成膜性，因此可以覆盖裸露基材形成防水层，增强腐蚀过程中的电荷转移阻力，延缓金属表面腐蚀过程的发生。

2. 其他领域

（1）医药　　魔芋胶具有良好的生物相容性、生物降解性及来源方便等优点，是一种潜力巨大的药物载体材料。此外，魔芋胶具有良好的溶胀能力和特异性酶降解性，对药物的控制释放具有重要意义。在目前的报道中，以魔芋胶为载体的底物可以是生物活性分子、疫苗、营养补充剂、益生菌、酶和抗结核药物。

（2）仿生材料　　仿造人体皮肤而制备的伤口敷料可以吸收伤口渗出物，保持局部的潮湿环境，允许气体交换，避免伤口被微生物入侵，进而促进伤口表面组织细胞的愈合。魔芋葡甘露聚糖由于其良好的生物相容性、低细胞毒性、简单的加工和优异的屏障性能，是开发创面敷料的理想材料。魔芋葡甘露聚糖作为一种亲水多糖，它依靠丰富的羟基和羰基与水形成稳定氢键，使之具有高弹性以适应皮肤变形。此外，魔芋葡甘露聚糖具有极强的溶胀能力，可以吸收大量创面渗出物，为创面提供了适宜的环境。

此外，研究表明在鱼饲料中添加魔芋胶，能显著调节鱼类肠道菌群，影响肠道微生物种类丰富度，提高后肠总形态吸收表面积和超微结构水平，促进鱼类生长（李煜，2021）。

◆ 第六节　野生昆虫寄主植物

昆虫和植物是构成陆地生物群落的最重要组成部分。昆虫与植物的关系，以营养、栖息和运输三者最为重要。昆虫通过采食和寄生从植物中获得营养物质。寄生时昆虫不仅从植物获得营养物质，而且以植物作为生活场所，如五倍子蚜虫、白蜡虫、紫胶虫和胭脂虫等。致瘿昆虫与寄主植物长期协同进化产生虫瘿。虫瘿内含丰富的脂肪、蛋白质、淀粉、微量元素和单宁酸等化学物质，具有较高的经济价值和观赏价值。

一、昆虫寄主植物的化学组成与功效

（一）五倍子

倍蚜寄生在寄主植物上刺激叶片组织细胞，形成大量酶类增生膨大形成虫瘿（资源 8-19），烘干即为五倍子（资源 8-20），别名百虫仓。全国有 14 种五倍子蚜虫，分别寄生在盐肤木（*Rhus chinensis*）、滨盐肤木（*R. chinensis* var. *roxburghii*）、青麸杨（*R. potaninii*）和红麸杨（*R. punjabensis* var. *sinica*）4 种寄主树上。

8-19

五倍子含有单宁、纤维素、木质素、淀粉、树胶和树脂等，主要活性成分是单宁，又称鞣质，含量高达 60% 以上。我国五倍子单宁属于水解类单宁，以五倍酰葡萄糖为核心，为没食子酸、双倍酸与葡萄糖结合形成的复杂化合物。其在自然界中以游离态或其他多种方式存在，是传统草药中的主要活性成分，具有诸多药理学活性，如抗氧化、抗病毒、抗菌、抗肿瘤和抗龋等作用。作为传统中药，五倍子具有敛肺降火、涩肠止泻、固精缩尿、止汗、止血、解毒、敛疮等多种临床功效。同时具有天然高效等优点。

8-20

（二）紫胶

紫胶又称虫胶，是由紫胶虫（资源 8-21）取食寄主植物汁液后分泌的紫色天然树脂。目前，我国的紫胶虫寄主树主要有钝叶黄檀（*Dalbergia obtusifolia*）、思茅黄檀（*D. szemaoensis*）、南岭黄檀（*D. balansae*）等 300 余种，而生产上常用的种类有 30 种，优良种类有 13 种。紫胶组分有紫胶树脂、紫胶蜡和紫胶色素三种。

8-21

1）紫胶树脂是由羟基脂肪酸和羟基倍半萜酸构成的内酯及交酯混合的低分子量聚合物（资源 8-22），其溶液具有一定的酸性，皂化产物为紫胶酮酸，彻底水解产物为表壳脑醇酸等。紫胶树脂具有较好的生物降解能力，同时也具有较好的防水性、成膜性、绝缘性、对平滑表面的强黏结性、耐酸、耐油等诸多特性。

8-22

2）紫胶蜡是由脂类、酸类、醇类、烃类、紫胶和紫胶黄色素组成的一种复合物，其中紫胶虫酸、紫胶虫醇酯和蜂蜡酸酯为最主要成分，占 80% 左右，紫胶虫酸蜂蜡酸、蜡酸、油酸及棕榈酸等占 10%～14%，紫胶虫醇、蜂蜡醇、烃类、紫胶和紫胶黄色素占比不到 10%。

3）紫胶中含有紫胶红色素和紫胶黄色素两种色素。紫胶红色素是由紫胶色酸 A、紫胶色酸 B、紫胶色酸 C、紫胶色酸 D 和紫胶色酸 E 组成的一种蒽醌衍生物，存在于紫胶虫体内（资源 8-23）。紫胶红色素微溶于水，易溶于酸（如甲酸、醋酸）、醇（如乙醇、戊醇）和丙酮，不溶于醚、三

8-23

氯甲烷和苯；耐热性较强，在180℃才开始分解。紫胶黄色素由异红紫胶素和脱氧紫胶素等多种成分组成，为黄色针状晶体，不溶于水，溶于碱中呈紫色，并可为次氯酸盐漂白或用活性炭脱色。紫胶中紫胶黄色素含量极少，约0.1%。

（三）白蜡

8-24

白蜡是由白蜡蚧的雄性幼虫将代谢物质分泌在木犀科（*Oleaceae*）树木，如女贞（*Ligustrum lucidum*）、白蜡（*Fraxinus chinensis*）、水曲柳（*Fraxinus mandshurica*）等寄主植物后人为加工制得的产品（资源8-24）。虫白蜡成分较为复杂，主要为脂肪酸一元酸和一元醇的脂类混合物，微量的以二十六酸二十六脂居多的游离脂肪醇、烃和树脂，一定量的二十七酸二十七脂、二十八酸二十八脂，少量的蜂蜡醇、三十烷醇、游离脂肪酸、色素和磷脂等。古籍记载石蜡为外科用药，可治疮肿。现代医学常用作药片抛光剂、赋形剂、润滑剂或用于制造膏药。

二、昆虫寄主植物的采收与贮藏

（一）五倍子

五倍子种类中具有商品价值的主要是角倍、肚倍、枣铁倍和倍花4种。全国75%的五倍子产于长江以南，这里同时也是角倍的主产区；肚倍和枣铁倍在长江以北盛产，全国20%的五倍子产于此；倍花适生范围很广，集中产地不明显，约占全国五倍子产量的5%。不同种类的五倍子采收期各有差异。角倍类采收期在10～11月；肚倍类采收期在7月中旬；倍花类的倍体从基部分枝，采收期在9月上旬。

1. 采收　成熟期采收是提高五倍子产量和质量的关键。采收过早，水分含量较高，风干后个头小、倍壁薄，产量和质量低，同时也导致虫源毁灭；采收过晚，倍子出现大量爆裂现象。采收应坚持"边成熟边采收"的原则。五倍子成熟爆裂前7～15d采收为宜，其成熟爆裂期因地区和种类而异。也可根据五倍子的特征来确定采收期，应采收的鲜倍一般为黄白色，阳光下呈鲜红色或微红色。五倍子的采收以手工采摘为主，还可以借助采倍杆或采倍钩等工具采收离地面较高的倍子。严禁将整株树或者整枝砍伐后采摘。为保证第二年有足够的虫源，采倍时每树应留1或2个种倍，让其自然爆裂，使里面的有翅秋迁蚜下地找藓越冬，以保证下一年有虫上树。

2. 干制及贮藏　采摘的五倍子应及时选择合适的方法进行干制，干倍子含水量应低于14%。干制标准：用手压倍壳，可破成碎片，且质硬声脆，断面呈黄褐色，内壁平滑，有黑褐色蚜虫尸体及灰色粉末排泄物。五倍子采用塑料袋或麻袋包装贮藏，注意防潮、防雨淋，受潮时会引起变质和单宁损失，降低质量。保管贮藏时，要选择有木板装置或者具有地面防潮设备、通风良好的仓库；必须保证入库原料的水分低于14%，以防霉变。

（二）紫胶

1. 紫胶虫的放养　紫胶虫一年放养1或2次，北方天气比较寒冷，只需要放养夏代（5～6月）即可，而对于气候条件良好的地带，除夏代外还可以放养冬代（9～10月）。放养紫胶虫的寄主植物选择地点为背风向阳、冬季有较长日照的南坡或西南坡。放养时，选择无病虫害、胶被厚硕（0.8cm以上）、充分成熟的优良种胶，可以在晴天的上午或者傍晚无风时进行。紫胶虫放养2～3d后，对胶种进行全面检查，观察有无脱落，若发现有松动脱落，应重新系绑。另外，由于紫胶虫不断汲取寄主树的营养，应加强对树体的养分供应。

2. 紫胶的采收　　鲜胶的采收有砍枝收胶法和直接剥胶法两种方法。砍枝收胶法适宜胶量较大的枝条，砍收时要尽量使切口平滑，避免树皮撕裂、滋生病菌。枝条数量较少时采取直接剥胶法。采收时间以下一代幼虫涌散前为宜，但不能过早采收嫩胶。

3. 采收后处理　　将刚采收带枝的梗胶和含虫卵、幼虫、虫尸、大量水分等不带枝的块胶，及时摊放在晾胶棚或避雨避晒的地方，待幼虫出空、风干后即为原胶。

（三）白蜡

1. 白蜡虫的放养　　白蜡虫的放养包括寄主树的准备、种虫采摘、包虫、挂放及放养后的管理。寄主树通常选择女贞树，在挂放前一个月进行整形修剪。五月上旬采摘成熟的种虫。采摘完后需立即运回室内，置于阴凉、通风、干燥、清洁的环境中，摊晾一段时间后方可放养。摊晾至雄虫开始孵化出壳时，用桐叶、稻草或者纱布等材料包扎红润、饱满、质量好的虫囊。包虫量可以根据虫囊颗粒的大小和质量来确定，一般20～50个。蜡包包好后，待雄虫全部孵化，选择无风的晴天，在早上10点前将蜡包紧靠枝干挂于一至二年生的枝条分叉处。

2. 蜡花[①] 采收　　蜡花成熟时，玉树琼枝，满树洁白，此时应立即检查是否成熟。若将蜡花在手中捏碎，虫体呈现青灰色，则说明仍在泌蜡；若虫体淡褐色或微黄色且胸部和背部黑色，应立即采收。由于蜡花在湿润的状态下易于采尽，因此采蜡应尽量选择在阴天和小雨天进行。

3. 采后处理　　蜡花采收完成后应及时熬蜡，否则为避免发热、变质，须将蜡花薄层摊放在阴凉处放置。

三、昆虫寄主植物的加工

（一）五倍子

五倍子是我国特有的主产商品，产量约占世界的95%。目前，五倍子资源加工利用行业已建立起包括五倍子高效培育、深精加工、新产品及其应用等发展配套技术较为成熟的全产业链技术。全国每年用于深加工的五倍子原料在10 000t左右。2016～2018年，五倍子单宁年产量为2500～2800t，没食子酸年产量3000～3300t，全国五倍子加工产品总产值5～6亿元。

1. 工艺流程

$$原料选择 \rightarrow 预处理 \rightarrow 浸提 \rightarrow 浓缩 \begin{cases} \rightarrow 干燥 \rightarrow 纯化 \rightarrow 单宁酸 \\ \rightarrow 水解 \rightarrow 分离 \rightarrow 脱色 \rightarrow 结晶 \rightarrow 干燥 \rightarrow 纯化 \rightarrow 没食子酸 \end{cases}$$

2. 操作要点

（1）原料选择　　倍蚜是五倍子生产的关键，与五倍子产量直接相关。我国有报道的倍蚜有角倍蚜、倍蛋蚜、圆角倍蚜、倍花蚜、红倍花蚜、枣铁倍蚜、蛋铁倍蚜、红小铁枣倍蚜、黄毛小铁枣倍蚜、铁倍花蚜、肚倍蚜、蛋肚倍蚜、米倍蚜、周氏倍花蚜14种（资源8-25）。在五倍子生产中，80%的倍子是由角倍蚜加工制成。用于加工生产的五倍子表面一般为黄褐色或灰褐色，质地脆硬，断面为淡黄褐色，有光泽。应选择成熟、无霉变、含水量在14%以下、含单宁量在64%以上的五倍子。

8-25

（2）预处理　　原料预处理主要包括破碎和净化。五倍子破碎粒度越小对后续提取越有利，但并非越细越好，实践证明，五倍子的破碎粒度最好为10～15mm。五倍子原料的净化，包括

---

① 白蜡虫的2龄雄虫附着在寄生植物枝条上，从体表分泌蜡丝并覆盖在雄虫身体表面，这层覆盖物称为蜡花

除去混在原料中的铁物质和其他杂质，如石块、灰土和虫尸等。通常采用悬挂电磁分离器、电磁分离滚筒和回转吸铁机除铁。

（3）浸提　单宁具有热敏性、易氧化等性质，因此在浸提过程中对水质、温度、时间和设备材质等都有特殊的要求。在生产中，较合适的浸提温度是由低到高，即由初阶段的45～55℃逐渐升高到最后阶段的70～75℃。浸提次数和时间应通过试验确定，在常压罐组浸提工艺中，多采用6～10个罐为一组，时间72～96h。浸提要求水质硬度低，pH在5～6，含铁量越低越好，不能直接用未经处理、硬度较高的井水和河水。加水量应为气干五倍子的8～12倍。

（4）浓缩　工业上多使用真空蒸发的方式浓缩浸提液，即借助加热作用使浸提液中的水分汽化并除去而制得浓缩液。利用冷凝器和真空泵的作用使蒸发器保持负压状态，以降低溶液沸点。

（5）水解、分离、脱色、结晶、干燥　原料中的单宁在硫酸催化作用下发生水解反应生成没食子酸。硫酸水解时应按硫酸浓度和固液比1∶（4～7）的条件，反应10～20h。水解后过滤，洗去残渣，再将物料冷冻后产生晶体沉淀，沉淀过滤、加热水溶解后加活性炭脱色。由于没食子酸在水中的溶解度随温度降低而减小，因此采用冷冻结晶即可从反应液中分离出来。单宁在生产中常用喷雾干燥。在干燥过程中，进风温度一般不超过180℃，出风温度约70℃，还需使干燥塔内气体流速保持在0.3m/s左右。同时，主风量应集中在塔体1/2半径区域内，并配以侧进风，以免物料粘壁。

（6）纯化　根据不同的用途，对单宁选择不同的纯化技术进一步分离和提纯，可制得不同纯度规格的单宁系列产品。分子蒸馏能有效去除液体中的低分子物质，如有机溶剂、臭味等，并有利于脱色，保持产品纯天然、无污染。同时，因分离能力强，可分离出常规蒸馏不易分离的物质，且分离后有效成分高度富集。因此，在生产中多用此技术。没食子酸的纯化常采用工艺较为成熟的溶剂萃取法，出于萃取液回收是否方便及经济方面的考虑，常选用乙酸乙酯为萃取剂，萃取温度为室温，萃取3次，萃取液体积比为1∶1，每次萃取时间为10min。

3.产品质量评价　目前报道的商品五倍子有肚倍类、角倍类和倍花类。五倍子的质量主要从感官要求和理化指标两个方面进行评价，具体参考《五倍子》（LY/T 1302—2016）中的相关要求。

（1）感官要求　肚倍为长椭圆形或椭圆形，无角状棱起；角倍多呈菱角形，具不规则角状突起；倍花呈菊花或鸡冠花状。倍表一般为黄褐色或灰褐色，倍壳质硬声脆，断面淡黄褐色，具光泽。应无潮湿、无霉变、无掺假、无掺杂。

（2）理化指标　个体数（个/500g）：一级肚倍≤80，二级肚倍≤130，一级角倍≤100，二级角倍≤180。夹杂物：一级肚倍/角倍≤0.6%，二级肚倍/角倍≤1.0%，倍花≤3.0%。水分：肚倍、角倍和倍花均≤14%。单宁（以干基计）：一级肚倍≥67.0%，二级肚倍≥63.0%，一级角倍≥64.0%，二级角倍≥60.0%，倍花≥30.0%。

（二）紫胶

紫胶的成分以紫胶树脂居多，同时含有一定量的紫胶蜡和紫胶色素。人们还发现紫胶的成分含量会随着产区、寄主树的种类、收胶季节和紫胶虫的种类变化而变化，这种变化会对紫胶产品加工产生影响。因此，紫胶产品加工应按照组分变化分类加工。目前，国内主要的紫胶产品有紫胶酮酸、紫胶蜡和紫胶色素。

1. 工艺流程

（1）紫胶酮酸和紫胶蜡

原胶→预处理（漂白）
- →皂化→盐析→过滤分离→酸化→粗品→重结晶→紫胶酮酸
- →醇溶→离心沉降→洗涤→加热萃取→过滤冷却→紫胶蜡

（2）紫胶色素

原料→预处理（研磨、萃取、溶解、酸化、过滤）→溶解→沉淀过滤
↓
紫胶色素←烘干粉碎←过滤、洗涤←析出、结晶←酸化

2. 操作要点

（1）原料选择

1）紫胶酮酸和紫胶蜡：将采后的原胶去除杂质摊放在干燥、阴凉通风处的木板上风干干透后，破碎成直径 1mm 左右的碎胶粒，接着把胶粒投进水池或水桶中，放清水搅拌洗涤，一般洗涤 3 次，进一步去除胶粒色素和杂质，再将胶粒干燥后即得到颗粒胶。

2）紫胶色素：一般从原胶生产胶粒的洗色水中提取，因此原料通常选用紫胶原胶。

（2）原料预处理

1）漂白：目前工业中应用最多的漂白剂为 NaClO。首先将原料溶于 Na_2CO_3 水溶液中，过滤除掉原料中含有的杂质，再用 NaClO 漂白该碱性溶液，待充分反应后酸化、沉淀得到漂白胶，再干燥后即可进行下一步提取。

2）研磨、萃取、溶解、酸化、过滤：紫胶色素主要存在于虫尸中，因此在洗胶过程中必须把虫尸充分磨碎才能溶解出更多的色素。研磨后的虫尸加入适量水，变潮湿后以 4～5 倍水逆流萃取 4 或 5 次，收集萃取液，加入 0.02% 氢氧化钠搅拌均匀，再加入 20% $CaCl_2$ 溶液后在强搅拌下加入盐酸，缓慢地将 pH 降到 2.1 左右，蛋白质等杂质同部分色素析出，但多数色素留在溶液中，强烈搅拌一段时间后静置，澄清后过滤。

3）皂化、醇溶、酸化：工业一般使用氢氧化钠作为皂化剂，在高温（70～110℃）下皂化。皂化过程中应注意皂化是否彻底完成，如果不彻底，则会对紫胶酮酸产量有较大影响。目前工业生产中的超声皂化法和微波皂化法可使皂化更加彻底。紫胶蜡生产过程中一般用乙醇做溶剂。在溶解过程中应注意溶剂与紫胶比例、溶胶时间和溶胶后温度的降低。一般溶剂与紫胶之比为 2.5∶1、溶胶时间 8～12h、溶胶后温度降低到 8～10℃为宜。酸化是得到紫胶酮酸关键的一步，将过滤获得的滤液加入稀 H_2SO_4 转化后即可得到紫胶酮酸产品。紫胶色素提取过程中酸化可使色素从滤液中析出，通常加入盐酸。

3. 产品质量评价

紫胶初加工产品主要有紫胶原胶、颗粒紫胶、漂白紫胶、食品添加剂紫胶等。因此，下面主要围绕紫胶初加工产品进行质量评价，具体可参考《紫胶片》（GB/T 8138—2009）、《脱蜡紫胶片、脱色等胶片和脱色脱蜡等胶片》（GB/T 8139—2009）和《漂白紫胶》（GB/T 8140—2009）等的相关要求。

（1）紫胶原胶

1）感官要求：紫胶原胶的色泽分为三个等级，1 级为黄红色，2 级为棕色，3 级为紫褐色。紫胶原胶应风干，不含树枝、木屑和泥沙等杂质，无发霉、结块、变质现象。

2）理化指标：主要从胶被厚度、挥发物（水分）、热硬化时间、热乙醇不溶物等角度对 3 种不同等级的紫胶原胶分别评价。胶被厚度：1 级需≥7mm，2 级需≥5mm，3 级需≥3mm。挥发物（水分）：1、2、3 级均需≤5.0%。热硬化时间：1 级需≥6.5min，2 级需≥6.0min，3 级

需≥5.0min。热乙醇不溶物：1级需≤12%，2级需≤15%，3级需≤18%。

（2）颗粒紫胶　　颗粒紫胶的等级分为5个等级，其理化性质主要从热硬化时间、热乙醇不溶物、挥发物（水分）、水溶物、蜡质等方面评价：热硬化时间（170℃±0.5℃）≥5min，热乙醇不溶物≤7.0%，挥发物（水分）≤2.5%，水溶物≤1.0%，蜡质≤5.5%。

（3）漂白紫胶　　漂白紫胶的质量需满足《漂白紫胶》（GB/T 8140—2009）的要求。一般要满足热乙醇不溶物≤0.2%、颜色指数为1.5号、热硬化时间（170℃±0.5℃）≥30s、挥发物（水分）≤3.0%、软化点≥72℃、酸值≤89mg/g、水溶物≤0.5%、灰分≤0.5%、蜡质≤5.5%等。其中，精制漂白紫胶还需满足铅（Pb）≤5.0mg/kg、砷（As）≤1.0mg/kg等指标要求。

（4）食品添加剂紫胶　　食品添加剂紫胶又名虫胶，一般从感官要求和理化指标进行质量评价。其质量需符合《食品安全国家标准　食品添加剂　紫胶（又名虫胶）》（GB 1886.114—2005）的规定要求。

1）感官要求：色泽要求浅黄色至棕黄色（透明片）或白色至浅黄色（不透明片），状态为片状或粒状。

2）理化指标：主要以色泽、热乙醇不溶物、冷乙醇不溶物、热硬化时间、氯含量、铅（Pb）、砷（As）、干燥减量和水溶物等为理化指标。其中，紫胶片、脱色紫胶片和漂白紫胶片均有不同的标准。

（三）白蜡

白蜡产品的加工分为两个阶段：第一阶段，采用民间书籍记载的加工技术和手法，以蜡花为原料在手工作坊加工蜡制品；第二阶段，以白蜡为原料加工高级混合物。

1. 工艺流程

原料选择→预处理（煮头蜡、挤二蜡、收三蜡）→粗制蜡→打碎→配料→热熔→激水
　　　　　　　　　　　　　　　　　　　　　　　　　　　　　　　　　　　　　↓
抽提←萃取←烘干←洗涤←抽滤←皂化←碱溶←商品蜡←冷凝←除渣←蜡液成型
↓
重结晶→干燥→高级烷醇

2. 操作要点　　白蜡产品的加工都在白蜡主产区进行。每年蜡花成熟时，蜡农采收后就地加工。初制加工产品有头蜡、二蜡、三蜡和次品蜡。将初制加工产品再次加工提纯即可得到精制蜡产品。

（1）原料选择　　蜡花是多种天然成分的混合物，其组成包括61.6%虫蜡、30.8%水分和7.6%的其他物质（主要是虫尸）。

（2）预处理

1）煮头蜡：把当日采集的新鲜蜡花及时进行深加工即为煮头蜡。在容器（一般为铁制品）中盛入适量水，将蜡花与水按1:2的比例混合，煮沸后蜡质全部浮于水面时，迅速退火降温，使水停止沸腾，温度保持在80~90℃，待蜡质与水分层后滤除蜡质。操作过程中应注意退火降温要迅速，以及取蜡液要及时。

2）挤二蜡：将用清水漂洗洁净的蜡米子（蜡花经煮头蜡后过滤得到的星絮状蜡质）及蜡渣装入直径15cm的长条布袋，捆紧袋口后放在适量的清水锅中，煮沸后用木制工具挤压，直到挤尽白蜡醇为止。

3）收三蜡：在煮蜡、挤二蜡过程中有时难以收尽，因此通过煮溶或蒸溶、漂取收三蜡。

（3）打碎、热熔、激水

1）将初制品分类打碎成小块，不同等级的原料进行搭配混合及投料。投料比例大致为头蜡：二蜡：次蜡 =10：10：1。

2）打碎并按比例混好的蜡块与 10% 的水混合升温热熔，蜡块熔化后打捞杂质，继续加热沸腾至大泡转小泡再转细小泡，此时温度为 160℃。

3）将蜡质量 40% 的清洁冷水集中、快速泼至沸腾的蜡液中，测量温度降至 120℃ 左右时可出现大量固体白蜡，继续升温，固体白蜡熔化呈乳白色。

（4）除渣、碱溶

1）将蜡液装进容器冷却凝固，待蜡块成型后，除去底部残渣。

2）高级烷醇提取过程中常用 NaOH 溶解白蜡，并按白蜡与 NaOH 质量比为 5：2 混合。

（5）皂化、抽滤、重结晶、干燥　虫白蜡皂化产物以高级烷醇和高级脂肪酸盐为主。根据二者在溶剂中不同的溶解性选择适当的溶剂，在一定条件下进行提取，使脂醇与脂肪酸盐分离。皂化后可通过索氏抽提的方法进行抽提。

皂化抽滤后得到的高级烷醇混合物还是粗品，需要通过重结晶进一步纯化。将高级烷醇混合物粗品在溶剂中加热溶解，自然冷却至常温，析出晶体后过滤，同时回收溶剂，一般反复重结晶 2 或 3 次。重结晶后可将结晶体放置在 70℃ 下干燥，干燥后即可得到纯化高级烷醇。

3. 产品质量评价　虫白蜡的商品蜡有头蜡、二蜡和混合蜡。对于这三种蜡在质量评价时一般从感官要求和理化指标两方面评价，具体需满足《虫白蜡》（LY/T 2399—2014）的相关要求。

（1）头蜡

1）感官要求：从色泽、外观、气味、硬度和断面等方面评价。要求颜色呈白色或类白色，表面光滑或稍有褶皱，有光泽且无明显杂质和油腻感，有蜡香、质硬而脆，断面呈条状结晶。

2）理化指标：包括熔点、酸值、皂化值、碘值和苯不溶物等。要求熔点 82～84℃、酸值 ≤0.8mg/g、皂化值 65～80mg/g、碘值 ≤3g/100g、苯不溶物 ≤0.5%。

（2）二蜡

1）感官要求：颜色呈白色至微黄色，表面光滑略带光泽，有蜡香、质硬而较脆，断面呈条状至针状结晶。

2）理化指标：熔点 81～83℃、酸值 ≤1.2mg/g、皂化值 75～90mg/g、碘值 ≤9g/100g、苯不溶物 ≤0.9%。

（3）混合蜡

1）感官要求：颜色呈白色至微黄色，表面光滑略带光泽，有蜡香、质硬而较脆，断面呈条状至针状结晶。

2）理化指标：熔点 81～84℃、酸值 ≤1mg/g、皂化值 70～85mg/g、碘值 ≤6g/100g、苯不溶物 ≤0.7%。

四、我国重要野生昆虫寄主植物资源的利用途径

（一）五倍子

五倍子具有广阔的开发前景和应用价值，在医药、冶金、金属防锈涂料、合成纤维固色、钻井泥浆稀释剂、甲醛吸附剂、感光材料、亚麻织物和真丝织物染色剂、食品抗氧化剂等方面广泛应用。五倍子经加工可制备单宁、没食子酸、焦性没食子酸等系列产品，在化工、医药等

领域广泛应用。

1. 工业领域

（1）啤酒酿造　　在啤酒酿造过程中，使用五倍子单宁可以稳定啤酒胶体性质和啤酒风味。有研究表明，麦汁煮沸时添加 60mg/L 单宁，其高分子区蛋白质比对照下降 50mg/L，同时可减少 1/5 的酒花使用量。在相同酒花相同麦汁情况下，单宁含量越高，啤酒的稳定性和抗冷浑浊的能力越强。同时单宁的苦味可增加啤酒的口感。

（2）工业原料　　五倍子单宁用于生产复合材料，其深加工产品焦性没食子酸是生产光刻胶的原料。以硅藻土为基体，五倍子单宁为原料，戊二醛为交联剂，采用一锅法制备的五倍子单宁/圆盘状硅藻土复合材料对镓有很好的吸附能力。以焦性没食子酸为中间体可合成达到电子级质量指标的多羟基二苯甲酮产品、光敏剂及光刻胶，用于液晶显示屏和高端半导体电子产品生产。

（3）印染　　五倍子鞣质外形呈黄色或棕黄色粉末状，结构中含有较多的亲水性基团，易溶于极性强的水、乙醇或丙酮，不溶于亲脂性有机溶剂。鞣质的水溶液遇 Fe^{3+} 产生蓝黑色或绿黑色，因此在羊毛染色生产中，加入含有 Fe^{3+} 的媒染剂可以使色素牢固地束缚在羊毛纤维上，获得良好的耐水洗色牢度和耐摩擦色牢度。另外，利用五倍子的抗菌性能可生产抗菌的纺织品。

2. 其他领域
五倍子煎剂对人体多种菌具有不同程度的抑制作用。适量的鞣酸对金黄色葡萄球菌、链球菌、肺炎球菌，以及伤寒、副伤寒、痢疾、炭疽、白喉和绿脓杆菌有明显的杀菌作用，但极大量的鞣酸会引起灶性肝细胞坏死。鞣酸也可与多种金属、生物碱形成不溶性化合物，因此医学上可用其治疗金属和生物碱引起的中毒。鞣酸能够降低体内亚硝胺的产生和清除自由基，具有抗氧化的作用。以五倍子为原料制作的止血剂可以治疗消化道出血。此外，以五倍子为辅助药材还可以治疗慢性肾炎等。

（二）紫胶

近年来，随着紫胶林面积的不断增加，原胶产量也迅速上升。目前，国内已经探索了一条从原料到最终产品的完整产业链（资源 8-26）。紫胶在化工、食品等行业有诸多用途。

1. 工业领域

8-26

（1）印染　　紫胶最初被作为染料，用于蚕丝织物染色和印花，敦煌石窟壁画中所使用的颜料即为紫胶染料。现代科技拓展了紫胶在涂料工业中的应用，尤其改性紫胶出现以后不但扩大了紫胶树脂的使用范围，而且延长了使用寿命。经甘油改性后的紫胶制得的聚氨酯涂料，因具有优良耐水、耐酸碱性能而作为高档家具和耐腐蚀材料的喷漆；草酸改性的紫胶树脂漆膜具有颜色浅、光亮等优点而被涂于钢铁制品表面。此外，紫胶色素与相溶性较好的淀粉原糊制成的染色印花原糊，对蚕丝织品染色印花可获得色泽鲜艳、色牢度良好、抗紫外性能优良的染色印花蚕丝织品。

（2）食品　　紫胶是一种重要的食品添加剂和食品着色剂，可以为食品行业提供可靠的涂层，而且紫胶膜在封装食品和需屏蔽异味的产品领域广泛应用。以漂白紫胶为基质制成的保鲜剂对多种水果具有保鲜效果；以紫胶蜡为原料制成的水果蜡常用在果蔬保鲜中；经淀粉改性后的紫胶醇溶液制成的可食性内包装膜，具有防水防潮、无毒无害、可被人吸收、自然降解等优点。

（3）日化品　　护发剂、洗发水和指甲油中都含有紫胶。紫胶具有抗紫外线辐射的功能，同时能够增加防晒油、防晒乳液、晒后保养等防晒化妆品在水中的稳定性。紫胶用于牙膏中能使牙齿保持较好的光泽、光亮度等。天然紫胶红色素以蒸馏水或乙醇配制成溶液可应用在水、醇、树脂基质的化妆品。

此外，紫胶在军事工业中主要用于制作涂饰剂、绝缘材料和黏结剂。紫胶酮酸是防弹玻璃、防紫外线辐射器材的主要材料；紫胶漆用作喷涂电器和军用仪器的绝缘涂料；紫胶是将各种火药组分黏结在一起的黏结剂。紫胶也作为加工助剂和增塑剂在橡胶产业中广泛应用。在天然橡胶中加入紫胶可以使橡胶结合紧密，所制橡胶产品气孔较少，同时防止橡胶过早硫化，增强抗老化和抗破碎的性能，保持橡胶的弹性。在钢铁、冶金和机械工业中，紫胶树脂主要用作金属及其制品的防护剂和装饰表面涂料及磷化底漆和黏合剂等。

2. 其他领域 紫胶在医药方面的应用历史悠久。利用紫胶树脂制备不溶于胃而溶于肠的肠溶性片剂包衣具有很好的耐酸性。采用紫胶改性剂对中药浸膏进行表面改性，可改变中药的润湿性能，提高中药微丸中主药的成分。

（三）白蜡

白蜡是生物蜡，属于可再生资源，生产过程不污染环境，在生产上已逐步取代合成蜡，在工业、医药和文教用品领域都广泛应用。由白蜡制备的多种高级烷醇中以二十八烷醇利用最广，因此，二十八烷醇的利用是白蜡利用的最主要途径。

1. 工业领域 二十八烷醇是大分子脂溶性物质，不能直接应用于饮料、口服液等产品中。可用具有营养功能的大豆卵磷脂作为表面活性剂，再加入二十八烷醇、乙醇、水、大豆油混合制成微乳，以此作为功能性原料，与白砂糖、葡萄糖等按比例混合配制成清澈透明的二十八烷醇运动饮料（涂志红等，2013）。

2. 其他领域 白蜡中提取的二十八烷醇在医药保健方面具有重要用途。生物化学、营养学的研究表明，二十八烷醇具有增进耐力，缓解肌肉疼痛，强化心脏机能等作用（Anderson et al., 2012）。同时可满足人体抗疲劳、增强体能的需求等，在糖果、胶囊、口服液、饼干等中均有应用。

思政园地

我国野生工业原料植物的开发利用方兴未艾

我国拥有丰富的野生工业原料植物资源，也是利用工业原料植物资源历史最悠久的国家，在几千年的发展中积累了利用植物的丰富实践经验。丰富的鞣料、纤维、树脂、树胶、涂料、色素等植物资源在工业中发挥了巨大的作用。对于树脂、树胶等植物资源，主要是开发松脂等，松脂加工成的松香和松节油在轻工业中发挥着重要的作用，而生漆具有耐水性、耐油性、耐热性等优点，在房屋、家具、机械设备的涂刷中发挥着重要的作用。在我国野生植物资源中还具有诸多野生的纤维植物、鞣料植物、色素植物等，在交通运输设备、国防设备、医疗卫生器具、日常生活用品中都是不可或缺的重要工业材料，为工业产业提供了巨大的便利和经济效益。

随着商品经济和对外贸易的不断发展，我国野生工业原料植物资源生产速度逐渐加快，如野生工业原料的开发利用从原来的"单打独斗"转变为农民采集、工厂收购、成批生产。在科技的发展支持下，科技人员加大了对野生工业原料植物的采集、存储、加工、运输的研究力度，提升了野生工业原料植物的加工技术水平，且加工方式也更加多元化。近些年，研究人员逐渐探索出野生工业原料植物资源的人工栽培技术，在生产上不断取得成功，并大面积推广应用，从而使得漆树、油桐、麻类纤维植物、松科、柏科、紫杉科植物等的人工栽培面积逐年扩大，为建立绿色、环保生态型农业奠定了坚实的基础。在经济全球化的发展影响下，我国越来越多的工业原料植物开始被推广到国外，取得了良好的发展成果。

思考题

1. 鞣料植物的主要化学成分是什么？栲胶的生产主要是利用其哪些性质？

2. 纤维植物的主要化学成分是什么？

3. 简述植物纤维的加工过程，并论述纤维植物资源有哪些开发利用价值。

4. 植物色素按化学结构可分为哪几类？按溶解性可分为哪几类？

5. 试述植物色素生产的工艺流程及操作要点。

6. 什么是常法采脂？简述采脂工艺中，上升式采脂法与下降式采脂法有哪些不同？

7. 简述脂液澄清的原理，以及有哪几种澄清工艺。

8. 生漆的组成有哪些？贮藏生漆应注意什么？

9. 为什么树胶、植物黏液质和果胶可归类于广义的树胶中？

10. 树胶和纤维素及淀粉都是多糖类物质，它们有何异同？

11 为什么不同来源不同加工处理得到的桃胶，其分子量和水溶性有很大差异？

12. 为什么果胶等树胶可用于加工减肥食品和糖尿病患者食品？

13. 树胶的加工主要是利用其哪些性质？

14. 生产中常用改性纤维素和改性淀粉代替天然树胶，试分析其优缺点。

15. 树胶与树脂的主要区别有哪些？

16. 简述我国主要昆虫寄主植物资源的种类及形成过程。

17. 试述五倍子和白蜡的组成成分及用途。

18. 简述紫胶蜡的主要成分及各成分的化学组成。

19. 试述五倍子、白蜡、紫胶的采收步骤及贮藏方法。

20. 工业提取五倍子单宁和没食子酸的主要方法有哪些？

21. 阐述五倍子和白蜡的主要利用途径。

22. 阐述紫胶改进后在生产利用过程中表现出的优点。

| 第九章 |

植物源新食品原料开发与利用

中国的新食品原料已被广泛应用到各类食品领域，成为时尚和热点产品。新食品原料通常具有新颖性和良好的功效性，利于人体健康，且能迎合人们对饮食求新、求异、求健康的追求。新食品原料产业既是新兴产业又是健康产业，已成为食品产业创新驱动的新生力量。

◆ 第一节　植物源新食品原料概况

《新食品原料安全性审查管理办法》[①]中规定：新食品原料应当具有食品原料的特性，符合应当有的营养要求，且无毒、无害，对人体健康不造成任何急性、亚急性、慢性或者其他潜在性危害。新食品原料生产单位应当按照新食品原料的公告要求进行生产，保证新食品原料的食用安全。食品中含有新食品原料的，其产品标签标识应当符合国家法律、法规、食品安全标准和国家卫生健康委员会公告要求。

从 1987 年至今，我国"新食品原料"经历了从无到有、从"新资源食品"到"新食品原料"、从具体产品到食品成分的过程。新食品原料的审批制度先后有原卫生部发布和修订的《新资源食品卫生管理办法》（1987 年和 1990 年）、《新资源食品管理办法》（2007 年），以及原国家卫生和计划生育委员会发布的《新食品原料安全性审查管理办法》（2013 年），审批制度和内容日益完善。1990 年的《新资源食品卫生管理办法》规定了新资源食品的试生产制度，要求新资源食品在正式生产前必须进行试生产两年。2007 年《新资源食品管理办法》的主要变化是取消了新资源食品的试生产制度，增加了实质等同的审查制度，完整规定了新资源食品的申请、安全性评价和审批、生产经营管理、卫生监督的制度内容。2013 年 10 月施行的《新食品原料安全性审查管理办法》中，审批由原来的"新资源食品"变更为"新食品原料"，其内容范围变得更为丰富，自此我国的"新资源食品"正式被"新食品原料"取代。2017 年 12 月，国家卫生和计划生育委员会令（第 18 号）对 2013 版的《新食品原料安全性审查管理办法》的部分条款予以修改，从审查机构的职责、审查结论的内容及保障获得新食品原料许可手段的正当性方面，进一步完善了新食品原料安全性审查的管理办法。

与新资源食品相比，新食品原料制度的内容有所更新。2013 年的《新食品原料安全性审查管理办法》与过去的有关规定相比较，新食品原料范围涵盖了过去新资源食品的内容，增加了更具有概括性的规定"其他新研制的食品原料"，为新食品原料的发展拓展了空间。

从近年获批的新食品原料来看，新型脂类和功能性碳水化合物仍是新食品原料研发的热点。

---

① 2013 年 5 月 31 日国家卫生和计划生育委员会令第 1 号公布

植物及植物来源的新食品原料占最大比重，而这些新食品原料所涉及的植物绝大多数处于野生或半野生状态，开发利用前景广阔。至 2023 年 4 月，我国获批新食品原料（新资源食品）140 种，其中植物来源的有 74 种，可以大致分为植物原料类和植物提取物类。

◆ 第二节　植物源新食品原料的化学成分与功效

一、植物原料类

在我国获批的植物原料类新食品原料（新资源食品）约 35 种，主要利用部位包括茎、叶、花及花粉、果实、种子、根茎等，下面对其中的 20 种进行概括介绍。

（一）短梗五加

短梗五加（*Acanthopanax sessiliflorus*）又称无梗五加，为五加科五加属灌木或小乔木。国内产地为黑龙江、吉林、辽宁、河北、山西等地，在韩国、日本、俄罗斯等国也有分布。果、叶、根皮、茎皮中含多种药用成分，主要化学成分为三萜类、木脂素类、香豆素类和黄酮类，具有抗氧化、抗炎镇痛、镇静催眠、抗应激、抗血小板凝集等作用。嫩茎、叶常作为山野菜食用，是辽东山区人民传统食用的野蔬珍品。短梗五加于 2008 年被批准为新资源食品。

（二）库拉索芦荟凝胶

库拉索芦荟（*Aloe barbadensis*）是百合科多年生常绿肉质草本植物，起源于非洲地中海沿岸，多生于干热地区。其含水量约 99%，含蒽醌类、多糖类、酚类、酶类、维生素、有机酸等活性物质，常用的药用成分包括芦荟苷、芦荟苦素、芦荟大黄素、芦荟多糖等。具有调节免疫力、抗炎、抗溃疡、抗菌、降血糖、降血脂、保肝、抗肿瘤等作用。其凝胶丰富，可加工提取芦荟原汁、浓缩汁、芦荟结晶粉，鲜叶也可直接食用。库拉索芦荟凝胶于 2008 年被批准为新资源食品。

（三）白子菜

白子菜（*Gynura divaricata*），又称白背三七，为菊科三七属多年生草本植物。主要分布于我国东南沿海、西南等地，以及越南北部。全草作为中药采食历史悠久，营养和食用价值较高，富含黄酮类、多糖、生物碱等活性成分，具有降血压、降血糖、降血脂、抗坏血病和抗氧化等功效。可旺火清炒、焯水凉拌，也可作为炖汤、鱼、肉类及蛋等的配料，口感佳且无特殊气味。白子菜于 2010 年被批准为新资源食品。

（四）金花茶

金花茶（*Camellia chrysantha*）为山茶科山茶属常绿灌木或小乔木，主要分布于我国广西、四川、贵州、云南等地，越南也有分布。金花茶的花、叶富含茶多糖、茶多酚、总皂苷、总黄酮、茶色素、蛋白质、脂肪酸、氨基酸、多种维生素等天然营养成分，以及锗、硒、钼、锌、钒等多种具重要保健作用的微量元素，有极高的营养价值和药用价值。具有降血脂、降血糖、抗过敏、抗氧化、抗肿瘤等药理作用。金花茶于 2010 年被批准为新资源食品。

（五）显脉旋覆花

显脉旋覆花（*Inula nervosa*）又称小黑药，为菊科旋覆花属多年生草本植物，主要分布于我国云南、贵州、四川等地。花中含有较多挥发油类物质，其中百里香酚等酚类物质占80%。不同部位都富含蛋白质、亚油酸、α-亚麻酸、多种维生素和矿物质，综合营养价值较高，在民间有悠久的药食两用历史。根可广泛用于治疗跌打损伤、肾虚、腰痛和哮喘等病症，并能通经络、滋阴补肾、祛风除湿、健胃消食等。其根及茎叶均可烹调食用。显脉旋覆花于2010年被批准为新资源食品。

（六）诺丽果浆

诺丽（*Morinda citrifolia*）又名海巴戟、橘叶巴戟等，为茜草科巴戟天属热带多年生常绿阔叶灌木或小乔木，广泛分布于太平洋南部诸岛至亚洲中南半岛地区，在我国台湾、海南等地也有分布。果实富含碳水化合物、油脂、蛋白质、维生素及多种矿物质等营养物质，以及环烯醚萜类、木脂素类、黄酮类等活性成分。诺丽果早在2000多年前就被太平洋群岛居民作为民间药物广泛使用，具有抗炎、抗氧化、保肝和免疫调节等作用，可延缓衰老、预防疾病、改善疼痛，治疗糖尿病、肿瘤和心脏病等慢性疾病。诺丽果浆由诺丽果肉加工制成，于2010年被批准为新资源食品。

（七）玛咖粉

玛咖（*Lepidium meyenii*）是十字花科独行菜属草本植物，原产于南美安第斯山区，为当地药食兼用植物，在我国主要分布于云南、新疆、西藏、四川、青海等地。玛咖的食用部位主要是根，含有丰富的蛋白质、碳水化合物、维生素和矿物质等营养物质，以及生物碱、芥子油苷、甾醇等次生代谢物，其中玛咖酰胺和玛咖烯是玛咖中独有的两类活性物质。玛咖具有抗疲劳、抗氧化、抗肿瘤、免疫调节和调节内分泌等生物活性。玛咖粉以玛咖为原料制成，于2011年被批准为新资源食品。

（八）人参

人参（*Panax ginseng*）为五加科人参属多年生的草本植物，主产于我国东北三省，是传统的名贵中药材。人参含有丰富的活性物质，包括人参皂苷、挥发油、人参多糖、黄酮类，蛋白质、脂肪酸、维生素、甾醇、微量元素等。具有补元气、调补五脏、安神益智、增强记忆力、延缓衰老、调节中枢神经系统、提高免疫力、抗氧化和抗肿瘤等多方面的作用，被誉为"扶正固本，滋阴补生"之极品。2012年人工种植（5年及5年以下）人参被批准为新资源食品。

（九）乌药叶

乌药叶为樟科山胡椒属植物乌药（*Lindera aggregata*）的叶。乌药主产于浙江、江西、湖南等地，全年均可采摘，叶片嫩绿时采摘质量佳。叶中富含挥发油和黄酮类化合物，其中挥发油成分主要有4a-甲基-1-亚甲基-八氢菲、2-甲基-5-（1-甲基乙烯基）-2-环己烯-1-酮、8,9-去氢-9-甲酰基-环异长叶烯等，黄酮类主要有槲皮素、山奈酚、槲皮素-3-*O*-吡喃鼠李糖苷、山奈酚-3-*O*-L-吡喃阿拉伯糖苷、槲皮素-3-*O*-L-鼠李糖苷等。可协同发挥抗菌、消炎、抗氧化、增强记忆的作用。乌药叶有温中理气、消肿止痛的功效，既可内服也可外用，主治脘腹冷痛、小便频数、风湿痹痛和跌打伤痛等。乌药叶于2012年被批准为新资源食品。

（十）辣木叶

辣木（*Moringa oleifera*）又称鼓槌树，为辣木科辣木属植物，是多年生热带落叶乔木。原产于印度，现广泛种植于热带地区，我国广东、广西、云南、福建、台湾等地已有种植。辣木叶含有丰富的人体必需氨基酸、微量元素、维生素、蛋白质、三萜类、黄酮、多糖等物质。其黄酮成分主要有槲皮素、异槲皮素、山奈酚、异鼠李素等，多以苷的结合形式存在。辣木叶具有抗氧化、抑菌、降血糖、降血脂等多种生理功效，可以开发保健食品、临床药物和天然防腐剂等。辣木叶于 2012 年被批准为新资源食品。

（十一）茶树花

茶树花为山茶科山茶属茶树（*Camellia sinensis*）的花，着生于茶树新梢叶腋间。茶树原产于我国西南地区，野生种遍布长江以南山区。茶树花香气蜜香馥郁，富含蛋白质、氨基酸、维生素、茶多酚、茶多糖、茶皂素、黄酮类、挥发性芳香油及微量元素等营养物质和活性成分，其中游离氨基酸 1.5%～3.3%、咖啡因 1.0%～1.8%、水溶性糖 2.4%～5.7%、水浸出物 46%～59%、茶多酚 7.8%～14.4%。具有解毒、抑菌、延缓衰老、抗氧化和增强免疫力等功效。茶树花于 2013 年被批准作为新资源食品。

（十二）凤丹牡丹花

凤丹牡丹（*Paeonia ostii*）为芍药科芍药属多年生落叶灌木，是我国主要的油用牡丹品种，原产地为安徽铜陵，目前已引种至全国各地。牡丹花是传统中药，富含维生素、蛋白质、糖类、矿质元素、多酚和黄酮类等营养及活性成分。尤其是雄蕊中蛋白质含量高且质优，8 种必需氨基酸齐全且占总氨基酸比例可达 38.26%，富含维生素 C（39.3mg/100g）、维生素 E（23.2mg/100/g）、叶黄素（8.4mg/kg）及矿质养分。牡丹花尤其是花蕊可全面补充营养，具有降血脂、预防/治疗心脑血管疾病、养颜明目、活血化瘀和镇痛止咳等功效。凤丹牡丹花于 2013 年被批准为新食品原料。

（十三）阿萨伊果

阿萨伊果又称巴西莓，是一种产自南美洲的棕榈树果实，是巴西、哥伦比亚、苏里南当地居民用于果腹的一种食物来源，作为药食两用天然植物资源在世界范围内引起关注。成熟的果实富含花青素葡糖苷、儿茶素、表儿茶素等多酚类化合物，以及维生素 C、磷、钙、铁等营养成分，具有降低氧化应激、抗炎、降低血脂等诸多功能。秘鲁当地传统医学用其治疗糖尿病、发烧、脱发、出血、肝炎、黄疸、疟疾和肌肉酸痛等。其果汁可用来加工饮料、果冻、果酱、酒类、化妆品等，以阿萨伊果为原料的各类产品在全球几十个国家和地区有销售。阿萨伊果于 2013 年被批准为新资源食品。

（十四）奇亚籽

奇亚籽是薄荷类植物芡欧鼠尾草（*Salvia hispanica*）的种子，原产地为墨西哥南部和危地马拉等北美洲地区。奇亚籽富含脂肪酸、蛋白质、矿物质、维生素、多酚、膳食纤维、黄酮类（绿原酸、咖啡酸、杨梅酮、槲皮素、山奈酚）等多种营养和活性物质。其含油率达 25%～50%，油中富含不饱和脂肪酸，其中亚麻酸含量占比达 60% 以上。在抗氧化、降血脂、降血糖、降血压、改善心血管、改善肤质和防治皮肤疾病等方面有重要作用。在国外被用作营养补充剂添加于谷物棒、饼干、面条、面包、零食和酸奶中。奇亚籽于 2014 年被批准为新食品原料。

（十五）圆苞车前子壳

圆苞车前子壳是车前科车前属多年生草本植物圆苞车前（*Plantago ovata*）种子的外壳。曾由印度、巴基斯坦等国进口，现已引种于新疆和田、喀什地区。圆苞车前子壳膳食纤维含量高达 80% 以上，可溶性膳食纤维与不溶性膳食纤维的比例约为 7∶3，还含有葡糖苷、蛋白质、多糖、维生素 B_1 和胆碱等营养成分。其亲水性强，能快速吸水膨胀，形成透明糊状物质，具有润肠通便、降血糖、降低胆固醇和增加饱腹感等保健功效，增稠、吸水和凝胶特性良好，可作为传统胶体的替代品，被广泛应用于药品、保健品、食品、饮料及饲料产品中。圆苞车前子壳于 2014 年被批准为新食品原料。

（十六）杜仲雄花

杜仲（*Eucommia ulmoides*）为杜仲科杜仲属落叶乔木，是我国特有的珍贵药用树种，野生分布中心在中国的中部地区，并广泛种植于湖南、湖北、河南、山西、四川、贵州、云南等地。杜仲雄花含有丰富的绿原酸、京尼平苷、京尼平苷酸、桃叶珊瑚苷、松脂素双糖苷、黄酮类化合物和重要氨基酸等活性成分。其中京尼平苷酸含量约 1.85%、桃叶珊瑚苷含量约 1.13%，总黄酮含量 3.0%～4.0%，氨基酸含量 20%～23%。杜仲雄花在抗氧化、降血脂、降血压、抗衰老、防治血液循环障碍性疾病等方面有显著功效，是开发现代中药、保健品、功能食品等的优良原料。杜仲雄花于 2014 年被批准为新食品原料。

（十七）枇杷叶、枇杷花

枇杷（*Eriobotrya japonica*）为蔷薇科枇杷属常绿小乔木（资源 9-1），分布广泛，在中国主要分布于福建、云南、四川、贵州、广西、广东等地。其叶、花、果实均可入药入食。枇杷叶是清肺止咳的传统中药，枇杷花（资源 9-2）也是民间用于治疗各种咳嗽的良药。枇杷叶和花中的主要功能性成分为三萜酸类、黄酮类、酚类、苦杏仁苷、挥发油等物质，具有止咳平喘、抗炎、抗肿瘤、降血糖、保肝等药理活性。三萜酸是抗炎作用的主要成分，其中含量较高的是熊果酸和齐墩果酸。目前市场上的枇杷制剂多以枇杷叶为主制成。2014 年枇杷叶被批准为新食品原料，2019 年枇杷花也被批准为新食品原料。

9-1

9-2

（十八）宝乐果粉

宝乐果（Borojo）是茜草科林果属植物的成熟果实，原产于南美洲厄瓜多尔和哥伦比亚热带雨林地区，果实中 88% 以上为果浆，味道酸涩，黏性很强。宝乐果富含蛋白质、维生素及人体必需的氨基酸、磷等，对支气管疾病、血糖平衡有很好的效果。被当地人视为天然的能量来源，有调节血糖、抗炎、抗菌、增强免疫力等功效。宝乐果鲜果可作为水果食用，或制成果酱、果汁等。宝乐果粉以宝乐果的果肉为原料，经去皮、去籽，果胶酶酶解浓缩、喷雾干燥成粉。宝乐果粉于 2017 年被批准为新食品原料。

（十九）木姜叶柯

木姜叶柯（*Lithocarpus litseifolius*）别名多穗柯、多穗石柯，为山毛榉目壳斗科柯属常绿乔木，主要分布于湖南、福建等地，为药食同源植物，兼具茶、糖、药功能。其功效成分主要为黄酮类和三萜类，黄酮类主要分布于叶中，三萜类在茎和叶中均有分布，其中根皮苷含量达12.6%，为主要的甜味成分。木姜叶柯具有降血脂、降血糖、抗氧化、抗过敏、抗肿瘤、改善记忆力等功效。嫩叶（芽）有甜味，长江以南多数山区居民用其作茶叶替代品，通称甜茶。木姜叶柯甜茶已形成商品化在市场上流通。木姜叶柯于2017年被批准为新食品原料。

（二十）黑果腺肋花楸果

黑果腺肋花楸（*Aronia melanocarpa*）又名野樱莓、不老梅，为蔷薇科腺肋花楸属多年生落叶灌木，原产于北美，于20世纪90年代引入我国，辽宁、黑龙江、吉林、新疆、河南等地已有种植。果实中富含大量碳水化合物、蛋白质、有机酸、维生素、矿物质、膳食纤维、原花青素、花青素、黄酮醇和胡萝卜素等营养物质和生物活性成分，具有较强的抗氧化、抗菌、消炎等作用，可用于保肝、平衡血糖，预防和治疗糖尿病、消化系统和心血管系统疾病等。果实成熟后可生食，也可进一步加工成果酒、果汁、果酱、着色剂、焙烤食品等多种形式。黑果腺肋花楸果于2018年被批准为新食品原料。

二、植物提取物类

在我国获批的植物提取物类新食品原料（新资源食品）约有39种，下面对其中的16种进行概括介绍。

（一）杜仲籽油

杜仲（*Eucommia ulmoides*）是我国特有的温带胶源树种。杜仲籽仁粗脂肪、粗蛋白、粗纤维、粗淀粉的含量分别为40.63%、23.59%、13.25%、9.82%，桃叶珊瑚苷含量达8%～11%。杜仲籽仁油以不饱和脂肪酸为主，主要为α-亚麻酸（55.21%～61.49%）、油酸（16.31%～17.80%）和亚油酸（11.02%～13.32%）；富含甾醇，主要包括β-谷甾醇和菜油甾醇；维生素E含量可达400mg/100g。杜仲籽油具有降血脂、降血压、增强免疫力、增强记忆力、抗炎、抗疲劳、抗衰老、保肝等功效，可作为安全的食用油料和保健用油，并用于功能性食品的开发。杜仲籽油于2009被批准为新资源食品。

（二）茶叶籽油

茶叶籽油又称茶油，是由油茶果实压榨或浸出获得的植物油脂。油茶（*Camellia sinensis*）为山茶科山茶属灌木或小乔木。我国油茶集中分布在湖南、江西、广西、浙江、福建、广东、湖北、贵州等地，泰国、越南、缅甸和日本等国也有少量分布。茶油中不饱和脂肪酸含量高达90%，以油酸为主；富含维生素E和钙、铁、锌等微量元素，以及茶多酚、甾醇、山茶苷、角鲨烯等多种生理活性成分，具有抗氧化、降血压、降血脂、抑制动脉硬化、调节免疫力、延缓衰老等作用，可作为老年人或心血管疾病患者的保健用油。茶叶籽油于2009年被批准为新资源食品。

（三）牡丹籽油

牡丹（*Paeonia suffruticosa*）为毛茛科芍药属落叶灌木，主要分布于浙江、四川、安徽、山东、山西等地。牡丹籽油通常指从油用牡丹［紫斑牡丹（*Paeonia rockii*）和凤丹牡丹（*Paeonia ostii*）］的成熟种子中提取的油脂。牡丹籽出油率为22%～30%，其油中不饱和脂肪酸含量占比 82.81%～93.29%，其中人体必需脂肪酸 α-亚麻酸的含量为 32.72%～67.13%，亚油酸含量为 19.09%～34.90%，油酸含量为 15.13%～27.73%，维生素 E 含量约 57mg/100g；还富含没食子酸、齐墩果酸、角鲨烯、甾醇等多种活性物质。牡丹籽油营养丰富，且药用价值高，具有抗氧化、降血脂、降血糖、保肝等功效，可直接食用，还广泛用于医药、化工等领域。牡丹籽油于 2011 年被批准为新资源食品。

（四）元宝枫籽油

元宝枫（*Acer truncatum*）又名元宝槭（资源 9-3），为槭树科落叶乔木，是我国特有树种，广布于东北、华北及西北各地。其种仁含油率达 48%，元宝枫籽油不饱和脂肪酸含量达 92%，其中亚油酸和亚麻酸含量达 60%，功能性脂肪酸神经酸的含量达 5.8%，维生素 E 含量约 125mg/100g（王性炎和王姝清，2011）。对脑血栓、冠心病、肿瘤等疾病有较好的疗效，具有抗菌作用，可作为食品和中成药的天然无毒防腐剂，是优质食用油和医药保健用油。民间有炒食元宝枫种子的习惯，味似瓜子和花生。元宝枫籽油于 2011 年被批准为新资源食品。

9-3

（五）美藤果油

美藤果（*Plukenetia volubilis*）又名印加果、南美油藤，为大戟科美藤果属多年生木质藤本油料植物，原产南美洲，2006 年引种于我国。目前在老挝、泰国，以及我国云南有较大面积种植。美藤果果仁中粗脂肪含量可达 45.25%，可以直接冷压榨过滤后制取美藤果油。美藤果油富含亚麻酸、亚油酸、维生素 E 及多种微量元素，不饱和脂肪酸含量高达 93.71%，其中亚麻酸、亚油酸、油酸占比分别可达 43.78%、38.94%、10.99%。维生素 E 含量约 200mg/100g，植物甾醇含量可达 225mg/100g，其中 β-谷甾醇占比较高。美藤果油具有调节血脂、改善记忆力和注意力、增强免疫力、抗炎、抗氧化等功效，在特膳食品、特医食品及保健食品领域有较好的应用潜力。美藤果油于 2013 年被批准为新资源食品。

（六）光皮梾木果油

光皮梾木（*Cornus wilsoniana*）为山茱萸科梾木属的一种木本油料树种，是我国特有树种，在湖南、湖北、江西、福建等地均有分布。光皮梾木果油是以光皮梾木果实为原料，经压榨、过滤、脱色、脱臭等工艺而制成。果油中不饱和脂肪酸总量约 80%，以亚油酸和油酸为主，维生素 E 含量约 600mg/kg，植物甾醇含量达 269mg/100g，以 β-谷甾醇含量最高。光皮梾木果油可预防和降低高脂血症、冠心病、高血压等心血管疾病的发病率，于 2013 年被批准为新食品原料。

（七）长柄扁桃油

长柄扁桃（*Amygdalus pedunculata*）是蔷薇科扁桃亚属的落叶灌木，广泛分布于我国东北、陕西北部及内蒙古等地。种仁含油率高达 45%～58%，其油中含有棕榈酸、棕榈油酸、油酸、亚油酸、亚麻酸、花生烯酸和芥酸等脂肪酸，不饱和脂肪酸含量高达 98%，其中油酸和亚油酸总含量达 95% 以上；还富含维生素 E（48mg/100g）、多酚、植物甾醇、角鲨烯等营养物质，可有效防止心血管疾病的发生，对抗炎、抗菌有较好作用。长柄扁桃油于 2013 年被批准为新食品原料。

（八）盐肤木果油

盐肤木（*Rhus chinensis*）为漆树科盐肤木属落叶小乔木，在我国除东北、内蒙古和新疆外的其余各地均有分布。它是一种优良的木本油料，含油率约为 20%，油中的主要脂肪酸是棕榈酸（25.92%～38.50%）、油酸（14.77%～18.49%）、亚油酸（38.05%～54.30%）、硬脂酸（2.30%～3.26%）和 α-亚麻酸（1.75%～2.56%）；维生素 E 含量为 682.8～837.9mg/kg，总黄酮含量 102.28～165.92mg/100mL，甾醇含量 37.28～108.07mg/100g。盐肤木果油中富含亚油酸，可以作为优质新型食用油和保健用油开发利用，于 2013 年被批准为新资源食品。

（九）水飞蓟籽油

水飞蓟（*Silybum marianum*）又名水飞雉、乳蓟，为菊科草本植物。原产于北非和地中海地区，现在世界各国均有种植，我国主要分布于东北、西南、华东、华北等地。水飞蓟种子中含 20%～35% 的脂肪酸，其籽油以亚油酸（44.74%～56.93%）、油酸（21.36%～32.75%）、棕榈酸（8.36%～9.60%）和硬脂酸（4.81%～6.23%）为主，此外还有亚麻酸、花生酸和山萮酸等，其不饱和脂肪酸占比约 80%；还富含多种微量元素和维生素，其中维生素 E 含量为466.89～563.43mg/kg。水飞蓟籽油营养价值较高，具有明显预防和治疗动脉粥样硬化、高血压和脂肪肝的功效，可以直接食用，也可以制成调和油食用，于 2014 年被批准为新食品原料。

（十）叶黄素酯

叶黄素酯是一种重要的类胡萝卜素脂肪酸酯，广泛存在于万寿菊、南瓜、甘蓝等植物中。万寿菊花是叶黄素酯的重要工业来源，其含量高达 30%～40%。叶黄素酯进入人体内后会通过代谢水解成游离状态的叶黄素，进而能吸收对视网膜有损害作用的蓝光，叶黄素同时具有抗氧化作用。叶黄素酯能够防治白内障、老年性黄斑退化、心血管疾病和肿瘤等疾病，还具有抗氧化、抗衰老和提高免疫力等作用。它是一种十分稳定的食品着色剂，可广泛用于食品、饮料、化妆品等领域，更利于人类的健康。叶黄素酯于 2008 年被批准为新资源食品。

（十一）L-阿拉伯糖

L-阿拉伯糖又称 L-树胶醛糖、果胶糖，白色结晶粉末，是植物中一种特有的五碳醛糖，作为半纤维素、果胶和树胶等生物聚合物的基本组成单元，广泛存在于自然界。L-阿拉伯糖主要是从甜菜浆、玉米皮、玉米芯、麦糠和甘蔗渣等植物原料中分离提取获得，是一种新型的低热量功能型甜味剂，味道和蔗糖非常相似，甜度约为蔗糖的 50%，耐热、酸稳定性高。它对蔗糖吸收有竞争抑制作用，对糖类的代谢转化有显著的阻断作用。在普通蔗糖中添加 2% 的 L-阿拉伯糖，就可以抑制 50% 蔗糖的吸收，同时抑制血糖的升高，从根本上控制血糖和血脂水平，可以用于减轻肥胖、治疗糖尿病和高血压等疾病。L-阿拉伯糖于 2008 年被批准为新资源食品。

（十二）菊粉

菊粉又称菊糖，是植物中的储备性多糖，由果糖分子通过 β-2,1 糖苷键连接，聚合程度一般在 2～60，当聚合度较低时可称为低聚果糖。其存在于多种植物中，菊芋块茎和菊苣根是我国菊粉生产的主要原料。菊粉是水溶性极好的膳食纤维，具有预防龋齿、调节脂类代谢、促进钙吸收、降低血清胆固醇、提高免疫力等功能。可作为功能性配料和双歧杆菌增殖因子，广泛应用于功能性食品、饮料、烘焙食品和保健品的制造；同时也是生产低聚果糖、多聚果糖、高果糖浆、结晶果糖等产品的原料。已被世界 40 多个国家批准为食品营养增补剂，是防治心脑血管疾病、糖尿病、肥胖、便秘等代谢类疾病的营养食品。菊粉于 2009 年被批准为新资源食品。

（十三）植物甾醇

植物甾醇是植物体内一种类似于环状醇结构的天然活性物质，又称植物固醇，天然存在于种子、豆类和植物中。以 β-谷甾醇、豆甾醇和菜油甾醇较常见。我国所批准的新资源食品植物甾醇是利用大豆油等植物油馏分或者塔罗油为原料，通过皂化、萃取、结晶等工艺生产制得。植物油中甾醇主要以游离形式和脂肪酸酯形式存在，通常与亚油酸、油酸结合，少量与酚酸结合。植物甾醇具有多样的药理作用，能降低血清胆固醇与低密度脂蛋白胆固醇，具有抗肿瘤、抗炎、抗氧化等生物活性。植物甾醇应用广泛，如用于生产固醇类药品，通过植物甾醇降低胆固醇等特性开发营养和功能食品，也用于化妆品等的表面活性剂等。植物甾醇于 2010 年被批准为新资源食品。

（十四）植物甾醇酯

植物甾醇酯为植物甾醇与来自植物油的脂肪酸发生酯化反应的产物，为淡黄色黏稠油糊状。酯化后显著改变了植物甾醇的溶解度，与植物甾醇相比具有更佳的脂溶性和降血清胆固醇功效，可作为一类具有降低血清胆固醇、预防心脑血管疾病等功效的新型功能食品添加剂。植物甾醇酯的系列开发大大提高了植物甾醇的脂溶性和降胆固醇效果。与植物甾醇相比，能更方便地添加到油脂或含油脂的食品中。目前植物甾醇酯主要用于涂抹食品和沙拉调料中，于 2010 年被批准为新资源食品。

（十五）茶氨酸

茶氨酸是茶叶中含有的一种非蛋白游离氨基酸，属酰胺类化合物，是茶叶中含量最丰富的游离氨基酸和主要呈味物质。新鲜茶叶中，L-茶氨酸含量占干重的 1%～2%；在茶汤中，茶氨酸的浸出率可高达 80%。茶氨酸具有保护神经系统、抗抑郁、降血压、缓解疲劳、延缓衰老和抗肿瘤等多种功效，可进行相关保健品的开发。目前市场上的茶氨酸产品以食品为主，功能主要集中于提高睡眠质量方面，其产品还有很大的开发空间。茶氨酸于 2014 年被批准为新食品原料。

（十六）玉米黄质

玉米黄质又称玉米黄素，是带有羟基的类胡萝卜素，属于类胡萝卜素的氧化衍生物。常与叶黄素、β-胡萝卜素、隐黄质等共存，组成类胡萝卜素混合物。玉米黄质的膳食来源主要有黄玉米、橙色甜椒、橙汁、蜜瓜、芒果、覆盆子、蓝莓、桃、枸杞子等。玉米黄质含有 11 个共轭双键，具有较好的抗氧化、抗炎能力，以及很强的着色能力，被许多国家批准为食用色素。有预防老年黄斑变性、白内障，预防和治疗糖尿病与葡萄膜黑色素瘤等的作用。目前市场上玉米黄质主要是以万寿菊花来源的万寿菊油树脂为原料，经皂化、离心、过滤、干燥等工艺制成。玉米黄质于 2017 年被批准为新食品原料。

9-4

除以上新食品原料（新资源食品）外，其余植物源新食品原料情况可参考《新食品原料名录》（资源 9-4 和资源 9-5）。

9-5

◆ 第三节　植物源新食品原料的加工利用案例

一、牡丹籽油

（一）加工利用概况

牡丹籽油源自油用牡丹，以多不饱和脂肪酸为主，其中 α-亚麻酸的含量达到总脂肪酸的40%以上，是橄榄油的数倍，此外还含有多种药理活性物质。因其不饱和脂肪酸含量高，生产上以低温提取工艺为主，多采用脱壳冷榨。自 2011 年被批准为新资源食品以来，在食品、医药、化工等领域的应用越发受到人们的重视，但是牡丹籽油加工的历史较短，其开发利用尚处于初级阶段，深加工产品相对较少。提高牡丹籽油的氧化稳定性，开发与牡丹籽油特性和加工规模相适应的智能化原料预处理、油脂提取、油脂精炼专用加工装备，以及牡丹籽油高值化系列产品、牡丹籽油加工副产物综合利用技术等具有广阔的前景。

（二）采收和贮藏

1. 采收

（1）采收时间　　大部分菁葖果由青绿色转为蟹黄色、扒开果荚后籽粒为深黄色、果荚内无黏液时为牡丹籽适宜采收期（资源 9-6），此时牡丹籽的干物质积累与脂肪酸含量均达到最高。采收过早，籽粒成熟度不够，造成产油率低、营养成分欠佳，进而影响油的品质。采收过晚，果荚老化开裂，造成牡丹籽散落田间，致使减产减收。

9-6

（2）采收和脱粒方法　　当牡丹荚成熟后，连同最上面的一片牡丹叶一起采摘，装袋密封3～5d，使荚从枝叶上脱落。脱落分离出来的牡丹果荚，选择干燥、阴凉、通风的室内堆放，堆放高度不超过 15cm，使牡丹籽在果荚内熟透后自动脱落。堆放期间每隔 1d 翻动果荚 1 或 2 次，防止因温度、湿度过高致使牡丹籽发生霉变。牡丹果荚晾置 10～15d 后，牡丹籽会从果荚内自动剥离，除去空果荚和叶等杂物，得到纯牡丹籽粒。

（3）牡丹籽分级　　油用牡丹籽质量分级如表 9-1 所示。

表 9-1　油用牡丹籽质量分级（引自何东平和张效忠，2016）

等级	完整粒率/%	损伤粒率/%	霉变粒率/%	杂质/%	含油量（以干基计）/%	未熟粒/%	水分/%	感官要求
1	≥98.0	≤1.0	≤0.1	≤0.5	≥20.0	≤3.0	≤12.0	
2	≥95.0	≤3.0	≤0.2	≤1.0	18.0～20.0	≤3.0	≤12.0	籽粒饱满，黑色；粒面光滑，无异味
3/等外	≥90.0	≤5.0	≤0.2	≤2.0	<18.0	≤3.0	≤12.0	

2. 贮藏　　当牡丹籽干燥至水分含量 10%～12% 时，进行预冷后低温贮藏，贮藏温度8～10℃，湿度 60%～65%。贮藏过程中，注意通风并定期进行翻料，防止因长时间贮藏造成料堆内部过热而导致原料发生劣变。气调条件也是目前牡丹籽贮藏的较好方式，降低贮藏环境的氧气浓度，不仅可以防止油脂的氧化劣变，而且也减少了虫害的发生。

（三）加工工艺

牡丹籽油的加工主要是采用压榨法、溶剂浸提法，在压榨法中根据是否脱壳，分为带壳压榨和脱壳压榨。经脱壳后的牡丹籽油杂质少，出油率高，籽粕含油量低。随着牡丹籽脱壳机械的发展，大部分采用脱壳的牡丹籽进行生产。随着对牡丹籽油加工工艺研究的深入，超声辅助提取法、水代法、水酶法、超临界 CO_2 萃取法、亚临界萃取法、微波辅助提取法等工艺也在逐步应用并被认可。

1. 工艺流程

牡丹籽→清杂→脱壳→籽仁处理→烘炒→压榨或萃取→毛油→精炼→成品

2. 操作要点

（1）脱壳　　牡丹籽经清理后，将外壳剥离，目前的脱壳方式以摩擦式为主。脱壳率在95%以上，仁中含壳率＜5%，壳中含仁＜0.5%，水分含量10%～12%。

（2）籽仁处理　　牡丹籽仁是自然白色，只有脱壳后才能看出变质籽仁。变质籽仁目前工业上大部分采用人工挑拣，要求拣净率≥99%。

（3）压榨或萃取　　一般采用物理压榨、超临界流体萃取等低温制油技术。其中溶剂浸提一般采用亚临界流体萃取，溶解回收较少，时间较短，温度较低，既保证了牡丹籽油的提取率，也保障了油品的质量。牡丹籽油生产过程中，特别需要注意的是避免高温和氧化。

3. 产品质量评价　　在《牡丹籽油》（GB/T 40622—2021）中，对牡丹籽油的基本组成和主要物理参数、质量指标进行了规定。牡丹籽油的感官要求和理化指标方面需满足以下要求。

（1）感官要求　　要求牡丹籽油在20℃保持澄清、透明，不溶性杂质≤0.05%。一级牡丹油色泽一般是从浅黄色到金黄色，二级是金黄色。具有牡丹籽油固有的气味和滋味，无异味。

（2）理化指标　　要求牡丹籽油折射率1.460～1.490，相对密度0.910～0.938，碘值（以 I_2 计）162～190g/100g，皂化值（以 KOH 计）170～195mg/g。甾醇≥180mg/100g，维生素 E≥30mg/100g，角鲨烯≥50mg/100g。主要脂肪酸组成：α-亚麻酸≥38.0%（其中，一级牡丹籽油要求 α-亚麻酸≥42%），亚油酸≥25%，油酸≥21%。酸价（以 KOH 计）：一级品≤2.5mg/g，二级品≤3mg/g。过氧化值（g/100g）：一级品≤0.15g/100g，二级产品≤0.25g/100g。

（3）安全性指标　　真菌毒素限量符合《食品安全国家标准　食品中真菌毒素限量》（GB 2761—2017）、污染物限量符合《食品安全国家标准　食品中污染物限量》（GB 2762—2017）、农药残留限量符合《食品安全国家标准　食品中农药最大残留限量》（GB 2763—2021）、食品添加剂品种和使用量符合《食品安全国家标准　食品添加剂使用标准》（GB 2760—2014）的规定，不得添加非法食用物质。

（四）利用途径

1. 食品领域　　牡丹籽油的食用方式多样，可以炒、煎、炸、蒸、凉拌。特级初榨牡丹籽油可直接食用，也可用来做菜，加入菜肴中可以平衡食物的高酸度。牡丹籽油可以作为食用油单独应用，也可以调和油方式应用。亚麻酸作为人体必需脂肪酸，存在α、γ两种晶型：α-亚麻酸属 ω-3 脂肪酸系列，γ-亚麻酸属于 ω-6 脂肪酸系列。我国人群膳食中普遍缺乏 α-亚麻酸，日摄入量远低于世界卫生组织推荐量，补充 α-亚麻酸已经成为一种趋势。牡丹籽油可以有效调整食用调和油中的脂肪酸比例，有效提高植物油中 ω-3 脂肪酸的含量。牡丹籽油用于满足人体对不饱和脂肪酸需求的调和油典型配方：大豆油：橄榄油（或油茶籽油）：牡丹籽油 = 1：1：0.4、花生油：橄榄油（或油茶籽油）：牡丹籽油 = 2：0.4：0.4、玉米油：菜籽油：牡丹籽油：

橄榄油（或油茶籽油）= 1.5 : 0.5 : 0.5 : 1，三种配方中 ω-6 脂肪酸与 ω-3 脂肪酸的比均接近4 : 1（资源 9-7）。

牡丹籽油作为配料在酱料、焙烤制品、糖果制品等中均有应用。特别是在酱料制品中不仅改善其营养价值，而且很好地改善其感官特性，是做冷酱料和热酱料最好的油脂成分。它可以保护新鲜酱料的色泽，让食物更香醇，且具有平衡酸味的作用。在番茄酱、柠檬酱等酱制品中加入微量的牡丹籽油，可使其在色泽、风味和口味方面均有较大的提升。在焙烤制品中加入牡丹籽油，有利于其风味和着色的改善。

2. 其他领域　　长期服用牡丹籽油，可起到延年益寿的功效。可制成牡丹籽油凝胶糖果、牡丹籽油软胶囊，以及与其他中草药（当归、白芷、紫草、甘草、黄连、血竭六味药）复合制作的膏剂等。

牡丹籽油在波长 200～420nm 处有较强的吸收峰，可以有效防止因紫外线而造成的皮肤损伤，具有美白效果。牡丹籽毛油可以作为美白皮肤制品的一种原料，精炼后可以作为按摩基础油，能够有效舒缓神经和滋润皮肤。此外，牡丹籽油富含 α-亚麻酸，能很好地清除自由基、抗氧化，利于皮肤吸收营养，增加皮肤弹性和光泽，可作为化妆品的重要成分。目前开发的牡丹籽油护肤品有牡丹籽祛斑霜、牡丹籽油嫩肤霜、牡丹籽油面膜、牡丹籽油沐浴露、牡丹籽油洁面乳和牡丹籽油抗蓝光精华液等。

二、叶黄素酯

（一）加工利用概况

叶黄素酯的主要成分是叶黄素二棕榈酸酯，是以万寿菊花等植物为原料，经过脱水粉碎、溶剂提取、低分子量纯化和真空浓缩等步骤生产而成。万寿菊中含有丰富的叶黄素，基本是以与月桂酸、肉豆蔻酸、棕榈酸酯化的形式存在，含量约为 1.6%。为了进一步增加叶黄素酯类相关物质，万寿菊花采摘后在避光发酵池中发酵菌群的作用下发酵，随后经压榨、干燥、粉碎、制粒等工序，使总类胡萝卜素的含量达到 15～25g/kg，制成叶黄素酯工业化生产中常用的万寿菊颗粒粉。由于叶黄素酯水溶性较差，目前的加工工艺主要采用有机溶剂提取、二氧化碳超临界流体萃取等方式。其粗提物的制备参考油脂的提取。目前，在医药保健、食品、饮料、化妆品等领域已有应用。

（二）采收

用于生产叶黄素酯的万寿菊花采摘后应立即进行预处理加工。万寿菊花采摘应该在花瓣全部展开、花心未完全开放时，即花朵开成半球状、花瓣伸长、不见花心、花色鲜艳（资源 9-8）。花朵未完全开放时，色素含量低，产量也受影响；当花色变浅，花瓣出现萎蔫时，色素含量降低，原料质量差。

采收的花梗不超过 1cm。一般万寿菊采摘期为 6 月上旬～10 月上旬，夏季每隔 4～5d、秋季每隔 5～7d 采收一次为好，共采摘 8～10 次。采收应做到"五不采"，即雨天不采，雾天不采，有露水不采，不成熟小花不采，腐烂、病变、变色、杂花不采。在雨天和有露水的天气采摘，易导致采花伤口感染病菌，进而造成植株早衰、减产。采摘后应及时向伤口处喷施杀菌剂和叶肥，防止感染，残花不能丢弃在田间，防止霉变传染。

（三）加工工艺

利用万寿菊花生产叶黄素酯主要分为两个阶段：第一阶段是万寿菊花颗粒粉的制备，这一阶段通常在万寿菊花产地或者产地附近完成；第二阶段是叶黄素酯的生产，多由各类天然产物提取厂家完成。

1. 工艺流程

（1）万寿菊花颗粒粉

万寿菊花 → 采摘 → 除杂 → 发酵 → 脱水 → 颗粒化 → 成品

（2）叶黄素酯　　叶黄素酯加工的一般工艺流程如图 9-1 所示。

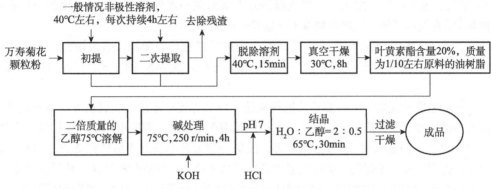

图 9-1　叶黄素酯的加工工艺（引自 Lin et al.，2015）

2. 操作要点

叶黄素酯制备过程中的关键操作要点是颗粒粉制备和结晶。万寿菊花颗粒粉的制备影响叶黄素酯与其结合物剥离的程度，进而影响叶黄素酯的产量；而结晶工艺中晶体的生长速率则会影响叶黄素酯的质量。

（1）万寿菊花颗粒粉制备　　将采集的万寿菊花经过清理除杂，发酵 7～15d 后，进行脱水，然后制备成用于后续叶黄素酯提取的颗粒粉。其制备工艺主要有三种。

1）压实堆放密封自然发酵法：除杂后的万寿菊鲜花进行压实密封，利用自身的呼吸作用和自然界的厌氧微生物进行发酵。一般流程是万寿菊鲜花→压实密封→输送压榨→解块烘干→造粒→成品。主要包括以下 4 道程序。

A. 压实密封：该工艺也称为堆渥。一般是将新鲜万寿菊花喷适量防腐剂（主要防止霉菌生长）后压实密封于池中，依靠万寿菊花呼吸产生的热量和厌氧微生物生长，从而软化花瓣，降低叶黄素酯与花中其他物质的结合能力，有利于叶黄素酯的溶出。

B. 输送压榨：堆渥成熟后的万寿菊花被输送到压榨机内进行挤压脱水。挤压出来的汁液通过排液管道被输送到振动滤渣机进行滤渣，滤出的渣回收到挤压后的原料中，滤液则流入沉淀池进行沉淀，沉淀物收集后留待进行深加工，压榨出来的花原料直接进入解块机粉碎打丝后进入烘干工序。

C. 烘干：花丝烘干分 3 个阶段。第一阶段为高温去湿（除去表层水分）段，风温控制在 90～95℃，采用大风量将花丝表面水及机械结合水除去，烘干时间 3～4h，其间需要停止送风 1 次，将烘干床上的花丝均匀地翻动 1 遍，使之干湿程度均匀。第二阶段为低温烘干段，风温控制在 75～80℃，将不易除去的渗透水及结合水除去，烘干时间为 6～7h，其间亦需要停止送风 2～5 次，将烘干床的花丝翻动 2～5 次，以保证其干湿程度均匀。第三阶段仍为低湿烘干段，风湿控制在 50～60℃，将部分吸附水除去，烘干时间 2～3h，其间亦需停止送风 1 或 2 次，将烘干床上的花丝翻动 1 或 2 次，以保证其干湿程度均匀，品质良好。一般情况下，花丝厚度 40～50cm 时烘干效果比较理想。

D. 造粒：烘干的花丝进行粉碎造粒。粉碎机将花丝粉碎后喷湿，由提升机送至颗粒机制成颗粒粕，并进行筛分分级，不合格者回送到颗粒机重新制粒。

2）装袋接种发酵法：一般流程是万寿菊鲜花→适度晾晒→装袋→接种→压实→抽真空→发酵→解块烘干→造粒→成品。

其后续工艺同压实堆放密封自然发酵法。该方法适合于小规模生产，因装袋接种发酵，即使有部分袋出现质量问题，也不会影响整体产品的质量，并且因接种了乳酸菌，从而保证了发酵后的万寿菊花品质的一致性。

3）罐装、池装接种发酵法：一般流程是万寿菊鲜花→水分调节→装料→接种→压实→密封→抽真空/充惰性气体→发酵解块烘干→造粒→成品。

该法适合大规模的工业化生产，根据生产场地可以选择发酵罐或者发酵池，为了实现厌氧发酵可以采用抽真空或充惰性气体，一般是采用充 CO_2 或者 N_2 的方式，产品批次间的差别较小。

（2）叶黄素酯的提取　　主要有溶剂提取法、亚临界流体萃取法、超临界流体萃取法，以及超声波和微波等辅助提取方法。生产上常用的是溶剂提取法，溶剂有丙酮、正己烷、石油醚、二氯甲烷、氯仿、四氢呋喃、6 号溶剂油等，浸提处理万寿菊或万寿菊颗粒 2 或 3 次后，回收有机溶剂，得到以叶黄素酯类、类叶黄素酯类物质衍生物为主要成分的产品，然后通过重结晶、水解等获得纯度较高的叶黄素酯、叶黄素和玉米黄素等。溶剂法提取叶黄素酯按照操作过程可以分为间歇式和连续式。

1）间歇式生产工艺：该生产加工工艺如图 9-2 所示。采用萃取搅拌釜作为主体设备，在萃取搅拌釜内完成叶黄素酯的溶剂浸出、饱和叶黄素酯液与残渣的分离及残渣的溶剂回收等重要生产工序。该工艺具有萃取率高、适应能力强、投资少等优点，因此在早期的叶黄素酯的提取中应用广泛。但是生产能力小，溶剂消耗大，操作不方便，自动化程度低，大规模生产中操作成本极高。

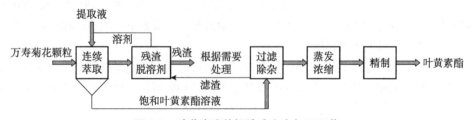

图 9-2　叶黄素酯的间歇式生产加工工艺

2）连续式生产工艺：在连续式生产工艺中，主体设备是连续式浸出器和蒸脱机。浸出器已经过近百年的发展历史，目前大型浸出器单台处理量已达 10kt/d。广泛使用的是连续式浸出器，按其设备的主要结构特征和运行方式分为平转式、滑动框斗式、环型拖链式和履带式（资源 9-9）等。随着对产品质量的要求越来越高，亚临界流体萃取和超临界流体萃取在叶黄素酯的提取分离中已有相关研究和应用。

9-9

3. 产品质量评价　　目前，有关叶黄素酯的质量评价还没有可供参考的相关标准，根据原卫生部 2008 年第 12 号公告，其质量评价主要包括以下三个方面。

（1）感官要求　　一般为深红棕色细小颗粒，无异味。

（2）理化指标　　叶黄素二棕榈酸酯含量＞55.8%；玉米黄质酯含量＜4.2%。

（3）安全性指标　　溶剂残留：正己烷＜10ppm（ppm 指百万分之一），乙醇＜10ppm。

（四）利用途径

目前，市场上的叶黄素酯产品主要是以万寿菊为原料的天然产物，多用于食品、药品和化妆品等领域。产品的纯度有分析级（纯度＞99%）、食品及药品级（常见纯度有 20% 和 5%）和饲料级（一般是纯度＜5%）。

1. 食品领域　　天然叶黄素酯具有多个碳碳双键发色基团，表现出靓丽的颜色，不同含量的叶黄素酯颜色差异明显，从淡黄色至红色，颜色域跨度大，性质稳定，可以作为功能性着色剂。食用油中添加少量叶黄素酯不仅可以改善色泽，同时可增加营养价值。

利用叶黄素酯进行膳食补充，可使人体血浆中叶黄素水平提高，并使黄斑中心区叶黄素密度增加。随着叶黄素酯被批准为新资源食品，叶黄素酯和叶黄素的混合物也作为膳食补充剂被添加到相关食品中。根据原卫生部 2008 年第 12 号公告建议，叶黄素酯主要用于焙烤食品、乳制品、饮料、即食谷物、冷冻饮品、调味品和糖果，但不包括婴幼儿食品。

2. 其他领域　　老年性黄斑变性是老年人的眼科疾病之一，由黄斑衰退导致的失明是不可逆转的，叶黄素可以有效防止该病的发生。叶黄素酯作为叶黄素的生产原料，可以通过其水解制备获得护眼产品，既可用于食品也可在医药保健产品中应用。例如，叶黄素酯压片能够用于近视、弱视、远视、白内障、黄斑退化变性、视疲劳及糖尿病所引发的视网膜病变等。

此外，叶黄素酯是一种重要的类胡萝卜素脂肪酸脂，对光、热和空气非常稳定，可以添加到化妆品中，保护皮肤免受紫外线的损伤，目前已有以叶黄素为主要成分的防晒霜，其他相关的产品也在研制中。

三、菊粉

（一）加工利用的概况

菊粉作为新食品原料，其开发应用在食品界得到广泛重视，已作为配料成功应用于乳制品、饮料、肉制品、面制品和保健食品等领域，推出了具有不同程度溶解度、甜度和纤维含量等的菊粉系列产品，使消费者可以根据自身的需要选择更适合的产品。目前市场上已有添加菊粉的低脂或脱脂奶粉等乳制品、以菊粉为主要成分的益生元固体饮料等。近年来，通过对菊粉进行化学修饰和改性，其在医药和化妆品领域也表现出广阔的发展前景（资源 9-10）。

（二）采收和贮藏

9-10

1. 采收　　菊芋或菊苣的收获期依据其栽培目的而定。若以收青饲料为主，需要在重霜前收获，此时茎叶产量高、品质好。若以收获块茎为目的，可在秋后茎叶完全枯死后收获，选晴朗天气人工采挖或机械采收块茎，此时块茎产量高、品质好。

2. 贮藏　　将块茎收获后装入覆膜塑料编织袋，若堆放室内容易干瘪，易产生霉菌。一般挖一浅窖，边放入菊芋边撒上沙土，保持足够的空气和湿度，最后覆土 4～5cm，注意窖内块茎不能透风。若不进行窖藏，菊芋（或菊苣）块茎在室温的存放时间不宜超过 10d，在 5℃ 条件下存放不宜超过 20d。将块茎清洗后装入聚乙烯袋中，置于 1℃ 条件能够贮藏约 9 个月，且保持无块茎损坏和微生物生长；若置于等于或低于 -5℃ 条件下贮藏，解冻后的块茎会变软，且发生严重褐变，进而降低产品品质（鲁海波，2005）。菊芋块茎也可以不采收、直接在田间越冬，来年春天再进行采收，这样可防止大堆贮藏的高温霉烂之害，且节省资源。

（三）加工工艺

1. 工艺流程

菊芋或菊苣 → 预处理 → 热水浸提 → 过滤 → 除杂 → 脱色、脱盐
↓
菊粉成品 ← 喷雾干燥 ← 浓缩

2. 操作要点　以热水浸提法从菊芋中提取菊粉为例，其操作要点如下。

（1）预处理　包括去皮、浸泡和切片（或切丝）。

1）去皮：采用 NaOH 溶液将菊芋块根于 100℃浸泡 30s，取出水洗后去皮，得到浅黄色的无皮菊芋块茎。

2）浸泡：采用 0.1% 的 H_2SO_4 溶液将去皮的菊芋浸渍 10min，取出水洗，表皮晾干后得到呈白色的无皮菊芋块茎。

3）切片（或切丝）：用切片机将上述菊芋块茎切成 0.2～2.0mm 厚片用于后续操作。

（2）热水浸提　将预处理后的片状菊芋于 70～100℃热水浸提 10～60min。

（3）过滤　热水浸提后用滤布过滤获得提取液，残渣再次热提，重复 2～5 次，合并提取液。

（4）除杂　每升提取液中加入 $Ca(OH)_2$ 粉剂 1～2g，使其 pH 为 11～13，充分搅拌均匀后通入 CO_2，中和使溶液 pH 为 8～10，产生絮状的 $CaCO_3$，经过滤取上清得菊芋滤液，此环节目的是有效去除非菊粉的杂质。

（5）脱色、脱盐　滤液连续经过强阳离子、强阴离子、弱阳离子交换树脂，进行脱钙盐、脱色、酸度中和，得到中性无色透明的菊粉水溶液。

（6）浓缩　为了方便后续操作，降低喷雾干燥过程中的能耗，通常使用旋转蒸发器对菊粉水溶液进行浓缩，浓缩过程中溶液沸点控制为 80℃左右。

（7）喷雾干燥　将无色菊粉提取液在进风口温度 180℃、出口温度 30～90℃的条件下，调整干燥罐喷雾器的进样速率使之充分雾化，干燥物品无粘壁现象，即可得到雪白色的菊粉。

随着许多新技术、新设备的面世，超临界 CO_2 萃取、超声萃取和超声结合微波萃取等先进技术手段取代了传统的热水浸提应用于菊粉的萃取中，不仅提高了菊粉得率，而且节省了时间、降低了能耗。从菊苣根中提取菊粉的研究表明，在料液比 1∶40、微波功率 400W、提取时间 30min、提取温度 90℃的条件下进行微波辅助提取时，菊粉提取率可达 63%；与同条件下传统的热水浸提工艺相比，微波辅助提取法获得的菊粉含量更高（Kulathooran et al.，2014）。在实际生产中，可以根据现有生产条件及生产目的选择适合的生产工艺。

3. 产品质量评价　2009 年我国卫生部发布了第 5 号公告《关于批准菊粉、多聚果糖为新资源食品的公告》，菊粉开始以新资源食品的身份应用于除婴幼儿食品外的各类食品中。菊粉的感官要求、理化指标和安全性指标方面需满足以下要求。

（1）感官要求　在自然光线照射下外观呈白色或黄色；冲溶稀释后的溶液带有菊粉特有的香味，且没有异味，味道微甜，澄清透明，烧杯底部无异物。

（2）理化指标　总菊粉含量在菊粉冲溶稀释后要＞86g/100g，其他糖类含量＜14g/100g，水分≤4.5g/100g，灰分≤0.2g/100g。

（3）安全性指标　菊粉中铅的含量≤0.5mg/kg，砷的含量≤0.4mg/kg。

（四）利用途径

1. 食品领域

（1）肉制品配料　　菊粉是一种天然低聚糖，通过不溶于水的亚微菊粉颗粒立体三维网状物锁住水分，具有良好的持水能力。当它完全溶解在水中时，又能形成一种光滑细腻类似脂肪状的凝胶，提供丝滑的口感和平衡丰满的香味。因此，菊粉可替代肉制品中的部分脂肪，用于低脂肉制品的研制与开发。

用菊粉取代传统香肠中的部分脂肪制得的低脂香肠，不仅使香肠具有更高的柔软度，并且使其结构更加紧凑，较好地保留了传统香肠原有的风味与口感，增加了膳食纤维含量，降低了油腻性。其生产工艺流程大致为原料肉分割及菊粉和配料的配置→绞制→斩拌→静腌→灌装→高压杀菌→冷却成品。当菊粉添加量为 12.5% 时，低脂香肠的口感与传统香肠十分接近。

（2）乳制品配料　　近年来，菊粉在乳制品中的应用蓬勃发展，常被加入富含膳食纤维的乳制品、低脂或脱脂牛奶和奶粉等乳制品中，用以替代脂肪、提高口感和润滑度，并提高乳化的分散性，促进冷冻乳制品甜点泡沫的稳定性，增加膳食纤维含量等。在乳制品中应用菊粉，可以提高人体对钙、铁、镁等矿物质的吸收率，获得低脂但口感依然顺滑的乳制品，既保证了乳制品的食用品质，又提高了整体的营养价值。

在酸奶中加入菊粉，对酸奶的质构、稳定性和感官品质等均有一定影响，并且其降低血脂浓度、改善肠道系统功能和提高益生菌活力等保健作用会得到进一步提高。其生产工艺流程大致为复原乳制备→添加菊粉和甜味剂→预热杀菌→接种→灌装→发酵→冷却后熟→成品。在低脂低糖凝固型酸奶的加工过程中添加菊粉，促进了乳酸菌的增殖，加速乳酸生成，从而减少酸奶的发酵时间；在酸奶冷藏期间加速酸化，使产品风味更明显，酸奶的持水力和黏度增加，减少了冷藏过程中乳清的析出，酸奶的感官品质得到提高，菊粉在酸奶中的添加量为 2%~4% 比较适宜。

（3）面制品配料　　菊粉在面制品如面包、面条、馒头和蛋糕等食品中也有所应用。在面团中添加菊粉，可以降低面团的吸水性，延缓面团的形成，提高面团的稳定性，增加面团的黏弹性、筋力和强度，降低耐揉指数。当在中筋面粉中添加 7.5% 的短链菊粉时，面团的各项指标达到最大值，面筋强度也得到加强。在面包中添加菊粉，可以增加面包的持水度，降低面包的硬度，适度增大面包的比容。当菊粉添加量为 5% 左右时，面包质构柔软、口感最佳；但当添加量大于 10% 时，面包的品质明显降低。

（4）饮料配料　　由于菊粉具有良好的水溶性，且在 pH>4 的环境中对热相对稳定，其相对于其他容易沉淀的膳食纤维更适宜且容易添加到饮料中。此外，作为一种新型天然甜味剂，它具有较低的热量值和抗龋齿的作用，十分适合应用于软饮料中。在饮料中添加菊粉除了可以替代脂肪和砂糖、降低热量、增加饮料膳食纤维和低聚糖的功能、提高产品稳定性，还可以促进人体对钙等矿物质的吸收，掩盖苦涩，使饮料的风味口感更佳，在实现人们对健康食品追求的同时，又满足了对口味的嗜好。例如，在传统凉茶基础上，强化新型益生元菊粉，通过天然甜味剂与糖醇的科学配伍，开发出了菊粉低糖凉茶。

2. 其他领域　　菊粉在医药领域的应用日益增多，主要表现在医药辅料中的运用，如用作靶向药和缓释药的递送载体、疫苗佐剂、蛋白稳定剂和作为诊断分析工具等。菊粉具有良好的水溶性和对胃部酸性环境、胃酶、肠酶的稳定性，能使药物安全地输送到结肠，顺利地通过肠上皮吸收到血液中，可作为口服、肌内注射、皮下注射、静脉注射和结肠靶向等药物的递送载体。菊粉还可作为疫苗佐剂，用于增强体液和细胞免疫，其中起免疫佐剂作用的主要是由高分

子量的菊粉组成的结晶类型。AdvaxTM 是由 δ-菊粉改造的新型微晶颗粒，是一种新型的免疫佐剂。同时，菊粉可以作为诊断分析工具用于肾功能测试，因为它不参与体内代谢，只能通过肾小球滤过排出，不能被肾小管吸收，是测定肾小球滤过功能的理想外源性物质。相信在未来，菊粉在医药领域会有更广阔的应用前景。

此外，菊粉在化妆品领域的应用潜力巨大。菊粉不仅自身具有良好的稳定性及其他物理特性，并且在经物理与化学修饰之后，其功能得到了增多和改善，可作为保湿剂、替代阳离子聚合物作为调节剂等用于化妆品中。同时，菊粉及其衍生物对皮肤细胞具有美白、抗氧化等多种生理活性，可作为配料用于皮肤或毛发清洁剂和皮肤美白等化妆品中。

四、辣木叶

（一）加工利用概况

辣木叶是辣木的营养器官之一，因其采集方便、资源丰富、加工简单，成为辣木中研究最早、最多的部位，常被开发为优质绿色保健食品。辣木鲜叶呈绿色，可作为蔬菜直接食用，如炒菜、凉菜、汤等。干燥后加工成粉末的辣木叶粉可以口服，也可以制成辣木叶面条或茶叶等。随着辣木叶加工技术的发展，市场上出现了辣木叶胶囊、片剂、营养粉、保健茶等多种产品。辣木叶在医药和化妆品领域也有广阔的应用前景。

（二）采收和贮藏

1. 采收　　在辣木新叶成熟度达 60%、叶片呈深绿色时采收。采收时，先剪下 2/3～3/4 长的枝条，再从辣木枝干上剥下所有鲜叶，剔除病叶、虫害叶及黄化叶。有条件时，可以根据辣木叶的成熟度进行分级付制（指在对原料进行加工前，根据原料等级选择不同的加工方式和参数设置）。辣木嫩叶一般每 15～20d 即可采收一次。

2. 贮藏　　根据《辣木鲜叶储藏保鲜技术规程》（NY/T 3330—2018），新鲜辣木叶在采收后经分拣处理，置于聚乙烯保鲜袋中，于 3～5℃的库房内储存，每隔 3～4d 库房通风换气一次。在规定的温度、湿度管理条件下，储藏期限一般不超过 7d。干燥辣木叶经自然干燥或利用鼓风干燥箱进行干燥后置于阴凉干燥处储存即可。

（三）加工工艺

1. 工艺流程

新鲜辣木叶 → 除去粗枝 → 分选 → 清洗 → 脱水 → 干燥 → 干辣木叶

2. 操作要点　　新鲜辣木叶采摘后，需要对其进行分选，除去粗枝，剔除其中的残叶、病叶、虫害叶及黄化叶，并及时对辣木叶进行清理和用流动的清水冲洗，之后将辣木叶置于通风阴凉处晾干脱水，或放入 50℃鼓风干燥箱中干燥，直至叶面发脆。

3. 产品质量评价　　在《辣木叶质量等级》（GH/T 1142—2017）中，对辣木叶及其初级加工品的产品分类和质量分级等进行了规定。对其感官要求、理化指标和安全性指标等方面的要求如下。

（1）感官要求　　辣木叶应色泽正常，无沙土、无异味及无腐烂变质现象，并符合相应的食品安全标准及有关规定。还可通过色泽、完整度、洁净度、萎蔫度和病斑虫眼等评价辣木鲜叶和辣木叶干品；通过色泽、气味、洁净度、均匀度等评价辣木叶粉；通过对外形（条索、完整度、洁净度、叶底）和内质（香气、滋味）等评价辣木茶。将产品分别分为特级、一级和二级共三个等级。

（2）理化指标　总灰分<10g/100g。蛋白质含量（以干基计）：辣木鲜叶≥22g/100g，辣木叶干品≥23.5g/100g，辣木叶粉≥24.5g/100g，辣木茶≥25.5g/100g。除辣木鲜叶外，其他辣木叶产品的水分应<7g/100g。

（3）安全性指标　即食类辣木叶产品中微生物限量指标按照《预包装食品中致病菌限量》（GB 29921—2021）中即食类产品的规定执行。

（四）利用途径

辣木叶营养丰富且具有多重生理功效，将其针对性地加工成各种类型的产品，能提高辣木的经济效益，利于辣木产业的健康发展，目前在食品、医药和化妆品方面有所应用。

1. 食品领域

（1）鲜食辣木叶　辣木在其原产地印度已有悠久的食用历史。印度民众利用新鲜辣木叶制作脂肪食品，如通过牛奶乳脂混合制备高脂肪食品。辣木叶也可以制作成蔬菜沙拉、蔬菜咖喱、凉拌菜或做汤，均能够使其富含的各类营养物质被人体摄入并吸收。

（2）辣木叶粉　辣木叶粉是辣木叶经脱水处理后制成的粉，含有大量的维生素E、钙、蛋白质和钾等微量元素。其加工工艺：将晾干的辣木叶放入50℃鼓风干燥箱中干燥至叶面发脆，之后在粉碎机中进行粉碎，过100目筛除去不够细的粉末后，收集辣木叶粉成品。

（3）辣木茶　辣木茶是一种以辣木鲜叶作为原料加工而成的养生保健茶。其加工工艺：采摘鲜叶→晒青→摇青→杀青→干燥→提香。其中晒青的时间一般为1～2h，叶片萎缩，叶质变软即可；摇青是辣木茶香气形成的关键，摇青的程度直接影响辣木茶的品质，在摇青机转速为10r/min的条件下摇青5min，连摇3次，每次间隔1h为好；杀青温度80～120℃最为适宜；杀青后在70℃烘干2h，然后于100℃提香2h，即获得汤色黄绿明亮、滋味醇厚滑口的辣木茶（韦雪英等，2016）。

还有以辣木叶和成品茶叶为原料制成的辣木茶。通常是按辣木叶∶成品茶叶=1∶（3～4）的质量比例混合，其制作过程包括选料、脱水烘干、粉碎、混合配比、灭菌包装等工序，茶叶可以是绿茶、红茶、乌龙茶、白茶、黄茶或黑茶等（陈慧，2021）。

（4）辣木叶片剂　辣木叶片剂具有排毒、调节肠道菌群、促进人体吸收的功效，对便秘的治疗效果好。将辣木叶制成片剂可方便携带，且易于吞服。其主要工艺：将辣木叶粉与木糖醇、食用滑石粉混合均匀后，加入适量2%的PVP（聚乙烯吡咯烷酮）水溶液作为黏合剂混合均匀；之后采用湿法制粒，将软材压过分样筛网制成颗粒，将制得的湿粒置于60℃的干燥箱中干燥，每隔20min上下翻动一次，干燥后含水量应控制在3%～5%；然后将干燥完毕的原辅料过20目筛整粒，在整粒中加入0.56%硬脂酸镁和0.14%微粉硅胶混匀；最后选模具，调好压力和片重，进行压片后获得产品（徐通等，2020）。

（5）辣木系列饼干　辣木系列饼干含有丰富的辣木营养物质，且具备独特的营养保健功能，十分适宜老年人、妇女、儿童和亚健康者等不同人群。以辣木曲奇为例，其制作方法与普通曲奇饼干相似，在原料上使用辣木叶粉取代部分低筋面粉。其主要工艺流程：原料准备→油糖搅拌→加水后乳化均匀→拌粉→成型→烘烤→冷却→包装→成品。其中原料配比为黄油∶糖粉∶色拉油∶水∶混合面粉（低筋面粉和辣木叶粉）=1.2∶1.2∶1.2∶1∶46，其中辣木叶粉在混合面粉中占比为6.5%时产品口感最优（段丽丽等，2018）。

（6）辣木软糖　以辣木叶粉为主要原料生产的辣木软糖富含微量元素、维生素、氨基酸等营养物质，可补充人体所需营养，且其弹性十足，咀嚼性良好，酸甜适宜，易被青少年及儿童所接受。其主要工艺流程：溶解辣木叶粉→加入复合凝胶溶解→加入糖醇→加入柠檬酸钠→注模→脱模→干燥→成品。将辣木叶粉溶于60℃的水中，充分溶解后加入一定量的特定复合凝胶，在水浴锅中加热溶解至无颗粒状态，然后加入特定比例的糖醇，加热熬煮至呈半透明状，温度控制在105～110℃，待加热至液体黏稠、有拉丝状、固形物含量达到65%后，加入柠檬酸钠，不断搅拌、注模，自然冷却后脱模，在40℃烘箱中干燥24h后获得成品（周伟等，2017）。

2. 其他领域　　目前，已有不少关于辣木应用于生物制药领域的研究，如辣木叶降脂保健颗粒、防治免疫性肝损伤的辣木叶颗粒、降血压的辣木叶配方组合、预防和治疗胆结石的药物组合等。这些产品在动物模型中被证实有效。

此外，辣木叶具有良好的抗氧化能力、抗菌能力、抗皱美白效果、皮肤保湿特性及皮肤保护作用等，除了在食品和医药领域外，其有望在化妆品材料开发中得到应用，如辣木面膜、防晒霜和洗面奶等产品。

◆ 第四节　新食品原料的安全性评价与申报策略

新食品原料在满足多种社会需求方面有重要用途，但是在使用之前，需要进行系统、严谨、科学的安全性评价和新食品原料的申报及审批。2013年，国家卫计委印发的《新食品原料申报与受理规定》和《新食品原料安全性审查规程》（国卫食品发〔2013〕23号）提出，为更好地保证新食品原料的食用安全性，新食品原料申报单位需提供由有资质的风险评估机构出具的风险性评估报告。安全性评估报告应当包括成分分析报告、卫生学检验报告、毒理学评价报告、微生物耐药性试验报告和产毒能力试验报告及安全性评估意见。国内外的研究利用情况和相关安全性评估资料应当包括国内外批准使用和市场销售应用情况，国际组织和其他国家对该原料的安全性评估资料，可参阅科学杂志期刊公开发表的相关安全性研究文献资料。

由原国家卫计委组织的专家评审委员会重点对食品特性和安全性进行审查。根据评审需要可组织专家现场核查，对符合法律法规规定的，批准为可用于食品生产的新食品原料。作为安全性评估报告的重要组成部分，毒理学评价报告应当符合《食品安全国家标准　食品安全性毒理学评价程序》（GB 15193.1—2014）规定。国内外对新食品原料除实质等同外均需要进行毒理学评价，不同类别的原料其认证过程中的毒理学评价要求不同，下面仅对新食品原料的毒理学安全评价做简要介绍。

一、新食品原料的安全性毒理学评价

对人类食用物质的安全性评价是其成为新食品原料的必需要求，只有通过安全性毒理学评价，才能对该物质能否投入市场做出安全性的评估或提出人类安全接触的条件，以最大限度地减小其危害作用，保护人民身体健康。安全性毒理学评价一般是通过动物试验和对试验人群的观察，阐明食品中的某种物质（含食品固有物质、添加物质或污染物质）的毒性及潜在的危害，从而对该物质的食用提出相关指导意见。新食品原料的安全性毒理学评价依照《食品安全国家标准　食品安全性毒理学评价程序》（GB 15193.1—2014）执行，对于不同类型申报原料的评价，试验内容要求有所不同。按照新食品原料申报材料编制要求，毒理学评价报告内容主要涉及：急性经口毒性试验、三项遗传毒性试验、90d经口毒性试验、致畸试验和生殖毒性试验、慢性

毒性和致癌试验及代谢试验，涵盖了食品毒理学评价的急性毒性试验、遗传毒性试验、亚慢性毒性试验和慢性毒性试验4个阶段的内容，从而确保作为新食品原料的安全性（资源9-11）。

9-11

二、新食品原料申报策略及流程

（一）申报策略

对于纷繁复杂的新食品原料，如何能够在申报过程中脱颖而出是其申报的关键。主要需掌握两个方面：一是明确界定新食品原料的范围，二是申报过程中注意对国内外新食品原料变化及其相关文献的收集。

根据最新的新食品原料管理规定，在准备申请新食品原料前应对现有的《中华人民共和国药典》、食品添加剂、食品营养强化剂和保健品等收录的材料进行检索，从而保证该资源具备申请新食品原料的资质。在审查程序上，新食品原料制度增加了向社会征求意见和现场核查的程序。而且从其毒理学安全评价要求可知，如果某一原料在多个国家已批准食用，且有完善的毒理学安全评价，就可以直接使用相关材料进行新食品原料申报。这样既可以有效节省时间和精力，又可以提高获批的概率。

（二）申报流程

我国新食品原料申请主要通过网上申请，进入国家卫生健康委员会网站的"政务大厅"，点击"新食品原料"，进入新用户注册界面（资源9-12），注册完成后，按照申报流程示意图（资源9-13）进行申报。

9-12

9-13

申请人提交的材料包括申请表、新食品原料研制报告、安全性评估报告、生产工艺、执行的相关标准（包括安全要求、质量规格、检验方法等）、标签及说明书、国内外研究利用情况和相关安全性评估资料，以及有助于评审的其他资料。如果是进口新食品原料，还需要提交出口国（地区）相关部门或者机构出具的允许该产品在本国（地区）生产或者销售的证明材料，以及生产企业所在国（地区）有关机构或者组织出具的对生产企业审查或者认证的证明材料，并附上未启封的产品样品1件或者原料30g。

申请表从相关网站下载即可，安全性评估报告需要由相关资质单位完成，对于不同来源的原料，其安全性评估报告包含的内容也不同，应注意区分对待。

思政园地

科技创新促菊粉产业稳步发展

近年来，随着消费者对健康饮食关注度的不断提高，作为兼具膳食纤维与益生元功能的新食品原料——菊粉，日趋受到市场关注，其在食品领域的应用越来越广泛。从全球来看，菊粉的市场需求量自20世纪90年代以来呈现快速增长态势，2017年欧美菊粉市场收入11.51亿美元，而亚太地区菊粉产销量的增幅则最大，预计到2026年，全球菊粉市场规模将达30亿美元。我国菊粉行业自发展至今，保持约15%的年持续市场需求增长量。截至2019年，我国菊粉市场需求量超过8000t，实现约10倍增长。

欧美地区是菊粉的主要生产区和消费市场，其中Beno-Orafti、Cosucra和Sensus是菊粉生产和加工的龙头企业，共占据约90%的市场份额。而之前我国的菊粉长期依赖于进口，再加上起步晚的缘故，行业发展潜力仍然巨大。目前，伴随着国内菊粉企业的自立自强，已涌现出一批菊粉生产企业，开始扭转我国在国际菊粉市场的劣势。

? 思考题

1. 简述新食品原料在我国的发展历程。

2. 简述新食品原料的范畴和特色。

3. 试述当前我国新食品原料的发展要点和前景。

4. 万寿菊颗粒粉制备常用的工艺的有哪些？根据现有工艺，提出相关改进方法并论证其可行性。

5. 简述新食品原料申报过程中的主要事项，以及如何提高新食品原料申报的成功率。

6. 新食品原料名称演变过程是否合理？为什么？

7. 试述传统热水浸提加工菊粉的主要工艺流程。

8. 菊粉可应用于哪些方面？举例说明菊粉在该应用中的特点与作用。

9. 辣木叶是一种新资源食品，但其精深加工食品产品也较为单调、缺乏新意。请以辣木叶为主要材料创新设计一种辣木叶食品配方。

10. 简述新食品原料申报过程中的要点。

主要参考文献

安鑫南 . 2002. 林产化学工艺学 . 北京：中国林业出版社 .

毕金峰，陈芹芹，刘璇，等 . 2013. 国内外果蔬粉加工技术与产业现状及展望 . 中国食品学报，3（13）：8-14.

毕君，曹福亮 . 2008. 花椒属植物化学有效成分与开发利用研究进展 . 林业科技开发，（3）：9-13.

蔡静平 . 2018. 粮油粮食资源微生物学 . 北京：科学出版社 .

蔡延渠，董碧莲，朱志东，等 . 2018. 桃胶改良前后的多糖含量、功能性质以及体外释放度变化研究 . 中草药，49（20）：4808-4815.

曹龙奎，李凤林 . 2008. 淀粉制品生产工艺学 . 北京：中国轻工业出版社 .

曹松林 . 2021-11-09. 一种浓香型茶油的加工系统：CN202120497649.4.

陈峰 . 2018. 腌制萝卜品质劣变控制方法研究及其机制分析 . 无锡：江南大学 .

陈汉平，杨世关 . 2018. 生物质能转化原理与技术 . 北京：水利水电出版社 .

陈合，许牡丹 . 2004. 新型粮食资源原料制备技术与应用 . 北京：化学工业出版社 .

陈慧 . 2021. 辣木叶茶研究进展 . 福建热作科技，46（2）：49-51.

陈世林 . 1989. 中国道地药材 . 哈尔滨：黑龙江科学技术出版社 .

陈思 . 2014. 栓皮栎不同器官栲胶成分及含量的研究 . 杨凌：西北农林科技大学 .

陈武勇，李国英 . 2018. 鞣制化学 . 北京：中国轻工业出版社 .

陈宇 . 2020. 木质素酚醛树脂复合胶黏剂的纳米改性及其性能研究 . 石河子：石河子大学 .

程建军 . 2011. 淀粉工艺学 . 北京：科学出版社 .

程茹，严成，何微，等 . 2016. 核桃青皮中萘醌类色素

的提取及稳定性研究 . 食品工业科技，37（20）：194-200.

迟敏 . 2020. 鲜切果蔬加工工艺与保鲜技术探讨 . 现代食品（1）：76-77+80.

戴宝合 . 2008. 野生植物资源学 . 北京：中国农业出版社 .

邓雅君 . 2018. 生漆基防腐涂料的制备及性能研究 . 福州：福建师范大学 .

董汉良 . 2017. 方剂入门 . 郑州：河南科学技术出版社 .

董娟娥，梁宗锁，张康健，等 . 2005. 杜仲雄花中次生代谢物合成积累的动态变化 . 植物资源与环境学报，4：9-12.

董月林 . 2017. 漆酚及其改性涂料的应用进展 . 现代涂料与涂装，2（7）：27-30+38.

杜刚，杨建国，安正云 . 2002. 迷迭香的栽培及开发利用 . 特种经济动植物，（10）：29-30.

杜寒春，叶开，刘绍刚，等 . 2017. 间接阻抗法检测酸性罐藏食品商业无菌的研究 . 食品研究与开发，38（19）：102-106.

段丽丽，贾洪峰，赵美丽，等 . 2018. 辣木叶粉在曲奇饼干中的应用 . 粮食与油脂，31（1）：38-41.

樊金拴，王性炎 . 1991. 冷杉树脂及其利用 . 陕西林业科技，（4）：63-69+76.

樊金拴 . 2013. 野生植物资源开发与利用 . 北京：科学出版社 .

范文昌 . 2014. 封丘金银花 . 北京：中国古籍出版社 .

冯小霞 . 2016-08-24. 香椿火锅底料及其制备方法：CN201410519624.4.

付晓萍，李凌飞，陈淑，等 . 2013. 低糖型拐枣黑米复合果酱的研制 . 食品与发酵科技，49（4）：95-97.

高福成，郑建仙 . 2020. 食品工程高新技术 . 第3版 . 北京：中国轻工业出版社 .

高山，王秀娟，王国泽 . 2015. 磁场处理在果蔬贮藏

保鲜中的应用 . 食品研究与开发, 36（20）: 177-180.

龚德词 . 2009. 生物乙醇的生产与发展 . 当代化工, 38（2）: 178-181.

郭晓燕 . 2013. 晋西北柠条林资源的利用途径 . 山西林业科技, 42（2）: 63-64.

国家药典委员会 . 2020. 中华人民共和国药典（一部 2020 年版）. 北京: 中国医药科技出版社 .

韩胜华 . 2007. 花椒的采收与加工利用 . 农产品加工, （3）: 38-39.

何东平, 张效忠 . 2016. 木本油料作物加工技术 . 北京: 中国轻工业出版社 。

侯拥铿, 王建华 . 2009. 天然色素的开发应用 . 中国药业, 18（7）: 4.

胡雪玲 . 2017. 大豆酸化油和麻疯树油制备生物柴油的过程研究 . 南宁: 广西大学 .

黄福长 . 2011. 国内外油桐发展现状 . 佛山科学技术学院学报（自然科学版）, 29（3）: 83-87.

黄家健 . 2018. 桐油的光 / 热聚合机理及其应用研究 . 广州: 华南农业大学 .

黄璐琦, 张瑞贤 . 2016. 道地药材理论与文献研究 . 上海: 上海科学技术出版社 .

黄曼雪, 王益群 . 2008. 生物质能源标准化现状和启示 . 中国标准化, （9）: 30-32.

黄鹏, 黄东杰 . 2018. 花椒籽的研究及开发利用现状 . 现代农业科技, （23）: 231-232+236.

季永青, 王美红, 马林才 . 2009. 生物柴油制备以及在柴油机上应用的关键技术研究 . 内燃机, （3）: 38-42.

贾喜庆, 姚庆达, 杨义清, 等 . 2018. 植物鞣剂的结构、改性及其制革中的应用 . 西部皮革, 40（21）: 35-42.

江连洲 . 2011. 植物蛋白工艺学 . 北京: 科学出版社 .

江莹, 沈卫荣, 韩丽萍, 等 . 2007. 有机酸及相关盐类在果蔬护色、防褐变中的应用研究 . 应用化工, （6）: 534-536.

孔妮 . 2020. 松脂蒸馏工艺研究进展 . 大众科技, 22（3）: 35-37.

孔文彦 . 1988. 中药储藏技术 . 北京: 华夏出版社 .

匡国荣, 黄明达, 黄炎 . 2018-10-30. 一种多功能亚临界萃取系统及其萃取方法: CN201811272805.6.

赖永祺 . 1986. 五倍子生产的三要素 . 生物质化学工程, （9）: 30-31.

雷廷宙, 何晓峰, 王志伟 . 2020. 生物质固体成型燃料生产技术 . 北京: 化学工业出版社 .

黎贵卿, 杨素华, 宋业昌, 等 . 2020. 减压水蒸气蒸馏提取茉莉花精油和纯露的工艺 . 香料香精化妆品, （3）: 13-16.

李冰, 刘小波, 张晓雪, 等 . 2020. 亚临界流体萃取富集金盏花中叶黄素工艺优化 . 食品工业科技, 41（23）: 129-135.

李从勇 . 2012-11-28. 香椿茶及生产工艺技术: CN201110134563.6.

李华 . 2000. 现代葡萄酒工艺学 . 西安: 陕西人民出版社 .

李孟楼, 郭新荣, 庄世宏 . 2000. 花椒种籽油生产有机涂料的工艺 . 陕西林业科技, 3: 4-6+9.

李明, 王培义, 田怀香 . 2010. 香料香精应用基础 . 北京: 中国纺织出版社 .

李铭, 何利琴 . 2019. 车用乙醇汽油标准的解读 . 中国标准化, （18）: 251-252.

李维新, 何志刚, 林晓姿, 等 . 2005. 拐枣的营养保健功能及其果汁饮料的研制 . 食品科学, 26（8）: 249-251.

李翔宇, 蒋剑春, 李科, 等 . 2011. 酯交换法制备生物柴油反应机理和影响因素分析 . 太阳能学报, 32（5）: 741-745.

李医明 . 2018. 中药化学 . 上海: 上海科学技术出版社 .

李煜 . 2021. 魔芋葡甘聚糖的微波和酶法降解制备及其益生元活性 . 南昌: 南昌大学 .

李志国, 杨文云, 夏定久 . 2003. 中国五倍子研究现状 . 林业科学研究, （6）: 760-767.

梁春丽, 杜金宝, 张敏华, 等 . 2014. 我国生物乙醇产品精馏脱水技术进展 . 酿酒科技, （8）: 80-84.

梁星, 毛馨竹, 吴晓彤 . 2020. 响应面法优化杏鲍菇烫漂护色工艺 . 食品工业, 41（7）: 93-95.

廖格, 邵元元, 熊硕, 等 . 2015. 柱色谱分离纯化五倍子没食子酸 . 中国食品学报, 15（7）: 131-138.

廖亚龙, 柴希娟 . 2007. 超声皂化法提取紫胶桐酸 . 化学工程, （2）: 72-74+78.

廖亚龙, 彭金辉, 刘中华 . 2007. 国内外紫胶深加工技术现状及趋势 . 林业科学, （7）: 93-100.

刘斌, 柴琳, 陈爱强, 等 . 2018. 磁场辅助果蔬速冻技术综述 . 冷藏技术, 41（3）: 1-5.

刘洪章, 刘树英, 文连奎 . 2010. 沙棘大果新品种秋阳的选育 . 中国果树, （4）: 23-27.

刘锦琳, 赵倩, 张咪, 等 . 2020. 果蔬膳食纤维的应

用 . 现代食品,（7）：29-31.

刘丽莉,张敏,肖枫,等 . 2020-09-15. 一种黑豆香椿酱及其制备方法：CN201710177289.8.

刘莉 . 2018-02-23. 一种圆盘剥壳机：CN201720648956.1.

刘茜茜 . 2017. 山野菜速冻关键技术的研究及应用 . 哈尔滨：东北农业大学 .

刘卫华 . 2006. 吴起县沙棘果、叶、枝干采收技术 . 国际沙棘研究与开发,（3）：36-39.

刘兴华 . 2008. 粮食资源安全保藏学 . 第 2 版 . 北京：中国轻工业出版社 .

刘学军 . 2008-04-09. 蒲公英绿茶的生产方法：CN200610069322.7.

刘永英,王多宁,刘渊声,等 . 2007. 花椒籽仁油对实验性高脂血症大鼠的防治作用 . 第四军医大学学报,28（5）：411-413

刘宇航,陈影影,曹玉婷,等 . 2021. 蓝莓鲜果采后病害类型及保鲜技术研究进展 . 保鲜与加工,21（11）：144-150.

刘云 . 2011. 生物柴油工艺技术 . 北京：化学工业出版社 .

刘兆宇,罗雁方 . 2021-06-04. 一种用于 CBD 提纯的冬化设备及其冬化方法：CN202110326600.7.

刘振,康秀华,苗玉华,等 . 2020. 葱属植物在畜禽养殖中的应用及前景分析 . 今日畜牧兽医,12：76-77.

卢秉福,耿贵,周艳丽 . 2008. 食用甜菜的开发应用 . 中国糖料,（2）：67-69.

鲁海波 . 2005. 菊芋的贮藏与果聚糖提取研究 . 食品与机械,（2）：34-36+50.

路平 . 2019. 沙柳炭基固体酸催化剂的制备及其催化性能研究 . 呼和浩特：内蒙古农业大学 .

罗晓岚 . 2006. 生物柴油生产工艺简介 . 中国油脂,（9）：46-47.

罗永明 . 2015. 中药化学成分提取分离技术与方法 . 上海：上海科学技术出版社 .

罗云波,蒲彪 . 2011. 园艺产品贮藏加工学 . 第 2 版 . 北京：中国农业大学出版社 .

吕虎强,李艳,刘帅,等 . 2020. 生漆的生物学活性与结构修饰研究进展 . 化学研究与应用,32（6）：896-904.

马继兴 . 1995. 神农本草经辑注 . 北京：人民卫生出版社 .

马李一,王有琼,张重权,等 . 2009. 虫白蜡还原法制备高级烷醇混合物研究 . 林产化学与工业,29（5）：

6-10.

马晓建,李洪亮,刘利平 . 2007. 燃料乙醇生产与应用技术 . 北京：化学工业出版社 .

孟宪军,乔旭光 . 2017. 果蔬加工工艺学 . 北京：中国轻工业出版社 .

闵凡芹,张宗和,秦清,等 . 2013. 负压空化法提取五倍子单宁酸的响应面法优化 . 天然产物研究与开发,25（9）：1240-1244.

牛红霞 . 2015. 不同冻结和解冻方式对沙棘果实品质的影响 . 哈尔滨：东北农业大学 .

牛玉芝 . 2012. 黄连木油的精炼研究 . 郑州：河南工业大学 .

逄晓云,夏秀芳,孔保华 . 2017. 超声波辅助冷冻技术作用机理及在冷冻食品中的应用 . 食品研究与开发,38（4）：190-194.

裴继诚 . 2019. 植物纤维化学 . 第 5 版 . 北京：中国轻工业出版社 .

裴彦军,程琨 . 2016. 超低温真空冷冻干燥法在金刺梨产品加工中的应用 . 农产品加工,412（7）：27-29.

彭程,胡长利 . 2007. 八角茴香的加工及开发利用 . 农业工程技术（农产品加工）,（6）：39-43.

蒲彪,乔旭光 . 2012. 园艺产品加工工艺学 . 北京：科学出版社 .

齐梦圆,刘卿妍,石素素,等 . 2021. 高压电场技术在食品杀菌中的应用研究进展 . 食品科学,43（11）：284-292.

钱育恩 . 2018. 桃胶的研究与应用进展 . 化工设计通讯,44（6）：70-71.

秦薇 . 2016. 不同因素对油用牡丹栽培品质的影响：以‘凤丹’为例 . 哈尔滨：东北林业大学 .

秦文 . 2012. 园艺产品贮藏加工学 . 北京：科学出版社 .

饶景萍,毕阳 . 2021. 园艺产品贮运学 . 第 2 版 . 北京：科学出版社 .

任龙龙,冯涛,翟传龙,等 . 2021. 基于 MATLAB 图像处理的苹果大小、颜色、圆形度及缺陷度特征融合分级研究 . 数字技术与应用,39（7）：90-95.

荣俊锋,程茜,朱永全,等 . 2021. 酯交换法制备生物柴油的研究 . 应用化工,50（1）：113-116.

帅益武,尤玉如,袁海娜 . 2007. 五倍子中鞣质的提取、分离纯化研究 . 食品科技,（6）：125-128.

宋代江,方厚凯 . 2017-08-04. 一种油料破碎装置：CN201710389701.2.

宋敬东.2018.一本就能看懂中医方剂篇.天津:天津出版传媒集团.

宋小妹,唐志书.2004.中药化学成分提取分离与制备.北京:人民卫生出版社.

宋志姣,樊金欣,李德焕,等.2019.不同果桑品种加工品质评价.食品与发酵工业,(11):131.

苏寒雨,李国英.2019.橡椀栲胶改性及染色胶原蛋白膜.中国皮革,48(8):9-15.

孙立,张晓东.2013.生物质热解气化原理与技术.北京:化学工业出版社.

孙小文,段志兴.1996.花椒属药用植物研究进展.药学学报,(3):231-240.

孙勇民,殷海松.2020.粮食资源发酵技术.北京:中国轻工业出版社.

谭芙蓉,吴波,代立春,等.2014.纤维素类草本能源植物的研究现状.应用与环境生物学报,20(1):162-168.

唐廷猷,蔡翠芳.2004.现代中药炮制技术.北京:化学工业出版社.

陶桂金,郭志成,李新如,等.1989.中国野菜图谱.北京:中国人民解放军出版社.

涂志红,文震,刘佳欣,等.2013.二十八烷醇微乳液的制备及其在运动饮料中的应用.中国食品学报,13(9):108-112.

汪河滨,杨金凤.2016.天然产物化学.北京:化学工业出版社.

王爱云,李春华.2002.食用香料植物的开发利用研究.食品科学,(8):300-302.

王斌,王凤君,梁颖琪,等.2020.玫瑰纯露提取工艺优化及其抑菌和抗氧化活性研究.北方园艺,(18):106-113.

王存文.2009.生物柴油制备技术及实例.北京:化学工业出版社.

王刚,高强,段亚莉.2018.宁夏柠条机械化平茬与加工技术探索.农机科技推广,(11):38-39.

王广要,周虎,曾晓峰.2006.植物精油应用研究进展.食品科技,(5):11-14.

王浩,张明,王兆升,等.2018.干制技术对果蔬干制品品质的影响研究进展.中国果菜,38(11):15-20.

王九,吴江,方建华.2013.生物柴油生产及应用技术.北京:中国石化出版社.

王俊魁,包斌,吴文惠,等.2014-11-26.沙葱酱制品:CN201210411074.5.

王俊儒.2006.天然产物提取分离与鉴定技术.杨凌:西北农林科技大学出版社.

王莉衡.2010.能源植物的研究与开发利用.化学与生物工程,27(4):6-8.

王立晖.2016.生物活性多肽特性与营养学应用研究.天津:天津大学出版社.

王香君,殷浩,刘刚,等.2020.采后桑椹冰温保鲜研究.食品工业,41(9):193-198.

王性炎,王姝清.2011.新资源食品:元宝枫籽油.中国油脂,36(9):56-59.

王性炎.2021.中国漆树.杨凌:西北农林科技大学出版社.

王钰,瞿显友,钟国跃,等.2011.洪雅黄连生物量动态变化及有效成分积累的研究.中国中药杂志,36(16):2162-2165.

王振宇,王承南.2018.野生植物资源开发与利用.北京:中国林业出版社.

王志伟,景秋菊,苏云珊,等.2020.微波技术在果蔬加工中的应用研究进展.现代农业研究,(1):132-133.

王志伟.2020.果蔬保鲜和加工技术分析.南方农业,(21):192-193.

韦雪英,冯红钰,符策.2016.辣木茶加工技术初探.中国热带农业,(4):65+73.

肖凯军,李琳,郭祀远,等.2000.肉桂的利用及天然精油的开发.中国油脂,(5):52-54.

肖明松,王孟杰.2010.燃料乙醇生产技术与工程建设.北京:人民邮电出版社.

肖云方,江玉兵,李小国.2012-09-26.一种延缓衰老的保健食品及其加工方法:CN201110071417.3.

幸春容,胡彦君,李柏群,等.2020.大健康产业背景下中药保健食品发展浅析.中国药业,29(18):19-21.

熊孜,廖李,乔宇,等.2020.超高压处理对果蔬品质的影响.湖北农业科学,9:145-150.

徐怀德.2016.天然产物提取工艺学.北京:中国轻工业出版社.

徐通,徐荣,郭刚军.2020.辣木叶粉片剂制备工艺研究.热带农业科技,43(2):29-33.

徐岩.2011.发酵工程.北京:高等教育出版社.

徐昭玺.2003.百种调料香料类药用植物栽培.北京:中国农业出版社.

许志新，贺阳，吴曼毓，等．2021.紫玉米穗轴花青素的大孔树脂纯化研究.粮食与油脂，34（9）：116-120.

闫慧明，李苇舟，李富华，等．2020.高静水压加工对果蔬酚类化合物的影响研究进展.食品科学，15：323-328.

杨保银．2019-06-28.一种油脂高效压榨设备：CN201821491448.8.

杨菲．2021.红花色素的提取及在薄木染色中的应用研究.南京：中南林业科技大学.

杨红，冯维．2009.中药化学实用技术.北京：人民卫生出版社.

杨兰，肖深根．2012.中药材产地加工与物流管理.长沙：湖南科学技术出版社.

杨利民．2017.野生植物资源学.北京：中国农业出版社.

杨欣超．2020.高纤维素刺槐无性系筛选及萌蘖林短轮伐收获研究.北京：北京林业大学.

杨焰，廖有为，谭晓风．2018.我国油桐产业与未来环保型涂料产业协同发展之探讨.经济林研究，36（4）：188-192.

杨义芳，董娟娥．2021.杜仲研究.北京：科学出版社.

杨月欣．2018.中国食物成分表标准版.第6版第1册.北京：北京大学医学出版社.

叶昌华，陈龙福．2013.菊芋腌制生产的HACCP体系建立.现代农业科技，（20）：274-275.

叶兴乾．2018.果品蔬菜加工工艺学.第3版.北京：中国农业出版社.

叶兴乾．2019.果品蔬菜加工工艺学.第4版.北京：中国农业出版社.

殷国栋，高政，张燕平．2010.迷迭香引种栽培与开发利用研究进展.西南林学院学报，30（4）：82-88.

尹明安．2010.果品蔬菜加工工艺学.北京：化学工业出版社.

于丽华．2020.真空浸渍在果蔬加工与贮藏中的应用.现代农业科技，（9）：228+230.

余平，石彦忠．2011.淀粉与淀粉制品工艺学.北京：中国轻工业出版社.

余乾伟．2020.传统白酒酿造技术.第2版.北京：中国轻工业出版社.

余霞．2019.三种不同离子多糖研究进展，现代食品，14：91-93.

岳贤田，顾晨海，党渭铭，等．2018.高速离心分离技术在松脂液净制过程中的应用.林业工程学报，3（1）：44-48.

曾凡中，马志强，倪迅雷，等．2019-05-10.油料软化用的卧式滚筒软化锅：CN201920695215.8.

曾辉，李开祥，陆顺忠．2008.广西八角综合开发利用.广西林业科学，37（4）：223-225.

曾名湧．2007.粮食资源保藏原理与技术.北京：化学工业出版社.

张东明．2009.酚类化学.北京：化学工业出版社.

张峰，操晓亮，伊勇涛，等．2020.茶树花纯露的制备及其在卷烟中的应用.中国烟草学报，26（5）：18-24.

张洪广，张晓斌，胡勇，等．2020.玫瑰纯露的制备及其在化妆品中的应用.广东化工，47（18）：103-104.

张辉玲，刘明津，张昭其．2006.果蔬采后冰温贮藏技术研究进展.热带作物学报，（1）：101-105.

张惠燕．2019.天然色素提取工艺及其应用研究.化学工程与装备，（11）：202-203.

张康健，马希汉．2009.杜仲次生代谢物与人类健康.杨凌：西北农林科技大学出版社.

张康健，王蓝．1997.药用植物资源开发利用学.北京：中国林业出版社.

张亮亮．2020.五倍子资源加工利用产业发展现状.生物质化学工程，367（6）：5-9.

张品德，查玉平，陈京元，等．2019.湖北省五倍子产业发展调研报告.湖北林业科技，48（5）：31-33+53.

张洒洒，王昊，朱燕云，等．2018.我国野生蔬菜资源及其开发利用潜力研究.北方园艺，（16）：177-184.

张伟，马玉峰，王春鹏，等．2012.木质素活化改性制备酚醛树脂胶黏剂研究进展.高分子通报，（10）：13-20.

张兴田．2014.基于粮油主要成分分析的贮藏中变化研究.科技资讯，（12）：110.

张月祥，戴承林，张新发．2021-06-01.一种新型立式蒸炒锅：CN202021107698.4.

张月祥，戴承林，张新发．2021-11-23.一种轧料更均匀的轧胚机：CN202121730533.7.

张振娜，刘祥宇，王云阳．2018.果蔬烫漂护色技术应用研究进展.食品安全质量检测学报，9（10）：2411-2418.

张子德．2017.园艺产品贮藏加工学.第2版.北京：中国轻工业出版社.

赵德伟．2011.辽五味子高效栽培技术.沈阳：辽宁科学技术出版社.

赵丽芹，张子德. 2009. 园艺产品贮藏加工学. 第 2 版. 北京：中国轻工业出版社.

赵仁，张金渝. 2013. 金银花. 昆明：云南科技出版社.

中国科学院中国植物志编辑委员会. 1993. 中国植物志. 北京：科学出版社.

周家春. 2017. 食品工艺学. 第 3 版. 北京：化学工业出版社.

周伟，蔡慧芳，林丽静，等. 2017. 辣木叶保健软糖加工工艺研究. 食品工业科技，38（5）：210-213.

周秀珍，万五星，王娟. 2013. 河北省野生纤维植物资源研究. 河北林果研究，（3）：307-313.

周艳，赵黎明. 2020. 基于"一带一路"倡议的中药国际化路径选择. 药用植物，51（22）：5915-5920.

朱锡锋. 2013. 生物油制备技术与应用. 北京：化学工业出版社.

朱新涛. 2013. 玉米芯生产木糖清洁工艺研究. 北京：北京化工大学.

Singh R P, Heldman D R. 2006. 食品工程导论. 第 3 版. 许学勤译. 北京：中国轻工业出版社.

Anderson M O, Lucia M C, Jamylle N S F, et al. 2012. Antinociceptive and anti-inflammatory effects of octacosanol from the leaves of *Sabicea grisea* var. *grisea* in mice. IJMS, 13(2): 1598-1611.

Dong J E, Ma X H, Fu Z R, et al. 2011. Effects of microwave drying on the contents of functional constituents of *Eucommia ulmoides* flower tea. Industrial Crops and Products, 34(1): 1102-1110.

Dong J E, Ma X H, Ma Z, et al. 2012. Effects of green keeping treatment on the functional constituents in flower tea of *Eucommia ulmoides*. Industrial Crops and Products, 36(1): 389-394.

Gao R, Wang L, Lin Q. 2019. Effect of hexamethylenetetramine on the property of Chinese lacquer film. Progress in Organic Coatings, 133: 169-173.

Jian H L, Duu J L, Jo S C. 2015. Lutein production from biomass: marigold flowers versus microalgae. Bioresource Technology, 184: 421-428.

Kenji A, Ryu S, Hiroshi N. 2014. Purification and some properties of yeast tannase. Bioscience, Biotechnology, and Biochemistry, 40(1):79-85.

Kulathooran R, Shweta T. 2014. Microwave-assisted extraction of inulin from chicory roots using response surface methodology. Journal of Nutrition & Food Sciences, 5(1) : 1-6.

Maturano Y P, Lerena M C, Mestre M V. 2018. Inoculation strategies to improve persistence and implantation of commercial *S. cerevisiae* strains in red wines produced with prefermentative cold soak. LWT, 97: 648-655.

Phawadol C, Sirinart C, Praew S, et al. 2020. Enhancement of bloody fingerprints on non-porous surfaces using Lac dye (*Laccifer lacca*). Forensic Science International, 307: 110119.

Sanjib B, Uttam K S, Dipesh S, et al. 2017. Review on natural gums and mucilage and their application as excipient. Journal of Applied Pharmaceutical Research, 5 (4): 13-21.

Santappa M, Sundara R V. 1982. Vegetable tannins: a review. J Scient Ind Res, (4): 705-718.

Shadpour M, Farbod T. 2021. Renewable bionanohydrogels based on tragacanth gum for the adsorption of Pb^{2+}: study of isotherm, kinetic models, and phenomenology. Environmental Technology Innovation, 23 (101723): 6-8.

Suhail A, Mudasir A, Kaiser M, et al. 2019. A review on latest innovations in natural gums based hydrogels: preparations & applications. International Journal of Biological Macromolecules, 136: 870-890.

Sun Q Q, Zhao X K, Wang D M, et al. 2018. Preparation and characterization of nanocrystalline cellulose/*Eucommia ulmoides* gum nanocomposite film. Carbohydrate Polymers, 181: 825-832.

Ubeda C, Ortega R H, Cerezo A B. 2020. Chemical hazards in grapes and wine, climate change and challenges to face. Food chemistry, 314: 126222.

Wei X N, Peng P, Peng F, et al. 2021. Natural polymer eucommia ulmoides rubber: a novel material. Journal of Agricultural and Food Chemistry, 69(13): 3797-3821.

Yang P , Zhu J Y , Gong Z J , et al. 2012. Transcriptome analysis of the Chinese white wax scale *Ericerus pela* with focus on genes involved in wax biosynthesis. Plos One, 7(4): e35719.

《野生植物资源开发与利用》（第二版）教学课件索取单

凡使用本书作为教材的主讲教师，可通过以下两种方式之一获赠教学课件一份。

1. 关注微信公众号"科学 EDU"索取教学课件

扫右侧二维码关注公众号 →"教学服务"→"课件申请"

2. 填写以下表格后扫描或拍照发送至联系人邮箱

姓名：		职称：		职务：	
电话：		QQ：		邮箱：	
学校：		院系：		本门课程选课人数：	
您所教授的其他课程及使用教材					
课程：		书名：		出版社：	
课程：		书名：		出版社：	
您对本书的评价及修改建议：					

联系人：张静秋 编辑　　　电话：010-64004576　　　邮箱：zhangjingqiu@mail.sciencep.com